Horst Rauchfuß
Chemische Evolution und der Ursprung des Lebens

Horst Rauchfuß

Chemische Evolution und der Ursprung des Lebens

Mit 125 Abbildungen und 8 Farbtafeln

 Springer

Prof. Dr. Horst Rauchfuß
Sandåtergatan 5
432 37 Varberg
Sweden
E-mail: r.horst@swipnet.se

Bibliografische Information der Deutschen Bibliothek
Die Deutsche Bibliothek verzeichnet diese Publikation in der Deutschen Nationalbibliografie;
detaillierte bibliografische Daten sind im Internet über
http://dnb.ddb.de abrufbar

ISBN 978-3-540-23965-9 (Hardcover)

ISBN 978-3-642-32403-1 (Softcover)

Springer ist ein Unternehmen von Springer Science+Business Media
springer.de
© Springer-Verlag Berlin Heidelberg 2005, Softcover 2013

Satz: Druckfertige Daten der Autoren
Herstellung: LE-TeX Jelonek, Schmidt & Vöckler GbR, Leipzig
Umschlaggestaltung: Erich Kirchner, Heidelberg

Gedruckt auf säurefreiem Papier   33/3142/YL - 5 4 3 2 1

Vorwort

Der Entschluß, ein Buch über den Ursprung (bzw. die Ursprünge) des Lebens zu verfassen, setzt voraus, daß man von diesem wissenschaftlichen „großen Problem" noch immer fasziniert ist, wenn auch die erste intensive Beschäftigung mit dieser Thematik mehr als drei Jahrzehnte zurückliegt. Experimentelle Arbeiten über Protein-Modellsubstanzen unter den simulierten Bedingungen der Urerde führten zur Entstehung eines der ersten deutschsprachigen Bücher über „Chemische und Molekulare Evolution", das ich mit Klaus Dose (Mainz), von dem auch die Initiative ausging, verfaßte.

Die enorme Erweiterung und Differenzierung dieses Forschungsgebietes führte in den letzten Jahren zur Gründung eines neuen, interdisziplinären Wissenschaftszweiges, der „Exo-/Astrobiologie". Sie verfolgt das weitgespannte, ehrgeizige Ziel, das Phänomen „Leben" im gesamten Kosmos zu erforschen.

In den folgenden Kapiteln wird ein Überblick über die vielfältigen Bemühungen von Wissenschaftlern gegeben, Antworten auf die Frage nach dem „Woher" des Lebens zu finden. Dabei ist über Erfolge, aber auch Mißerfolge sowie über Diskussionen und gelegentlich harte Kontroversen zu berichten. Es soll aber auch deutlich dargestellt werden, wie viele offene Fragen und ungeklärte Rätsel noch auf eine Antwort warten. Es sind deren mehr, als gern eingestanden wird! – Die Fülle an wissenschaftlichen Publikationen macht es leider unmöglich, über alle Bereiche dieses interdisziplinär ausgerichteten Teilgebietes der Naturwissenschaften mit gleicher Ausführlichkeit zu berichten.

Die Beschreibung wissenschaftlicher Sachverhalte erfolgt im allgemeinen durch zwei unterschiedliche Autorengruppen: entweder durch Wissenschaftler, die am darzustellenden Problem arbeiten und dabei Hypothesen und Theorien entwickeln, oder es berichten „Außenstehende". In beiden Fällen dürften Vor- und Nachteile die Form der Darstellung bestimmen: Die Forscherin bzw. der Forscher bringen hohe Fachkompetenz ein, es besteht aber die Gefahr, die eigenen Beiträge und das dazugehörige Theoriengebäude mehr oder minder einseitig zu beurteilen. Beim „Außenseiter" sollte eine neutrale Beurteilung und Wertung der wissenschaftlichen Leistungen zu erwarten sein. In einem FAZ-Artikel vom 9. Juli 2001 wies der

Neurophysiologe Prof. Singer unter dem Titel „Warum sich Wissenschaft erklären muß" auf diese Problematik hin: „... Zum anderen haben die Forschenden die Tendenz, ihre eigenen Arbeitsbereiche überzubewerten, und dem muß der Mittler mit eigenem Kritikvermögen begegnen können."

In der Funktion als Wissenschaftsvermittler wird man oft gezwungen, komplexe Sachverhalte vereinfacht darzustellen, d. h. sie „didaktisch zu reduzieren". Solche Prozesse werfen Probleme auf. Sie gleichen einem Gang über einen schmalen Grat. Auf der einen Seite steht der Abgrund einer zu starken Vereinfachung und damit eine Simplifizierung der wissenschaftlichen Aussage (und dem Verdikt der Fachwelt), auf der anderen Seite des Grates ist die Vielschichtigkeit und Komplexität wissenschaftlicher Inhalte, die nur dem Spezialisten verständlich sind.

Die Darstellung der Biogeneseprobleme ist schwierig, denn es fehlt noch immer eine umfassende, von allen Fachleuten dieses Wissenschaftsgebietes akzeptierte Theorie über die Lebensentstehung. Zwar erzielte man in den letzten Jahren wichtige Teilerfolge, aber die entscheidende, alle Einzelergebnisse verbindende Theorie steht noch aus. Mit anderen Worten, für dieses Puzzlespiel fehlen noch einige wesentliche Puzzleteilchen zum Erkennen des Gesamtbildes.

Im vorliegenden Buch folgt nach einer historischen Einführung in die Thematik im zweiten Kapitel ein Überblick über die Entstehung von Kosmos, Sonnensystem und Urerde. Planeten, Meteoriten, Kometen und die interstellare Materie sind Inhalte des dritten Kapitels, während das darauffolgende Experimente und Thesen zur chemischen Evolution beschreibt. In den Kapiteln 5 und 6 werden die Proteine bzw. Peptide und mögliche Protoformen sowie die „RNA-Welt" näher charakterisiert. Die weiteren Kapitel beinhalten wichtige Hypothesen und Theorien zur Biogenese, wie zum Beispiel anorganische Systeme, hydrothermale Quellen und die Modelle von G. Wächtershäuser, M. Eigen, H. Kuhn, C. de Duve und F. Dyson sowie das Problem des Ursprunges des genetischen Codes. Kapitel 9 ist theoretischen Grundfragen und dem Chiralitäts-Phänomen gewidmet. Die Suche nach den ersten Lebensspuren und die Entstehung von Protozellen bilden Inhalt des zehnten Kapitels. Das letzte Kapitel umfaßt die Frage nach extraterrestrischem Leben, sowohl innerhalb als auch außerhalb unseres Sonnensystems.

Rückblickend möchte ich meinen akademischen Lehrern, den Professoren Gerhard Pfleiderer und Theodor Wieland, herzlich dafür danken, daß sie mich zur Biochemie und Naturstoffchemie führten und damit zum Phänomen „Leben" mit seinem noch im Dunkel des Unbekannten verborgenen Ursprung.

Für wertvolle Ratschläge und Hilfen danke ich Frau Dr. Gerda Horneck (DLR, Köln) sowie den Kollegen Prof. Dr. Clas Blomberg (Königl. Techn.

Hochschule, Stockholm), Prof. Dr. Johannes Feizinger (Ruhr-Universität, Bochum), Prof. Dr. Niels G. Holm (Universität Stockholm), Prof. Dr. Günter von Kiedrowski (Ruhr-Universität, Bochum), Prof. Dr. Wolfram Thiemann (Universität Bremen) und Prof. Dr. Roland Winter (Universität Dortmund).

Allen Kollegen und Kolleginnen im In- und Ausland danke ich für die freundliche Überlassung von Bild- und Informationsmaterial sowie für aufmunternde Worte zur Fortführung der Arbeit.

Ebenso geht mein herzlicher Dank an die Mitarbeiter des Planungsbüros für Chemie im Springer-Verlag, Herrn Peter W. Enders, Senior Editor Chemistry and Food Sciences, Frau Pamela Frank und Frau Birgit Kollmar-Thoni, für ihre entgegenkommende Geduld und ihre stete Hilfsbereitschaft.

Frau Dr. Angelika Schulz danke ich für ihre vorbildliche redaktionelle Betreuung und Unterstützung bei der Fertigstellung dieses Buches sowie Frau Heidi Zimmermann für die gewissenhafte Bearbeitung der Grafiken.

Frau Maj-Lis Berggren (Varberg) danke ich recht herzlich für die erfolgreiche Hilfe, die vielen Klippen und Hindernisse zu überwinden, die mir der PC stellte. Meiner lieben Frau gilt mein besonderer Dank, mich während der Zeit der Manuskripterstellung so geduldig ertragen zu haben.

Abschließend ein Zitat von Georg Christoph Lichtenberg, dem wir so viele treffende, geschliffene Aphorismen verdanken. – Nun allerdings in der Hoffnung, daß sich Lichtenberg im folgenden Aphorismus in den meisten Punkten gewaltig geirrt hat.

Eine seltsamere Ware
als Bücher gibt es wohl schwerlich
in der Welt. Von Leuten gedruckt
die sie nicht verstehen; von Leuten
verkauft, die sie nicht verstehen;
gebunden, rezensiert und gelesen,
von Leuten, die sie nicht verstehen,
und nun gar geschrieben von
Leuten, die sie nicht verstehen.

Varberg im Jahre 2004   Horst Rauchfuß

Hinweis: Einige Abbildungen dieses Buches sind in separaten Farbtafeln zur besseren Visualisierung noch einmal zusätzlich farbig dargestellt.

ISSOL '96
11th International Conference on the Origin of Life
ORLÉANS, FRANCE
July 7 - 12, 1996

Inhaltsverzeichnis

Einleitung

Seit etwa fünf Jahrzehnten arbeiten Forscher intensiv an der Lösung des Biogeneseproblems. Im folgenden wird der Begriff „Lebensentstehung" bzw. „Lebensursprung" meistens durch den Terminus „Biogenese" ersetzt. An diesem Forschungsvorhaben beteiligen sich so viele Einzeldisziplinen wie kaum an einer anderen wissenschaftlichen Herausforderung. Der Bogen spannt sich von der Astrophysik, Kosmochemie und Planetologie bis zur Evolutionsbiologie und Paleobiochemie. Die Fragen zur Biogenese führen aber auch zu geisteswissenschaftlichen Wurzeln. Wolfgang Stegmüller – er lehrte Philosophie an der Ludwig-Maximilians-Universität zu München – erklärte in der Einleitung zum zweiten Band seiner „Hauptströmungen der Gegenwartsphilosophie", daß die Wissenschaften jetzt daran gehen „... Fragen nach dem Aufbau des Universums, nach den grundlegenden Gesetzen der Wirklichkeit und nach der Entstehung des Lebens zu beantworten. Diese Fragen bilden die ältesten philosophischen Probleme. Der entscheidende Unterschied besteht nur darin, daß den griechischen Denkern bei ihren Lösungsversuchen nicht das Arsenal der heutigen Naturwissenschaften zur Verfügung stand." Dieses Arsenal wurde in den letzten Jahren und Jahrzehnten beträchtlich vergrößert und erweitert.

Das Gesamtproblem läßt sich mit Bildern und Vergleichen charakterisieren. Der Chemiker Leslie Orgel, seit vielen Jahren sehr erfolgreich mit Experimenten zur chemischen Evolution befaßt, vergleicht die Bemühungen zur Lösung des Biogeneseproblems mit einem Kriminalroman: die Forscher als Kriminalbeamte auf Spurensuche, um „den Fall" zu lösen. Es gibt kaum Spuren, genau so wie keine Relikte der Vorgänge auf der Urerde vor mehr als etwa vier Milliarden Jahren erhalten blieben.

Die Erforschung des Biogeneserätsels stellt ein besonderes Arbeitsgebiet dar, das sich von anderen Disziplinen unterscheidet. Wissenschaftstheoretisch lassen sich die Wissenschaften in zwei Gruppen unterteilen:

– die *Verfahrenswissenschaften* (operation science): Darunter faßt man die Wissenschaften zusammen, die wiederholbare oder sich wiederholende Prozesse erklären, wie z. B. die Planetenbewegungen, die Fallgesetze, die Isolierung von Pflanzeninhaltsstoffen u. a. m.

– und die *Ursprungswissenschaften* (origin science), die einmalige Vorgänge untersuchen, wie z. B. die Entstehung des Universums, historische Ereignisse, die Komposition einer Sinfonie, aber auch die Entstehung des Lebens.

Die Ursprungswissenschaften können durch die normalen, traditionell wissenschaftlichen Theorien nicht erklärt werden, da sie durch Experimente nicht überprüfbar und damit auch nicht falsifizierbar sind.

Wäre dann die Arbeit am Biogeneseproblem kein wissenschaftliches Bemühen? – Dieser Schluß kann doch nicht stimmen! Aber gibt es einen Ausweg aus diesem Dilemma? Nach John Casti müssen nur hinreichend viele, gründliche Experimente durchgeführt werden, um das einmalige Ereignis zu einem wiederholbaren werden zu lassen. Die vielen hunderte von Simulationsexperimenten, die in den Kapiteln 4 bis 8 näher beschrieben werden, sind nur kleine Teilschritte zur gesuchten großen Lösung des Problems. Andererseits können moderne Computersimulationen zu neuen allgemeinen Lösungsstrategien führen.

In den letzten Jahren stieg die Zahl der Forscher, die am Biogeneseproblem arbeiten, deutlich an – und damit auch die Zahl der Publikationen.

Die Biogeneseforschung kann sich leider nicht der gleichen finanziellen Förderung erfreuen wie andere Fachgebiete. Daher ist internationale Zusammenarbeit dringend erforderlich. Die Gruppe der Biogenetiker ist – im Vergleich zu anderen Fachgebieten – relativ klein und überschaubar. Die meisten Fachkolleginnen und Fachkollegen kennen sich seit vielen Jahren. Die Dachorganisation ISSOL (International Society of the Study of the Origin of Life) besteht seit mehr als drei Jahrzehnten. Alle drei Jahre veranstaltet ISSOL einen Fachkongreß, bei dem neueste Arbeiten präsentiert und diskutiert werden. Auf den Kongressen herrscht ein angenehmes kollegiales Klima, wenn auch über nur wenige Punkte zur Biogenesefrage volle Einigkeit besteht. Es ist daher kein Wunder, wenn die Gegner der Evolutions- und Biogenesetheorie diese Unsicherheiten für ihre Argumentation nutzen. Am radikalsten agieren die US-amerikanischen „Creationisten" mit ihrer wörtlichen Auslegung der biblischen Schöpfungslehre. Sie führen die Schönheit und Komplexität von Organismen als Beleg für ihre Thesen an.

Einen Überblick über die vielfältigen Aspekte, die mit der Frage nach dem „Woher" des Lebens auf unserer Erde verbunden sind, sollen die folgenden Kapitel vermitteln.

1 Historischer Überblick

1.1 Zeitalter der Mythen

Mit der Sinndeutung unseres Lebens ist die Frage nach dem „woher" alles Lebendigen eng verbunden. Seit vielen Jahrhunderten, vielleicht Jahrtausenden suchen Menschen nach einer Antwort auf diese Frage. Doch erst seit der zweiten Hälfte des letzten Jahrhunderts wird versucht, das Problem der Biogenese mit wissenschaftlichen Methoden zu lösen.

In grauer Vorzeit beherrschten Mythen das Denken, Fühlen und Handeln unserer Vorfahren. Vor den griechischen Denkern waren die Mythen eine Möglichkeit, die durch die Natur den Menschen vermittelten Erfahrungen zu strukturieren. Mythen widerspiegelten bei den Menschen bestimmte Urerlebnisse. Die Naturgewalten beherrschten das Leben unserer Vorfahren viel intensiver und umfassender als heutzutage, es wurde von zahlreichen Mythen, vor allem Schöpfungsmythen stark beeinflußt. Diese beinhalten oft sowohl die Entstehung der Erde und des Kosmos, als auch die Erschaffung des Menschen bzw. allgemein, des Lebendigen. Im alten Ägypten verehrte man Ptah, den Gott der Handwerker, zuerst in Memphis, der Hauptstadt des alten Reiches. Ptah galt als eine der bedeutendsten Gottheiten. In den wichtigsten religiösen Zentren schuf sich jedes seine eigene Version von der Entstehung der Welt. In Memphis beantworteten die Priester die Frage nach dem Schöpfungsakt mit der Erklärung, daß Ptah die Welt mit „Herz und Zunge" geschaffen hatte. Sie wollten damit erklären, daß Ptah nur durch das „Wort" die Welt erschaffen hatte, d. h. hinter der Schöpfung steht das Prinzip des Willens. Ähnlich schufen Jahwe, der Gott der Bibel, und Allah im Koran die Welt durch das Wort: „Es werde ...".

Ohne Zweifel bestand bei den alten Völkern ein Zusammenhang zwischen Naturerleben und ihren Mythen von der Erschaffung der Welt. So ist den meisten Vorstellungen der Ägypter – gleich welche Götter sie verehren – gemeinsam, daß die Entstehung der Welt vergleichbar sein muß mit dem Auftauchen eines Erdhügels aus dem Urmeer, ähnlich ihrem jährlichen Erleben, wenn sich erhöhte Landteile aus den fallenden Nilfluten erheben.

Eine ähnliche Verbindung zwischen Lebenswelt und Kosmologie findet man auch im Kulturland an Euphrat und Tigris. Die Erde wurde als flache Scheibe angesehen, von einem Hohlraum großen Ausmaßes umgeben, den ein überwölbender Himmel umschloß. Beide Einheiten bildeten An-ki, das Universum („Himmel – Erde"). Ein unendliches Meer umflutete Himmel und Erde. Das Wasser galt im Zweistromland als der Ursprung aller Dinge und aus dem Wasser waren Erdscheibe und die Himmelswölbung, d. h. das Universum, hervorgegangen. Das babylonische Enuma-Elish-Epos beschreibt die Entstehung der ersten Göttergeneration, wie z. B. Anu (Gott des Himmels) und Ea (Gott der Erde) aus den Urelementen: Apsu (Süßwasser), Ti'amat (Meer) und Mummu (Wolken). Auch im Zweistromland wird der Bezug zur Landentstehung deutlich erkennbar (Mainzer, 1989).

Im nordischen Schöpfungsmythos, der am Anfang der „Edda" überliefert wurde, begegnet uns Ginnungagap, ein zeitloses, gähnendes Nichts (Nakott, 1991). In ihm findet man eine Art Übergott, Fimbultyr. Nach seinem Willen entstehen im Norden Nifelheim, ein kaltes, unwirtliches Land mit Nebel, Eis und Finsternis, im Süden Muspelheim (mit Glut und Feuer). Von dort fliegen Funken auf das Eis von Nifelheim. Es belebte sich, und es entstanden der Reifriese Ymir und die riesige Kuh Authumbla.

Aus „Der Seherin Gesicht":

Urzeit war es, da Ymir hauste:
nicht war Sand noch See noch Salzwogen,
nicht Erde unten noch oben Himmel,
Gähnung grundlos, doch Gras nirgend. (Edda, 1964)

Aus Ymirs Achsel bildete sich ein männlicher und ein weiblicher Riese. Da die Kuh Authumbla kein Gras zur Nahrung fand, leckte sie an salzigen Eisblöcken. So entstand unter ihrer Zunge der starke Buri. Er hatte einen Sohn Bör. Der zeugte mit Bestla drei Söhne: Odin (Wotan) als höchsten Gott und die beiden Asen Hönir und Loki. Erst in diesem Entwicklungsstadium wird die Welt erschaffen. Der Reifriese Ymir wird besiegt, und aus seinem Körper entstehen: Midgard, das Menschenland, aus seinem Blut die Meere, aus den Knochen und Zähnen die Berge und Felsen, aus den Haaren die Bäume und aus dem Schädel der Himmel. Das Gehirn wird von den Göttern in die Luft geschleudert, und daraus bilden sich die Wolken. Blumen und Tiere entstehen von selbst. Die drei Götter wanderten eines Tages am Strand und trafen auf Ask, die Esche und Embla, die Ulme. Aus den Bäumen bildete sich Mann und Weib. Odin hauchte ihnen Leben und Geist ein. Hönir gab ihnen Verstand und Gefühl, und von Loki erhielten sie Gesicht und Sprache. – Der Zeitraum, in dem diese Mythen entstanden, ist unbekannt, ebenso ihre Entstehungsgeschichte.

Abb. 1.1: Runensänger mit Kantele

Einige hundert Kilometer weiter ostwärts im finnischen Karelien entstanden in den letzten Jahrhunderten Sagen, die im Sprechgesang von Generation zu Generation weitergegeben wurden. Der Arzt Elias Lönnrot sammelte in mühsamer Kleinarbeit diese Erzählungen und gestaltete sie zu einem stattlichen Gesamtwerk, dem finnischen Nationalepos „Kalevala". Es beginnt mit einem Schöpfungsmythos. In der ersten Rune läßt sich die Tochter der Luft ins Meer hinab. Sie wird von Wind und Wogen geschwängert. Als Wassermutter kommt eine Ente zu ihr, baut ein Nest auf ihrem Knie und legt dort ihre Eier. Diese rollen ins Meer, zerbrechen und aus ihnen entstehen Erde, Himmel, Sonne, Mond und Gestirne:

Hier des Eies untre Hälfte
wird hernieden Mutter Erde,
da des Eies obre Hälfte
bringt den Himmels hohen Bogen,
alles Gelben obre Hälfte
wird zu lichteren Sonnenstrahlen,
alles Weißen Oberfläche
wird zu milden Mondesglänzen,
was an Hellem an dem Ei war,
wird zu Sternen hoch am Himmel,
was da war an farb'gen Flecken
wird Gewölke in den Lüften.
(Kalevala, I:231-244, 1964)

Den Schöpfungsmythos musikalisch in genialer Weise gestaltet zu haben, gelang Richard Wagner mit dem Beginn des Orchestervorspiels zum „Rheingold". Es beschreibt die Natur in ihrem Urzustand am absoluten Anfang aller Dinge. Über viele Takte gibt es keine Modulation, keinen akkordischen Wandel. Dann baut sich ein Akkord in Es-Dur auf, zuerst erklingt die Tonika in urgründigen Tiefen, dann kommt allmählich eine Quinte hinzu, die zu einem Dreiklang vervollständigt wird. Es entwickelt sich das „Naturmotiv" als Leitmotiv allen Werdens (Donington, 1976).

Doch noch einmal viele Jahrhunderte zurück in die Antike. Die griechischen Denker versuchten, die Entstehung lebender Systeme durch eine Verbindung von Materie – ihrem Wesen nach passive Materie – mit dem aktiven Prinzip der „Gestalt" herzustellen. Dabei enthält das Prinzip „Gestalt" solche Kräfte, die die Materie zu beleben vermögen (Entelechien).

Für Aristoteles (384–322 v. Chr.) gab es nur eine einzige Materie, die allerdings in verschiedenen Formen auftreten konnte, und zwar in den vier bekannten Grundformen: Feuer – Wasser – Erde – Luft. Diese Grundformen konnten ineinander überführt werden. Die Beobachtung der Natur kam im alten Griechenland erst an zweiter Stelle. Hauptgegenstand des Interesses waren vor allem biologische Vorgänge. Man versuchte das beobachtete Verhalten von Materialien, wie Wasser, Luft, Regen, Schnee, Wärme zu erklären. Dies erfolgte über Ursache/Wirkungsketten in ihrem Bezug zu den Beobachtungen. Für Aristoteles waren Experimente, im Sinne gezielter Fragen an die Natur, keine Instrumente zur Erkenntnisgewinnung, denn Experimentieren wäre mit Handarbeit verbunden gewesen und diese erledigten ausschließlich die Sklaven. Eigentlich stellt die Lehre des Aristoteles eine Erkenntnistheorie dar, bei der man aus allgemeinen Beobachtungen auf spezifische Fälle schließt.

Umfassender als die Atomisten (wie z. B. Leukipp, Demokrit und Epikur), die festlegten, daß man eine Sache bereits dann erklären kann, wenn man die Einzelteile kenne, vertrat Aristoteles die Lehrmeinung, daß dies nicht genüge, denn solche Informationen legen nur den materiellen Grund fest – und dies reicht nicht aus. Damit man Dinge und Vorgänge vollständig verstehen kann, müssen drei weitere „Ursachen", „Prinzipien" oder „Gründe" bekannt sein.

Die „vier Gründe des Seienden", die Aristoteles allen veränderlichen Dingen zuerkannte, lauten:

– causa materialis: die in der Materie wirksame Ursache
– causa formalis: die bildende, gestaltende Ursache
– causa efficiens: die Wirkursache (Ursächlichkeit)
– causa finalis: die End- oder Zweckursache (Finalursache)

Letztere bedeutete für Aristoteles die wichtigste Ursache, d. h. „der letzte Grund" oder das Ziel. Es wäre das, was nach einem Entstehungsprozeß schließlich erreicht wurde. Die Lehre des Aristoteles beherrschte das Denken der Menschen bis tief in das Mittelalter. So blieb z. B. die Lehre von den „vier Gründen des Seienden" für die abendländische Philosophie von grundlegender Bedeutung.

Eigenartigerweise erregten die Lehren von Demokrit (460–371 v. Chr.) keine so starke Beachtung, obwohl sie im naturwissenschaftlichen Sinne höher zu bewerten wären. Demokrits Lehrer war Leukipp und so übernahm der Schüler von seinem Lehrer die grundlegenden Gedanken zur Atomlehre: Atome als winzige, nicht wahrnehmbare Teilchen, unvergänglich und unzerstörbar. Sie sind aus dem gleichen Stoff, aber von unterschiedlicher Größe und verschiedenem Gewicht. Nach Demokrit geht auch das Leben auf einen Prozeß zurück, bei dem sich die kleinen Teilchen der feuchten Erde mit den Feueratomen verbinden.

Auch Empedokles, etwa 490 v. Chr. in Agrigent (Sizilien) geboren, gehört zur Gruppe der Eklektizisten (d. h. der Auswähler), weil er aus bereits bestehenden Systemen Gedanken auswählte und sie zu neuen Gedankengebäuden zusammenfügte. Nach Empedokles entstanden niedere Lebewesen zuerst, dann höhere Organismen; zuerst Pflanzen und Tiere, dann die Menschen. Zuerst waren nur Lebewesen vorhanden, die beide Geschlechter in sich vereinigten. Erst später erfolgte die Trennung in männlich und weiblich. Diese Lehrmeinung scheint bereits Elemente der modernen naturwissenschaftlichen Vorstellungen zu enthalten.

1.2 Mittelalter

Nach den ausschließlich hypothetischen Überlegungen der griechischen Denker entwickelten sich erst viele Jahrhunderte später neue Ideen und vage Modelle, wie alles Lebende auf unserer Erde entstanden sein könnte. Dabei trat aber ein grundsätzlicher Wandel in der Methodik ein. Nach der Vorherrschaft der Gedankenarbeit in der griechischen Antike, folgte nun das Experimentieren.

Die oftmals glücklosen Alchemisten suchten den „Stein der Weisen", die „transmutatio metallorum", die Umwandlung unedler Metalle in Gold. Es blieb ein hoffnungsloses Unterfangen. Ebenso der Versuch, den „Ho-

munkulus", das Menschlein in der Retorte, zu erzeugen. Am verbreitetsten
wurde die Vorstellung vom Miniaturmenschen aus der Retorte durch die
Schrift von Paracelsus „De generatione rerum naturalium" (Von der Erzeugung natürlicher Sachen). Erst drei Jahrhunderte später geht das Homun-
kulus-Problem durch J. W. von Goethes „Faust" in die Weltliteratur ein.

Die Annahme einer „spontanen Generation", der Entstehung von Leben-
digem aus totem Material, beherrscht die mittelalterlichen Vorstellungen
über die Biogenese. Sie wurde durch Experimente unterstützt und bestätigt. So sollten Mäuse, Frösche, Würmer und anderes Getier aus faulender,
einstmals lebender Materie entstehen können. Der berühmte Arzt van Hel-
mont demonstrierte ein Experiment zur „Urzeugung" von Mäusen. Dazu
mußte man einen unverschlossenen Krug mit Weizen und verschwitzter
Unterwäsche füllen. Nach etwa 21 Tagen konnte man Veränderungen feststellen – vor allem am Geruch! Ein bestimmtes „Ferment" aus der Wäsche
durchdringt den Weizen und verwandelt ihn in Mäuse. – Es gab aber auch
kritische Beobachter. Der italienische Arzt und Dichter Francesco Redi
(1626–1698) am Hofe Ferdinands II von Toskana bewies, daß die weißen
Maden in faulendem Fleisch aus den von Fliegen gelegten Eiern entstehen.
Wird faulendes Fleisch in einem mit Gaze abgedeckten Gefäß aufbewahrt,
so bilden sich keine Maden. Trotz dieses Beweises behielt die These von
der spontanen Bildung von Leben ihre attraktive Wirkung.

L. Joblot wies ebenfalls nach, daß es eine spontane Lebensentstehung
nicht geben kann: Er stellte einen Heuextrakt her, bewahrte ihn in zwei
Gefäßen auf, von denen eines sofort mit Pergament verschlossen wurde.
Die Mikroorganismen wuchsen erwartungsgemäß nur in dem unverschlossenen Gefäß. Leider fanden diese Versuchsergebnisse bei den Zeitgenos-
sen Joblots nur wenig Zustimmung.

In der Mitte des 18. Jahrhunderts entstand ein heftiger wissenschaftlicher Streit zwischen dem Engländer J. T. Needham (1713–1781), sowie
G. de Buffon (1707–1788) und dem Italiener L. Spallanzani (1729–1799)
über die spontane Generation. Spallanzani lehrte an der Universität Pavia
Naturgeschichte. Beide Lager führten ähnliche Versuche wie Joblot durch,
kamen aber zu entgegengesetzten Ergebnissen. Needham füllte Hammel-
fleischbrühe oder andere organische Materialien in fest verschlossene Ge-
fäße. Da er nicht steril gearbeitet hatte, bildeten sich Mikroorganismen in
den Gefäßen. Er und Buffon deuteten dieses Ergebnis als Beweis für die
spontane Generation. Dagegen führte Spallanzani seine Experimente sehr
sorgfältig und steril durch – und kam zu einem völlig anderen Resultat. Es
folgten auf beiden Seiten viele weitere Versuche. Die Kontrahenten konnten einander nicht überzeugen und so blieb die Frage der spontanen Lebensentstehung weiterhin offen.

Der Prozeß der Erkenntnisgewinnung verläuft beim Problem der Lebensentstehung ähnlich den drei Stufen, die der französische Philosoph Auguste Comte (1798-1857) für die lineare Fortschrittsgeschichte der menschlichen Kultur beschrieben hatte. Diese drei Stufen umfassen:

1. Stufe: Die theologische und mythologische Frühgeschichte. Die Wirklichkeit wird als Ergebnis übernatürlicher Kräfte erklärt (Polytheismus, Monotheismus, Animismus).
2. Stufe: Das metaphysische Zeitalter. Anstelle der übernatürlichen Wesen (Gottheiten) treten abstrakte Begriffe, Kräfte oder Entitäten (Wesenheiten).
3. Stufe: Das wissenschaftliche oder positive Zeitalter. Bei der Vereinigung von Theorie und Praxis durch den Gebrauch von Vernunft und Beobachtung erkennt man Zusammenhänge und Ähnlichkeiten. Im Idealfall kann man viele Einzelerscheinungen einer einzigen allgemeinen Tatsache zuschreiben, d. h. ein Gesetz formulieren.

Das Comtesche Dreistadiengesetz kann sowohl auf die geistige Entwicklung der ganzen Menschheit als auch auf die individuelle des Einzelmenschen bezogen werden. Das gleiche Prinzip spiegelt auch die historische Entwicklung von Einzelwissenschaften wider. Zuerst herrschen theologische und mythische Begriffe – es folgt die Phase metaphysischer Spekulationen und dann das Reifestadium positiven Wissens.

Um 1860 stiftete die französische Akademie der Wissenschaft einen Preis für denjenigen Forscher, der eindeutig die Frage der spontanen Lebensentstehung klären kann. Es gelang Louis Pasteur (1822–1895) mit eleganten Versuchen nachzuweisen, daß eine de-novo-Synthese von Mikroorganismen aus den verschiedensten Ausgangsmaterialien organischen Ursprungs nicht möglich ist. Er wies nach, daß alle Mikroben von bereits existierenden Mikroorganismen abstammen. Pasteur zeigte, daß Luft Mikroorganismen in unterschiedlicher Verteilung enthält. Filtriert man die Luft durch Schießbaumwolle, so werden die Mikroorganismen zurückgehalten. Löst man die Schießbaumwolle anschließend in einem Ethanol-Ether-Gemisch, so lassen sich die Zellen sehr leicht mikroskopisch nachweisen. Bei der Übertragung auf sterile Nährböden vermehren sie sich. Erhitzt man jedoch die Luft, bevor man sie in die gekochte Nährbouillon einleitet, so werden die Keime thermisch abgetötet. Pasteurs Gegner argumentierten, er habe durch das Erhitzen des Luftstromes die Vitalkraft zerstört.

Um diese These zu widerlegen, benutzte Pasteur Schwanenhalsflaschen. Dabei hat zuvor nicht erhitzte Luft Zutritt zur sterilisierten Nährlösung. Aber in diesem Falle lagern sich die Keime aus der Luft in dem langen ge-

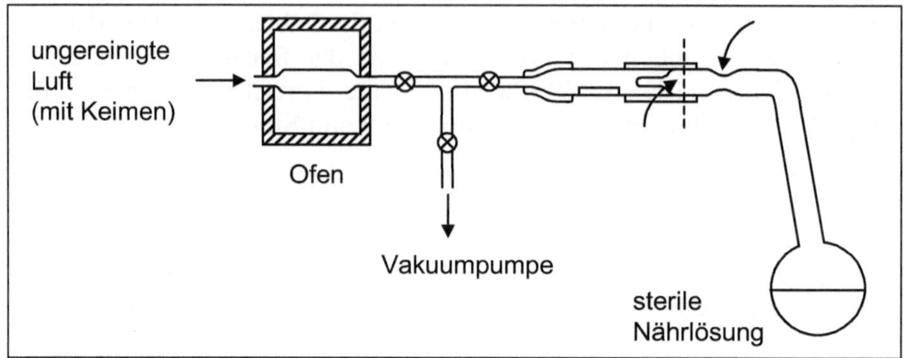

Abb. 1.2: Pasteurs Apparatur: bei nicht eingeschalteten Ofen strömen Keime mit der Luft in die sterile Nährlösung und vermehren sich. Bei Ofenhitze werden die Keime im Luftstrom abgetötet. Nach: Conaut (1953)

bogenen Hals ab und gelangen nicht in das Nährmedium. Dagegen erlaubt ein abgebrochener Hals den Keimen ungehindertes Eindringen und damit die Vermehrung.

Louis Pasteur erhielt 1864 den wohlverdienten Preis der Akademie als Anerkennung seiner Leistungen. Zur Frage der Entstehung des Lebens geben die Experimente von Pasteur allerdings keine Auskunft.

Zur gleichen Zeit werden heftige wissenschaftliche Dispute um die das Weltbild verändernde Theorie von Charles Darwin (1809–1882) über die Entwicklung der Arten geführt. Darwin selbst äußerte sich zum Problem der Biogenese nur sehr vorsichtig und zögernd. Die Zeit für eine solche Fragestellung war noch nicht reif, denn es fehlten einerseits die neuen Erkenntnisse der Zellbiologie und andererseits ein erweitertes Wissen über unseren Planeten, das Sonnensystem und den Kosmos.

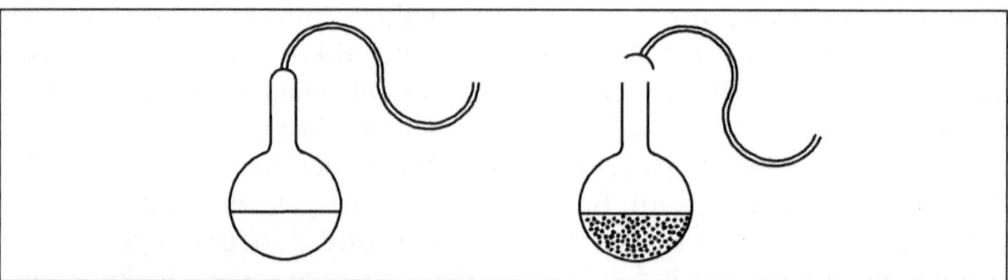

Abb. 1.3: Pasteurs Schwanenhalsflaschen: a) der ungebrochene Hals verhindert Kontamination, b) bei abgebrochenem Hals wird das sterile Nährmedium von Keimen besiedelt. Nach Pasteur (1862)

1.3 Neuere Zeit

Die gewaltige Unruhe, die das Darwinsche Prinzip ausgelöst hatte, führte auch zu Überlegungen zur Frage der Lebensentstehung. Nach H. Kamminga (1991), von der Universität Cambridge, sind es zwei Denkansätze (um 1860 und 1870), die sich deutlich in ihren tiefen, metaphysischen Annahmen über die Natur des Lebens und der lebenden Organismen unterscheiden: zum ersten der Ansatz mit der Annahme, daß Leben eine aufstrebende Eigenschaft der Natur ist. Lebendiges stellt ein Produkt lebloser Materie dar, die im Laufe der Geschichte des Universums evolvierte. Außerdem gab es Ansätze, nach denen Leben eine fundamentale Eigenschaft des Kosmos ist und daß lebende Dinge schon immer irgendwo im All existierten. Der zweite Ansatz schließt eine Beantwortung der Frage nach dem Ursprung des Lebens, entsprechend naturwissenschaftlicher Sicht, aus. Er erscheint wieder in Form der Panspermie-Hypothese.

Moderne Theorien und Erkenntnisse vorausahnend scheinen die Vorstellungen des bekannten Bonner Physiologen Eduard Pflüger (1829–1910) zu sein. Er nahm an, daß sich fundamentale Bestandteile des Protoplasmas unter den spezifischen Bedingungen der Urerde aus cyanidähnlichen Verbindungen bzw. deren Polymeren gebildet haben könnten (Pflüger, 1875).

Der Gedanke der Wandcrung von Lebenskeimen durch den Kosmos fand bei honorigen, weltweit anerkannten Naturforschern aktive Unterstützung. Es waren dies vor allem: H. von Helmholtz, W. Thomson (später: Lord Kelvin) und Svante Arrhenius. Die Hypothese von den wandernden Lebenskeimen wurde von Arrhenius noch im Jahre 1927 vertreten, als er in der „Zeitschrift für Physikalische Chemie" über seine Annahme berichtete, daß thermophile Bakterien, die ein paar Tage „Fahrzeit" von der Venus (mit berechneter Oberflächentemperatur von 320 K) durch den Strahlungsdruck der Sonne zur Erde befördert werden konnten (Arrhenius 1927). Die in den folgenden Jahrzehnten überwunden geglaubte Panspermie-Hypothese lebte jedoch in den Gedankengängen von Francis Crick (Crick und Orgel, 1973) wieder auf. Sie steht in veränderter Form auch weiterhin zur Diskussion (Abschn. 11.1.3.4).

Der entscheidende Impuls, der die Biogenese-Frage in die naturwissenschaftliche Diskussion bringen sollte, kam aus dem fernen Russland, das durch die Wirren des Bürgerkrieges einerseits von der übrigen Welt besorgt beobachtet wurde, das aber andererseits – so wurde angenommen – wissenschaftlich zu keinen großen Leistungen befähigt sein konnte. Da erschien 1924 im „Roten Russland" ein Buch über die materiellen Grundlagen zur Entstehung von Leben auf der Erde. Der Autor war Alexandr Iva-

Abb.1.4: Der schwedische Physikochemiker Svante Arrhenius (1859–1927). Nobelpreis für Chemie 1903 für seine Arbeiten zur elektrolytischen Dissoziation.

novich Oparin (1894–1980), vom Bakh-Institut für Biochemie in Moskau (Oparin, 1924). In den Grundzügen beruht die Oparin-Hypothese auf folgenden Voraussetzungen:

– Die präbiotische Atmosphäre hatte reduzierende Eigenschaften. Daher lagen die Bioelemente C, O, N, S in ihrer reduzierten Form als CH_4, H_2O, NH_3 und Spuren von H_2S vor.
– Diese „Uratmosphäre" war verschiedenen Energieformen ausgesetzt, wie z. B. elektrischen Entladungen, solarer Strahlung und Hitze aus Vulkanen, die zur Bildung kleinerer, organischer Verbindungen führten.
– Diese Substanzen sammelten sich in der Hydrosphäre, die zu einer „verdünnten Suppe" wurde. Aus dieser bildeten sich spontan die ersten Lebensformen.

Diese Hypothese wird heute nicht mehr in allen Punkten akzeptiert. Einige Annahmen über den physikalisch-chemischen Zustand der Urerde mußten als Folge neuer Forschungsergebnisse z. T. deutlich revidiert werden. Die Frage, wie Oparin auf die Idee kam, daß organische Moleküle aus Methan, Ammoniak, Wasser und Wasserstoff gebildet wurden, beantwortete er mit dem Hinweis, den er von Mendelejews Hypothese über den anorganischen Ursprung des Erdöls erhielt. Sie wurde später von Geologen abgelehnt (Oparin, 1965). Für eine reduzierende Uratmosphäre sprach auch, daß freier Sauerstoff neugebildete organische Moleküle sofort oxidativ zerstört hätte. Außerdem war 1924 bereits bekannt, daß unsere Sonne größtenteils aus Wasserstoff besteht.

Nur vier Jahre nach dem Erscheinen des Oparin-Werkes in der Sowjetunion veröffentlichte der Engländer J. B. S. Haldane (1928) einen Artikel, der inhaltlich den Vorstellungen Oparins stark ähnelte. Wie inzwischen feststeht, hatte Haldane keinerlei Kenntnis von Oparins Publikation und beide Wissenschaftler kamen viele Jahre später bei ihrer ersten persönlichen Begegnung problemlos überein, Oparin den Vorrang einzuräumen. Übrigens kam Haldane durch völlig andere Beobachtungen zur Annahme einer reduzierenden Uratmosphäre. Er schloß aus der anaerob verlaufenden Glykolyse, die bei vielen kontemporären Lebewesen die erste Quelle zur Energiegewinnung darstellt, auf eine reduzierende Umwelt in der das Leben entstanden sein mußte. Die zuvor beschriebene Annahme ging als „Oparin-Haldane-Hypothese" in die Wissenschaftsgeschichte ein. Oparin blieb, anders als Haldane, dem Biogenese-Problem bis zu seinem Lebensende verbunden, vor allem durch seine Arbeiten über die Bildung von Protozellen. Einen kurzen, aber umfassenden Rückblick und eine Würdigung des Lebenswerkes von A. I. Oparin geben Miller et al. (1997) in ihrem Artikel: „Oparins Entstehung des Lebens: 60 Jahre später".

Einige Wissenschaftler griffen Oparins Ideen auf, verwandten sie für eigene Konzepte und versuchten experimentell aus anorganischen Molekülen, organische Verbindungen aufzubauen. Der mexikanische Wissenschaftler A. L. Herrera berichtete 1942 in einer Arbeit mit dem Titel „Eine neue Theorie über den Ursprung und die Natur des Lebens" über seine Studien mit „Sulphoben" (Herrera, 1942). Es handelt sich dabei um morphologische Einheiten („life-like forms"), die er bei Umsetzungen von Thiocyanat und Formalin erhielt. Sulphoben sind sphärische Gebilde mit 1–100 µm Durchmesser und fähig, mit ihrer Umgebung in Wechselwirkung zu treten, so z. B. Vakuolen aus dem Inneren zu entfernen oder einen Farbstoff zu adsorbieren. Sulphoben zeigen eine gewisse Ähnlichkeit mit den von Oparin und seiner Schule eingehend untersuchten Koazervaten (Abschn. 10.2.2).

Einen anderen Charakter von Experimenten zur chemischen Evolution führten Groth und Suess, bzw. Garrison durch. Sie untersuchten, in welcher Form Energie in einer simulierten Uratmosphäre zugeführt werden muß, um aus anorganischen Kleinmolekülen organische Bausteine für Biomoleküle zu bilden. Groth und Suess (1938) forschten über die Einwirkung von UV-Licht auf einfache Molekülarten, während Garrison (1951) ähnliche Experimente mit ionisierenden Strahlen durchführte.

Dann kam das Jahr 1953 – und damit wichtige Ereignisse, sowohl politischer als auch wissenschaftlicher Art: der Volksaufstand in der SBZ (sowjetisch besetzte Zone), Stalins Tod, aber auch die Aufklärung der DNA-

Struktur und ein wissenschaftlicher Artikel in der angesehenen amerikanischen Zeitschrift „Science" von einem bisher noch unbekannten Autor mit Namen: Stanley L. Miller. – Die Publikation trug den Titel: „A Production of Amino Acids under Possible Primitive Earth Conditions" (Miller, 1953).

In einer Fußnote dankt der junge Forscher seinem Doktorvater, dem Nobelpreisträger Harold C. Urey, für die Betreuung seiner Arbeit. So ging dieses Experiment als „Miller-Urey-Experiment" in die Wissenschaftshistorie ein (Abschn. 4.1). Nicht nur die Öffentlichkeit war von diesem Erfolg beeindruckt, ebenso auch die kleine Gemeinde der Wissenschaftler, die mit der Frage der Lebensentstehung mehr oder minder intensiv befaßt waren. Die gelungene Synthese von Proteinbausteinen aus einer simulierten Atmosphäre der Urerde, löste in einigen Laboratorien Aktivitäten aus, die im Laufe der Jahre zu wichtigen Ergebnissen führten. Die große Bedeutung des „Miller-Urey-Experimentes" liegt vor allem in der Tatsache begründet, daß erstmalig aufgezeigt wurde: das Problem des Lebensursprunges kann mit naturwissenschaftlichen Methoden, d. h. durch Experimente einer Lösung zugeführt werden.

1.4 Das Problem, „Leben" zu definieren

Die Wissenschaftstheorie fordert von den Wissenschaften (bzw. von den Wissenschaftlern) die Klärung von Begriffen als eine ihrer wichtigsten Aufgaben. So erhebt sich zwangsläufig die Forderung nach einer Definition des Phänomens „Leben". Nur wenige, häufig benutzte Begriffe können so unzureichend definiert werden wie Leben. Das Paradoxon besteht wohl darin, daß es umso schwieriger wird, Leben zu definieren, je größer unsere Kenntnisse über das Objekt werden. Es gibt noch keine, von allen mit diesem Phänomen befaßten Wissenschaftlern akzeptierte, eindeutige Definition des Begriffes Leben (Cleland u. Chyba, 2002).

Dagegen liegen mehrere Definitionen vor, je nach wissenschaftlichem Standort. Im folgenden werden einige Definitionen vorgestellt. Wahrscheinlich ist eine befriedigende, umfassende Antwort erst möglich, wenn tiefergehende Erkenntnisse über den Lebensursprung erarbeitet wurden.

Bereits vor 60 Jahren stellte Erwin Schrödinger die Frage „Was ist Leben?" Sein unter dem gleichen Titel 1944 in englischer Sprache erschienenes Buch „What is Life?" (Schrödinger, 1944, 1984) beruht auf Vorlesungen, die Schrödinger 1943 an der Universität Dublin gehalten hatte. Er suchte eine Antwort auf die Frage, „Wie lassen sich die Vorgänge in Raum und Zeit, welche in der räumlichen Begrenzung eines lebenden Organismus vor sich gehen, durch die Physik und Chemie erklären?" – Ohne Zweifel hatte dieses Buch einen maßgeblichen Einfluß auf die Entwicklung der modernen Biologie, werden doch bestimmte Entwicklungslinien der Molekularbiologie schon angedeutet.

Wie bereits erwähnt, konnten sich Biologen und Wissenschaftler aus anderen, benachbarten Fachgebieten bisher nicht auf eine Definition des Begriffes Leben einigen (Barrow, 1994). Dies ist aber auch kein Wunder, fand man doch bisher mehr als 100 Merkmale und Eigenschaften, die „Leben" charakterisieren (Clark, 2002). Es gibt aber eine gewisse Übereinstimmung darüber, welche Kennzeichen für ein lebendes System notwendig sind. Manfred Eigen (1999) nennt in seinem Beitrag zu einer Konferenz am Trinity College in Dublin im September 1993 zum Gedenken an den 50. Jahrestag der Schrödinger-Vorlesungen zum Thema „Was ist Leben?" drei wesentliche Charakteristika, die in allen bisher untersuchten lebenden Systemen gefunden wurden:

- *Selbstreproduktion*: ohne diesen Prozeß ginge nach jeder Generation Information verloren.
- *Mutation*: ohne sie wäre Information unveränderlich – und daher keine Fortentwicklung möglich.
- *Metabolismus*: ohne Stoffwechsel entwickelt sich ein lebendes System zu einem Gleichgewichtszustand, aus dem eine Weiterentwicklung nicht möglich wäre.

Auf die zentrale Bedeutung einer Begriffsklärung für weitere Fortschritte in der Biogeneseforschung wies der Schweizer Physikochemiker Luigi Luisi (1998) von der ETH in Zürich hin. Er stellte fünf Definitionen des Begriffes Leben vor. Die Notwendigkeit, eine für möglichst viele Wissenschaftler akzeptable Definition zu erarbeiten, begründet Luisi mit einer besseren Zielvorgabe für künftige Forschungsvorhaben im Sinne einer allgemeinen Arbeitsdefinition.

Bei der Definition von Leben ergibt sich für die Biogeneseforschung eine selbstauferlegte, aber auch zwingend nötige Beschränkung auf minimales Leben, d. h. auf einfachste Lebensformen. Diese Form von Reduktion ist erforderlich, um zu einer klaren Unterscheidung von Belebtem und Unbelebtem zu kommen. Dabei gehen auch bei „reduzierten Systemen" die Grenzen in einander über, wie am Beispiel der Viren leicht zu erkennen ist. Eine Definition minimalen Lebens erlaubt es, die komplexen Eigenschaften höherer Lebewesen, wie z. B. Bewußtsein, Intelligenz oder Ethik auszusparen und zu ignorieren.

Nach Luisi müßte eine Definition von Leben folgende Kriterien aufweisen:

– die Unterscheidung von lebend und nichtlebend sollte experimentell möglichst einfach überprüfbar sein,
– die Unterscheidungskriterien sollten über einen weiten Bereich überprüfbar sein,
– die Definition sollte heutiges Leben, aber auch hypothetische Vor-Lebensformen einschließen,
– sie sollte logisch mit sich selbst vereinbar sein.

Die vom Exobiology Program der NASA als allgemeine Arbeitsdefinitionen von „Leben" benutzten Definitionen lauten:

1. „Leben ist ein sich selbst erhaltendes chemisches System, das zur Darwinschen Evolution fähig ist."

Diese Definition verwandten zuvor Horowitz und Miller (1962). Dabei bezog man eine nicht näher benannte, externe Energiequelle in diese Definition ein. – Den wachsenden Einfluß der „RNA-Welt" erkennt man an der zweiten NASA-Definition:

2. „Leben ist eine Population von RNA-Molekülen (eine Quasispezies), die zur Selbstreplikation und in diesem Prozeß zur Evolution befähigt ist."

Es folgen nun Definitionen von L. Luisi , die über die NASA-Definitionen hinausgehen:

3. „Leben ist ein System, das sich durch Nutzung externer Energie bzw. von Nahrung und durch innere Prozesse der Bildung von Komponenten selbst erhält."

Hier wurde anstelle von „Reproduktion" oder „Replikation" der allgemeinere Term Bildung angewendet. Die letztere Definition schließt die erste Definition ein. Da sie aber weder die Darwinsche, noch die genetische Spezifikation enthält, berücksichtigt diese Definition codiertes, aber auch nicht-codiertes Leben. Ohne den Begriff Population kann sie auch für die Analyse von Einzelexemplaren angewandt werden, z. B. für Roboter.

In der nächsten Definition wird eine Abgrenzung der kleinsten Einheiten des Lebens eingeführt:

4. „Leben ist ein System, das durch ein semipermeables Kompartiment eigener Produktion bestimmt ist und sich durch Umsetzung externer Energie bzw. Nahrungsstoffe über einen Prozeß der Komponentenbildung selbst erhält"

Bei dieser Definition sind alle Systeme ausgeschlossen, die keine Umhüllung ihrer Synthesemaschinerie aufweisen, also z. B. die reine RNA-Replikation. Ebenso können die Glaswände eines Reagenzglases oder die Ufer-begrenzung eines „kleinen, warmen Tümpels"[1] nicht als Abgrenzungen entsprechend Definition 4 angesehen werden.

Unter Berücksichtigung obiger Einschränkungen kommt Luisi zu einem letzten, fünften Definitionsvorschlag:

5. „Leben ist ein System, das sich durch Verbrauch von externer Energie bzw. Nahrungsstoffen durch einen internen Vorgang der Komponenten-produktion selbst erhält. Über adaptive Austauschprozesse ist es an das Medium gekoppelt. Sie überdauern die Lebensgeschichte des Systems."

Hier wird keine Begrenzung erwähnt, weil sie einige Forscher für nicht essentiell halten. Die Reihenfolge der Definitionen stellt keine Rangfolge der Definitionsqualität dar.

Die Definitionsversuche sind sehr nützliche Überlegungen, die Biogene-seforscher zu eigener Standortbestimmung veranlassen. Sie eröffnen die Möglichkeit, eigene neue Arbeitshypothesen für künftige Forschungsvor-haben zu erstellen. Nach Luisi: „Hast Du die intellektuelle Klärung vor Dir, dann erhältst Du die Herausforderung, sie im Laboratorium zu ver-wirklichen".

Die bisher aufgeführten Definitionen scheinen nicht allen mit dieser Thematik befaßten Wissenschaftlern zu genügen.

Die Charakteristika des Lebens formuliert Daniel E. Koshland jr. (Universität Berkley / Kalifornien) als „Die sieben Säulen des Lebens". Sie lauten:

1. Programm
2. Improvisation
3. Kompartimentierung
4. Energie
5. Regeneration
6. Adaptationsfähigkeit
7. Abgeschiedenheit (Abgeschlossenheit)

In dieser Aufstellung finden sich Charakteristika des Lebens, die in den meisten Definitionen des Begriffs Leben enthalten sind. Jedoch zwei bzw. drei der „Säulen" sind neu und ungewöhnlich:

---

[1] Dieses Kurzzitat entstammt einem Brief von Charles Darwin (1871) mit vagen Hindeutungen auf eine chemische Evolution: „... if we could conceive in some warm little pond with all sorts of ammonia and phosphoric salts, light, heat, electricity etc. present that a proteine compound was chemically formed ...".

Punkt 2 beschreibt die Fähigkeit zur schnellen Umstellung eines Programms, um sich an neue Bedingungen der Umgebung anpassen zu können.

Bei Punkt 5 wird der Ersatz berücksichtigt, der durch thermodynamische Verluste bedingte Abnutzungseffekt entstanden ist.

Die letzte Säule ist vielleicht mit der „Ungestörtheit" in der sozialen Welt unseres Universums vergleichbar. Diese Eigenschaft des Lebens ermöglicht es, daß in einer Zelle gleichzeitig viele biochemische Reaktionen nebeneinander ablaufen können, ohne sich zu stören (Koshland jr., 2002).

Die Suche nach Leben im Kosmos macht eine verallgemeinernde, universelle Definition von Leben notwendig. Dabei sind Systemeigenschaften zu bedenken, die von Viren, Prionen, entkernten Zellen, Endosporen bis zum Leben im Reagenzglas, Computerviren und sich vermehrenden Robotern reichen.

Erkenntnisse aus philosophischen Überlegungen zur Sprache zeigen, daß Versuche, Leben zu definieren, zu einem Dilemma führen, ähnlich dem, Wasser definieren zu wollen, bevor eine Theorie über Moleküle existierte. Beim Fehlen einer analogen Theorie über die Natur lebender Systeme, ist eine endlose Kontroverse über eine Definition von Leben unvermeidlich (Cleland und Chyba, 2002).

„Die Definitionen von Leben sind in hohem Maße umstritten" – so beginnt auch im Jahre 2004 eine umfangreiche Arbeit zum Problem der Definition von Leben. Die Publikation dreier Wissenschaftler(-innen) aus Spanien entstammt dem „Zentrum für Astrobiologie (INTA/CSIC)" in Madrid sowie der Universität València und der Universität des Baskenlandes in San Sebastian (Ruiz-Mirazo et al., 2004). Ihre „Allgemeine Definition" von Leben bringt zwei neue Begriffe in die Diskussion: „Autonomie" und die Fähigkeit eines lebenden Systems zu einer „Evolution mit offenem Ende".

Die Autoren stellen außerdem bereits öfter diskutierte Forderungen auf, wie z. B. das Vorhandensein einer Begrenzung (Membran), eines Energieumwandlungsmechanismus sowie die Existenz von mindestens zwei funktionell unabhängigen Komponenten (eine mit katalytischen Eigenschaften und die zweite als „Niederschrift" von Informationen). Das Phänomen Leben erfordert also nicht nur individuelle Selbstreproduktion und sich selbsterhaltende Systeme, sondern es fordert von solchen individuellen Systemen auch die Fähigkeit, eine charakteristische, evolutionäre Dynamik und eine historisch kollektivistische Organisation zu entwickeln.

Im Zusammenhang mit der zuvor aufgezeigten Problematik steht eine Hypothese des britischen Physikers James Lovelock, die Gaia-Hypothese. Sie wird von einigen namhaften Wissenschaftlern unterstützt, wie z. B. der

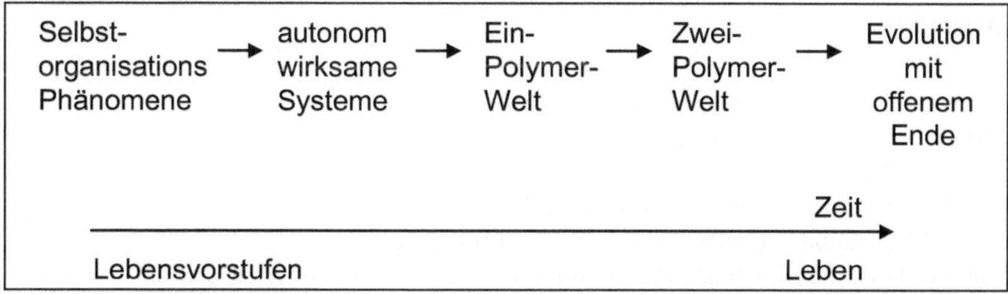

Abb. 1.5: Schematische Darstellung der Entwicklung zum Leben aus seinen Vorstufen entsprechend der Lebensdefinition der Autoren. Haben sich erst einmal bioenergetische Mechanismen durch autonome Systeme herausgebildet, so sind die thermodynamischen Grundlagen für den Beginn der Archivierung von Information geschaffen und damit für eine „Ein-Polymer-Welt" (wie z.B. „RNA-Welt). Für diesen Übergang werden mehrere Modelle diskutiert. Diese Phase ist möglicherweise Ausgangspunkt für den Prozeß der Darwinschen Evolution (mit Reproduktion, Variabilität und Vererbung) – aber noch ohne Trennung von Genotyp und Phänotyp. Nach der Definition der Autoren beginnt das Leben genau zu dem Zeitpunkt, wenn der genetische Code wirksam wird, d. h. beim Übergang von der „Ein-Polymer-Welt" zur „ Zwei-Polymer-Welt". Es schließt sich die letzte Phase, die „Evolution mit offenem Ende", an. Quelle: verändert nach Ruiz-Mirazo et al. (2004).

amerikanischen Biologin Lynn Margulis und dem theoretischen Physiker Freeman Dyson (Dyson, 1992). Nach der Gaia-Hypothese wird die Erde als eine Art Lebewesen angesehen. Im alten Griechenland verehrte man Gaia als Göttin der Erde. Von ihr werden Ungleichgewichte, die durch Wechselwirkungen zwischen Leben und Erde auftreten, harmonisch ausgeglichen. Es gibt einige Argumente und Beispiele, die für Gaia sprechen, andererseits wäre auch denkbar, daß die Erde ein recht widerstandsfähiges System darstellt, das Veränderungen und Eingriffe, die beispielsweise durch Katastrophen ausgelöst wurden, verkraften konnte.

In einer alternativen These werden vor allem die Auswirkungen der Populationsdynamik und weniger die der Darwinschen Selektion für die Regulation der Umweltbedingungen in Betracht gezogen (Staley, 2002).

Über Gaia kann noch kein entgültiges Urteil gefällt werden. Auch bei dieser Hypothese bringen nur weitere Untersuchungen und Experimente eine klare Antwort und damit ein tieferes Verständnis unserer Existenz.

Literatur

Arrhenius S (1927), Z Phys Chem 130:516

Barrow J (1994) Theorien für Alles. Rowolt, Hamburg

Clark B (2002) Second Astrobiology Conference, NASA-Ames Research Center http://www.astrobiology.com/asc2002/abstrct.html

Cleland C, Chyba C (2002) Orig Life Evol Biosphere 32:387

Conaut JB (1953) Pasteurs and Tyndalls Study of Spontaneous Generation. Harvards University Press, Cambridge, Mass

Crick FHC , Orgel LE (1973) Icarus 19:341

Die Edda (1975) Eugen Dietrichs Verlag, Düsseldorf, Köln

Donington R (1976) Richard Wagners Ring des Nibelungen und seine Symbole. Reclam jun. Stuttgart

Dyson F (1992) From Eros to Gaia. Penguin-Books

Eigen M (1995) What will endure of 20th century biology? In: Murphy MP, O`Neill LAJ (eds) What is Lilfe? – The Next Fifty Years. Cambridge University Press, pp 5-23

Garrison WM, Morrison DC, Hamilton JG, Benson AA, Calvin M (1951) Science 114:416

Groth W, Suess H (1938) Naturwissenschaften 26:77

Haldane JBS (1928) The Origin of Life. Ratioonalist Annual 148: 3. Wiederabgedruckt in Science and Human Life. Harper Brothers, New York, 1933

Herrera AA (1942) Science 96:14

Horowitz N, Miller SL (1962) in: Progress in the Chemistry of Natural Products 20:423

Kalevala (1964) Übersetzung von D Welding, PO Röhm Verlag, Stuttgart

Kamminga H (1991) Uroboros 1:1.95

Koshland jr DE (2002) Science 295:2215

Luisi PL (1998) Orig Life Evol Biosphere 28:613

Mainzer K (1989) Philosophie und Geschichte der Kosmologie. In: Audretsch J, Mainzer K (Hrsg) Vom Anfang der Welt. Beck CH, München, S 13-39

Miller SL (1953) Science 117:528

Miller SL, Schopf J, Lazcano A (1997) J Mol Evol 44:351

Nakott J (1991) Bild der Wissenschaft 1:76

Oparin AI (1924) Der Ursprung des Lebens,1.Ausgabe (russ.: Proiskhozdenic Zhizni). Moskovskiy Rabochii, Moskau

Oparin AI (1965) History of the subject matter of the conference. In: Fox SW (ed) The Origins of Prebiological Systems. Academic Press, New York London, p 91

Pasteur L (1862) Ann Physik 64:5

Pflüger E (1875) Archiv für gesamte Physiologie 10:251

Ruiz-Mirazo K, Peretó J, Moreno A (2004) Orig Life Evol Biosphere 34:323

Schrödinger E (1944) What is Life? Cambridge University Press

Schrödinger E (1987) Was ist Leben? Piper, München

Staley M (2002) J theor Biol 218:35

2 Kosmos, Sonnensystem und Urerde

2.1 Kosmostheorien

Die Frage nach dem Ursprung des Lebens auf der Erde führt zwangsläufig zur Frage nach der Entstehung unseres Planeten, des Sonnensystems und des Kosmos. Erklärungs- und Deutungsversuche gehen bis zu den Denkern des Altertums zurück, aber erst im letzten Jahrhundert gelangen den Naturwissenschaftlern entscheidende Durchbrüche, die zu Weltmodellen führten, über die z. T. noch intensiv diskutiert und gestritten wird.

Da kosmologische Theorien das Hauptthema dieses Buches nur am Rande berühren, folgt nur ein skizzenhafter Überblick über diese Thematik. – Im letzten Jahrhundert waren es vor allem zwei Entdeckungen und deren Entwicklung, die zu einem gewaltigen Erkenntniszuwachs führten:

– die Allgemeine Relativitätstheorie von Albert Einstein und
– die Entdeckung der Galaxienflucht durch Edwin Hubble.

Stark vereinfachend kann man die Relativitätstheorie als eine Theorie der Gravitation bezeichnen, in der Raum und Zeit zu einer Einheit verbunden werden. Das Weltall ist dann nicht mehr ein statisches System, sondern ein dynamisches, sich weiter ausdehnendes Gebilde. Dabei stellt sich die Frage, ob dieser Prozeß unendlich fortgesetzt wird oder ob eine rückläufige Entwicklung erfolgen kann, falls die Gravitation das System zum Zusammenfallen zwingt. Dies würde dann geschehen, wenn die Materiedichte im Kosmos einen kritischen Wert überschreitet.

Im Jahre 1922 verwandte der Russe A. A. Friedman die Einsteinschen Feldgleichungen für seine Überlegungen und schloß aus ihnen auf ein expandierendes Weltall. Zu einem ähnlichen Ergebnis kam 1927 der belgische Physiker G.E. Lemaître. Er nahm an, daß das Universum von einem extrem kleinen Materievolumen ausgegangen sein mußte. Das „Uratom" (l'atome primitiv) war seine Schöpfung (Schücking, 1993). Nur zwei Jahre später entdeckte Edwin Hubble die „Flucht der Galaxien". Dabei verglich er die Lage der Spektrallinien, die er vom Licht bestimmter Galaxien erhalten hatte, mit denen von Laborexperimenten. Dabei stellte Hubble fest,

Abb. 2.1: George Gammov (1904–1968) wurde in Odessa geboren, studierte in Leningrad (St. Petersburg) und emigrierte 1934 nach den USA, wo er bis 1965 in Washington (DC) und die letzten drei Lebensjahre an der Universität von Colorado in Bolder lehrte.

daß die Galaxienlinien geringfügig zum roten Spektrenende hin verschoben waren. Er deutete diesen Befund als eine Bewegung der Galaxien von der Erde weg. Dieses Phänomen wurde gleich als Doppler-Effekt erkannt. Rechnet man diese Bewegung zurück, so gelangt man zu einem kleinen, räumlichen Bereich, von dem aus eine Art von Urexplosion erfolgt sein mußte. Dieser Prozeß wurde vom britischen Astronomen Fred Hoyle 1955 etwas abschätzig als der „Big bang" bezeichnet. Zu diesem Zeitpunkt war Hoyle noch ein überzeugter Anhänger der „steady-state-Hypothese". Sie postuliert ein Art von Gleichgewichtszustand, bei dem im Kosmos dauernd Materie neu- und umgebildet wird. Danach gab es keinen Anfang und kein Ende des Universums – es blieb als Ganzes unverändert.

Heute wird die Big-bang-Theorie von der Mehrheit der Kosmologen favorisiert. Neben „Abbé" Lemaître war es vor allem George Gamow, der den theoretischen Hintergrund der Urknall-Theorie erarbeitete und sie auch bekannt machte. Mit genialer Weitsicht hatte Gamow, ein in den USA lebender, gebürtiger Russe, die 3-K-Hintergrundstrahlung vorausgesagt und gefordert.

Die kosmische Hintergrundstrahlung besteht aus etwa 400 Photonen·cm^{-3} (Fritsch, 1987). Der gesamte Kosmos wird von der 3-K-Strahlung erfüllt. Dieses Nachleuchten des Urknalls wurde im Jahre 1964 durch A. Penzias und W. Wilson als 3-K-Mikrowellenstrahlung entdeckt. Für diese Leistung erhielten beide Forscher 1978 den Nobelpreis für Physik. Neben 3-K-Strahlung und Rotverschiebung gibt es noch einen dritten Befund, der die Urknall-Theorie unterstützt. Man errechnete, wieviel Helium bei der Abkühlung des expandierenden Kosmos nach dem Urknall entstanden sein mußte. Es ergab sich ein Wert von 23–24 % Helium der Gesamtmaterie. Dies stimmt mit den später ermittelten Meßwerten gut überein.

Die Urknall-Theorie nimmt für die Entstehung des Kosmos einen Zeitraum von etwa $15 \cdot 10^9$ Jahren an. Dieser Prozeß begann mit einem Zustand, den man als „Singularität" bezeichnet, d. h. den Anfang von Zeit, Raum und Materie. Die Big-bang-Theorie postuliert einen extrem heißen Glutball von Materie und Strahlung zu Beginn des Urknalls. Dabei stieg die Temperatur dieses Plasmas umso höher, je weiter man sich dem Zeitpunkt Null nähert. In diesem Zustand sind die vier Fundamentalkräfte (starke und schwache Kernkraft, elektromagnetische Kraft und Gravitation) vereinigt. Die geltenden physikalischen Gesetze können auf diesen Zustand nicht angewendet werden. Es ist unklar, ob er mit Worten beschrieben werden kann. Auch sind die für den Urknall geltenden Gesetze unbekannt. Die extremen Werte für Druck, Temperatur, Energie und Dichte liegen jenseits unseres Vorstellungsvermögens. Es verbietet sich jedweder Versuch einer Simplifizierung.

Aber bereits Sekundenbruchteile nach der Urexplosion erfolgte die Ausbildung erster Strukturen. Aus Erkenntnissen der Teilchenphysik lassen sich kosmische Prozesse berechnen und vorhersagen. So ist zu erwarten, daß sich noch innerhalb der ersten Sekunde jeweils drei Quarks zu einem Proton bzw. einem Neutron vereinigten. Dabei sank die Temperatur auf 10^{10} Grad. Bei dieser Energiedichte können aus Photonen nicht mehr Elektronen und ihre Antiteilchen, die Positronen, erzeugt werden. Positronen und Elektronen anihilieren, d. h. zerstrahlen – es bleibt ein geringfügiger Überschuß an Elektronen übrig. Bereits eine Minute nach dem Urknall vereinigen sich jeweils zwei Neutronen mit zwei Protonen zum Atomkern He^{2+}. Nach drei Minuten ist die Temperatur auf 10^9 Grad gefallen. Das expandierende Weltall setzt sich jetzt aus etwa 24 % Helium und etwa 76 % Wasserstoffkernen zusammen (sowie Spuren leichter Elemente). Elemente mit höherer Ordnungszahl als Helium (von den Astronomen als „Metalle" bezeichnet) wurden in späteren Entwicklungsstadien des Kosmos gebildet. Bei weiterer Abkühlung des Universums entstanden elektroneutrale Wasserstoff- und Heliumatome (sowie Spuren von Lithium) durch Elektroneneinfang. Dieser Prozeß reduzierte drastisch die Anzahl freier Elektronen und der Kosmos wurde „durchsichtig", d. h. Photonen vermochten nun ungehindert den Raum zu durchqueren, ohne an freien Elektronen gestreut zu werden.

Nach weiteren hunderten von Millionen Jahren nach dem Urknall (einige Astrophysiker nennen etwa eine Milliarde Jahre) beträgt die Temperatur nur noch etwa 18 K, um dann bis zum Wert von 3 K (genau: 2,73 ± 0,01 K) (Unsöld u. Baschek, 1999) abzusinken.

Über die neuesten Modelle, Modellrechnungen und Computersimulationen zur Entstehung der ersten Strukturen und Sterne im jungen Kosmos berichten Larson und Bromm (2002) sowie Tscharnuter und Straka (2002) in einem Kurz-Interview. Danach bildeten sich die ersten Sterne bereits etwa 100–250 Millionen Jahre nach dem Urknall. Sie entstanden in kleinen Protogalaxien, die wiederum das Ergebnis geringfügiger Dichtefluktuationen im jungen Kosmos waren. Obwohl sich das frühe Universum durch Homogenität auszeichnete, genügten die geringen Dichteschwankungen zur Ausbildung filamentartiger Strukturen, ähnlich einem Netzwerk. An den Knotenpunkten verdichtete sich die Materie (nur Wasserstoff und Helium, keine Metalle) und führte zur Bildung der ersten Himmelskörper. So kam das Licht in das dunkle Zeitalter!

Wodurch unterschieden sich diese ersten Sterne von den jetzigen Gestirnen? Wie bereits erwähnt, vor allem durch ihre einfachere Zusammensetzung. Außerdem zeigen Modellrechnungen, daß sie viel größere Massen (100–1000 Sonnenmassen) besessen haben müssen und damit eine viel höhere Leuchtkraft (etwa das Millionenfache der Sonne).

Ein weiterer wichtiger Unterschied ist die bedeutend kürzere Lebensdauer der ersten Sterne. Sie liegt bei nur wenigen Millionen Jahren. Da die Sterne ausschließlich aus Wasserstoff und Helium bestanden, verlief die Energieerzeugung in diesen Himmelskörpern anders als in heutigen Gestirnen, bei denen bestimmte Elemente katalytisch bei der Kernfusion mitwirken. Ohne diese Katalysatoren verläuft die Kernfusion in den Sternen weniger effizient. Die jungen Sterne mußten daher höhere Temperaturen erreichen und kompakter sein. Es werden Temperaturen angenommen, die etwa 17mal die Sonnentemperatur übertreffen. Einige der frühen Sterne explodierten als Supernovae. Die dabei gebildeten Metalle höherer Ordnungszahl verteilten sich im All und beeinflußten die weitere Entwicklung im Kosmos, z. B. die Bildung von Planeten.

Die Entwicklung neuer kosmologischer Modelle zwang in letzter Zeit zu häufiger Neuorientierung. – Daher war hier nur eine sehr kurze und unvollständige Beschreibung über die Entstehung des Kosmos möglich. Über die Prozesse „Der ersten 3 Minuten" berichtet das bekannte Buch von Stephen Weinberg (1977). Das „Standard-Modell" und seine offenen Fragen sowie das „Inflationäre Universum" beschreibt Jürgen Audretsch (1989).

Eine kritische Bilanz zieht der Astrophysiker P. James E. Peebles (2001), emeritierter Professor der Princeton-Universität. Er führt aus: „Das kosmologische Theoriengebäude gleicht derzeit einem Gerüst, das zwar fest gefügt ist, aber große Lücken aufweist. Für die offenen Fragen stehen Begriffe wie „dunkle Materie", „Inflation" und „Quintessenz" – spannende Zeiten für die Kosmologie."

Tabelle 2.1: Zensuren für kosmologische Hypothesen (Quelle: Peebles, 2001)

Hypothese	*Note*	Bemerkungen
Das Universum entwickelte sich aus einem heißen, dichten Anfangszustand.	*sehr gut*	Überwältigende Beweise aus vielen Bereichen von Astronomie und Physik.
Das Universum expandiert gemäß der Allgemeinen Relativitätstheorie.	*gut*	Besteht alle bisherigen Tests, aber nur wenige Tests waren streng.
In Galaxien überwiegt dunkle Materie aus exotischen Teilchen.	*befriedigend*	Viele indirekte Hinweise, aber die Teilchen müssen noch gefunden und konkurrierende Theorien ausgeschlossen werden.
Die Masse des Universums ist größtenteils gleichmäßig verteilt; sie wirkt wie Einsteins kosmologische Konstante und beschleunigt die Expansion.	*ausreichend*	Paßt gut zu den neuesten Messungen; aber die Indizien sind noch lückenhaft und theoretische Probleme ungelöst.
Das Universum machte zu Beginn eine Phase rapider Expansion durch, die sog. Inflation.	*mangelhaft*	Elegante Theorie, aber noch ohne Beweise; erfordert enorme Erweiterung der physikalischen Gesetze.

Die Hypothese der „Quintessenz" stellen J. P. Ostriker und P. J. Steinhardt (2001) vor. Unter Quintessenz („fünfte Substanz") verstehen die Autoren ein Quantenkraftfeld, das gravitativ abstoßend wirkt. Es hat eine gewisse Ähnlichkeit mit einem elektrischen oder magnetischen Feld und könnte die Ursache für ein unsichtbares Energiefeld sein, das die kosmische Expansion beschleunigt.

Die Möglichkeit mit modernsten Instrumenten immer exaktere Daten über den Aufbau des Kosmos zu erhalten und dabei immer tiefer, fast bis an die Grenzen des Alls vorzustoßen, sind wohl ein Grund dafür, daß neue, komplexere Modelle über die Genese des Kosmos entwickelt werden. Informationsverarbeitung und die Simulationen mit Hochleistungscomputern erweitern die Möglichkeiten zur Erarbeitung neuer Ansätze für die Lösung noch offener Fragen. – Ein Versuch, die Big-bang-Theorie mit der String-Theorie zu verbinden, führten amerikanische Astrophysiker zum Modell des „ekpyrotischen Universums" (Pössel, 2001). Nach dieser Hypothese entstand das Universum durch die Kollision zweier Vorgängerwelten und nicht durch den von vielen Astrophysikern favorisierten Urknall, mit dessen Hilfe zwar viele, aber nicht alle Phänomene der Kosmophysik erklärt werden können.

Wie offen noch grundlegende Fragen in der Kosmologie sind, zeigen neueste Forschungsergebnisse und daraus folgende Modelle, die einige bisherige Annahmen und Hypothesen in Zweifel ziehen.

Nach der Analyse neuer Daten der Wilkinson Microwave Anisotropy-Sonde (WMAP) der NASA erarbeitete eine internationale, vor allem französische Forschergruppe ein erstaunliches, neues Modell unseres Universums. Danach wäre der Kosmos nicht unendlich und dehnte sich unter dem Druck dunkler Energie immer weiter aus (entsprechend dem „Standard-Modell" der Kosmologie), sondern der Kosmos wäre endlich, und er zeigte eine ziemlich starre Topologie, möglicherweise in Gestalt eines Poincaré-schen Zwölfflächner-Raumes (Luminet et al., 2003; Ellis, 2003).

Ohne Zweifel dürften aus dem Bereich der Kosmophysik in den nächsten Jahren noch viele neue Erkenntnisse zu erwarten sein, wenn die Messergebnisse künftiger Missionen ausgewertet wurden, wie z. B. die des „Planck-Satelliten" der europäischen Raumfahrtsbehörde ESA, der ab 2007 eine noch genauere Durchmusterung der kosmischen Hintergrundstrahlung durchführen soll.

2.2 Bildung der Bioelemente

Das bekannte, in die Chemie einführende Lehrbuch von Atkins und Beran „Chemie einfach alles" (1996) beginnt mit dem Satz: „Die Wiege der Chemie liegt in den Sternen". Treffender konnte auf die Bedeutung der Kosmochemie kaum hingewiesen werden. Die Synthese der Elemente, wie sie jetzt wohlgeordnet im Periodensystem der Elemente stehen, kann man in drei Phasen aufteilen. Diese sind sowohl räumlich, als auch zeitlich von einander zu trennen:

- die Synthese der leichten Elemente Wasserstoff, Helium und Lithium (einschließlich ihrer Isotopen), die in den ersten Phasen des Urknalls erfolgte,
- die Synthese der mittelschweren Elemente, die bei diversen „Brennprozessen" gebildet wurden, und
- die Synthese schwerer Elemente bei Supernova-Explosionen.

Etwa drei Minuten nach dem Urknall herrschte eine Temperatur von etwa einer Milliarde Grad. Bei weiterer Abkühlung blieben auch ^{3}H (Tritium), ^{3}He und ^{4}He stabil. Schwere Kerne konnten nicht aufgebaut werden, da ein Deuterium-Engpaß dies verhinderte. Die ^{2}H-Kerne halten nicht genügend lang zusammen (Weinberg, 1979). Bei weiterer Expansion und damit verbundener Abkühlung änderte sich das Verhalten der Deuteriumkerne. In dieser Phase könnten Kerne aufgebaut werden, aber weitere Engpässe verhindern die Synthese nennenswerter Mengen. Das Universum enthält in diesem Entwicklungszustand etwa 24 % Helium. Etwa 300.000 Jahre nach dem Urknall herrschen Temperaturen, bei denen sich Elektronen und Kerne zu Atomen vereinigen können. In den folgenden Zeiträumen bildeten sich an einigen Stellen des Alls Massenverdichtungen. Es entstanden die ersten Gestirne. Die in den Sternen ablaufenden komplexen Prozesse führen zur Synthese chemischer Elemente mit höherer Ordnungszahl. Welche Elemente gebildet werden können, hängt vor allem von der Masse der Sterne ab. Sie wird bei Publikationen meistens mit der Masse unserer Sonne verglichen, d. h. die Sternenmasse wird in der Einheit „Sonnenmassen" ausgewiesen. Die im Sterneninneren ablaufenden Reaktionen bezeichnet man bildlich als „Brennen".

In Tabelle 2.2 sind die wichtigsten in den Sternen ablaufenden Nucleosynthesen aufgeführt. Unter den Hauptprodukten befinden sich auch die Bioelemente C, O, N und S. In den ersten Phasen nach dem Big Bang beginnt die Synthese der Elemente mit dem Proton und den Heliumkernen. Diese werden auch in den weiteren Entwicklungsphasen der Sterne gebildet. Das stabile Nuclid ^{4}He stellt das Ausgangsmaterial für die folgenden Kernreaktionen dar. Bei einem dreifachen α-Prozeß, d. h. drei Heliumkerne treffen aufeinander, entsteht ^{12}C. Allerdings dürften Dreier-Stöße extrem selten ablaufen. Dagegen sollte eine Zweistufenreaktion leichter realisierbar sein, wie E. Salpeter von der Cornell-Universität zeigte (Kippenhahn, 1980). Bei dieser Nucleosynthese stoßen zwei Heliumkerne zusammen und ergeben einen Berylliumkern, der extrem schnell in seine Ausgangsprodukte zerfällt, wenn er nicht von einen dritten Heliumkern getroffen und der neugebildete Kern ^{12}C durch Abgabe von Strahlung stabilisiert wird. Die Lebenszeit des Berylliumkerns beträgt nur etwa 0,05 Sekunden (Hillebrandt u. Ober, 1982). Daher muß die Dichte der Heliumkerne sehr hoch sein, damit auch eine hohe Trefferwahrscheinlichkeit erreicht wird.

Tabelle 2.2: Die Vor-Supernova-Brennstadien eines Sterns von 25 Sonnenmassen Quelle: Maciá et al. (1997)

Brenn-Prozeß	$T\,(\cdot 10^9\mathrm{K})$	Hauptprodukte	Dauer
H	0,02	^{4}He, ^{14}N	$7\cdot 10^6$a
He	0,2	^{12}C, ^{16}O, ^{20}Ne	$5\cdot 10^5$ a
C	0,8	^{20}Ne, ^{23}Na, ^{24}Mg	$6\cdot 10^2$ a
Ne	1,5	^{16}O, ^{24}Mg, ^{28}Si,	1 a
O	2,0	^{28}Si, ^{32}S, ^{40}Ca	180 Tage
Si und e$^-$-Prozeß	3,5 +	^{54}Fe, ^{56}Ni, ^{52}Cr	1 Tag

Durch weiteren α-Teilchen-Einfang werden Sauerstoff und Neon gebildet. ^{16}O stellt wiederum die Grundlage für die Synthese von Schwefel dar. Von den biogenen Elementen fehlt in Tabelle 2.2 das Element Phosphor. Es nimmt eine gewisse Sonderstellung ein, denn es wird durch eine komplexe Nucleosynthese charakterisiert (Maciá, 1997). Die in der Tabelle aufgeführten Reaktionen laufen in massereichen Sternen in der Reihenfolge ohne Unterbrechung, aber in großen Zeiträumen ab.

$$H \longrightarrow He \longrightarrow C, O \longrightarrow Ne \longrightarrow Mg, Si \longrightarrow Fe, Ni \tag{2.1}$$

Es entsteht eine Art von Zwiebelschalen-Modell des Sterns mit einem Eisen-Nickelkern im Inneren. Bei weniger massereichen Sternen liegt eine etwas andere Situation vor: ein Scheideweg, wenn das Kohlenstoff-Brennen ($^{12}C + {}^{12}C$) beginnt. Massereiche Sterne starten diese Phase „ruhig" – während Sterne von 4–8 Sonnenmassen durch das Kohlenstoff-Zünden völlig zerrissen werden.

Bei massereichen Sternen erfolgt nach dem C-Brennen und vor der Aufnahme von ^{16}O eine Phase, in der ^{20}Ne zersetzt wird. Entstehende α-Teilchen werden von den vorhandenen Kernen (auch von Ne) verbraucht (sog. Neon-Brennen).

$$^{20}Ne + \gamma \rightarrow {}^{16}O + \alpha \quad \text{und} \quad {}^{20}Ne + \alpha \rightarrow {}^{24}Mg + \alpha \rightarrow {}^{28}Si + \gamma \tag{2.2}$$

Diese Reaktionen laufen in den inneren Zonen von Sternen mit mehr als 15 Sonnenmassen ab. Nach einem hydrostatischen Kohlenstoff-Brennen folgt explosives Neon-Brennen bei Temperaturen von etwa $2,5 \cdot 10^9$ K. Unter diesen Bedingungen kann Phosphor (^{31}P) vorgefunden werden, allerdings mit komplexen Nebenreaktionen. Im Vergleich zur Bildung der anderen fünf biogenen Elemente erscheinen die Synthesewege, die zum Element Phosphor führen, recht verworren (Maciá et al., 1997). ^{31}P-Kerne können nur in solchen Sternklassen entstehen, die auf Grund ihrer Masse zum C- und Ni-Brennen befähigt sind. Einige der nuklearen Reaktionswege erreichen nur geringe Ausbeuten (von etwa 2,5 %), und dies erklärt das vergleichsweise geringe Vorkommen dieses wichtigen Bioelementes. Der größte Anteil des natürlichen ^{31}P-Nuclids dürfte nach folgender Reaktionskette gebildet werden:

$$^{12}C + {}^{12}C \rightarrow {}^{24}Mg^* \rightarrow {}^{23}Na + p \rightarrow {}^{23}Na\,(\alpha, p) \rightarrow {}^{26}Mg\,(\alpha, \gamma)$$
$$\rightarrow {}^{30}Si\,(p, \gamma) \rightarrow {}^{31}P \tag{2.3}$$

Die Umsetzung von $^{24}Mg^*$ zu ^{23}Na verläuft mit etwa 50 % Ausbeute, der darauffolgende Reaktionsschritt nur mit 5 %. Ein Großteil des ^{31}P wird durch die Reaktion $^{31}P\,(p,\alpha) \rightarrow {}^{28}Si$ wieder zerstört. – Näheres zur P-Synthese und das Vorkommen dieses Elementes und seiner Verbindungen im Kosmos bei Marciá et al. (1997).

2.3 Entstehung des Sonnensystems

In historischer Hinsicht standen zwei Lehrmeinungen zur Entstehung und Entwicklung unseres Sonnensystems einander gegenüber: die Katastrophen- und die Evolutionshypothesen.

Die Katastrophenhypothesen gehen von einen Zusammenstoß oder dem Aufeinandertreffen zweier Sterne aus. Bereits 1745 nahm der französische Naturforscher Count de Buffon an, die Erde sei durch einen vorbeifliegenden Kometen aus der Sonne herausgebrochen worden. Er schätzte das Alter der Erde bereits auf 70.000 Jahre, während aus theologischer Sicht die Erde erst 6.000 Jahre existierte.

Die heute allgemein akzeptierte Lehrmeinung sagt aus, daß unser Sonnensystem durch Evolutionsprozesse entstand. Die ersten Ansätze gehen auf René Descartes (1596–1650) zurück, der Kraftwirkungen durch Kontaktkräfte, z. B. Stöße, erklärte. Seine Wirbeltheorie der Planetenbildung versucht die Entstehung der Sonne, aber auch die Planetenbewegung zu erklären. Mehr als ein Jahrhundert später entsteht die „Kant-Laplacesche Nebular-Hypothese" (auch „Urnebelhypothese" genannt), die den modernen Erkenntnissen über den Entstehungsprozeß des Sonnensystems schon bedeutend näher kommt. Sie geht auf den Königsberger Philosophen Immanuel Kant (1724–1804) mit seiner 1755 herausgegebenen Schrift „Allgemeine Naturgeschichte und Theorie des Himmels" (Kant, 1755, Neuaufl. 1999) und Pierre Simon Marquis de Laplace (1749–1827) zurück. Beide Gelehrten entwickelten jeweils ihre eigenen Hypothesen, die auch zeitlich getrennt entstanden. So beschrieb Kant ctwa 40 Jahre vor Laplace seine Ideen. Den Hypothesen ist die Annahme gemeinsam, daß sich geringfügig dichtere Regionen im gasgefüllten All unter dem Einfluß der Gravitation immer stärker kontrahierten (Neukum, 1987). Jedoch zeigt die in mathematischer Formelsprache abgefaßte Laplacesche Hypothese gewisse Schwächen, die wiederum zur Entstehung neuer Katastrophenhypothesen führten. Es gibt aber auch grundsätzliche Unterschiede zwischen beiden Ansätzen. So geht beispielsweise Kant von einem rotierenden Urnebel aus, der einzelne Wölkchen bildet, die nach weiterer Massenverdichtung zu Planeten werden. Der Restnebel kondensiert zur Sonne. Laplace dagegen nimmt eine heiße Gasscheibe an, die sich bereits in Rotation befindet, weiter abkühlt und schrumpft. Sie dreht sich schnell und stößt dabei Gasringe ab, aus denen sich Planeten bilden, während die Restmaterie zur Sonne wird (Struve, 1963).

Da der Entstehungsprozeß des Sonnensystems äußerst kompliziert verlaufen sein dürfte, fehlt noch immer eine allgemein akzeptierte Theorie, denn es müssen die verschiedenen Klassen von Himmelskörpern, wie Sonne, Planeten, Satelliten und Kometen, mit ihren stark unterschiedlichen Charakteristika durch für alle Teile geltende Mechanismen erklärt werden.

Nach heutigen Vorstellungen entstand unser Sonnensystem aus einer riesigen Gas-Staubwolke von einigen Lichtjahren Ausdehnung in einem Seitenarm der Milchstraße. Die Teilchendichte dieser interstellaren Materiewolke war äußerst gering, etwa $1 \cdot 10^8 - 1 \cdot 10^{10}$ Teilchen bzw. Moleküle je Kubikmeter, d. h. einem Vakuum, das im Laboratorium unerreichbar ist. Diese riesige Molekülwolke bestand hauptsächlich aus Wasserstoff und Helium, neben Spuren anderer Elemente. Die Temperatur des Systems wird auf 15 K geschätzt.

Ein noch unbekanntes Ereignis brachte die interstellare Wolke aus ihrem Gleichgewichtszustand – das System kollabierte. Möglicherweise waren es Stoßwellen einer Supernovaexplosion, die den Prozeß auslösten, oder die Dichtewelle eines Spiralarms unserer Galaxie. Die Gasmoleküle bzw. Partikel verdichteten sich, und mit steigender Verdichtung erhöhten sich im Laufe dieses Vorganges Druck und Temperatur. Die bei der Rotation des Systems auftretenden Zentrifugalkräfte konnten möglicherweise eine kugelsymmetrische Kontraktion verhindern. So bildete sich eine abgeflachte, rotierende Materiescheibe, in deren Mitte die Ursonne stand (Weigert u. Wendker 1996). Analoga zum frühen Sonnensystem, d. h. protoplanetarische Scheiben, konnten in den letzten Jahren im Weltall auf Grund der Emission, die von T-Tauri-Sternen stammte, festgestellt werden (Koerner, 1997).

Über 99 % der Masse des Gesamtsystems werden in der Protosonne vereinigt. Die Ausbildung der Scheibe belegen die koplanare Bewegung aller Planeten und ihr gleicher Umlaufsinn um die Sonne. Die in der Ursonne sich weiter konzentrierende Materie wirkte auf die rotierende Materiescheibe ein. Ihr Durchmesser wurde in Richtung zur Protosonne hin verkleinert und damit erhöhte sich die Rotationsgeschwindigkeit des Gesamtsystems.

Es kann angenommen werden, daß die Ursonne anfänglich viel schneller rotierte und damit einen sehr großen Drehimpuls besaß. Dagegen weist die Sonne heutzutage nur etwa 0,5 % des Gesamtdrehimpulses unseres Sonnensystems auf. Wie kommt diese Diskrepanz zwischen Sonnenmasse (sie beträgt etwa 99,8 % der Masse des gesamten Sonnensystems) und Drehimpuls zustande? – Das „Drehimpuls-Problem" dürfte mit der Annahme von magnetischen Wechselwirkungen zwischen der Sonne und der rotierenden, aus geladenen Teilchen (Ionen und Elektronen) bestehenden Materiescheibe erklärbar sein. Lüst und Schlüter nehmen als möglichen Mechanismus eine Kupplung von interplanetarem Plasma mit der Sonne an, nach der Art einer Wirbelstrombremse (Unsöld, 1981). Da nach dem Erhaltungssatz Drehimpuls nicht verloren gehen kann, muß die Sonne ih-

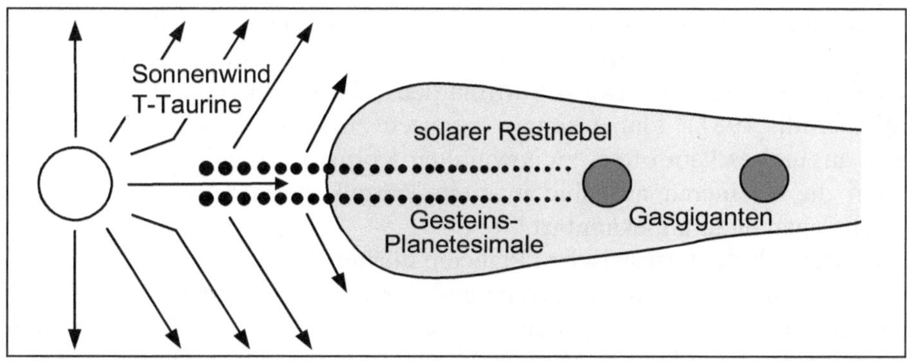

Abb. 2.2: Der Zustand des entstehenden Sonnensystems mit der jungen Sonne in der T-Tauriphase. Die zentrale Region um die Sonne wurde vom Urnebel „freigeblasen". Hinter der Schockfront befindet sich die Scheibe aus dem Restnebel mit den Materialien, die durch Einwirkung des Sonnenwindes aus dem solaren Urnebel entstanden waren. Quelle: Gaffey (1997)

ren Drehimpuls größtenteils an die rotierende interplanetare Scheibe und damit an die sich nun langsam ausbildenden Planeten abgegeben haben.

Die junge Sonne durchlief die sog. „T-Tauri-Phase", bei der gewaltige Gasströme von der Sonne ins All geblasen wurden. Sie stellt eine instabile Phase bei der Sternentwicklung dar und dürfte, je nach Masse des Himmelskörpers, 10^5–10^8 Jahre gedauert haben. Die Geschwindigkeit der Gasströme kann bis zu 200–300 km·s^{-1} betragen (Kippenhahn, 1987). Dabei wurden immense Materiemengen bis in die äußeren Regionen der Gas- und Staubscheibe befördert, d. h. in die Entstehungsregionen der Großplaneten. Im Gebiet der terrestrischen Planeten mußten sich schon genügende Mengen der schwereren Elemente angesammelt haben, die dem Sonnenwind trotz höherer Temperaturen und größerer Sonnennähe besser standhielten. Die Energie für die T-Tauri-Phase stammt wahrscheinlich von der im Sonneninneren ablaufenden Fusionsreaktion (Umwandlung von Wasserstoff zu Helium). Die Sonnenatmosphäre strahlte zu diesem Zeitpunkt mit einer Temperatur zwischen 10.000–100.000 Grad und einem intensiven UV-Anteil. Diese Phase dürfte etwa zehn Millionen Jahre gewährt haben. Die Materiepartikel und die Gase des solaren Urnebels bewegten sich um die heiß strahlende Ursonne. Die Urnebelscheibe war durch starke Temperaturunterschiede, je nach Entfernung von der Sonne, gekennzeichnet. Die Materiedichte dürfte in Sonnennähe größer gewesen sein als in fernen Regionen.

Kleinste Mikropartikel schlossen sich zu Mikroagglomeraten und weiter zu größeren Klümpchen zusammen. Diese Staubkörner verklumpten sich zu mächtigen Einheiten. Die zuerst zentimetermessenden Partikel wuchsen zu Gebilden mit Ausmaßen von mehreren Metern. Derartige Planetenbausteine bezeichnet man als „Planetesimale". Computersimulationen machten ihre Existenz vor etwa 4½ Milliarden Jahren äußerst wahrscheinlich (Wetherhill, 1981). Planetesimale wuchsen zu kilometermessenden Körpern an, und es kam öfters zu gewaltigen Kollisionen, bei denen die Größeren die Kleineren aufnahmen – ein Prozeß, der im modernen Wirtschaftsleben nicht unbekannt ist.

Im Bereich der terrestrischen Planeten dürften einige Tausend Planetesimale mit Ausmaßen von mehreren hundert Kilometern vorhanden gewesen sein. Sie vereinigten sich im Laufe von etwa zehn Millionen Jahren zu den vier sonnennahen Planeten Merkur, Venus, Erde und Mars (Heuseler et al., 2000). Weit jenseits der Bahn des Planeten Mars bildeten sich die massenreichen Planeten, vor allem Jupiter und Saturn, die entsprechend ihrer größeren Masse, den Gesamtbestand an Wasserstoff und Helium aufsogen. Bis auf ihren Kern weisen die großen Planeten nahezu die gleiche Elementzusammensetzung auf wie die Sonne. Zwischen den Planeten Mars und Jupiter liegt eine breite Zone, in der eigentlich ein weiterer Planet vorhanden sein sollte. Es scheint sicher, daß die gewaltige Masse des Jupiters die Ausbildung eines Planeten aus den bereits kilometergroßen Planetesimalen verhinderte. In dieser Region des Sonnensystems kreisen nun die Planetoiden (angelsächsisch: Asteroiden) um die Sonne. Im Asteroidengürtel dürften nach Schätzungen etwa 50.000 Körper anzutreffen sein, von denen erst etwa 10 % entdeckt wurden (Weigert u. Wendker, 1996). Einige Planetoiden weisen Durchmesser bis zu 900 km auf. Ihre oftmals starken Verformungen lassen auf drastische Zusammenstöße im Laufe ihre Entwicklung schließen. Die Gesamtmasse der Planetoiden ist kleiner als die Masse des Erdenmondes. Die drei größten von ihnen – Ceres, Pallas und Vesta mit Durchmessern von 933, 523 und 501 Kilometern – machen zusammen bereits die Hälfte der Gesamtmasse der Planetoiden aus.

Über Ursprung und Entwicklung der Planetoiden berichten Binzel et al. (1991). Ob sie ein mögliches Bedrohungspotential für die Erde darstellen, diskutiert Gehrels (1996). Die Riesenplaneten, vor allem Jupiter, bewirkten, daß ein großer Anteil der Planetesimalen aus dem Sonnensystem hinausgeschleudert wurde. Diese Körper sammelten sich in einem Raum weit außerhalb des Sonnensystems. Er wurde nach seinem Entdecker, dem Holländer Jan Hendrik Oort (1900–1992), die „Oortsche Wolke" benannt. Der Durchmesser dieses Raumes wird auf etwa 100.000 AE (Astronomische Einheiten, eine AE entspricht der Entfernung Sonne – Erde, d. h. etwa 150 Millionen Kilometer) geschätzt und sollte einige 10^{12} Kometen enthalten. Die Masse dieser Kometen dürfte nach Schätzungen etwa 50 Massen der Erde entsprechen (Unsöld u. Baschek, 1999).

Oort konnte zeigen, daß die Gravitationskraft der Sonne in diesen Regionen bereits so schwach ist, daß am System vorbeiziehende Sterne die Bahnen von Oortschen Kometen sehr stark verändern können. Dabei besteht die Möglichkeit, daß Kometen entweder in den interstellaren Raum abgelenkt werden oder ihre Bahn in Form einer langgestreckten Ellipse in das Innere des Sonnensystems umlenken (Weissman, 1998). Die Oortsche Wolke wird als eine Art „Kühlschrank" für aktive, langperiodische Kometen angesehen. Dagegen scheinen die kurzperiodischen Kometen aus einer Region des Sonnensystems zu stammen, der als „Kuiper-Gürtel" bezeichnet wird und der jenseits des Bereiches der Planeten Neptun und Pluto liegen dürfte. Bereits 1951 hatte der niederländisch-amerikanische Astronom Gerald Peter Kuiper (1905–1973) angenommen, daß sich in den äußersten Zonen des Sonnensystems urtümliches Material erhalten und angesammelt hat. Die in diesen Körpern gespeicherte Materie dürfte aus der Entstehungsphase unseres Sonnensystems stammen. Bisher wurden mehr als 30 kleinere Objekte mit Durchmessern von etwa 100–500 km entdeckt (Luu u. Jewitt, 1996).

2.4 Entstehung der Erde

Die Entstehungsgeschichte der Erde ist in der Anfangsphase relativ eng mit der Bildung der anderen drei terrestrischen Planeten verbunden. Die Nähe zur Sonne bedingte, daß leichte Gase wie Wasserstoff, Helium, Methan, Ammoniak u. a. von den Protoplaneten nicht zurückgehalten werden konnten und durch Sonnenwind und Sonnenhitze weggeblasen wurden. Flüssigkeiten, wie Wasser, konnten nicht kondensieren und folgten den oben angeführten Gasen. Auf diese Weise fand im jungen Sonnensystem eine gewisse Fraktionierung statt. In Sonnennähe verblieb der weitaus größere Anteil von Substanzen mit hoher Verdampfungstemperatur, wie Metalle und Silikate (Press u. Siefer, 1995). In dieser Materie entstammten alle Elemente höherer Ordnungszahl nicht den in der Sonne ablaufenden Prozessen, sie waren vielmehr Bestandteile der interstellaren Wolke, aus der sich das Sonnensystem gebildet hatte.

Auf Grund ihrer ähnlichen Entwicklung gleichen sich die vier terrestrischen Planeten in ihrem schalenförmigen Aufbau. Im Gegensatz dazu zeigen die Planetenoberflächen und Atmosphären recht gravierende physikalische und chemische Unterschiede. Die Entwicklung der Urerde durch Zusammenballung von Planetesimalen wurde durch starken Temperaturanstieg bestimmt. Dazu trugen drei Prozesse in unterschiedlichem Ausmaß bei:

- die Energie der Einschläge von Planetesimalen,
- die Eigengravitation und
- die Radioaktivität im Planeteninneren.

Die beim Einschlag von Planetesimalen freiwerdende kinetische Energie wächst mit dem Quadrat der Geschwindigkeit des einschlagenden Körpers. Trifft ein Planetesimal mit etwa 11 km·s^{-1} auf die Erdoberfläche, so wird beim Einschlag so viel Energie frei, wie bei der gleichen Menge Sprengstoff TNT (Trinitrotoluol). Die durch Massenzuwachs bedingte erhöhte Kompression führte zu Drucksteigerungen im Inneren des Planeten und damit zu Temperaturerhöhung bis etwa 1270 K (Press und Siever, 1995).

Der radioaktive Zerfall verschiedener Elemente lieferte einen beträchtlichen Anteil der freigesetzten Wärme, die nach Schätzungen bis zu 2300 K ansteigen konnte. Vor allem die langlebigen radioaktiven Isotope ^{238}U, ^{235}U, ^{232}Th und ^{40}K heizen auch heute noch das Erdinnere auf. Für das frühe Aufschmelzen der Urerde reichte diese Energie allerdings nicht aus. Eine weitere Wärmequelle dürfte beim Schmelzvorgang freigeworden sein, wenn die dichteren, schwereren Mineralien und Elemente, wie z. B. Eisen und Nickel, sich im Mittelpunkt des Planeten konzentrierten. Bei diesem Fraktionierungsprozeß wurde Gravitationsenergie freigesetzt. Die für die Planetenbildung benötigten Zeiträume waren stark von der Masse der Himmelskörper abhängig. Für die Akkretion der terrestrischen Planeten schätzt man eine Zeitspanne von 100–200 Millionen Jahren. Dagegen muß für die großen Planeten mit etwa einer Milliarde Jahren gerechnet werden.

Durch den Schmelzprozeß und die Differenzierung des Materials nach der Dichte gelangten die leichteren Krustenmineralien in die äußeren Schichten der jungen Erde. Ihre Oberflächentemperatur dürfte in dieser Phase so hoch gewesen sein, daß ein Meer von geschmolzenem Gestein die Urerde bedeckte (Wills u. Bada, 2000). Die Trennung der Materialien führte zum Schalenaufbau der Erde in:

- Kruste,
- Mantel (oberer und innerer Mantel) und
- Kern (äußerer und innerer Kern).

Zur Ausbildung von Erdkern, Mantel und Kruste sind prinzipiell zwei verschiedene Akkretionsmodelle denkbar:

- homogene Akkretion und
- heterogene (inhomogene) Akkretion.

Beim *homogenen* Modell kondensierte das metallhaltige (vor allem Fe und Ni) und das silikathaltige Material des solaren Urnebels etwa gleich-

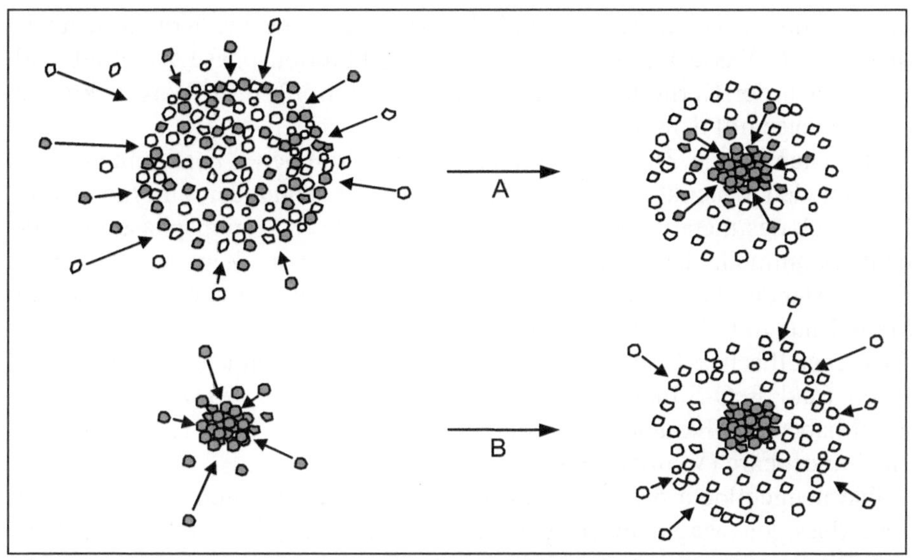

Abb. 2.3: Nach dem *homogenen* Akkretionsmodell (A) kondensierten eisenhaltiges (schwarz) und silikathaltiges Material (farblos) gleichzeitig aus, d. h. die entstehende Protoerde bestand aus einem Gemisch beider Ausgangsmaterialien. Im weiteren Verlauf der Erdentwicklung konzentrierte sich das Eisen im Erdkern. – Nach dem *heterogenen* Modell kondensierte zuerst das Eisen aus dem solaren Urnebel. Später lagerten sich die Silikate um den schweren Erdkern. Quelle: Jeanloz (1983)

zeitig aus. Die entstehende Protoerde setzte sich danach aus einer Mischung beider, sich in der Dichte stark unterscheidender Materialien zusammen. Die Temperatur dürfte bei nur einigen hundert Grad gelegen haben. Die Zusammensetzung entsprach etwa derjenigen der kohligen Chondrite (Abschn. 3.3.2). Im Laufe der weiteren Entwicklung sammelten sich die Metalle unter Energiefreisetzung im Mittelpunkt der Protoerde.

Beim *heterogenen* Modell kondensierten zuerst die Metalle und bildeten den Kern, um den sich dann die später auskondensierenden Silikate als Schale (Mantel) anlagerten.

Von den beiden Modellen wird das homogene Akkretionsmodell allgemein stärker favorisiert. – Eine Variante beschreibt H. Wänke, Max-Planck-Institut, Mainz (1986). Danach bildeten sich die terrestrischen Planeten aus zwei unterschiedlichen Komponenten. Komponente A: hochreduziert (Elemente mit Metallcharakter, wie Fe, Ni, Co, W), jedoch verarmt an flüchtigen und mittelflüchtigen Elementen. Komponente B: völlig oxidiert (Elemente mit Metallcharakter als Oxide). Sie enthielt einen relativ hohen Anteil leicht flüchtiger Elemente und Wasser. – Für die Erde ergibt sich ein Verhältnis A:B, wie 85:15, dagegen für den Mars von

60:40. Entsprechend diesem Modell wurde der Erde die Komponente B (und damit Wasser) erst gegen Ende der Akkretionsphase zugefügt und damit nach der Kernbildung (heterogene Akkretion), d. h. Wasser konnte nur teilweise mit dem Metallanteil reagieren.

Die chemischen Zusammensetzungen des Erdinneren bestimmten ohne Zweifel den Charakter, d. h. den Oxidationszustand der Uratmosphäre: Hatte sich das metallische Eisen bereits in früher Akkretionsphase im Erdkern gesammelt, dann dürften die Exhalationen vor allem aus CO_2 und H_2O bestanden haben, denn der Gasstrom aus dem Erdinneren konnte im Mantel nur mit FeO- und Fe_2O_3-Silikaten in Kontakt kommen. War aber noch metallisches Eisen im Erdmantel verteilt vorhanden, so dürfte das Eisen (und FeO-Silikate) auf vorbeiströmende Gase reduzierend eingewirkt haben: als Exhalationsprodukte entwichen dann CH_4, H_2 und NH_3 in die Atmosphäre (Whittet, 1997).

Die neugebildete dünne Erdkruste aus leichten Silikaten schwamm auf dem flüssigen Magmameer. Die Kruste wurde häufig durch Einschläge von Planetesimalen unterschiedlicher Größe durchbrochen und zerstört. Die Krustenbildung stellt einen komplexen Vorgang dar, der in vielen Einzelheiten noch unverstanden ist (Taylor u. Mc Lennan, 1996). Dieses Eingeständnis weist auf die Tatsache hin, daß aus dieser Anfangsphase der Erdentstehung keinerlei geologische Zeugen existieren.

Ein entscheidend wichtiges Ereignis für die weitere Entwicklung der Erde stellt der Zusammenprall mit einem kleinen Planeten, möglicherweise von der Größe des Mars, dar. Es wird angenommen, daß sich dieser gigantische Zusammenstoß vor 4,45–4,5 Milliarden Jahren ereignete (Sleep et al., 2001). Zugleich war dieses gewaltige Ereignis die Geburtsstunde des Erdenmondes (Luna), der sich aus der zum Teil verdampften Erdmaterie bilden konnte. Wahrscheinlich wurde nicht die gesamte Protoerde durch die Einschlagsenergie zum Schmelzen gebracht, so daß Teilbereiche in ursprünglicher Form erhalten blieben. – Jedoch sind genauere Aussagen (noch) nicht möglich.

Eine Bestätigung der Annahme, daß der Mond zum (größeren) Teil aus Material der Urerde besteht, fanden Forschergruppen aus der Universität Münster (Mineralogisches Institut) und dem Max-Planck-Institut für Chemie in Mainz (Münker et al., 2003). Die chemischen Analysen des Mondgesteins zeigen auffallende Ähnlichkeiten mit den Erdgesteinen – aber es gibt auch gewisse Unterschiede, so weist z. B. der Erdenmond einen weitaus geringeren Eisengehalt auf als die Erde.

Die beiden seltenen Metalle Niob (Nb) und Tantal (Ta) waren die Hauptobjekte im vorliegenden Forschungsvorhaben. Beide Elemente – und dies ist das Wesentliche – sind durch nahezu gleiche Eigenschaften charakterisiert und treten innerhalb unseres Sonnensystems fast immer gemeinsam auf. Eigenartigerweise fehlen der Silikathülle der Erde etwa 30 % an Niob (im Vergleich zum „Schwester"-Element Tantal). Wo sind die fehlenden 30 % Niob verblieben? – Sie müssen im Nife-Erdkern verborgen sein. Es ist bekannt, daß die Aufnahme von Niob vom metallischen Erdkern nur unter gewaltigem Druck erfolgen kann. Diese Bedingungen konnte die Erde bieten. Analysen von Meteoriten aus dem Asteroidengürtel und vom Mars zeigten, daß in diesen Materialien kein Niobmangel herrschte.

Nun stellte sich heraus, auch im Mondmaterial fehlt der Niobanteil, obwohl die geringe Masse des Mondes ausschließt, daß die für eine Nb-Aufnahme durch den FeNi-Kern erforderlichen Drucke erreicht werden konnten. Daher liegt der Schluß nahe, daß Luna aus Material des mit der Urerde kollidierenden Himmelskörpers und der silikatreichen Hülle der Urerde vor etwa 4,4 Milliarden Jahren entstanden sein muß.

Die frühere Annahme, Luna wäre ein eingefangener Himmelskörper, gilt jetzt als wenig wahrscheinlich. Genauso die „Doppel-Planeten-Hypothese", nach der sich Erde und Luna gleichzeitig durch Zusammenballung primordialer Materie gebildet hätten (Taylor, 1994). Weiterhin bestehen noch unterschiedliche Auffassungen über den Zeitraum der Kollision beider Himmelskörper, ihrer Massen und ihres physikalischen Zustandes (Halliday u. Drake, 1999).

Die Auswertung der Anzahl von Mondkratern je Flächeneinheit (differenziert nach dem Kraterdurchmesser) in Abhängigkeit des Einschlagsalters, läßt auf Prozesse schließen, die ebenso für die Erde gelten könnten. Danach erreichte das Bombardement vor etwa vier Milliarden Jahren sein Maximum und sank nach etwa einer Milliarde Jahren auf die heutige Einschlagsrate ab (Neukum, 1987).

Nach wie vor bestehen noch große Unklarheiten über die zeitliche Abfolge des Abkühlungsprozesses der Urerde und damit der Bildung der Erdkruste und der Kontinente. N. H. Sleep et al. (2001) vom Geophysik Department der Stanford-Universität sowie vom Ames-Forschungszentrum der NASA stellten alle beim Abkühlungsprozeß zu berücksichtigenden Faktoren zusammen. Sie kommen zu dem Schluß, daß auf der Oberfläche der Urerde Temperaturen im Bereich von 333–383 K nur über eine relativ kurze Periode herrschten. Unter „kurz" sind in der geologischen Zeitskala natürlich einige Millionen Jahre zu verstehen (vielleicht auch nur eine Million Jahre). Der genannte Temperaturbereich wäre genau derjenige, in dem thermophile Mikroorganismen zu leben vermögen. Da auch die Zusammensetzung der Uratmosphäre und damit das Ausmaß des CO_2-Treibhauseffektes nicht eindeutig feststeht, bleibt auch der Zeitraum für die Bildung der ersten Kontinente noch ungeklärt. Erste Antworten auf die Frage nach Größe und Beschaffenheit der frühen Kontinente erhält man durch die Mes-

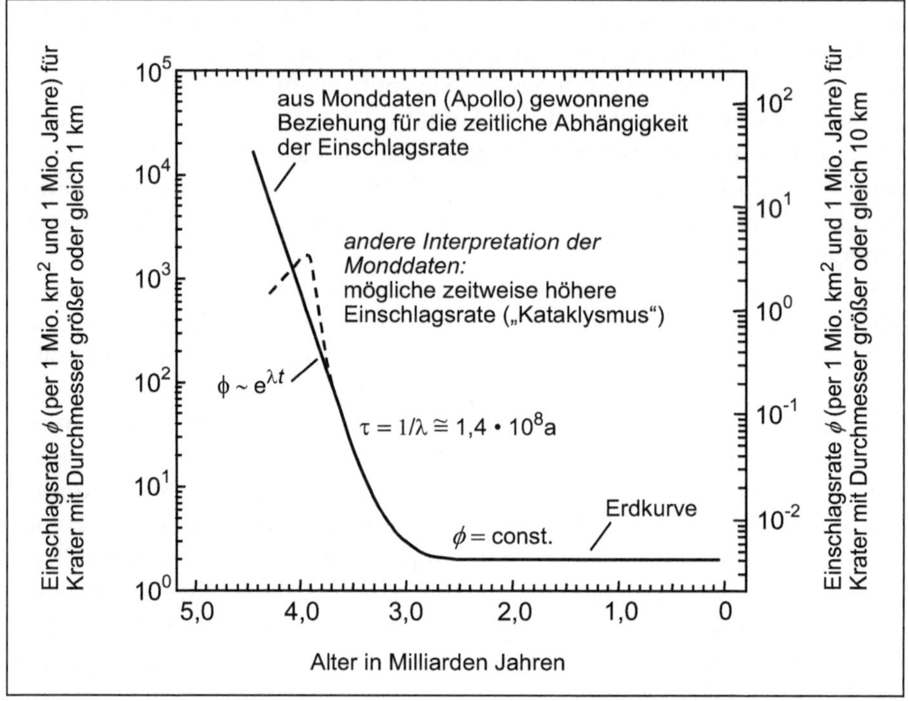

Abb. 2.4: Die zeitliche Abhängigkeit der Einschlagsrate von Himmelskörpern auf die Erde und Urerde (aus den Apollo-Monddaten abgeleitet). a = Einschläge von Kometen und Asteroiden je eine Million km^2 und eine Million Jahre für Krater mit Durchmessern von einem km und darüber. b = Alter der Erde in Milliarden Jahren. Quelle: mit freundlicher Genehmigung von Prof. Neukum (1987)

sung langlebiger Isotope, wie z. B. des Neodym-Isotops ^{143}Nd. Dieses Isotop ist ein Zerfallsprodukt des radioaktiven Elementes Samarium (^{147}Sm) (Hofmann, 1997).

Viele Eigenschaften und Charakteristika der Erde werden durch die Plattentektonik bestimmt. Nach der Theorie der Plattentektonik ist die Lithosphäre keine geschlossene Schale, sondern sie besteht aus etwa einem Dutzend großer, starrer Platten. Diese sind ständig in Bewegung – allerdings in geologischen Zeiträumen gemessen. Jede Platte bewegt sich als selbständige Einheit und „schwimmt" auf der weicheren, aber dichteren Asthenosphäre (Press u. Siever, 1995).

Im Vergleich zum Erdradius beträgt die Dicke der kontinentalen Erdkruste nur etwa 5 Promille. Erdkruste sowie ozeanische Kruste machen weniger als 0,4 % der gesamten Erdmasse aus (Klemm, 1987). Die beiden magmatischen Gesteine, Basalt und Granit, kommen überwiegend als Material des Meeresbodens (Basalt) oder der herausgehobenen Kontinental-

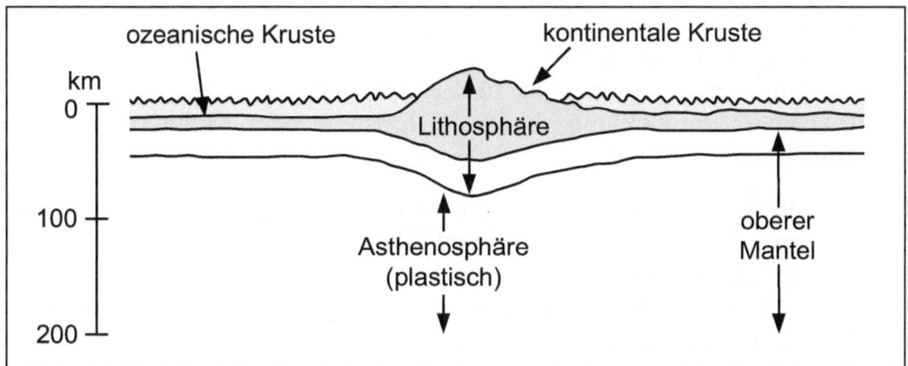

Abb. 2.5: Die äußere Schale der Erde (Lithosphäre) stellt eine feste, starre Schicht dar. Sie besteht aus der Kruste und den äußeren Bereichen des Erdmantels. Die Lithosphäre schwimmt auf dem plastischen, teilweise geschmolzenen Anteils des Erdmantels (der Asthenosphäre). Quelle: vereinfacht nach: Press u. Siever (1995) – mit Genehmigung von W. H. Freeman and Company, New York.

platten (Granit) vor. Letzteres Gestein (mit einer mittleren Dichte von 2.700 kg·m^{-3}) ist das weitaus ältere Material. So dürften einige Granite bis zu 3,8 Milliarden Jahre alt und noch niemals umgeschmolzen worden sein – ein Schicksal, das dagegen den Basalten durch Subduktion einige Male widerfahren sein dürfte.

2.5   Atmosphäre der Urerde

Alle bisher entwickelten Modelle über die chemische Zusammensetzung der Atmosphäre der Urerde sind noch hypothetisch. Luftproben aus dieser Entwicklungsphase der Erde stehen für Analysen nicht zur Verfügung. Auch die ältesten Gesteine liefern nur Informationen mit beschränkter Aussagekraft.

„Die Chemie der Uratmosphäre ist ein zentraler Streitpunkt in der Debatte um die Entstehung des Lebens". Diese kurze Bemerkung von M. Gaffey (1997), vom Rensselaer Polytechnischen Institut, Troj, NY, trifft genau die Situation, an der sich noch nichts geändert hat.

Kenntnisse über die Zusammensetzung der Uratmosphäre sind aber Voraussetzung für Planung und Durchführung von Simulationsexperimenten. Obwohl die vier terrestrischen Planeten aus der gleichen solaren Urnebelmaterie entstanden, so unterscheiden sich ihre Atmosphären recht deutlich voneinander. Dieses Phänomen ist bedingt durch:

- die Stärke des Schwerefeldes,
- den Abstand von der Sonne,
- Reflexionsvermögen (Albedo) für Sonnenstrahlung und
- (in späterer Entwicklungsphase) die Existenz oder Nichtexistenz von Leben (Quenzel 1987).

Die Erde nimmt innerhalb der terrestrischen Planeten eine Sonderstellung ein. Mit etwa 21 Vol.-% Sauerstoff und 78 Vol.-% Stickstoff in der Atmosphäre unterscheidet sich die Erde deutlich von ihren beiden Nachbarplaneten. Bei Venus und Mars überwiegt das CO_2 in der Atmosphäre mit etwa 95 Vol.-%, bei allerdings recht unterschiedlichen Partialdrucken. Beim Element Stickstoff hat die Erde nur einen primordialen „Verwandten" im gesamten Sonnensystem, den Saturnmond Titan mit seiner dichten Stickstoffhülle (Abschn. 3.1.6). Die Erdatmosphäre hat sich seit der Bildung unseres Planeten in ihrer Zusammensetzung einige Male drastisch verändert. Von den Komponenten des solaren Urnebels sind nur noch Spuren auffindbar. Die kosmische Materie dürfte sich bereits vor der Zusammenballung zu den Planeten größtenteils entmischt haben (Schidlowski, 1980). Die geringe Edelgaskonzentration auf der kontemporären Erde weist darauf hin, daß die Erde primordiale Edelgase mit einem Faktor von 10^{-7}–10^{-11} verloren hat. Die Elemente Helium, Neon und Argon zählen zu den zehn am häufigsten im Universum vorhandenen Elementen. Das seltene Vorkommen der Edelgase auf der jetzigen Erde und ihre Reaktionsträgheit bedingten ihre späte Entdeckung vor etwa 110 Jahren. Die Edelgase entstammen zwei recht unterschiedlichen Quellen:

- dem radioaktiven Zerfall labiler Elemente (wie z. B. Uran, Thorium oder Kalium) und
- der Elementsynthese bei Kernprozessen im Sterninneren (Schidlowski, 1981).

Nur die leichtesten Gase, wie Wasserstoff und Helium konnten dem Gravitationsfeld der Erde leicht entweichen. Entgegen früherer Annahmen dürfte die junge Erde von keiner oder einer nur dünnen Atmosphäre umgeben gewesen sein, da der Anteil des solaren Urnebels, aus denen sich die terrestrischen Planeten bildeten, hauptsächlich aus nicht flüchtigen Substanzen bestand.

Vor etwa einem halben Jahrhundert herrschte die Meinung vor, die Urerde müsse von einer der Zusammensetzung des solaren Urnebels entsprechenden Hülle umgeben gewesen sein. Ebenso dienten die Gasmassen der Großplaneten Jupiter und Saturn mit ihren stark reduzierenden Atmosphären aus Wasserstoff, (Helium), Methan, Ammoniak und Wasser als Vorbilder. Diese vor allem von Oparin und Urey vertretene Lehrmeinung besteht, allerdings in stark modifizierter Form, z. T. auch noch heute. Aber es gilt als gesichert, daß die Uratmosphäre keinen freien Sauerstoff enthielt. Die These von der stark reduzierenden Uratmosphäre wurde durch die sensationellen Experimente von Miller/Urey (Miller, 1953) (Abschn. 4.1) eindeutig bestätigt. Doch bereits zwei Jahre zuvor wies der amerikanische Geochemiker William Rubrey (1951) darauf hin, daß vor allem vulkanische Ausgasungen (Exhalationen) mit einem hohen CO_2-Anteil die Hauptquelle für die Gase der Uratmosphäre darstellten. Den Miller/Urey-Experimenten folgten weitere erfolgreiche Synthesen unter den Bedingungen einer stark reduzierenden Atmosphäre und so blieb Rubrey's These erst einmal unbeachtet. Doch bald regten sich Zweifel. Sie beruhten auf zwei Erkenntnissen:

– Wegen ihrer geringen Masse war (und ist) die Erde unfähig größere Mengen Wasserstoffs festzuhalten, und
– die heutigen vulkanischen Exhalationen bestehen vor allem aus Wasser und CO_2. Es gibt vernünftige geologische, geochemische und geophysikalische Gründe für die Annahme, daß sich die heutigen vulkanischen Exhalationen nicht wesentlich von denen vor rund vier Milliarden Jahren unterscheiden. (Quenzel, 1987). Allerdings müssen für die archaischen Zeiträume bedeutend stärkere vulkanische Aktivitäten angenommen werden als die heutigen.

Wenn sich die Uratmosphäre allein durch die Ausgasung flüchtiger Komponenten des primitiven, neuentstandenen Erdmantels gebildet hatte, dann hing ihre Zusammensetzung vom Zeitpunkt ihrer Entstehung ab, d. h. ob die Exhalationen vor oder nach der Bildung des Fe-reichen Erdkerns erfolgt waren (Joyce, 1989).

– Ausgasung *vor* Kernbildung: Kontakt mit metallischen Fe führt zu einer streng reduzierenden Atmosphäre, die nur: H_2, H_2O, CH_4 und CO enthält.
– Ausgasung *nach* Kernbildung: der Redoxzustand in den Fe-haltigen Mineralien der Erdkruste wird durch das Verhältnis Fe^{2+}/Fe^{3+} bestimmt.

Als Ergebnis folgt: eine schwach reduzierende Atmosphäre von: H_2O, CO_2, H_2 und CO – aber fast kein CH_4! – Außerdem wären stark reduzierende Molekülsorten, wie CH_4 und NH_3, in der Atmosphäre relativ schnell durch Photozerlegung dezimiert worden (Owen, 1979).

Nach James F. Kastings (1993), vom Institut für Geowissenschaften der Pennsylvania-State-Universität, einem Fachmann dieses Problems, hätte die Bereitschaft zur Sauerstoffabgabe an das im eruptierenden Magma gelöste CH_4 und NH_3 um mehrere Größenordnungen geringer sein müssen, damit die reduzierten Gase freigesetzt werden konnten. Es wird auch diskutiert, ob nicht CH_4 und NH_3 durch Kometen und Meteoriten zur Urerde transportiert werden konnten. Ebenso ist die photochemische Reduktion von CO_2 in Gegenwart von Fe^{2+} in der Diskussion. – In welchen Mengen auch heute noch CO_2 dem Erdmantel entweicht, zeigte eine tragische Naturkatastrophe vor einigen Jahren. Der Lake Nyos, ein See in Kamerun, füllt den Krater eines erloschenen Vulkans. Eine plötzlich aus dem See aufsteigende Gaswolke (geschätztes Volumen etwa 1 km^3) strömte über den Kraterrand den Berg hinab und tötete 1.700 Menschen und 3.000 Tiere (Decker, 1992).

Die Durchschnittswerte der Verhältnisse vulkanischer Exhalationen ermittelte H.D. Holland (1984) mit: $H_2/H_2O = 0{,}01$ und $CO/CO_2 = 0{,}03$. Stickstoff ist nur schwer nachweisbar und Ammoniak kommt nur in Spuren vor. Außerdem konnten noch stark schwankende Mengen von SO_2, H_2S, elementarem Schwefel, HCl, B_2O_3 und geringen Mengen an H_2, CH_4, CO und HF nachgewiesen werden. Holland (1962) vertrat bereits in den sechziger Jahren die Idee, daß die Uratmosphäre zwei Stadien durchlaufen haben mußte:

– einen hochreduzierten Zustand, der durch Gase charakterisiert war, die mit metallischem Eisen in Gleichgewicht standen, und
– einen eher oxidierten Zustand, in dem Gase vorherrschten – ähnlich den Gasmischungen moderner Exhalationen.

Die erste Annahme wurde später revidiert, da einige Forscher wie Walker et al. (1983) begründen konnten, daß nach dem Modell der inhomogenen Akkretion metallisches Eisen aus dem Erdmantel bereits in einer frühen Entwicklungsphase der Erde entfernt und im Kern akkumuliert wurde. Aus diesen Erkenntnissen erwuchs die nun weitgehend akzeptierte Lehrmeinung von einer schwach reduzierenden Atmosphäre, die die junge Erde umgab.

Dem CO_2-Gehalt der Gashülle des Planeten kommt eine entscheidend wichtige Funktion zu. Ein relativ hoher CO_2-Partialdruck war sicherlich eine wichtige Voraussetzung für die Lösung des Problems der „jungen, schwachen Sonne" (faint, young sun). – Aber worin bestand nun das Problem? – Es wird angenommen, daß die Sonne vor ca. vier Milliarden Jahren kälter war als heute. Erste Vermutungen darüber äußerten Sagan und Mullen (1972). Theorien über Sternstrukturen und Sternentwicklungen zeigen, daß die Sonne ihre Strahlungsintensität im Laufe der Geschichte des Sonnensystems um 25–30 % steigerte. Nach Gough (1984) ist die kältere Sonne eine Folge des niedrigeren He/H-Verhältnisses im Sonnenkern. Allgemein hängt die Oberflächentemperatur eines Planeten von drei Faktoren ab:

– der Strahlungsenergie, die von der Sonne emittiert wird,

- derjenigen Fraktion der Sonnenenergie, die vom Planeten wieder in den Raum reflektiert wird (Albedo) (der nicht-reflektierte Anteil hält die Temperatur von Atmosphäre und Boden aufrecht) und
- dem „Treibhaus-Effekt" der Atmosphäre: ein Anteil der infraroten Strahlung wird von der Oberfläche emittiert, von der Atmosphäre absorbiert und von ihr zurückgestrahlt.

Nimmt man einen Strahlungsverlust der Sonne von 25–30 % gegenüber heutigen Werten an, so ergäbe sich für die Urerde eine Temperatur, die unter dem Gefrierpunkt des Wassers liegt – allerdings unter der Bedingung, daß die anderen die Oberflächentemperatur beeinflussenden Faktoren nicht stark verändert waren.

Geologische Beweise, daß auf der Urerde flüssiges Wasser vorherrschte, erbringen die Sedimentgesteine mit einem nachgewiesenen Alter von 3,8 Milliarden Jahren und die Stromatolithen-bildenden Mikroorganismen, die auf 3,5 Milliarden Jahre datiert wurden. Es ist schwer vorstellbar, daß sie auf einer nur mit Eis bedeckten Oberfläche der Urerde existieren konnten. Einen weiteren Beweis für flüssiges Wasser dürften Stephan Mojzsis und Mitarbeiter von der Universität von Kalifornien, Los Angeles, gefunden haben. In 3,9–4,28 Milliarden alten Zirkonkristallen stellten sie einen erhöhten Anteil vom Sauerstoff-Isotop ^{18}O fest. Dies läßt vermuten, daß die Zirkone ($ZrSO_4$) in einer Gesteinsschmelze auskristallisierten, die Kontakt zu Wasser hatte (Mojzsis et al., 2001). Wenn die kühlere, junge Sonne nicht zu einer Albedo-Katastrophe führte, muß man einen größeren Treibhauseffekt postulieren, als er heute unsere Erde beherrscht. Sagan und Mullen (1972) zeigten, daß Wasserdampf allein den nötigen Treibhauseffekt nicht bewirken kann. Als zusätzliche Komponente kann Ammoniak als photochemisch instabile Verbindung nicht fungiert haben. Es ist außerdem an abiotischen Quellen nicht anzutreffen. Carl Sagan und Christian Chyba (1997) stellten dagegen folgende Hypothese auf: ein atmosphärisches Verteilungsverhältnis von $\sim 10^{-5 \pm 1}$ für Ammoniak könnte ausreichen, um das Wärmedefizit der jungen, schwachen Sonne auszugleichen. Möglicherweise absorbierten organische Moleküle in Aerosolen in den hohen Schichten der Uratmosphäre die UV-Strahlung der Sonne. Nach Owen und Cess (1979) reichte Kohlendioxid und Wasser aus, um auf der Urerde das Problem der jungen, schwachen Sonne zu lösen, vorausgesetzt der CO_2-Gehalt der Uratmosphäre lag 100–1000 mal höher als heute. Da CO_2 neben Wasser auch heute noch die Haupt-Exhalationsprodukte aktiver Vulkane sind, scheint diese Annahme sinnvoll. Bei einer tektonisch aktiveren Urerde muß auch ein höherer CO_2-Ausstoß erwartet werden. Das Bioelement Stickstoff verblieb als inertes Element wahrscheinlich über die ganze Erdgeschichte in der Atmosphäre.

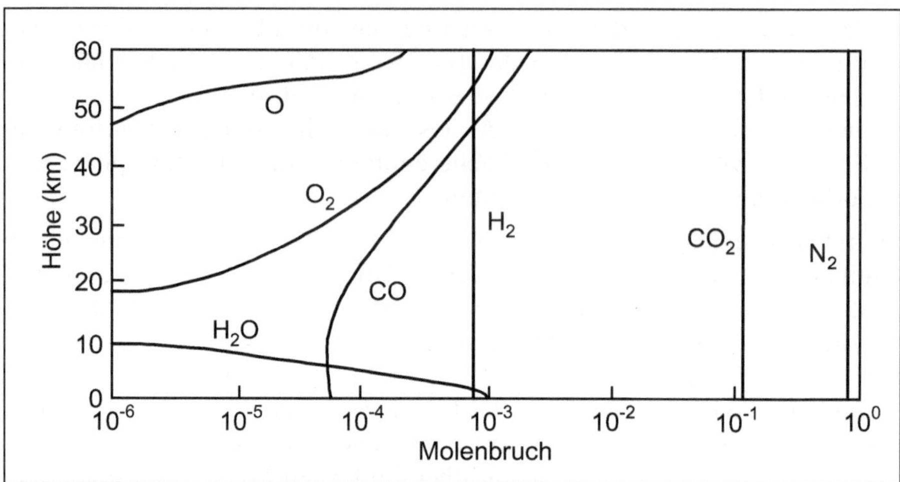

Abb. 2.6: Die Hauptkomponenten einer typischen schwach reduzierenden Uratmosphäre in Abhängigkeit von der Höhe über der Erdoberfläche. Der „Molenbruch" steht für die Stoffmengenanteile (mixing ratio) des Atmosphärengemisches bei einem angenommenen Oberflächendruck von einem Bar. Nach: Kasting (1993)

Unsere Kenntnisse über die Prozesse, die zur Ausbildung der Uratmosphäre führten, haben sich deutlich erweitert. Trotzdem sind Aussagen über die prozentuale Zusammensetzung der Lufthülle der Urerde leider immer noch mit einem relativ hohen Unsicherheitsfaktor behaftet. Diese Unsicherheit wird durch neueste Arbeiten unterstrichen, nach denen die Atmosphäre der jungen Erde möglicherweise doch (schwach?) reduzierend gewesen sein könnte. Da eine redoxneutrale Zusammensetzung der Uratmosphäre die präbiotische Chemie nicht begünstigt, so würde sich doch eine reduzierende Atmosphäre weitaus günstiger auf die Synthese von Biomolekülen und deren Vorstufen auswirken (Kasting u. Eggler, 2002; Schwartz, 2002).

2.6 Urozean (Hydrosphäre)

Unumstritten stellt flüssiges Wasser die wichtigste Voraussetzung für alle Phasen der Biogenese dar. Wasser zeichnet sich durch eine Reihe von außergewöhnlichen Eigenschaften aus. Es müßte, entsprechend seinem Molekulargewicht unter den Standardbedingungen unserer Erde im Vergleich zu H_2S, CO_2 und SO_2 ebenfalls als Gas vorliegen. Den flüssigen Zustand verdankt Wasser der Ausbildung von Wasserstoffbrücken zwischen den H_2O-Molekülen. Die hervorragenden Eigenschaften als Lösungsmittel sind in der polaren Natur der Wassermoleküle begründet (Brack, 1993). Die Wechselwirkungen biochemisch wichtiger Substanzen mit Wasser verlaufen äußerst komplex.

Aber auch bei der Entstehung von Sternen scheint Wasser eine wichtige Funktion zu erfüllen. Nach B. Nisini (2000) wirkt Wasser in den warmen, sternbildenden Regionen des Kosmos als Kühlmittel im zirkumstellaren Gas. Es entfernt Überschußenergie, die beim protostellaren Kollaps freigesetzt wird. Dabei liegt Wasser entweder als Gas oder als Eis auf interstellaren Staubpartikeln vor. Die Entdeckung dieses Phänomens erfolgte über IR-Spektren bei 100–200 µm mit dem Infrared Space Observatory (ISO). Die Wassersynthese dürfte in den warmen Regionen atomaren Sauerstoffs nach folgendem Reaktionsmechanismus ablaufen:

$$O + H_2 \rightarrow OH + H \tag{2.4}$$

$$OH + H_2 \rightarrow H_2O + H \tag{2.5}$$

Die Sonderstellung der Erde unter den terrestrischen Planeten zeigt sich auch hinsichtlich der Verfügbarkeit von freiem Wasser. Auf Venus und Mars konnte bisher praktisch noch kein freies Wasser nachgewiesen werden. Es gibt jedoch geologische und atmosphärische Hinweise, daß beide Planeten in ihrer Entstehungsphase entweder teilweise oder sogar vollständig mit Wasser bedeckt waren. Dies kann aus bestimmten Charakteristika ihrer Oberfläche bzw. aus der Zusammensetzung der Atmosphäre geschlossen werden. Hierbei ist das Verhältnis von Deuterium zu Wasserstoff (D/H) von besonderer Bedeutung; so zeigen z. B. Mars und Venus ein höheres D/H-Verhältnis als die Erde. Der Anreicherungsfaktor für Deuterium liegt für den Mars in der Größenordnung von 5 und bei 100 für die Venus (de Bergh, 1993).

Wasser kommt in allen drei Aggregatszuständen fast überall im Kosmos vor: als Eis oder in flüssiger Phase auf den Satelliten des äußeren Sonnensystems, einschließlich der Saturnringe, in Gasform in den Atmosphären von Venus, Mars, Jupiter und bei Kometen, wie z. B. IR-Spektren des Kometen Halley zeigten. Seit langem ist das OH-Radikal als Photodissoziationsprodukt des Wassers bekannt.

Doch wie kam Wasser auf die sich bildende Urerde? Auf diese wichtige Frage gibt es noch keine gesicherten Antworten. Zwei Herkunftsquellen werden für möglich gehalten:

– eine interne, durch Ausgasung nach Akkretion des Erdkörpers, und
– eine externe, durch Einschläge von wasserhaltigen Kometen und Asteroiden.

Waren die Ausgangsmaterialien des primitiven Nebels, aus dem die Planeten entstanden, nicht ausreichend durchmischt, so könnten thermodynamisch stabilere, hydratisierte Silikate näher im Bereich der sich bildenden Erde lokalisiert gewesen sein als im Bereich des Venusorbits. Dies bedeutet, daß unser Nachbarplanet bereits bei seiner Entstehung über viel weniger Wasser verfügte als die Erde. Bei dem durch Ausgasung freigesetzten Wasser bestimmt die Exhalationsrate die gelieferte Wassermenge. Die zweite wichtige Quelle für Hydrosphäre und Ozeane sind Asteroide und Kometen. Eine Abschätzung der Wassermengen, die der Erde von außen zugeführt wurden, ist schwierig. Bis vor zwei Jahrzehnten herrschte die Meinung vor, die Hydrosphäre war ausschließlich das Ergebnis vulkanischer Exhalationen. Der Umfang dieser Ausgasungen blieb allerdings ungeklärt (Rubey, 1964). Erste Abschätzungen über das gewaltige Ausmaß des Bombardements, das auf die Urerde und die anderen Planeten niederging, lenkten die Blicke der Forscher auf Kometen und Asteroiden. Inzwischen liegen neue Hypothesen über mögliche Quellen des Wassers in der Hydrosphäre vor. Der Astronom A. H. Delsemme von der Universität Toledo, Ohio, vermutet, daß die Urerde aus dem Material einer Staubregion gebildet wurde, die wasserfreies Silikat enthielt. Trifft dies zu, dann müßte die gesamte Wassermenge unserer heutigen Ozeane exogenen Ursprungs sein (Delsemme, 1992).

Kometen dürften zu 40 % (oder mehr) aus Wasser bestehen. Die Hypothese über den Ursprung des Ozeanwassers aus Kometenmasse wird auch durch folgenden Befund unterstützt: Das D/H-Verhältnis im Kometen Halley betrug $0{,}6\text{--}4{,}8{\cdot}10^{-4}$ und liegt im Bereich des terrestrischen Ozeanwassers mit $1{,}6{\cdot}10^{-4}$. Beide Werte stimmen mit denen für Meteoriten überein (Chyba u. Sagan, 1997). Zu ähnlichen Schlußfolgerungen kommt auch François Robert vom Muséum Mineralogie in Paris. Er findet ebenfalls eine gute Übereinstimmung der Werte des D/H-Verhältnisses von Ozeanwasser und der kohligen Chondrite (Robert, 2001).

Neue Computersimulationen des Akkretionsprozesses der Protoerde lassen annehmen, daß beim späten Bombardement wenige, große Körper mit hohem Wassergehalt die Urerde trafen. Sie entstammten der gleichen kalten Region des Asteroidengürtels wie auch die kohligen Chondrite.

Eine der wesentlichen Schwierigkeiten bei der Abschätzung der durch Kometen und Asteroiden ausgelieferten Materie besteht in der Konkurrenz der Materiemenge, die nach dem Einschlag auf den Zielkörper verblieb, und dem Anteil, der das Schwerefeld der primitiven Erde verließ und in den Weltraum entwich. Die Menge an freigesetzter Einschlagsenergie hängt wiederum von einigen Parametern ab, die nur abschätzbar sind. Einige davon beziehen sich auf Ergebnisse über Anzahl und die Ausmaße der Mondkrater (Lunar Cratering Record), die ebenfalls mit einer Reihe von

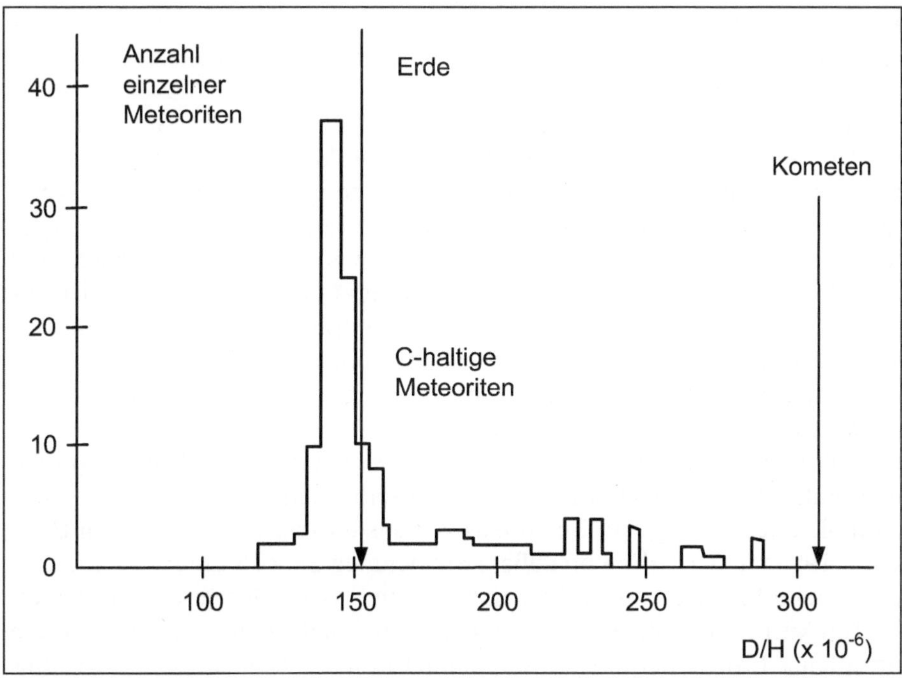

Abb. 2.7: Die Verteilung des Verhältnisses der beiden Wasserstoffisotope (D/H) in C-Meteoriten im Vergleich zur Erde und den Kometen. Entsprechend dieser Verteilung scheint das meiste Wasser auf der Erde von Meteoriten zu stammen. Quelle: Robert (2001)

Unsicherheiten belastet sind (Chyba, 1990). Für die übrigen drei terrestrischen Planeten nimmt man unterschiedliche Einschlagsraten von extraterrestrischen Objekten an. Beim Planeten Mars ergibt sich im Vergleich zur Erde ein Faktor von 0,7 für Langperioden-Kometen und von 2,0–3,6 für Kurzperioden-Kometen. Die geringere Masse des Mars bedingte eine starke atmosphärische Erosion.

Schätzungen über die Masse des Urmeeres der Erde gehen weit auseinander. Sie liegen bei 0,2–0,7 der Masse der gegenwärtigen Ozeane. Der große Schwankungsbereich bei den verschiedenen Modellen weist auf die vielen Unsicherheiten hin, die immer noch bei den Modellrechnungen bestehen. Eine Unbekannte stellt auch der Wasserverlust durch die solare UV-Strahlung dar, die eine Zersetzung des Wasserdampfes in den oberen Atmosphärenregionen bewirkte. Der dabei freiwerdende Wasserstoff entwich ins All. Dieser Prozeß dürfte vor allem in der Akkretionsphase abgelaufen sein. Seine Beteiligung an der Fraktionierung der Elemente und der Edelgas-Isotopen ist unumstritten. Die umgesetzten Wassermengen könnten – nach Abschätzung einiger Autoren – sogar mehrere Ozeanmassen betragen haben, da die Intensität des „Extremen-Sonnen-UV"(EUV)-Fluxes in den frühen Perioden der Erdgeschichte um den Faktor 1,3 größer gewesen sein dürfte.

Welche chemische Zusammensetzung muß für den Ozean angenommen werden? – Leider liegen auch in diesem Falle keine gesicherten Erkenntnisse vor. Neben den chemischen Bestandteilen wären auch Wassertemperatur und pH-Wert von Interesse. Ebenso ist offen, ob es nur ein Weltmeer oder mehrere gab. Auch kleinere Bereiche, wie Seen oder Tümpel, sind vorstellbar, in denen unterschiedliche Bedingungen herrschten. Es ist immer zu bedenken, daß auf der Urerde im Zeitraum von wenigen hundert Millionen Jahren gewaltige Veränderungen abgelaufen sein müssen.

Enthielt die Uratmosphäre nicht genügend CO_2, um ein Treibhausklima aufrecht zu erhalten, so muß wegen der um 25–30 % geringeren Sonneneinstrahlung mit gefrorenen Ozeanen gerechnet werden. Damit würden aber praktisch alle angenommenen Synthesemechanismen zur Bildung von Biomolekülen unmöglich. Einen Ausweg aus diesem Dilemma sehen Bada et al. (1994) in der Hilfe von außen. Sie nehmen an, daß die in Wärme umgewandelte Energie von Bolideneinschlägen (bis zu Durchmessern von etwa 100 km) ausreichte, das Ozeaneis zum Schmelzen zu bringen. Erfolgte ein solcher Prozeß periodisch, so konnten in den eisfreien Zeiten Reaktionen zur chemischen Evolution (Kap. 4) ablaufen, die schließlich zur Biogenese führten.

Über den pH-Wert des Urozeans besteht noch Unklarheit. Die saueren Komponenten der vulkanischen Exhalationen dürften den saueren Charakter des jungen Ozeans bestimmt haben. In späteren Phasen der frühen Erdgeschichte konnten jedoch durch Auswaschungen, begünstigt durch intensive Regenfälle, neutrale pH-Werte erreicht werden. Bei diesem Prozeß sind lokale Unterschiede sehr wahrscheinlich. Die Möglichkeit eines schwach basischen Urozeans wird ebenfalls diskutiert (Abelson, 1966). In diesem Falle müssen die Erosionsgewässer von basischen Teilen der Erdkruste den pH-Wert verändert haben. In den heutigen Weltmeeren herrscht ein pH-Wert von etwa 8 und es ist möglich, daß dieser Wert in den vielen Millionen Jahren des Erdenalters nur wenig schwankte. Der Salzgehalt des jungen Ozeans dürfte höher gewesen sein als heute, jedoch sind genauere Werte noch unbekannt (Wills u. Bada, 2000). Vermutlich waren in dem Urmeer neben Salzen auch zum Teil hochtoxische Substanzen gelöst. Der Abkühlungsprozeß der Erdoberfläche, d. h. der noch dünnen, erkaltenden Erdkruste, verlief sehr langsam, da die Hitzebildung durch radioaktiven Zerfall etwa viermal intensiver war als gegenwärtig (Mason, 1992). Der Atmosphärendruck auf der jungen Erde dürfte höher gewesen sein als heute. Damit lag auch der Siedepunkt des Ozeanwassers höher, d. h. über 373 K.

Die Oxidation von Fe^{2+} zu Fe^{3+} war nach Summers und Chang (1993) vom NASA-Ames-Forschungszentrum, Moffett Field, eine Möglichkeit, um Nitrite und Nitrate zu Ammoniak zu reduzieren. Diese Umsetzung wäre von großer Bedeutung, da NH_3 bei vielen Synthesen von Bausteinmolekülen benötigt wird. Die Autoren nehmen an, daß Stickstoff in einer nichtreduzierenden Atmosphäre zu NO und dieses weiter zu salpetriger- und Salpetersäure umgesetzt wurde. Die Substanzen gelangten als „saurer Regen" in die Urozeane, in denen die Reduktion durch Fe^{2+} zu NH_3 erfolgte. Dadurch erhöht sich der pH-Wert des Ozeanwassers auf über 7,3. Höhere Temperaturen als 298 K begünstigen die Reaktion, die sich wie folgt zusammenfassen läßt:

$$6\ Fe^{2+} + 7\ H^+ + NO_2^- \rightarrow 6\ Fe^{3+} + 2\ H_2O + NH_3 \tag{2.6}$$

Die Frage nach der präbiotischen Herkunft bzw. Entstehung von Ammoniak wurde neuerdings von einer Forschergruppe aus Jena aufgegriffen. Sie erarbeiteten eine Methode, bei der NH_3 aus N_2 unter der Mitwirkung von H_2S als Reduktionsmittel gebildet wird. Die Anwesenheit von frisch gefälltem FeS (hergestellt aus $FeSO_4$ durch Fällung mit Na_2S bei Zimmertemperatur und unter Argonatmosphäre) erwies sich als dringend erforderlich – gealtertes FeS ist inaktiv. Bei dieser Umsetzung geht FeS in FeS_2 (Pyrit) über. Die Reaktion lief unter milden Bedingungen, d. h. beim Atmosphärendruck des Stickstoffs und bei Temperaturen von 343 und 353 K ab. – Die bei den Versuchen erzielte NH_3-Ausbeute betrug (bezogen auf drei Mol Eisensulfid) 0,1 % (3 mM). – Die Experimente wurden äußerst sorgfältig durchgeführt, so daß Kontaminationen (z. B. durch NO, NO_2, N_2O, und NH_3) ausgeschlossen werden konnten (Kreisel et al., 2003; Dörr et al., 2003).

Die Versuchsergebnisse unterstützen die Hypothese eines chemoautotrophen Beginns des Lebens (Abschn. 7.3).

Literatur

Abelson PH (1966) Proc Natl Acad Sci USA 55:1365

Atkin PW, Beran JA (1996) Chemie einfach alles. VCH, Weinheim

Audretsch J (1989) Physikalische Kosmologie I und II. In: Audretsch J, Mainzer K (Hrsg) Vom Anfang der Welt. Beck, München

Bada JL, Bigham C, Miller SL (1994) Proc Natl Acad Sci USA 91:1248

Binzel RP, Barucci MA, Fulchignoni M (1991), Spektrum der Wissenschaft, Dezember:110

Brack A (1993) Orig Life Evol Biosphere 23:3

Chyba CF (1990) Nature 343:129

Chyba CF, Sagan C (1997) Comets as a Source of Prebiotic Organic Molecules for the Early Earth. In: Thomas PJ, Chyba CF, Mc Kay CP (eds) Comets and the Origin and Evolution of Life. Springer, Berlin Heidelberg New York, p 147

de Bergh C (1993) Orig Life Evol Biosphere 23:12

Decker R u B (1992) Vulkane. Spektrum, Heidelberg

Delsemme AH (1992) Orig Life Evol Biosphere 21:279

Dörr M, Käßbohrer J, Gronert R, Kreisel G, Brand WA, Werner RA, Geilmann H, Apfel C, Robl C, Weigand W (2003) Angew Chem 115:1581

Ellis GFR (2003) Nature 425:566

Fritsch H (1987) Am Anfang war das Licht. Physik vom Entstehen des Kosmos. In: Wilhelm F (Hrsg) Der Gang der Evolution. CH Beck, München

Gaffey MJ (1997) Orig Life Evol Biosphere 27:185

Gehrels T (1996) Spektrum der Wissenschaft, November: 92

Gough DO (1981) Solar Phys 74:21

Halliday AN, Drake MJ (1999) Science 283:1861

Heuseler H, Jaumann R, Neukum G (2000) Zwischen Sonne und Pluto. BLV-Verlagsges München

Hilllebrand W, Ober W (1982), Naturwissenschaften 69:205

Hofmann AW (1997) Science 275:498

Holland HD (1962) in Engel AEJ, James HL, Leonard BF (eds) Petrolic Studies. Princeton University Press, Princeton, NJ, p 447

Holland HD (1984) The Chemical Evolution of the Atmosphere and Oceans.: Princeton University Press, Princeton, NJ

Joyce GF (1989) Nature 338:217

Kant I (1999) Allgemeine Naturgeschichte und Theorie des Himmels. Ostwalds Klassiker der Exakten Wissenschaften, Band 12, Verlag Harry Deutsch, Frankfurt/Main

Kasting JF (1993) Science 259:920

Kasting JF, Eggler D (2002) 13. International Conference on the Origin of Life, Oaxaca, abstr p 45

Kippenhahn R (1987) Unheimliche Welten. Deutsche Verlagsanstalt, Stuttgart

Klemm D (1987) Die Entwicklung der frühen Erdkruste. In: Wilhelm F (Hrsg) Der Gang der Evolution. Beck, München, S 58

Koerner DW (1997) Orig Life Evol Biosphere 27:157

Kreisel G, Wolf C, Weigand W, Dörr M (2003) Chemie in unserer Zeit 37:306

Larson RB, Bromm V (2002) Spektrum der Wissenschaft, Februar: 26

Luminet J-P, Weeks JR, Riazuelo A, Lehoucq R, Uzan J-P (2003) Nature 425:593

Luu JX, Jewitt DL (1996) Spektrum der Wissenschaft, Juli: 56

Macdougall JD (1997) Eine kurze Geschichte der Erde. Scherz, München

Maciá E, Hernández MV, Oró J (1997) Orig Life Evol Biosphere 27:459

Mason SF (1992) Chemical Evolution. Clarendon Press, Oxford

Miller SL (1953) Science 117:528

Mojzsis SJ, Harrison TM, Pitgeon RT (2001) Nature 409:178

Münker C, Pfänder JA, Weyer S, Büchl A, Kleine T, Mezger K (2003) Science 301:84

Neukum G (1987) Zur Bildung und frühen Entwicklung der Planeten. In: Wilhelm F (Hrsg) Gang der Evolution, Beck, München, S 28

Ninisi B (2000) Science 290:15

Ostriker JR, Steinhardt PJ (2001) Spektrum der Wissenschaft, März:32

Owen T, Cess RD (1979) Nature 277:640

Peebles PJE (2001) Spektrum der Wissenschaft, März: 40

Pössel M (2001) Spektrum der Wissenschaft, August: 12

Press F, Siever R (1995) Allgemeine Geologie, Spektrum, Heidelberg

Quenzel H (1987) Die Entwicklung der Erdatmosphäre. In: Wilhelm F (Hrsg) Gang der Evolution, Beck, München

Rubey WW (1951) Bull Geol Soc Amer 62:1111

Rubey WW (1964) In: Brancazio PJ, Cameron AGW (eds) The Origin and Evolution of Atmospheres and Oceans. Wiley, New York

Robert F (2001) Science 293: 1056

Sagan C, Chyba C (1997) Science 276:1217

Sagan C, Mullen G (1972) Science 177:52

Schidlowski M (1981) Spektrum der Wissenschaft, April: 16

Schidlowski M (1980) In:Hutzinger O (ed) The Handbook of Environmental chemistry, Vol 1/ Part A, S 5 Springer, Berlin Heidelberg New York

Schücking EL (1993) Probleme der modernen Kosmologie in ihrer geschichtlichen Entfaltung. In: Börner G, Ehlers J, Meier H (Hrsg) Vom Urknall zum komplexen Universum. Piper, München

Schwartz AW (2002) Orig Life Evol Biosphere 32:399

Sleep NH, Zahnle K, Neuhoff PS (2001) Proc Natl Acad Sci USA 98:3666

Struve O (1963) Astronomie. de Gruyter, Berlin

Summers DP, Chang S (1993) Nature 365:630

Taylor SR, Mc Lennan SM (1996) Spektrum der Wissenschaft, November: 46

Taylor GJ (1994) Spektrum der Wissenschaft, September: 58

Tscharnuter WM, Straka C (2002) Spektrum der Wissenschaft Februar: 32

Unsöld A (1981) Evolution kosmischer, biologischer und geistiger Strukturen. Wissenschaftliche Verlagsgesellschaft, Stuttgart

Unsöld A, Baschek B (1999) Der Neue Kosmos. Springer Berlin Heidelberg New York

Wänke H (1986) In: Jahrbuch Max-Planck-Gesellschaft. S 450

Walker JCG, Klein C, Schidlowski M, Schopf JW, Stevenson DJ, Walter MR (1983) Enviromental Evolution of the Archean-Early Proterozoic Earth. In: Schopf JW (ed.) Earth's Earliest Biosphere: Its Origin and Evolution. Princeton University Press, Princeton pp 260 - 290

Weigert A, Wendker HJ (1996) Astronomie und Astrophysik. 3. Auflage, VCH-Weinheim

Weinberg S (1977) Die ersten drei Minuten. Piper, München

Weissmann PR (1998) Spektrum der Wissenschaft, Dezember: 62

Wetherhill G (1981) Spektrum der Wissenschaft, August: 107

Whittet DCB (1997) Orig Life Evol Biosphere 27:249

Wills C, Bada J (2000) The Spark of Life. Perseus Publishers, Cambridge, Mass

3 Von den Planeten zur interstellaren Materie

3.1 Planeten und Satelliten

Nach Stöffler (1982) kann man die Entwicklung der Planetenforschung am besten erkennen, wenn man der Darstellung von Kuiper, dem Vater der modernen Planetologie, folgt. Danach sind drei Phasen zu unterscheiden:

- die drei Jahrhunderte der grundsätzlichen, klassischen Entdeckungen (Galilei, Kepler, Laplace u. a.),
- die nächste Phase beginnt mit dem Ende des 19. Jahrhunderts, gleichzeitig mit dem Entstehen von Astrophysik und Astrophotographie, allerdings verbunden mit Minderung des wissenschaftlichen Interesses an der Planetenforschung,
- etwa um 1960: Neubelebung der Planetologie, vor allem in Verbindung mit der stürmischen Entwicklung und den Erfolgen der Raumfahrttechnik.

Das umfangreiche Sachgebiet kann nur schwerpunktförmig dargestellt werden, so vor allem diejenigen Planeten und Monde, die mit Fragen der Lebensentstehung in Verbindung stehen.

Die Planeten des Sonnensystems teilt man aufgrund ihres materiellen Aufbaus, d. h. ihrer chemischen Zusammensetzung, in zwei Gruppen ein:

- die inneren oder terrestrischen Planeten, Merkur bis Mars, einschließlich der Planetoiden. Sie sind durch Massen von 0,06–1.0 Erdenmassen, mit Dichten von 3.000–5.500 kg·m^{-3} charakterisiert und zeigen einen ähnlichen Aufbau:
    - eine relativ dünne, obere Schicht (Kruste),
    - Mantel und
    - Kern,
- die Groß- oder Gasplaneten: Jupiter, Saturn, Uranus und Neptun. – Der Planet Pluto ist durch einen Sonderstatus ausgezeichnet.

3.1.1   Merkur

Der sonnennahe Planet besitzt keine nennenswerte Atmosphäre, er ist durch eine kraterreiche Oberfläche gekennzeichnet. Bei der Bildung des Merkurs konnten die Planetesimale ohne Bremsung auf die Planetenoberfläche auftreffen. Daher blieben bei fehlenden Einebnungsprozessen (durch Wind und/oder Wasser) die vor rund vier Milliarden Jahren entstandenen Einschlagskrater noch erhalten. Auf der Merkuroberfläche konnten große Temperaturschwankungen von 600–100 K (entsprechen der Tag- und Nachtseite) gemessen werden. Die Radarkartierung des Planeten (bei 3,5 cm Wellenlänge) gibt Hinweise auf das Vorkommen von Wassereis an den Polen. Es befindet sich in Kratern, die wahrscheinlich niemals von der Sonne erreicht wurden (Slade et al., 1992). Nach einer Hypothese war Merkur einstmals ein Venusmond, der durch ein unbekanntes Ereignis auf eine eigene Bahn um die Sonne gelenkt wurde.

3.1.2   Venus

Nach Sonne und Mond ist der Planet Venus der hellste Himmelskörper. Als einziger der Sonnentrabanten wird dieser Planet mit einer einfühlsamen Arie in einer bekannten Oper begrüßt. Wolfram von Eschenbach besingt die hellstrahlende Venus im „Tannhäuser" mit den Worten: „O Du mein holder Abendstern wohl grüss' ich Dich so gern".

Die Venus verbirgt ihre Oberfläche unter einer zusammenhängenden Wolkenschicht in Höhe von 45–60 km. Neuerdings konnte der Planet durch Radarsatelliten vollständig kartographisch aufgenommen werden. Die Venusatmosphäre enthält 96 Vol.-% CO_2, der Rest besteht aus N_2, SO_2, S-Partikeln, H_2SO_4-Tröpfchen, verschiedenen Umsetzungsprodukten und ein wenig Wasserdampf. Das Wasser wird wahrscheinlich photolytisch gespalten. Edelgase kommen in größeren Mengen als auf der Erde vor, so z. B. ^{36}Ar (Argon) etwa 500mal häufiger, Ne (Neon) sogar 2.700mal und D (Deuterium) etwa 400mal.

Bedingt durch den CO_2-Treibhauseffekt herrschen auf der Venusoberfläche Temperaturen von etwa 733 K im Jahresmittel bei starken atmosphärischen Aktivitäten. Nach Ergebnissen der Cassini-Sonde konnte die frühere Annahme häufiger Blitzentladungen nicht bestätigt werden. Nach Gurnett et al. (2001) sind Blitze entweder ein sehr seltenes Ereignis oder von anderer Natur als die irdischen elektrischen Entladungen. Die Turbulenzen auf der Venusoberfläche verlaufen mit großer Heftigkeit. Es wurden Orkangeschwindigkeiten bis zu 360 $km \cdot h^{-1}$ gemessen. Damit bewegt sich die Wolkenoberschicht mehr als 60mal schneller als die Planetenoberfläche. Auf ihr herrscht ein Luftdruck, der dem 90-fachen Wert des Luftdrucks auf Meeresniveau unserer Erde entspricht. Neue Modellrechnungen zeigen, daß sich das Klima auf der Venus, ähnlich der Erde, in einigen 100 Millionen Jahren signifikant verändert hat (Prinn, 2001). Nach dem Bullock-Grinspoon-Modell war die Venus vor 600–1.100 Millionen Jahren kälter als heute. H_2O und SO_2 zeigen zwei gegensätzliche Charakteristika: sie wirken einerseits kooperativ, aber andererseits konkurrierend. Zwei Hauptprozesse kontrollieren jetzt das Venusklima:

– die globale Erwärmung: größtenteils bedingt durch CO_2-Treibhauseffekt und
– die Kühlung: bedingt durch die Reflexion der Sonneneinstrahlung, die dicke Schwefelsäure-Wolken bewirken.

Inzwischen gibt es Zweifel, daß die Venus ein extrem lebensfeindlicher Planet wäre. – Eine kühne Hypothese stellt die Möglichkeit zur Diskussion, die Wolkendecke der Venusatmosphäre könnte für mikrobielles Leben ein Refugium geboten haben. Als der heiße Planet seine Ozeane verlor, konnte sich das primitive Leben an die trockene, saure Atmosphäre anpassen. Allerdings stellen die hohen Dosen an UV-Strahlung ein großes Rätsel dar. Die Autoren nehmen an, daß Schwefel-Allotrope, wie z. B. S_8, einerseits als UV-Schirm und andererseits als Energie-umsetzendes Pigment wirkten (Schulze-Makuch et al., 2004).

3.1.3   Mars

Seit Jahrhunderten verbindet die Menschen ein besonderes Verhältnis mit dem Planeten Mars. Die Römer verehrten den roten Planeten als Kriegsgott und später in Italien als Gott der Fruchtbarkeit und als Bauerngott. Der Astronom Tycho Brahe (1546–1601), geboren in der damals dänischen, jetzt schwedischen Provinz Schonen, bestimmte durch präzise Himmelsbeobachtungen die genauen Positionen des Mars. Die Erfindung des Fernrohres durch den niederländischen Physiker und Mathematiker Christian Huygens (1629–1695) ermöglichte die Ermittlung der Rotationsgeschwindigkeit des Planeten. Huygens maß 24,5 Stunden für eine Umdrehung des Mars – der heute gültige Wert liegt bei 24,623 Stunden – eine große Leistung für die Himmelsbeobachtung vor etwa 350 Jahren. Der italienische Astronom Giovanni Schiaparelli (1835–1910) entdeckte bei seinen Marsbeobachtungen „Canale" auf der Planetenoberfläche. „Canale" bedeutet im Italienischen nicht nur Kanal, sondern es bezeichnet auch andere wasserführende Systeme. Die „Kanal-Hypothese" erregte sowohl in der wissenschaftlichen Welt als auch bei Schriftstellern großes Interesse.

Der Planet Mars ist kleiner als die Erde (Durchmesser Mars: 6.762 km gegenüber der Erde mit 12.760 km). Unser Nachbarplanet wird nur von einen dünnen Atmosphäre (Oberflächendruck von 0,005–0,010 bar) umgeben, die eine gute Beobachtung der Marsoberfläche ermöglicht. Die Atmosphäre besteht aus:

- etwa 95 Vol.-% CO_2
- etwa 2,5 Vol.-% N_2
- etwa 1,5 Vol.-% Ar
- etwa 1 Vol.-% andere Edelgase und 0,1 Vol.-% O_2 und CO, die aus CO_2 durch Photodissoziation entstanden.

Neuerdings wurde auch Schwefel auf der Marsoberfläche festgestellt. Er stammt vermutlich aus der Atmosphäre, in die er durch vulkanische Aktivitäten gelangte. Schwefel entdeckte man auch in Meteoriten, die wahrscheinlich vom Mars stammten (Farquhar et al., 2000). Die Durchschnittstemperatur liegt bei etwa 210 K (nachts: 150 K und tagsüber 270 K). Freies Wasser konnte bisher auf der Marsoberfläche noch nicht nachgewiesen werden, lediglich Wasserdampf, vor allem an den Polkappen. Der extrem trockene Boden gibt Wasser erst bei 473 K frei. Es muß angenommen werden, daß die Exhalationen auch größere Mengen Wasser enthielten. Auf alle Fälle kann der Planet Mars mit einer Sensation aufwarten: er beherbergt den höchsten und größten Vulkan in unserem Sonnensystem, den ca. 25 km hohen Schildvulkan Mons Olympus. Über die Bildung des Riesenvulkans sind sich die Vulkanologen noch nicht einig, es liegen aber eine Reihe von Modellen vor, die seine Entstehung zu erklären versuchen. Der Vulkan fällt vor allem durch seine extreme Größe und Höhe, aber auch durch die nahezu kreisförmige, hohe Böschung auf, die den Schildvulkan umgibt (Helgason, 1999).

Zahlreiche Meteoritenkrater mit Durchmessern bis 200 km bedecken die Marsoberfläche. Die Frage nach Wasservorkommen auf dem roten Planeten ist seit Jahren Gegenstand intensiver wissenschaftlicher Bemühungen (Kap. 11). Aufwendige Mars-Missionen zur Kartierung des Planeten lieferten wichtige Erkenntnisse über frühere, nunmehr wasserfreie Flußtäler. Das Marswetter ist gekennzeichnet von Bodennebeln, dünnen Eiswolken und durch z. T. heftige Staubstürme, die jahreszeitlich, aber auch tageszeitlich wechseln. Die Frage, ob unser Nachbarplanet Leben – in welcher Form auch immer – beherbergt oder ob er jemals Leben hervorgebracht hat, wurde durch die NASA-Pressekonferenz am 7. August 1996 zu einem Medienspektakel. In dem 1,9 kg schweren Marsmeteoriten ALH 84001

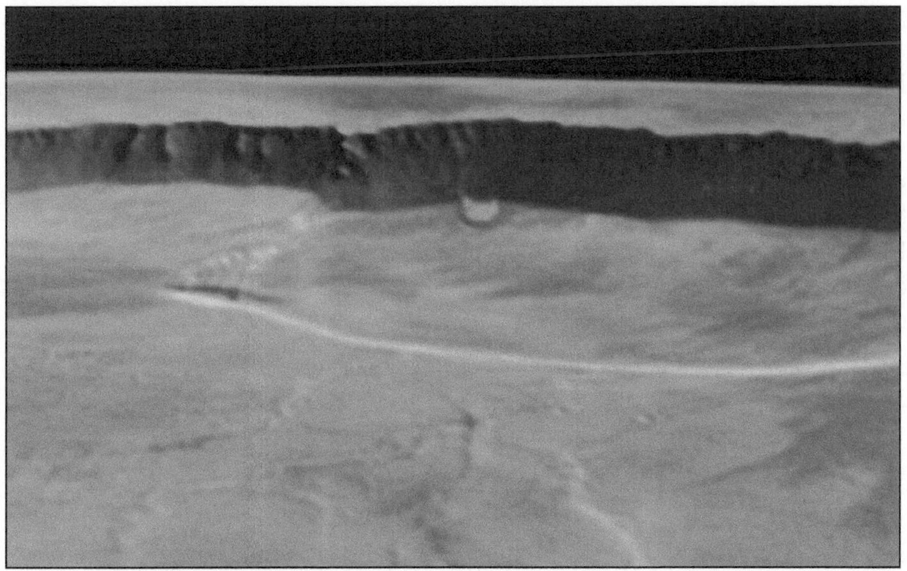

Abb. 3.1: Perspektivische Ansicht eines Teils der Caldera des Olympus Mons auf dem Mars. Diese Ansicht erstellte man aus dem digitalen Höhenmodell, abgeleitet aus den Stereokanälen, sowie dem Nadirkanal (senkrechte Blickrichtung) und den Farbkanälen der HRSC an Bord des Mars Express Orbiters. Die Aufnahme erfolgte am 21. Januar 2004 aus einer Höhe von 273 Kilometern. Der senkrechte Steilabfall hat eine Höhe von etwa 2,5 km, also rund 700 m höher als die Eiger-Nordwand. Quelle: mit Genehmigung der DLR.

wurden, nach Meinung der mit den Untersuchungen befaßten Forschergruppe, eindeutige Hinweise auf früheres Leben gefunden:

- Eine bestimmte Carbonat-Spezies mit Magnetit und Eisenablagerungen: An ihrer Bildung könnten Mikroorganismen beteiligt gewesen sein.
- Organische Verbindungen: polycyclische aromatische Kohlenwasserstoffe, vor allem Phenanthren ($C_{14}H_{10}$), Pyren ($C_{16}H_{10}$) und Chrysen ($C_{18}H_{12}$), die mit Hilfe hochauflösender Massenspektroskopie nachgewiesen wurden.
- Strukturen, die Ähnlichkeiten mit Mikroorganismen zeigten (McKay, 1996).

Gegen diese sehr optimistischen Deutungen gab es scharfe Kritiken, vor allem vom Paleontologen William Schopf, Universität CA, L. Angeles.

Aber nicht nur der Nachweis von Lebewesen auf dem Mars wäre eine Riesensensation, auch bereits das Auffinden von Vorstufen des Lebens, d. h. Biomolekülen oder deren Bausteinen (weiteres Kap. 11).

3.1.4   Jupiter

Der Gasplanet Jupiter nimmt im Sonnensystem eine Sonderstellung ein. Er ist der größte und massenreichste der Planeten. Seine Masse entspricht 1/1047 der Sonnenmasse. Jupiter besteht fast ausschließlich aus Wasserstoff und Helium in einer Zusammensetzung ähnlich der Sonne. Das He/H-Verhältnis beträgt etwa 1 zu 10. Dazu kommen geringe Anteile einiger Elemente höherer Ordnungszahl, wie z. B. N, P, S, C, Ge u. a. Die Dichte des Jupiter wurde zu 1.300 kg·m^{-3} ermittelt. Die Jupiteratmosphäre kann man in drei Zonen aufteilen (von außen nach innen):

– Zone der NH_3-Wolken (bei ca. 140 K),
– Zone der NH_4SH-Wolken, diese sind vermischt mit NH_3, H_2 und He (bei etwa 200 K), und
– Zone der Eiswolken bestehend aus Wassereiskristallen und H_2/He-Gas (bei ca. 270 K).

Der Planet besitzt keine eigentliche Oberfläche, es findet vielmehr ein gleitender Übergang vom H_2/He-Gasgemisch zum Zentralkörper aus molekularem Wasserstoff statt. Das Fehlen einer definierten Oberfläche bedingt, daß Temperaturen nur im Vergleich zu den entsprechenden Drücken angegeben werden können.

Etwa 85 % des gesamten Wasserstoffs des Jupiter liegen in metallischer Phase vor. Als Kern nimmt man einen silikatischen Gesteinskern, bei Temperaturen von geschätzten 24.000 K an. Wahrscheinlich wirkte diese Gesteinsmasse als Kondensationskern, der vor etwa 4,5 Milliarden Jahren große Anteile der H_2/He-reichen Solarmaterie anzog und dabei wie ein Staubsauger wirkte.

Die letzten Jahrzehnte verliefen für die Planetenforschung recht erfolgreich. Die 1989 gestartete Galileo-Mission erbrachte wichtige Meßdaten über Jupiter und seine Monde. Die Galileo-Raumsonde führte eine spezielle Sonde mit, die sich vom Muttergefährt löste und am 7. Dezember 1995 in die Jupiteratmosphäre eintauchte. Dieser Vorgang war mit extremer Hitzeentwicklung verbunden; es wurden Temperaturen von etwa 16.000 K in der Nähe des 5-mb-Niveaus erreicht (Seiff et al., 1997). Die Sonde flog etwa eine Stunde, bis sie in den Tiefen der Jupiteratmosphäre verglühte. Die von ihr zur Galileo-Hauptsonde übermittelten Daten gaben Auskunft über Temperatur, Druck, chemische Zusammensetzung (auch über die Isotopenverhältnisse) der Atmosphäre, den Wassergehalt und elektrische Entladungen (Young, 1996). Es überraschte, daß nur etwa 10 % der angenommenen Wasserkonzentration von der niedergehenden Sonde gemessen wurden. Es bleibt offen, ob dieser Wassermangel ein lokales Phänomen oder ein allgemein gültiges Charakteristikum der Jupiteratmosphäre war. Der Riesenplanet rotiert in zehn Stunden einmal um seine Achse. Damit kompensiert er das Fehlen an Masse durch seine enorme Drehbewegung. Diese bewirkt eine starke Dynamik in der äußeren beobachtbaren Atmosphäre, die auffällige, komplexe Zonen parallel zu den Breitengraden aufzeigt. Schnellrotierende Planeten weisen eine Fülle regelmäßiger dynamischer Phänomene auf, die z. T. durch die Wirkung der Coriolis-Kraft zu erklären sind. Über die komplexen Vorgänge in Planetenatmosphären berichtete F. H. Busse (1988) von der Universität Bayreuth auf der 115. Versammlung „Deutscher Naturforscher und Ärzte" in Freiburg.

Ein besonderes Ereignis konnte im Juli 1994 am Jupiter beobachtet werden: der Einschlag des Kometen Shoemaker-Levy in die Atmosphäre des Gasplaneten. Das starke Gravitationsfeld des Jupiter brachte den Kometen vor seinem Eindringen in die Planetenatmosphäre zum Zerplatzen und die Kometenteile stürzten nacheinander in die Jupiteratmosphäre. Das einzigartige Schauspiel beobachteten viele Stationen, so auch die Galileo-Sonde „vor Ort" und das Hubble-Teleskop (Heuseler et al., 2000). Es lieferte auch eine weitere Entdeckung: die stärksten Polarlicht-Erscheinungen des Sonnensystems an den Polen des Jupiter. Die Astronomen nehmen an, daß die Energie für das Polarlicht aus der Planetenrotation stammt, möglicherweise mit einem Anteil des Sonnenwindes (Walte, 2001). Dieser Prozeß steht im Gegensatz zur Polarlichtentstehung auf der Erde, bei der dieses Phänomen durch das Wechselspiel zwischen Sonnenwind und Erdmagnetfeld entsteht.

Eine wichtige Eigenschaft des Jupiter verdient erwähnt zu werden: Der gewaltigen Gravitationskraft des Riesenplaneten verdankt die Erde relativ „ruhige Zeiten" (in geologischen Dimensionen) – ohne große Einschlagskatastrophen von Planetoiden oder Kometen, da Jupiter diese Himmelskörper größtenteils an sich zieht und damit die Erde schützte und noch immer schützt!

3.1.5   Jupiter-Monde

Die vier hellsten und größten Jupiter-Monde bezeichnet man auch als „Galileische Monde". Galileo Galilei entdeckte sie 1610 und gab ihnen die Namen: Io, Europa, Ganymed und Callisto in der Reihenfolge ihrer Bahnen um den Jupiter. Das System Jupiter und die vier großen Monde zeigen eine Reihe gemeinsamer Eigenschaften mit dem Sonnensystem, z. B. die extreme Regularität und ihre planaren Bahnen (Stevenson, 2001).

3.1.5.1   Io

Der Mond Io bewegt sich – wie bereits erwähnt – auf der innersten Bahn der Jupitersatelliten. Mit einer Dichte von 3.550 kg·m^{-3} ähnelt er den terrestrischen Planeten. Seine Oberfläche ist grau-gelb bis rot-orange gefärbt, möglicherweise stammt die rot-orange Färbung von S_2O, denn Schwefel und Schwefelverbindungen spielen bei der Chemie dieses Mondes eine entscheidende Rolle. Die Oberflächengesteine enthalten große Konzentrationen an K- und Na-Verbindungen. Die größte Sensation war 1979 die Entdeckung eines aktiven Vulkans auf einer Voyager-Aufnahme. Die Eruption des inzwischen „Prometheus" benannten Io-Vulkans beförderte Materie bis zu 100 km über die Mondoberfläche. Mittlerweile wurden neun weitere Vulkane auf Io entdeckt, die bei aktiven Phasen schwefel- und sauerstoffhaltige Gase sowie Schmelzen aus flüssigem Schwefel und Schwefeldioxid bis zu 250 km Höhe ausstoßen. Bedingt durch den Vulkanismus erscheint die Io-Oberfläche relativ eingeebnet, d. h. Impaktkraterstrukturen sind kaum erkennbar. Es erhob sich die bald Frage nach der Energiequelle des Io, die alle vulkanische Aktivitäten antreibt. Die Antwort war bald gefunden. Io wird durch die anderen Galileischen Monde, aber vor allem durch den nahen Riesenplaneten zu einer elliptischen Bahn um Jupiter gezwungen. Dadurch werden auf Io Gezeitenkräfte wirksam, die im Mondinneren Reibungswärme erzeugen. Man errechnete, daß Io 15 Millionen Megawatt Wärme über seine Oberfläche abgibt. Der Mond dürfte sich bereits seit etwa zwei Milliarden Jahren im zuvor beschriebenen Zustand befinden (Spohn, 1990). In der Io-Atmosphäre herrscht ein Druck von etwa 10^{-10} bar SO_2 bei Temperaturen von 60–120 K.

Die Galileo-Sonde übermittelte mit Hilfe der SSI-(Solite State Imaging)-Kamera eindrucksvolle Bilder hoher Auflösung von Io's vulkanischen Aktivitäten. Dabei beobachtete man aktive Lavaseen, Lava-„Vorhänge", Caldera, Berge und Plateaus (McEwen et al., 2000). Das Hubble-Teleskop entdeckte sowohl S_2-Gas als auch SO_2 im Verhältnis $SO_2{:}S_2$ wie 1:4 in der Rauchfahne des Pele-Vulkans. Dieses Verhältnis war erwartet worden, wenn ein Gleichgewicht zwischen Silikatmagmen nahe dem Quarz-Fayalit-Magnetit-Puffer (s. Abschn. 7.2.2) besteht.

Io stellt eines der interessantesten Objekte in der Planetenforschung dar. Für Fragestellungen im Zusammenhang mit dem Biogenese-Problem ist der Mond dagegen ohne Bedeutung, ganz im Gegensatz zum Jupiter-Mond Europa.

3.1.5.2   *Europa*

Der Jupitermond Europa ist erst seit wenigen Jahren ein intensiv bearbeitetes, wissenschaftliches Objekt, da er zu dem kleinen Kreis von Himmelskörpern gehört, die möglicherweise Leben (oder Vorstufen dazu) beherbergen könnten. Die Voyager-Vorbeiflüge vor etwa 20 Jahren lieferten sensationelle Bilder von Europa. Auf sehr hellen Oberflächen zeigten sie ein Netzwerk linearer Bänder unterschiedlicher Dicke. Für Europa errechnete man eine mittlere Dichte von 3,018 ± 35 kg·m^{-3} und ermittelte eine Oberflächentemperatur von 90–95 K. Einige Indizien deuten auf eine Wassereisoberfläche hin, andere Eigentümlichkeiten ließen unter der Eisdecke flüssiges Wasser oder „warmes Eis" vermuten. Es wurden drei Modelle diskutiert (Oró, 1992):

- *dünnes Eismodell*: Die Silikate sind weitgehend hydratisiert, daher nur eine dünne Wasserschicht von wenigen Kilometern über den Silikaten.
- *Eis-/Ozean-Modell*: Europas Kern besteht aus dehydratisierten Silikaten, da eine höhere Wärmeproduktion diesen Prozeß ermöglichte. Über dem Kern liegt eine etwa 100 km dicke Schicht flüssigen Wassers und als oberste Deckschicht Wassereis (etwa 10 km).
- *dickes Eis-Modell*: Im Inneren des Mondes wird genügend Hitze gebildet, um Silikate zu dehydratisieren. Das freigesetzte Wasser gefriert zu einer Eisschicht von etwa 100 km Dicke.

Das erste Modell scheint unwahrscheinlich, denn es müßten mehr alte Einschlagskrater auf der Mondoberfläche erkennbar sein. Die Entscheidung zwischen dem zweiten und dritten Modell hängt von der Frage ab, ob der durch Gezeitenreibung entstandene Hitzefluß jeweils so niedrig lag, daß die gesamte freigesetzte Wassermenge vollkommen gefrieren konnte. Theoretische Überlegungen und Berechnungen führten zur Annahme, daß das mittlere Modell der Realität am besten entspricht. Neuere Forschungsergebnisse – vor allem durch die Galileo-Sonde im Dezember 1996 – lieferten Aufnahmen von der Mondoberfläche mit weitaus höherer Auflösung als bisher. Sie zeigten episodische Trennungen der Oberflächenplatten und Auffüllung der Spalten durch Material aus den darunter liegenden Schichten (Eis oder Wasser) (Sullivan et al., 1998). Es kann sich um Konvektionen der Eisschale im festen Zustand handeln, d. h. um Aufbrüche, Bildung von Eisdomen und Graten, bedingt durch die Bewegungen, die von den aufströmenden, warmen Eismassen hervorgerufen werden (Pappalardo et al., 1998).

Einen weiteren Beweis für einen Ozean unter der Eisoberfläche fanden Carr et al. (1998) bei der Auswertung zusammenhängender Aufnahmen bei 1,2 km, 180 m und 54 m per Pixel. Dabei sind lokale Eisberge zu loka-

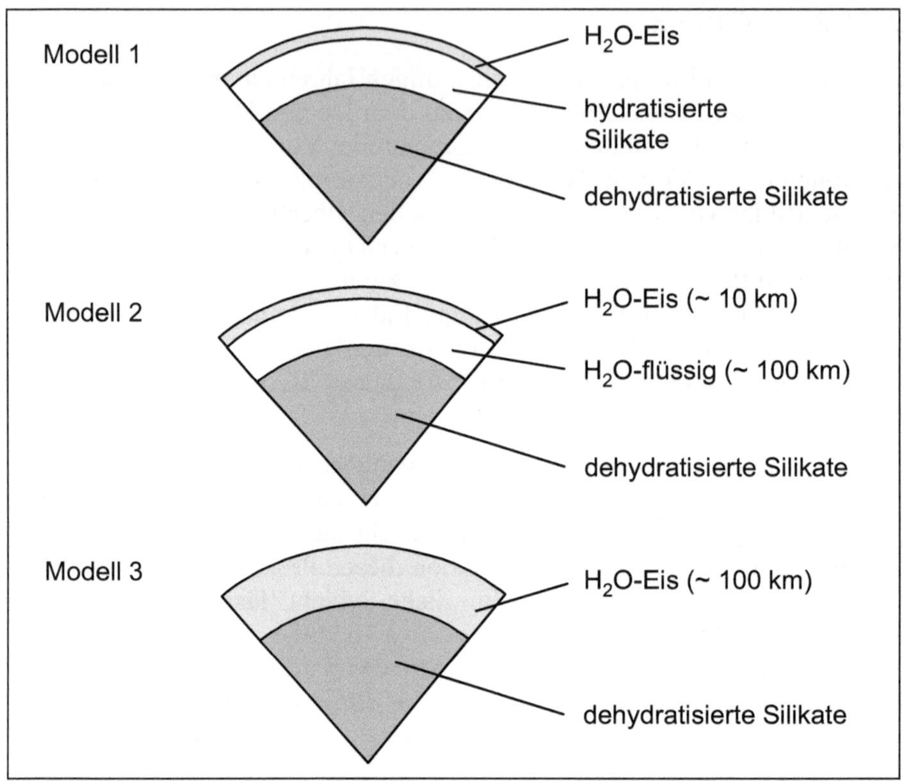

Abb. 3.2: Die drei möglichen Modelle über die innere Struktur des Jupitermondes Europa: Modell 1 mit dünner Eisdeckschicht, Modell 2: Eis/Wasser-Modell, Modell 3 mit dicker Eisschicht.

lisieren. Die genauere Morphologie läßt auf flüssiges Wasser aus den Räumen unter der Eisoberfläche schließen. Gewisse Hinweise auf Salze auf der Mondoberfläche erhielten McCord et al. (1998), von der Universität Hawaii, aus Daten des Galileo-NIMS (Near Infrared Mapping Spectrometer). Die aufgenommenen Absorptionsbanden von Wasser bei 1–2,5 µm zeigten hydratisierte Salzmineralien an (Mg-Sulfate, Na-Carbonate und Gemische). Sie sind vor allem in den Linienzügen (Graten) und den optisch dichteren Regionen der Mondoberfläche zu finden. Neue Messdaten der Galileo-Sonde von Spektren im IR- und UV-Bereich (Carlson et al., 1999a) und Vergleichsmessungen unter simulierten „Europa-Bedingungen" im Laboratorium führten zu Charakteristika, die nur von Wasserstoffperoxid (H_2O_2) stammen können. Wahrscheinlich wird es durch Radiolyse auf der Wasseroberfläche gebildet, da der Jupitermond einem heftigen Bombardement durch die starke Jupiter-Magnetosphäre ausgesetzt ist und zwar durch:

- energiereiche Elektronen
- Protonen
- S- und O-Ionen

Carlson et al. (1999b) berichten über Vergleiche von Laborspektren mit Galileo-Daten, die auf hydratisierte Schwefelsäure als Hauptkomponente im dunklen Oberflächenmaterial hinweisen, das aus strahlenchemisch veränderten Schwefelpolymeren bestehen dürfte. Es wird ein Schwefel-Cyclus zwischen drei Schwefelspezies angenommen: Schwefelsäure (H_2SO_4), Schwefeldioxid (SO_2) und Schwefelpolymeren (S_x).

Vor der Galileo-Mission war die innere Struktur des Mondes noch größtenteils unbekannt. Aus den Meßdaten zweier Begegnungen der Sonde mit Europa (E4 und E6) am 19. Dezember 1996 und 20. Februar 1997 (Anderson et al., 1997) wurde auf einen Innenkern von 4.000 kg·m^{-3} geschlossen. Es könnte ein Metallkern von etwa 40 % des Mondradius sein, umgeben von einem Gesteinsmantel mit der Dichte von 3.000–3.500 kg·m^{-3}. Zwei weitere Begegnungen der Sonde mit Europa verfeinerten das Modell (Anderson et al., 1998). Die Möglichkeit, daß das Mondinnere aus einer gleichförmigen Mischung von Silikat und Metall besteht, ist nicht auszuschließen. Sollte ein metallischer Mondkern existieren, so ist eine Abschätzung des Kerndurchmessers wegen seiner unbekannten Zusammensetzung nicht möglich.

Die Forschergruppe des DLR-Institutes in Berlin meint dagegen, daß die Mondoberfläche mehrere hundert Millionen Jahre alt ist (Heuseler et al., 2000), dann könnte der Mond allerdings vollständig durchgefroren sein und ein Ozean wäre weniger wahrscheinlich.

Nach Moore et al. (1998) wiederum können bisher erhaltene Daten auf eine Eiskruste von 10–15 km hinweisen. – Christopher Chyba von SETI-Institut, Mountain View Kalifornien, wirbt mit Artikeln in „Nature" (2000), den „Proceedings of the National Academy of Sciences" (2001a) und in „Science" (2001b) für eine intensive Erforschung des Jupitermondes. Er diskutiert die Möglichkeit eines durch die Weltraumstrahlung angetriebenen komplexen Ökosystems auf bzw. in den Eisschichten des Mondes, über die man nähere Gewissheit erst durch die geplante Europa-Orbiter-Mission erhalten kann. Bis dahin vergehen aber noch mindestens fünf Jahre der Ungewissheit. Für die Untersuchung des angenommenen Zwischenschicht-Meeres und des Untergrundes wird der Einsatz eines Tauchboot-Roboters diskutiert.

Für ein derartiges Unternehmen bedarf es zuerst erfolgreicher Bohrungen durch die Eisdecke des Mondes (Rummel, 2000; de Morais, 2000). Der Test neuer, für die Erforschung des Europa-Eises benötigter Geräte könnte am Vostok-See unter der Antarktis-Eisdecke erfolgen. Es scheint al-

Abb. 3.3: Die Vorstellung eines Künstlers über die geplante Mission eines Roboters (Hydrobot) auf dem Mond Europa. Der Roboter hat sich durch die Eisschicht
in die wäßrige Zwischenschicht des Mondes gebohrt und untersucht den Untergrund. (Quelle: NASA)

lerdings problematisch, ob die Erprobung neuer Technologien in dieser extrem sensiblen Umwelt erfolgen sollte. Neuerdings wird in Europas Historie eine Periode für möglich gehalten, in der ein starker Treibhauseffekt
Temperaturen schuf, bei denen Reaktionen der chemischen Evolution
denkbar wären. So könnten sich – nach dieser noch unbewiesenen Vermutung – Vorstufen von Biomolekülen oder sogar primitives Leben gebildet
haben. Die Anlieferung von Bioelementen via Kometen wird von den
Autoren mit großer Wahrscheinlichkeit angenommen (Chyba u. Phillips,
2002).

3.1.5.3   *Ganymed und Callisto*

Beide Jupitermonde zeigen eine Reihe von Ähnlichkeiten. Sie sind wahrscheinlich aus Gestein und Wassereis (Verhältnis etwa 1:1) aufgebaut und
weisen – im Gegensatz zu Europa – eine große Anzahl von Einschlags-
kratern auf.

Ganymed: Mit einem Durchmesser von 5.268 km ist er der größte Mond unseres Sonnensystems und größer als Merkur. Reflexionsspektren des NIMS-Gerätes der Galileo-Sonde lassen vermuten, daß die Ganymed-Oberfläche wäßriges Material enthält (McCord et al., 2001). Es dürfte sich – ähnlich wie auf Europa – um gefrorene $MgSO_4$-Sole handeln, die aus flüssigen Schichten unter der Oberfläche stammen. Die sorgfältige Auswertung der Oberflächenaufnahmen führt zu vielen Spekulationen: so wird eine erneute Bedeckung des Mondes durch tektonische oder vulkanische Prozesse diskutiert (Schenk et al., 2001). Vulkanische Eruptionen könnten flüssiges Wasser oder festes Eis aus tiefen Schichten auf die Oberfläche befördert haben. Es werden stärkere tektonische Aktivitäten auf Ganymed angenommen, als bisher vermutet (Kerr, 2001).

Callisto: Der Mond umkreist Jupiter in einer Entfernung von 1,9 Millionen Kilometern. Seine Oberfläche dürfte aus Silikat-Materialien und Wassereis bestehen. Man beobachtet nur wenige Einschlagskrater mit einem Durchmesser unter einem km, dafür große Einschlagsbecken mit konzentrischen Ringen (sog. Multiringbecken) (Heuseler et al., 2000). Neue Messungen des Magnetfeldes lassen auf einen Ozean unter der Oberfläche schließen – entgegen den bisher geltenden Modellen. Als Energiequellen reichen weder die Sonneneinstrahlung noch Gezeitenreibung um dieses Phänomen zu erklären. Ruiz (2001) vertritt die These, daß die Eisschichten fester gefügt und resistent gegen Wärmeabgabe nach außen sind, als bisher angenommen. Der Autor hält Eisviskositäten mit der Fähigkeit, den Wärmeabfluß in den kalten Weltraum zu minimieren, für möglich. Dieses Beispiel weist auf die komplexen physikalischen Eigenschaften des Wassers hin. Bisher kennt man zwölf verschiedene kristallographische Strukturen und zwei nichtkristallisierte amorphe Formen. Unter den extremen Bedingungen des Kosmos kann Wassereis auch in Modifikationen existieren, deren Eigenschaften uns noch völlig unbekannt sind.

3.1.6   Saturn und Saturnmond Titan

Der Großplanet Saturn gleicht in vielen chemischen und physikalischen Eigenschaften dem Jupiter. Allerdings weist Saturn die geringste Dichte aller im Sonnensystem vorkommenden Körper auf. Die Wolkenstruktur und die Chemie der Saturnatmosphäre ähneln denen des Jupiters, jedoch scheinen die Strukturen auf dem Ring-Planeten wegen einer Dunstschicht undeutlicher und diffuser. Das bekannteste Charakteristikum des Saturns ist der 1659 von Christian Huygens entdeckte Ring mit einem Durchmesser von 278.000 km, dessen Feinstrukturen erst durch die Raumsonden Pioneer 11 und Voyager 1 und 2 in den Jahren 1979, 1980 und 1981 aufgeklärt wurden. Das Ringmaterial stammt wahrscheinlich von einem ehemaligen Saturnmond, der sich dem Planeten zu stark genähert hatte und vom Saturn zerrissen wurde. Das Ringsystem dürfte nur etwa drei km senkrecht zur Äquatorebene messen. Die Gesamtmasse beträgt etwa $1 \cdot 10^{-6}$ der Saturnmasse. Saturn umkreisen 23 Monde, von denen sich alle bis auf zwei Ausnahmen auf der gleichen Äquatorialebene bewegen. Von den Saturnmonden ist zweifellos der Titan für unsere Fragestellung der bei weitem interessanteste und wichtigste Mond.

Dieser Saturnmond – bereits 1655 von Chr. Huygens entdeckt – nimmt unter den Planetensatelliten eine Sonderstellung ein. Er ist der einzige Mond in unserem Sonnensystem, der über eine stattliche Atmosphäre verfügt. Nur zwei Himmelskörper werden von einer dichten Stickstoffhülle umgeben: Titan und die Erde. Als zweitgrößter Mond des Sonnensystems – mit einem Durchmesser von 5.150 km – ist er größer als Merkur. Seine Masse reicht aus, die Stickstoffatmosphäre zu binden, wogegen Wasserstoff nicht gehalten werden kann. Es gelang, die Titanatmosphäre durch eine Sternbedeckung des hellen Riesensterns 28 Sagittarii durch Titan am 3. Juli 1989 in den Bereichen erfolgreich zu vermessen, in denen eine Informationslücke der Voyager-Messdaten bestand (Sicardy et al., 1990; Hubbard, 1990). Der Druck auf der Titanoberfläche beträgt etwa 1,5 bar, bei einem Stickstoffgehalt von 90 Vol-%. Als weitere wichtige Komponente entdeckte Kuiper 1944 Methan in der Gashülle des Mondes. Die Titanatmosphäre zeigt Dunstzonen, davon zwei zwischen 200 und 300 km Höhe. Die Voyager-IR-Spektrometer stellten u. a. folgende C-haltigen Verbindungen fest: HCN, C_3H_8, Methylacetylen, Diacetylen (C_4H_2), Cyanacetylen (HC_3N), Dicyan (C_2N_2), CO und CO_2.

So erhebt sich die Frage, warum nur Titan über eine so mächtige Atmosphäre verfügt und nicht die ebenso großen Jupitermonde (bei ähnlich großer Fluchtgeschwindigkeit, aber kürzerer Entfernung von der Sonne). Eine Erklärung wäre, daß die Jupitermonde immer im Einflußbereich der starken Jupitermagnetosphäre um den Planeten kreisen, wogegen Titan nur in geringem Maße der Saturnmagnetosphäre ausgesetzt ist. Der größere Abstand zur Sonne könnte ebenfalls von Bedeutung sein, denn bei niedrigeren Temperaturen steigt die Wahrscheinlichkeit, daß flüchtige Gase in Clathrate (das sind Käfig-Einschlußverbindungen) eingebaut und damit am Satelliten gebunden werden. Die Temperaturen des Mondes liegen bei 70–180 K, wobei das Temperaturminimum in einer Höhe von ungefähr 70 km erreicht wird. Auf der Titanoberfläche herrschen etwa 94 K. Aus der Dichte des Mondes schließt man etwa gleiche Anteile von Eis und Gestein. Nach jetzigen Kenntnissen besteht Titan aus einem Gesteinskern, der von Schichten aus Wasser-Ammoniak und Wasser-Methan-Clathraten umge-

Tabelle 3.1: Chemische Zusammensetzung der Titan-Stratosphäre in 80–140 km Höhe (Quelle: Raulin,1998)

Verbindungen oder Elemente	Mischungsverhältnis in der Stratosphäre
Stickstoff (N_2)	0,90–0,99
Methan (CH_4)	0,017–0,045
Wasserstoff (H_2)	0,0006–0,00014
Ethan (C_2H_6)	$1{,}3 \cdot 10^{-5}$ Äqu
Ethin (C_2H_2)	$2{,}2 \cdot 10^{-6}$ Äqu
Propan (C_3H_8)	$7{,}0 \cdot 10^{-7}$ Äqu
Cyanwasserstoff (HCN)	$6{,}0 \cdot 10^{-7}$ N
Kohlenmonoxid (CO)	$2{,}0 \cdot 10^{-5}$

Äqu = Äquator
N = Nordpol

ben ist. Der Abstand zur Sonne beträgt 9,5 AE, d. h. nur etwa 1 % der Strahlung, die von der Sonne auf unsere Erde auftrifft, erreicht Titan.

Erdgebundene Untersuchungen des Mondes, z. B. mit dem NASA-Infrarot-Teleskop am Mauna Kea auf Hawaii (Griffith, 1993), zeigten Albedo-Unterschiede, die auf „Löcher" in den Wolkenformationen des Mondes deuteten. Ob diese Heterogenitäten auf eine unterschiedliche Oberflächenbeschaffenheit schließen lassen, bleibt allerdings noch unklar. Über photochemisch bedingte starke Veränderungen in der Titanatmosphäre berichten Lorenz et al. (1997). In der dichten Stickstoffatmosphäre wird der Methananteil photolytisch durch solare und thermische Strahlung zersetzt. Eine Nachlieferung von CH_4 in die Atmosphäre erfolgt möglicherweise aus Methanseen oder aus Clathraten.

Aus den zuvor genannten gemeinsamen Eigenschaften von Titan und der Erde resultiert das große wissenschaftliche Interesse an dem Saturnmond. Er kann als eine Art „außerirdisches Laboratorium" angesehen werden, in dem eine Reihe von chemischen und physikalischen Prozessen ablaufen, ähnlich denen der chemischen Evolution auf der Urerde.

Mehrere Laboratorien, vor allem das von F. Raulin in Paris (Coll et al., 1998) und von J. Ferris in den USA (Clarke u. Ferris, 1997), führten zahlreiche Experimente mit simulierten Titanatmosphären durch, die ergaben, daß CH_4 und N_2 nebeneinander zu bestehen vermögen (Tabelle 3.1).

Dabei charakterisiert CH_4 stärker eine reduzierende Umgebung, wogegen N_2 eher in eine (schwach) oxidierende Umwelt paßt. Es wird vermutet, daß die Zusammensetzung der Titanatmosphäre nicht die ursprüngliche darstellt, sie ist vielmehr das Ergebnis chemischer bzw. strahlenchemischer Reaktionen.

Bei den Simulationsexperimenten müssen einige Schwierigkeiten beachtet werden: So hängen beispielsweise die Mischungsverhältnisse der reagierenden Gase stark von der Höhe des angenommenen Reaktionsraumes über der Titanoberfläche ab und damit auch der Gasdruck und die entsprechenden Temperaturen. Ein weiteres Problem sind sog. „Wandeffekte" und der Ausschluß von Verunreinigungen wie z. B. Sauerstoff. Beide Faktoren fehlen im Weltraum. Sie können aber bei Laborsimulationen zu horrenden Fehlergebnissen führen.

Wie aus Tabelle 3.1 ersichtlich, enthält die Titanatmosphäre einen relativ hohen Anteil an C_2H_6. Laborbefunde zeigen, daß das CH_3-Radikal als Primärprodukt der CH_4-Photolyse in der oberen Titanatmosphäre vorkommt:

$$2\,CH_4 \xrightarrow{h\nu} 2\,{\bullet}CH_3 + 2\,H{\bullet} \tag{3.1}$$

$$2\,{\bullet}CH_3 \longrightarrow C_2H_6 \tag{3.2}$$

In den unteren Schichten fehlt die kurzwellige Strahlung für diese Spaltungsreaktionen. Wahrscheinlich verläuft die Ethinspaltung bei der Photolyse durch Entfernung eines H-Atoms. Das Radikal reagiert mit Methan zu einem Methylradikal, das zu Ethan rekombiniert:

$$C_2H_2 \xrightarrow{h\nu} H{\bullet} + {\bullet}C_2H \tag{3.3}$$

$${\bullet}C_2H + CH_4 \longrightarrow C_2H_2 + {\bullet}CH_3 \tag{3.4}$$

$$2\,{\bullet}CH_3 + M \longrightarrow C_2H_6 + M \tag{3.5}$$

M= katalytisch wirksamer Reaktionspartner

Berechnungen ergaben, daß diese indirekte Photolyse 2,5–4 mal schneller abläuft als die Umsetzungen in der oberen Atmosphäre. Analoge Reaktionen wurden von Clarke u. Ferris (1997) wie folgt beschrieben:

$$\text{für } C_4H_2\colon \quad C_4H_2 \xrightarrow{h\nu} H{\bullet} + {\bullet}C_4H \tag{3.6}$$

$${\bullet}C_4H + CH_4 \longrightarrow C_4H_2 + {\bullet}CH_3 \tag{3.7}$$

$$\text{für } HCN\colon \quad HCN \xrightarrow{h\nu} H + {\bullet}CN \tag{3.8}$$

$${\bullet}CN + CH_4 \longrightarrow HCN + {\bullet}CH_3 \tag{3.9}$$

$$\text{für } HC_3N\colon \quad HC_3N \xrightarrow{h\nu} H + {\bullet}C_3N \tag{3.10}$$

$${\bullet}C_3N + CH_4 \longrightarrow HC_3N + {\bullet}CH_3 \tag{3.11}$$

für C_2N_2: $C_2N_2 \xrightarrow{\;h\nu\;} 2\,CN$ (3.12)

$$CN + CH_4 \longrightarrow HCN + {}^\bullet CH_3 \qquad (3.13)$$

Frei werdender Wasserstoff kann an ungesättigte Verbindungen addiert werden. Diese Reaktionen laufen innerhalb der tiefen Titanatmosphäre ab. Aus höheren Atmosphärenschichten vermag Wasserstoff nicht zu entweichen, bevor er reagiert hat. Die Autoren schlagen ein Katalyseschema vor, bei dem reaktive H-Atome in molekularen Wasserstoff (H_2) ohne Nettoverlust einer ungesättigten Verbindung (hier: C_4H_2) umgesetzt werden:

$$C_4H_2 + H + M \longrightarrow C_4H_3 + M \qquad (3.14)$$

$$C_4H_3 + H \longrightarrow C_4H_2 + H_2 \qquad (3.15)$$

Die Photochemie der Titanatmosphäre kurz zusammengefaßt lautet: Die ungesättigten Verbindungen werden von HCN und C_2H_2 gebildet, die auf Kosten von CH_4 entstehen. Der Methanabbau führt zu einer zusätzlichen Bildung von Ethan.

Zwei wichtige Substanzen konnten bisher auf Titan noch nicht nachgewiesen werden: das Edelgas Argon und Wasser. – Die bald zu erwartenden Analysenergebnisse der erfolgreichen Cassini-Mission könnten endlich auch dieses Geheimnis lüften.

Zur Klärung der Frage nach der Entstehung der Titan-Dunstatmosphäre setzten Joseph et al. (2000), aus dem Labor von J. Ferris, bei Simulationsexperimenten einen neuen Flußreaktor ein, der den Umgang mit geringen Gasmengen erlaubt. Damit konnten Gasmischungsverhältnisse angewandt werden, die der Realität auf Titan annähernd entsprachen. So entfielen unsichere Extrapolationen und die unerwünschten Wandeffekte. Es wurden Mischungen von N_2, CH_4, H_2, C_2H_2, C_2H_4 und HC_3N untersucht. Die Analyse der flüchtigen Reaktionsprodukte nach Bestrahlung erfolgte mit Hilfe von IR-und NMR-Spektroskopie, die der festen Produkte (Dunst- und Staubpartikel) durch IR-Spektroskopie. Größenverteilung und Teilchen-Morphologie ermittelte man mit Hilfe der Rasterelektronenmikroskopie.

Einen Teil dieser Daten benötigten die Forscher zur Beurteilung und Aufarbeitung von Informationen, die jetzt von der Huygens-Sonde erwartet werden. Das von der NASA und ESA gemeinsam gestartete Cassini-Huygens-Projekt begann 1997 mit dem Start einer Titan IV/Centaur-Rakete. Nach Begegnungen mit Venus, Erde und Jupiter wurde das System am 1. Juli 2004 in die Saturnumlaufbahn eingebracht. Neben einem umfangreichen Forschungsprogramm, das vom Magnetfeld des Saturn bis zur Naherkundung der Saturnringe reicht, war das Titan-Projekt eines der spektakulärsten Forschungsvorhaben. Nach mehreren Titan-Umrundungen

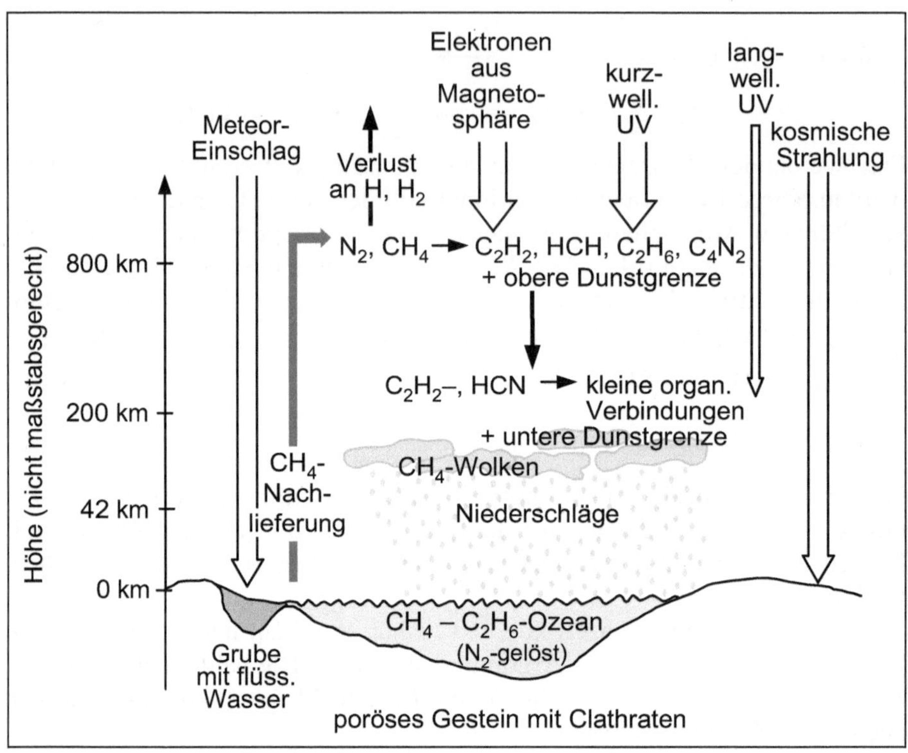

Abb. 3.4: Überblick über mögliche Prozesse, die auf dem Saturnmond Titan ablaufen. Quelle: Clarke u. Ferris (1997)

setzte die Huygens-Sonde am 14. Januar 2005, 13:34 MEZ auf der Titanoberfläche auf. Bei dem Flug der Sonde durch die verschiedenen Schichten der Titanatmosphäre wurden Messungen des chemischen und physikalischen Atmosphärenprofils durchgeführt. Das Niedersinken der Sonde bremsten Fallschirme. Die Sonde übertrug ihre Meßdaten zum Cassini-Orbiter, der die Weiterleitung zur Erde übernahm. An Bord der Huygens-Sonde befanden sich Meßgeräte einiger europäischer Länder zur Analyse der Atmosphäre, der Aerosolschichten, der Wolkenstruktur und der riesigen, flüssigen bzw. festen Titanoberfläche. Aus den Meßdaten und Bildern sowie den bisher ermittelten Erkenntnissen über Titan hoffen die Wissenschaftler Rückschlüsse auf noch fehlende Daten und Parameter in der Erdvorgeschichte ziehen zu können.

Das Problem der jahreszeitlichen Veränderungen der Titanatmosphäre untersuchte T. Tokano, Institut für Geophysik und Meteorologie der Universität zu Köln, mit Hilfe eines allgemeinen Zirkulationsmodells (Tokano et al., 1999; Tokano, 2000). Dabei spielt Methan erwartungsgemäß eine wichtige Rolle. Seine Herkunft liegt im Dunkeln, denn Methan wird – wie bereits erwähnt – durch photochemische Prozesse schnell zerstört. Loveday et al. (2001) berichten über Untersuchungen zum thermodynamischen Verhalten von Methanhydraten, die möglicherweise in großen Mengen auf dem Saturnmond vorkommen – vielleicht als eine 100 km dicke Methan-Clathratschicht, wie sie auch auf der Erde anzutreffen ist. Diese Einschluß-verbindungen von Eis und Methan findet man vor allem in Tiefsee-regionen und in Permafrost-Gebieten. Ein m^3 Gashydrat vermag theoretisch 164 m^3 Methan freizusetzen, dazu 0,8 m^3 Wasser (Chiuz, 2001). Jedoch unterliegen Methanhydrate auf Titan – sollten sie wirklich vorhanden sein – viel komplexeren Bedingungen als auf der Erde.

Die Strukturen der dichten Dunstschichten, die Titan umhüllen und die zum Teil dem irdischen Smog vergleichbar sind, geben den Titanforschern bisher große Rätsel auf. Ein numerisches Simulationsmodell könnte das Rätsel gelöst haben (Rannou et al., 2002). Danach bedingen Winde die jahreszeitlich beobachteten Veränderungen der Dunststrukturen. Die winzigen Dunstpartikel bewegen sich innerhalb einer Jahreszeit (entsprechend vier Jahren der Erde) von einem Pol zum anderen. Das neue Modell erklärt auch die Ausbildung einer abgetrennten zweiten Dunstschicht über der Haupthülle. Sie wird von kleinen Partikeln gebildet, die zum Pol geblasen werden und sich von Hauptdunstfeld loslösen, bevor sie dann wieder in dieses zurückkehren.

3.1.7 Uranus und Neptun

Obwohl beide Planeten zu den Gasplaneten zählen, zeigen sie einen anderen Aufbau als Jupiter und Saturn:

– sie sind kleiner als die beiden Großplaneten, und
– sie bestehen massenmäßig nur noch zu etwa 15–20 % aus Wasserstoff und Helium. Der überwiegende Anteil der Planetenmasse setzt sich aus Gestein und Eis (bestehend aus: H_2O, NH_3, CH_4) zusammen.

Uranus: in der Uranusatmosphäre aus molekularem Wasserstoff herrscht eine Temperatur von 60 K, bei einem Gehalt an Helium von etwa 12 %. In den tieferen Schichten der H_2/He-Atmosphäre wurde eine CH_4-Wolken-schicht ermittelt. Den Planeten umgibt eine Magnetosphäre, die ungefähr 10 Uranusdurchmesser in den Weltraum reicht. 18 Monde unterschiedlicher Größe umkreisen Uranus (Johnson et al., 1987). Auch Uranus wird von einem Ringsystem umgeben, das aus dünnen, schmalen, dunklen Ringen besteht. Zwei Besonderheiten zeichnen den Planeten aus: die gekippte Lage des Uranusachse und seine retrograde Rotation.

Neptun: geringe Methanmengen färben das H_2/He-Gasgemisch der Neptunatmosphäre bläulich. Wahrscheinlich bedingen innere Energiequellen, daß Neptun 2,6mal mehr Energie abstrahlt, als er von der fernen Sonne empfängt. Von den acht Neptunmonden ist Triton der größte. Er weist eine stark strukturierte Oberfläche auf, „eine Welt, die keiner anderen vergleichbar ist" (Kinoshita, 1990). Voyager 2 lieferte eindrucksvolle Bilder von der Tritonoberfläche aus einer Entfernung von nur 38.000 km. An der südlichen Polarregion fand man eine Kappe von gefrorenem Methan und Stickstoff bei Temperaturen von 37 K, dem kältesten Objekt, das jemals im Sonnensystem gemessen wurde. Außerdem entdeckte man „Rauchfahnen", die von Geysir-artigen Ausbrüchen herstammten. Die Auswurfmaterie könnte aus einer Eisschmelze bestehen, Wasser vermischt mit flüssigem Methan, aber auch verdampfender oder flüssiger Stickstoff werden diskutiert (Söderblom et al., 1990). Bei diesen Exhalationen wurde dunkelgefärbtes Material bis in Höhen von 8 km emporgeschleudert. Den Mond umgibt eine Stickstoffhülle, die bis in Höhen von 700–800 km reicht. Dem Stickstoff sind etwa 0,01 % Methan beigemischt (Spohn, 1990). Die Dichte der Tritongashülle ist allerdings sehr gering; auf der Mondoberfläche herrscht nur etwa 1/70.000 des irdischen Atmosphärendrucks (Meeresniveau).

3.1.8   Pluto und Charon

Der Planet Pluto und sein Mond Charon sind die hellsten Himmelskörper des Kuiper-Gürtels (Young, 2000). Bei einem Massenverhältnis von Planet zu Mond wie 11:1 kann man dieses Duo fast schon als ein Doppelplaneten-System auffassen. Trotzdem sind beide recht unterschiedlich aufgebaut: Pluto besteht zu etwa 75 % aus Gestein und 25 % aus Eis, Charon dagegen sehr wahrscheinlich fast vollständig aus Wassereis mit einem kleinen Gesteinsanteil. Das Plutoeis dürfte sich aus CH_4-Eis und vor allem aus N_2-Eis mit Spuren von NH_3-Eis zusammensetzen. Da sich Pluto und Triton in einigen Eigenschaften stark ähneln, kann dies auf einen gemeinsamen Ursprung hindeuten (Unsöld u. Baschek, 1999). Außerdem gelang es Brown und Calvin (2000) sowie anderen Forschern, getrennte Spektren von Mond und Planet aufzunehmen, obwohl Pluto und Charon nur einen halben Erdumfang von einander entfernt (etwa 19.000 km) ihre Bahnen ziehen. Auf Charon konnte kristallines Wasser und Ammoniak-Eis identifiziert werden; das Vorkommen von Ammoniakhydraten ist wahrscheinlich.

3.2 Kometen

Kaum ein Ereignis am Sternenhimmel findet bei breiten Bevölkerungskreisen so viel Beachtung, wie das Erscheinen von Kometen, die man auch als Schweif- oder Haarsterne bezeichnete. Der lange Streifen leuchtender Materie am dunklen Himmel gab Anstoß zu vielen Spekulationen. Bereits Aristoteles erwähnt Kometen, die für ihn allerdings nur Ausdünstungen der Erde sind, die in großen Höhen aufsteigen und sich entzünden. Im Mittelalter verbreiteten Kometen Angst und Schrecken – sie galten als Vorboten schlimmer, bevorstehender Ereignisse. Tycho Brahe gilt als der Begründer der modernen Kometenforschung. Er erkannte, daß der Komet von 1577 seine Bahn jenseits der Mondbahn zog. Damit konnte er keine Leuchterscheinung der höheren Erdatmosphäre sein, entsprechend der damals noch gültigen Lehre des Aristoteles. Brahe nahm an, daß der Komet die Sonne umkreiste. Das alte, geozentrische Weltbild konnte also nicht mit der Wirklichkeit übereinstimmen. Jedoch verwarf Brahe diese Vorstellung nicht – er modifizierte sie.

Seit dieser historischen Phase erweiterten sich unsere Kenntnisse ganz gewaltig. Aber noch immer sind nicht alle offenen Fragen geklärt.

3.2.1 Ursprung und Herkunft der Kometen

Kometen zählen, ebenso wie Planetoiden oder Meteoriten, zu den Kleinkörpern des Sonnensystems. Entsprechend ihrer Bahnlänge unterscheidet man zwei Kometenarten:

– *Langperiodische Kometen*: Ihre langgestreckten Ellipsenbahnen reichen weit über den Bereich unseres Sonnensystems hinaus (bis zur halben Entfernung zum nächsten Fixstern). Zu dieser Gruppe zählt der in den 70iger Jahren entdeckte Komet Kohoutek mit einer Umlaufszeit von etwa 75.000 Jahren.
– *Kurzperiodische Kometen*: Ihr sonnenfernster Punkt (Aphel) liegt meist in der Nähe einer Planetenbahn. Auf diese Weise entstanden die sog. „Kometenfamilien". Die größte von ihnen, die Jupiterfamilie, umfaßt rund 70 Kometen. Die kürzeste Umlaufszeit erreicht der Komet Enke mit 3,3 Jahren.

Es lassen sich zwei Kometenpopulationen unterscheiden (Delsemme, 1998):

– Kometen aus der Oortschen Wolke (Weissmann. 1998)
– Kometen aus dem Kuiper-Gürtel (Luu u. Jewitt, 1996)

Die erste Gruppe entstammt einem Raum in der Nähe der Großplaneten. Sie waren wahrscheinlich für das frühe Bombardement der Protoplaneten verantwortlich. Delsemme nimmt an, daß die Kometenkerne aus der Jupiterfamilie niemals Temperaturen höher als 225 K erreichten. Für die Saturnfamilie galten 150 K, für Uranuskometen 75 K und nur 50 K für die Kometen der Neptunfamilie. Im Laufe vieler Millionen Jahre vermischten sich diese Kometen in der Oortschen Wolke (mit einer Ausdehnung von etwa 50.000 AE).

Neuerdings wird angenommen, daß auch die Kometen einer Anzahl von subtilen, aber wichtigen evolutionären Prozessen in der Oortschen Wolke und dem Kuiper-Gürtel ausgesetzt waren. Sie dürften daher nicht mehr so uneingeschränkt als „ursprünglich" angesehen werden, wie dies bisher vermutet wurde (Stern, 2003). Die Annahme, Kometen bestehen aus unveränderter Materie des Zeitraums der Entstehung unseres Sonnensystems, muß nach neuen Erkenntnissen erweitert bzw. revidiert werden. Danach waren die Kometen während ihres langen Aufenthaltes in den weiten Regionen der Oortschen Wolke bzw. des Kuipers-Gürtels einigen zwar geringfügigen, aber wichtigen evolutionären Mechanismen ausgesetzt, die deutliche Veränderungen ihrer chemischen Zusammensetzung bewirkten.

Als Mechanismen müssen u. a. angenommen werden:

- die Verdampfung hochflüchtiger Komponenten durch Supernovae-Hitze oder passierende Sterne,
- Kollisionen mit anderen Himmelskörpern,
- strahlenchemische Prozesse durch kosmische und UV-Strahlung und
- auch die extrem geringe Materiedichte des interstellaren Raumes (ISM-Gas und ISM-Körner) konnten Veränderungen der Kometenmaterie im Laufe vieler Millionen Jahre bewirken.

Nach diesen Forschungsergebnissen können die Kometen nicht mehr als die reinen Relikte (d. h. die unveränderten materiellen Zeugen) des Zeitraums vor 4–4,5 Milliarden Jahren angesehen werden (Stern, 2003).

3.2.2   Struktur der Kometen

Formal bestehen Kometen aus drei Teilen: Kern, Koma und Schweif.

Kometenkern: Meistens ist der Kern eines Kometen optisch nicht zu beobachten. Die Kernabmessungen liegen in Bereichen von 1–15 km bei Massen von 10^{12}–10^{15} kg. Der amerikanische Astronom F. L. Wipple (1950) entwickelte die inzwischen allgemein akzeptierte Lehrmeinung vom „schmutzigen Schneeball". Danach besteht der Kometenkern aus Eis

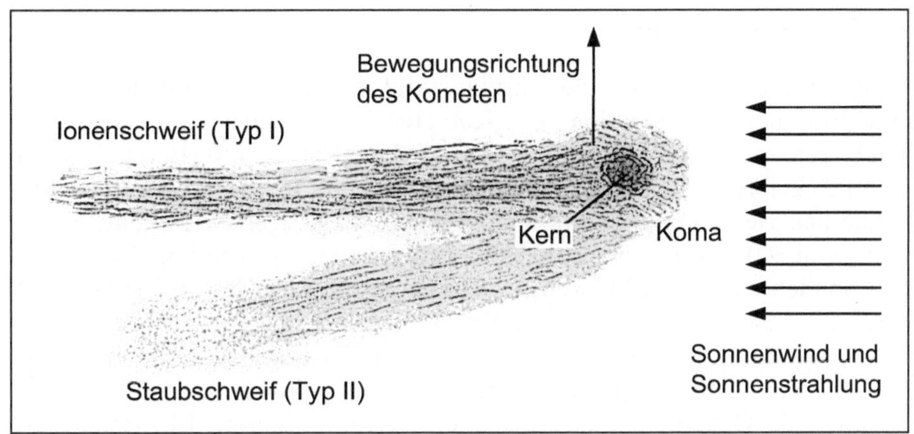

Abb. 3.5: Aufbau eines Kometen. Quelle: nach Winnenburg (1990), leicht verändert

verschiedener Substanzen: vor allem Wasser, Methan und Kohlendioxid. Im Eis sind Stäube unterschiedlicher Zusammensetzung enthalten, mit einem Drittel organischer Verbindungen. Gerade sie sind für die Fragen zur Biogenese von großer Wichtigkeit.

Kometenkoma: Die Koma und der Kern bilden zusammen den Kometenkopf, der von der Koma als neblig wolkige Hülle umgeben wird. Ein Kometenkopf kann eine Ausdehnung von $1 \cdot 10^4$ bis $2 \cdot 10^5$ km erreichen. In großer Entfernung von der Sonne hat sich die Koma wegen fehlender Wechselwirkungen noch nicht ausgebildet. Bei Annäherung an die Sonne (bei ca. fünf AE) beginnt das Eisgemisch zu sublimieren und wird als Gasgemisch ausgestoßen. Dabei werden Staubpartikel bei Geschwindigkeiten von etwa einem $km \cdot s^{-1}$ mitgerissen.

Kometenschweif: Kometen entwickeln den Schweif erst etwa innerhalb der Marsbahn. Ein Kometenschweif kann eine Länge von 10^7 km bis zu einer AE erreichen. Dabei verläuft er nicht immer geradlinig, sondern kann auch andere Formen bilden, z. B. einen Knick aufweisen. Derartige Phänomene beobachtet man besonders in Phasen starker Sonnenwinde, die bei erhöhter Sonnenaktivität wirksam werden. Es sind zwei Schweiftypen zu unterscheiden:

Typ 1: Es sind Gasschweife, langgestreckt und schmal, vor allem aus Molekül- und Radikalionen bestehend, wie z. B. N_2^+, CO^+, OH^+, CH^+, CN^+, CO_2^+ und H_2O^+ (Unsöld u. Baschek, 1999).

Typ 2: Diese Schweife bestehen aus Staubteilchen von etwa 1 μm. Sie werden vor allem durch den Lichtdruck der Sonne beeinflußt, der allerdings schwächer wirkt als der Druck des Sonnenwindes.

3.2.3   Komet Halley

Viele neue Erkenntnisse über Struktur und Aufbau von Kometen erhielt man 1986 bei der Erkundung des Kometen Halley. Insgesamt sechs Sonden waren an dem „Unternehmen Halley" beteiligt: Giotto (Europa), Vega 1 und 2 (UdSSR), Suisi und Sakigake (Japan) und ICE (USA). Die Giotto-Sonde näherte sich bis auf 600 km, während Vega 1 und 2 mit einem Abstand von 9.000 km bzw. 8.000 km den Kometen passierten. Die ersten drei Sonden waren mit Massenspektrometern für die Analyse von Gas und Staub im Zusammenwirken mit anderen Sensoren ausgerüstet. Die von der ESA erstellte Giotto-Sonde enthielt folgende Instrumente: Kamera, Gas- bzw. Ionen-Massenspektrometer, Staubimpakt-Massenspektrometer, Staubimpakt-Detektor, optisches Photometer, Ionensensor, Elektronenanalysator, Ionenkluster-Analysator, Analysator für energiereiche Teilchen und Magnetometer. Den Sonden gelang die Vermessung des Halley-Kerns, der mit $16 \times 8 \times 8$ km die Form eines Rotationsellipsoids haben dürfte, also ähnlich einer Erdnuß. Die Helligkeit variiert innerhalb von 2,2 und 7,4 Tagen, daher muß eine Rotation um die große bzw. kleine Achse angenommen werden. Der dunkle Kern enthält wahrscheinlich kohlenstoffhaltiges Material mit einem sehr geringen Reflexionsvermögen und eine Oberflächentemperatur von ca. 330 K.

Bei einer Masse von etwa 10^{14} kg ergibt sich eine mittlere Dichte von nur 200 kg·m^{-3} für den Halley-Kometen. Aus Beobachtungen errechnete man eine Materialverlustrate von 5.000 kg·s^{-1}. Der Kometenkern besteht aus relativ lockerem Material, das Punktkrater und Spalten aufweist, aus denen Gasausbrüche und Staubschüttungen erfolgen. Diese Emissionen bestehen vor allem aus Wasserdampf (etwa 80 Vol.-%), 6 % CO, ≤ 3 % CO_2, ~2,5 % CH_4, ~1,2 % NH_3 und < 6 % N_2 (Flechtig u. Keller, 1987). Zum Zeitpunkt der Begegnung von Giotto mit Halley betrug der geschätzte Ausstoß von Wasser etwa 15.000 kg·s^{-1} und zwischen 6.000 und 10.000 kg·s^{-1} an Staub. In der Nähe des Kometenkopfes wurden vor allem vom Wasser abgeleitete Ionen ermittelt, wie z. B. $[H(H_2O)_n]^+$ ($n = 0, 1, 2, 3$), H^+, H_2^+ sowie C^+, CH^+ u. a. (Mason, 1992). Der Kometenstaub bestand aus Partikeln von $1 \cdot 10^{-4}$ bis 2,0 mm Durchmesser. Die meisten Staubteilchen lagen unterhalb von $1 \cdot 10^{-2}$ mm. Die Analysen des Staubmassenspektrometers zeigten eine starke Anreicherung der leichten Elemente H, C, N des Kometenstaubes im Vergleich mit der primitiven Meteoritenklasse C1 (siehe Abschn. 3.3.1). Die Staubspektren des Halley-Kometen deuten darauf hin, daß die flüchtigen Elemente nahezu ebenso häufig im Kometenstaub vorkommen wie auf der Sonne, d. h. die Kometenmaterie zeigt eine Zusammensetzung, die derjenigen des solaren Urnebels weitgehend entspricht.

Die Analysendaten, die man vor allem von PUMA-Massenspektrographen der Vega-Sonde 1 beim Halley-Vorbeiflug erhielt, weisen auf eine Vielzahl linearer und cyclischer Kohlenstoffverbindungen hin, wie z. B. Olefine, Acetylene, Imine, Nitrile, Aldehyde und Carbonsäuren, aber auch heterocyclische Verbindungen (Pyridine, Pyrrole, Purine und Pyrimidine) sowie einige Benzolderivate, aber keine Aminosäuren, Alkohole oder gesättigte Kohlenwasserstoffe (Kissel u. Krueger, 1987; Krueger u. Kissel, 1987).

3.2.4   Kometen und Biogenese

Bereits vor mehr als 40 Jahren äußerte der Chemiker John Orò, von der Universität Houston, Texas, die Vermutung, daß sich Biomoleküle oder deren Vorstufen im All gebildet haben konnten, die dann durch Kometen zur Urerde gelangten (Orò, 1961). Über ähnliche Annahmen berichtete Delsemme auf der ISSOL-Tagung 1983 in Mainz (Delsemme, 1984).

Welche Erkenntnisse führten zu der These, daß Kometen in einem Zusammenhang mit der Entstehung des Lebens auf der Erde stehen? – Seit etwa zehn Jahren wird angenommen, daß (möglicherweise) Leben bereits seit 3,5 Milliarden Jahren auf der Erde existiert. An dieser Zeitmarke sind allerdings in letzter Zeit ernste Zweifel geäußert worden. Gesichert dürfte dagegen sein, daß das schwere Bombardement, das auf die Urerde niederging, vor etwa 3,8 Milliarden Jahren langsam abflaute. Die Zeitspanne von 300 Millionen Jahren zwischen den beiden zuvor beschriebenen Ereignissen halten viele Biogeneseforscher für zu kurz, um lebende Systeme aus unbelebter Materie entstehen zu lassen – daher die Annahme einer Mitwirkung von Kometen (eventuell auch Meteoriten) beim Biogeneseprozeß auf der Urerde. Im Prinzip stehen drei Möglichkeiten zur Diskussion:

– Leben wurde aus dem Kosmos auf die Erde transferiert,
– die auf der jungen Erde ankommenden Himmelskörper lieferten bereits fertige Biomoleküle,
– sie brachten niedermolekulare „Bausteine" für die Synthese der Biomoleküle auf die Urerde.

Bis vor einigen Jahren hielt man es für unmöglich, daß Biomoleküle oder deren Vorstufen auf einem mit der Urerde kollidierenden Kometen die gewaltigen Temperaturen, die beim Einschlag frei wurden, unbeschädigt überstehen konnten. Neuerdings gilt als möglich, daß etwa 0,1 % der Substanzen ungeschädigt bleiben. So enthält ein Komet mit einem Durchmesser von etwa 3 km ca. 10^{27} Staubteilchen (Kissel u. Krueger, 2000). Wenn davon 0,1 % unverändert die Erde erreichen, so sind dies immer noch $1 \cdot 10^{24}$ intakte, millimetergroße Bruchstücke.

Ähnliche Überlegungen führten auch Bernstein et al. (1999 a) zu dem Schluß, daß interstellar gebildete organische Moleküle durch das Transportmittel Kometen auf die junge Erde gebracht wurden. Laborexperimente unter simulierten Weltallbedingungen zeigten, daß polycyclische, aromatische Kohlenwasserstoffe (PAK), die in Wassereis stabilisiert vorlagen, nach UV-Bestrahlung unter oxidierenden Bedingungen zur Synthese von aromatischen Alkoholen, Ketonen und Ethern führten. Reduzierende Bedingungen ergaben erwartungsgemäß hydrierte aromatische Kohlenwasserstoffe. Die Analyse der Produkte erfolgte durch IR-Spektroskopie und Massenspektrometrie (Bernstein, 1999 b). Die Experimente unter simulierten Weltraumbedingungen weisen auf die fundamentale Bedeutung des Wassereises und damit auf die verschiedenen Eismodifikationen hin. Es sind mindestens 13 verschiedene, unterscheidbare Formen von Wassereis bekannt. Unter den Bedingungen des Kosmos bei extrem geringen Drukken, niedriger Temperatur und der Einwirkung von Strahlung sind mehrere Eismodifikationen von Bedeutung, vor allem im Temperaturbereich von 10–65 K (Blake u. Jenniskens, 2001). Unter kosmischer UV-Strahlung bildet sich amorphes Eis hoher Dichte, das wie Wasser fließt. Es wird angenommen, daß in dieser Eismodifikation organische Moleküle entstehen können.

Über die Synthese von Aminosäuren durch UV-Bestrahlung von Eis unter Kosmosbedingungen liegen in der „Nature"-Ausgabe vom März 2002 gleich zwei Arbeiten vor – eine aus einem Institut diesseits und eine von jenseits des Atlantik. Bernstein et al. (2002) berichten über die Synthese der drei Aminosäuren Glycin, Serin und Alanin nach Bestrahlung einer Mischung von Wasser, Methanol, Ammoniak und Blausäure im Verhältnis 20:2:1:1 bei Temperaturen unter 15 K. – Die europäische Forschergruppe (Muñoz Caro et al., 2002) konnten die erfolgreiche Synthese von 16 Aminosäuren und einigen anderen Verbindungen melden. Ihr Reaktionsansatz bestand aus einer 2:1:1:1:1-Mischung von Wasser, Methanol, Ammoniak, Kohlenmonoxid und Kohlendioxid. Die Versuchsbedingungen waren denen der Bernstein-Gruppe ähnlich. Es ist erstaunlich, wie stark die Zusammensetzung der Ausgangsmischung die Produktpalette beeinflußt. Der wasserärmere Ansatz von Muñoz Caro et al. ergab die größere Anzahl von Aminosäuren, darunter sogar Diaminosäuren. Die relativen Mengen der bei diesen Experimenten synthetisierten Monoaminosäuren zeigen Ähnlichkeiten mit den Analysenergebnissen des Murchison-Meteoriten, der allerdings keine Diaminosäuren enthielt (siehe auch: Pressemitteilungen MPG, 2002).

Bei Würdigung dieser wissenschaftlichen Leistungen, so stellt Everett L. Shock von Dept. für Erd- und Planetenforschung der Washington Universität, St. Louis, die kritische Frage – helfen uns die vielen Simulationsexperimente wirklich weiter zur Beantwortung der Frage nach dem Beginn des Lebens auf dieser Erde? (Shock, 2002).

Aber auch zur Frage nach der Bedeutung der Kometen für die Biogenese fehlen noch viele Antworten. Vielleicht helfen die für die nächsten Jahre geplanten Vorhaben. Es sind drei Kometen-Missionen vorgesehen:

– *Stardust*: Start: 7. Februar 1999, (NASA) Über die erfolgreiche Mission wird am Ende dieses Abschnitts berichtet.
– *Space Technology 4 / Champollion*: für 2005 ist geplant auf dem Kometenkern Tempel 1 ein kleines Landegerät aufsetzen, um chemische Analysen durchzuführen. – Start: 2003 (NASA)
– *Rosetta*: Die Sonde sollte den Kometen Wirtanen im Jahre 2013 erreichen, ihn elf Monate umkreisen, dann landen und die Kometenoberfläche untersuchen. Der Start sollte im Januar 2003 erfolgen, mußte aber aus technischen Gründen auf das Jahr 2004 verschoben werden. – Bei dieser Mission der ESA wird ein von der DLR entwickeltes Landegerät („Roland") eingesetzt, das Bodenproben am Kometenkern entnehmen und analysieren soll. – Im Mai 2003 entschied das Wissenschaftskomitée der ESA: das neue Ziel für Rosetta heißt Tschurjumow-Gerassimenko. Der Start mit einer Ariane-5-G+-Rakete vom Weltraumbahnhof Kourou (Französisch-Guyana) erfolgte im Februar 2004. Nach zehn Jahren und zehn Monaten soll Rosetta sein neues Ziel erreicht haben. Der Lander mußte an den neuen, größeren Zielkometen angepasst werden, der ein anderes Schwerefeld aufweist, als der Komet Wirtanen (www.esa.de).
– Contour (Comet Nucleus Tour): Es sollen Kometen in Sonnennähe untersucht werden. – Start: Juli 2002 (NASA)

Die Ausführung aller Pläne hängt allerdings neben technischen Problemen vor allem von der politischen und damit finanziellen Großwetterlage in den Starterländern ab!

Die Kometensonde Stardust führt ein Flugzeit-Massenspektrometer (CIDA = Cometary and Interstellar Dust Analyzer) mit. Es analysiert die Ionen, die beim Aufprall von kosmischen Staubpartikeln auf die Instrumentenoberfläche entstehen. Die Sonde erreichte im Juni 2004 die Umgebung des Kometen 81P/Wild 2 und näherte sich den Kometen bis auf 236 km! Stardust wird zu Beginn des Jahres 2006 nach einer Reise von 5,2 Milliarden Kilometern auf der Erde zurückerwartet. Das CIDA-Gerät, ein am Garchinger Max-Planck-Institut für extraterrestrische Physik entwickel-

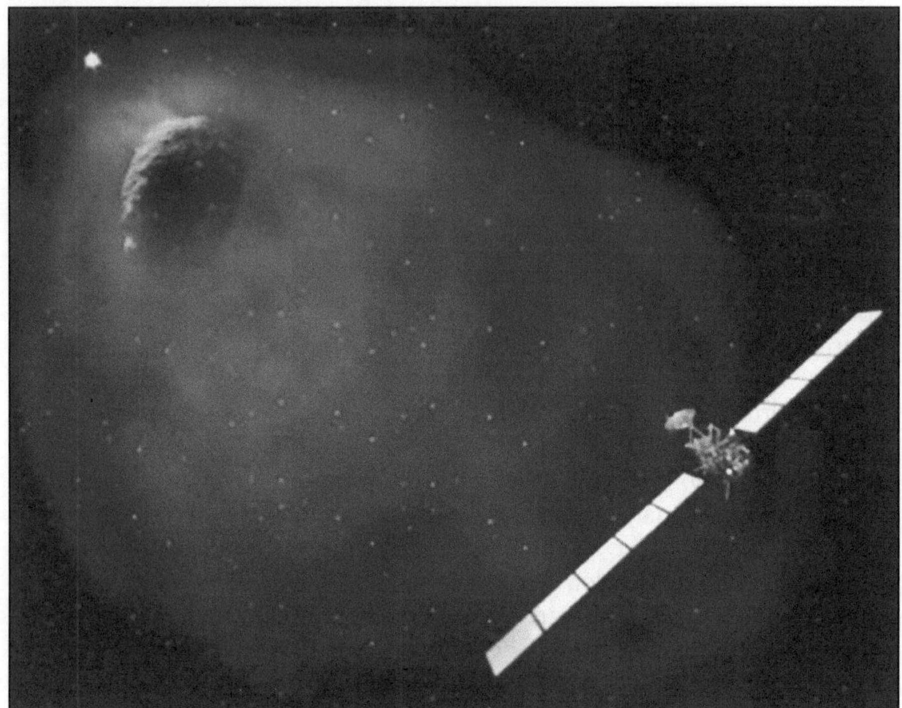

Abb. 3.6: So etwa könnte der Anflug von „Rosetta" auf den Kometen 67P/Choryumor-Gerasimenko in etwa zehn Jahren aussehen. Quelle: ESA

tes Massenspektrometer untersuchte sowohl Kometenstaub als auch interstellaren Sternenstaub.

Im Sternenstaub fand man vor allem Chinon-Derivate und sauerstoffreiche, kondensierte Aromaten. Die Chinone können als hydratisierte und carboxylierte Chinonverbindungen vorliegen. Das Element Stickstoff ist in den analysierten Verbindungen selten anzutreffen. – Dagegen enthält die Kometenmaterie kondensierte N-Heterocyclen. Sauerstoff konnte in der festen Phase des Kometenstaubes kaum nachgewiesen werden. Möglicherweise entweicht er in Form von Wasser bzw. oxidierten Kohlenstoffverbindungen im Gasschweif des Kometen. Die Autoren nehmen an, daß die neuen Analysenergebnisse möglicherweise zum Überdenken bisheriger Biogenesemodelle führen könnten (Presseinformation MPG, 2004; Kissel et al., 2004, Brownlee, 2004).

3.3 Meteorite

Entgegen der allgemeinen Vorstellung – auch der damals vorherrschenden wissenschaftlichen Meinung – erklärte der deutsche Physiker Ernst Florens Friedrich Chladni (1756–1827) in einer Schrift, daß Steine sehr wohl vom Himmel fallen können. Seine Ausführungen stützten sich auf Aussagen von Augenzeugen, die Meteoritenfälle beobachtet hatten. In Frankreich gelang es Jan Baptiste Biot (1774–1862), die Pariser Akademie der Wissenschaften zu überzeugen, ihr zehn Jahre zuvor verfaßtes Memorandum zu revidieren und zu erklären, daß die aufgefundenen Meteoritenbrocken aus dem Weltall stammen konnten.

Bereits vor mehr als 150 Jahren erkannte Alexander von Humbold (1769–1859) die Meteoriten als einzige Quelle extraterrestrischen Materials. Einige bekannte Chemiker befaßten sich mit der Analyse der Meteoriten seit dem Beginn des 19. Jahrhunderts. So entdeckte Louis-Jacques Thenard (1777–1857) erstmals Kohlenstoff im Alais-Meteoriten. 1834 bestätigte Jöns Jakob Berzelius (1779–1848) diese Ergebnisse und entdeckte durch sorgfältige Analysen Kristallwasser in meteoritischem Material.

Heute ist unumstritten, daß Meteoriten die wichtigste Quelle für Materie aus dem interplanetaren Raum darstellen. Sie sind in zweifacher Hinsicht interessante Untersuchungsobjekte:

Abb. 3.7: Jöns Jacob Berzelius (1779–1848). Professor für Chemie in Stockholm, Entdecker der Elemente Selen, Silicium, Thorium und Zirkonium. Er führte die heutige chemische Zeichensprache ein – und den Begriff „Organische Chemie". Quelle: das Bild entstammt dem Buch „Berzelius, Europaresenären" von C. G. Bernhard, mit freundlicher Genehmigung der Königlich Schwedischen Wissenschaftsakademie

– Sie enthalten das älteste Material aus den Entwicklungsvorstufen der Erde bzw. unseres Sonnensystems, und
– sie konnten möglicherweise beim Auftreffen auf die Erde wichtige Biomoleküle (oder deren Vorstufen) auf die Erde geliefert haben.

Es gilt als gesichert, daß Meteoriten aus unserem Sonnensystem stammen. Sie dürften größtenteils Asteroiden-Bruchstücke sein. Man kann ausschließen, daß Meteoriten durch Bruch eines einzigen größeren Planeten entstanden sind. Dies beweisen die deutlichen Unterschiede in der chemischen Zusammensetzung und dem Verhältnis bestimmter Isotope zueinander. Meteoriten können von mindestens 50 verschiedenen Mutterkörpern stammen. Der größte Teil des Meteoritenmaterials wurde sicherlich durch Sekundärprozesse mehr oder minder stark verändert.

3.3.1   Einteilung der Meteorite

Es lassen sich zwei Meteoritengruppen unterscheiden:

– *Undifferenzierte Meteorite*: Sie sind Teile von Asteroiden, die niemals bis zu ihrer Schmelztemperatur erhitzt wurden. Sie bestehen aus millimetergroßen, in einer Matrix eingebetteten Kügelchen (Chondren).
– *Differenzierte Meteorite*: Sie entstammen Asteroiden, die einen Schmelzprozeß durchlaufen haben, bei dem eine mehr oder weniger deutliche Auftrennung in Kern, Mantel und Kruste erfolgte.

Entsprechend dem „Catalogue of Meteorites" (1985) unterscheidet man folgende Meteoriten-Hauptgruppen:

– Chondrite
– Achondrite
– Stein-Eisenmeteorite
– Eisenmeteorite

Nur die Gruppe der Chondrite gehört zu den undifferenzierten, die übrigen drei Hauptgruppen erfüllen die Kriterien differenzierter Meteorite.

In den Chondriten sind Chondren (auch Chondrulen genannt) von einer Grundsubstanz aus Olivin, Pyroxen, Plagioklas, Troilit und Nickeleisen umgeben. Der Chondren-Anteil kann 40–90 % betragen. Es sind Silikat-Sphäroide, geschmolzene Tröpfchen aus dem solaren Urnebel. Wegen ihrer unterschiedlichen Zusammensetzung werden die Chondrite in weitere Untergruppen aufgeteilt.

Für die Frage nach den Ursprüngen des Lebens ist vor allem eine Untergruppe wichtig und Gegenstand intensiver wissenschaftlicher Untersuchungen: die kohligen Chondrite.

3.3.2   Kohlige Chondrite

Kohlige Chondrite (abgekürzt: C-Chondrite) machen nur etwa 2–3 % der bisher gefundenen Meteorite aus, aber der an ihnen erbrachte Forschungsaufwand ist beträchtlich. C-Chondrite enthalten Kohlenstoff sowohl elementar als auch in Verbindungen. Sie stellen ohne Zweifel das älteste Relikt der solaren Urmaterie dar, das entweder durch Metamorphose überhaupt nicht oder nur geringfügig verändert wurde. C-Chondrite enthalten alle Bestandteile des solaren Urnebels, bis auf die flüchtigen Substanzen. Man bezeichnet sie oft als „primitive Meteoriten".

Auch die C-Chondrite sind weiter unterteilbar. Vereinfachend soll nur die Aufteilung in die Typen 1, 2 und 3 beachtet werden und zwar nach abnehmenden Gehalt an leichtflüchtigen Verbindungen der Elemente H, C, S, O u. a.

Zum Typ 1 (d. h. C1) gehört der im 19. Jahrhundert in Frankreich niedergegangene Orgueil-Meteorit, zum Typ 2 (C2) zählt der Allende-Meteorit, der am 28. September 1969 beim mexikanischen Dorf Pueblita de Allende, in viele Teile zerborsten, niederging. Die beiden genannten Meteoriten wurden nur wenige Wochen nach ihrem Auftreffen auf der Erde sehr sorgsam eingesammelt und möglichst kontaminationsfrei den wissenschaftlichen Instituten zugeführt. Den Kohlenstoffgehalt ermittelte man in C1-Meteoriten mit 3,54 %. In der C1-Klasse bestimmt vor allem die organische Fraktion den Gesamt-C-Gehalt, es wurden aber auch Carbonate und „exotische" C-Phasen nachgewiesen, wie z. B. Diamant, Graphit und SiC (Hoppe, 1996).

Die letzteren drei Spezies werden als Hinweis für die Beziehungen stellarer Materie im präsolaren Nebel gewertet (Lugmair, 1999).

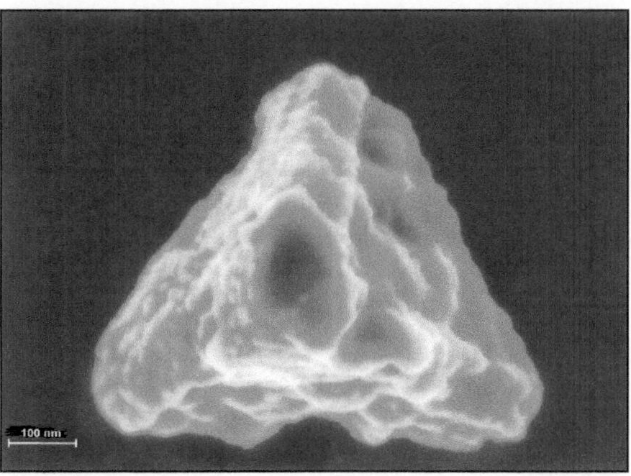

Abb. 3.8: Ein Korn aus Siliciumcarbid (kleiner als ein Micrometer) mit einem Alter von mehr als 4,57 Milliarden Jahren, aufgenommen mit einem Rasterelektronenmikroskop. Das SiC-Korn entstammt dem Murchison-Meteoriten und bildete sich im präsolaren Nebel. Quelle: Lugmair (1999)

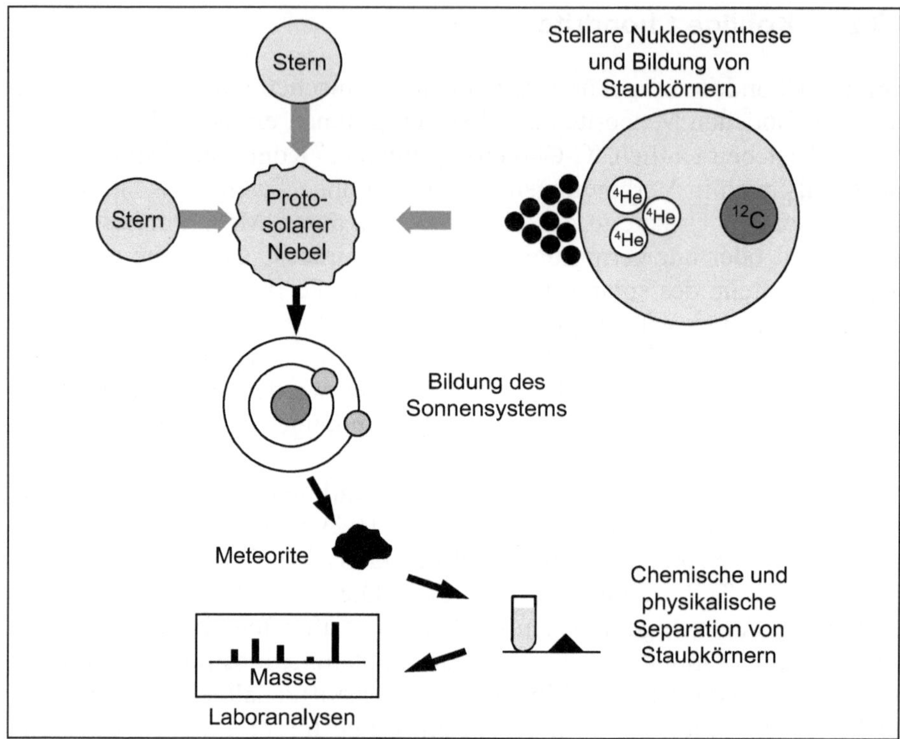

Abb. 3.9: Stark vereinfachte Darstellung des Weges von Untersuchungsmaterial. Es beginnt mit der Nucleosynthese und endet bei der Laboranalyse. Zirkumstellarer Staub (als Bestandteil des protosolaren Urnebels) wurde zum Teil in Asteroiden oder Kometen gebunden. Als Meteoriten kann dieses Material auf die Erde gelangen und steht dann für genaue Untersuchungen zur Verfügung. Quelle: Lugmair (1999)

Tabelle 3.2: Elementhäufigkeiten log n im Sonnensystem in der Sonne und in kohligen Chondriten vom Typ C1. Normierung auf Wasserstoff log n (H) = 12, d. h. n (H) = 10^{12}. (Quelle: Unsöld/Baschek, 1999)

Ordnungszahl		Sonne	C1-Chondrit
1	H	12,0	–
2	He	11,0	–
9	F	4,6	4,5
11	Na	6,3	6,4
12	Mg	7,5	7,6
14	Si	7,6	7,6
16	S	7,2	7,3
19	K	5,1	5,2
26	Fe	7,5	7,5

3.3.2.1   Die C-Chondriten

Die Fraktionierung der verschiedenen C-haltigen Verbindungsklassen erfolgt aufgrund unterschiedlicher Löslichkeit. Das gepulverte Meteoritenmaterial wird mit einer Reihe von Lösungsmitteln verschiedener Polarität extrahiert. Die Extrakte enthalten Gemische diskreter Verbindungen, wie z. B. Aminosäuren oder Kohlenwasserstoffe (KW). Sie machen etwa 10–20 % des Gesamt-Kohlenstoffs aus. Die unlösliche Restfraktion bezeichnet man als „Meteoriten-Polymer" oder „Kerogen-ähnliches Material".

Das Kontaminationsproblem erschwert alle Meteoriten-Analysen. So berichtete eine Arbeitsgruppe (Kvenholden, 1970) vom Vorhandensein aliphatischer polycyclischer Verbindungen, während eine andere (Studier, 1972) die Dominanz geradkettiger Alkane publizierte. Letzterer Befund wurde oft zitiert und als Hinweis gedeutet, daß in den kosmischen Nebelregionen Prozesse, ähnlichen denen der Fischer-Tropsch-Synthese, abgelaufen sein mußten .

Bei neuen Analysen fand man die aromatischen KW: Pyren, Fluoranthren, Phenanthren und Acenaphthen im Verhältnis: 10:10:5:1 (Cronin, 1998). Ein Großteil (~70 %) der aus dem Murchison-Meteoriten extrahierten KW sind polare Verbindungen, wie:

- Alkyl-arylketone,
- aromatische Ketone und Diketone,
- N–S-Heterocyclen.

Außerdem: substituierte Pyridine, Chinoline, Purine und Pyrimidine. Wahrscheinlich verbleiben leichte KW nur in den CM-Chondriten, weil sie immobilisiert (z. B. in Kristallen eingeschlossen) oder fest an Kornoberflächen adsorbiert sind. In der Reihe vom Methan bis zu den Butanen zeigt sich, daß diese KW isotopisch schwerer sind als die entsprechenden Analoga auf der Erde. Daher schließt man auf einen extraterrestrischen Ursprung dieser Verbindungen. Mit ansteigender Kettenlänge fällt das $^{13}C/^{12}C$-Verhältnis ab – eine Beobachtung, die auch für die in Meteoriten aufgefundenen Monocarbonsäuren gilt. Insgesamt wurden 17 gesättigte, aliphatische Carbonsäuren mit Kettenlängen von 1–8 C-Atomen gefunden. Ähnliche Ergebnisse stammen von einer japanischen Forschergruppe, die in Antarktis-Meteoritenmaterial (CM-Chondriten) 21 verschiedene Carbonsäuren (bis zu 12 C-Atomen) identifizierte (Shimoyama 1989).

In den Anfängen der Meteoriten-Analysen gab es Schwierigkeiten N-Heterocyclen nachzuweisen. Später fand man im Murchison-Meteoriten: Xanthin, Hypoxanthin, Guanin, Adenin und Uracil (insgesamt ~1,3 ppm). Der Meteorit scheint verschiedene Klassen von basischen und neutralen N-Heterocyclen zu enthalten, außerdem isomere Alkylderivate.

3.3.2.2   *Aminosäuren in C-Chondriten*

Bei der Analyse extraterrestrischen Materials konzentriert man sich vor allem auf das Auffinden von Nucleinsäure- und Protein-Bausteinen, also N-Heterocyclenbasen und Aminosäuren. Gleich nach dem Fall des Murchison-Meteoriten begann die Suche nach derartigen Molekülen. Bereits 1975 wurden 22 verschiedene Aminosäuren im Murchison-Meteoriten identifiziert: acht proteinogene, zehn sehr selten in biologischem Material vorkommende und vier in der Biosphäre unbekannte Aminosäuren. Insgesamt konnten bisher etwa 70 Aminosäure-Spezies identifiziert werden (Cronin, 1998). Am häufigsten fand man Glycin und α-Amino-isobuttersäure. Letztere ist eine verzweigte Aminosäure, mit der geringsten Anzahl von C-Atomen. Die am häufigsten vorkommenden Aminosäuren findet man in Konzentrationen von 100 nmol$\cdot$g^{-1}. Die Gesamtkonzentration beträgt etwa 700 nmol$\cdot$g^{-1}. Dabei treten deutliche Unterschiede der lokalen Konzentration innerhalb eines Meteoriten auf.

Ein wichtiges – aber noch ungelöstes – Problem stellt die Chiralität der Aminosäuren dar (Abschn. 9.4). Vor allem die Frage: Erfolgte die enantiomere Selektion der Aminosäuren vor oder erst nach der Entstehung des Lebens? – Die ersten GC-Analysen von Meteoriten-Material wiesen die Aminosäuren als racemisches Gemisch aus (innerhalb der experimentellen Fehlerrate) (Kvenholden, 1970; Orò, 1971; Pollock, 1975). Diese Ergebnisse galten als überzeugender Beweis für den extraterrestrischen Ursprung der Aminosäuren, da ein Überschuß an L-Aminosäuren auf Kontamination hingewiesen hätte. Eine heftige wissenschaftliche Kontroverse entstand, als eine Forschungsgruppe einen Überschuß an L-Enantiomeren bei fünf proteinogenen Aminosäuren in Proben des Murchison-Meteoriten fand (Engel u. Nagy, 1982).

Es ging also um die Frage, liegen Verunreinigungen bei den Analysen vor oder nicht (Bada et al., 1983). In einer neueren Arbeit berichten Cronin und Pizzarello (1997) über Aminosäuren-Analysen mit Murchison-Material, das einen Überschuß an L-Enantiomeren aufweist. Da es sich bei den aufgefundenen Aminosäuren aber um nicht-proteinogene handelt, kann eine Kontamination mit terrestrischen, biologischen Material ausgeschlossen werden. Man fand α-Methyl-aminosäuren, die in Lebewesen entweder überhaupt nicht oder nur extrem selten vorkommen. Mit GC-Massenspektroskopie bestimmte man:

- 7,0 % α-Methyl-isoleucin
- 9,1 % α-Methyl-alloisoleucin
- 8,4 % Isovalin
- 2,8 % α-Methyl-norvalin

Derartige Enantiomeren-Überschüsse wurden bei den analysierten entsprechenden α-H-α-Amino-alkansäuren nicht beobachtet. Nach Meinung der Autoren könnte der Überschuß an L-Formen auf eine partielle Photospaltung der racemischen Aminosäurenmischung zurückzuführen sein und zwar als Ergebnis der Einwirkung von zirkularpolarisiertem UV-Licht in einer präsolaren Wolke (Cronin u. Pizzarello, 2000).

Neue Analysen über Material aus inneren Bereichen der Meteoriten Orgueil und Ivona zeigen das Vorkommen von ß-Alanin, Glycin und γ-Amino-n-buttersäure als Hauptkomponenten (0,6–2,0 ppm). Andere α-Aminosäuren waren in Spuren nachweisbar. Die aufgefundenen Aminosäuren lagen als racemisches Gemisch vor, also D/L ≈ 1, so daß extraterrestrischer Ursprung angenommen werden kann (Ehrenfreund et al., 2001).

Die Geschosse aus dem All sorgen gelegentlich für Aufsehen und Überraschungen – so auch im Januar 2000, als ein Meteorit auf die Eisfläche des Lake Targish (Kanada) auftraf. Er ist ein neuer Typ von C-Chondriten mit einem C-Gehalt von 4–5 % und dürfte von einem Asteroiden von D-Typ stammen (Hiroi et al., 2001). Die nähere Analyse des Targish-Meteoriten ergab eine Reihe von Mono- und Dicarbonsäuren sowie aliphatische und aromatische KW (Pizzarello, 2001). Im unlöslichen Anteil der Extrakte konnten aromatische Verbindungen und Fullerene nachgewiesen werden, die „planetarisches" Helium und Argon enthielten, d. h. ein $^{3}He/^{36}Ar$-Verhältnis von ~0,01, wie es für das Planetensystem angenommen wird. Das plötzliche Erscheinen des „super-C-haltigen" Targish-See-Meteoriten zeigt, wie schnell neue Fakten oder Ereignisse unsere Erkenntnisse zu erweitern oder zu verändern vermögen.

Eigentlich sollte man annehmen, daß der Murchison-Meteorit über die Jahre seit seinem Auftreffen auf der Erde bereits gründlich genug untersucht wurde. Aber dies ist immer abhängig von der Leistungsfähigkeit der technischen Hilfsmittel; in diesem Falle den Analysenverfahren und den Geräten.

So verwundert es nicht, daß nun eine besondere Klasse von Aminosäuren in Murchison-Meteoritenmaterial entdeckt wurde: Diaminosäuren, wie z. B. DL-2, 3-Diaminopropionsäure, DL-2,4-Diaminobutansäure u. a.

Die Identifikation gelang mit einem neuen, enantioselektiven GC-MS-Analysenverfahren, das auch bei der Rosetta-Mission zur Anwendung kommt.

Ob diese neuentdeckte Spezies von Aminosäuren für den Aufbau von Peptidnucleinsäuren (Abschn. 6.7) in der präbiotischen Chemie der Vor-RNA-Welt-Phase der Biogenese von Bedeutung war, bleibt noch eine offene Frage (Meierhenrich et al., 2004).

3.3.3   Mikrometeorite

Die Anzahl wissenschaftlicher Arbeiten über Meteoriten stieg in den letzten Jahren gewaltig. Eigenartigerweise befassen sich aber nur wenige mit den Kleinmeteoriten. Diese nehmen eine Mittelposition zwischen den Meteoriten (mit Abmessungen von Zentimetern bis Metern) und den interplanetaren Staubpartikeln ein. Bei einer Antarktis-Expedition gewannen Wissenschaftler, vor allem aus französischen Instituten, eine Sammlung von Mikrometeoriten aus 100 Tonnen antarktischen blauen Eises (Maurette et al., 1991). Von diesen Mikrometeoriten in der Größe von 100–400 μm untersuchte man fünf Proben mit jeweils 30–35 Partikel auf ihren Gehalt an extraterrestrischen Aminosäuren und zwar an α-Amino-isobuttersäure (AIBS) und Isovalin. Beides sind auf der Erde extrem selten vorkommende Aminosäuren. Für die Analyse verwandte man ein bewährtes, sehr sensibles HPLC-System des Scripps-Institutes, San Diego, Kalifornien. Obwohl die Mikrometeoriten aus äußerst reiner Umgebung stammten, so mußten doch Kontaminationen vorliegen, denn alle Proben wiesen auch L-Aminosäuren auf. Nur eine Probe zeigte einen signifikant höheren Gehalt an AIBS (~280 ppm). Ebenso lag das AIBS/Isovalin-Verhältnis in der Probe deutlich über dem in CM-Chondriten.

Nach Meinung der Autoren können diese Konzentrationen organischer Verbindungen ausgereicht haben, die chemische Evolution zu unterstützen, wenn man bedenkt, welche Mengen an Mikrometeoriten im Laufe von Millionen Jahren auf die Erde niedergingen (Brington, 1998). Die C-haltigen Mikrometeoriten in der Größe von 50–500 μm, die den Eintritt in die Atmosphäre größtenteils ohne deutliche Schäden überstehen, liefern den Hauptanteil extraterrestrischer organischer Verbindungen. Der französische Astrophysiker Michel Maurette hält Mikrometeorite für befähigt, als eine Art mikroskopischer „chondritischer" chemischer Reaktor wirken zu können, sobald die Partikel mit reaktionsfähigen Gasen und Wasser in Kontakt kommen. Die in den Teilchen vorhandenen Spuren von Metallen bzw. von Metalloxiden- oder- sulfiden konnten bei Umsetzungen katalytisch wirken. Dieser Prozeß dürfte sich in oder auf den Mutterkörpern (Asteroiden) oder auf der endgültigen planetarischen Umgebung z. B. der Erde ereignet haben (Maurette, 1998).

Eine direkte Messung der Mengen an kosmischen Kleinmeteoriten, die auf die Erde niedergehen, gelang mit Hilfe eines Satelliten. Der LDEF- (Long Duration Exposure Facility)-Satellit umkreiste etwa 5½ Jahre die Erde in einer Höhe von 480–331 km und wurde von einem Space Shuttle zur Erde zurückgeholt. Die Auswertung der von den Mikrometeoriten auf einer Außenplatte (aus einer speziellen Aluminium-Legierung) hinterlassenen Einschlagsspuren ergab, daß etwa $40 \pm 20 \cdot 10^6$ kg kleine Partikel jedes

Jahr auf die Erde fallen. Die große Schwankungsbreite rührt von Unsicherheiten her, wieviele der registrierten Partikel die Erdoberfläche tatsächlich erreichen. Obige Zahlenwerte stimmen mit früheren Schätzwerten überein, die aus dem Osmium-Isotopen-Verhältnis (^{187}Os/^{186}Os) von Tiefsee-Sedimenten abgeleitet wurden. Die Partikel im Massenbereich von 10^{-9}–10^{-4} g messen 0,1–1 mm; der Gipfel der Verteilung lag bei etwa $1{,}5{\cdot}10^{-5}$ g und einem Durchmesser von etwa 200 µm (Love u. Brownlee, 1993).

3.4   Interstellare Materie

Noch vor etwa 100 Jahren herrschte die Meinung vor, der Raum zwischen den Sternen sei völlig leer. Eine Ausnahme bildeten die zu dieser Zeit bereits bekannten kosmischen Nebel. Das Vorhandensein von Materie zwischen den Gestirnen wurde vor allem dadurch erkennbar, daß Licht von weitentfernten Sternen in manchen Himmelsregionen entweder gestreut oder absorbiert wird, d. h. es sind dunkle, sternfreie Gebiete im All zu beobachten.

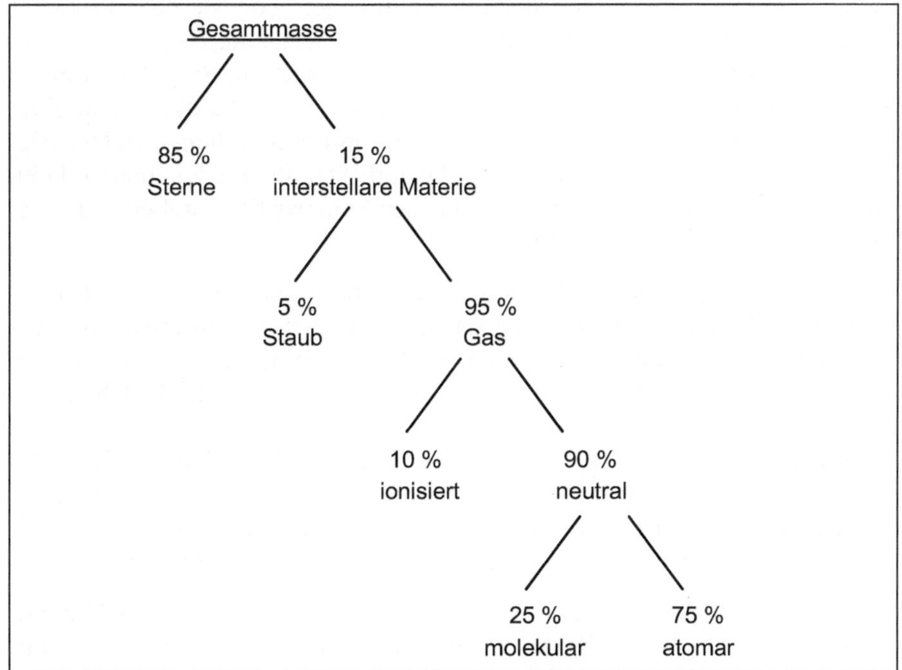

Abb. 3.10: Schema über die Verteilung der Materie in unserer Galaxie. Quelle: aus Feitzinger, J.V, Die Milchstraße – Innenansichten unserer Galaxie, 2002 © Spektrum Akademischer Verlag, Heidelberg, Berlin

Die interstellare Materie (ISM) besteht hauptsächlich aus gasförmigen Komponenten. Nur ein geringer Anteil der Materie liegt in Partikelform vor. Dennoch bewirkt er die Auslöschung von Sternenlicht, da die Staubteilchen viel stärker mit sichtbarer Strahlung in Wechselwirkung treten als Moleküle oder Atome in Gasform. Ebenso weisen spektroskopische Beobachtungen auf die Existenz von ISM im Weltraum hin. Einen Überblick über die Verteilung der Materie im Kosmos gibt die Abbildung 3.10.

Als Mittelwerte der Teilchendichte im ISM gelten $1 \cdot 10^6$ Teilchen·m^{-3}. In der Realität beobachtet man jedoch starke Schwankungen. Die Teilchendichten zwischen den Spiralarmen der Milchstraße betragen etwa 10.000–100.000 H-Atome·m^{-3}, dagegen 10^8–10^{10} H-Atome·m^{-3} in den Dunkelwolken und H II-Regionen. Die Werte steigen auf 10^{12}–10^{14} H-Atome·m^{-3} in Gebieten mit OH-Quellen und bei bestimmten Infrarotobjekten (Winnenburg, 1993).

3.4.1   Interstellarer Staub

Historisch gesehen waren es vor allem die Dunkelwolken, die zur Entdeckung der ISM führten. Sie absorbieren das Licht von Sternen, die hinter den Wolken interstellarer Materie im All lokalisiert sind. Es ist schwierig, genauere Kenntnisse über die Staubpartikel zu erhalten. Sie dürften einen Durchmesser von etwa 0,1 μm aufweisen, aus einem Silikatkorn und einer Hülle aus Verbindungen der Elemente C, O und N bestehen. Letztere Elemente gehören nach H und He zu den Hauptbestandteilen des interstellaren Raumes. Zu näheren Charakterisierung der Staubpartikel stehen nur zwei Informationsquellen zur Verfügung:

- die elektromagnetische Strahlung von Sternen, die Regionen mit interstellaren Staubkörnern durchquert hat. Aus den absorbierten oder gestreuten Wellenlängen kann man Rückschlüsse auf die chemische Zusammensetzung oder physikalischen Eigenschaften der Teilchen ziehen.
- Simulationsexperimente im Laboratorium mit einem Helium-Kryostaten bei Temperaturen um 10 K und einem Kammerdruck von 10^{-8} Torr. – Derartige Experimente führte vor allem Majo Greenberg an der Universität Leiden/Holland sehr erfolgreich durch (Greenberg, 1984).

Im interstellaren Raum scheint die Verteilung von Staub und Gas übereinzustimmen, d. h. beide Komponenten treten meistens gemeinsam auf, wenn auch in unterschiedlichen Mengenverhältnissen. – Wie gelingt es nun, trotz aller Schwierigkeiten Informationen über die Staubpartikel im

Kosmos zu erhalten? Die Wechselwirkungen zwischen Licht und Teilchen hängen ab von:

- der Teilchengröße und
- der Wellenlänge des Lichtes, mit dem die Teilchen wechselwirken.

Sind Teilchen größer als die Wellenlänge des sichtbaren Lichtes, dann streuen alle Wellenlängen gleichmäßig, d. h. das Licht wird geschwächt und es tritt keine Farbänderung ein. Stimmt die Teilchengröße mit einer bestimmten Wellenlänge des Lichtes überein, so streuen diese Teilchen die sie treffenden Lichtstrahlen. Insgesamt erscheinen die Sterne etwas röter, als es der Wirklichkeit entspricht. Dieses Phänomen kann man morgens und abends beobachten (bei Sonnenauf- und Untergang), wenn die Sonne in Horizontnähe steht. Das Sonnenlicht wirkt stärker rot, da die Lichtstrahlen die Dunst- und Staubschicht der Erdatmosphäre durchdringen müssen und dabei gestreut werden (Greenberg, 2001).

Die Extinktionskurve des Sternenlichtes, das Staubwolken durchquerte, sagt aus, welche Teilchen im kosmischen Staub vorliegen:

- Etwa 10 % des Staubes bestehen aus 0,005 μm großen Kohlenstoffpartikeln. Es sind amorphe, C-haltige Festkörper, wahrscheinlich mit etwas Wasserstoff angereichert.
- Den Hauptanteil des Staubes (etwa 80 %) bilden ummantelte Staubkörner (Durchmesser ca. 0,34 μm).
- Die restlichen etwa 10 % Staubbestandteile sind PAHs (polycyclische aromatische KW) oder PAH-ähnliche Verbindungen in der Größe von 0,002 μm (Greenberg, 2001).

Die Interpretation der Kurven (Abb. 3.11) ist nicht unumstritten – aber sie liefert nützliche Informationen. Als erster vermutete der schwedische Astronom Bertil Lindblad 1935, daß die interstellaren Staubpartikel Kondensate im Universum darstellen. Aber erst in den frühen siebziger Jahren erkannte man, daß Silikatteilchen die großen, kühlen M-Riesen umgeben. Der Strahlungsdruck treibt die Partikel in den Weltraum, sie kühlen ab und wirken als Kondensationskeime. An ihnen bleiben die Moleküle der Gas- und Staubphase haften. Sie gefrieren und bilden einen Eismantel um den Silikatkern. Simulationsexperimente zu den zuvor genannten Prozessen wurden von Greenberg seit vielen Jahren erfolgreich durchgeführt. Sie erlauben ein besseres Verständnis der Mechanismen, die im Universum abgelaufen sein könnten. Anstelle der Silikatkondensationskerne benutzte man im Greenberg-Labor einen Kühlfinger. Ein weiterer Kompromiß war notwendig: statt des im Weltraum herrschenden Ultrahochvakuums begnügte man sich mit einem um Zehnerpotenzen niedrigeren Vakuum. Das Reaktionsgefäß beschickte man mit den Gasen: CH_4, CO, CO_2, NH_3, N_2, O_2

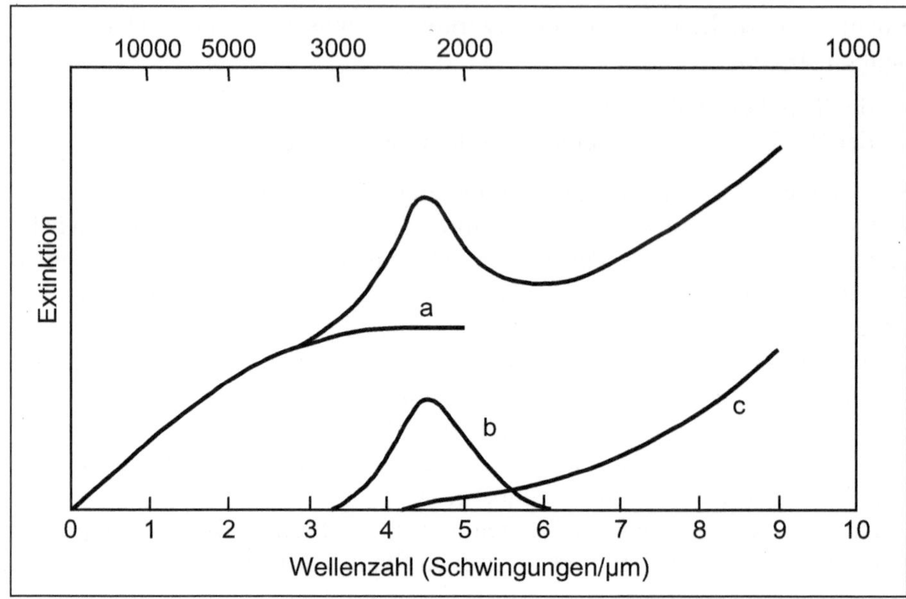

Abb. 3.11: Interstellare Staubkörner bewirken die Extinktion von Sternenlicht durch die selektive Streuung bestimmter Wellenlänge des Lichtes. Links im Schaubild der Bereich des fernen IR, rechts des fernen UV. Aus Satellitendaten wird geschlossen, daß sich die durchgezogene Extinktionskurve aus drei Anteilen zusammensetzt:

a: die Extinktion ist durch Teilchen mit einem Radius von etwa 10^{-5} cm bedingt.
b: Teilchen mit etwa 10mal geringeren Ausmaßen ergeben die Kurve b. Sie bestehen wahrscheinlich aus reinem Kohlenstoff.
c: ähnlich kleine Partikel wie bei b, aus Silikaten bestehend.
Die obere Skala: die Wellenlänge in Ångström (Å).
Quelle: Greenberg (1984)

und H_2O. Bei Temperaturen um 10 K erfolgte die Bestrahlung der Reaktionsmischung durch ein Fenster mit UV-Licht. Die Versuchsanordnung erlaubte die gleichzeitige Messung der IR-Absorption der Probe bei Wellenlängen von 2,5 und 25 μm, die Messung des Drucks, der Lumineszenz, der Gasmolekülmassen und die Absorption sichtbaren Lichtes während der Reaktionsdauer.

Eine weitere Änderung der Versuchsbedingungen gegenüber den natürlichen Prozessen bestand in der Bestrahlungsdauer: Einer Stunde im Labor entsprachen etwa 1000 Jahren im All! Bei derartigen Bilanzen werden die Grenzen von Simulationsexperimenten deutlich: Sie mahnen zur Vorsicht bei der Auslegung und Deutung von Versuchsergebnissen! – Im Laboratorium von M. Greenberg in Leiden konnte man nach längerer UV-Bestrahlungsdauer eine amorphe, blaugefärbte, glasartige Ablagerungsschicht be-

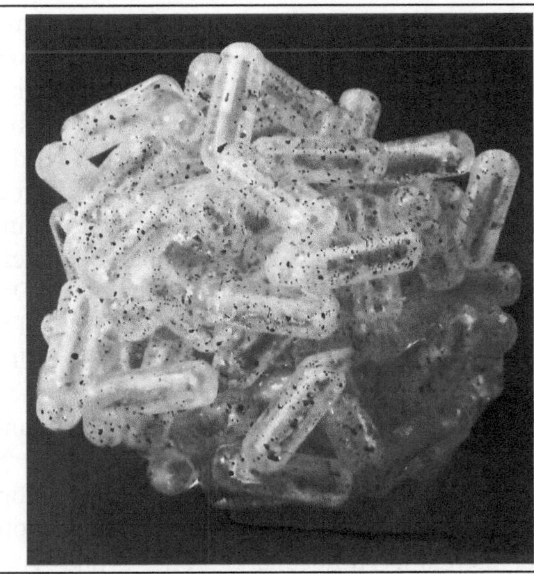

Abb. 3.12: Modell eines Agglomerats aus vielen kleinen interstellaren Staubpartikeln. Jedes der stäbchenförmigen Partikel besteht aus einem Silikatkern, der von
gelblich gefärbtem organischem Material ummantelt ist. Eine weitere Umhüllung
der Teilchen besteht aus Eis kondensierter Gase, wie z. B. Wasser, Ammoniak,
Methanol, Kohlendioxid und Kohlenmonoxid. Quelle: Photo: Gisela Krüger, Universität Bremen

obachten. Es handelte sich wahrscheinlich um Formylradikale. Läßt man
die Temperatur langsam ansteigen, so zeigt die Substanz ein grün-bläuli-
ches Leuchten, das von der Rekombination zweier Formylradikale zu Glyoxal herrühren könnte. Das ausgestrahlte Licht stellt allerdings nur einen
Teil der freiwerdenden Rekombinationsenergie dar, denn die Probe kann
unter bestimmten Bedingungen sogar explodieren, wenn die Aufheizung
schnell erfolgt und eine große Anzahl von Radikalen beweglich wird. Das
Endprodukt sind geringe Mengen eines auch bei Raumtemperatur stabilen
Stoffgemisches, das Greenberg „das gelbe Zeug" benannte (Greenberg,
1984). Es stellt eine Mischung aus Glycerin, einigen Aminosäuren, wie
Glycin, Alanin und Serin, sowie einigen anderen Molekülarten dar (Greenberg, 2001).

Die gelbe Substanz wurde unter Weltraumbedingungen geprüft. Eine
etwa vier Monate während UV-Bestrahlung im All führte zu einer Farbänderung der Substanz von gelb nach braun – möglicherweise eine Anreicherung von Kohlenstoff oder C-haltigen Verbindungen. Analysen mittels
IR-Spektroskopie zeigten bei dem „braunen Zeug" die gleichen Absorp-
tionslinien, die man auch im interstellaren Staub entdeckt hatte. Eine spe-

zielle IR-Spektrometrie, die an der Stanford-Universität durchgeführt wurde, wies auf eine Vielzahl von PAHs in der braunen Substanz hin.

Für die kosmischen Staubkörner postuliert M. Greenberg (2001) einen Cyclus, den die Partikel bis zu 50mal durchlaufen können, bevor sie, durch Supernova-Stoßfronten beschleunigt, zerfallen. Ferner wird angenommen, daß Agglomerate von ummantelten Staubkörnern im Kometenstaub vorkommen. Bis zu 100 Staubkörner können so etwa drei-mikrometergroße Teilchen aufbauen. Eine Bestätigung für Greenbergs Modell scheinen die von der Analyse des Halley-Kometenstaubes erhaltenen Daten zu liefern (Kissel u. Krueger, 2000). Es konnten Konglomerate von Teilchen mit Silikatkern und einer Hülle aus organischem Material ermittelt werden.

Inwieweit Staubkörner in kosmischen Nebelregionen bei der präbiotischen Chemie im All mitgewirkt hatten, untersuchten Hill und Nuth (2003) am NASA Goddhard Space Flight Center in Greenbelt, Maryland. Sie führten Simulationsexperimente mit einem Katalysatoranalogon aus Eisen-Silikat-Kondensaten durch, wie sie für Staubpartikel angenommen werden. Die Teilchen katalysierten in Atmosphären von CO und H_2 die Umsetzung zu Methan und Wasser (entsprechend Fischer-Tropsch) sowie die Synthese von Ammoniak aus H_2 und N_2 (entsprechend Haber-Bosch). Läßt man CO, N_2 und H_2 simultan reagieren, so erhält man auch N-haltige, organische Verbindungen, wie z. B. Methylamin (CH_3NH_2), Acetonitril (CH_3CN) und Methylmethylenimin (H_3CNCH_2). Die bei Temperaturen zwischen 500 und 900 K durchgeführten Experimente deuten auf ein breites Reaktionsspektrum hin, das unter Weltraumbedingungen realisierbar erscheint (Hill u. Nuth, 2003).

Die geplanten Missionen der NASA und ESA werden auch in diesem Bereich des ISM einige noch offene Fragen klären helfen. – Der interstellare Staub hat aber auch für die Entstehung und Entwicklung von Sternen eine große Bedeutung. Obwohl die Staubkomponente nur einen geringen Teil der ISM ausmacht, so wirkt sie bei kollabierenden Wolken als „Kühlmittel" und verhindert die Ausbildung eines effektiven thermodynamischen Gegendrucks.

3.4.2   Interstellares Gas

Die Gaskomponente, mit 98–99 % die weitaus häufigste Erscheinungsform von Materie im interstellaren Raum, wird vom Element Wasserstoff dominiert, mit 70 % der Masse und 90 % der Teilchen. In ionisierter Form (in H-II-Bereichen) erkennt man das Gas durch sein Rekombinations- und Fluoreszenzleuchten. Meist liegt Wasserstoff in neutraler Form vor (H-I-Regionen), bei mittlerer Dichte von $2 \cdot 10^7$ Teilchen$\cdot$m^{-3} und mittleren Temperaturen von etwa 80 K.

Neutralen Wasserstoff kann man erst seit 1951 beobachten, als die von van de Hulst vorausgesagte 21-cm-Spektrallinie (im Radiobereich) entdeckt wurde. Da diese Radiostrahlung durch Staub nicht gestört wird, sind auch solche Regionen für die Beobachtung offen, die mit optischen Methoden nicht erforscht werden konnten. Das Emissionsvermögen des interstellaren Wasserstoffs (21-cm-Linie) hängt fast ausschließlich von der Dichte des Wasserstoffs ab, weniger von seiner Temperatur. Die Strahlungsstärke aus einer bestimmten Richtung ist daher ein Maß für die Gesamtmenge des Wasserstoffs.

Die chemischen Reaktionen, die unter den extremen Bedingungen des Kosmos ablaufen, sind komplex und umfassen Reaktionsfolgen, die im Laboratorium nicht gleichartig simuliert werden können. Einen Überblick gibt Eric Herbst (1990).

Ein Molekül soll, stellvertretend für andere interessante Atome, Moleküle oder Ionen des ISM, kurz vorgestellt werden. Es ist das Wasserstoff-Molekülion H_3^+, das einfachste aller stabilen mehratomigen Molekülspezies, das auch in der Jupiteratmosphäre nachgewiesen werden konnte (Dalgarno, 1991). Im Laboratorium entdeckte J. J. Thomson bereits vor 90 Jahren diese Wasserstoffspezies. Sie im Kosmos aufzufinden, vor allem in den diffusen Molekülwolken, gelang erst viel später. Doch bald erkannte man die große Bedeutung dieses Molekülions als eine wesentliche Komponente des interstellaren Gases. Die aus energiereichen Protonen bestehende kosmische Strahlung ionisiert auf ihrem Weg durch den Kosmos neutrale Atome und Moleküle, so z. B.:

$$H_2 + \text{kosmische Strahlung} \rightarrow H_2^+ \qquad (3.16)$$

das H_2^+ wird gleich weiter umgesetzt:

$$H_2^+ + H_2 \rightarrow H_3^+ + H \qquad (3.17)$$

das Molekülion kann weiter reagieren, z. B.:

$$H_3^+ + O \rightarrow OH^+ + H_2 \qquad (3.18)$$

$$OH^+ + H_2 \rightarrow H_2O^+ + H \qquad (3.19)$$

$$H_2O^+ + H_2 \rightarrow H_3O^+ + H \qquad (3.20)$$

Unter den Bedingungen des Ultrahochvakuums im All verlaufen die Reaktionen extrem langsam, d. h. die Chemie ist eine andere als in der Laboratoriumspraxis. So sind noch einige offene Fragen über das „geheimnisvolle" interstellare H_3^+-Ion zu klären, vor allem sein Vorkommen in diffusen Wolken und die Zersetzungsrate durch interstellare Elektronen (Suzor-Weiner u. Schneider, 2001; Kokoruline et al., 2001).

3.4.3   Interstellare Moleküle

In den ersten Jahren der Biogeneseforschung galt nur die Atmosphäre der Urerde als der geeignete Ort, wo Biomoleküle oder deren Vorstufen entstanden sein konnten (Miller-Ära). Darauf folgten als mögliche Syntheseregionen die Oberfläche der Erde und einige Jahre später, nach Entdeckung der Hydrothermalquellen, die Tiefseegebiete.

Der Nachweis von Biomolekülen in Meteoritenmaterial sowie die Entdeckung größerer Moleküle im interstellaren Raum führten zur Annahme, die für die Biogenese benötigten Molekülarten oder deren einfache Ausgangsstoffe konnten von außen der jungen Erde zugeführt worden sein.

Die Beobachtung des Kosmos bei Radio-, Millimeter-, Submillimeter und IR-Wellenlängen ermöglichte die Identifikation von mehr als 100 Molekülspezies in interstellaren Wolken und zirkumstellaren Gas- und Staubhüllen. Die Bildungsprozesse interstellarer Moleküle sind in vielen Fällen noch nicht eindeutig geklärt, denn die den Synthesen zugrundeliegenden Mechanismen sind komplex. Die physikalischen Parameter unterscheiden sich in den verschiedenen Kosmosregionen recht deutlich voneinander. Sie reichen von extrem heißen Zonen (um 10^6 K) bis zu extrem „dünnen" Gebieten mit nur wenigen Atomen oder Molekülen je Kubikmeter. Die Bildung von Molekülen aus Einzelatomen in der Gasphase ist aus reaktionskinetischen Gründen ineffektiv, also z. B. die Bildung von H_2 oder CO. Es muß daher angenommen werden, daß die chemischen Synthesereaktionen an den Oberflächen der interstellaren Staubpartikel ablaufen.

Die überragende Bedeutung des Elementes Kohlenstoff im Kosmos beweist die Tatsache, daß mehr als 75 % der etwa 120 der bisher identifizierten interstellaren und zirkumstellaren Moleküle Kohlenstoff enthalten (Henning u. Salama, 1998). Der Weg führt dann aus dem ISM über die protoplanetare Scheibe in die Planetesimale und von diesen nach Akkretion auf die gebildeten Himmelskörper. Die bisher entdeckten Molekülsorten des ISM umfassen recht unterschiedliche Stoffgruppen:

- einfache organische Verbindungen, wie z. B.: CH_4, CH_3OH, CO_2 …
- einfache anorganische Stoffe, z. B.: SO, SiO, HF, KCl …
- ungesättigte KW-Ketten, wie z. B.: HC_3N, HC_5N …
- polycyclische aromatische KW …

Die Verschiedenheit dieser Verbindungsklassen spiegelt die Vielfalt der Reaktionsbedingungen wider, die im ISM herrschen. So dominieren beispielsweise in den Dunkelwolken die Ionen-Molekülreaktionen. Diese Umsetzungen werden durch Ionisationsprozesse angetrieben und führen zu Überschüssen an ungesättigten Molekülen, Ionen und Radikalen.

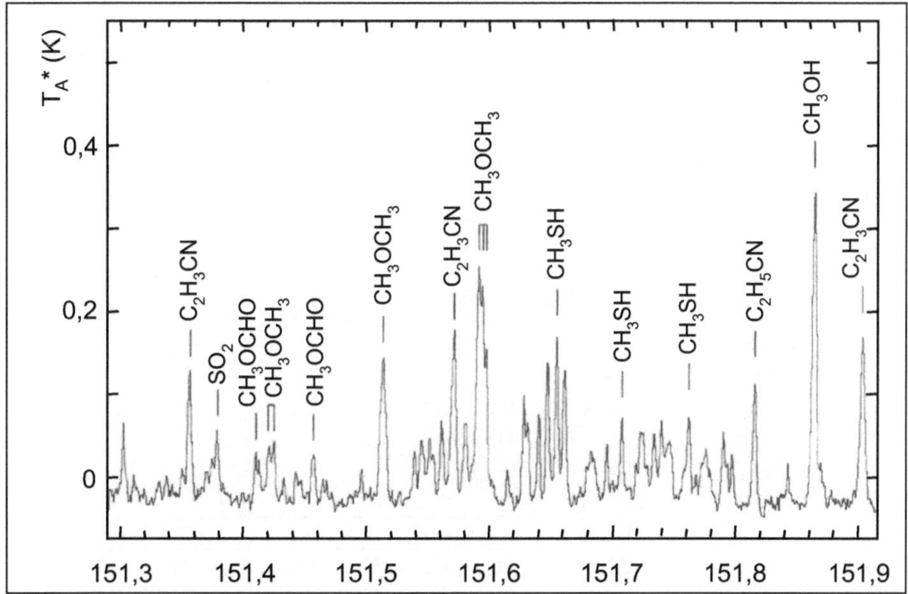

Abb. 3.13: Spektrum um 151 GHz aus dem Kern der Molekülwolke G 327.3-0.6 im südlichen Sternhimmel. Die identifizierten Molekülspezies wurden angezeigt. Nicht bezeichnete Kurvengipfel sind entweder noch nicht identifiziert, oder es handelt sich um Moleküle mit mehr als einer möglichen Zuweisung. (Die Zahlen zur Kennzeichnung der Molekülwolke (G 327.3-0.6) geben die galaktischen Koordinaten an.) Quelle: mit persönlicher Genehmigung von Prof. Hjalmarsson, Chalmers Techn. Universität, Göteborg, aus Proc. First European Workshop on Exo-/Astrobiology, Frascati, 21–23 May 2001, ESA SP-496.

Die meisten der bisher identifizierten Moleküle entdeckten die Radioastronomen im Bereich der Wellenlänge von etwa 1 mm bis etwa 6 cm. Im UV-Bereich konnten Linien von CO, H_2 und HD, im optischen Bereich von CH und CN aufgefunden werden (Weigert u. Wendker, 1996).

Eine weitere Klassifizierung der bisher im ISM aufgespürten Moleküle erfolgt nach der Anzahl der Atome (Tabelle 3.3).

Nicht aufgeführt wurden Verbindungen mit unterschiedlichen Isotopen. Einige Molekülarten kommen sehr häufig vor, wie z. B. CO, CH, OH und H_2CO. Bei Teilchendichten von mehr als $10^9 \cdot m^{-3}$ findet man fast immer das CO-Molekül. Es weist meistens auf molekularen Wasserstoff hin.

An einem Beispiel soll die interstellare Synthese einer Verbindung aufgezeigt werden, die auf der Erde z. Z. in Millionen Tonnen jährlich großtechnisch produziert wird: das Methanol. Dieser einfache Alkohol wurde 1661 von R. Boyle erstmals durch trockene Destillation von Holz gewonnen. In den Molekülwolken des Universums dürfte eine Hydrierung von

Tabelle 3.3: Interstellare Moleküle (Quelle: Irvine et al, 2003)

2 Atome	3 Atome	4 Atome	5 Atome	7 Atome	9 Atome
H_2	C_2H	C_2H_2	C_4H	C_6H	CH_3C_4H
C_2	CH_2	C_3H	C_3H_2	HC_5N	CH_3OCH_3
CH	HCN	$c\text{-}C_3H^b$	H_2CCC	CH_2CHCN	CH_3CH_2CN
CH^+	HNC	NH_3	$HCOOH$	CH_3C_2H	CH_3CH_2OH
CN	HCO	$HNCO$	CH_2CO	CH_3CHO	HC_7N
CO	HCO^+	$HOCO^+$	HC_3N	CH_3NH_2	C_8H
CS	HOC^+	$HCNH^+$	CH_2CN	$c\text{-}CH_2OCH_2^b$	
OH	N_2H^+	$HNCS$	NH_2CN	CH_2CHOH^a	
NH	NH_2	C_3N	CH_2NH		
NO	H_2O	C_3O	CH_4		
NS	HCS^+	H_2CS	$HCCNC$		
SiO	H_2S	C_3S	$HNCCC$		
SiS	OCS	H_3O^+	HCO_2H^+		
SO	N_2O	H_2CN			

2 Atome	3 Atome	4 Atome	6 Atome	8 Atome	10 Atome
HCl	SO_2	H_2CO	H_2CCCC	CH_3COOH	CH_3COCH_3
SO^+	C_2S	CH_3	CH_3OH	$HCOOCH_3$	$CH_3C_4CN^a$
PN	C_2O		CH_3CN	CH_3C_3N	$HOCH_2CH_2OH^a$
CO^+	C_3		CH_3NC	H_2C_6	$H_2C(NH_2)COOH$
SiH^a	HNO		CH_3SH	CH_2OHCHO^a	
HF^a	H_3^+		NH_2CHO	$c\text{-}C_2H_4NH^{ab}$	
FeO^a			HC_3HO		≥ 11 Atome
			C_5H		HC_9N
			HC_3NH^+		$HC_{11}N$
			C_5N		

a = vorläufige Deutung
b = c-cyclisches Molekül

CO auf der Oberfläche von Staubkörnern nach folgendem Schema ablaufen (Tielens u. Charnley, 1997)

$$CO + H \rightarrow HCO + H \rightarrow H_2CO + H \rightarrow H_3CO + H \rightarrow CH_3OH \qquad (3.21)$$

Die wichtigen Reaktionen von atomarem Wasserstoff mit CO und H_2CO weisen eine deutliche Aktivierungsbarriere in der Gasphase auf ($\sim$1000 K). Als Hypothese wird diskutiert, daß auf interstellaren Staubteilchen-Oberflächen atomarer Wasserstoff durch diese Barriere zu „tunneln" vermag. – Ob alle vier Hydrierungsschritte so ablaufen wie oben aufgezeigt, ist noch nicht gesichert. Im Laboratorium von M. Greenberg konnte der erste Reaktionsschritt an Eismatrizen bei 10–30 K nachgewiesen werden. Die Hydrierungsschritte von HCO und H_3CO sind an Staubkörnern möglich. Noch ungeklärt bleibt die H-Anlagerung an H_2CO.

In der attraktiven Liste von Molekülen und Molekülspezies, die bisher im ISM nachgewiesen wurden (Tabelle 3.3), findet man erstmalig auch eine Aminosäure in der Reihe der zehn Atome enthaltenden Moleküle. Es ist die einfachste der proteinogenen Aminosäuren, das Glycin.

Die Suche nach Glycin im ISM begann bereits vor etwa drei Jahrzehnten, als die ersten Laborspektren zur Verfügung standen. Glycin kann in drei verschiedenen Konfigurationen auftreten. Bei ihrer Suche im All konzentrierten sich die Radioastronomen auf die energieärmste Konfiguration I und die energiereichere Konfiguration II, die durch ein größeres Dipolmoment charakterisiert ist (Snyder, 1997).

Nach vierjähriger Forschungsarbeit gelang nun der Nachweis des Glycins im Millimeter-Wellenlängenbereich in den heißen Molekülwolken von Sagittarius (etwa 81500 Lichtjahre entfernt), Orion KL und W51. Über die möglichen Synthesemechanismen gibt es nur Vermutungen. Möglicherweise laufen in der Gasphase Ionen-Molekül-Reaktionen oder UV-Photolyseprozesse in molekularem Eis ab. – Die Entdeckung der ersten Aminosäure im Universum unterstützt die These, daß organische Moleküle aus dem Weltall eine zentrale Rolle bei der präbiotischen Chemie gespielt haben müßten (Kuan et al. 2003).

Literatur

Anderson JD, Schubert G, Jacobson RA, Lau EL, Moore WB, Sjögren WL (1998) Science 281:2019

Anderson JD, Lau EL, Sjögren WL, Schubert G, Moore WB (1997) Science 276:1263

Bada JL, Cronin JR, Ho M-S, Kvenvolden KA, Lawless JG, Miller SL, Oró J, Steinberg S (1983) Nature 301:494

Bernstein MP, Sandford SA, Allamandola LJ (1999a) Spektrum der Wissenschaft, Oktober: 26

Bernstein MP, Sandford SA, Allamandola LJ, Gillette JS, Clemett SJ, Zare RN (1999b) Science 283:1135

Bernstein MP, Dworkin JP, Sandford SA, Cooper GW, Allamandola LJ (2002) Nature 416:401

Blake DF, Jenniskens P (2001) Spektrum der Wissenschaft, Oktober: 28

Brown ME, Calvin WM (2000) Science 287:107

Brownlee DE, Horz F, Newburn RL, Zolensky M, Duxbury TC, Sandford S, Sekanina Z, Tsou P, Hanner MS, Clark BC, Green SF, Kissel J (2004) Science 304:1764

Brington KLF, Engrand C, Galvin DP, Bada JL, Maurette M (1998) Orig Life Evol Biosphere 28:413

Busse FH (1989) Ordnung und Chaos in der unbelebten und belebten Welt. Wissenschaftliche Verlagsgesellschaft, Stuttgart, S 283

Calvin M (1969) Chemical Evolution. Oxford at the Clarendon Press

Carlson RW, Anderson MS, Johnson RE, Smythe WD, Hendrix AR, Barth CA, Soderblom LA, Hansen GB, McCord TB, Dalton JB, Clark RN, Shirley JH, Ocampo AC, Matson DL (1999 a) Science 283:2062

Carlson RW, Johnson RE, Anderson MS (1999 b) Science 286:97

Carr MH, Belton MJS, Chapman CR, Davies ME, Geissler P, Greenberg G, McEwen AS, Tufts BR, Greeley R, Sullivan R, Head JW, Pappalardo RT, Klaasen KP, Johnson TV, Kaufman J, Senske D, Moore J, Neukum G, Schubert G, Burns JA, Thomas P, Veverka J (1998) Nature 391:363

Chiuz, Chemie in unserer Zeit (2001) 35:201

Chyba C (2000) Nature 403:381

Chyba C (2001a) Proc Natl Acad Sci USA 98:801

Chyba C, Hand KP (2001b) Science 292:2026

Chyba C, Phillips CB (2002) Orig Life Evol Biosphere 32:47

Clarke DW, Ferris JP (1997) Orig Life Evol Biosphere 27:225

Coll P, Coscia D, Gazeao M-C, Guez L, Raulin F (1998) Orig Life Evol Biosphere 28:195

Cronin J, Pizzarello S (1997) Science 275:951

Cronin J (1998) Clues from the origin of the Solar System: meteorites. In: Brack A (ed)) The Molecular Origins of Life. Cambridge University Press, p 119-146

Cronin J, Pizzarello S (2000) Orig Life Evol Biosphere 30:209

Dalgarno A (1991) Nature 353:502

Delsemme (1984) Orig Life Evol Biosphere 14:51

Delsemme AH (1998) Cosmic origin of the biosphere. In: Brack A (ed) The Molecular Origins of Life. Cambridge University Press, p 100

de Morais A (2000) Orig Life Evol Biosphere 30:317

Dose K, Rauchfuss H (1975) Chemische Evolution und der Ursprung lebender Systeme. Wissenschaftliche Verlagsgesellschaft, Stuttgart

Ehrenfreund P, Glavin DP, Botta O, Cooper G, Bada JL (2001) Proc Natl Acad Sci USA 98:2138

Engel MH, Nagy B (1982) Nature 296:837

Farquhar J (2000) Nature 404:50

Feitzinger JV (2002) Die Milchstraße. Spektrum, Heidelberg, S 75

Flechtig H, Keller HV (1987) Das neue Bild von Halley- Ergebnisse der Kometenmissionen: In: Jahrbuch Max-Planck-Gesellschaft, S 97

Greenberg M (1984) Spektrum der Wissenschaft, August: 80

Greenberg M (2001) Spektrum der Wissenschaft, Februar: 30

Griffith CA (1993) Nature 364:511

Gurnett DA, Zarka P, Manning R, Kurth WS, Hospodarsky GB, Averkamp TF, Kaiser ML, Farrell WM (2001) Nature 409:313

Helgason J (1999) Geology 27:231

Henning T, Salama F (1998) Science 282:2204

Herbst E (1990) Angew Chem 102:627

Heuseler H, Jaumann R, Neukum G (2000) Zwischen Sonne und Pluto. BLV, München

Hill HGM, Nuth JA (2003) Astrobiol 3:291

Hiroi T, Zolensky ME, Pieters CM (2001) Science 293:2234

Hoppe P (1996) Science 272:1314

Hubbard WB (1990) Nature 343:353

Irvine WM, Carramiñana A, Carrasco L, Schloerb FP (2003) Orig Life Evol Biosphere 33:597

Johnson TV, Brown RH, Soderblom LA (1987) Spektrum der Wissenschaft, Juni: 78

Joseph JC, Clarke DW, Ferris JP (2000) Orig Life Evol Biosphere 30:234

Kerr RA (2001) Science 291:22

Kinoshita I (1990) Spektrum der Wissenschaft, Januar: 52

Kissel J, Krueger FR (1987) Nature 326:755

Kissel J. Krueger FR (2000) Spektrum der Wissenschaft, Mai: 65

Kissel J, Krueger FR, Silén J, Clark BC (2004) Science 304:1774

Kokoouline V, Greene CH, Esry BD (2001) Nature 412:891

Krueger FR, Kissel J (1987) Naturwissenschaften 74:312

Kuan Y-J, Charnley SB, Huang H-C, Tseng W-L, Kisiel Z (2003) Astrophys J 593:848

Kvenholden K, Lawless J,Pering K, Peterson E, Flores J, Ponnamperuma C, Kaplan IR, Moore C (1970) Nature 228:923

Lorenz RD, McKay CP, Lunine JI (1997) Science 275:642

Love SG, Brownlee DE (1993) Science 262:550

Loveday JS, Nelmes RJ, Guthrie M, Belmonte SA, Allan DR, Klug DD, Tse JS, Handa YP (2001) Nature 410:661

Lugmair GW (1999) Präsolares Siliciumcarbid in Meteoriten. In: Jahrbuch Max-Planck-Gesellschaft, S 470

Luu JX, Jewitt DC (1996) Spektrum der Wissenschaft, Juli: 56

Mason SF (1992) Chemical Evolution. Clarendon Press Oxford

Maurette M, Olinger C, Michel-Levy MC, Kurat G, Purchet M, Brandstätter F, Bourot-Denise AM (1991) Nature 351:44

Maurette M (1998) Micrometeorites on the early earth. In: Brack A (ed) The Molecular Origins of Life. Cambridge University Press. p 147

Max-Planck-Gesellschaft, Presseinformation PPI SP2/2002 (19), 23. März 2002

Max-Planck-Gesellschaft, Presseinformation SP 10 / 2004 (83)

McCord TB et al. (1998) Science 280:1242

McCord TB, Hansen GB, Hibbitts CA (2001) Science 292:1523

McEwen AS, Belton MJS, Breneman HH, Fagents SA, Geissler P, Greenley R, Head JW, Hoppa G, Jaeger WL, Johnson TV, Keszthelyi L, Klaasen KP, Lopes-Gautier R, Magee KP, Milazzo MP, Moore JM, Pappalardo RT, Phillips CB, Radebaugh J, Schubert G, Schuster P, Simonelli DP, Sullivan R, Thomas CP, Turtle EP, Williams DA (2000) Science 288:1193

McKay DS, Gibson Jr EK, Thomas-Keprta KL, Vali H, Romanek SC, Clemet SJ, Chillier XDF, Maechling CR, Zare RN (1996) Science 273:924

Meierhenrich UJ, Muñoz Caro GM, Bredehöft JH, Jesberger EK, Thiemann W H-P (2004) Proc Natl Acad Sci USA, 101:9182

Moore JM (1998) Icarus 135:127

Muñoz Caro GM, Meierhenrich UJ, Schutte WA, Barbier B, Arcones Segovia A, Rosenbauer H, Thiemann WH-P, Brack A, Greenberg JM (2002) Nature 416:403

Oró J (1961) Nature 190:389

Oró J (1971) Nature 230:105

Oró J, Squyres SW, Reynolds RT, Mills TM (1992) Europa: Prospects for an Ocean and Exobiological Implications. In: Carle GC, Schwartz DE, Huntington JL (eds) Exobiology in Solar System Exploration. NASA SP 12, p 103

Pappelardo RT, Head JW, Greeley R, Sullivan RJ, Pilcher C, Schubert G, Moore WB, Carr MH, Moore JM, Belton MJS, Goldsby DL (1998) Nature 391:365

Pizzarello S, Huang Y, Becker L, Poreda RJ, Neeman RA, Cooper G, Williams M (2001) Science 293:2236

Pollock (1975) Geochem Cosmochem Acta 39:1571

Prinn RG (2001) Nature 412:36

Rannou P, Hourdin F, McKay CP (2002) Nature 418:853

Raulin F (1998) Titan. In: Brack A (ed) The Molecular Origins of Life, Cambridge University Press, p 368

Ruiz J (2001) Nature 412:409

Rummel JD (2000) Orig Life Evol Biosphere 30:345

Schenk PM, McKinnon, Gwynn D, Moore JM (2001) Nature 410:57

Schulze-Makuch D, Grinspoon DH, Abbas O, Irwin NL, Bullock MA (2004) Astrobiogy 4:11

Seiff A, Kirk DB, Knight TCD, Young LA, Milos FS, Venkatapathy E, Mihalov JD, Blanchard RC, Young RE, Schubert G (1997) Science 276:102

Shimoyama (1989) Geochem J 23:181

Shock E (2002) Nature 416:380

Sicardy B, Brahic A, Ferrari C, Gautier D, Lecacheux J, Lellouch E, Roques F, Ariot JE, Colas F, Thuillot W, Sèvre F, Vidal JL, Blanco C, Cristaldi S, Bull C, Klotz A, Thouvenot E (1990) Nature 243:350

Slade MA, Butler BJ, Muhleman DO (1992) Science 258:635

Snyder LE (1997) Orig Live Evol Biosphere 27:115

Söderblom LA, Kieffer SV, Becker TL, Brown RH, Cook AF, Hansen CJ, Johnson TV, Kirk RL, Shoemaker EM (1990) Science 250:401

Spencer JR, Yessop KL, Mc Grath MA, Ballester GE, Yelle R (2000) Science 288:1208

Spohn T (1990) Bild der Wissenschaft 12:101

Stern S A (2003) Nature 424:639

Stevenson DJ (2001) Science 294:71

Stöffler D (1982) Neue Ergebnisse der Planetenforschung. In: Verhandlungen der Gesellschaft Deutscher Naturforscher und Ärzte. Wissenschaftliche Verlagsgesellschaft, Stuttgart, S 301

Studier MH, Hayatsu R, Anders E (1972) Geochim Cosmochim Acta 36:189

Sullivan R, Moore J, Thomas P, Greeley R, Homan K, Klemaszewski J, Chapman CR, Tufts R, Head JW, Pappalardo R, Galileo Imaging Team (1998) Nature 391:371

Suzor-Weiner A, Schneider IF (2001) Nature 412:871

Tielens AGGM, Charnley SB (1997) Orig Life Evol Biosphere 27:23

Tokano T, Neubauer FM, Laube M, Mc Kay CP (1999) Planetary and Space Science 47:493

Tokano T (2000) Mitteilungen aus dem Institut für Geophysik und Meteorologie der Universität zu Köln, Heft 139, Köln

Unsöld A, Baschek B (1999) Der Neue Kosmos, 6. Auflage, Springer Berlin Heidelberg New York

Walte Jr JH (2001) Nature 410:787

Weigert A, Wendtker JH (1996) Astronomie und Astrophysik. VCH Weinheim

Weissman PR (1998) Spektrum der Wissenschaft, Dezember: 62

Whipple FL (1950) Astrophys J. 111:375

Winnenburg W (1990) Einführung in die Astronomie. BI-Wissenschaftsverlag Zürich Mannheim Wien

Young E (1996) Science 272:837

Young E (2000) Science 287:53

4 „Chemische Evolution"

Unter dem Begriff „Chemische Evolution" – der vom Nobelpreisträger Melvin Calvin eingeführt wurde – versteht man den Prozeß der Synthese biochemisch wichtiger Moleküle aus einfachsten Molekülarten und einigen chemischen Elementen unter den (hypothetischen) Bedingungen der präbiotischen Erde. Es wird angenommen, daß sich zuerst die kleineren „Baustein"-Moleküle bildeten, wie z. B. Aminosäuren, Fettsäuren oder Nucleinsäurebasen, die dann in späteren Entwicklungsphasen zu Makromolekülen polykondensiert wurden.

Die Biomoleküle, aus denen sich die ersten lebenden Systeme auf der Urerde entwickelten, konnten sehr unterschiedlichen Quellen entstammen:

– Die „Baustein"-Moleküle wurden in der Atmosphäre, der Hydrosphäre oder auf der Lithosphäre der jungen Erde aus kleinen Molekülsorten wie CO, CO_2, CH_4, H_2O, N_2, NH_3 u. a. synthetisiert (endogene Synthese).
– Die Moleküle entstanden nicht auf der Erde, sondern wurden aus dem Weltraum (aus unserem Sonnensystem oder dem interstellaren Raum) durch Meteoriten oder Kometen zur Erde gebracht (exogene Synthese).
– Die Kombination der beiden zuvor aufgezeigten Möglichkeiten: Aus dem Kosmos angelieferte Substanzen wurden auf der Erde weiter umgesetzt und verändert.

Zur wissenschaftlichen Untersuchung der Synthesemöglichkeiten stehen drei kompatible Methoden zur Auswahl (Raulin, 2000):

– Simulationsexperimente im Laboratorium,
– theoretische Modelle (Computer-Modelle) und
– die Beobachtung von Planeten, Monden und Kometen mit Analysengeräten – entweder von der Erde aus oder in situ, d. h. an Ort und Stelle.

Bei kritischer Würdigung aller bisher erzielten Forschungsergebnisse zur Biogenese-Frage ist nach wie vor unbekannt, welche der drei oben genannten Methoden zu überzeugenden Antworten auf die vielen noch offenen Fragen führen wird.

4.1 Modellexperimente von Miller-Urey

Es gibt nur wenige chemische Experimente, die eine so große Publizität erreichten wie die erste Synthese von Biomolekülen unter präbiotischen Bedingungen, die dem Doktoranden Stanley Miller an der Universität von Chicago/Illinois vor etwa 50 Jahren gelang. Der Bekanntheitsgrad dieses Experimentes (in der Realität waren es natürlich viele, bis sich der gewünschte Erfolg einstellte) dürfte der Wöhlerschen Harnstoff-Synthese nicht nachstehen! – Der Doktorvater Millers, Harold Urey, Nobellaureat von 1934, hatte Miller vorgeschlagen, die nach der Oparin-Haldane-Hypothese geforderte reduzierende Uratmosphäre der Erde mit elektrischen Entladungen zu simulieren und einmal zu sehen, „was denn dabei herauskommt". Es wird berichtet, Urey soll angenommen haben, es dürfte bei einem solchen Experiment „der Beilstein herauskommen", d. h. eine Unzahl verschiedener organischer Verbindungen.

Miller verwandte eine Gasmischung von CH_4, NH_3, H_2O und H_2. Durch elektrische Entladungen führte er dem System genügend Energie zu, um Synthesereaktionen zu ermöglichen. Nach einer Reihe technischer Umbauten an der Syntheseapparatur verliefen die Experimente erfolgreich. Miller konnte neben einigen einfach aufgebauten Verbindungen auch Aminosäuren, vor allem Glycin und Alanin, nachweisen. Urey hatte also zu pessimistisch gedacht. Es war nicht der „Beilstein" entstanden, sondern eine überschaubare Anzahl organischer Verbindungen, darunter einige von biochemischer Bedeutung. – Dieser Erfolg wurde in der wissenschaftlichen Zeitschrift „Science" unter dem Titel „A Production of Amino Acids Under Possible Primitive Earth Conditions" veröffentlicht (Miller, 1953). Interessante „Hintergrundinformationen" zur zuvor genannten Veröffentlichung erfährt der Leser bei J. L. Bada und A. Lazcano (2003).

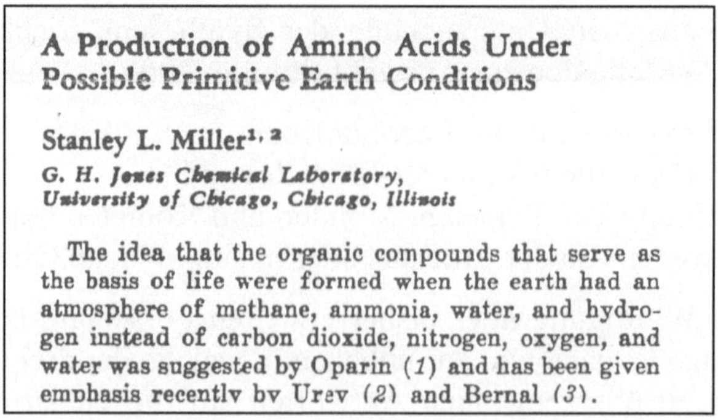

A Production of Amino Acids Under Possible Primitive Earth Conditions

Stanley L. Miller[1,2]

G. H. Jones Chemical Laboratory,
University of Chicago, Chicago, Illinois

The idea that the organic compounds that serve as the basis of life were formed when the earth had an atmosphere of methane, ammonia, water, and hydrogen instead of carbon dioxide, nitrogen, oxygen, and water was suggested by Oparin (1) and has been given emphasis recently by Urey (2) and Bernal (3).

Abb. 4.1: Stanley Millers erste Publikation in der Zeitschrift „Science" über die gelungene Synthese von Aminosäuren unter den angenommenen Bedingungen der Urerde. Quelle: Miller (1953)

Mit diesen Experimenten gelang erstmals der Beweis, daß die Frage nach dem Ursprung des Lebens ein wissenschaftliches Problem ist, das mit naturwissenschaftlichen Methoden bearbeitet und (möglicherweise) gelöst werden kann.

Von diesem Zeitpunkt an begannen mehrere Institute in aller Welt mit präbiotischen, chemischen Experimenten. – In diesem Zusammenhang muß betont werden, daß die präbiotische Synthese eines oder einiger weniger Proteinbausteine nur ein allererster, bescheidener Beitrag zur Lösung des Biogenese-Problems sein kann. – Stark vereinfacht: Es geht erst einmal um die Methode, Ziegelsteine zu produzieren, mit denen später ein mehrstöckiges Gebäude mit komplizierter Inneneinrichtung erbaut werden soll.

Im folgenden nur einige Fakten zum Miller-Urey-Experiment: Die inzwischen berühmt gewordene Synthese-Apparatur war von Miller und auch anderen Arbeitsgruppen modifiziert und verbessert worden, um die Produktausbeuten zu steigern. In den angewandten Reaktionsgefäßen betrug die Temperatur in der Reaktionszone zwischen 343–353 K, im Reaktionskern 870–920 K. Die Reaktionsdauer reichte von einigen Stunden bis zu einer Woche. Als Hauptsyntheseprodukte entstanden (in der Reihenfolge der höchsten Ausbeuten zu den niedrigsten): Ameisensäure, Glycin, Milchsäure und Alanin. In geringerer Ausbeute auch die C_5-Aminosäure Glutaminsäure. Es ist erstaunlich, daß an zweiter und fünfter Position zwei proteinogene Aminosäuren entstanden, auch wenn es sich um die einfachsten ihrer Art handelt. Bald nach Millers Publikation erhob sich die Frage nach dem möglichen Reaktionsmechanismus, der den Synthesen zugrunde lag.

Kinetische Untersuchungen mit den reduzierenden Gasmischungen zeigten, daß im Laufe der Umsetzungen die Konzentration an Ammoniak fällt, wogegen sich die HCN-Konzentration deutlich erhöht und dann nahezu konstant bleibt. Die Aminosäurekonzentration steigt etwa gleichmäßig mit der Reaktionsdauer, die Aldehydkonzentration bleibt konstant.

$$R-C\underset{H}{\overset{O}{\lessgtr}} + HCN \longrightarrow R-C\overset{OH}{\underset{CN}{\lessgtr}}OH \xrightarrow[-H_2O]{+NH_3} R-C\overset{H}{\underset{CN}{\lessgtr}}NH_2$$

$$\xrightarrow[-NH_3]{+2\,H_2O} R-\underset{NH_2}{\overset{H}{C}}-C\overset{O}{\underset{OH}{\lessgtr}}$$

Glycin und die anderen Aminosäuren dürften über die seit 150 Jahren bekannte Streckersche Cyanhydrin-Synthese aus Aldehyd, Cyanwasserstoff und Ammoniak mit nachfolgender Hydrolyse gebildet werden (Strecker, 1850, 1854; Miller, 1955).

Neben dem Strecker-Mechanismus sind auch Reaktionen über freie Radikale möglich. Ihre Entstehung läßt sich bei elektrischen Entladungsreaktionen eindeutig nachweisen.

Abelson (1956) führte Experimente mit Atmosphären von CO_2, (CO), N_2, (NH_3), H_2 und H_2O durch und fand geringe Mengen einfach aufgebauter Aminosäuren. Bei Sauerstoffzusatz zu den Gasmischungen bildeten sich jedoch keine Aminosäuren. Eine Übersicht über die Vielzahl von Experimenten, die in den zwei Jahrzehnten nach dem Miller-Urey-Experiment durchgeführt wurden, findet man bei Dose und Rauchfuss (1975). Diese Simulationsexperimente umfassen Reaktionen mit verschiedenen Energiearten in der Gasphase sowie in flüssiger und fester Phase.

Wenn auch die Miller-Urey-Experimente von 1953 heute größtenteils nur noch historisches Interesse beanspruchen, so waren sie doch Anfang und Startpunkt der präbiotischen Chemie und der modernen Biogeneseforschung.

4.2 Weitere Aminosäuresynthesen

Da Wasserstoff das am häufigsten im Universum vorkommende Element darstellt, nahmen viele Forscher in der ersten Hälfte des letzten Jahrhunderts an, daß bei der Bildung der Erde aus solarer Materie viele Verbindungen in ihrer wasserstoffreichen Form, d. h. reduziert, vorkamen (Miller u. Urey, 1959; Urey, 1959). Da aber die beiden Nachbarplaneten der Erde, Venus und Mars, zwischen 93–98 Vol.-% CO_2 in ihren Atmosphären enthalten, kamen bald Zweifel an der angenommenen, stark reduzierenden Erd-Uratmosphäre auf. Auch die Untersuchungen ältester Sedimentgesteine deuteten darauf hin, daß die Atmosphäre der sehr jungen Erde reich an CO_2 und N_2 gewesen sein mußte (Abschn. 3.4). Außerdem zeigten Experimente, daß NH_3 und CH_4 als photochemisch labile Verbindungen leicht durch die Strahleneinwirkung der Sonne und kosmische Strahlung zersetzt werden.

Neue Versuchsreihen, mehr als zwei Jahrzehnte nach Millers ersten Ansätzen, mit schwach reduzierenden oder neutralen Gasmischungen wurden geplant und durchgeführt (Schlesinger u. Miller, 1983).

Der Vergleich simulierter präbiotischer Atmosphären aus CH_4, CO und CO_2 als Kohlenstofflieferanten führte bei Funkenentladungen und 298 K Versuchstemperatur zu folgenden Ergebnissen:

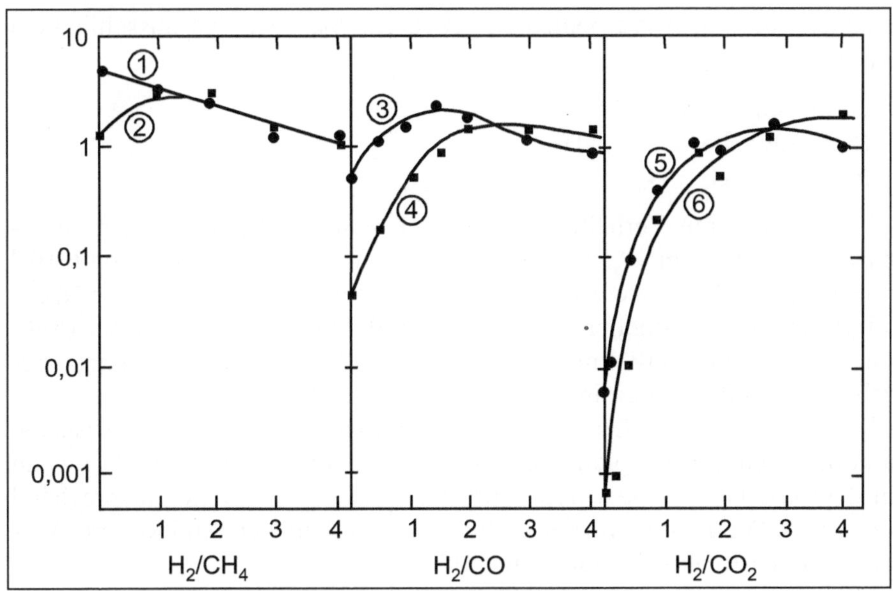

Abb. 4.2: Vergleich der Aminosäure-Ausbeuten bei Verwendung von CH$_4$, CO und CO$_2$ als C-Quellen bei Zusatz verschiedener Mengen an H$_2$. Die Aminosäureausbeute wurde auf Grundlage des eingesetzten Kohlenstoff-Anteils im Reaktionsgemisch errechnet. Bei allen Experimenten betrug der Partialdruck für Stickstoff, Methan, Kohlenmonoxid und Kohlendioxid jeweils 100 Torr. Das Reaktionsgefäß enthielt 100 mL Wasser für die Umsetzungen mit Stickstoff (aber ohne Ammoniak). Bei Reaktionen mit Stickstoff und Ammoniak (0,2 Torr) setzte man 100 mL 0,05 M Ammoniumchlorid zu. Die Funkenentladungs-Experimente liefen bei Raumtemperatur über 48 Stunden. Quelle: Schlesinger u. Miller (1983)

– Gasmischungen aus:
  (1) CH$_4$ + H$_2$ + N$_2$ + NH$_3$
  (2) CH$_4$ + H$_2$ + N$_2$

Das molare Verhältnis von H$_2$ zu CH$_4$ variierte von 0–4. Die Aminosäureausbeuten (bezogen auf den Anfangs-C-Gehalt) ergaben Werte von 1,2–4,7 %. Sie sind angenähert unabhängig vom H$_2$/CH$_4$-Verhältnis und dem NH$_3$-Gehalt des Reaktionsgemisches.

– Gasmischungen aus:
  (3) CO + H$_2$ + N$_2$ + NH$_3$
  (4) CO + H$_2$ + N$_2$

Die Aminosäureausbeuten bei einem H$_2$/CO-Verhältnis von Null betragen bei NH$_3$-Zusatz etwa 0,44 % – dagegen 0,05 % ohne Ammoniak. Bei höheren H$_2$/CO-Verhältnissen steigen die Ausbeuten. Die Kurven kreuzen einander. Maximale Ausbeuten bei etwa 2,7 %, aber fast ausschließlich Glycin.

– Gasmischungen aus:
   (5) $CO_2 + H_2 + N_2 + NH_3$
   (6) $CO_2 + H_2 + N_2$

Bei einem molaren Verhältnis von H_2/CO_2 von 0–4 erhält man eine Aminosäureausbeute von 10^{-3} % bei $H_2/CO_2 = 0$ (und NH_3-Zusatz) und $6 \cdot 10^{-4}$ ohne Ammoniak. Letztere Konzentrationen liegen bereits nahe der Nachweisgrenze. Ein deutlicher Anstieg der Produktausbeute erfolgt bei Erhöhung des H_2/CO_2-Verhältnisses. Dann beträgt die maximale Aminosäureausbeute etwa 2 % (allerdings fast ausschließlich Glycin).

Die drei Versuchsreihen ergeben: Eine maximale Aminosäure-Ausbeute kann bei allen drei C-Quellen erfolgen, also bei CH_4, CO und CO_2, wenn ein dem Oxidations- bzw. Reduktionszustand der C-Quelle entsprechend hohes H_2/C-Verhältnis vorliegt. Die Abhängigkeit der Aminosäure-Ausbeute von der Reaktionsdauer zeigt Abb. 4.3.

Nach zwei Tagen hatten sich bereits etwa 60 % der Maximalausbeute beim CH_4-Ansatz und 80 % beim Experiment mit CO gebildet.

Aus den bisherigen Versuchsergebnissen und den aus ihnen abgeleiteten Modellen läßt sich für die präbiotische Bildung von Aminosäuren folgendes

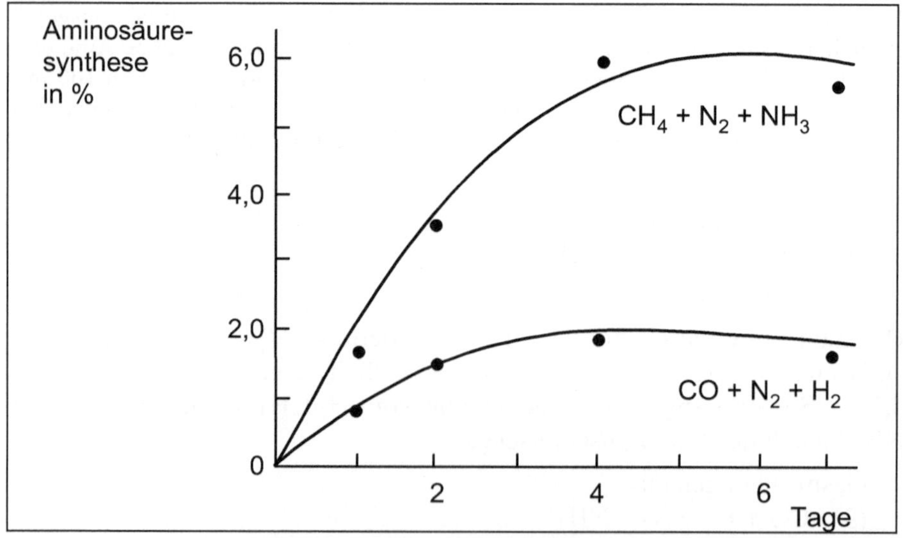

Abb. 4.3: Die Ausbeute an Aminosäuren in Prozent als Funktion der Zeit (Dauer der Funkenentladungen). Das Experiment mit Methan enthielt keinen Zusatz an Wasserstoff. Das zweite Experiment mit Kohlenmonoxid enthielt $H_2/CO = 1,0$ bei $pN_2 = 100$ Torr. Quelle: Schlesinger u. Miller (1983)

Fazit ziehen: Eine reduzierende Atmosphäre bietet die besten Voraussetzungen für eine erfolgreiche Synthese. Sollte aber kein oder nur ein sehr geringer Partialdruck z. B. für Methan (p_{CH4}) auf der Urerde geherrscht haben, dann ermöglichte ein relativ hohes H_2/CO- bzw. H_2/CO_2-Verhältnis trotzdem gute Aminosäure-Syntheseraten. Es ist noch völlig offen, ob die zuvor beschriebenen Vorstellungen realistisch sind, wenn man die Flucht des Wasserstoffs ins All berücksichtigt.

Die Annahme scheint diskutabel, daß in begrenzten Bereichen der Urerde (unter noch unbekannten Bedingungen) zeitweise höhere CH_4-Konzentrationen herrschten. Dort wären dann Aminosäure-Synthesen ähnlich dem Miller-Urey-Experiment vorstellbar.

Neuere Arbeiten zeigen, daß die Aminosäure-Ausbeute (vor allem an Glycin) in einer $CO–N_2–H_2O$-Atmosphäre, die mit hochenergetischen Partikeln (Kobayaski et al., 1998) bestrahlt wurde, bedeutend höher liegt als beim gleichen Ansatz mit Funkenentladungen. Die Autoren nehmen daher an, daß die kosmische Strahlung eine der wichtigsten Energiequellen für präbiotische Synthesen auf der Erde darstellte.

Die Mannigfaltigkeit von organischen, präbiotischen Reaktionen scheint nahezu unbegrenzt. Aus dem Chemischen Institut der Universität Oldenburg berichteten Strasdeit et al. (2001) über die Synthese von Zink- und Calciumkomplexen mit den Aminosäuren Valin und Isovalin. Sie nehmen an, daß diese α-Amino-acidate auf der mineralreichen Urerde eine gewisse Bedeutung erlangt haben konnten. Beim Erwärmen auf 593 K unter Stickstoff konnte Valin zum cyclischen Dipeptid umgesetzt werden.

Über die Simulation der Bildung von Glycin und Alanin in einer neutralen (bis schwach oxidierten) Gasmischung aus CO_2, N_2 und Wasserdampf berichten Plankensteiner et al. (2004) aus dem Laboratorium von B. M. Rode in Innsbruck. Dem System führte man Energie über elektrische Funkenentladungen zu. Das Reaktionsgefäß war zur Hälfte mit Wasser von 353 K gefüllt. Die Wolfram-Kathode befand sich über, die Kupfer-Anode unter der Wasseroberfläche. Die Zufuhr von CO_2 und N_2 erfolgte kontinuierlich. Es wurde kein (auch nur schwach) reduzierendes Agens zugesetzt. – Die Aminosäureausbeute nach zwei Wochen Reaktionsdauer war zwar nicht überragend (Nachweisverfahren: HPLC mit zwei verschiedenen Gradienten), aber eindeutig. Eine weitere Ausbeutesteigerung durch Optimierung des Verfahrens scheint möglich.

Aber Aminosäuren mußten nicht nur in der Gasphase entstanden sein. John Orò, einer der Pioniere der präbiotischen Chemie, führte Aminosäure-Synthesen in flüssiger Phase durch. Er setzte HCN, NH_3 und H_2O bei 343 K um. Die Arbeiten wurden von Löwe et al. (1963) bestätigt und weitergeführt, aber erst zehn Jahre später erneut von Jim Ferris aufgenommen und intensiv bearbeitet (Ferris et al., 1973, 1974). Bei allen diesen Simulationsversuchen entstehen die einfach aufgebauten Aminosäuren – wie zu erwarten – immer am häufigsten, also Glycin, Alanin und in geringen Mengen Asparaginsäure und α-Aminobuttersäure. Die Ausbeuten liegen meist bei etwa 1 % für Glycin, die anderen Aminosäuren weit darunter.

Einen ganz anderen Weg wählten Morowitz et al. (1995). Ihnen gelang die Synthese von Glutaminsäure aus α-Ketoglutarat, Ammoniak und Ameisensäure in wäßrigem Medium ohne die Mithilfe von Enzymen. Die als Reduktionsmittel eingesetzte Ameisensäure entsteht übrigens als ein Hauptprodukt beim Miller-Urey-Experiment.

Die Entdeckung hydrothermaler Quellen in den Ozeanen lenkte die Aufmerksamkeit einiger Biogenese-Forscher zur Hydrosphäre (Abschn. 7.2) und den Vorgängen in 2–3 km Tiefe auf dem Meeresboden.

4.3 Präbiotische Synthesen der Nucleinsäurebasen

Bereits wenige Jahre nach dem Miller-Urey-Experiment war J. Orò mit der Synthese eines der wichtigsten Biomoleküle, des Adenins, erfolgreich. Dieses Purinderivat ist nicht nur Bestandteil der Nucleinsäuren, es erfüllt auch, verbunden mit Ribose und drei Phosphatresten als ATP (Adenosintriphosphat), Schlüsselfunktionen im Zellstoffwechsel aller Lebewesen. Die Summenformel für Adenin lautet: $C_5N_5H_5$ oder anders formuliert $(HCN)_5$.

Seit langem ist bekannt, daß Blausäure-Moleküle im interstellaren Raum und im Kometenschweif nachgewiesen werden können. Hier drängt sich die Frage auf: Gibt es einen Zusammenhang zwischen der großen Bedeutung, die Adenin im Lebensprozeß einnimmt und dem Vorkommen des Molekül-Bausteins in Kosmos?

Wie A. und B. Pullman bereits vor mehr als vier Jahrzehnten errechneten, nimmt die Purinbase Adenin unter den Purinen eine Sonderstellung ein. Adenin weist die größte Resonanzenergie je π-Elektron im Vergleich zu den anderen Purinderivaten auf, d. h. es ist stabiler und dürfte daher bei Selektionsprozessen bevorzugt in Biomoleküle eingebaut worden sein (Pullman, 1972).

Das Oròsche Experiment (Orò, 1960) war denkbar einfach. Er erhitzte Ammoniumcyanid auf 343 K und konnte nach wenigen Tagen Adenin nachweisen. Den Reaktionsweg klärte Orò kurze Zeit später auf: Aus fünf Molekülen HCN entsteht ein Molekül Adenin (Orò, 1961).

Eine Zwischenverbindung des Syntheseweges, das Aminomalonitril, kann auf zwei Reaktionswegen in 4-Aminoimidazol-5-carboxamid überführt werden (Sanchez et al., 1966 a, b) (Abb. 4.4):

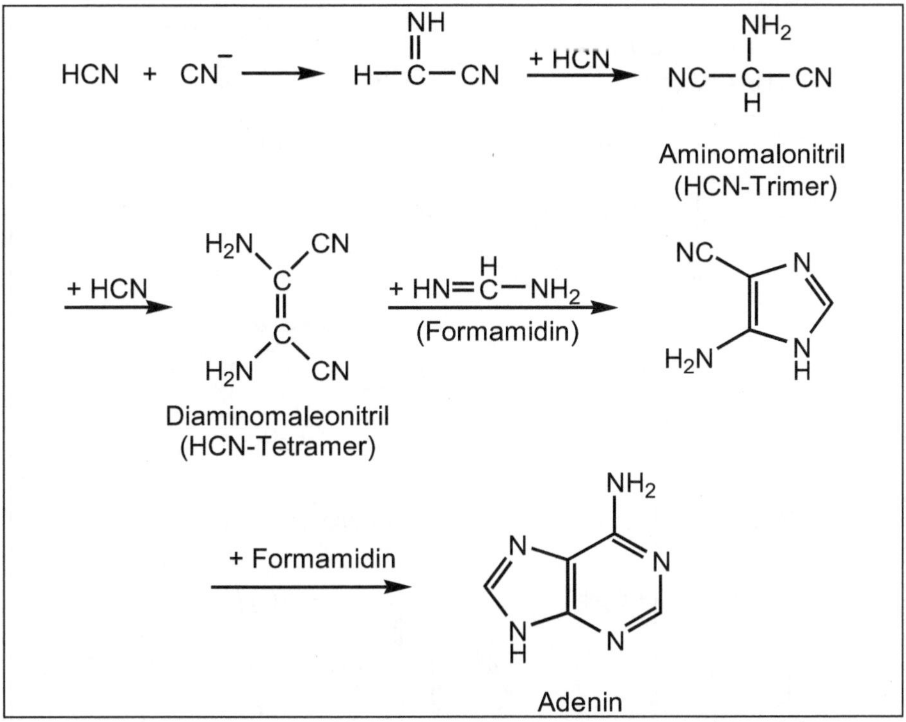

Abb. 4.4: Schematische Darstellung eines möglichen Syntheseweges, der vom HCN (mit Formamidin) zum Adenin führte. Quelle: Sanchez et al. (1967, 1968)

1. durch direkte Umsetzung mit Formamidin oder
2. über einen photochemisch ausgelösten Umbau des HCN-Tetrameren (Diaminomaleindinitril).

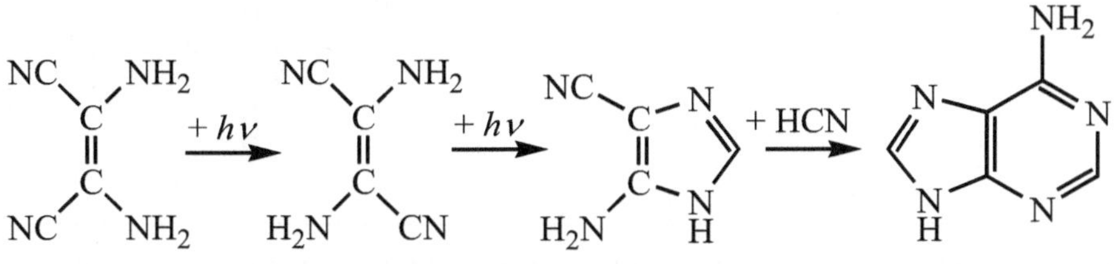

Doaminofuranonitril Adenin

Die Hydrolyse führt zum 4-Aminoimidazol-5-carboxamid, das unter bestimmten Bedingungen mit verschiedenen Reaktionsteilnehmern, wie z. B. Cyanwasserstoff, Dicyan oder Formamidin, Purine, also Adenin, Guanin, Hypoxanthin und Diaminopurin bilden kann.

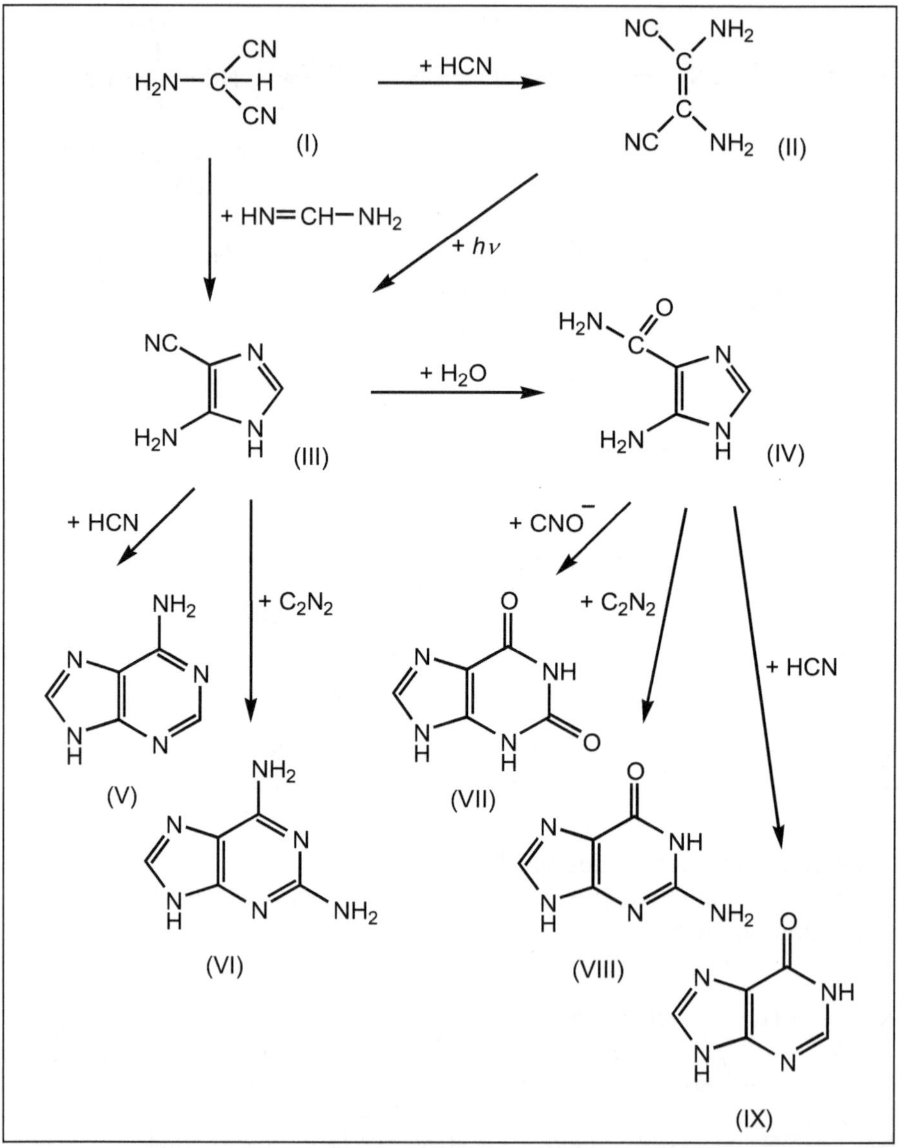

Abb. 4.5: Durch Variation der Adeninsynthese konnten weitere Purinderivate bei obigen Umsetzungen nachgewiesen werden. Es bedeuten:

I   Aminomalonitril
II   HCN-Tetramer
III   Aminoimidazol-carbonitril
IV   4-Aminoimidazol-5-carboxamid
V   Adenin

VI   Diaminopurin
VII   Xanthin
VIII   Guanin
IX   Hypoxanthin

Quelle: Sanchez et al. (1966a)

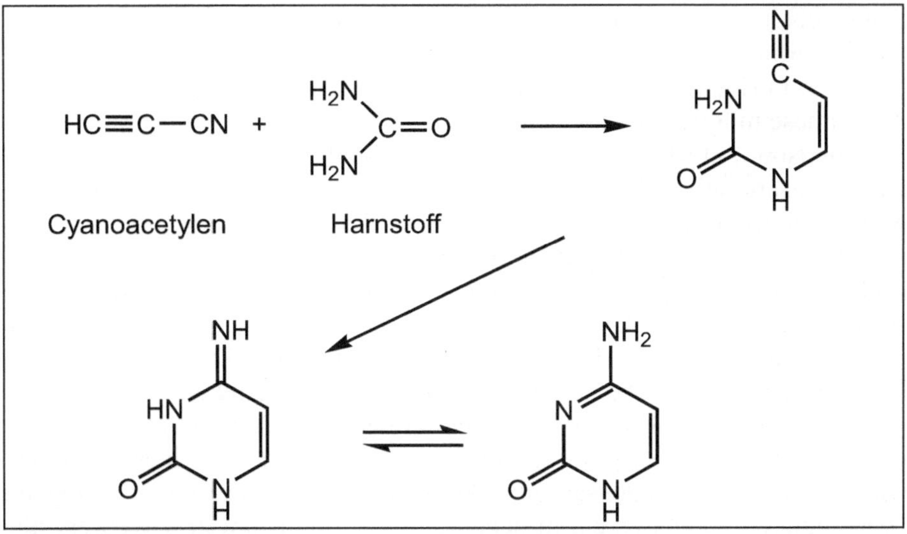

Abb. 4.6: Ein relativ einfacher Syntheseweg mit leicht zu gewinnenden Ausgangsstoffen (Cyanoacetylen und Harnstoff) führt unter verschiedenen Versuchsbedingungen zu Pyrimidinen, darunter auch Cytosin. Quelle: Sanchez et al. (1966 b)

Möglicherweise herrschten auch Kälteperioden auf der Urerde. Experimente zeigten, daß in eutektischen Lösungen von $HCN–H_2O$ die Bildung von Tetrameren des Cyanwasserstoffs ablaufen kann (Sanchez et al., 1966a). Die Experimente ergaben Ausbeuten von mehr als 10 %, wenn man Cyanidlösungen bei Temperaturen von etwa 243–263 K mehrere Monate stehen ließ.

Viele Jahre später entdeckten Schwartz und Goverde (1982) sowie Voet und Schwartz (1983), daß die Synthese von Adenin durch die Polymerisation von Cyanid durch Zusatz von Formaldehyd und anderer Aldehyde beschleunigt werden kann.

Bei Reaktionen in der Gasphase (N_2- und CH_4-Atmosphäre) mittels elektrischer Entladungen bildete sich mit relativ guter Ausbeute Cyanoacetylen, das sich mit Harnstoff zu verschiedenen Produkten umsetzt, darunter auch Cytosin (Sanchez et al, 1968).

Die bis in die 1980-iger Jahre bei präbiotischen Synthesen erzielten Ausbeuten an Nucleinsäurebasen waren äußerst gering. Daher nahmen einige Forscher an, daß andere Basen als die jetzt in den Nucleinsäuren wirksamen in den frühen Phasen der molekularen Evolution in den Information-übertragenden Substanzen enthalten waren. Isocytosin und Diaminopyridine wurden von Piccirilli et al. (1990) angenommen, wogegen Wächtershäuser (1988) vorschlug, daß das erste genetische Material (möglicherweise) nur aus Purinen bestand. – Im Murchison-Meteoriten hatte man allerdings Pyrimidine (etwa ein Fünftel im Vergleich zu den aufgefundenen Purinen) nachgewiesen. Daher sollte auch eine effektive Pyrimidinsynthese möglich sein.

Robertson und Miller (1995) gelang die Synthese von Cytosin und Uracil in sensationell hohen Ausbeuten. Ausgangspunkt für ihre Synthesen war Cyanoacetaldehyd (aus Cyanoacetylen durch Hydrolyse) und wiederum Harnstoff. Bei niedrigen Harnstoffkonzentrationen bilden sich keine nachweisbaren Cytosinkonzentrationen. Jedoch bei konzentrierten Harnstofflösungen entsteht Cytosin mit 30–50 % Ausbeute. Uracil konnte aus Cytosinlösungen durch Hydrolyse gewonnen werden. Dieser schöne Erfolg hat aber einen Haken, denn die für eine solche effektive Cytosinsynthese nötigen hohen Harnstoffkonzentrationen konnten unmöglich im freien Urozean vorhanden gewesen sein. Man muß also auch hier – ähnlich wie bei anderen Kondensationsreaktionen – die Existenz von Tümpeln oder Lagunen voraussetzen, in denen durch Verdunstung des Wassers die notwendigen hohen Substanzkonzentrationen entstanden.

Eine ähnliche Synthese gelang Robertson et al. (1996). Cyanoacetaldehyd und Guanidinhydrochlorid ergaben Ausbeuten von 40–80 % für 2,4-Diaminopyrimidin unter den obigen Bedingungen des umstrittenen „Lagunen-Modells". Diaminopyrimidin kann durch Hydrolyse in Cytosin, Isocytosin und Uracil überführt werden. Thioharnstoff reagiert mit Cyanoacetaldehyd zu 2-Thiocytosin. Allerdings liegt die Ausbeute deutlich niedriger als mit Harnstoff oder Guanidin · HCl. Thiocytosin hydrolisiert zu Thiouracil und Cytosin und letzteres zu Uracil.

Ob die Adsorption von Molekülen an Mineralienoberflächen Fluch oder Segen für die adsorbierten Substanzen bedeutet, hängt von vielen Parametern ab. Bei Experimenten fand man recht unterschiedliches Adsorptionsverhalten von Adenin an verschiedenen Mineralien. Vor allem bei hydrothermalen Prozessen (Abschn. 7.2) sind aktive Mineralien von Bedeutung. Die Oberflächenkonzentration von Adenin an Pyrit ist fünfzehnmal, an Quarz fünfmal und an Pyrrhotit dreieinhalbmal höher als in der Ausgangslösung mit einer Konzentration von 20 µM (Cohn, 2002).

Gewährt die Adsorption an Mineralien wichtigen Biomolekülen Schutz gegen den Abbau durch Hydrolyse oder durch den Beschuß aus dem Kosmos?

Untersuchungen zu dieser Frage verdanken wir F. G. Mosqueira et al. (1996). Sie untersuchten das Problem, wie sich ionisierende Strahlung auf die an Mineraloberflächen adsorbierten Moleküle auswirkt. Für ihre Experimente wählten sie Nucleinsäurebasen. Derartige Untersuchungen waren dringend notwendig, da bisher die Annahme vorherrschte, die Strahlenwirkung auf Biomoleküle könne durch Adsorption an Mineralien verhindert

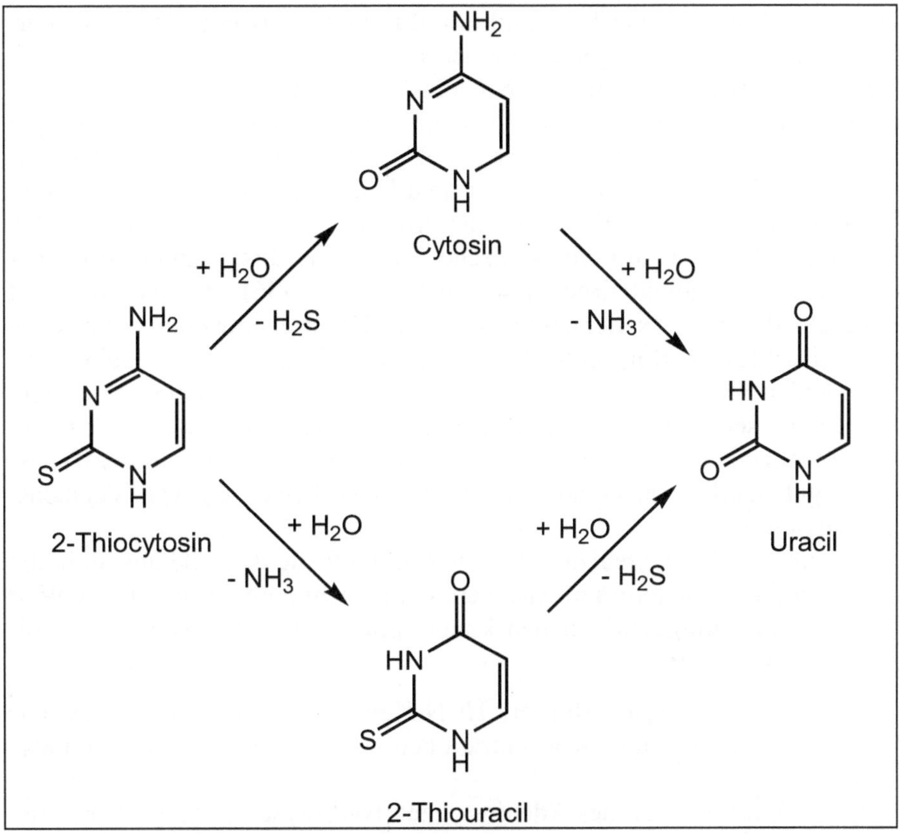

Abb. 4.7: Die Synthese von Cyanoacetaldehyd mit Thioharnstoff ergibt 2-Thio-cytosin, das zu Cytosin bzw. Thiouracil (und weiter zu Uracil) umgewandelt werden kann. Quelle: Robertson et al. (1996)

bzw. gemildert werden. Die mexikanische Forschergruppe wies nach, daß die radiolytische Wirkung langlebiger Radionuclide, vor allem ^{40}K, aber auch in geringerem Maße durch ^{238}U und ^{232}Th, für Nucleinsäurebasen und ihre Derivate von großer Bedeutung ist. Die Abbaurate durch Strahlenein-wirkung könnte sogar die Syntheserate dieser Verbindungen übertroffen haben. Es wird eine relativ homogene Verteilung des Isotops ^{40}K in Sedi-menten und im Urmeer angenommen. Das Kaliumisotop konnte in sauren, magmatischen Gesteinen und in sedimentären Al-Silikaten in hoher Kon-zentration vorhanden gewesen sein. Schätzungen ergeben, daß über einen Zeitraum von 1.000 Jahren etwa $1,8 \cdot 10^{-7}$ Mol Substanzen je Kilogramm Ton durch ionisierende Strahlung (vor allem aus ^{40}K) verändert wurde. Somit waren die an Tonmineralien adsorbierten Moleküle nicht so sicher und geschützt, wie bisher angenommen! Dies unter der Voraussetzung, daß sich die Struktur der Erde und ihre Zusammensetzung seit 3,8 Milliarden Jahren nicht grundlegend verändert hatten.

Die präbiotische Chemie der Nucleinsäurebasen ist ein in der Fachwelt noch umstrittenes Gebiet. Einer der aufmerksamsten Kritiker ist Robert Shapiro, Professor für Chemie an der New York Universität und DNA-Fachmann. Sein Buch „Origins“ mit dem Untertitel „A Sceptic's Guide to Creation of Life on Earth“ (deutsche Ausgabe: „Schöpfung und Zufall“, Shapiro, 1987) weist auf eine kritische Analyse der bisher in der Biogenese-Forschung erzielten Ergebnisse hin (Shapiro 1986). R. Shapiro erfüllt innerhalb des Kreises der Biogenese-Forscher die notwendige Funktion eines „Hechtes im Karpfenteich“ – und dies schon seit vielen Jahren. Er weist auf die Schwachstellen bei manchen allzu kühnen Hypothesen hin, die oftmals sehr schnell zu Theorien erhoben werden, obwohl noch sehr viele Fragezeichen bestehen. Flotte Journalisten tragen dann in der Tagespresse gelegentlich zu Fehldeutungen und Überbewertung von Versuchsergebnissen bei.

Shapiro (1995) untersuchte die präbiotische Rolle des Adenins, d. h. die Frage, ob diese Nucleinsäurebase bereits in der hypothetischen RNA-Welt (Kap. 6) aktiv mitgewirkt haben konnte oder nicht. Der Autor zeigt folgende Probleme auf:

- Die Adeninsynthese erfordert HCN-Konzentrationen von mindestens 0,01 M. Waren solche Konzentrationen auf der Urerde überhaupt möglich?
- Die Empfindlichkeit des Adenins gegen Hydrolyse bei einer Halbwertszeit (HWZ) für die Desaminierung von 80 Jahren bei pH 7 und 310 K (bei 273 K beträgt die HWZ 4.000 Jahre). Außerdem sind Ringöffnungs-Reaktionen möglich.
- Die Wechselwirkung zwischen Adenin und Uracil über zwei Wasserstoffbrücken-Bindungen, gegenüber drei bei Cytosin und Guanin.

Shapiro gelangt zur Schlußfolgerung, daß Adenin in den ersten Phasen der Biogenese nicht die herausragende Rolle gespielt haben konnte, die der organischen Base in kontemporären Zellen zukommt.

Die gleiche Problematik, die Stabilität der Nucleinsäurebasen, greifen auch Levi und Miller (1998) auf. Sie wollten zeigen, daß eine Synthese dieser Verbindungen unter hohen Temperaturen wenig realistisch sein dürfte und überprüften kritisch die Hochtemperatur-Biogenese-Theorien, wie z. B. die Bildung von Biomolekülen an hydrothermalen Quellen (Abschn. 7.2). So beträgt die HWZ bei 373 K für Adenin und Guanin etwa ein Jahr, für Uracil etwa zwölf Jahre und für das labile Cytosin nur 19 Tage. Bei Planetoiden-Einschlägen im Ozean der Urerde konnten solche Temperaturen durchaus erreicht werden. – Bei den Temperaturen einer gefrorenen Erde (~273 K) liegt die HWZ für organische Basen bei etwa einer Million Jahren, nur Cytosin wäre deutlich labiler. Nach Meinung von Miller und Levi sollten daher eher Biogenese-Modelle auf Grundlage einer kalten Erde und Uratmosphäre entwickelt werden.

Leslie Orgel kommt in einer erneuten Studie zum Problem der präbiotischen Adeninsynthese zu dem Schluß, daß trotz vieler Unsicherheiten die Bildung dieser komplexen, heterocyclischen Base sehr wahrscheinlich von drei Voraussetzungen abhing:

– dem Vorhandensein von HCN-Lösungen,
– Bedingungen auf der Urerde, die zum eutektischen Ausfrieren und damit zur Konzentrierung der HCN-Lösungen führten, und
– die photochemischen Umsetzungen des Tetrameren aus HCN in den eutektischen Lösungen zum 4-Amino-3-cyano-imidazol (Orgel, 2004).

Die Purinbase Guanin wird ebenfalls aus konzentrierten Lösungen von Ammoniumcyanid gewonnen, also der gleichen Ausgangssubstanz, die durch die Adeninsynthese von J. Oró bekannt wurde. Der Altmeister wirkte auch bei einer neuen Versuchsserie mit, ebenso wie Stanley Miller (Levi et al., 1999). Guanin entsteht jedoch mit 10–40mal geringerer Ausbeute als Adenin. Erstaunlicherweise verläuft die Synthese bei 253 K genauso effektiv wie bei 353 K.

Tiefe Temperaturen sind in bestimmten Regionen der Urerde vorstellbar genauso wie auf dem Jupitermond Europa (Abschn. 3.1.5) oder dem Mutterkörper des Murchison-Meteoriten.

In den angesehenen „Proceedings of the National Academy of Science" publizierte R. Shapiro eine kritische Analyse über die Verfügbarkeit der Nucleinsäurebase Cytosin auf der Urerde (Shapiro, 1999). Einige Biogenetiker gehen noch immer davon aus, daß in der viel zitierten – aber hypothetischen – „Ursuppe" alle für den Aufbau einer Nucleinsäure nötigen Substanzen enthalten waren. Diese Optimisten weist Shapiro auf die folgenden Schwachstellen hin:

– Cytosin wird in den Analysenergebnissen von Meteoritenmaterial nicht genannt.

Tabelle 4.1: Prozentuale Ausbeuten von Adenin und Guanin durch die Polymerisation von NH_4CN, auf Basis der Anfangskonzentration von HCN. Quelle: Levy et al. (1999)

	10 M NH_4CN (353 K, 24 h)	0,1 M NH_4CN (253 K, 25 h)	0,1 M NH_4CN (253 K, 2 Monate)
Adenin	0,028	0,038	$5 \cdot 10^{-4}$
Guanin	0,0007	0,0035	$1,4 \cdot 10^{-4}$

– Berichte über die Cytosinsynthese aus Cyanoacetylen (oder dem Hydrolyseprodukt Cyanoacetaldehyd) mit Cyanat, Dicyan oder Harnstoff lassen erkennen, daß diese Substanzen mit nucleophilen Verbindungen in Seitenreaktionen schneller zu Nebenprodukten reagieren als zum gewünschten Hauptprodukt. Für die Cytosinbildung benötigt man außerdem Konzentrationen, die in präbiotischer Umgebung unrealistisch sind.

– Die Desaminierungsreaktion zerstört Cytosin mit einer HWZ von etwa 340 Jahren bei 298 K.

Damit fiele eine der vier Nucleinsäurebasen aus, und es ist unbekannt, ob vollwertiger Ersatz auf der Urerde zur Verfügung stand.

Die Reaktion auf Shapiros Kritik ließ nicht lange auf sich warten. Sie kam aus dem Millerschen Arbeitskreis in La Jolla/Kalifornien (Nelson et al., 2001). Die Autoren argumentieren, daß Cytosin bei niedrigen Temperaturen wirksamer aus Harnstoff und Cyanoacetaldehyd zu synthetisieren ist, als theoretisch berechnet wurde. Ebenso kritisieren sie die Fehlinterpretation der Daten über die Adeninhydrolyse. Wie zu erwarten, werden die Möglichkeiten zur Konzentrierung von Lösungen durch Austrocknen (Lagunen oder Strände) sowie das Ausfrieren bei tiefen Temperaturen (das ebenso zur Konzentrierung von Lösungen führt) verteidigt.

Die Diskussion um die Pyrimidinsynthese dürfte mit obiger Kontroverse noch nicht abgeschlossen sein – geht es doch um die Frage: gab es eine RNA-Welt– oder nicht? Neuerdings umgeht man dieses Problem mit dem Modell einer Entwicklungsphase *vor* der RNA-Welt – einer Prä-RNA-Welt (Abschn. 6.7). Aber auch diese ist hypothetisch!

4.4   Kohlenhydrate und Derivate

Auch die Kohlenhydratchemie stellt einen schwierigen Bereich der präbiotischen Chemie dar. Zwar liegen die ersten chemischen Kohlenhydrat-Synthesen bereits eineinhalb Jahrhunderte zurück, aber die präbiotische Synthese von Kohlenhydraten ist noch unklar.

Die erste Synthese von Kohlenhydraten gelang Alexander Butlerow (1828–1886), Professor für Chemie an den Universitäten in Kasan und St. Petersburg. Er erhielt bei der Umsetzung wäßriger Formaldehyd-Lösungen unter alkalischen Bedingungen ein Gemisch von Zuckern. Diese „Formose-Reaktion", ein komplex verlaufender, autokatalytischer Prozeß, benötigt anorganische Katalysatoren, wie z. B. Ca (OH)$_2$ oder $CaCO_3$. Die Reaktion durchläuft eine Reihe von Zwischenprodukten, wie: Glykolaldehyd, Glycerinaldehyd, Dihydroxyaceton, die C_4-Zucker, C_5-Zucker und die Hexosen. Bei den präbiotischen Synthesen setzte man als katalytisch wirksame Oberflächen Tone wie z. B. Kaolin ein, um aus 0,01-M-Formaldehyd-Lösungen einfache Zucker zu gewinnen. Unter den Produkten findet man auch Ribose, allerdings nur in geringen Mengen (Gabel u. Ponnamperuma, 1967; Reid u. Orgel, 1967). Die einfach zu realisierende Formose-Reaktion weist jedoch Probleme auf:

– Sie ergibt etwa 40 verschiedene Zucker. Die für die Nucleinsäuren benötigten zwei Zuckerspezies, Ribose und Desoxyribose, entstehen nur in Ausbeuten von etwa 1 % oder weniger. Es ist noch völlig unklar, wie auf der Urerde diese beiden Zuckerarten von den anderen getrennt werden konnten (Shapiro, 1988).
– Die Ribose ist durch Instabilität gekennzeichnet. Diese Eigenschaften des C_5-Zuckers bestärken alle Kritiker einer RNA-Welt, nach anderen Modellen zu suchen. Bei 373 K und pH 7 beträgt die HWZ für Ribose nur 73 Minuten, sie steigt auf 44 Jahre bei 273 K.

Die aufgeführten Fakten bedingen, daß Ribose unter präbiotischen Bedingungen sofort nach ihrer Bildung umgesetzt werden müßte. R. Shapiro (1984) wies bereits vor zwei Jahrzehnten auf die großen Probleme hin, die bei der präbiotischen Nucleinsäure-Bildung zu bewältigen wären.

Zum „Ribose-Problem" äußerten sich auch Larralde et al. (1995) in den „Proceedings of the National Academy of Science": Die zuvor aufgezeigten Ergebnisse von Stabilitätsuntersuchungen schließen die Verwendung von Ribose und anderer Zucker als präbiotische Reagentien aus – außer unter sehr speziellen Bedingungen.

Die gleichen Argumente trugen die Autoren auch auf der ISSOL-Tagung 1996 in Orleans vor (Larralde et al., 1996).

Gegen eine Beteiligung der Ribose an der Nucleinsäure-Bildung sprechen also die Labilität des Moleküls und die Schwierigkeiten bei der Synthese (zu hohe Konzentrationen der Ausgangsstoffe). – So wird nach anderen, neuen und effektiveren Synthesewegen gesucht, wobei die Forderung nach präbiotischen Bedingungen (die allerdings auch nicht präzise bekannt sind) die Möglichkeiten stark einschränken.

Ein Hoffnungsschimmer tauchte auf, als im Laboratorium von Albert Eschenmoser an der ETH-Zürich ein Syntheseweg entwickelt wurde, der in guten Ausbeuten zum Ribose-2,4-bisphosphat (Racemat) führte. Ausgangssubstanz war Glykolaldehyd, der am C_2-Atom phosphoryliert und dann mit Formaldehyd inkubiert wurde. Leider entsprechen die Synthesebedingungen nur denen eines modernen Laboratoriums – aber auf der Urerde? (Müller et al., 1990).

$$2 \quad \text{Glykolaldehydphosphat} \quad + \text{HCHO} \quad \xrightarrow{\text{(in 2 M NaOH, 7 Tage bei Raumtemperatur unter Luftabschluß)}} \quad \text{rac.- Ribose-2,4-diphosphat (als Hauptprodukt)}$$

Glykolaldehydphosphat

rac.- Ribose-2,4-diphosphat
(als Hauptprodukt)

Die Suche nach Synthesewegen zur Ribose ging weiter. Die Erniedrigung des hohen pH-Wertes im Reaktionsansatz der Formose-Bildung gelang durch $Mg(OH)_2$-Zugabe. So wurden die entstandenen Aldopentosen stabiler, aber die Umsetzungen verliefen langsamer. Die Suche nach einem effektiveren, katalytisch wirksamen Hilfsmittel führte zu Pb^{2+}-Ionen. Hinweise auf dieses Schwermetall stammten von Wolfgang Langenbeck (Universität Halle/Saale), die er vor 50 Jahren publiziert hatte (Langenbeck, 1954). Formaldehyd-Lösungen mit $Mg(OH)_2$-Suspensionen und Pb^{2+}-Ionen als Katalysatoren ergeben Ausbeuten um etwa 30 % des Aldehyds zu den vier Aldopentosen (Ribose, Arabinose, Lyxose und Xylose). Wie hoch der Ribose-Anteil in dem Aldopentosen-Gemisch ist, wurde nicht mitgeteilt (Zubay, 1998). Die Frage, ob Bleiionen auf der Urerde verfügbar waren, bleibt offen. Das Element Blei kommt in einigen Mineralien vor, wie z. B. in Galenit PbS, Cerussit $PbCO_3$, Scheelbleierz (Stolzit) $PbWO_4$, Anglesit $PbSO_4$ u. a.

Mit der oben beschriebenen Synthese von Pentose-2,4-biphosphat erreichte man aber die bisher besten Ausbeuten für ein Ribosederivat. Daher war die Suche nach effektiven Synthesen wichtig, die leicht zu den benötigten Ausgangsverbindungen wie z. B. Glykolaldehydphosphat (GAP) führten. Neue Synthesewege für GAP fanden Krishnamurthy et al. (1999, 2000). Dabei wird Glykolaldehyd mit Amidotriphosphat (AmTP) in verdünnter wäßriger Lösung umgesetzt. Das Triphosphat-Derivat gewinnt man aus Trimetaphosphat und NH_4OH. Alle Versuche, GAP mit Triphosphat zu phosphorylieren, verliefen ergebnislos. Somit erweist sich AmTP als ein wichtiges Phosphorylierungsmittel.

Wie bereits dargestellt ist eine der empfindlichsten Schwachstellen der RNA-Welt die extreme Labilität der Ribose. – Nun erschien in „Science" auf einer einzigen Seite die Mitteilung, daß es gelang, Ribose zu stabilisieren. Dies erfolgte mit Hilfe von Borat-Mineralien. Die Forschergruppe um A. Ricardo vom Departement für Chemie der Universität von Florida in

Gainesville führte die Ribosesynthese aus Glykolaldehyd und Glycerin-aldehyd (mit $Ca(OH)_2$, pH ~12, bei 298 und 318 K) durch. Nach einer Stunde bzw. zehn Minuten Reaktionszeit zeigte Braunfärbung die Bildung von polymeren Gemischen an. Setzt man jedoch dem gleichen Ansatz unter denselben Bedingungen die Boratmineralien:

Kernit: $Na_2[B_4O_6(OH)_2] \cdot 3\ H_2O$
Ulexit: $NaCa[B_5O_6(OH)_6] \cdot 5\ H_2O$
Colomanit: $Ca[B_3O(OH)_3] \cdot H_2O$[1]

zu, so bleibt der Reaktionsansatz auch nach zwei Monaten weiß und einge-hende Analysen konnten Ribose nachweisen – sie wurde durch Bindung an Borsäure stabilisiert. Der entsprechende Diribose-Borat-Komplex (mit einem Molekulargewicht von 307) konnte eindeutig bestimmt werden (Ricardo et al., 2004).

Die Ausgangs-Aldehyde konnten auf der Urerde vorhanden gewesen sein, dann wäre nur noch die Frage nach den Borverbindungen offen. Es ist vor-stellbar, daß die zuvor aufgeführten Boratmineralien durch Verwitterungs-prozesse Borsalze freisetzen konnten, die dann ihre Stabilisierungseffekte auf die Ribose ausübten.

Im Dezember 2001 ging eine spektakuläre Nachricht durch die Presse. Es war mit hochmodernen Analysengeräten gelungen, Zucker in Meteori-ten nachzuweisen. Aus dieser Tatsache schuf ein Journalist einer schwedi-schen Tageszeitung die wirksame Artikelüberschrift: „Vilket julgodis!" („Welche Weihnachtssüßigkeiten!") – Der Originalartikel in „Nature" wurde von Sephton (2001) mit der Überschrift: „Des Lebens süße Anfän-ge?" kommentiert. Es ist verwunderlich, daß im Murchison-Meteoriten, den schon viele Forschergruppen intensiv untersucht hatten, erst jetzt Zuk-

---

[1]　Die Summenformeln der Mineralien können je nach Literaturquelle geringfü-gig schwanken. Obige Formeln entstammen dem Römpp Chemielexikon, 19. Auflage.

ker bzw. Zuckerderivate, wie z. B. Zuckersäuren, nachgewiesen wurden. Den Arbeitsgruppen Cooper et al. (2001) aus dem NASA-Ames-Forschungszentrum und der Universität Pescara/Italien gelang es in wäßrigen Extrakten aus dem Murchison- und dem Murray-Meteoriten einige Zuckeralkohole und Zuckersäuren nachzuweisen. Die Reihe reicht vom Zuckeralkohol Glycerin mit drei C-Atomen bis zu den sechs C-Atome enthaltenden Zuckersäuren wie Gluconsäure und Isomere. Der analytische Nachweis erfolgte durch GC-MS. Die Identifikation aller Verbindungen erreichte man durch die Derivatisierung in die entsprechenden Trimethylsilyl (TMS) und/oder in die *tert.* Butyl-dimethylsilyl (*t*-BDMS)-Verbindungen. Wie bei allen Analysen von Meteoritenmaterial so erhebt sich auch bei diesen Untersuchungsergebnissen die Frage nach möglichen Kontaminationen. Die Isotopenverhältnisse von $^{13}C/^{12}C$ und $^2H/^1H$ weisen auf den extraterrestrischen Ursprung der Polyole hin. In einem Kommentar zu diesen Untersuchungen weist Sephton (2001) darauf hin, daß diese Messungen nur die Durchschnittswerte einer Molekülauswahl wiedergeben. Um Kontaminationen sicher ausschließen zu können, müßten die Isotopenverhältnisse für jede der aufgefundenen Verbindungsklassen getrennt ermittelt werden.

4.5 Blausäure und Derivate

Eines der wichtigsten und vielseitigsten Bausteinmoleküle für den Aufbau von Biomolekülen ist der Cyanwasserstoff (HCN) und seine Derivate. Erstmalig wurde er 1782 vom deutsch-schwedischen Apotheker Carl-Wilhelm Scheele (1742–1786) in Köping (am Mälarsee) hergestellt. Aus Blut, das er mit Pottasche und Kohle geglüht hatte, gewann Scheele die „Blutlauge", die er mit Schwefelsäure destillierte (Zeckert, 1963; Bauer, 1980).

Die Verbindung HCN liegt im Grenzgebiet von organischer und anorganischer Chemie. Es ist ein Paradox, daß Cyanwasserstoff einerseits ein wichtiger Ausgangsstoff für präbiotische Synthesen von Biomolekülen darstellt, aber andererseits für lebende Systeme den sicheren Tod bedeutet.

Wie bereits erwähnt, entsteht HCN (Blausäure) bei Simulationsexperimenten mit reduzierenden Uratmosphären. Bereits 1940 entdeckte man CN auf Grund seines optischen Spektrums im interstellaren Raum (Breuer, 1974) und Blausäure folgte im Millimeter-Spektralbereich. Wenige Jahre nach den Miller-Urey-Experimenten fanden Kotake et al. (1956) HCN in guter Ausbeute nach Umsetzung von Methan mit Ammoniak und Al-Silikat-Kontakten:

$$CH_4 \;+\; NH_3 \xrightarrow{\;(Al_2O_3 \;+\; SiO_2)\;} HCN \;+\; 3\,H_2 \tag{4.1}$$

Es gibt einige Arbeitskreise, die sich besonders intensiv mit HCN und seinen Folgeprodukten befaßten, vor allem Clifford N. Matthews, Universität von Illinois, Chicago, und Jim Ferris, New York. Matthews untersucht seit mehr als 40 Jahren die Reaktionen des Cyanwasserstoffs und dessen Folgeprodukte. Bereits 1962 beschrieb er mit R. M. Kliss in einer stärker theoretisch ausgerichteten Analyse der bisherigen Untersuchungen die formalen Möglichkeiten des Blausäure-Dimeren zur Synthese verschiedener Molekülspezies unter präbiotischen Bedingungen (Kliss u. Matthews, 1962). Dabei schlugen sie einen Mechanismus für die Bildung von Polyglycin aus HCN vor, der über das Biradikal Aminocyancarben verlief. Einige Jahre später wurde dieser Vorschlag experimentell bestätigt. Allgemein stellt man HCN-Polymere durch die Brutto-Synthesegleichung dar:

$$x\,HCN \longrightarrow (HCN)_x \tag{4.2}$$

Diese Umsetzung wird durch Spuren von Basen beschleunigt. Matthews ist dem HCN-Problem treu geblieben, denn es erweist sich als ein attraktives Forschungsthema. Blausäure ist befähigt, unter bestimmten Bedingungen zu polymerisieren. Dieser Prozeß läßt sich durch Wärme oder Strahleneinwirkung induzieren, und beide Energieformen waren ohne Zweifel auf der Urerde anzutreffen.

Einen umfassenden Überblick über die komplexen Reaktionsmöglichkeiten der polymeren Blausäure gab bereits vor mehr als 40 Jahren Th. Völker (1960), allerdings nicht unter dem Blickwinkel der präbiotischen, sondern der großtechnischen Chemie.

Im Jahre 1968 berichteten Moser et al. (1968), unter den Mitarbeitern Clifford Matthews, über eine „Peptidsynthese" mit dem HCN-Trimeren Aminomalonitril nach Vorbehandlung durch milde Hydrolyse. Die IR-Spektren zeigten die typischen Nitrilbanden ($2200\ cm^{-1}$) sowie Imino-Ketobanden ($1650\ cm^{-1}$). Saure Hydrolyse ergab ausschließlich Glycin, die alkalische Spaltung des Polymeren weitere Aminosäuren wie z. B.: Arginin, Aparaginsäure, Threonin u. a. Die Bildung des Polymeren konnte nach dem in Abbildung 4.8 dargestellten Schema ablaufen.

Ein möglicher Syntheseweg vom HCN zum Aminomalonitril führt nach weiterer Reaktion mit HCN zu den Polypeptiden bzw. polypeptidähnlichen Verbindungen.

Die Komplexität der HCN-Oligomerisationsreaktionen untersuchten auch Schwartz el al. (1984) in Nijmegen. Die Reaktionen verliefen bei dem pH-Wert optimal, der nahe dem pK-Wert von HCN liegt. Eine Liste der bei Oligomerisationsreaktionen aufgefundenen Produkte umfaßte 38

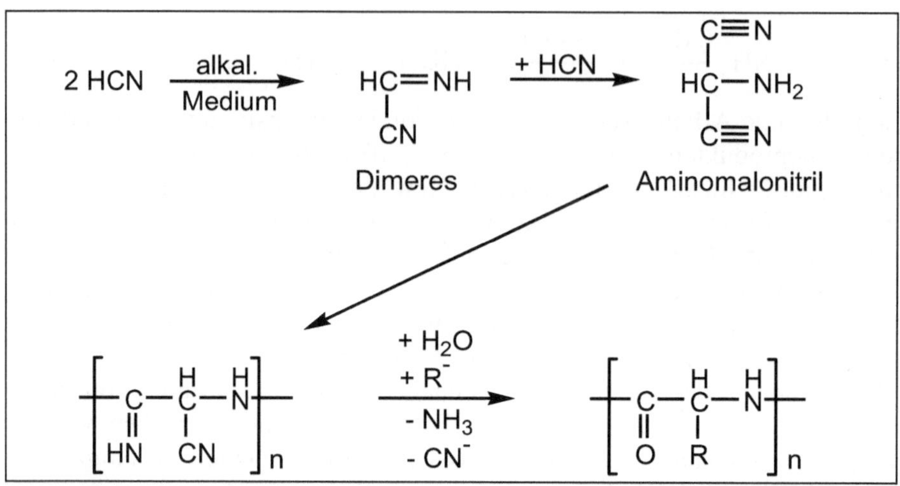

Abb. 4.8: Ein Syntheseweg, der über Aminomalonitril bei weiterer Zugabe von Cyanwasserstoff zu Polypeptiden (bzw. polypeptidähnlichen Verbindungen) führt. Dabei kann R 15 verschiedene Aminosäureseitenketten darstellen.

Verbindungen, darunter Orotsäure, Adenin, Guanin, Glycin, aber auch komplexere Verbindungen wie Isoleucin, Glutaminsäure, Diaminobernsteinsäure oder Guanidinoessigsäure. Die Synthesebedingungen sind recht unterschiedlich. Einige Synthesen werden nur durch extrem hohe Eduktkonzentrationen erzwungen, die kaum als präbiotisch gelten können.

Unter besonderen Bedingungen gelangen Schwartz und Goverde (1982) eine Adeninsynthese durch HCN-Oligomerisation in der Kälte. Dazu wurde eine 0,01M HCN-Lösung mit Ammoniak auf pH 9,2 eingestellt und 60–100 Tage bei 271 K stehen gelassen. Bei Zusatz von Glykolnitril stieg die Adeninausbeute um das Fünffache und betrug 48 $\mu g \cdot L^{-1}$, entsprechend 0,02 % der Ausgangs-HCN-Konzentration. Diese Experimente stehen im Zusammenhang mit der Annahme von langen bzw. längeren Phasen einer kalten Urerde.

Die New Yorker Arbeitsgruppe Ferris et al. (1981) untersuchte die Struktur der HCN-Oligomeren mit Hilfe der NMR-Spektroskopie. Es gelang der Nachweis von Carboxamid- und Harnstoff-Gruppierungen. Pyrolyse der Oligomeren führte zur Freisetzung von CO, H_2O, HCN, CH_3CN, $HCONH_2$ und Pyridin. Dies stimmte mit den zuvor ermittelten Gruppen überein. Hydrazinolyse (ähnlich der Spaltung mit 6 M HCl) setzte etwa 10 % Aminosäuren frei. Obwohl der Biuret-Test, ein gängiges Nachweisverfahren für Peptidbindungen (Abschn. 5.2), positiv verlief, reicht er jedoch nicht als sicherer Beweis für das Vorliegen von Peptidbindungen in den HCN-Oligomeren aus. Daher vertritt Ferris die Auffassung, daß die HCN-Oligomeren als Quelle für präbiotische Peptide ungeeignet sind. –

Diese Auslegung der Versuchsergebnisse wird aber von Clifford Matthews nicht akzeptiert. Er verteidigt seit vielen Jahren die These: Die präbiotischen Proteine (oder Peptide) bildeten sich aus HCN durch Polymerisationsreaktionen und nicht aus einzelnen, fertigen α-Aminosäuren (Kap. 5). Er begründet seine Meinung wie folgt: Für eine Polykondensation von α-Aminosäuren fehlten auf der Urerde die nötigen Voraussetzungen, wie z. B.:

– wasserfreier Zustand,
– hohe Temperaturen,
– saures Milieu.

Auf der ISSOL-Tagung im Juli 1999 in San Diego/Kalifornien stellte Matthews seine „HCN-Welt: Bildung des Protein-Nucleinsäure-Lebens" mit einem ausführlichen Poster vor (Matthews, 2000). Er wies darauf hin, daß bei der HCN-Polymerisation heterologe Stoffgemische mit Färbungen von gelb bis schwarz entstehen. Möglicherweise sind sie die Hauptkomponenten der dunklen Materie auf Planetoiden, Kometen und einigen Monden. Laborexperimente zeigten die leichte Bildung von Polyaminomalonitril (I), einer Verbindung, die nur aus HCN aufgebaut wird. Weitere Reaktionen von HCN (oder anderen reaktiven Molekülen) mit den aktivierten Nitrilgruppen von (I) liefern Polyamidine (II, mit Seitenketten R´), die dann schrittweise durch Wasser zu Polypeptiden umgewandelt werden (III, mit Seitenketten R).

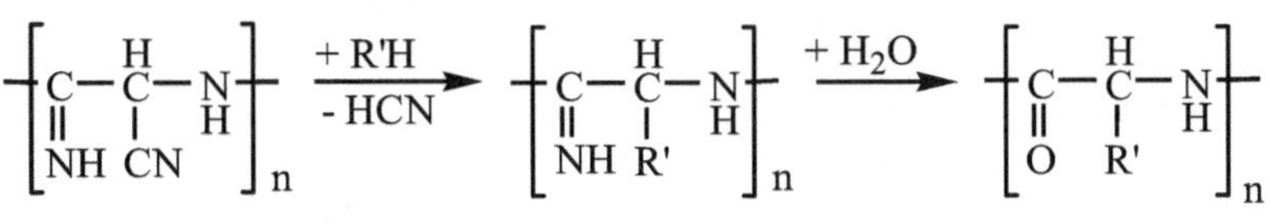

$$
\left[\begin{array}{c} \text{C} \!-\! \overset{\text{H}}{\underset{\text{CN}}{\text{C}}} \!-\! \overset{\text{H}}{\underset{}{\text{N}}} \\ \underset{\text{NH}}{\overset{\|}{}} \end{array}\right]_n \xrightarrow[-\text{HCN}]{+\text{R'H}} \left[\begin{array}{c} \text{C} \!-\! \overset{\text{H}}{\underset{\text{R'}}{\text{C}}} \!-\! \overset{\text{H}}{\underset{}{\text{N}}} \\ \underset{\text{NH}}{\overset{\|}{}} \end{array}\right]_n \xrightarrow{+\text{H}_2\text{O}} \left[\begin{array}{c} \text{C} \!-\! \overset{\text{H}}{\underset{\text{R'}}{\text{C}}} \!-\! \overset{\text{H}}{\underset{}{\text{N}}} \\ \underset{\text{O}}{\overset{\|}{}} \end{array}\right]_n \quad (4.3)
$$

(I)   (II)   (III)

Mit anderen Worten: Hier wird ein Syntheseweg für Polypeptide vorgeschlagen, der nur HCN und H_2O benötigt, d. h. keine bereits fertigen α-Aminosäuren. – Nach Matthews kann die Pyrolyse von Cyanid-Polymeren N-haltige Heterocyclen mit Purin- und Pyrimidinstrukturen ergeben: die „HCN-Welt" kurz zusammengefaßt:

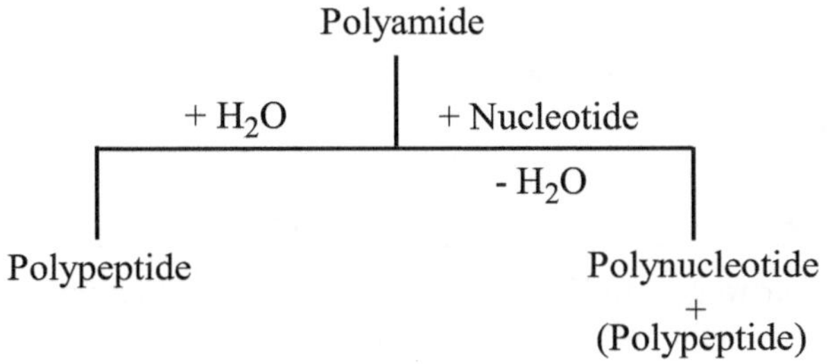

Polyamide

+ H_2O + Nucleotide

– H_2O

Polypeptide   Polynucleotide
+
(Polypeptide)

Polyamide werden zu Polypeptiden (wie zuvor aufgezeigt) und Nucleotide durch die dehydratisierende Wirkung von Polyamiden zu Polynucleotiden umgesetzt. Dieses hypothetische Modell schließt die Anlieferung von HCN-Polymeren durch Meteoriten oder Boliden genauso ein wie photochemische Reaktionen in einer reduzierenden Atmosphäre. Trotz einer Reihe überzeugender experimenteller Stützen harrt auch die „HCN-Welt" von Matthews – wie die anderen „Welten" – noch auf voll überzeugende experimentelle Beweise.

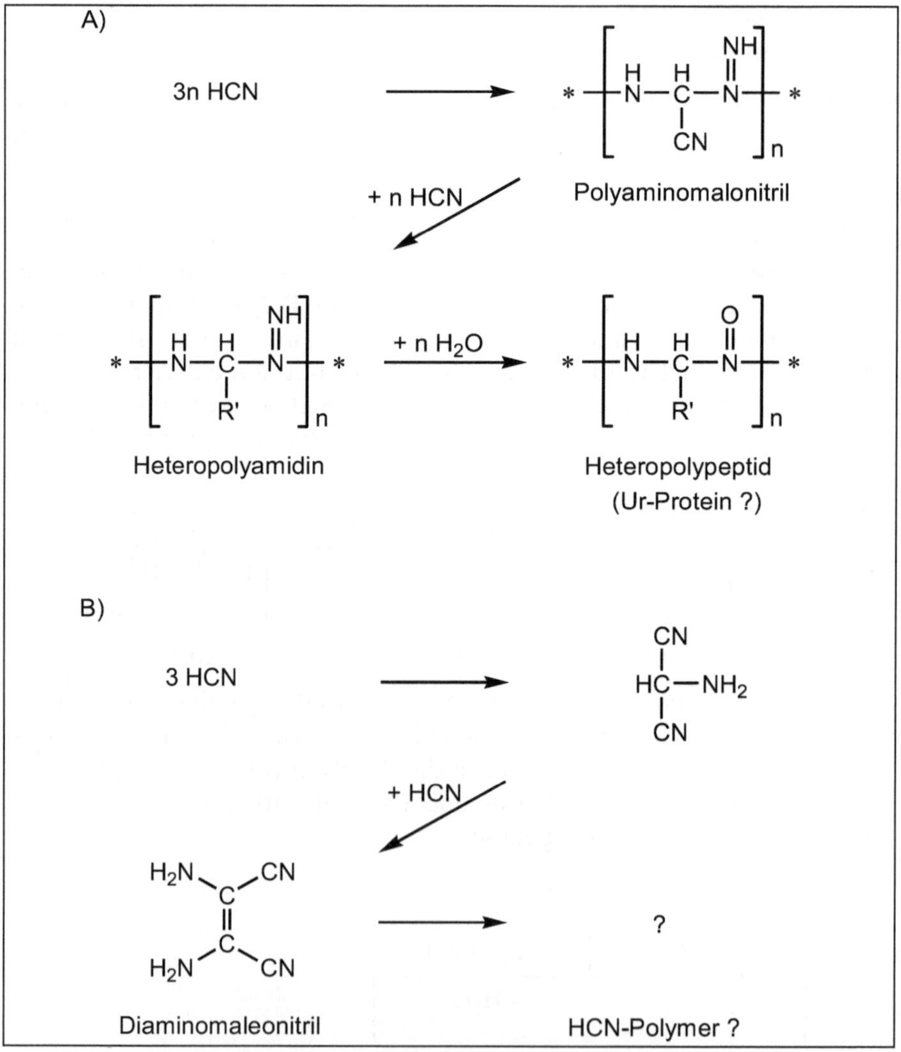

Abb. 4.9: Mögliche Reaktionswege von HCN-Polymeren und Polymeren: a) nach Matthews und b) nach Ferris. Quelle: Minard et al. (1998)

Um etwas mehr Licht in das Dunkel der komplexen HCN-Polymeren zu bringen, führte man an der Universität von Pennsylvania intensive Studien durch. Dabei wandte man modernste Analysenverfahren an, darunter die Thermochemolyse-GC/MS-Methode. Zwei Vorschläge zeigen die Reaktionsmöglichkeiten auf, die von Cyanwasserstoff zu den HCN-Polymeren bzw. anderen Polymeren führen (Minard et al., 1998) (s. Abb. 4.9).

Es liegen also viele Kenntnisse über das Reaktionspotential von HCN und seinen Folgeprodukten vor. Noch bestehende Lücken können möglicherweise in den nächsten Jahren durch Forschungsergebnisse über die Chemie auf anderen Planeten bzw. im ISM geschlossen werden. Bereits 1984 drückte Jim Ferris in einem Übersichtsartikel „HCN und chemische Evolution" (Ferris u. Hagan, 1984) die Hoffnung aus, daß die Aufklärung der HCN-Chemie einen äußerst wichtigen Beitrag zur Lösung des Biogenese-Problems leisten wird.

4.6 Energiequellen für die chemische Evolution

Für die Bildung der Biomoleküle aus einfachen Molekülarten wird Energie benötigt. Sie muß den Reaktanten in Form von freier oder Aktivierungsenergie zugeführt werden. Die Energie konnte recht unterschiedlichen Quellen entstammen, von der Sonnenstrahlung bis zu den Schockwellen von Planetoideneinschlägen, aber auch die Wärme aus dem Erdinneren sowie die radioaktive Strahlung von Radioisotopen lieferten Energiebeiträge für chemische Synthesen. Der Anteil einzelner Energiespezies zum Gesamtenergie-Haushalt der Erde unterscheidet sich sehr stark. Genaue Werte für die Urerde sind unbekannt. Es liegen jedoch Schätzwerte vor, die auf realistischen Annahmen beruhen.

Tabelle 4.2: Verfügbare Energien auf der Erdoberfläche

Energietyp	heutige Erde $J \cdot cm^{-2} \cdot a^{-1}$	angenommene Werte für Urerde $J \cdot cm^{-2} \cdot a^{-1}$
Gesamte optische Sonnenstrahlung	1108.000	711.300
Sonnenstrahlung unterhalb 200 nm	314	126
Energiereiche Strahlung (von der Erdkruste bis 35 km Tiefe)	65	197
Wärme von Vulkanen	0,65	>0,65
Elektrische Entladungen	17	17

4.6.1   Energie aus dem Erdinnern und Vulkanismus

Vulkane stellen kompléxe geologische Systeme dar, die möglicherweise an der Biogenese aktiv mitwirkten. Allerdings steht die Art und Weise ihrer Beteiligung an diesem vielschichtigen Prozeß nicht eindeutig fest.

Vor allem Sidney Fox und Kaoru Harada setzten den Gedanken, Vulkanismus habe bei der Synthese präbiotischer Moleküle mitgewirkt, in Simulationsexperimente um. Sie erhitzten einen Gasstrom von CH_4, NH_3 und H_2O auf etwa 1 123 K (bei Verwendung eines Silikat-Kontaktes) und konnten nach Abschreckung des Gasstromes vor allem Glycin, Alanin, β-Alanin und Asparaginsäure nachweisen. Dieses Experiment simulierte den Exhalationsstrom aus dem Erdmantel, wie er bei Vulkanen auftritt (Fox u. Harada, 1961; Harada u. Fox, 1964).

Zur Zeit gibt es auf der Erde 500–600 aktive Vulkane, d. h. Vulkane, die zu Eruptionen fähig sind (Press u. Siever, 1995). Davon gelten etwa 100 als gefährlich, da ihre Ausbrüche Menschenleben bedrohen. Zu den vulkanischen Erscheinungen zählen jetzt auch die unterseeischen thermalen Quellen, die in Abschn. 7.2 ausführlich dargestellt werden.

Welche Bedeutung haben Vulkane für die Prozesse, die zur Biogenese führten?

– Vulkanische Exhalationen lieferten einen großen Anteil des Ausgangsmaterials für die Synthesen von Biomolekülen und zwar: H_2O, CO_2, CO, CH_4, NH_3 und S-Verbindungen.
– Vulkane setzten Energie in Form von Wärme und elektrischen Entladungen (Blitze) frei.
– Es gilt als sicher, daß die vulkanischen Aktivitäten vor etwa vier Milliarden Jahren bedeutend intensiver waren als heute.
– Eine breite Skala natürlicher, katalytisch-aktiver Mineralien ist in Vulkanen und ihrer Umgebung wirksam.

Die gewaltigen, bei vulkanischen Eruptionen freiwerdenden Kapazitäten beschreibt L. M. Mukhin, (1976). Nimmt man an, daß ein aktiver Vulkan bei einem Ausbruch etwa 10^9 m^3 Gas ausstößt (mit 90 % Wasserdampf und 10 % anderen Substanzen), so sollten etwa 10^6 Kilogramm organische Verbindungen entstehen (vorausgesetzt, es bilden sich bei den Umsetzungen von CH_4 etwa 1 % organische Produkte). Bereits diese nur sehr grobe Abschätzung läßt die Bedeutung vulkanischer Prozesse auf der jungen Erde erahnen. Dazu kommen noch massiven Ausstöße von Materie und Energie beim Einschlag von Planetoiden mit Durchmessern von 20–300 km.

Man schätzt, daß im Zeitraum von 1500–1914 die Vulkane auf der Erde etwa 64 km^3 Lava und 329 km^3 an Fragmenten (Asche und Staubpartikel) auswarfen (Sapper, 1927). Dies ergibt etwa 1 km^3 an Lava und fragmentiertem Material pro Jahr.

Die Erkenntnisse über die Vorgänge bei Vulkanausbrüchen führten zu Simulationsexperimenten, so z. B. mit einer Gasmischung H_2O, CO_2, N_2 und NH_3 (im Volumenverhältnis 4:1:1:0,1) unter den Bedingungen einer Asche-Gas-Wolke eines Vulkans. Darüber berichten G. A. Lavrentier et al. (1984) vom Bachinstitut für Biochemie in Moskau. Die Gasmischung setzte man bei 620–800 K der Einwirkung elektrischer Entladungen aus, während in der Reaktionskammer Aschepulver von vulkanischen Bomben als katalytisches Agens wirkte. Vulkanische Bomben sind Lavabrocken von zäh-plastischer Konsistenz, die bei explosiven Eruptionen ausgestoßen werden und im Fluge abgerundete Formen annehmen. Das von Lavrentier verwandte Material stammte vom Stratovulkan Tolbatschik auf Kamtschatka, der 1975 nach 200 Jahren wieder aktiv wurde. Den Experimentatoren gelang der Nachweis geringer Mengen an Nucleinsäurebasen sowie – mit besseren Ausbeuten – die Synthese von Aminosäuren mit etwa 10^{-4} %, bezogen auf die Gesamtmenge der Dampf-Gas-Mischung, die den Reaktor passierte. Die Syntheseleistung war eindeutig vom Aschezusatz abhängig.

Die grundlegende Frage, welche Bedeutung die vulkanischen Asche-Gaswolken auf der Urerde für die präbiotische Chemie gehabt haben konnten, untersuchten V. A. Basiuk (1996) und R. Navarro-Gonzales (1996). Beide Autoren nahmen einen sehr aktiven Vulkanismus auf der Urerde an, der hohe Energiemengen freisetzte. Sie begründen ihre Annahme wie folgt:

– Der Erdmantel wies eine höhere Temperatur auf,
– das Magma enthielt einen höheren Anteil flüchtiger Substanzen, und
– Eruptionen wurden durch das späte Bombardement von Himmelskörpern auf die noch junge Erdkruste ausgelöst.

Bei explosiven Vulkanausbrüchen werden große Gasvolumina ausgestoßen. Heiße, feste Fragmente blähen sich zu riesigen Aschewolken auf. Derartige Wolken zeigen in ihrer Intensität stark variierende Eigenschaften (Druck, Temperatur, elektrische Felder). Dazu kommen starke Blitzaktivitäten. Auch heutzutage können bei explosiblen Eruptionen Blitzentladungen von hunderten Metern Ausdehnung beobachtet werden. Es treten verschiedene Blitztypen auf:

– Blitze zwischen den Wolken,
– Blitze von Wolke zum Erdboden,
– Blitze vom Erdboden zur Wolke,
– Entladungen in der Luft.

Die beobachteten maximalen Blitzraten betragen für den Ausbruch des Surtsey (1963–1967) vor der Südküste Islands und des Mount Helens 1980 etwa 10–16 Blitze je Minute. Die Energie der Surtsey-Blitze ermittelte man mit etwa 10^6 Joule. Dieser Wert liegt etwa 10^3mal niedriger als bei typischen Blitzentladungen (negative Wolke zum Boden) bei Gewittern.

Können Blitzentladungen bei vulkanischen Eruptionen eine effektive Energiequelle für präbiotische Synthesen gewesen sein? – Zur Beantwortung dieser Frage wären verläßliche Informationen über die genaue chemische Zusammensetzung der Exhalationsgasmischungen nötig, aber ebenso auch über die der Erduratmosphäre, da an der Grenzzone beider Gasgemische Verdünnungseffekte auftreten.

Die chemische Zusammensetzung der vulkanischen Exhalationen war sicherlich sehr variabel, abhängig von der chemischen Beschaffenheit und den physikalischen Parametern des Erdmantels, dem die Gase entstammten. – Es wird angenommen, daß die von den Hawaii-Vulkanen freigesetzten Gase in ihrer Zusammensetzung denen der Urerde nahe kommen, denn neue Isotopenanalysen der in vulkanischen Gläsern eingeschlossenen Edelgase zeigen, daß die Exhalationen aus einem primordialen, nicht entgasten Reservoir stammen. Vom Hawaii-Vulkan Kilauea, einem Schildvulkan mit Gipfelcaldera, liegen folgende Werte vor (in Mol-%):

H_2O = 52,30; CO_2 = 30,87; SO_2 = 14,59; CO = 1,00; H_2 = 0,79;
H_2S = 0,16 und Spuren anderer Verbindungen.

Die Zusammensetzungen solcher Gasmischungen können extrem schwanken, wie Basiuk (1996) beim Vergleich mehrerer Publikationen fand, so z. B. CH_4 von 0,000000285–0,49 Mol-% und für H_2 von 0,00000084–4,63 Mol-%. Dabei müssen allerdings auch die besonderen Schwierigkeiten bei der Entnahme der Gasproben berücksichtigt werden, die manchmal nur durch den waghalsigen Einsatz der Vulkanologen möglich waren.

Laborversuche zur Simulation von Prozessen bei explosiven Vulkanen führte eine mexikanische Forschergruppe durch (Navarra-Gonzales et al., 2000). Sie verwendeten ein Gasgemisch aus 50 % H_2O, 30 % CO, 11 % N_2, 4,5 % CO und 4,8 % H_2, ähnlich den Hawaii-Vulkanen. Die Vulkanblitze simulierte man durch Anwendung eines dichten, heißen Plasmas, das man beim Durchlaufen der Gasmischung durch eine Mikrowellen-Entladungsröhre erhielt. Die Analyse ergab reaktiven Stickstoff in Form von NO. Es ist bekannt, daß reaktiver Stickstoff für die Synthese von Aminosäuren, aber auch von Nucleinsäurebasen benötigt wird. Nach Schätzungen könnten sich bis zu $5 \cdot 10^9$ kg NO auf der Urerde gebildet haben.

4.6.2   UV-Strahlung von der Sonne

Die von der Sonne auf die Erdatmosphäre und die Erdoberfläche auftreffende Strahlung stellt den größten Energieanteil dar, den die Erde von Außen erhält. An optischer Strahlung gelangen 4.435 $kJ \cdot cm^{-2} \cdot a^{-1}$ auf die oberen Grenzschichten der Erdatmosphäre. Von diesem Wert erreichen etwa 1.108 $kJ \cdot cm^{-2} \cdot a^{-1}$ die Erdoberfläche.

Die spektrale Verteilung der Strahlung ist in Tabelle 4.3 zusammengefaßt: Entsprechend der Tabelle ist leicht erkennbar, daß die Strahlung unter 150 nm nur einen verschwindend geringen Teil ausmacht. Die Energieverteilung der Sonnenstrahlung entspricht der Strahlung eines schwarzen Körpers von etwa 5.000 K.

Allerdings muß berücksichtigt werden, daß der Strahlenfluß der Sonne innerhalb der etwa 4,6 Milliarden Jahre seit Bildung der Sonne nicht immer gleichmäßig verlief. Auch die sog. „Solarkonstante" ist genau genommen keine Konstante, denn sie hängt vom Zustand der Sonnenoberfläche ab. Für die präbiotischen Synthesen sind vor allem die Wellenlängen der Sonnenstrahlung von Wichtigkeit, die von den einfachen Molekülspezies wie CO_2, CO, CH_4, N_2, NH_3, H_2O, H_2S u. a. absorbiert werden können. Voraussetzung dafür wäre, daß die meisten dieser Reaktionen in der Gasphase abliefen.

Die Wellenlängen, bei denen die meisten Komponenten einer primitiven Atmosphäre UV-Strahlung absorbieren, liegen alle, bis auf wenige Ausnahmen, unter 200 nm. Zu den Ausnahmen gehören Ammoniak (< 230 nm) und Schwefelwasserstoff (< 260 nm), aber auch Ozon, das im Bereich von 180–300 nm absorbiert. Allerdings dürfte Ozon in der Uratmosphäre höchstens in Spuren vorhanden gewesen sein, da freier Sauerstoff nur in äußerst geringen Konzentrationen verfügbar war. Aus diesem Grunde fehlte

Tabelle 4.3: Spektrale Verteilung der optischen Solarstrahlung in der Erdatmosphäre. Quelle: nach Daten der Smithonian Physical Tabellen (1959)

Wellenlängenbereich in nm	% der insgesamt	$kJ \cdot cm^{-2} \cdot a^{-1}$
gesamte Strahlung	100,0	4.435,040
unterhalb 150	0,001	0,042
150–200	0,03	1,255
200–250	0,2	8,368
250–300	1,0	41,840
300–350	3,1	138,072
350–400	5,4	238,488
400–700	37,0	1.631,760
700–1000	24,5	1.129,680
über 1.000	29,0	1.255,200

der Urerde die lebensschützende Ozonschicht, so daß die kurzwellige UV-Strahlung voll in die Erdatmosphäre eindringen konnte.

4.6.3   Energiereiche Strahlung

Ein Großteil der auf der Erde wirksamen energiereichen Strahlung kommt aus den Gesteinen der Erdkruste und des Erdmantels. Seit der Ausbildung der Urerde sind es vor allem vier instabile Isotope, die ihre Strahlungsenergie an den langsam kälter werdenden Planeten abgeben: ^{40}K, ^{238}U, ^{235}U und ^{232}Th. Die schweren Elemente Uran und Thorium emittieren bei ihrem Zerfall α-, β- und γ-Strahlung, Kalium nur β-Strahlung. In Tabelle 4.4 sind die Zerfallsprodukte sowie ihre Halbwertszeiten aufgezeigt.

Die bei einigen der in Tabelle 4.4 aufgezeigten Prozesse freigesetzten Energiemengen betragen für ein Gramm ^{238}U etwa 3 $J \cdot a^{-1}$ (wenn es sich mit dem Tochterprodukt im Gleichgewicht befindet). Von ^{235}U werden 18 $J \cdot a^{-1} \cdot g^{-1}$ und von ^{232}Th 0,8 $J \cdot a^{-1} \cdot g^{-1}$ an die Umgebung abgegeben. Den durchschnittlichen Gehalt an den drei Elementen in Granit und vulkanischen Gesteinen zeigt Tabelle 4.5.

Es wird angenommen, daß die durchschnittliche Wärmebildung durch obige radioaktive Prozesse etwa $8 \cdot 10^{-6}$ J je Gramm Gestein im Jahr betrug (Birch, 1954). Überträgt man diesen Energiewert auf die Erdkruste (bei einer Tiefe von 35 km), so ergibt sich ein Wert von 53 $J \cdot cm^{-2} \cdot a^{-1}$. Für ^{40}K kann man voraussagen, daß die Kruste der Urerde etwa viermal mehr ^{40}K enthielt als heute. Die höhere HWZ von ^{238}U bedingt, daß vor vier Milliarden Jahren etwa die doppelte Menge dieses Isotops vorhanden war. Dagegen muß vom Uranisotop ^{235}U vor etwa 4,25 Milliarden Jahren bei einer HWZ von $7 \cdot 10^{8}$ Jahren 64 mal soviel im Gesteinsmaterial vorgelegen haben. Der für die kontemporäre Erde ermittelte Energiewert von 65 $J \cdot cm^{-2}$ Erdoberfläche je Jahr wurde von den Werten für die Urerde (197 $J \cdot cm^{-2} \cdot a^{-1}$) bei weitem übertroffen. Der größte Teil dieser Energien wurde in Wärme umgewandelt und z. T. wieder abgestrahlt.

Tabelle 4.4: Die vier instabilen Radioisotope und ihre Zerfallsprodukte. Quelle: nach Klemm (1987) aus Spektrum der Wissenschaft, Juli 1980, Seite 76

		HWZ in Jahren
$^{40}K \rightarrow$	^{40}Ca + 1 Elektron	$1,47 \cdot 10^{9}$
$^{40}K \xrightarrow{+1\ Elektron}$	^{40}Ar	$11,8 \cdot 10^{9}$
$^{238}U \rightarrow$	^{206}Pb + 8 α-Teilchen + 6 Elektronen	$4,468 \cdot 10^{9}$
$^{235}U \rightarrow$	^{207}Pb + 7 α-Teilchen + 4 Elektronen	$0,7038 \cdot 10^{9}$
$^{232}Th \rightarrow$	^{208}Pb + 6 α-Teilchen + 4 Elektronen	$14,008 \cdot 10^{9}$

Tabelle 4.5: Gehalt an Uran, Thorium und Kalium in Granit- und Basaltgestein

Gesteinstyp	U (ppm)	Th (ppm)	K (%)
Granitgestein	4	14	3,5
Basaltgestein	0,6	2	1,0

Energiereiche Strahlung gelangt auch von der Sonne und aus dem Kosmos auf die Erde. Es ist sicher, daß auch die Urerde von diesen Energiequellen gespeist wurde. Über die Höhe der Strahlungsintensität vor vier Milliarden Jahren und damit über die möglichen Konsequenzen für die chemische Evolution können heute noch keine exakten Aussagen gemacht werden. – So müssen vorerst Schätzungen genügen.

4.6.4   Elektrische Entladungen

Elektrische Entladungen waren und sind auch heutzutage bei Simulationsexperimenten mit gasförmigen Ausgangsstoffen eine effektive Energiequelle. In der natürlichen Atmosphäre stellen elektrische Entladungen aber keine eigene Energiequelle dar, sondern sie sind umgeformte Sonnenenergie. Physikalisch gesehen bestehen elektrische Entladungen aus langsamen Elektronen, die bei hohen Temperaturen in einem örtlich eng begrenzten Raum und in einem weiten Bereich des optischen Spektrums wirksam werden. Die bei der Entladungsreaktion entstehenden Elektronen sind zwar langsamer als beispielsweise die beim ^{40}K-Zerfall freigesetzten β-Strahlen, dennoch verfügen sie über genügend kinetische Energie für Ionisation und Anregung. In begrenzten Gebieten des Reaktionsraumes kann es zu starken molekularen Wärmebewegungen kommen, wenn ein großer Anteil der Bewegungsenergie der Ionen und Sekundärelektronen durch Stöße zweiter Art in Wärme umgewandelt werden. So entstehen aus „heißen" Molekülen Radikale und elektronisch angeregte Moleküle.

Bewiesen durch viele Simulationsexperimente dürften die elektrischen Entladungen auf der präbiotischen Erde zur Synthese von Biomolekülen beigetragen haben. Nur, wie hoch ihr Erfolgsanteil zu bewerten ist – bleibt offen!

Wie weit Schätzwerte bei einigen Untersuchungsobjekten differieren und im Laufe der Zeit geändert werden müssen, zeigen Untersuchungen über Energiequellen zur Bildung präbiotischer, organischer Moleküle (Chyba u. Sagan, 1991). Die von Miller und Urey 1959 angenommenen Werte für Blitz- und Korona-Entladungen liegen nach Chyba-Sagan um den Faktor 20 und 100 zu hoch!

Tabelle 4.6: Geschätzte Werte für die Energiemengen, die für präbiotische Synthesen auf der Urerde zur Verfügung standen. Quelle: Chyba u. Sagan (1991)

Vergleich Miller – Chyba

Referenz	Blitze	Koronaentladungen
Miller u. Urey (1959)	$2 \cdot 10^{19}$ J $\cdot$ a^{-1}	$6 \cdot 10^{19}$ J $\cdot$ a^{-1}
Chyba u. Sagan (1991)	$1 \cdot 10^{18}$ J $\cdot$ a^{-1}	$5 \cdot 10^{17}$ J $\cdot$ a^{-1}

Aus diesem Grunde müssen auch die Schätzungen für die präbiotischen Syntheseraten von Biomolekülen drastisch „nach unten" korrigiert werden – und damit wird die hypothetische „Ursuppe" deutlich dünner!

4.6.5   Stoßwellen (Schockwellen)

Stoßwellen können natürlichen Ursprungs sein, wie z. B. Blitze, vulkanische Explosionen oder Meteoriteneinschläge. Aber auch menschliche Aktivitäten vermögen Stoßwellen auszulösen, wie z. B. bei chemischen oder nuklearen Explosionen. Andererseits sind sie imstande in der Medizin als Stoßwellen-Lithotripsie (Zertrümmerung von Nierensteinen) menschliches Leid zu vermindern.

Physikalisch gesehen sind Stoßwellen bei Überschallströmungen und den zuvor aufgeführten Ereignissen auftretende Verdichtungswellen mit senkrechter Stoßfront; dabei erreicht der Druck seinen Maximalwert und fällt dann gegen Null ab. Stoßwellen können auch im nahezu materiefreien Raum durch Wechselwirkung von elektrischen und magnetischen Feldern in unserem Sonnensystem entstehen (Sagdejew u. Kennel, 1991).

Bereits vor mehr als 40 Jahren bewies Hochstim (1963), daß bei Simulationsexperimenten mit Stoßwellen organische Moleküle gebildet werden. Allerdings liegen keine näheren Angaben über Produktausbeuten vor. Bar-Nun et al. (1970) gelang es durch Schockwellen-Aufheizung einer reduzierenden Gasmischung relativ hohe Ausbeuten an Aminosäuren zu erzielen. Jedoch bewiesen spätere Wiederholungen der Experimente, daß diese optimistischen Erfolgsmeldungen um den Faktor 30 zu hoch lagen (Bar-Nun u. Shaviv, 1975).

Nach I. I. Glass, Universität Toronto (1977), sind Stoßwellen bei der Synthese von Bausteinmolekülen 10^3–10^9mal wirksamer als UV-Bestrahlung oder 10^3mal effektiver als Blitzentladungen. – Laborexperimente mit Stoßwellen, die durch Hochenergielaser erzeugt wurden, um Meteoriteneinschläge zu simulieren, führten McKay u. Borucki (1997) durch. Dabei zeigte sich, daß die Wirksamkeit dieser Energieform bei der Synthese organischer Verbindungen stärker von der molekularen als der elementaren Zusammensetzung des eingesetzten Gases abhängt. So werden bei methanreichen Ausgangs-Gasmischungen vor allem HCN und C_2H_2 mit Ausbeuten von $5 \cdot 10^{17}$ Moleküle per Joule gebildet. Wiederholtes Einbringen von Schockwellen ermöglicht bei methanreichen Gemischen die Bildung von Aminogruppen. Daran knüpft sich die optimistische Vermutung, es könnten auch Aminosäuren entstehen. In CO_2-reichen Versuchsansätzen konnten keine organischen Moleküle nachgewiesen werden.

Eine entscheidende Frage ist die nach der Stabilität von Biomolekülen. Konnten sie die gewaltigen Energien überstehen, die beim Meteoriten-Einschlag frei wurden und als Schockwellen und/oder Hitze die Moleküle angriffen? – Blank et al. (2000) entwickelten zur Beantwortung dieser Frage eine besondere Methode. Sie verwendeten eine 80-mm-Kanone zur Erzeugung von Schockwellen. Die „geschockte" Lösung enthielt die beiden auch in Murchison-Meteoriten aufgefundenen Aminosäuren Lysin und Norvalin. Kleine Anteile von ihnen überstanden die radikale Prozedur, wobei Lysin etwas robuster ausgestattet zu sein scheint. Bei weiteren Experimenten wurden die Aminosäuren Aminobuttersäure, Prolin und Phenylalanin Schockwellen ausgesetzt. Die erste der drei erwies sich am stabilsten, Phenylalanin als die reaktivste. Es bildeten sich Aminosäure-Dimere und cyclische Diketopiperazine. Das kinetische Verhalten der einzelnen Aminosäuren ist unterschiedlich. Der Druck scheint den Reaktionsweg stärker zu bestimmen als die Temperatur. Wie schon früher erkannt, dürfte der Druck bestimmte Abbaureaktionen wie Pyrolyse und Decarboxylierung reduzieren (Blank et al., 2001).

Neueste Experimente mit noch höheren Schockwellen-Drücken bis zu Spitzenwerten von etwa 40 Gpa (mit Hilfe einer „hyper-velocity-impact gun") zeigen, daß die extrem kurzen, nur mehrere Mikrosekunden dauernden Druckzeiten weniger zersetzend auf Aminosäuren in wäßrigen Lösungen und in Eis wirken, als bisher vermutet. Die genaue Analyse der Produkte ergab, daß auch geringe Mengen an einfachen Peptiden entstanden waren (Blank, 2002). Diese Ergebnisse weisen auf die Vielschichtigkeit der Fragen hin, die mit den Prozessen um das Biogenese-Probleme zusammenhängen. – Somit müssen sogar Kanonen mithelfen, das Geheimnis der Biogenese zu lüften!

4.7 Die Rolle der Phosphate

4.7.1 Allgemeines

Das Element Phosphor nimmt ohne Zweifel unter den chemischen Elementen eine Sonderstellung ein. In der etwa 16 km dicken Erdkruste (einschließlich der Meere) kommt es nur mit 0,04 %-Gewichtsanteilen vor – im Vergleich zu 2,4 % für das Element Kalium – und doch ist Phosphor in allen für den Lebensprozeß nötigen Substanzen enthalten. Wegen seiner hohen Affinität zum Sauerstoff kommt Phosphor nicht elementar auf der Erde vor. Seine Entdeckung gelang 1669 dem Alchemisten Henning Brand in Hamburg bei der Suche nach dem „Stein der Weisen". Allerdings erkannte erst viele Jahre später Antoine Laurent Lavoisier, daß es sich bei dem neuen, „leuchtenden" Stoff um ein chemisches Element handelte (Krafft, 1969).

Erst im 20. Jahrhundert wurde die überragende Bedeutung der Phosphorverbindungen für die lebenden Zellen erkannt. Phosphorverbindungen sind aktiv:

- bei Transportprozessen und der Informationserhaltung,
- beim Energieumsatz und Transfer,
- bei Membranstrukturen und
- bei der Signalübertragung.

In lebenden Zellen macht Phosphor 2–4 % des Trockengewichts aus. Für kontemporäre Systeme kann der P-Gehalt der Umgebung den lebenserhaltenden bzw. lebensbegrenzenden Faktor darstellen (Karl, 2000).

Über die mannigfaltigen Wirkungsweisen der Phosphorderivate gibt F. H. Westheimer (1987) ausführlich Auskunft (Tabelle 4.7).

Die besondere Bedeutung des Phosphors wird deutlich, wenn man bedenkt, daß jeder Mensch mehrere Kilogramm Adenosintriphosphat (ATP) pro Tag im Stoffwechsel umsetzt.

Als Diester verbinden Phosphatreste jeweils zwei Nucleotide bzw. Desoxynucleotide und ermöglichen dadurch den Aufbau von RNA und DNA. Dabei enthält die Phosphatgruppe immer noch eine ionisierte Gruppe. Diese negative Ladung stabilisiert den Diester gegen Hydrolyse und verhindert, daß diese Moleküle die Lipidmembran durchqueren können.

Die zentrale Bedeutung des Phosphors und seiner Derivate in der kontemporären Welt führte zur Frage nach dem „Woher" dieses Elementes. Nach Bildung der Erde müssen bereits Phosphorverbindungen auf unserem Planeten vorhanden gewesen sein. Offen bleibt die Frage, woher sie stammen. Waren sie im Planetesimal-Material enthalten oder wurden Phosphor bzw. Phosphorderivate von außen der Urerde zugeführt?

Tabelle 4.7: Einige wichtige Beispiele für die bedeutende Rolle, die Phosphate in der Biochemie spielen. Quelle: Mit freundlicher Genehmigung von F.H. Westheimer (1987)

Phosphate	Säurederivate
DNA und RNA	Diester der Phosphorsäure
Adenosintriphosphat (ATP)	Anhydrid der Phosphorsäure
Creatinphosphat	Amid der Phosphorsäure
Phosphoenolpyrovat	Enolester der Phosphorsäure
Pyridoxalphosphat	Phenolester der Phosphorsäure
Nicotinamid-Adenin-Dinucleotid (NAD)	Ester und Anhydrid der Phosphorsäure
Frucotose 1,6-diphosphat	Ester der Phosphorsäure
Glucose- 6-Phosphat	Ester der Phosphorsäure
Isopentenylpyrophosphat	Ester der Diphosphorsäure
Ribose-6-phosphat-1-pyrophosphat	Ester der Phosphorsäure und der Diphosphorsäure

Die Phosphorchemie im ISM und in den zirkumstellaren Regionen des Kosmos wird daher noch wenig verstanden. Dagegen können gesicherte Aussagen über das Vorkommen von P-Verbindungen in Meteoriten, Mondgestein und Mars-Meteoriten gemacht werden. Eigenartigerweise ist das Element fast überall, wenn auch nur in geringen Konzentrationen, nachweisbar. In interstellaren Staubpartikeln wurden Phosphatmineralien und die Anionen von PO_2 und PO_3 entdeckt. Die in Meteoriten aufgefundenen Alkylphosphonsäuren weisen auf organische Phosphorverbindungen hin.

Die Erdkruste enthält (Maciá et al., 1997) P-haltige Mineralien in Eruptivgesteinen sowie in metamorphen und sedimentären Gesteinen. Sie sollen etwa $8 \cdot 10^{14}$ t für die Gesamterde betragen. Davon könnten etwa 10 % von außen durch Meteoriten oder Kometenmaterial der Erde zugeführt worden sein. Nach Schwartz (1997) kann man annehmen, daß eine frühzeitig ausgegaste Atmosphäre, aber auch eine Atmosphäre, die weitgehend aus flüchtiger Materie von Einschlägen bestand, Phosphor in gasförmiger Phase, z. B. als Phosphin (PH_3), oder anfänglich auch als elementarer Phosphor (P_3 oder P_4) enthielt.

4.7.2   Kondensierte Phosphate

Die kondensierten Phosphate beschreibt E. Thilo (1959) als „Verbindungen, die eine mehr oder minder große Zahl von über Sauerstoff verbundenen P-Atomen in der Molekel enthalten".

Bereits 1816 hatte Berzelius die Phosphorsäure als dreibasische Säure erkannt. Einige Jahre später beobachtete Th. Clark, daß beim Erhitzen von Na_2HPO_4 Wasser entweicht und mit $AgNO_3$ ein Niederschlag der Zusammensetzung $Ag_4P_2O_7$ entsteht. 1833 fand Th. Graham beim Erhitzen von NaH_2PO_4 eine glasartige Substanz, das jetzt als „Grahamsche Salz" bezeichnete, hochmolekulare Polyphosphat.

Im Laboratorium von Justus von Liebig entdeckten Fleitmann und Henneberg, daß es mehrere „Metaphosphate" gab, die sich zwar in ihren Eigenschaften unterschieden, aber alle der Formel $MePO_4$ (Me = Metallion (I)) genügten. Die weitere Historie ist vielschichtig. Vor allem führten Irrtümer in der Nomenklatur zu Unklarheiten in dieser Stoffklasse. Außer dem „Grahamschen Salz" existiert noch das „Maddrellsche" und das „Kurrolsche Salz". Alle weisen die gleiche Formel auf: $Na_nH_2P_nO_{3n+1}$ unterscheiden sich aber in Struktur und Kettenlänge.

Da bisher noch keine wirksamen, den präbiotischen Bedingungen entsprechenden Reaktionen zur Synthese von Hochenergie-Phosphaten gefunden wurden, zogen Keefe und Miller (1995) eine negative, pessimistische Bilanz über die bisherigen Erfolge auf diesem Sektor präbiotischer Chemie. Andererseits lassen einige Untersuchungen zu diesem Problem erste positive Erfolge erkennen.

Es gibt aber auch Biogenese-Modelle, die kein Phosphat benötigen, wie z. B. die anorganische Hypothese der Lebensentstehung nach Cairn-Smith (siehe Abschn. 6.1), die „Thioester-Welt" von de Duve (Abschn. 6.4) oder die „Schwefel-Eisen-Welt" von Wächtershäuser (Abschn. 6.3). Dagegen kann die „RNA-Welt" (Kap. 6) ohne Phosphat nicht bestehen.

4.7.3   Experimente zum „Phosphat-Problem"

Bereits fünf Jahre nach den Miller-Urey-Experimenten berichteten Schramm und Wissmann (1958) vom MPI für Virusforschung in Tübingen über die erfolgreiche Synthese von Polypeptiden mit Hilfe von Polyphosphorsäureestern. Mit Hilfe dieser Verbindungsklasse gelang der Aufbau des Tripeptids Alanylglycylglycin, das zu höhermolekularen Peptiden bis zu 24 Aminosäureresten polykondensiert werden konnte.

Bei der Suche nach energiereichen Phosphaten gelang Ponnamperuma die Synthese von Adenosintriphosphat (ATP) aus ADP, AMP oder Adenosin in verdünnter wäßriger Lösung mittels Ethylmetaphosphat unter Einwirkung von UV-Licht. Dabei bleibt die Rolle des UV-Lichtes unklar, da das Phosphat bereits ein hochenergiereiches Reagenz darstellt (Ponnaperuma et al., 1963).

Kritisch bemerkten Miller u. Parris (1964), daß Ethylmetaphosphat, hergestellt aus P_2O_5, Diethylether und Chloroform, kaum präbiotischen Bedingungen entsprechen könnte – und dieser Kritik kann wohl nicht widersprochen werden.

Die Suche nach Phosphorylierungsmitteln wurde in einigen Arbeitskreisen eifrig fortgesetzt – es sollten nur solche Verbindungen eingesetzt werden, deren Bildung auf der jungen Erde vorstellbar erschien. – Es ist aber bis heute noch nicht eindeutig klar, in welcher Verbindung vor etwa vier Milliarden Jahren das Element Phosphor für die Synthesen von Biomolekülen zur Verfügung stand. Der Hauptlieferant für Phosphor, das Mineral Apatit: $Ca_5(PO_4)_3F$ bzw. $Ca_5[(F,Cl, OH\frac{1}{2}CO_3)(PO_4)_3]$, ist nur schwer wasserlöslich. Deshalb galt in den Jahren, als die stark reduzierende Uratmosphäre mit NH_3 das Scenario beherrschte, die Hypothese, ob nicht ammoniakhaltige Mineralien wie Stercovit $NH_4NaHPO_4 \cdot 4\ H_2O$ oder Struvit $MgNH_4PO_4 \cdot 6\ H_2O$ beim Erhitzen zu kondensierten Phosphaten und damit zu Phosphorylierungsmitteln führen konnten.

Handschuh und Orgel (1973) untersuchten das Mineral Struvit. Es kann unter Phosphatzusatz aus Ozeanwasser ausgefällt werden, wenn mehr als $0{,}01$ M NH_4^+-Ionen im Wasser enthalten sind. Erhitzt man Struvit mit Harnstoff, so erhält man nach zehn Tagen bei 338 K eine etwa 20 %-ige Ausbeute an Mg-Pyrophosphat. Bei Zusatz von Nucleosiden zum zuvor beschriebenen Reaktionsgemisch entstehen Nucleosiddiphosphate wie Uridin-5'-diphosphat und Diuridin-5'-diphosphat in guter Ausbeute.

Bereits zwei Jahre zuvor hatten Lohrmann und Orgel (1971) $Ca(H_2PO_4)_2$, Harnstoff und NH_4Cl bei 338–373 K umgesetzt und konnten bei Nucleosidzugabe eine Reihe phosphorylierter Nucleoside in guter Ausbeute nachweisen. – In den folgenden Jahren nahm das Interesse am „Phosphatproblem" deutlich ab.

Erst mit dem Aufkommen der RNA-Welt-Hypothese erhielt die noch offene Frage nach der Herkunft des Phosphors neuen Auftrieb. Wie sollte man glaubhafte Synthesewege zu den Nucleinsäuren entwickeln, wenn nicht einmal klar ist, welche Phosphatderivate auf der Urerde verfügbar und befähigt waren, Nucleinsäuren aufzubauen? – Ohne reaktive Phosphate oder ähnlich wirksame P-Verbindungen ist eine RNA-Welt nicht möglich! Aus diesem Grunde wurde die Suche nach effektiven Phosphor- bzw. Phosphatquellen eifrig fortgeführt.

In Meteoriten, vor allem Eisenmeteoriten, findet man das Mineral Schreibersit $(FeNi)_3P$, das von den Meteoritenmutterkörpern stammen dürfte. Polyphosphat-Minerale wurden auf der Erde nicht gefunden, bis auf einige Kilogramm eines Calziumdiphosphat-haltigen Minerals in New Jersey (Keefe u. Miller, 1995).

Wichtig erscheint die Entdeckung von Ymagata et al. (1991), daß saure Basalte, d. h. solche mit hohem SiO_2-Gehalt, aus ihrem Apatitanteil P_4O_{10} freisetzten, wenn man das Gestein auf 1470 K erhitzt. Sie fanden Konzentrationen von etwa 5 µM Pyrophosphat und Tripolyphosphat in einer Fumarole in der Nähe des Stratovulkans Uzo auf der Nordinsel Hokkaido. Die Reaktion in den Basalten kann lauten:

$$4\ H_3PO_4 \rightarrow P_4O_{10} + 6\ H_2O \tag{4.4}$$

Zu einer ganz anderen Klasse von Phosphorverbindungen führten die Analysen des Murchison-Meteoriten. Als einzige Phosphor-enthaltende Verbindung fand man Alkanphosphonsäuren. Angeregt durch diese Befunde bestrahlten de Graaf et al. (1995) Gemische aus o-phosphoriger Säure in Gegenwart von Formaldehyd, primären Alkoholen oder Aceton mit UV-Licht (Hg-Niederdrucklampe, 254 nm mit 185-nm-Komponente) und erhielten Phosphonsäuren, darunter die im Murchison-Meteoriten aufgefundenen Hydroxymethyl- und Hydroxyethylphosphonsäuren. Alkanphosphonsäuren kann man sich von der phosphorigen Säure abgeleitet vorstellen. Dabei tritt an der Stelle der P–H-Bindung eine C–P-Bindung.

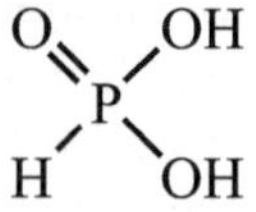

Phosphonsäure 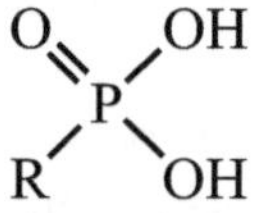   Alkanphosphonsäure

Eine interessante Reaktion untersuchte A. Schwartz (1997). Bei UV-Bestrahlung von Phosphit-Lösungen, die Acetylen enthielten, konnte Vinylphosphonsäure nachgewiesen werden.

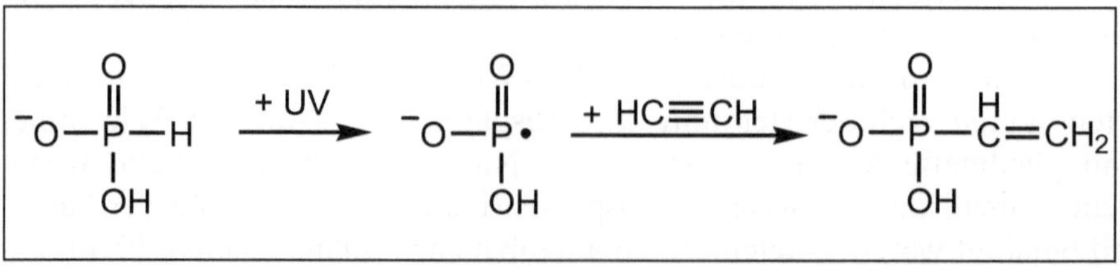

Abb. 4.10: Der angenommene Synthesemechanismus zur Bildung von Vinylphosphonsäure durch Addition des Phosphitradikals an Acetylen. Quelle: de Graaf et al. (1997)

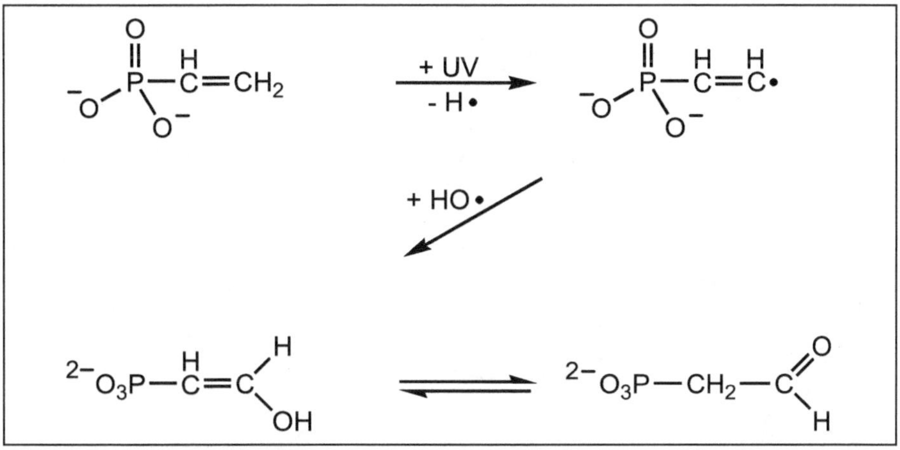

Abb. 4.11: Die Bildung von Phosphoacetaldehyd durch Kombination des Radikals der Vinylphosphonsäure mit einem Hydroxylradikal. Quelle: de Graaf et al. (1997)

Welche Bedeutung könnte Vinylphosphonsäure für die Synthese wichtiger Biomoleküle haben? Die Photolyse von Vinylphosphonsäure ergibt eine Vielzahl oxidierter Produkte, unter ihnen auch Phosphoacetaldehyd. Dieses Analogon zu Glykolaldehydphosphat scheint interessant zu sein. Die Bildung von Phosphoacetaldehyd verläuft über die Kombination von Hydroxylradikalen mit Vinylphosphonsäure-Radikalen.

Dieser Aldehyd kann nach Müller (1990) in einer zweistufigen, basenkatalysierten Reaktion bei Gegenwart von Formaldehyd in Ribose-2,4-diphosphat übergehen. Mit dieser Umsetzung wird ein Weg zu den Ribosederivaten und damit zu den Nucleinsäuren eröffnet.

Eine andere Phosphorylierungsmethode wählten Kolb und Orgel (1996). Sie setzten Glycerinsäure mit Trimetaphosphat in alkalischer Lösung um und erhielten 2- und 3-Phosphoglycerinsäure (Abb. 4.12). Dabei erzielten sie von beiden Verbindungen eine Gesamtausbeute bis zu 40 %. Glycerinsäure wurde nach Photolyse eines $CO:H_2O:NH_3$-Gemisches (5:5:1) bei 10 K in guter Ausbeute neben anderen C_2- und C_3-Verbindungen von Briggs et al. (1992) nachgewiesen (Simulation der Bedingungen bei der Kometenbildung).

Mit neuen Untersuchungen versuchten Glindemann et al. (1999, 2000) eindeutige Antworten auf ein grundsätzliches Problem der präbiotischen Phosphorchemie zu finden: Gab es realistische Anreicherungsmechanismen für die bei präbiotischen Synthesen benötigten Phosphorderivate? Denn nur dann, wenn die Phosphorylierungsmittel in konzentrierter Form vorlagen, waren erfolgreiche Umsetzungen zu erwarten.

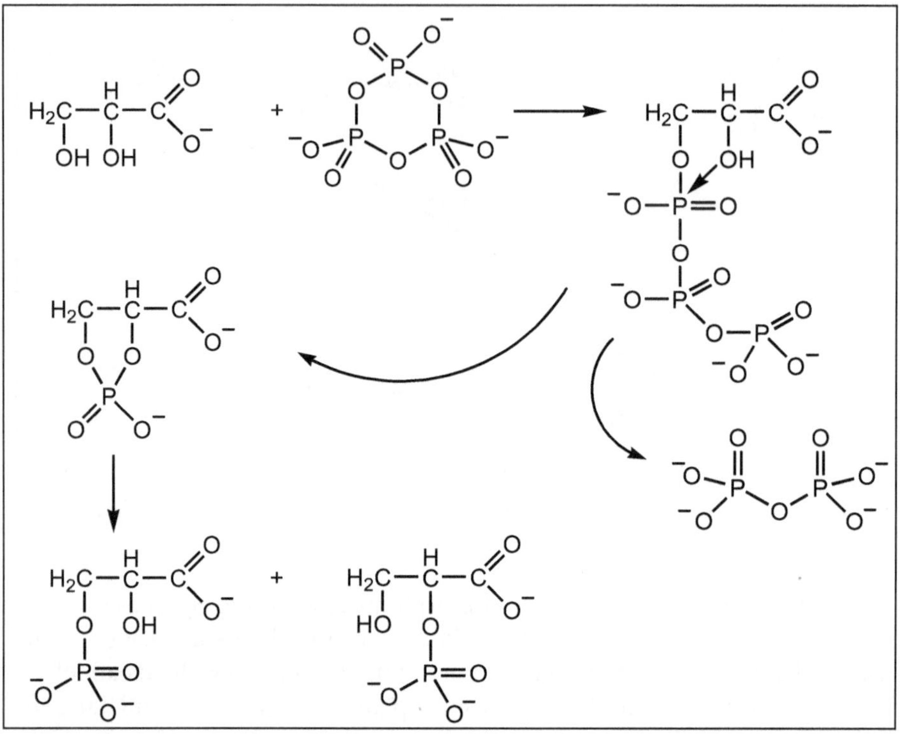

Abb. 4.12: Die Phosphorylierung von Glycerinsäure durch das Trimetaphosphat-Ion zu 3- bzw. 2-Phosphoglycerinsäure. Nach: Kolb u. Orgel (1996)

Wahrscheinlich kam Phosphor auf der Urerde in niedrigeren Oxidationsstufen vor als heute. Darum konnten sich Calziumsalze mit weitaus besserer Löslichkeit – im Vergleich zur geringeren Löslichkeit von Apatit – bilden. Wie Glindemann et al. (1999) in Modellexperimenten zeigten, lassen sich in CH_4/N_2-Atmosphären (10 % CH_4) mit Phosphatquellen (Na_2HPO_4 oder Hydroxyapatit bzw. Fluorapatit) bis zu 11 % des Ausgangsmaterials in Phosphit überführen. Ähnliche Prozesse werden für die Urerde nicht ausgeschlossen, z. B. bei elektrischen Entladungen.

Die zuvor von Glindemann gewählte Gasmischung entsprach nicht den jetzigen Vorstellungen einen neutralen bzw. schwach reduzierenden Uratmosphäre. Daher benutzten de Graaf und Schwartz (2000) Gasmischungen aus CO_2 und N_2 als Hauptkomponenten unter Zusatz geringer Mengen der reduzierenden Gase CO und H_2. Bei Funkenentladungen erzielte man gute Phosphit-Ausbeuten. Dabei ist die Umsetzung des eingesetzten Apatits deutlich abhängig von H_2 + CO-Gehalt des Gasgemisches. Im Bereich von 1–5 % (H_2 + CO) verläuft die Reaktion proportional zur Phosphitausbeute, d. h. bei 5 % CO + H_2 konnten 5 % Phosphit nachgewiesen werden.

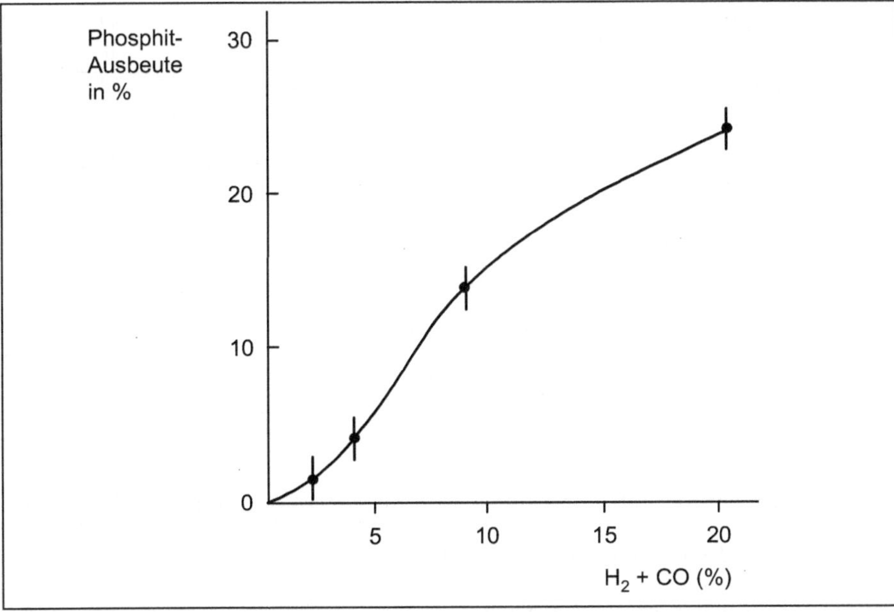

Abb. 4.13: Die Umwandlung von Apatit zu Phosphit durch Funkenentladungen in einer Modellatmosphäre, sie enthielt 60 % CO_2, 22–40 % N_2 und verschiedene Konzentrationen von H_2 und CO. Das „Reduktionsvermögen", d. h. der Gehalt an H_2 und CO (in gleichen Anteilen), ist auf der Abszisse dargestellt. Quelle: de Graaf u. Schwartz (2000)

Kritikern derartiger Versuchsansätze könnten die angewandten Konzentrationen an reduzierenden Gasen zu hoch erscheinen. Es sind aber begrenzte Areale auf der Erde denkbar, an denen für kürzere Perioden (z. B. nach Vulkanausbrüchen) stärker reduzierende Verhältnisse herrschten. Bei der Suche nach potentiellen präbiotischen Synthesen von kondensierten Phosphaten ließen Keefe und Miller (1996) eine Reihe von Kondensations-Agentien auf o-Phosphat bzw. Tripolyphosphat einwirken und bestimmten die erzeugten Ausbeuten an Diphosphat bzw. Trimetaphosphat.

Als effektivstes Kondensationsmittel für die Diphosphatbildung erwiesen sich $NH_4^+HCOO^-$, H_2O_2 und SCN^-. Die Bildung des cyclischen Triphosphats erreicht man mit Maleinsäureanhydrid bzw. Pantoyllacton, beide unter Ca^{2+}-Zusatz.

Die Phosphorylierung von Adenosin mit Trimetaphosphat unter milden Bedingungen (pH $\sim$ 7,0 und 413 K) beschrieb Yamagata (1995). Als Hauptprodukte bilden sich 2',3'-cyclisches AMP und geringe Mengen ATP. Entscheidend wichtig ist der Zusatz von Mg^{2+} zum wäßrigen Reaktionsansatz. Eine Kondensationsreaktion von Diglycin zu Gly_4 und Gly_6 gelang Yamagata (1997) ebenfalls mit Trimetaphosphat bei Mg^{2+}-Zusatz.

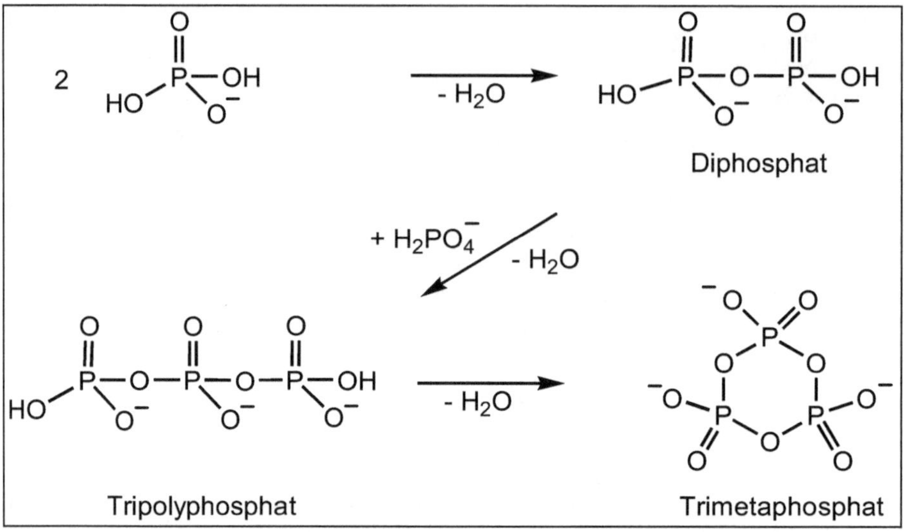

Abb. 4.14: Die Bildung von Trimetaphosphat

Die oft erhobene Frage, ob Phosphorverbindungen bereits in den allerersten Phasen der Lebensentstehung mitwirkten oder erst später in den evolutionären Prozeß eingriffen, ist noch völlig ungeklärt. – Trotzdem gilt uneingeschränkt der Satz von de Duve (1994): „Das Leben baut sich tatsächlich quasi um Phosphat auf".

Literatur

Abelson PH (1956) Science 124:935
Bada JL, Lazcano A (2003) Science 300:745
Bar-Nun A, Bar-Nun N, Bauer SH, Sagan C (1970) Science 168:470
Bar-Nun A, Shaviv A (1975) Icarus 24:197
Basiuk VA, Navarro-González R (1996) Orig Life Evol Biosphere 26:173
Bauer H (1980) Naturwissenschaften 67:1
Birch F (1954) In: Paul H (ed) Nuclear Geology. Wiley, New York
Blank JG, Miller GH,Winans RE (2000) Orig Life Evol Biosphere 30:231
Blank JG, Miller GH, Ahrens MJ, Winans RE (2001) Orig Life Evol Biosphere 31:15
Blank JG (2002) 10. ISSOL-Konferenz, Abstr p 45
Breuer AD (1974) Angew Chem 86:401
Briggs R, Ertem G, Ferris JP, Greenberg JM, Mc Cain PJ, Menxosa-Gomez CX, Schutte W (1992) Orig Life Evol Biosphere 22:287
Chyba C, Sagan C (1991) Orig Life Evol Biosphere 21:3

Cohn CA, Hansson TK, Larsson HS, Sowerby SJ, Holm NG, Arrhenius G (2002) Orig Life Evol Biosphere 32:412

Cooper G (2001) Nature 414:879

de Duve (1994) Ursprung des Lebens. Spektrum, Heidelberg, S 181

de Graaf RM, Visscher J, Schwartz AW (1995) Nature 378:474

de Graaf RM, Visscher J, Schwartz AW (1997) J Mol Evol 44:237

de Graaf RM, Schwartz AW (2000) Orig Life Evol Biosphere 30:405

Dose K, Rauchfuss H (1975) Chemische Evolution und der Ursprung lebender Systeme. Wissenschaftliche Verlagsgesellschaft, Stuttgart

Eschenmoser A (1991) Kon-Tiki-Experimente zur Frage nach dem Ursprung von Biomolekülen. In: Verhandlungen der Gesellschaft Deutscher Naturforscher und Ärzte, Berlin 1990 Wissenschaftliche Verlagsgesellschaft, Stuttgart, S 135

Ferris JP, Donner DB, Lobo AP (1973) J Mol Biol 74:499

Ferris JP, Wos JD, Nooner DW, Oró J (1974) J Mol Evol 3:225

Ferris JP, Edelson EH, Auyeung JM, Joshi PC (1981) J Mol Evol 17:69

Ferris JP, Hagan WJ Jr (1984) Tetrahedron 40:1093

Fox SW, Harada K (1961) Science 133:1923

Gabel NW, Ponnamperuma C (1967) Nature 216:453

Glass II (1977) Prog Aerospace Sci 17:269

Glindemann D, de Graaf RM, Schwartz AW (1999) Orig Life Evol Biosphere 29:555

Glindemann D, de Graaf RM, Schwartz AW (2000) Orig Life Evol Biosphere 30:121

Handschuh GJ, Orgel LE (1973) Science 179:483

Harada K, Fox SW (1964) Nature 201:335

Hochstim AR (1963) Proc Natl Acad Sci USA 50:200

Karl DM (2000) Nature 406:31

Keefe AD, Miller SL (1995) J Mol Evol 41:693

Keefe AD, Miller SL (1996) Orig Life Evol Biosphere 26:15

Kliss RM, Matthews, CN (1962) Proc Natl Acad Sci USA 48:1300

Kobayashi K, Saito T, Oshima T (1998) Orig Life Evol Biosphere 28:155

Kolb K, Orgel LE (1996) Orig Life Evol Biosphere 26:7

Kotake M, Nakagaba M, Ohara T, Harada K, Ninomia M (1956) J Chem Soc Japan, Ind Chem Sect 58:121,151

Krafft F (1969) Angew Chem 81:634

Krishanamurthy R, Arrhenius G, Eschenmoser A (1999) Orig Life Evol Biosphere 29:333

Krishanamurthy R, Arrhenius G, Eschenmoser A (2000) Orig Life Evol Biosphere 30:195

Langenbeck W (1954) Angew Chem 66:151

Larralde R, Robertson MP, Miller SL(1995) Proc Natl Acad Sci USA 92:8158

Larralde R, Robertson MP, Miller SL (1996) Orig Life Evol Biosphere 26:355

Lavrentiev GA, Strigunkova TF, Egorov IA (1984) Orig Life Evol Biosphere 14:205

Levy M, Miller SL (1998) Proc Natl Acad Sci USA 95:7933

Levy M, Miller SL, Oró J (1999) J Mol Evol 49:165

Lohrmann R, Orgel LE (1971) Science 171:490

Löwe CJ, Rees MW, Markham RM (1963) Nature 199:219

Maciá E, Hernández MV, Oró J (1997) Orig Life Evol Biosphere 27:459

Matthews CN (2000) Orig Life Evol Biosphere 30:292

McKay CP, Borucki WJ (1997) Science 276:390

Miller SL (1953) Science 117:528

Miller SL (1955) J Amer Chem Soc 77:2351

Miller SL, Urey HC (1959) Science 130:245

Miller SL, Parris M (1964) Nature 204:1248

Minard RD, Hatcher PG, Gourley RC, Matthews CN (1998) Orig Life Evol Biosphere 28:461

Morowitz H, Petersen E, Chang S (1995) Orig Life Evol Biosphere 25:395

Moser RE, Claggett AR, Matthews CN (1968) Tetrahedron Letters 13:1605

Mosqueira FG, Albarrau G, Negrón-Mendoza A (1996) Orig Life Evol Biosphere 26:75

Müller D, Pitsh S, Kittaka A, Wagner E, Wintner CE, Eschenmoser A (1990) Helv Chim Acta 73:1410

Mukhin LM (1976) Orig Life Evol Biosphere 7:355

Navarro-González R, Basiuk VA (1996) Orig Life Evol Biosphere 26:223

Navarro-González R, Molina MJ, Molina LT (2000) Orig Life Evol Biosphere 30:183

Nelson KE, Robertson MP, Levy M, Miller SL (2001) Orig Life Evol Biosphere 31:221

Orgel LE (2004) Orig Life Evol Biosphere 34:361

Oró J (1960) Biophys Biochem Res Commun 2:407

Oró J (1961) Nature 191:1193

Oró J, Kamat SS (1961) Nature 190:442

Oró J, Kimball AP (1962) Arch Biochem Biophys 96:293

Piccirilli JA, Krauch T, Moroney SE, Benner SA (1990) Nature 343:33

Plankensteiner K, Reiner H, Schranz B, Rode MB (2004) Angew Chem 116:1922

Ponamperuma C, Sagan C, Mariner R (1963) Nature 199:222

Press F, Siver R (1995) Allgemeine Geologie. Spectrum, Heidelberg

Pullman B (1972) Electronic Factors in biochemical evolution. In: Ponnamperuna C (ed) Exobiology. North Holland Publishing Company, Amsterdam London, p 140

Raulin F (2000) Orig Life Evol Biosphere 30:116

Reid C, Orgel (1967) Nature 216:216

Ricardo A, Carrigan MA, Olcott AN, Benner SA (2004) Science 303:196

Robertson MP, Miller SL (1995) Nature 375:772

Robertson MP, Levy M, Miller SL (1996) J Mol Evol 43:543

Sagdejew RZ, Kennel CF (1991) Spektrum der Wissenschaft, Juni: 102

Sanchez RA, Ferris JP, Orgel LE (1966a) Science 153:72

Sanchez RA, Ferris JP, Orgel LE (1966b) Science 154:784

Sanchez RA, Ferris JP, Orgel LE (1967) J Mol Biol 30:223

Sanchez RA, Ferris JP, Orgel LE (1968) J Mol Biol 38:121

Sapper K (1927) Vulkankunde. Engelhorns, Stuttgart

Schlesinger G, Miller SL (1983) J Mol Biol 19:376

Schramm G, Wissmann H (1958) Chem Ber 91:1073

Schwartz AW, Goverde M (1982) J Mol Evol 18:351

Schwartz AW, Voet AB, Van der Veen M (1984) Orig Life Evol Biosphere 14:91

Schwartz AW (1997) Orig Life Evol Biosphere 27:505

Sephton MA (2001) Nature 414:857

Shapiro R (1984) Orig Life Evol Biosphere 14:565

Shapiro R (1986) Origins. Summi books, New York

Shapiro R (1987) Schöpfung und Zufall. Bertelsmann, München

Shapiro R (1988) Orig Life Evol Biosphere 18:71

Shapiro R (1995) Orig Life Evol Biosphere 25:83

Shapiro R (1999) Planetary Dreams. Wiley & Sons, New York

Shapiro R (1999) Proc Natl Acad Sci USA 96:4396

Strasdeit H, Büsching I, Behrends S, Saak W, Barklage W (2001) Chem Eur J 7:1133

Strecker A (1850) Liebigs Ann Chem 75:27

Strecker A (1854) Liebigs Ann Chem 91:349

Thilo E (1959) Naturwissenschaften 46:367

Urey HC (1959) In: Flügge S (Hrsg) Handbuch der Physik. Springer, Berlin Heidelberg New York, S 363

Völker T (1960) Angew Chem 72:379

Voet AB, Schwartz AW (1983) Bioinorganic Chem 12:8

Wächtershäuser G (1988) Proc Natl Acad Sci USA 85:1134

Westheimer FH (1987) Science 335:1173

Yamagata Y, Watanabe H, Saltoh M, Namba T (1991) Nature 352:516

Yamagata Y (1995) Orig Life Evol Biosphere 25:47

Yamagata Y (1997) Orig Life Evol Biosphere 27:339

Zekert O (1963) Carl Wilhelm Scheele. Grosse Naturforscher, Band 27, Wissenschaftliche Verlagsgesellschaft, Stuttgart

Zubay G (1998) Orig Life Evol Biosphere 28:13

5 Peptide und Proteine: die „Protein-Welt"

5.1 Allgemeines

In der aktuellen Diskussion um die Frage nach den Ursprüngen des Lebens hat z. Zt. die „RNA-Welt" (Kap. 6) die weitaus größere Bedeutung und Publizität gegenüber der „Protein-Welt" erlangt. In jetzigen, lebenden Systemen sind allerdings Nucleinsäuren und Proteine von gleicher Wichtigkeit für die Lebensfunktionen. Peptide und Proteine setzen sich aus den gleichen Bausteinen (Monomeren), den Aminocarbonsäuren (allgemein abgekürzt als „Aminosäuren" bezeichnet), zusammen. Auch die Verknüpfungsart zwischen den Monomeren, die Peptidbindung, ist bei Peptiden und Proteinen die gleiche. Peptide bestehen nur aus wenigen, Proteine aus hundert oder hunderten Aminosäuren (genauer: Aminosäureresten).

Es war Weitblick, gemischt mit Intuition, der Berzelius veranlaßte, die Eiweißstoffe als „Proteine" zu bezeichnen (nach dem griechischen proteuein – der Erste sein). Für die Verbreitung des Begriffes Protein sorgte ab 1839 der niederländische Chemiker Molden. Zur Historie der Peptidchemie siehe Jaenicke (2002).

5.2 Aminosäuren und Peptidbindung

In der Natur wurden bereits hunderte verschiedener Aminosäuren entdeckt und isoliert. Sie zeigen z. T. recht komplexen Aufbau und wirken in sehr unterschiedlichen Funktionen (Wagner u. Musso, 1983). Herstellung und Gewinnung von Aminosäuren erfolgt entweder aus biologischem Material oder durch chemische Synthese (Hoppe u. Martens, 1983, 1984). Inzwischen werden einige Aminosäuren im 100.000-Tonnen-Maßstab produziert und verbraucht, wie z. B. Glutaminsäure und Methionin.

Die proteinogenen Aminosäuren zeichnen sich durch zwei Charakteristika aus, durch die sie sich von den übrigen Aminosäuren unterscheiden. Sie sind:

– α-Aminosäuren, d. h. die Aminogruppe ist an das α-C-Atom des Moleküls gebunden,

– L-Aminosäuren (Ausnahme: Glycin).

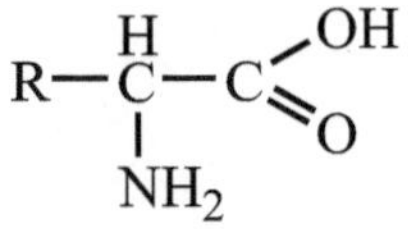

$$R-\overset{\overset{\displaystyle H}{|}}{\underset{\underset{\displaystyle NH_2}{|}}{C}}-C\overset{\displaystyle OH}{\underset{\displaystyle O}{\diagdown}}$$

Den Aminosäurecharakter bestimmt der Rest R, also z. B. die hydrophilen oder hydrophoben Eigenschaften der betreffenden Aminosäuren.

Die Verknüpfung zwischen den einzelnen Aminosäuren erfolgt unter Wasserabspaltung als Polykondensationsreaktion. Dabei bildet sich die Peptidbindung.

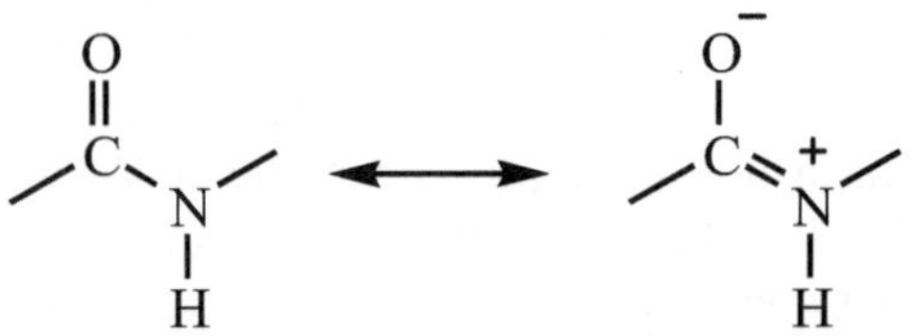

$$\qquad\qquad\qquad\qquad\qquad\qquad\qquad\qquad\qquad (5.1)$$

Die Peptidbindung wird durch eine starre, planare Struktur charakterisiert, wie man durch Röntgenstrukturanalysen von Peptiden vor mehr als 60 Jahren erkannte. Die Atomanordnung in der Peptidbindung ergibt sich als Resonanzstabilisierung. Den energieärmsten Zustand erreicht das System, wenn die vier Atome der Peptidbindung in einer Ebene liegen. Die C–N-Bindung weist partiellen Doppelbindungscharakter auf.

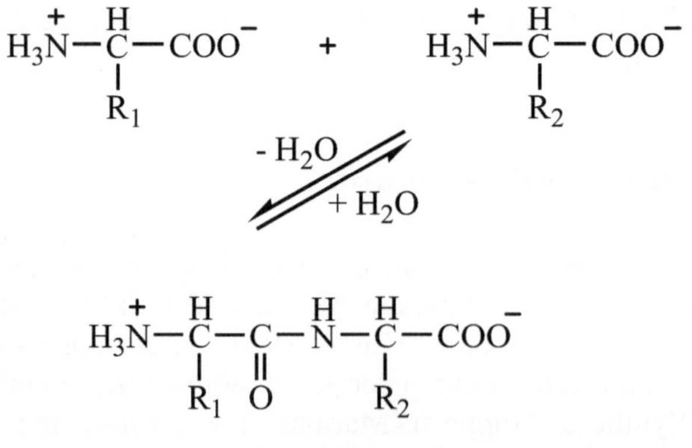

$$\qquad\qquad\qquad\qquad\qquad\qquad\qquad\qquad\qquad (5.2)$$

Die obige Bildung eines Dipeptids aus zwei Aminosäuren unter Wasserabspaltung kann nur bei Energiezufuhr ablaufen. Daher müssen die Monomeren in einen reaktionsfähigen Zustand überführt werden. Das gleiche Prinzip gilt auch für den Aufbau von Tri- oder Tetrapeptiden bzw. für die langen Ketten von Aminosäureresten in Proteinen. In einer 1 M Lösung von Aminosäuren liegen bei 293 K und einem pH-Wert von sieben nur etwa 0,1 % als Dipeptid vor, d. h. das Gleichgewicht liegt auf der Seite der freien Aminosäuren. Die höchsten Energiebeträge müssen für die Dipeptid-Bildung aufgewendet werden. Die Ausbildung längerer Ketten erfordert einen geringeren Energieaufwand.

Sollten präbiotische Peptide und/oder Proteine zuerst in wäßriger Phase entstanden sein (nach der Hypothese der Biogenese aus dem Urmeer), so müssen obige Probleme zu Gunsten der Peptidbildung überwunden werden. Wie in Abschnitt 5.3 erläutert, gibt es erste experimentelle Hinweise, daß die Knüpfung von Peptidbindungen auch in wäßriger Umgebung möglich ist. Ein wichtiges Kriterium für die evolutionäre Entwicklung von Biomolekülen ist ihre Beständigkeit in wäßriger Phase. Die HWZ einer Peptidbindung beträgt bei Zimmertemperatur in reinem Wasser etwa sieben Jahre (Wagner u. Musso, 1983). Die Stabilität der Peptidbindung gegen Spaltung durch aggressive Agenzien untersuchte Synge (1945). Setzt man die relative Hydrolysegeschwindigkeit für das Dipeptid Gly–Gly = 1, so konnten für einige Dipeptide folgende Hydrolysegeschwindigkeiten experimentell ermittelt werden:

Gly–Gly = 1   Leu–Gly = 0,23

Gly–Ala = 0,62   Val–Gly = 0,015

Bei den Untersuchungen wandte man folgende Hydrolysebedingungen an: 10 M HCl/Eisessig im Verhältnis 1:1 bei 293 K.

Es ist zu erkennen, daß die Leichtigkeit der Spaltung einer Peptidbindung vom Charakter der beteiligten Partner (d. h. der Aminosäurereste) stark abhängt. Verläuft die Dipeptidspaltung unterschiedlich schnell, so kann angenommen werden, daß die Knüpfung der Peptidbindung ebenfalls unterschiedliche Reaktionsraten aufweist.

5.3 Aktivierung

Die Überführung von Bausteinmolekülen in eine energiereiche, reaktionsfähige Form bezeichnet man als Aktivierung. Diesen Prozeß kann man rein chemisch im Laboratorium (in vitro) durchführen. Der gleiche Vorgang läuft aber auch in den Zellen aller Lebewesen auf unserer Erde ab.

Bei der Bildung von Derivaten der Aminosäuren wird deren Zwitterionenstruktur aufgehoben. Dieser Prozeß erfordert die Zufuhr von Energie. Zuerst soll über die chemische Aktivierung berichtet werden, da sie für das Verständnis von Hypothesen zur präbiotischen Proteinbildung von Wichtigkeit ist.

Bei den an der Carboxylgruppe aktivierten Aminosäuren, bleibt die Aminogruppe unsubstituiert. Die Derivate sind befähigt mit nucleophilen Molekülen (Y) acylierend zu reagieren.

$$H_2N-\underset{R}{\overset{H}{C}}-C\overset{O}{\underset{X}{\diagup}} \ + \ Y \ \longrightarrow \ H_2N-\underset{R}{\overset{H}{C}}-C\overset{O}{\underset{Y}{\diagup}} \ + \ X \qquad (5.3)$$

Entspricht Y der Aminogruppe einer zweiten Aminosäure, so kommt es zur Ausbildung einer Peptidverknüpfung (Wieland u. Pfleiderer, 1957).

5.3.1   Chemische Aktivierung

Die wichtigsten Aminosäurederivate sind: Halogenide, Acide und Ester. Am reaktionsfreudigsten erwiesen sich die Aminosäurehalogenide, die nach Emil Fischer aus trockenen Aminosäuren beim Schütteln mit Phosphorpentachlorid in Acetylchlorid erhalten werden.

Neben den genannten Derivaten sind die Substanzklassen:

$$H_2N-\underset{R}{\overset{H}{C}}-C\overset{O}{\underset{S-R^*}{\diagup}} \qquad\qquad H_2N-\underset{R}{\overset{H}{C}}-C\overset{O}{\underset{SH}{\diagup}}$$

der Aminoacyl-mercaptane bzw. der Thioaminosäuren für unsere Fragestellung von Bedeutung.

Nach Wieland und Schäfer (1951) reagiert beispielsweise Glycinthiophenol in Wasser bei Gegenwart von Bicarbonat mit weiteren Molekülen Glycinthiophenol zu Oligopeptiden des Glycins zu Polyglycin. – Die Thioaminosäuren wurden in den letzten Jahren wieder interessant, als Nobellaureat Prof. de Duve (Abschn. 7.4) die Hypothese der „Thioester-Welt" entwickelte (de Duve, 1994, 1995).

Eine weitere wichtige Stoffgruppe sind die durch Phosphorsäure oder deren Ester aktivierten Aminosäuren. In der belebten Natur spielen Phosphorylierungsprozesse bei der Peptid- und Proteinsynthese als Aktivierungsschritte eine wichtige Rolle.

5.3.2   Biologische Aktivierung

In den Zellen aller Lebewesen findet die Aktivierung der Aminosäuren für den Aufbau von Peptiden und Proteinen durch spezielle Enzyme statt. Sie wurden nach ihrer Entdeckung als „Aminosäure-aktivierende Enzyme" bezeichnet. Vor allem die Arbeiten von Hoagland (1955) führten zur Aufklärung der ersten Schritte der Proteinbiosynthese. Die aktivierenden Enzyme zählen zur Gruppe der Synthetasen. Entsprechend derer EC (Enzyme-Commission)-Systematik gehören sie zu den Ligasen mit der EC-Nummerierung 6.6.1 (Aminosäure-RNA-Ligasen). Sie werden jetzt als „Aminoacyl-tRNA-Synthetasen" bezeichnet.

Welche Bedeutung hat diese Enzymfamilie für das Biogenese-Problem? Diese Enzyme stellen die Verbindung zwischen der „Protein-Welt" und der „Nucleinsäure-Welt" her. Sie katalysieren die Reaktion zwischen Aminosäuren und Transfer-RNA-Molekülen einschließlich eines Aktivierungsschrittes durch ATP. Die Ausbildung der Peptidbindung, d. h. die eigentliche Polykondensations-Reaktion, erfolgt am Ribosom unter Beteiligung von mRNA und der Steuerung dieses Prozesses durch Codon-Anticodon-Wechselwirkung.

Vom 17. bis 20. Juli 1994 fand in Berkley, Kalifornien, ein Kongreß zum Thema „Aminoacyl-tRNA-Synthetasen und die Evolution des genetischen Codes" statt. Er stand unter der Schirmherrschaft des Institute for Advanced Studies in Biology. Dabei ging es um die Entwicklung der Synthetasen und damit verbunden, um die Entstehung des genetischen Codes (Abschn. 8.1.1), d. h. der Zuordnung einzelner Aminosäuren zu den entsprechenden Basentripletts der Nucleinsäuren.

Für unsere Betrachtungen ist vorerst nur der Aktivierungsschritt wichtig, also die Reaktion der Aminosäuren mit ATP unter der katalytischen Wirkung der Synthetase. Die Reaktionsfolge in kontemporären Zellen läßt sich zusammenfassen:

$$AS_1 + E_1 + ATP \quad\rightleftharpoons\quad [AS_1 - E_1 - AMP] + PP_i \tag{5.4}$$

$$[AS_1 - E_1 - AMP] + tRNA_1 \quad\rightleftharpoons\quad AS_1 - tRNA_1 + E_1 + AMP \tag{5.5}$$

$$AS_1 + ATP + tRNA_1 \quad\rightarrow\quad AS_1 - tRNA_1 + AMP + PP_i \tag{5.6}$$

Abkürzungen:

AS_1	= Aminosäure 1
E_1	= die für AS_1 spezifische Aminoacyl-tRNA-Synthetase
AMP, ATP	= Adenosinmonophosphat bzw. -triphosphat
PP_i	= Diphosphat (auch öfter noch als Pyrophosphat bezeichnet)

Obige Reaktionen wurden in Abb. 5.1 schematisch dargestellt. Die Gesamtreaktion verläuft reversibel. Sie wird jedoch nach rechts verschoben, da das Enzym Pyrophosporylase das entstandene Diphosphat hydrolytisch spaltet und damit aus dem Gleichgewicht entfernt. Jede der 20 proteinogenen Aminosäuren besitzt mindestens eine spezifische Synthetase. Bei den

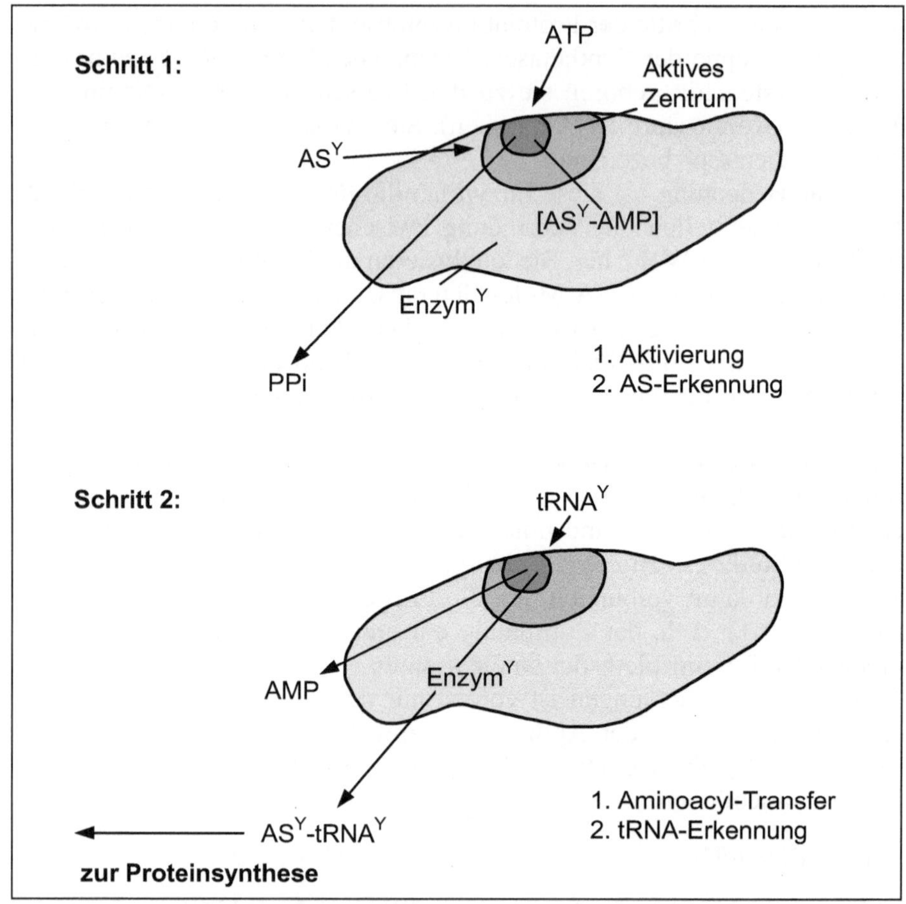

Abb. 5.1: Vereinfachte Modelldarstellung der Aktivierung einer Aminosäure an einem aminosäureaktivierenden Enzym (d. h. einer aminosäurespezifischen Aminoacyl-tRNA-Synthetase).

Reaktionen 1 und 2 liegt die Aminosäure in zwei unterschiedliche Bindungsformen vor. Im ersten Schritt als gemischtes Anhydrid:

Die Aminosäure wird dann (im zweiten Schritt) bei der Übertragung auf die tRNA und den endständigen Adenosinrest der tRNA in Form eines Esters an die 2' bzw. 3'-OH-Funktion der Ribose gebunden. Diese Esterbindung entspricht einer „energiereichen" Bindung (besser: eine Bindung mit hohem Gruppenübertragungspotential) mit einem $\Delta G°$-Wert von –29 kJ·Mol^{-1}.

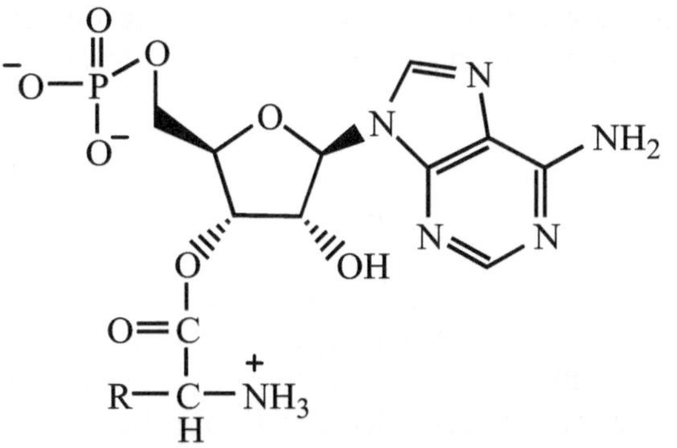

Früher vermutete man, daß alle Aminosäure-aktivierenden Synthetasen von einer „Ursynthetase" abstammen. Dann müßten alle Synthetasen einander sehr ähnlich sein. Dies ist aber überraschenderweise nicht der Fall. Nachdem nun die Primärsequenzen und z. T. auch die Sekundär- und Tertiärstrukturen aller dieser Proteine aufgeklärt wurden, so zeigten sich deutliche Unterschiede in ihrem Aufbau. Die Aminoacyl-tRNA-Synthetasen bestehen entweder aus einer einzigen Polypeptidkette (α) oder aus zwei oder vier gleichen Polypeptiden (α_2 oder α_4). Es gibt aber auch heterogen zusammengesetzte Spezies aus zwei jeweils identischen Polypeptidketten ($\alpha_2\,\beta_2$). Bei dieser Schreibweise ist zu beachten, daß für jede Synthetase α oder β eine andere Primärstruktur bedeutet. Dabei kann die Anzahl von Aminosäureresten von 334 bis zu 1000 und darüber schwanken.

Es muß zwischen zwei Klassen von je zehn Synthetasen unterschieden werden. Die Aminosäuresequenzen jeder dieser zwei Klassen weisen jeweils Bereiche auf, die bei allen Enzymen dieser Klasse gleich sind (Eriani, 1990). – Die Synthetasen der Klasse I acylieren die tRNA am 2'-Hydroxyl des terminalen Adenosins, während die Enzyme der Klasse II überwiegend an der 3'-Funktion der Ribose acylieren.

Der enge Zusammenhang dieser Enzymfamilie mit der Übertragung genetischer Information machen sie zu einem bevorzugten Untersuchungsobjekt zu Fragen der Entstehung und Evolution des genetischen Codes (Abschn. 8.1). Übereinstimmend wird jetzt angenommen, daß die Aminoacyl-tRNA-Synthetasen eine sehr alte Enzymspezies darstellen, die jedoch nicht von einem einzigen Urenzym abstammen, sondern von mindestens zwei, entsprechend den Synthetaseklassen.

5.4 Simulationsexperimente

Bald nach der gelungenen ersten präbiotischen Synthese von Aminosäuren durch Miller-Urey versuchte man den nächsten Schritt: die Polykondensation dieser Monomeren. Wie aber konnte die Aktivierung der Monomeren ohne die Hilfe spezieller Enzyme auf der Urerde erfolgen? – Zur Lösung dieser Frage – eigentlich sind es deren viele – begannen einige Forschergruppen mit möglich einfachen Systemen diese Frage(n) zu klären, bzw. sich einer Antwort zu nähern.

5.4.1   Präbiotische Peptide

Bei präbiotischen Aminosäuresynthesen entsteht fast immer die einfachste, das Glycin, mit den größten Ausbeuten. Daher begannen die ersten Polykondensations-Versuche mit Glycin. – Es waren Akabori (1955) sowie Hanabusa und Akabori (1959) die Aminoacetonitril mit Kaolin bei 403–408 K umsetzten. Die Ausgangssubstanz entsteht leicht aus:

$$HCHO + NH_3 + HCN \rightarrow H_2N\text{–}CH_2\text{–}CN + H_2O \qquad (5.7)$$

Die Autoren erhielten das Dipeptid Diglycin und das Tripeptid Gly–Gly–Gly nach Verseifung des Nitrils zur Aminocarbonsäure.

Weitere Untersuchungen führte man bevorzugt mit Glycin durch, da der Rest R nur aus einem H-Atom besteht und daher keine Nebenreaktionen ablaufen. Die Aminosäure Glycin verfügt außerdem über kein asymmetrisches C-Atom und damit entfallen Chiralitätsprobleme (Abschn. 9.4).

Steinman u. Cole (1967) verwendeten Dicyandiamid als Kondensationsbzw. Dehydratisierungsmittel für die Bildung eines Dipeptids mit ca. 1,2 % Ausbeute.

$$H_2N\text{—}\underset{\underset{\displaystyle NH_2}{\displaystyle |}}{C}\text{=}N\text{—}C\text{≡}N$$

Wie bereits in Abschnitt 5.3 beschrieben, kann die Aktivierung der Aminosäure an der Säuregruppe erfolgen:

- als Phosphatanhydrid,
- als Thioester oder
- mittels Kondensationsmittel, wie z. B. Cyanamid bzw. dem Dimeren.

Die Carboxylgruppe der aktivierten Aminosäure wird in wäßrigem Milieu auf nucleophile Agenzien überführt. Bei niedriger Aminosäurekonzentration und für den Fall, daß keine anderen nucleophilen Verbindungen vorhanden sind, erfolgt Hydrolyse zur neutralen Verbindung.

$$H_2N-CH_2-C{\overset{X}{\underset{O}{\lessgtr}}} \xrightarrow{+H_2O} H_2N-CH_2-C{\overset{OH}{\underset{O}{\lessgtr}}} + HX \qquad (5.8)$$

Fehlen andere nucleophile Moleküle und ist die Aminosäurekonzentration hoch genug, dann steht die Ausbildung einer Peptidbindung in Konkurrenz mit der Hydrolysereaktion (Orgel, 1989).

Will man längere Peptide synthetisieren, so müssen neben den Monomeren auch die Dipeptide aktiviert werden. Dies führt zu einer den weiteren Fortgang gefährdenden Nebenreaktion, z. B. die Ausbildung cyclischer Diketopiperazine:

$$(5.9)$$

Bei schrittweiser Polymerisation aktivierter Aminosäuren bilden sich vor allem aktivierte Dimere, die größtenteils zu Diketopiperazinen cyclisieren und damit für die weitere Kettenverlängerung ausfallen (Orgel, 1989).

Jedoch bei Gegenwart von CO_2 oder Bicarbonat werden die Aminosäuren teilweise zu einem Carbamat umgesetzt. Diese Aktivierung führt zur Bildung cyclischer Anhydride, die als „Leuchssche Anhydride" in der Peptidchemie bekannt sind. Sie polymerisieren in wäßriger Phase zu Peptiden ohne die Bildung größerer Mengen von Diketopiperazinen (Brack, 1982).

Die Peptidbildung verläuft bei den Leuchsschen Anhydriden ohne Verwendung von Schutzgruppen, und es tritt keine Racemisierung auf. – Allerdings kann der Einsatz von Phosgen nicht als präbiotischer Prozeß angesehen werden.

Die Anknüpfung von Thioaminosäuren an Peptide untersuchten Maurel und Orgel (2000). Ihnen gelang die Verlängerung einer Peptidkette aus zehn Glutaminsäureresten $(Glu)_{10}$ mit Hilfe des Schwefelderivates der Glutaminsäure (GluSH). Das Reaktionsgemisch bestand aus: Dekapeptid, Thioaminosäure (GluSH), Bicarbonat und $Fe(CN)_3$. Es bildete sich schnell $(Glu)_{11}$ und langsam weiter bis zu $(Glu)_{15}$. Genauere Aussagen über die Ausbeuten fehlen (wie gelegentlich üblich), man findet nur einen Hinweis auf: „substantial yield"!

Simulationsexperimente ganz anderer Art unternahmen zwei japanische Forscher (Matsunu, 2000; Imai et al., 1999 a,b). Sie untersuchten in einem Simulationsreaktor die Prozesse, die möglicherweise an hydrothermalen Quellen ablaufen (Abschn. 7.1). Die Aktivierungsenergie für die Polykondensation von Aminosäuren entstammt bei diesem Ansatz dem Erdinneren.

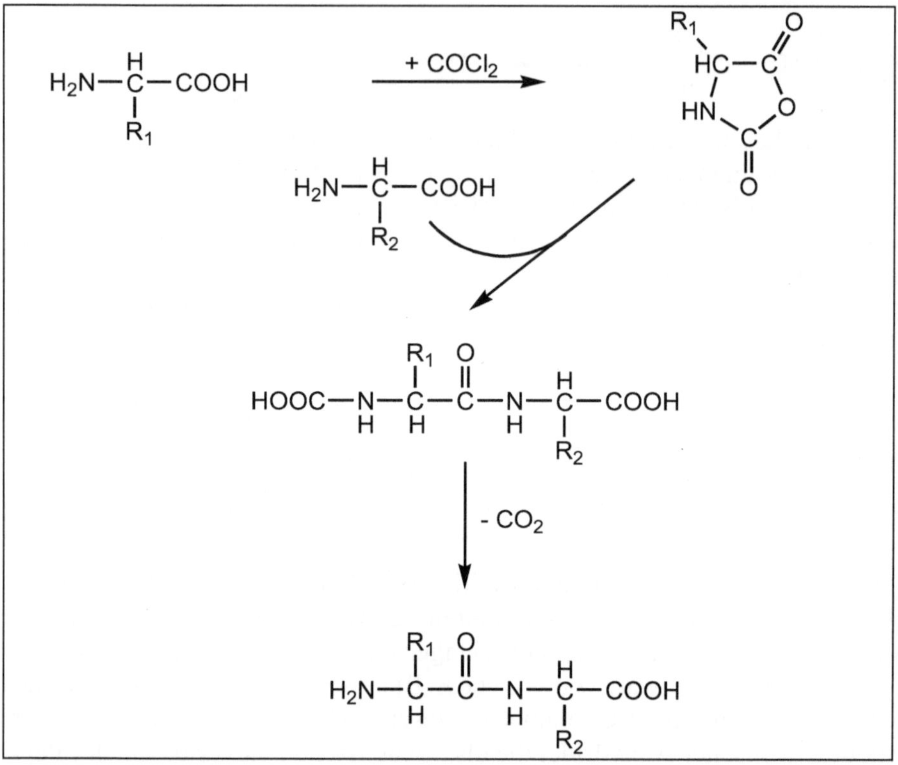

Abb. 5.2: Peptidsynthese mit Leuchsschen Anhydriden: Die Aminosäure 1 (mit Rest 1) wird mit Phosgen zum Leuchs-Anhydrid umgesetzt. Dieses reagiert mit Aminosäure 2 (Rest 2) zum Peptidcarbamat. Nach CO_2-Abspaltung erhält man das Dipeptid.

Im Hochdruck-Heißwasser-Reaktor zirkulierte die Reaktionslösung bei etwa 24 MPa in einer Zone von 473–523 K und wurde anschließend auf 273 K abgekühlt.

Die Reaktionslösung bestand nur aus Glycin und Wasser, ohne Zusatz von Salzen oder Kondensationsmitteln. Es konnte eine schrittweise, zeitabhängige Synthese zu Oligoglycin (Hexaglycin) beobachtet werden. Bei Zusatz von Ca^{2+}-Ionen (pH 2,5) gelang es, zwei weitere Glycinreste anzukoppeln.

Bei allen Simulationsexperimenten unter angenommenen präbiotischen Bedingungen taucht immer die Frage nach den Konzentrationen in einem Urozean auf. Die Annahme von 0,1 molaren Lösungen im Urmeer dürfte unrealistisch sein, denn dies bedeutete etwa 12 Gramm Aminosäuren je Liter Meereswasser! – Da kommen wieder Miller's „Lagunen" oder Darwin's „Tümpel" in die Diskussion, d. h. die Konzentrierung von verdünn-

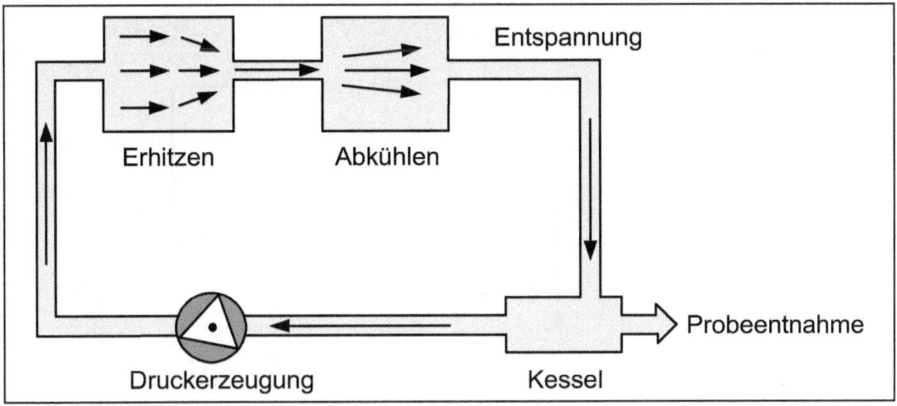

Abb. 5.3: Schematische Zeichnung eines Flußreaktors zur Simulation eines hydrothermalen Systems. Quelle: Imai et al. (1999)

ten Lösungen in abgeteilten, kleinen Arealen durch Verdunstung des Wassers. Neuerdings rücken Konzentrierungsprozesse an Mineralien-Oberflächen immer stärker in den Blickpunkt wissenschaftlichen Interesses. Aber auf viele dieser Probleme stehen profunde Antworten noch aus!

Es werden neue Möglichkeiten gesucht, die Polykondensationsfähigkeit von Monomeren zu steigern. Unter den Fachleuten herrscht Übereinstimmung, daß erst Polymere mit einer Kettenlänge von 30–100 Bausteinen (hier Aminosäurereste) funktionsfähig, d. h. enzymatisch aktiv sein könnten. – Dieser Auffassung scheint allerdings der Befund von Gröger und Wieken (2001) zu widersprechen, die eine Arbeit zitieren (List et al., 2000), nach der eine direkte asymmetrische Aldolreaktion einzig und allein durch die Aminosäure Prolin katalysiert wurde (siehe auch: Movassaghi und Jacobsen, 2002).

In den letzten Jahren galt das Interesse den Vorgängen, die möglicherweise vor rund 3½ Milliarden Jahren an Gesteins- und Mineraloberflächen auf der Urerde abgelaufen sein konnten, ähnlich denen bei Festphasensynthesen im Laboratorium. In einer theoretischen Abhandlung weist Leslie Orgel (1998) auf die Probleme, aber auch auf die Möglichkeiten hin, längere Polymerketten an Mineralienoberflächen (z. B. an Anionenaustauscher-Mineralien wie Hydroxylapatit oder Illit) zu synthetisieren. Dabei hängt die durchschnittliche Länge der adsorbierten Oligomeren (dargestellt an der negativ geladenen Glutaminsäure) im stationären Zustand von der Kettenverlängerungsrate und der Hydrolyserate ab. Orgel leitet eine Näherungsformel für diesen Prozeß ab.

Die Vielschichtigkeit des Problems zeigt der gleiche Autor an einem ganz anders strukturierten Beispiel. Chu und Orgel (1999) gelang die Knüpfung einer Peptidbindung (ohne die Mithilfe eines Enzyms) zwischen

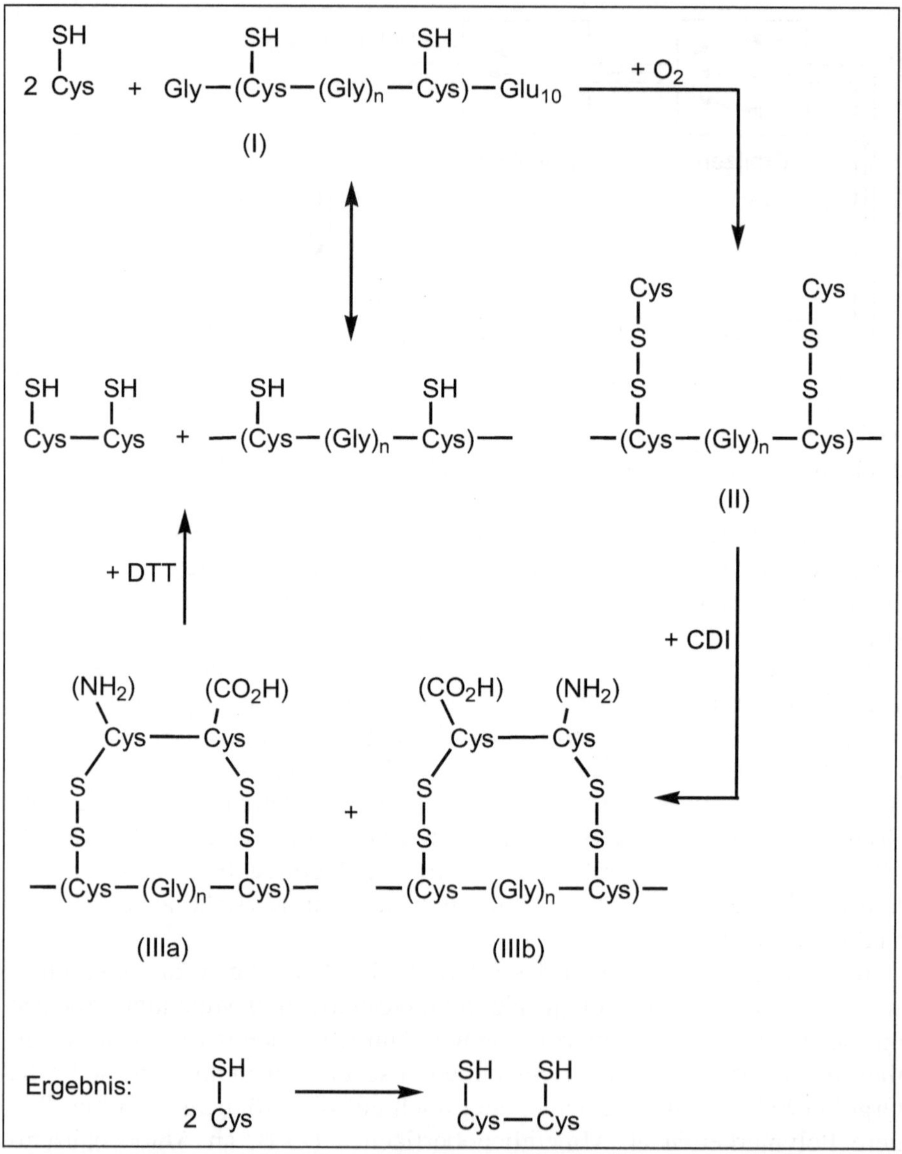

Abb. 5.4: Der Reaktionscyclus zur Bildung des Dipeptids Cysteinylcystein an einem Peptidgerüst. Quelle: Chu u. Orgel (1999)

zwei Cysteinresten, die an ein Cystein-enthaltendes Peptidgerüst gebunden waren. Zwar erfolgte auch in diesem Falle die Aminosäureaktivierung mit einem klassischen Kondensationsmittel (Carbodiimidazol), das sicherlich nicht als präbiotisch gelten kann, aber die Ausbeuten an Dicystein von 25–60 % waren erstaunlich! Das Gerüstpeptid bestand aus:

Gly–Cys–Gly$_n$–Cys–Glu$_{10}$ (n = 0, 1, 2, 3)

Die zwei zu verbindenden Cystein-Monomeren waren an die beiden Cysteinreste des Peptidgerüstes gebunden.

Durch das Peptidgerüst werden die beiden, die Peptidbindung bildenden funktionellen Gruppen einander soweit genähert, daß sich die Peptidbindung zwischen beiden Cysteinresten ausbilden kann.

Es ist schon erstaunlich, unter welchen verschiedenen Bedingungen und mit recht unterschiedlichen Methoden einzelne Aminosäuren unter Wasserabspaltung miteinander verbunden werden können. – So ist seit Jahren bekannt, daß Micellen (Abschn. 10.2) in wäßriger Phase bestimmte Reaktionsarten katalysieren, z. B. Hydrolyse oder Aminolyse. Als Micellen bezeichnet man Aggregate, die sich in wäßriger Lösung aus Tensidmolekülen unter bestimmten Bedingungen (Temperatur, Konzentration) bilden (Römpp, 9. Aufl.). Micellen aus Cetyltrimethyl-ammoniumbromid [$C_{16}H_{33}N^+(CH_3)_3$]Br$^-$, einer quartären Ammoniumverbindung mit kationtensidischen Eigenschaften, sind fähig, relativ konzentrierte Lösungen von Phosphoserin (50 mM), Asparaginsäure (100 mM) und Glutaminsäure (100 mM) nach Aktivierung mit Carbodiimidazol zu oligomerisieren. Verdünnt man die Aminosäurelösungen um das Zehnfache, so entstehen kürzere Peptide. Die negativ geladenen Aminosäuren werden an den positiv geladenen Micelloberflächen soweit konzentriert, daß sie polykondensieren. Die Aktivierung erfolgte mittels Carbonyldiimidazolen (CDI) (siehe Abb. 5.5).

In eine ähnliche Richtung weisen Experimente mit Liposomen, also komplexeren Gebilden als Micellen. Liposomen bestehen aus einer (eventuell auch mehreren) Lipiddoppelschichten (Abschn. 10.2), die sich konzentrisch um einen wäßrigen Innenraum anordnen. An ihnen wiesen Blocher et al. (2000) Polykondensationen von Aminosäuren und Peptiden nach. Mit Liposomen aus 1-Palmitoyl-2-oleoyl-sn-glycero-3-phosphocholin gelang ihnen die Kondensation hydrophober aktivierter Aminosäuren bis zu einer Kettenlänge von 29 Resten. Ebenso war die Verknüpfung von Dipeptiden (z. B. H–Trp–Trp–OH) zu Trp$_8$–OH, d. h. zu einem Octapeptid, mit Hilfe von Liposomen möglich.

Damit wurde neben der Adsorption von Monomeren an Mineralienoberflächen eine zweite Möglichkeit zur Polymerbildung entdeckt: die Wirksamkeit von Micellen und Liposomen.

Unter präbiotischen Bedingungen, d. h. ohne den Zusatz von Kondensationsmitteln der modernen Chemie, arbeiten seit etwa zehn Jahren Bernt M. Rode und Mitarbeiter am Institut für Anorganische und Theoretische Chemie der Universität Innsbruck an der Bildung einfacher Peptide. Als Kondensationsmittel werden lediglich NaCl und Cu (II)-Ionen als Kataly-

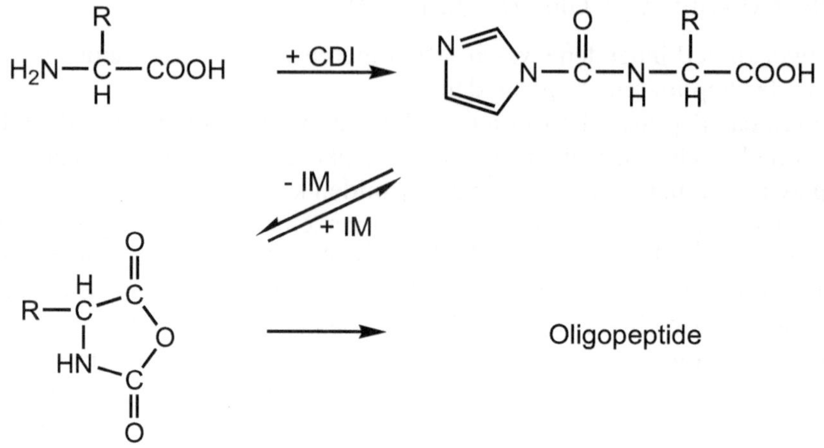

R = CH$_2$OPO$_3$$^{2-}$: O-Phospho-L-Serin

R = CH$_2$CO$_2$$^-$: L-Asparaginsäure

R = CH$_2$CH$_2$CO$_2$$^-$: L-Glutaminsäure

Abb. 5.5: Die Oligopeptidsynthese an kationischen Micellen mit Hilfe des Kondensationsmittels CDI führt zum Zwischenprodukt (I). Dieses steht mit einem N-Carboxyanhydrid (II) im Gleichgewicht. Eine freie primäre oder sekundäre Aminogruppe reagiert mit (II), bildet eine Amidbindung sowie einen Carbamid-Terminus. Nach Decarboxylierung wird die Aminogruppe frei. Die Ausbeuten betragen nach der Ninhydrin-Methode etwa 50 %. Quelle: Böhler et al. (1996)

satoren eingesetzt (Schwendinger u. Rode, 1991). Allerdings müssen sehr hohe Konzentrationen angewandt werden, so z. B. Gly, L-Ala, Cu^{2+}, 0,49 M und eine etwa 10mal höhere NaCl-Konzentration. Reaktionsdauer: 522 Stunden bei 348–358 K. Dabei werden die Dipeptide: Gly$_2$, Gly–Ala, Ala–Gly und Ala$_2$ gebildet. Unter optimalen Bedingungen erfolgt der Einbau von 10 % des Glycins und 5 % des Alanins in die Peptide. In geringem Maße entstehen auch höhere Peptide.

Im gleichen Institut führte man auch Experimente mit Verdampfungs-Cyclen durch, wie sie auf der Erde in der Nähe vulkanischer Aktivität periodisch abgelaufen sein könnten (Saetia et al., 1993). Bei den Versuchen setzte man die bereits beschriebene „Salz-induzierte Peptidsynthese" (SIPS) ein. Zu den zuvor angewandten Aminosäuren kamen noch hinzu: Glutaminsäure, Asparaginsäure, Valin und Prolin. Cyclusdauer: 20–24 Stunden bei 353 und 368 K. Die eingedampften Ansätze wurden bei jedem Cyclus mit Wasser wieder aufgenommen. Nach vier Reaktionscyclen beträgt die Diglycin-Ausbeute 6,57 % der ursprünglichen Gly-Konzentration, für Triglycin 0,57 %. Die Umsetzung von L-Asp über vier Cyclen ergibt mit der SIPS bevorzugt das β-Asp-Asp-Dimer und das optisch reine L-Asp–L-Asp-Dimer, jedoch keine racemischen Formen (also: L-Asp–D-Asp bzw. D-Asp–L-Asp).

Unerwartete Reaktionen zwischen kurzen Peptiden und Aminosäuren bei der SIPS beobachteten Suwannachot und Rode (1998). Bei Gegenwart von Glycin erhöht sich die Dialaninbildung um den Faktor 50. Die Ausbeute hängt stark von der Gly-Konzentration ab, der optimale Wert liegt bei einem Achtel der Ala-Konzentration.

Verschiedene Untersuchungsmethoden und Berechnungen weisen darauf hin, daß die Peptidbindung durch einen Aminosäure-monochlor-cuprat-Komplex ermöglicht wird (siehe Abb. 5.6).

Eine Kombination der SIPS mit den stabilisierenden und Synthese-fördernden Eigenschaften von Tonmineralien untersuchten Rode et al.(1999) mit Experimenten, bei denen trocken/naß-Cyclen das Reaktionsgeschehen bestimmten. – Beide Verfahren (SIPS + Tonmineralien als katalytisch-wirksame Oberflächen) gleichzeitig angewendet, führten zu Peptiden bis zum Hexameren $(Gly)_6$. – Die Frage, ob dieses Verfahren präbiotische Bedingungen erfüllt, kann (mit gewissen Einschränkungen) mit „ja" beantwortet werden, denn periodische Verdunstungsphasen in abgeteilten Arealen (Lagunen, Tümpel) sind vorstellbar. Das „Behältermaterial" könnte dabei aus Tonmineralien bestanden haben. – Weitere Fortschritte auf dem Gebiet der Peptidsynthese möglichst unter den Bedingungen der Urerde sind zu erwarten.

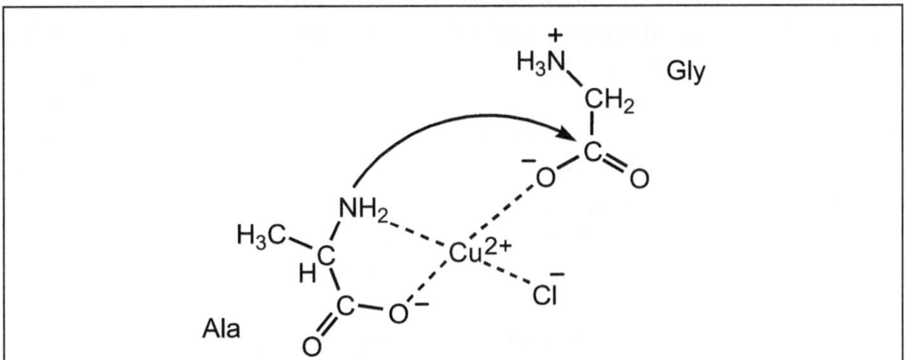

Abb. 5.6: Die Bindung von Alanin und Glycin bei der Salz-induzierten Peptid-Bildungsreaktion. Quelle: Suwannachot u. Rode (1998)

5.4.2   Präbiotische Proteine

Bereits vor 45 Jahren begannen S. W. Fox und Mitarbeiter Aminosäuren trocken zu erhitzen, um das bei der Peptidbindung freiwerdende Wasser aus dem Gleichgewicht zu entfernen. Lange Zeit galt als gesichert, daß Aminosäuren Temperaturen über 373 K nicht ohne Zersetzung überstehen. Fox und Harada (1958) gelang die Bildung polymeren Materials durch Erhöhung des Anteils an sauren bzw. basischen Aminosäuren gegenüber den neutralen. Das Produkt zeigte proteinähnliche Eigenschaften und wurde daher als „Proteinoid" bezeichnet, gelegentlich auch als „Polyaminosäure", vor allem, wenn nicht alle proteinogenen Aminosäuren, sondern nur einige oder sogar nur eine im Polymeren enthalten waren, wie z. B. im Polyglycin.

$$-\text{N}(\text{H})-\text{CH}_2-\overset{\text{O}}{\overset{\|}{\text{C}}}-\text{N}(\text{H})-\text{CH}_2-\underset{\text{O}}{\overset{\|}{\text{C}}}-\text{N}(\text{H})-\text{CH}_2-\overset{\text{O}}{\overset{\|}{\text{C}}}-\text{N}(\text{H})-\text{CH}_2-$$

Allerdings hat das wissenschaftliche Interesse an den Proteinoiden in den letzten Jahren deutlich abgenommen, wie es sich an der geringen Anzahl von Beiträgen zu dieser Stoffklasse auf den jüngsten Fachkongressen zeigte. Dafür gibt es einige Gründe, so z. B., daß einige Eigenschaften der thermischen Polyaminosäuren in ihrem Bezug zur Biogenese überbewertet wurden.

Auf alle Fälle bleibt die Proteinoid-Gewinnung eine Methode, die als präbiotisch bezeichnet werden muß. Man benötigt lediglich freie Aminosäuren (die müssen allerdings verfügbar sein!) und eine heiße Oberfläche sowie eine Sauerstoff-freie Atmosphäre. – Sidney Fox, der viele Jahre über Proteinoide arbeitete und manche kritischen Diskussionen bestehen mußte, wurde 1994 mit einem wissenschaftlichen Symposium geehrt, das mit dem Titel „Polyamino Acids, The Emergence of Life, and Industrial Applications" in San Diego abgehalten wurde.

Es ist nicht auszuschließen, daß die Proteinoide in den nächsten Jahren wieder – vielleicht in modifizierter Form – interessant werden könnten.

5.4.2.1   Herstellung thermischer Polyaminosäuren

Der Herstellungsprozeß von Proteinoiden ist denkbar einfach. Im Labor werden die Aminosäuren (je nach Ansatz: entweder alle 20 proteinogenen Aminosäuren oder nur einige von ihnen im gewünschten molaren Verhältnis) gemischt und in einem Kolben unter Stickstoff auf die gewünschte Temperatur von 353–453 K gebracht. Nach einer Reaktionsdauer von einer bis mehreren Stunden wird das bräunlich gefärbte Produkt zur Entfernung nicht-umgesetzter Ausgangssubstanzen 1–3 Tage dialysiert und dann gefriergetrocknet. Zur Methodik: Rhodes, (1975); Rohlfing u. Fouche (1972).

5.4.2.2   *Eigenschaften der thermischen Polymeren*

Wie zu erwarten ist, werden thermisch labile Aminosäuren beim Erhitzen in gewissem Umfange zersetzt, vor allem Serin, Threonin und Cystein – abhängig von der Temperatur und Erhitzungsdauer. Bei vielen Experimenten erwies sich ein Überschuß von Glutamin- oder/und Asparaginsäure bzw. Lysin als vorteilhaft. Äquimolare Mengen aller Aminösäuren ergeben ebenfalls Proteinoide, wenn auch mit geringerer Ausbeute (Fox u. Waehnelt, 1968).

Der genaue chemische Aufbau dieser thermischen Polymeren ist nicht bekannt. Er hängt von den physikalischen Synthese-Bedingungen ab. So erhebt sich die Frage: Inwieweit gleichen diese Polymeren den nativen Proteinen? – Proteinoide stimmen in einigen Eigenschaften mit den natürlichen Proteinen überein – aber nicht in allen (Dose u. Rauchfuss, 1972). Die in der Proteinchemie übliche Hydrolyse-Prozedur (6 M HCl, 10–20 Stunden bei etwa 373 K) ergibt freie Aminosäuren in recht unterschiedlichen Prozentzahlen. Liegen in diesen Polymeren echte Peptidbindungen vor? – Mit dem bekannten „Biuret-Test" können 40–90 % Peptidbindungen (je nach Versuchsbedingungen) nachgewiesen werden. Manche Kritiker sind – sicherlich mit gutem Recht – mit diesem alleinigen Nachweis nicht einverstanden. So weisen NMR-Untersuchungen von Asparagin-haltigen Polymeren auf einen hohen Anteil an β-Peptidbindungen hin (Andini et al., 1975), d. h. nicht die α-Carboxylgruppe ging die Peptidbindung ein, sondern die β-Carboxylgruppe dieser Aminosäure.

Da sich einige Aminosäuren durch Hitzeeinwirkung z. T. verändern, so müssen auch diese Bruchstücke in das Polymere eingebaut oder zu besonderen Molekülarten, z. B. Heterocyclen, umgebaut werden (Heinz et al., 1979). Unterschiedliche Versuchsbedingungen (Temperaturen von 458 K und höher) führten zur Synthese von Pteridinen und Flavinen. Die thermische Polykondensation von Lysin, Alanin und Glycin (458 K, 5 Stunden), ergab das „KAG-Chromo-Proteinoid", das sehr genau analysiert wurde. Als Chromophore konnten Flavine (a) und Deazaflavine (b) identifiziert werden (Heinz u. Ried, 1984) (s. nächste Seite).

Einige Proteinoide zeigen schwache katalytische Aktivitäten, wie z. B.:

– Hydrolyse (Rohlfing u. Fox, 1967)
– Decarboxylierung (Rohlfing, 1967)
– Aminierung und Desaminierung (Krampitz et al., 1967)
– Oxidoreduktionen (Dose u. Zaki, 1971)

Wenn auch die katalytischen Fähigkeiten thermischer Polymerer um Größenordnungen niedriger sind als die kontemporärer Enzyme, so wäre die Beteiligung von Proteinoiden an den frühen Prozessen, die zur Biogenese führten, ein bedenkenswerter Aspekt.

Proteinoide zeigen die Eigentümlichkeit, zellähnliche, sphärische Partikel auszubilden. Sie entstehen beim Abkühlen heißer, gesättigter Proteinoidlösungen. Diese von Fox als „Mikrosphären" bezeichneten Gebilde wiesen einen Durchmesser von 1,0–3,0 μm auf, je nach pH-Wert und Konzentration der sie umgebenden Lösung. Die Partikel bilden Knospen aus, die zu vollausgebildeten Mikrosphären heranwachsen können. Sie standen lange Zeit in Konkurrenz zu den Oparinschen Koazervaten. Das Schicksal beider Protozell-Modelle ist das gleiche – sie sind zur Zeit nicht aktuell!

5.4.2.3   *Aminosäuresequenzen*

Heftig umstritten war die Frage, ob die Aminosäuresequenz in den Proteinoiden zufallsbedingt sei oder ob, wie Sidney Fox annahm, die Aminosäuren auch in gewissem Umfange die Sequenz des Polymeren bestimmten. Deutliche Kritiken zu dieser Hypothese äußerten J. Ferris (1989) und A. Brack (1989) in Rezensionen zum Buch „Emergence of Life" von S. Fox. Zum besseren Verstehen des Problems seien hier noch einige Eigenschaften der thermischen Polyaminosäuren genannt:

–   Wie bereits erwähnt, sind die Aminosäuren in unterschiedlichem Maße hitzelabil: Serin, Cystein und Threonin gehen in die entsprechenden Fettsäuren oder Amine über. Glutaminsäure cyclisiert spontan zu Pyroglutaminsäure (pyr-Glu), deren freie Carboxylgruppe weiterreagieren kann (z. B. mit freien Aminogruppen):

$$CH_2-CH_2-\overset{\overset{\textstyle H}{|}}{\underset{\underset{\textstyle NH_2}{|}}{C}}-COOH \quad \xrightarrow[-H_2O]{} \quad \text{(5.10)}$$

Asparaginsäure reagiert zu Anhydropolyasparaginsäure (Audini, 1975)

Allgemein bilden einige Aminosäuren in der Hitze cyclische Anhydride (Diketopiperazine).

– Aus Molekülteilen abgebauter Aminosäuren können heterocyclische Verbindungen, wie z. B. Flavine und Pteridine, entstehen (Heinz u. Ried, 1984).
– Es bilden sich Quervernetzungen zwischen den Ketten, die durch trifunktionelle Aminosäuren verursacht werden können.
– Über das Verhalten der Proteinoide bei Elektrophorese und über die Auftrennung an Ionenaustauschern siehe Dose und Rauchfuss (1975).

Erste Hinweise darauf, daß bei der thermischen Polykondensation von Aminosäuren keine reinen Zufalls-Sequenzen entstehen, fanden Nakashima et al. (1977). Sie erhitzten ein Gemisch aus Glutaminsäure, Glycin und Tyrosin 21 Stunden auf 453 K und untersuchten das Produkt auf Tyrosin-haltige Tripeptide. Statistisch gesehen wären 19 Tripeptide zu erwarten, d. h. insgesamt 27 mögliche Peptide ($3^3 = 27$), davon müßten $2^3 = 8$ Tyrosin-freie Tripeptide abgezogen werden. Wie die Analyse ergab, hatten sich nur zwei Tyrosin-haltige Tripeptide gebildet: pyr–Glu–Gly–Tyr und pyr–Glu–Tyr–Gly. Diese Ergebnisse wurden von Hartmann et al. (1981) bestätigt.

Das gleiche System untersuchten Klaus Dose und Mitarbeiter vom Institut für Biochemie der Universität Mainz. Ihnen gelang die Aufklärung der Reaktionsmechanismen, die zur Tripeptidsynthese führten. Bei der thermischen Umsetzung bildet sich spontan Pyroglutaminsäure und dann cyclisches Glycyltyrosin. In einer zweiten Reaktion reagiert das cyclische Dipeptid mit pyr–Glu und führt zu pyr–Glu–Gly–Tyr und pyr–Glu–Tyr–Gly. Zu ähnlichen Ergebnissen kam man in Mainz bei der Kopolymerisation von Aminosäuren in wäßriger Phase in Gegenwart eines Kondensationsmittels (einem Carbodiimid-Derivat) (Dose et al., 1982; Hartmann et al., 1984). Aminosäuren mit kurzen Seitenketten, wie Alanin, oder ohne Seitenkette, wie Glycin, werden schneller eingebaut als Moleküle mit größeren und damit sperrigeren Resten (R), wie z. B. in Valin oder Phenylalanin.

Aus den Versuchsergebnissen mit dem System Glu/Gly/Tyr läßt sich ableiten, daß die bevorzugte Bildung der zwei Tripeptide pyr–Glu–Gly–Tyr und pyr–Glu–Tyr–Gly unter den angewandten Versuchsbedingungen von drei Parametern bestimmt wird:

- der spontanen Bildung von pyr-Glu,
- der Reaktionsträgheit des Tyrosins, mit sich selbst zu reagieren, und
- der Fähigkeit des Glycins, Polygly zu bilden.

Daraus folgt: Es sind vor allem sterische Faktoren und die chemische Reaktivität der betreffenden Aminosäuren, die bei der thermischen Polykondensation die Sequenz beeinflussen. Dazu kommen weitere Faktoren wie Temperatur, Konzentration der Reaktionsteilnehmer, pH-Wert, Gegenwart von Ionen bzw. Mineralien und Oberflächeneffekte. Zusammenfassend kann man feststellen, daß Proteinoide (in Form von Protoproteinen) als mögliche erste schwache (bis sehr schwache) Katalysatoren bei den Anfangsreaktionen zum Aufbau von Biomolekülen mitgewirkt haben konnten. – Proteinoid-Kritiker stellen gern die Frage: Wie konnten die für diese Umsetzungen nötigen Aminosäurekonzentrationen entstehen? (Ferris, 1989). Diese Frage trifft hier nicht das Wesentliche, denn diese Frage stellt sich genau so für die Synthese von Nucleinsäuren – und damit für die RNA-Welt!

Auf dem bereits erwähnten ISSOL-Kongress in San Diego (1999) stellte eine russische Forschergruppe vom Bachinstitut in Moskau eine Arbeit vor, in der ein Flavinpigment (ein Isoalloxacin-Derivat) aus einem Produkt isoliert wurde, das durch Erhitzen eine Mischung von drei Aminosäuren (Glu:Gly:Lys = 8:3:1) entstand. Dieses Pigment zeigte sowohl unter aeroben als auch anaeroben Bedingungen photochemische Aktivitäten, z. B. Redoxreaktionen wie Elektronentransfer zu Akzeptoren mit niedrigeren E_v-Werten (Kolesnikov, 1999).

Bestimmte thermische Aminosäure-Polymerisate wurden industriell weiterentwickelt und finden in speziellen medizinischen Bereichen ihre Verwendung (Bahn u. Fox, 1996; Bahn, 2000).

5.5   Neue Entwicklungen

Neue Entwicklungen in der Chemie beruhen auch auf Planung und Erprobung neuer Synthesemethoden. In der modernen Chemie sind Entwicklungen erkennbar, deren Wurzeln in biologischen Prozessen liegen, wie die Begriffe *Signalerkennung*, *Replikation*, *Autokatalyse* oder *Selbstreplikation* erkennen lassen. Moderne Ideen, teilweise schon in Erprobung, findet man auch in Laboratorien der Arbeitsrichtung Peptidchemie.

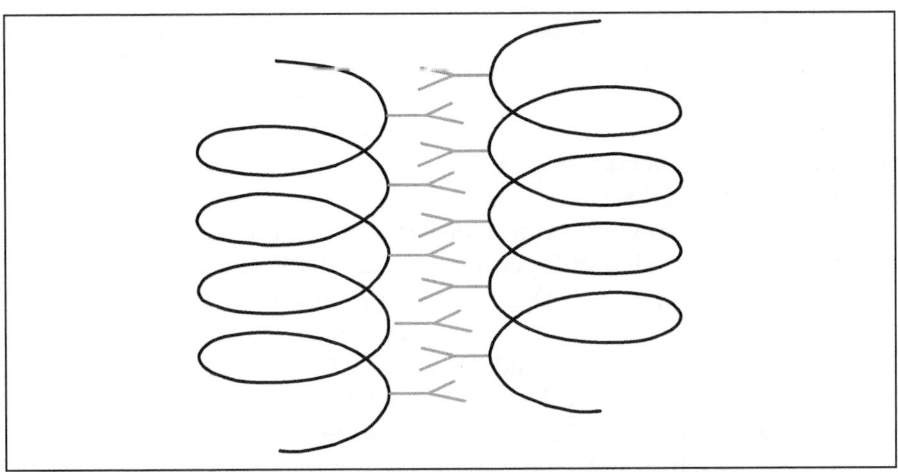

Abb. 5.7: Vereinfachte schematische Darstellung eines Leucinreißverschlusses. Von den beiden α-Helices der Peptidketten treten jeweils die Leucinreste (die Symbole in der Mitte der Darstellung) miteinander in Wechselwirkung.

Die wissenschaftliche Welt vernahm erstaunt die Nachricht, daß es David Lee aus dem Labor von Reza Ghadiri, Scripps Research Institute in La Jolla, Kalifornien, gelungen war – ähnlich den Experimenten mit Oligonucleotiden (Abschn. 6.4) –, ein selbstreplizierendes Peptid nachzuweisen (Lee et al., 1996). Lee konnte zeigen, daß ein aus 32 Aminosäuren bestehendes Peptid als Matrize zu wirken vermag und außerdem autokatalytisch seine eigene Synthese unterstützt. Dieser Informationstransfer verläuft bei Peptiden deutlich komplexer als bei der Nucleinsäure-Replikation. Bei dem zuvor genannten Peptid bestimmen sowohl die Aminosäuresequenz als auch die Raumstruktur (α-Helix) die Fähigkeit zur Replikation. Das Peptid basiert auf der Sequenz des „Leucin-Reißverschluß"-Bereiches des Hefe-Transskriptionsfaktors GCN4, also eines Gen-Regulationsproteins.

Die Sequenz bildet durch Dimerisierung eine „Überspirale" aus zwei Spiralen („coiled coil"), die man als Leucin-Reißverschluß bezeichnet. Die in wäßriger Phase durchgeführte Kondensation verläuft zwischen zwei Peptidfragmenten, die aus 15 bzw. 17 Aminosäureresten bestehen. Die Aktivierung erfolgte über eine Thioesterbildung (Abschn. 5.3.1). Die Ligation an einer vollständigen GCN4-Matrize ergibt ein neues, 32 Aminosäuren umfassendes Peptid, das nun seinerseits als Matrize wirken kann. Die autokatalytische Reaktion zeigt parabolisches Wachstum der Peptidkonzentration (bedingt durch Produkthemmung; Abschn. 6.4).

Inwieweit diese sensationell wirkende Entdeckung für die Biogeneseforschung von Bedeutung ist, sollte sich erst in den nächsten Jahren erweisen (Lahav, 1999). So zeigt sich, daß die präbiotische Chemie viel komplexer und vielseitiger ist, als man sich das vor etwa fünf Jahrzehnten vorstellen konnte, als Stanley Miller seine ersten Aminosäuresynthesen gelangen. Mit Experimenten, ähnlich den zuvor geschilderten – und denen, die noch folgen müssen –, könnte sich die breite Lücke, die noch zwischen präbiotischer und lebender Welt klafft, zwar langsam, aber sicher schließen (Wills u. Bada, 2000).

Das GCN4-System wurde vom gleichen Arbeitskreis in La Jolla erweitert, und es zeigte wiederum Eigenschaften, die die Fachwelt überraschten. Die Überlebensfähigkeit von Organismen wird bekanntlich durch symbiotische Assoziationen erhöht und verbessert. Ähnliche Eigenschaften beobachteten Lee et al. (1997) und Ghadiri (2000) bei Experimenten zur Selbstreplikation durch ein Hypercyclus-Netzwerk. Dabei katalysieren zwei ansonsten konkurrierende, selbstreplizierende Peptide in Form einer Symbiose gegenseitig ihre Bildung. Diese Versuchsergebnisse stehen in Zusammenhang mit den Theorien von Manfred Eigen (Abschn. 8.2) und Stuart Kauffman (Abschn. 9.3). Das von Lee, Severin, Ghadiri u. a. erstmalig aufgezeigte System eines hypercyclischen Peptidnetzwerkes unterstützt die Annahmen beider zuvor genannten Theorien, daß Peptide entscheidend wichtige Funktionen bei allen Biogeneseprozessen erfüllt hatten (Lee et al., 1997). Die neuentdeckten Eigenschaften der autokatalytischen, selbstreplizierenden Peptide sind faszinierend. Sie stellen möglicherweise ein wesentliches Element bzw. einen Baustein dar, der beim Übergang eines unbelebten zu einem belebten System noch fehlte.

Es ist erstaunlich, daß im gleichen Arbeitskreis von M. R Ghadiri zwei weitere wichtige Forschungsergebnisse erzielt wurden. – Mit dem zuvor beschriebenen System zweier Peptide (aus 15 bzw. 17 Aminosäureresten), von denen das längere Peptid elektrophilen und das kürzere nucleophilen Charakter aufweisen (bedingt durch die elektrischen Ladungen der Aminosäurereste, die das Peptid aufbauen), konnte eine dynamische Fehlerkorrektur in autokatalytisch wirksamen Netzwerken beobachtet werden. Dazu setzte man neben den beiden nativen Peptiden auch zwei Peptide ein, die an einer Position in der Aminosäurekette eine Mutation, d. h. einen Aminosäureaustausch, aufwiesen. Bei der konkurrierenden Kondensationsreaktion beider Peptide entstehen sowohl native Sequenzen eines selbstreplizierenden Peptids als auch mutierte Peptide und zwar: die native Sequenz, d. h. eine Sequenz ohne Aminosäureaustausch, zwei einfachmutierte Peptide und ein doppelmutiertes Peptid. Die spontane Fehlerbildung bei der Selbstreproduktion simulierte man durch den Zusatz der Ausgangspeptide, bei denen jeweils eine Aminosäure durch eine andere ersetzt wurde. Nach Inkubation in wäßriger Phase zeigte sich die deutlich bevorzugte Bildung von nativen Peptidsequenzen. Daher kam es zu der Annahme, daß die Mutantenpeptide als selektive Katalysatoren für die Bildung nativer

Sequenzen genutzt wurden. Die genaue Analyse ergab, daß diese Art von Sequenzselektion das Ergebnis selbstorganisierter Netzwerke ist, die sich aus zwei oder drei (auto)katalysierten Cyclen zusammensetzen. Die Präferenz der Bildung nativer Sequenzen kann als Fehlerkorrektur eines autokatalytischen Netzwerkes gewertet werden (Severin et al., 1998 a, b).

Der zweite Bericht aus La Jolla versucht etwas Licht in das Dunkel um die Frage der Homochiralität von Biomolekülen zu bringen (Abschn. 9.4.). Vereinfacht formuliert geht es um die Frage: Warum findet man bei einigen wichtigen Klassen von Biomolekülen immer nur eine der beiden möglichen chiralen Formen?

Für die Versuchsansätze verwendete die Arbeitsgruppe von Ghadiri wiederum das bewährte Peptid mit dem Leucin-Reißverschluß. Beim autokatalytischen Replikationscyclus wurden aus einer racemischen Startmischung der Peptidfragmente E und N (mit 15 bzw. 17 Aminosäureresten) durch einen homochiralen Ausleseprozeß bevorzugt homochirale Produkte gebildet. Das Ausgangsgemisch enthielt die beiden Peptidfragmente, die jeweils aus L- bzw. D-Aminosäuren bestanden, also insgesamt vier konkurrierende Molekülsorten (N^L, N^D und E^L, E^D). Daher konnten bei

$$1)\ E^L + N^L \quad \xrightarrow{\ T^{LL}\ } \quad T^{LL}$$

$$2)\ E^L + N^L \quad \xrightarrow{\ T^{LL},\, T^{DD},\, T^{DL},\, T^{LD}\ } \quad T^{LL}$$

$$3)\ E^D + N^L \quad \xrightarrow{\ T^{LL},\, T^{DD},\, T^{DL},\, T^{LD}\ } \quad T^{DL}$$

$$4)\ E^D + N^L \quad \xrightarrow{\ \text{keine Matrize}\ } \quad T^{DL}$$

$$5)\ E^D + N^L + E^L \quad \xrightarrow{\ T^{LL}\ } \quad T^{DL} + T^{LL}$$

Abb. 5.8: Die untersuchten Reaktionen: links Edukte, rechts Produkte. Über den Pfeilen die jeweils angewandten Matrizen. Quelle: Saghatelian et al. (2001)

Es bedeuten:

N^L	=	das aus 15 L-Aminosäureresten bestehende, nucleophile Peptidfragment
N^D	=	das entsprechende Peptidfragment aus D-Aminosäureresten
E^L bzw. E^D	=	die aus 17 L- bzw. D-Aminosäureresten bestehenden elektrophilen Peptidfragmente
T	=	das Kondensationsprodukt aus E + N und zwar:
T^{LL} bzw. T^{DD}	=	nur aus L- bzw. nur aus D-Aminosäureresten bestehendes Peptid
T^{DL}	=	aus beiden Aminosäure-Spezies aufgebautes Peptid

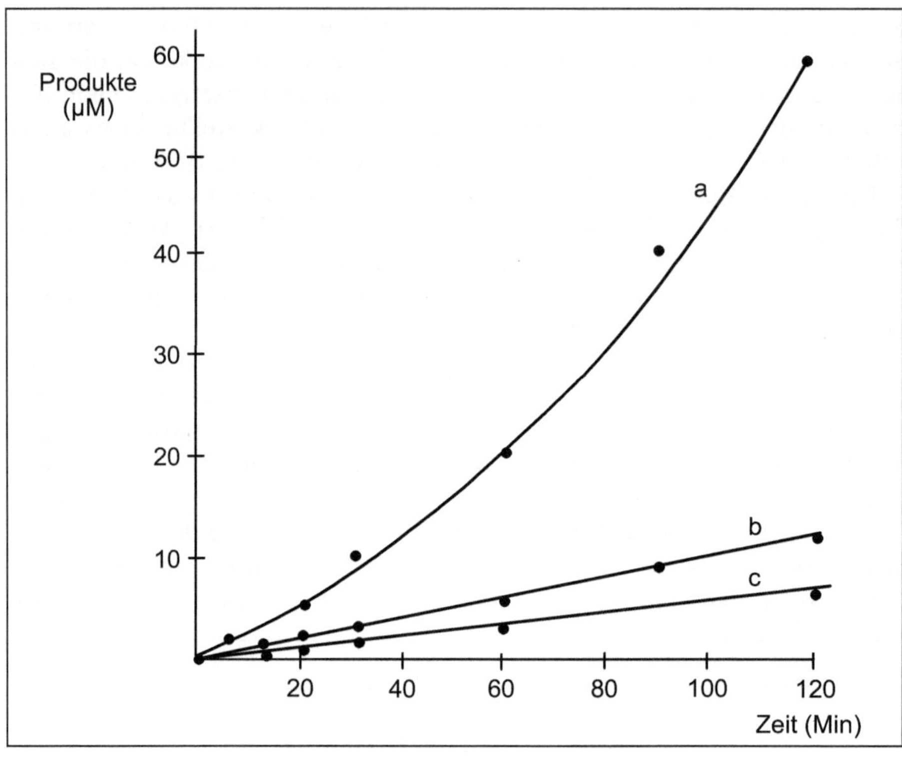

Abb. 5.9: Die Bildungsraten der Produkte in Abhängigkeit von der Zeit. Die matrizenabhängige Bildung:
a) der homochiralen Produkte T^{LL} und T^{DD}
b) der heterochiralen Produkte T^{DL} und T^{LD}
c) der gleichen Ansätze wie bei a und b, nur mit Zusatz von 3 M Guanidinhydrochlorid. Quelle: wie Abb. 5.8

bei der Kondensationsreaktion vier verschiedene Produkte entstehen: T^{LL}, T^{DD}, T^{LD} und T^{DL}. Wie bereits erwähnt, wurden T^{LL} und T^{DD} bevorzugt gebildet. Vereinfacht lassen sich die Versuchsergebnisse wie in Abbildung 5.8 dargestellt zusammenfassen.

Entsprechend dem autokatalytischen Prozeß werden als Produkt wieder Matrizen gebildet. Es ist bemerkenswert, daß eine verminderte Autokatalyse eintritt, wenn auch nur einer der 15 Bausteine des Peptids eine gegenseitige Händigkeit aufweist, also wenn z. B. im N-Peptid von 14 L-Aminosäuren eine D-Aminosäure in das Peptidfragment eingebaut wurde.

Diese Versuchsergebnisse zeigen, daß ein solches System befähigt ist, homochirale Produkte durch Selbstreplikation zu bilden. Es läßt vermuten, daß ähnliche Mechanismen die Entstehung der Homochiralität auf der Erde beeinflußten (Saghatelian et al., 2001; Siegel, 2001).

Bei allem Enthusiasmus über diese Entdeckungen und Erfolge darf jedoch nicht vergessen werden, daß bei den vorgestellten Szenarien immer von bereits fertigen Peptiden ausgegangen wird, über deren Entstehung und Ursprung auf der öden und wüsten Urerde noch keinerlei gesicherte Erkenntnisse vorliegen.

Literatur

Akabori S (1955) Kagaku 25:54

Andini S, Benedetti E, Ferrara L, Paolillo L, Temussi PA (1975) Origin of Life 6:147

Bahn PR, Fox SW (1996) Chem Tech, Mai 1996 p 26

Bahn PR (2000) Orig Life Evol Biosphere 30:274

Blocher M. Liu O, Luisi PL (2000) Orig Life Evol Biosphere 30:123

Böhler C, Aubrey R, Hill JR, Orgel LE (1996) Orig Life Evol Biosphere 26:1

Brack A (1982) Biosystems 15:201

Brack A (1989) Orig Life Evol Biosphere 19:77

Chu BFC, Orgel LE (1999) Orig Life Evol Biosphere 29:441

de Duve C (1994) Ursprung des Lebens. Spektrum, Heidelberg

de Duve C (1995) Aus Staub geboren. Spektrum. Heidelberg

Dose K, Zaki L (1971) Z Naturforsch 26b:2:144

Dose K, Rauchfuss H (1972) On the electrophoretic behavior of thermal polymers of amino acids. In: Rohlfing DL, Oparin AI (eds) Molecular Evolution: Prebiological and Biological. Plenum, New York, pp 199-217

Dose K, Rauchfuss H (1975) Chemische Evolution und der Ursprung lebender Systeme. Wissenschaftliche Verlagsgesellschaft, Stuttgart

Dose K, Hartmann J, Brand CM (1982) Biosystems 15:195

Eriani G, Delarue M, Pock O, Gangloff J, Moras D (1990) Nature 347:203

Ferris JP (1989) Nature 337:609

Fox SW, Harada K (1958) Science 128:1214

Fox SW, Waehnelt TV (1968) Biochim Biophys Acta 160:246

Ghadiri MR (2000) Orig Life Evol Biosphere 30:247

Gröger H, Wilken J (2001) Angew Chem 113:54

Hanabusa H, Akabori S (1955) Bull Chem Soc Japan 32:626

Hartmann J, Brand CM, Dose K (1981) Biosystems 13:141

Hartmann J, Narwroth T, Dose K (1984) Origin of Life 14:213

Heinz B, Ried W, Dose K (1979) Angew Chem 91:510

Heinz B, Ried W,(1984) Origins of Life 14:279

Hoagland MB (1955) Biochim Biophys Acta 16:288

Hoppe B, Martens J (1983) Chemie in unserer Zeit 17:41

Hoppe B, Martens J (1984) Chemie in unserer Zeit 18:7

Imai E-I, Honda H, Hatori K, Matsuno K (1999a) Orig Life Evol Biosphere 29:249

Imai E-I, Honda H, Hatori K, Brack A, Matsuno K (1999b) Science 283:831

Jaenicke L (2002) Chemie in unserer Zeit 36:338

Kolesnikov MP, Kritsky MS (1999) Book of Program and Abstracts, ISSOL-99. Mandeville Center, Univ. California, P1.31, p 73

Krampitz G, Diehl S, Nakashima T (1967) Naturwissenschaften 54:516

Lahav N (1999) Biogenesis. Oxford University Press, New York, Oxford, p 230

Lee DH, Cranja JR, Martinez JA, Severin K, Ghadiri MR (1996) Nature 382:525

Lee DH, Severin K, Yokobayashi Y, Ghadiri MR (1997) Nature 390:591

List B, Lerner RA, Barabas III CF (2000) J Amer Chem Soc 122:2395

Matsumu K (2000) Orig Life Evol Biosphere 30:203

Maurel MC, Orgel LE (2000) Orig Life Evol Biosphere 30:165

Movassaghi M, Jacobsen EN (2002) Science 298:1904

Nakashima T, Jungck JR, Lederer E, Fox SW (1977) Int J Quantum Chem 4:65

Orgel LE (1989) J Mol Evol 29:465

Orgel LE (1998) Orig Life Evol Biosphere 28:217

Rhodes GW, Flurkey WH, Shipley RM (1975) J Chem Education 52:197

Rode BM, Son HL, Suwannachot Y, Bujdak J, (1999) Orig Life Evol Biosphere 29:273

Rohlfing D, Fox SW (1967) Arch Biochem Biophys 118:122

Rohlfing D (1967) Arch Biochem Biophys 118:468

Rohlfing D, Fouche CE (1972) Stereo-enriched poly-α-amino acids: Synthesis under postulated prebiotic conditions In: Rohlfing D, Oparin AI, Molekular Evolution: Prebiological and Biological. Plenum, New York, pp 219 – 231

Römpp-Lexikon (1991) Thieme Stuttgart New York

Saghatelian A, Yokobayashi Y, Soltani K, Ghadiri MR (2001) Nature 409:797

Saetia S, Liedl KR, Eder AH, Rode BM (1993) Orig Life Evol Biosphere 23:167

Schwendinger M, Rode BM (1991) Inorganica Chemica Acta 186:247

Severin K, Lee DH, Martinez JA, Vieth M, Ghadiri MR (1998a) Angew Chem 110:133

Severin K, Lee DH, Martinez JA, Vieth M, Ghadiri MR (1998b) Angew Chem Int Ed 37:126

Siegel JS (2001) Nature 409:777

Steinman G, Cole MN (1967) Proc Natl Acad Sci USA 58:735

Suwannachot Y, Rode BM (1998) Orig Life Evol Biosphere 28:79

Synge RCM (1945) J Biochem 39:351

Wagner J, Musso H (1983) Angew Chem 95:827

Wieland T, Schäfer W (1951) Angew Chem 63:146

Wieland T, Pfleiderer G (1957) Advances in Enzymology 19:235

Wills C, Bada Y (2000) The Spark of Life. Persus, Cambridge Mass, p 136

6 „RNA-Welt"

6.1 Einleitende Bemerkungen

Der Begriff „RNA-Welt" erscheint in vielen Publikationen zur Biogenese – er wurde beinahe zu einem Schlagwort, ähnlich dem Begriff „Ursuppe". Die RNA-Welt-Theorie oder besser, die RNA-Welt-Hypothese, entstand vor fast zwei Jahrzehnten. Der Begriff geht auf den Nobelpreisträger Walter Gilbert von der Harward-Universität, Cambridge, Ma zurück (Gilbert, 1986). Aber bereits vor mehr als 35 Jahren erkannten Carl Woese (1967), Francis Crick (1968) und Leslie Orgel (1968) die herausragende Bedeutung dieser Nucleinsäure im Zusammenhang mit Prozessen, die zur Biogenese führen konnten. Unter den deutschsprachigen Forschern war es vor allem Manfred Eigen (1971) mit seiner umfassenden Arbeit über die „Selbstorganisation der Materie und die Evolution biologischer Makromoleküle" sowie Hans Kuhn (1972) mit seiner Publikation „Selbstorganisation molekularer Systeme und die Evolution des genetischen Apparates", die auf die besondere Rolle der RNA beim Phänomen der Lebensentstehung hinwiesen (Abschn. 8.2 und 8.3).

Die RNA-Welt-Hypothese verschob in den letzten Jahren in vielen Forschungsinstituten den Arbeitsschwerpunkt, soweit sie sich mit dem Biogeneseproblem befaßten.

Vor 1½ Jahrzehnten begründete Gerald Joyce (1989) in einem „Nature"-Übersichtsartikel, warum RNA fast alle Bedingungen erfüllt, die eine Stoffklasse zur Informationsübertragung befähigen:

– Die Matrizeneigenschaften der RNA vereinfachen den Selbstreplikationsprozeß. RNA-Matrizen sind fähig, die Synthese komplementärer Oligonucleotide zu steuern.
– Die Doppelfunktion der RNA beinhaltet:
  a) ihre Fähigkeit zur Informationsübertragung (Abschn. 6.4) und
  b) katalytische Eigenschaften (Abschn. 6.5).
– RNA ist in allen z. Z. lebenden Systemen an solchen Prozessen beteiligt, die entwicklungsgeschichtlich sehr alt sind. RNA tritt bei der Proteinbiosynthese in drei verschiedenen Formen und damit Funktionen auf, als: tRNA, mRNA und rRNA.

- Die meisten biochemisch aktiven Coenzyme sind Nucleotide oder Verbindungen, die von Nucleotiden herstammen könnten.
- Die Aminosäure Histidin erfüllt im aktiven Zentrum einiger Enzyme wichtige Funktionen. Ihre Biosynthese läuft über Zwischenprodukte, die möglicherweise in Beziehung zu einem Vorläufermolekül (Purinbase) eines Ribozyms stehen.
- Thymin kommt nur in DNA, nicht in RNA vor. Desoxythymidylsäure wird duch Methylierung von Desoxyuridylsäure gebildet. Dies kann als Hinweis gelten, daß Ribonucleoside vor den Desoxynucleoside auf der jungen Erde vorhanden waren.

Auch von ihren Befürwortern wird die RNA-Welt nicht immer voll übereinstimmend diskutiert. Trotzdem gibt es drei grundlegende Annahmen, über die Konsens besteht (Joyce u. Orgel, 1999).

- Von einem bestimmten Zeitpunkt der Entwicklung und Evolution des Lebens an wird die genetische Kontinuität durch RNA-Replikation gesichert.
- Grundlage des Replikationsprozesses ist die Watson-Crick-Basenpaarung.
- In der Entwicklungsphase der RNA-Welt waren noch keine Prozesse wirksam, die von Proteinkatalysatoren beeinflußt wurden.

Die Unterschiede zwischen den verschiedenen Deutungen der RNA-Welt bestehen vor allem in den Fragen:

- Was war **vor** der RNA-Welt?
- Welche komplexen Mechanismen wirkten in einer RNA-Welt?
- Welche Funktion erfüllten die Cofaktoren?

Bei allem Enthusiasmus für die RNA-Welt, so geben doch kritische Beobachter des Szenarios zu bedenken (übrigens auch Joyce u. Orgel, 1989), daß die RNA-Welt eine Hypothese ist! – Mit ihrer Hilfe gelang die Entwicklung einer Reihe interessanter Biogenesemodelle, Teilgebiete konnten durch erfolgreiche Experimente gesichert werden, aber dennoch wirft diese Hypothese Fragen auf, deren Beantwortung noch völlig offen ist (Abschn. 6.6).

6.2 Synthese von Nucleosiden

Vereinfacht formuliert entstehen Nucleoside durch Verbindung einer organischen Base (hier: Guanin, Adenin, Uracil und Cytosin) mit einem Zucker (hier: D-Ribose) unter Wasserabspaltung:

Base + Zucker → Nucleosid + Wasser

Diese Reaktion scheint leicht zu verwirklichen, doch die enzymfreie, präbiotische Synthese, vor allem mit den Pyrimidinbasen, bereitet noch immer
große Schwierigkeiten. Möglicherweise sind völlig neue Syntheseplanun-
gen erforderlich.

Die Problematik der Nucleosidsynthese besteht in der Verknüpfung des
3-N-Atoms der Pyrimidine und des 9-N-Atoms der Purine mit dem 1'-C-
Atom der Ribose ohne die Steuerung durch Enzyme und unter den Bedingungen der Urerde. – Wie konnten derartige Reaktionen ablaufen? Es fehlte natürlich nicht an Versuchen, das Problem zu lösen. 1963 konnten Ponnamperuma et al. (1963) über den Nachweis geringer Mengen (0,01 %)
von Adenosin berichten, wenn eine 10^{-3} M Lösung von Adenin, Ribose
und Phosphat mit UV-Licht bestrahlt wird. – Einige Jahre später gelang
Fuller et al. (1972 a, b) die Nucleosidsynthese in bescheidenem Ausmaß
durch Erhitzen einer Mischung aus Purinen (Adenin, Hypoxanthin und
Guanin) mit Ribose und Mg-Salzen. Jedoch mißlangen ähnliche Versuche
mit Pyrimidinen. Dieses Faktum stellt eine gefährliche Schwachstelle der
gesamten RNA-Welt dar. Es bedarf daher noch recht unorthodoxer, phan-
tasievoller Ideen, um das leidige Nucleosidproblem zu lösen.

Möglich wäre es, dem kontemporären Syntheseweg in der lebenden
Zelle zu folgen. Die Natur verwendet 5-Phosphoribosyl-1-pyrophosphat
(PRPP), also eine vor der Ankopplung an die Base aktivierte Ribose (Zu-
bay, 2000).

6.3 Synthese von Nucleotiden

Die eigentlichen Bausteine der Nucleinsäuren sind die Nucleotide, die
durch eine Veresterungsreaktion von Nucleosiden mit Phosphat entstehen.
Dabei stehen bei Ribose drei und bei Desoxyribose zwei OH-Funktionen
für die Veresterung zur Verfügung:

Nucleosid + H_3PO_4 → Nucleotid + Wasser

Formelmäßig am Beispiel des Adenosin-5'-phosphats dargestellt (siehe
Abb. 6.1).

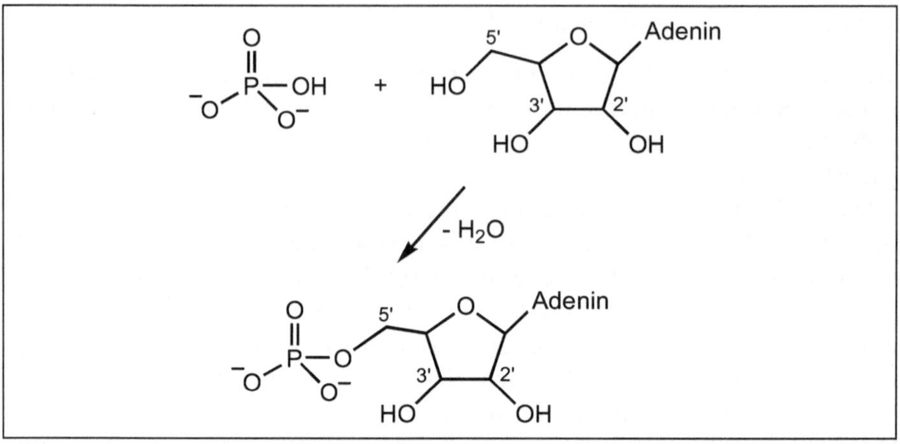

Abb. 6.1: Phosphat und Adenosin ergeben Adenosinmonophosphat (AMP).

Obwohl bisher alle Experimente zur Synthese von Nucleosiden unter präbiotischen Bedingungen recht enttäuschend verliefen, wurde der Folgeschritt zu den Nucleotiden mit Ausgangsmaterialien (d. h. Nucleosiden) durchgeführt, die in modernen Laboratorien synthetisiert wurden.

Die Nucleotidsynthese beruht auf zwei Voraussetzungen:

- einer relativ leicht verfügbaren Phosphatquelle (Abschn. 4.7) und
- einem Aktivierungsmechanismus, der den Phosphatrest befähigt, einen Phosphatester auszubilden.

Bereits vor 40 Jahren gelang G. Schramm et al. (1962) die Synthese von AMP, ADP und ATP unter Verwendung von Ethylmetaphosphat als Phosphorylierungsmittel. Diese erfolgreichen Synthesen führten zur Ausbildung längerer Nucleotidketten. Allerdings entsprachen die Reaktionsbedingungen nicht den Verhältnissen auf der Urerde. – So erhebt sich aber auch die Frage nach dem Ursprung der Phosphate. Nach Schwartz (1998) kommen für die Nucleotidsynthese folgende Phosphatquellen in Betracht (Abschn. 4.7.3):

- Fluorapatit
- Schreibersit
- Alkylphosphonsäuren

Die präbiotische Phosphatchemie wurde erst mit dem Aufleben der RNA-Welt-Hypothese wieder ein attraktives Forschungsgebiet. Aber leider gelang bisher noch kein eindeutiger Nachweis für eine realistische Nucleotidsynthese unter den vereinfachten Bedingungen einer primitiven Erde. Es liegen jedoch wichtige Arbeiten zur Nucleosidphosphorylierung vor. Dabei ist zu unterscheiden:

- ob es sich um die Phosphorylierung des Zuckers zum Monophosphat handelt oder
- ob das Monophosphat zum Di- oder Triphosphat (auch zu Tetraphosphat) umgesetzt werden soll.

Die Suche nach Wegen, die zu phosphorylierten Nucleosiden bzw. zur phosphorylierten Ribose führen, begannen – wie bereits erwähnt – mit Arbeiten von Ponnamperuma (1963) (Abschn. 4.7.3). – Die Synthese von ATP gelang durch Phosphorylierung von ADP mit Hilfe von Carbamoylphosphat unter der katalytischen Wirkung von Ca^{2+}-Ionen. Dabei erreichte man Ausbeuten von ca. 20 % (Saygin u. Ellmauerer, 1984).

Seit einigen Jahren suchen G. Zubay und Mitarbeiter nach Synthesewegen, die unter möglichst präbiotischen Bedingungen zu Nucleotiden führen. Dabei bauten sie auf den bereits 1971 von Lohrmann und Orgel erzielten Ergebnissen auf und entwickelten sie weiter. Reimann und Zubay (1999) verbesserten die Synthese zu den 5'-Nucleosid-monophosphaten (5'-NMP) unter Verwendung der von Lohrmann und Orgel praktizierten Methode dünner Schichten, die man beim Eintrocknen und Erhitzen entsprechender Lösungen erhält. Sie bestehen aus den Nucleosiden: Uridin, Cytidin, Inosin und Adenosin, sowie anorganischem Phosphat und Harnstoff. Die vier Nucleoside reagieren bei dieser Umsetzung ähnlich, aber trotzdem gibt es Unterschiede im Reaktionsverhalten, das sich in den erzielten Ausbeuten ausdrückt. Pauschal betrachtet erhält man eine Mischung von 5'-NMPs und 2'(3')-NMPs im Verhältnis 2:1. Die Phosphorylierung lief im pH-Bereich von 4,2 bis 7,4 ohne große Änderungen ab. Bei pH 9,0 zeigte sich eine deutliche Verminderung der Phosphorylierung. Daher wird monoionisches Phosphat als die aktive Phosphatspezies angenommen. Ohne Harnstoff erfolgt keine Phosphorylierung. Andere N-haltige Verbindungen, wie z. B. Ammoniumformiat, Arginin, Asparagin oder Imidazol zeigten keine Wirkung. Das nächste noch ungelöste Problem besteht in der Trennung des Gemisches unter den Bedingungen der Urerde.

Reimann und Zubay fanden, daß 5'-AMP selektiv in Adenosin-5'-polyphosphat übergeht, wenn man eine Lösung von Nucleotiden, Trimetaphosphat und $MgCl_2$ eindampft. Es sind dies die gleichen Bedingungen, bei denen 2'(3')-AMP in 2',3'-cyclisches AMP umgewandelt wird.

Wenn die Annahme zutrifft, daß alles Leben aus dem Wasser stammt, dann müßte auch eine Synthese von Nucleinsäurebausteinen in wäßriger Phase durchführbar sein. Der Klärung dieses Problem wandte sich Yukio Yamagata vom Institut für Chemische Evolution in Kanazawa, Japan, zu (Yamagata, 1999, 2000). Ihm gelang die Phosphorylierung von ADP zu ATP in wäßriger Lösung mit Hilfe des Kondensationsmittels Cyanat bei Anwesenheit von Ca-Phosphat. Die Bildung von ADP aus AMP verlief unter ähnlichen Versuchsbedingungen erfolgreich. Bei 277 K und pH 5,75 konnten bei der Synthese von ADP und ATP aus AMP Ausbeuten von 19 bzw. 7 % erzielt werden. Andere Nucleosidtriphosphate wurden auf die gleiche Weise, jedoch mit geringeren Ausbeuten von ihren entsprechenden Diphosphaten gewonnen.

Zusammenfassend kann man feststellen, daß alle NMPs und NDPs bei Umsetzungen phosphoryliert wurden, die Ca-Phosphat enthielten. Jedoch ergeben die gleichen Reaktionen mit Diphosphat (PP_i) oder Tripolyphosphat (PPP_i) anstelle von Phosphat (P_i) keine Phosphorylierungsprodukte. Ebenso erwiesen sich Cyanamid und Dicyanamid als Kondensationsmittel erfolglos.

Ob die bei den beschriebenen Experimenten angewandten Bedingungen den präbiotischen Verhältnissen auf der jungen Erde entsprachen, bleibt unklar. Cyanat wurde schon in kosmischen Wolken beobachtet (Yamagata, 1999) und wasserlösliche Phosphate und Diphosphate können durch vulkanische Aktivität entstehen (Abschn. 4.7), wie Yamagata bereits 1991 berichtete (Abschn. 4.7.3).

Die katalytisch aktiven RNA-Spezies (Ribozyme) zeigten in den letzten Jahren ein unglaublich breites Reaktionsvermögen. Dies führte zur Frage, ob sie auch bei der Nucleotidsynthese mitwirkten. Über Untersuchungen mit Hilfe von Ribozymen (Abschn. 6.5), die Nucleotidsynthesen erfolgreich durchführen können, berichten Unrau und Bartel (1998). In vitro selektierte RNA konnte isoliert werden, die bei der Synthese eines Pyrimidinnucleotids katalytisch wirkt. Ob diese Versuchsergebnisse für die Biogenesefrage von Bedeutung sind, ist noch nicht erwiesen.

Auf ein wesentliches, ebenfalls noch ungelöstes Problem der präbiotischen Nucleotidsynthese weisen Zubay und Mui (2001) hin: Die stickstoffhaltigen Nucleinsäurebasen benutzen (sehr wahrscheinlich) HCN als Hauptvorstufe zu ihrem Aufbau. Für Ribose wird bekanntlich Formaldehyd (Abschn. 4.4) als Baustein angenommen. Beide „Baublöcke" (d. h. HCN und HCHO) konnten jedoch kaum am gleichen Ort und zur gleichen Zeit vorhanden gewesen sein, denn sie hätten sofort miteinander reagiert. Damit wäre ihre Verfügbarkeit für die Basen- bzw. Zuckerbildung deutlich geschwächt worden. Es könnten also noch unbekannte Reaktionsmechanismen zu ebenfalls noch unbekannten Prä-Nucleotiden geführt haben.

6.4 Synthese von Oligonucleotiden

Bei der Polykondensation mehrerer Nucleosid-Monophosphate entstehen Oligonucleotide (bis etwa 40 oder 50 Einheiten). Wird die Kette länger, dann bezeichnet man das Polymere als ein Polynucleotid.

Etwa ein Jahrzehnt nach der Entdeckung der DNA-Doppelhelix erfolgten erste Experimente zur Polykondensation von Nucleotiden zu längeren Ketten (G. Schramm, siehe Abschn. 6.1).

Einen anderen Weg beschritten Naylor und Gilham (1966). Ihnen gelang die Verknüpfung kurzer DNA-Stücke an einer komplementären Matrize ohne die Mitwirkung eines Enzyms. Für die Umsetzung in wäßrigem Milieu mußten die Moleküle erst durch chemische Aktivierung in einen reaktionsfähigen Zustand überführt werden. Als Aktivierungsmittel verwendete man ein wasserlösliches Carbodiimid.

Aus zwei Molekülen Hexathymidylsäure-5'-phosphat entstand ein Molekül Dodekadesoxythymidylsäure-5'-phosphat. Diese Reaktion erfordert die Anwesenheit der komplementären Matrize aus Polydesoxyadenylsäure (Po-

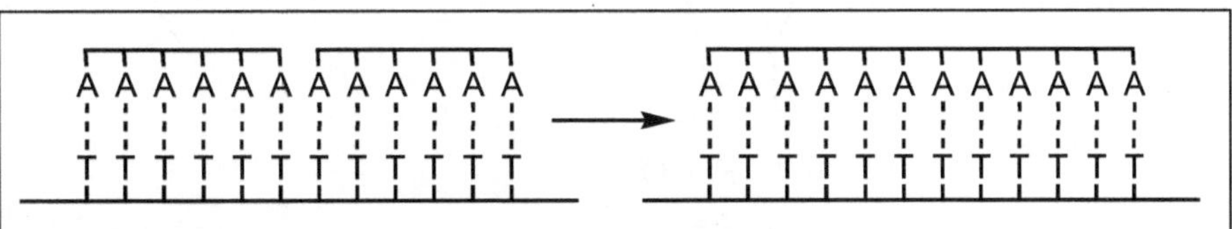

Abb. 6.2: Schema der Verknüpfung zweier Adenylhexanucleotide zum Dodecan-Oligonucleotid an einer T-Matrize.

Abb. 6.3: Nähere Erläuterungen zum Schema in Abb. 6.2.

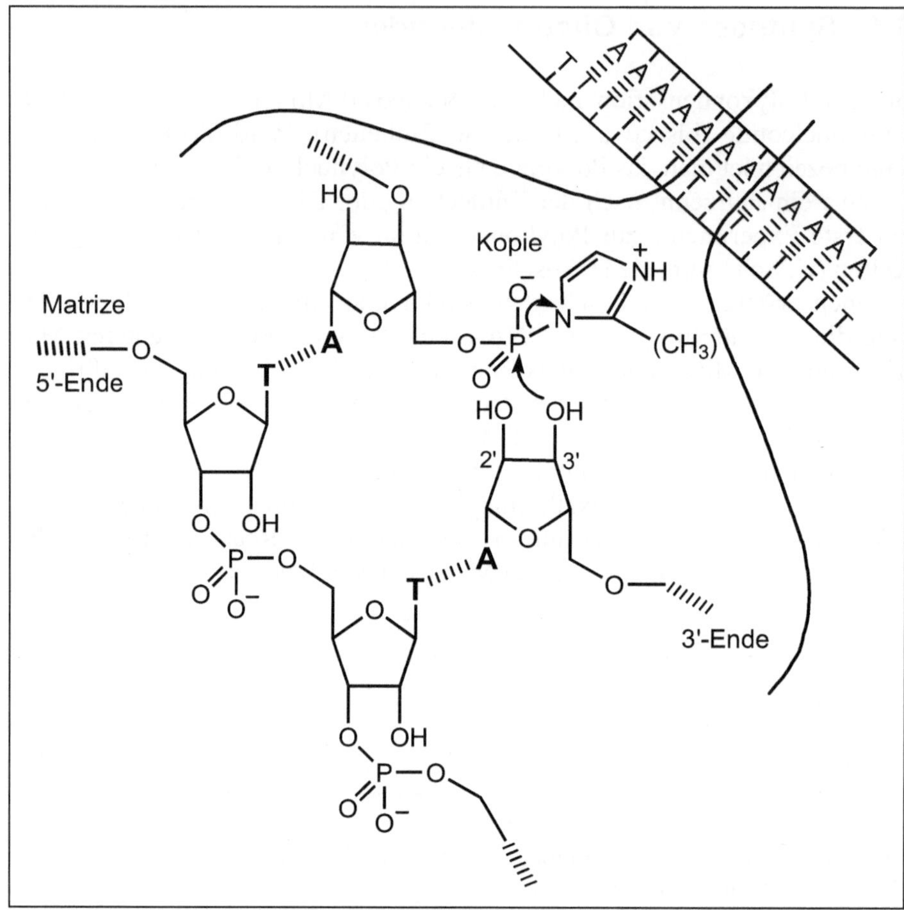

Abb. 6.4: Der genaue chemische Mechanismus der Ligation zweier Oligonucleotide an einer Matrize (siehe auch Abb. 6.1 und 6.2).

ly-dA). Die Kopplungsreaktion (auch „Ligation" genannt) beider Hexamerer stellt eine Veresterungsreaktion dar. Dabei greift die OH-Funktion am Strangende des ersten Oligonucleotids die aktivierte Phosphatgruppe des zweiten Hexameren nucleophil an. Es bildet sich eine Phosphodiester-Bindung zwischen beiden Hexameren, und das aktivierende Agens wird als Harnstoffderivat abgespalten.

Das Versuchsergebnis zeigt, daß zwei Bedingungen für die Ligation zweier Nucleotide erfüllt sein müssen.

– Ein Baustein muß chemisch aktiviert vorliegen, und
– es muß eine komplementäre Matrize vorhanden sein.

Wenn auch das Naylor-Gilham-Experiment erfolgreich verlief, so erhebt sich zwangsläufig die Frage: Wie entstanden die Hexameren?

Leslie Orgel und seine Mitarbeiter griffen das Problem auf und untersuchten die nicht-enzymatische Polymerisation von Mononucleotiden, also die Frage, ob auch einzelne Nucleinsäure-Bausteine an einer entsprechenden komplementären Matrize zu polykondensieren vermögen. Dabei sollten die 5'-Phosphoimidazolide des Adenosins (ImpA) bzw. Guanosins (ImpG) an Matrizen von Poly-(U) bzw. Poly-(C) polykondensiert werden.

ImpA (G)

Das Versuchsergebnis war recht enttäuschend, denn statt der gewünschten 3'-5'-Phosphodiester-Verknüpfung, wie sie bei den kontemporären Nucleinsäuren vorliegt, erhielten Orgel und Mitarbeiter hauptsächlich Produkte mit der unnatürlichen 2'-5'-Bindung zwischen den Nucleotiden. Weiterführende Untersuchungen zeigten, daß zweiwertige Metallionen im Reaktionsansatz einen eindeutig positiven Effekt auf die matrizenabhängige Polykondensation ausüben. Der Zusatz von 1–10 mM Pb^{2+} bei 100 mM Poly(U) als Matrize und 50 mM von ImpA-Monomeren ließ die Ausbeute an oligomerem Produkt (von Pentameren und länger) um das Vierfache ansteigen (Sleeper et al., 1979).

Neben Pb^{2+}- sind auch Zn^{2+}-Ionen wirksame Katalysatoren der Poly(C)-gerichteten Polymerisation des aktivierten Guanylsäurederivates, Guanosin-5'-phosphoimidazolid. Man erhielt Polymere mit 30–40 Einheiten (bei deutlicher Reduktion mit steigender Kettenlänge). Die 2'-5'-Verknüpfung bei dem G-Oligomeren überwiegt bei Pb^{2+}-Zusatz und die natürliche 3'-5'-Bindung bei Zn^{2+}-Zugabe. Dieses regioselektive Verhalten von Metallionen weist auf die Empfindlichkeit dieser Umsetzungen auch unter diesen nicht gerade präbiotischen Bedingungen hin (Lohrmann et al., 1980). Interessanterweise enthalten heutzutage einige Nucleinsäure-Polymerasen Zn^{2+}-Ionen gebunden und Mg^{2+} als Cofaktor für ihre enzymatische Aktivität.

Inoue und Orgel (1981) fanden, daß die Effizienz der Oligomerenbildung aus Guanosin-5'-phosphoimidazolid an einer Poly(C)-Matrize, auch ohne Pb^{2+}- oder Zn^{2+}-Zusatz ablaufen kann, wenn man für die Oligo-G-Synthese Guanosin-5'-phospho-2-methylimidazolid einsetzt.

Guanosin-5'-phosphoimidazolid

Im zuvor beschriebenen Falle war:

R_1 = Me, R_2 = H; ansonsten entsprach: R_1 = R_2 = R_3 = H

Eine weitere Eigentümlichkeit der matrizenabhängigen Polykondensation liegt im Charakter der Nucleinsäurebasen begründet. Purin-Mononucleotide werden an komplementären Matrizen aus Pyrimidin-Polymeren mit guten Ausbeuten polykondensiert. Dagegen verläuft die Synthese von Pyrimidin-Oligonucleotiden aus den Pyrimidin-Mononucleotiden an Purin-Matrizen nur mit geringem Erfolg. Dieser wichtige Sachverhalt bedingt, daß eine pyrimidinreiche Matrize zu einer purinreichen Nucleinsäure führt, die nun aber ihrerseits als Matrize untauglich ist. Dieses Phänomen zeigte sich auch bei Verwendung von Matrizen, die beide Basenspezies enthielten, also Purine und Pyrimidine. Bei erhöhtem Purinanteil in der Matrize fällt die Matrizenwirksamkeit deutlich ab (Inoue und Orgel, 1983). Die Autoren weisen aber (selbstkritisch, wie es sein sollte!) darauf hin, daß das angewandte Kondensationsmittel sicher nicht als präbiotisch gelten kann.

Gerade diesem Problem widmeten sich J. Oró et al. (1984) mit Syntheseexperimenten, die eine mögliche Bildung dieser Kondensationsmittel klären sollten. Ihre Ausgangsstoffe waren dabei einfache Verbindungen wie Formaldehyd, Acetaldehyd, Glyoxal und Ammoniak. Ihnen gelang die Synthese von Imidazol sowie dessen 2-Methyl- und 4-Methyl-Derivaten.

Das oben beschriebene Dilemma, daß cytosinreiche Matrizen zu cytosinarmen (komplementären) Sequenzen führen, die nur ineffektive Matrizen darstellen, macht eine Nucleinsäuresynthese in einem enzymfreien System nahezu unmöglich. – Daher mußte nach anderen Modellen bzw. Modellexperimenten gesucht werden.

Im Jahre 1983 glückte erstmalig die Oligonucleotidsynthese an einer oligomeren Matrize mit definierter Nucleotidsequenz (Inoue et al., 1984): Ein Gemisch aus 2-MeImpC und 2-MeImpG ergab nach Reaktion an der Matrize CCGCC* mit 18 % Ausbeute das entsprechend komplementäre Pentanucleotid mit der Sequenz pGGCGG. Natürlich entstanden auch andere Produkte, so z. B. das Tetramer pGGCG. Erwartungsgemäß bildeten sich ohne Matrize keine Produkte. Für eine wirksame Informationsübertragung müßte allerdings die Nucleotidsequenz in weiteren Cyclen vervielfacht werden. Dies konnte mit den bisherigen Systemen der Verknüpfung monomerer Nucleotide an oligomeren Matrizen noch nicht erreicht werden.

Es bedurfte also der Entwicklung von Modellen, die eine Selbstreplikation von Nucleinsäuren ermöglichen. Diese Modellsysteme müßten einfach sein, da sie präbiotische Prozesse simulieren sollten (von Kiedrowski, 1999). Die Realisierung eines solchen Vorhabens erfordert die Erfüllung einiger Bedingungen:

– Das System muß eine selbstkomplementäre Matrize (C) enthalten, d. h. die an der Matrize gefertigte Kopie muß die gleiche Nucleotidsequenz aufweisen wie die Matrize.
– Das System soll nur aus zwei Bausteinen A und B aufgebaut werden. Diese monomeren Bausteine ergeben eine dimere Matrize, bei Verwendung von zwei dimeren Bausteinen eine tetramere Matrize usw. Aus kinetischen und thermodynamischen Daten wurde abgeleitet, daß eine hexamere Matrize, d. h. eine aus sechs Nucleotidbausteinen bestehende Matrize (die nur C und G enthält[1]), ausreicht, um trimere Oligonucleotide fest genug zu binden.
– Zur Vereinfachung der Analytik der Produkte sollte das System ohne Komplikationen reagieren. Daher verwendete man an Stelle von RNA-Oligomeren die leichter handhabbaren DNA-Analoga, da bei ihnen eine funktionelle Gruppe fehlt (die 2'-OH-Gruppe der Pentose).

Das Minimalsystem müßte daher aus der Reaktionsfolge bestehen:

$$A + B + C \rightleftharpoons ABC \longrightarrow C_2 \rightleftharpoons 2\,C$$

Darin bedeuten:

A und B: die beiden zu verbindenden Bauteile (Mono-, Di-, Trinucleotide bzw. Oligonucleotide)
C: die Matrize
ABC: die beiden Bauteile A und B an der Matrize, über H-Brückenbindungen gebunden und so positioniert, daß Ligation erfolgen kann
C_2:   das Doppel
2 C: die beiden Matrizen C

---

[1]   Bei der hier und im folgenden gewählten vereinfachenden Schreibweise bedeuten die Buchstaben: C, G, A, U und T nicht die Nucleinsäurebasen, sondern die Nucleotide, also C entspricht Cytosinmonophosphat im Oligonucleotid.

So setzte Günter von Kiedrowski (1986, jetzt: Institut für Bioorganische Chemie der Ruhr-Universität Bochum) zwei Tridesoxynucleotid-Substrate bei Experimenten zum Nachweis der Möglichkeit eines selbstreplizierenden, enzymfreien Nucleotidsystems ein. Die drei Symbole A, B und C beinhalten in ihrer chemischen Struktur:

A: d(5'-CCGp): Das 5'-Ende des Trinucleotids liegt als Methylether vor, das 3'-Ende trägt eine Phosphatgruppe, die durch das Kondensationsmittel (ein Carbodiimid) aktiviert wurde.
B: d(5'-CCGp-oPhCl-3'): Die 5'-OH-Funktion liegt frei vor, sie greift beim Ligationsschritt nucleophil die aktivierte Phosphatgruppe von A an. Dabei entsteht die gewünschte 3'-5'-Phosphodiesterbindung zwischen A und B. Das 3'-Ende von B wurde durch o-Chlor-phenylphosphat als Schutzgruppe inaktiviert.
C: die Matrize des Hexanucleotids d(5'-MeCCGCGCp-oPhCl-3')

Die Anlagerung der beiden Trinucleotide A und B an die Matrize C erfolgt über Watson-Crick-Basenpaarung. Dabei nähern sich die beiden Trinucleotide so, daß die Knüpfung der 3'-5'-Phosphodiesterbindung möglich wird. Durch die gewählte Trinucleotidsequenz entsteht nun ein neues Hexanucleotid an der Matrize mit der gleichen Sequenz, wie sie die Matrize aufweist. Nach der Trennung des neugebildeten Hexameren von der Matrize, kann es nun ebenfalls als Matrize wirken.

Der im folgenden verwendete Begriff der „Selbstreplikation" umschließt zwei Funktionen:

– Autokatalyse und
– Informationsweitergabe.

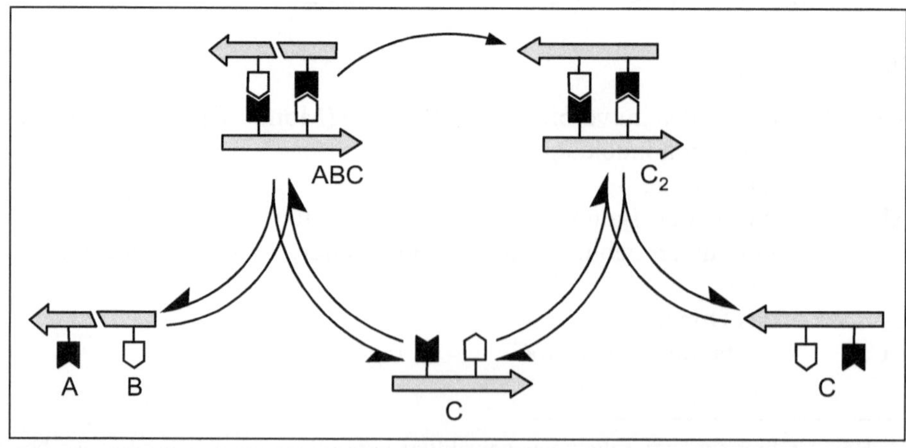

Abb. 6.5: Schema für ein selbstreplizierendes Minimalsystem mit einem autokatalytischen Reaktionscyclus. Quelle: von Kiedrowski (1999)

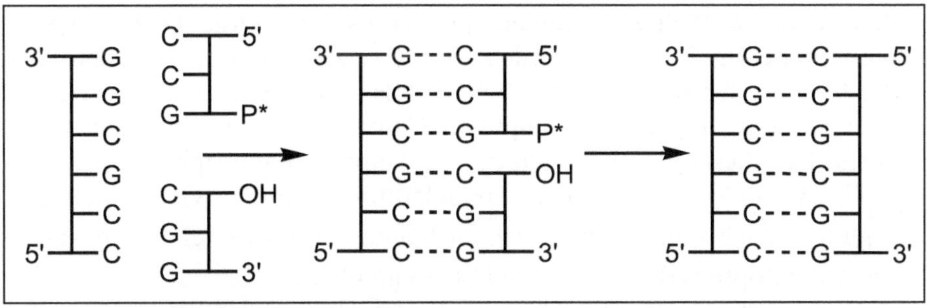

Abb. 6.6: Schematische Darstellung des ersten selbstreplizierenden Minimalsystems. Das nach Verknüpfung beider Tridesoxynucleotide entstandene hexamere Produkt kann selbst als Matrize wirken. Quelle: von Kiedrowski et al. (1992)

Nur beim Zusammenwirken beider Funktionen liegt Selbstreplikation vor.

Beim zuvor beschriebenen experimentellen Ansatz wurde im Mikroliter-Maßstab gearbeitet. Die Analyse der Umsetzungen erfolgte durch HPLC. Aber wie so oft beim Experimentieren mit komplexen Systemen, stellte sich der erhoffte Erfolg nicht gleich zu Versuchsbeginn ein – es mußten erst die nötigen Erfahrungen gesammelt werden.

Bei diesen matrizenabhängigen Reaktionen zeigte sich, daß die Anfangsreaktionsgeschwindigkeit, mit der die Matrize C gebildet wird, mit der Anfangskonzentration c durch ein Quadratwurzel-Gesetz charakterisiert wird. Dieses „Quadratwurzelgesetz der Autokatalyse" findet man bei den meisten Selbstreplikationssystemen:

$$v_c = \frac{dc}{dt} = \alpha\sqrt{c} + \beta$$

Dabei bedeuten v_c die Anfangsgeschwindigkeit und c die Anfangskonzentration der Matrize C. α und β ergeben sich bei der Auftragung der gemessenen Anfangsgeschwindigkeit v_c gegen die vorgegebene Anfangskonzentration c als Steigung α und als Ordinatenabschnitt β. Dabei stellt α ein Maß für die Autokatalyse-Effektivität dar und β für die Geschwindigkeit der Matrizensynthese, wenn keine Matrizenmoleküle (d. h. $c = 0$) im Reaktionsansatz vorhanden sind.

Näheres über das Quadratwurzelgesetz sowie über kinetische und thermodynamische Aspekte der Minimalen Replikatortheorie findet sich in der Literatur (von Kiedrowski, 1999 u. 1993).

Das Quadratwurzelgesetz hat seine Ursache in der Produkthemmung beim Mechanismus der Selbstreplikation. Je mehr C-Einheiten gebildet werden, umso größer die Tendenz zur Dimerisierung von C-Molekülen zu C_2, die aber unfähig sind, als Katalysatoren zu wirken.

Das Quadratwurzelgesetz konnte von Zielinski und Orgel (1987) experimentell eindeutig bestätigt werden. Sie ersetzten in ihrem System die 3'-OH-Gruppe der Ribose durch eine 3'-NH_2-Funktion. Dadurch erreicht man eine Steigerung des nucleophilen Charakters vom 3'-Terminus des Zuckers. Bei dieser Synthese wurde ein Tetranucleotidtriphosphoramidat ($G_{NH_p}C_{NH_p}G_{NH_p}C_{N_3}$) aus beiden Dinucleotid-Analogen ($G_{NH_p}C_{NH_2}$) und ($pG_{NH_p}C_{N_3}$)[2] nach Umsetzung mit dem Kondensationsmittel 1-Ethyl-3-(3-dimethylaminopropyl)-carbodiimid (EDC) gebildet.

Doch zurück zu der zuvor beschriebenen Hexanucleotidsynthese. Die Ausbeuten an neu gebildeter Matrize erfüllten sich nicht im erhofften Umfang. Die Gründe dafür sind vielseitig, so war dies z. B. durch Hydrolyse bedingt, die das Kondensationsmittel inaktivierte. Es mußten höhere Carbodiimidmengen eingesetzt werden. Um höhere Ausbeuten an C zu erreichen, war es notwendig, den Baustein B zu verändern (z. B. durch eine Aminomodifikation) – auf diese Weise konnte die Reaktionsgeschwindigkeit um den Faktor 10^4 gesteigert werden.

Das von v. Kiedrowski experimentell aufgefundene Quadratwurzelgesetz liefert kein exponentielles Wachstum, wie es biologische Prozesse aufweisen, sondern ein zwischen linearem und exponentiellem Wachstum liegendes „parabolisches Wachstum".

Wie Eörs Szathmary, Universität Budapest, aus theoretischen Überlegungen ableitete, führt parabolisches Wachstum (das er als „sub-exponentiell und supra-linear" bezeichnete) nicht zur Selektion (im Sinne Darwins), sondern vielmehr zu einem „friedlicheren" Zustand, d. h. einer Koexistenz bei der Konkurrenz der Matrizen um die Bausteine in einem System (Szathmary u. Gladkih, 1989).

Parabolische Replikatoren wurden auch in anderen Instituten entdeckt, so bei Julius Rebek (Abschn. 6.4), L. Luisi (Abschn. 10.2.3) und R. Ghadiri (Abschn. 5.5). Damit spannt sich der Bogen dieses aktuellen Bereiches der Chemie von den Nucleinsäuren über die Membranen bis zu den Peptiden.

Trotz der bisher erzielten Erfolge gab es kritische Stimmen, die mit Blickrichtung auf die Biogenese und die dargestellten Selbstreplikations-Experimente bemängelten, daß in der Natur doch praktisch ausschließlich komplementäre Matrizen vorkommen und nicht selbstkomplementäre. Diese Bedenken schließen auch die Befunde von L. Orgel ein, daß ein

---

[2] Zur Nomenklatur: Im ersten Dinucleotid ($G_{NH_p}C_{NH_2}$) ist G (Cyanosin) über $-NH-O-PO_2-O-$ mit C (Cytidin) verbunden. Letzteres enthält an der 3'-Position der Ribose eine freie Aminogruppe. Beim zweiten Dinucleotid ($pG_{NH_p}C_{N_3}$) befindet sich in der 5'-Position des Zuckers ein Phosphatrest. Die Verknüpfung beider Nucleoside erfolgt wie zuvor beschrieben. Die 3'-Position wird durch den Acidrest (N_3) blockiert.

C-reiches Oligonucleotid nach Replikation ein G-reiches Polymeres zur Folge hat, das nur noch bedingt als Matrize geeignet ist. Die Erkenntnisse entstammen Experimenten mit Mononucleotiden – und so erhebt sich die Frage: Gilt das oben geschilderte Verhalten auch bei Verwendung von Oligonucleotiden an Stelle von Monomeren?

Einige Nomenklaturfragen müssen noch klargestellt werden: Bei normaler Replikation von Nucleinsäuren verläuft der Prozeß zwischen der Matrize (dem (+)-Strang) und dem neugebildeten Tochterstrang ((–)-Strang) über Watson-Crick-H-Brücken. Diesen Prozeß bezeichnet man auch als „kreuzkatalytisches"-Verfahren. Im Gegensatz dazu steht die normale Autokatalyse: Bei ihr entsteht ein Produkt, das der Matrize entspricht, so daß zwischen dem (+)- und dem (–)-Strang nicht zu unterscheiden ist. Derartige selbstkomplementäre Sequenzen sind Palindrome.

Sievers und von Kiedrowski (1994) zeigten, daß die Befürchtung nicht zutraf, G-reiche Stränge könnten als Matrize unwirksam sein. – Das von ihnen verwendete System bestand aus zwei Trimerenklassen: CCG und CGG. Eine Klasse setzt sich aus 3'-Phosphat-Einheiten zusammen: CCGp und CGGp; die andere aus 5'-Amino-Einheiten: nCCG und nGGC. Es gelang, vier Hexanucleotide zu synthetisieren. Davon sind zwei selbstkomplementär: CCGpnCGG und CGGpnCCG sowie zwei komplementäre Hexamere: CCGpnCCG und CGGpnCGG. Beide Hexamerenklassen unterscheiden sich vor allem durch ihren Gehalt an G und C. Das erste Duo enthält die gleiche Anzahl von C- und G-Einheiten, während in den letzteren beiden Hexameren C und G ungleich verteilt sind. Bei weiterführenden Untersuchungen fanden die Autoren, daß selbstkomplementäre Sequenzen schneller gebildet werden als komplementäre und daß kein Unterschied zwischen C- oder G-reichen Einheiten besteht. Temperatur-Studien weisen auf Wechselwirkungen beim Stapelungsprozeß der Basen hin. Komplementäre Sequenzen benötigen für ihre Bildung die Kreuzkatalyse, d. h. die Reaktion von (+)- und (–)-Strang (von Kiedrowski, 1999). Einen anderen Weg, das oben geschilderte Problem zu lösen, wählten Li und Nicolaou (1994) am Scripps Institut, La Jolla. Sie verwendeten palindrome, doppelsträngige Desoxyribonucleotide, die aus 24 Monomeren bestanden. Dabei war jeder Einzelstrang nur aus einer Basenspezies aufgebaut, d. h. ein Strang nur aus Purinen, der andere nur aus Pyrimidinen. Eine derartige Struktur vermag komplementäre, dodekamere Pyrimidin-haltige Oligomere zu binden. Die Bindung erfolgt über die sog. Hoogsteen-Basenpaarung (einer Nicht-Watson-Crick-Basenpaarung an homogenen Doppelsträngen) zu einer Trippelhelix. Die beiden 12-er Desoxyoligonucleotide bedürfen zur Aktivierung des 5'-Phosphatendes eines Kondensationsmittels.

Bei diesem Prozeß ist die Freisetzung des dritten, neugebildeten Stranges von großer Wichtigkeit. Dies erreicht man durch Zusatz von freiem, do-

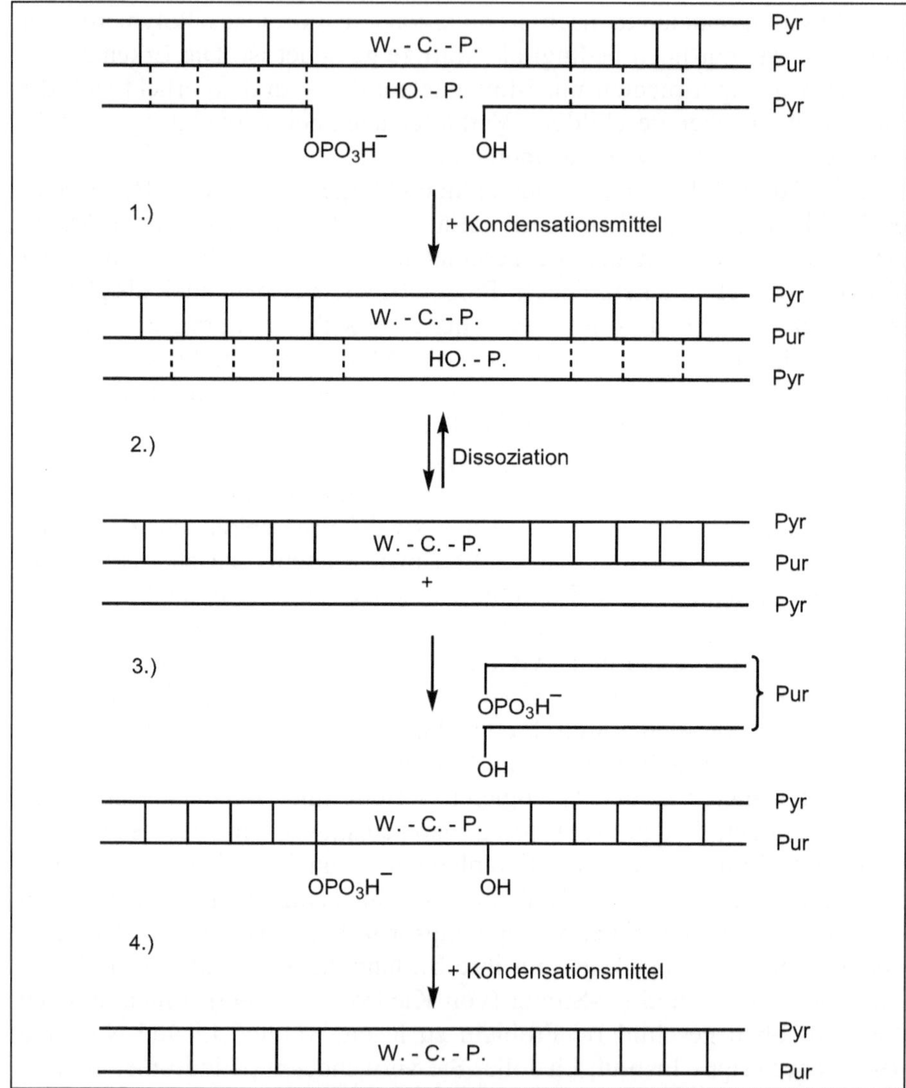

Abb. 6.7: Vereinfachtes Schema des Kopiervorganges bei der DNA-Replikation über Trippelhelices nach Li und Nicolaou. Quelle: Ferris (1994)

dekameren Purinoligonucleotiden, die an die neugebildete Pyrimidin-Matrize durch Watson-Crick-Bindung angelagert werden können.

Bei Trippelsträngen gelten die Paarungsregeln:

$$C \cdot G - CH^+ \text{ und } T \cdot A - T$$

Darin bedeuten: $\cdot$ = Watson-Crick-Paarung, $-$ = Hoogsteen-Paarung, CH^+ = protoniertes C (Cytosin).

Der Mechanismus des Li-Nicolaou-Experimentes zeigt die vielfältigen Möglichkeiten der Oligonucleotidsynthese. Jedoch ist dieses Replikationssystem nur auf Sonderfälle beschränkt. Es müssen palindrome Sequenzen vorliegen, die aus einer einzigen Basenspezies bestehen. Diese Bedingungen schränken die Bedeutung dieses Ansatzes als Biogenese-Modell stark ein.

Die Verwendung reaktiver Oberflächen zur gezielten Synthese von Biomolekülen oder als Modell für Replikationsprozesse begann mit den Publikationen von Cairns-Smith und A. Weiss (Abschn. 7.1) und setzte sich fort mit den Arbeiten von G. Wächtershäuser (Abschn. 7.3) sowie von J. Ferris und L. Orgel. Daher war es sinnvoll, auch für die enzymfreie Oligonucleotid-Replikation die Stabilisierung der Reaktionspartner an Oberflächen mit reaktiven Eigenschaften zu untersuchen. Bei ihren Versuchsansätzen wendete die Arbeitsgruppe von G. von Kiedrowski bereits 1995 (damals in Freiburg) die Bindung der reagierenden Moleküle an Oberflächen an und führte dann dem System schrittweise die benötigten Reaktionskomponenten zu. (Der letztere Prozeß wird bildlich als „Füttern" bezeichnet.)

Das SPREAD benannte Verfahren („Surface Promoted Replication and Exponential Amplification of DNA-Analoges") versucht, das von vielen Forschern erstrebte Ziel einer exponentiellen Vermehrung von Biomolekülen in Modellsystemen zu erreichen.

Wie bereits erwähnt, konnte infolge der Produkthemmung (z. B. durch Doppelbindung (C_2) der neuen Matrize) nur paraboloides Wachstum erreicht werden. Beim SPREAD-Verfahren wirken sich sowohl die Festphasen-Chemie als auch das „Füttern" vorteilhaft auf den Syntheseerfolg aus. So werden beispielsweise keine Trennungsoperationen mehr notwendig, denn überschüssiges Reagenz entfernt man durch Wegspülen. Der Syntheseprozeß umfaßt vier Schritte:

- *Immobilisierung der Matrize*: erfolgt beim SPREAD-Verfahren nicht an einer Mineralienoberfläche, sondern an Thiosepharose, einem SH-Gruppen tragenden, polymeren Kohlenhydrat.
- *Hybridisierung*: Die Matrize bindet die komplementären Einheiten, von denen eine Spezies die für die Immobilisierung benötigte Funktion enthält.
- *Verknüpfung (Ligation)*: Beide Fragmente werden zur komplementären Kopie verbunden.
- *Trennung (Dissoziation)*: Abtrennung der Kopie von der Matrize (dies erreicht man durch Spülen mit verdünnter Natronlauge).

Die erhaltene Kopie kann nun ihrerseits mit der Haftgruppe an der Oberfläche binden und als Matrize wirksam werden – vorausgesetzt, es sind genügend Fragmente vorhanden.

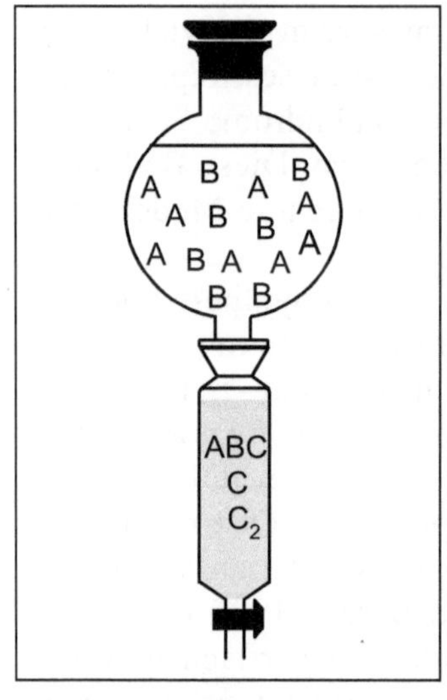

Abb. 6.8: Die Kopplung von Replikation und Chromatographie – Modellsystem an einer Chromatographiesäule. Quelle: von Kiedrowski (1999)

Was konnte mit dem SPREAD-Verfahren erreicht werden? – Durch Bindung der Matrizen an einer Oberfläche wurde die Reassoziation von neugebildeter Kopie und Matrize verhindert und damit auch die unerwünschte Produkthemmung, die zu parabolischem Wachstum führt.

Der kritische Leser dürfte einwenden, daß diese eben beschriebene Versuchsanordnung auf der Urerde nicht zu realisieren war. Dazu einige Bemerkungen zum Schluß dieses Abschnitts.

Beim zuvor geschilderten Experiment kann man „das Füttern" umgehen, indem man den molekularen Replikationsprozeß an einer Oberfläche mit einem chromatographischen Trennvorgang koppelt. Dabei werden die beiden Bausteine A und B dem Laufmittel beigefügt. Die Matrizen C entstehen an der Oberfläche des Trägermaterials. Der wesentliche Unterschied zum zuvor beschriebenen Verfahren besteht darin, daß die Matrizen nicht mehr kovalent, sondern reversibel an der Oberfläche gebunden werden. Beim Elutionsvorgang (das Elutionsmittel führt dem System neue Bausteinmoleküle zu) werden in bestimmtem Umfang Matrizenmoleküle abgespült. Sie müssen durch Replikation ersetzt werden (v. Kiedrowski, 1999).

Neue Entwicklungen zeigen künftige Forschungsrichtungen auf: den Zusammenhang zwischen Informationsverarbeitung und Replikationsprozessen von Oligonucleotiden. Es gelang die Synthese verzweigter Oligonucleotide, bei denen drei dieser Moleküle (entweder drei gleiche oder verschiedene) mit ihrem 3'-Ende an ein trifunktionelles Linkermolekül gebunden wurden. Diese Stoffgruppe bezeichneten die Autoren als Trisoligonucleotidyle (v. Kiedrowski, 1999; Scheffler et al., 1999 a,b). Unter be-

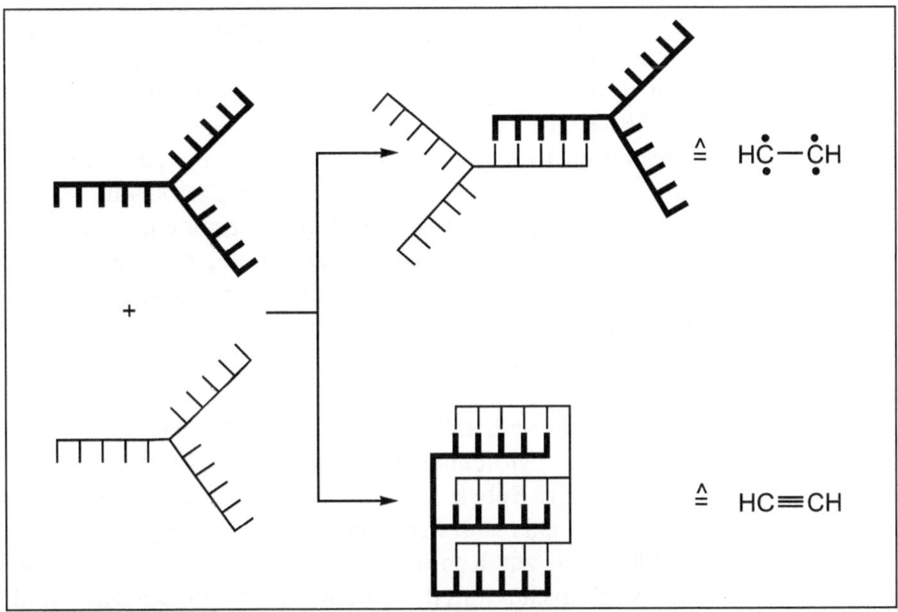

Abb. 6.9: Mögliche Topologien eines biomolekularen Komplexes aus zwei komplementären Trisoligonucleotidylen. Jeder DNA-Doppelstrang wurde als kovalente C–C-Bindung und jedes ungepaarte Oligonucleotid als ungepaartes Elektron dargestellt. Quelle: leicht vereinfacht nach: Scheffler et al. (1999a,b)

stimmten Bedingungen treten diese Polymeren zu Nanokomplexen zusammen, die als „Nano-Acetylen" bzw. „Nano-Cyclobutadien" bezeichnet werden können, wenn man einen DNA-Doppelstrang als chemische Einfachbindung deutet und dann diese Betrachtungsweise auf das neugebildete Produkt überträgt.

Die zuvor aufgezeigten experimentellen Erfolge sind erstaunlich. Noch vor wenigen Jahren hätte man die bisher entdeckten und aufgeklärten Reaktionsmechanismen zur Selbstreplikation von Oligonucleotiden für unmöglich gehalten!

Trotzdem stellt sich immer wieder die Frage: Können diese Prozesse auf der Urerde, in ihrem archaischen Zustand, abgelaufen sein? – Die Antwort bedarf einiger grundsätzlicher Überlegungen. Die meisten Experimente zur präbiotischen Chemie können genau genommen überhaupt nicht unter „präbiotischen Bedingungen" organisiert werden, da uns diese Bedingungen nicht genau bekannt sind. Die physikalischen Parameter, wie z. B. Temperatur, Zusammensetzung und Druck der Uratmosphäre, Umfang und Auswirkung der Asteroideneinschläge, Beschaffenheit der Erdoberfläche, Zustand des Urozeans usw., konnten trotz intensiver Bemühungen bisher noch nicht exakt ermittelt bzw. extrapoliert werden. (Es ist auch nicht sicher, ob dies in der Zukunft gelingen dürfte.) Trotz dieser Schwierigkeiten wird versucht, in Annäherung an das vermutete Szenario auf der Urerde die Möglichkeiten für Synthesewege abzustecken und zu erkunden. So ist beispielsweise beim SPREAD-Verfahren anzunehmen, daß die Oberfläche, an der die dargestellten Reaktionen abliefen, nicht eine SH-Gruppen führende Thiosepharose sein konnte, sondern eine ähnlich wirksame Mineralienstruktur, die diese Funktion genauso zu erfüllen vermochte. Die Abtrennung der Kopie von der Matrize könnte durch einen periodischen Temperaturwechsel (z. B. Tag- und Nachtrhythmus) erzwungen worden sein. Ähnliche periodische Vorgänge als Antrieb für bestimmte präbiotische Reaktionen werden auch von H. Kuhn für seine Modelle angenommen (Abschn. 8.3).

Replikations- und vor allem Selbstreplikations-Phänomene sind eng verbunden mit dem Problem der „Molekularen Erkennung". Mit dieser wichtigen Frage befaßte sich Julius Rebek Jr. in den USA (Rebek, 1990). Bereits 1990 beschrieb er (damals am MIT) eine im Labor synthetisierte Verbindung mit der Fähigkeit zur Replikation (Tjivikua et al., 1990). Sie bestand aus einem Nucleinsäureanteil (einem Adenosin-Derivat) und einem Molekülteil mit einer Erkennungsstruktur mit der Adenin in Wechselwirkung treten konnte. Die Verknüpfung der beiden Teile erfolgte über eine Amidbindung, wie sie auch bei der Peptidbindung vorliegt (Abschn. 5.2). Das System gehorcht dem bereits beschriebenen Quadratwurzelgesetz. Die beobachtete autokatalytische Reaktion führte zu gewagten Andeutungen möglicher „erster, primitiver Lebensäußerungen". Es konnte nicht ausbleiben, daß sich kritische Stimmen zu dieser sehr optimistischen Auslegung der erfolgreichen Experimente regten. Geht es doch bei diesen Modellen nicht um die Bildung eines lebenden Systems, sondern vielmehr um die Erkundung von Mechanismen, die möglicherweise einen Replikationsprozeß starteten. Vergleiche mit präbiotischen Prozessen sind unangebracht. So verwendete beispielsweise Rebek für die Aktivierung der einen Molekülhälfte – als Vorbereitung für die Verknüpfung der beiden Teilstücke – die sehr reaktive Pentafluorphenyl-Gruppe, die sicherlich auf der Urerde nicht vorkam (Nowick et al., 1991).

Bei diesen Reaktionen stellte sich die Frage nach den Kräften, die komplexe Strukturen ermöglichen, sie aufrecht zu erhalten und die dann zu festen, kovalenten Bindungen führen. Es sind dies drei Bindungsarten, die alle bedeutend schwächer wirken als kovalente Bindungen, für deren Ausbildung sie jedoch unerläßlich sind:

– die Wasserstoffbrückenbindung,
– die Van-der-Waals-Anziehung und
– die Aromatenstapelung.

Es sind vor allem diese (schwachen) Wechselwirkungen, die zum molekularen Erkennen und damit zur Replikation und Selbstreplikation führen, weil sie relativ leicht Bindungen ermöglichen, aber ebenso leicht diese zu lösen vermögen (Rebek, 1990, 1994).

6.5 Ribozyme

In der Molekularbiologie erhob man zwei wesentliche Aussagen zu wissenschaftlichen „Dogmen":

– Die in der DNA gespeicherte Information wird in der lebenden Zelle in RNA übersetzt und RNA führt zu den Proteinen:

DNA $\longrightarrow$ RNA $\longrightarrow$ Proteine

– Die beiden Nucleinsäuren wirken ausschließlich als Informationsträger, während Proteine (als Enzyme) nur für Funktionen innerhalb der Zelle verantwortlich sind:

DNA, RNA $\longrightarrow$ Informationsträger

Proteine (Enzyme) $\longrightarrow$ Funktionen (Katalyse)

Beide Dogmen mußten revidiert bzw. erweitert werden. Das erste durch die Entdeckung der reversen Transkriptase (eine RNA-abhängige DNA-Polymerase) durch D. Baltimore vom MIT und H. M. Temin von der Universität von Wisconsin, d. h. einem Enzym, das die Synthese von DNA aus Einzelstrang-RNA katalysiert:

DNA $\rightleftharpoons$ RNA $\longrightarrow$ Proteine

Das zweite Dogma mußte etwa zehn Jahre nach der Korrektur von Dogma 1 ebenfalls drastisch verändert werden: Sidney Altman von der Yale Universität Connecticut und Thomas Cech, Universität von Colorado, Bolder, fanden unabhängig voneinander enzymatisch wirksame Ribonucleinsäuren in unterschiedlichen RNA-Spezies. Diese neue RNA-Klasse nannte man Ribozyme – in Anlehnung an dem Begriff Enzym. Nun wurde es notwendig, das zweite Dogma zu erweitern und zwar zu:

Funktionsausführung $\longrightarrow$ Proteine + RNA
(Katalyse)   (Enzyme) (Ribozyme)

Alle vier an der Dogmenerweiterung beteiligten Wissenschaftler wurden mit dem Nobelpreis ausgezeichnet. Thomas Cech (1987) fand bei ribosomaler-RNA (r-RNA) aus dem Protozoon *Tetrahymina thermophila* erstmalig enzymähnliche Reaktionen, die am gleichen RNA-Strang erfolgten. Die voll funktionsfähige RNA entsteht erst durch einen Prozeß, bei dem aus der Primärabschrift (der Transkription von DNA zu mRNA) bestimmte Abschnitte (Introns) herausgeschnitten und die beiden Endstücke des Exons wieder zusammengefügt („gespleißt") werden.

Sidney Altman entdeckte diese Eigenschaft von RNA bei Untersuchungen an Vorläufer-Transfer-RNA. Man erkannte, daß die katalytischen Fähigkeiten von RNA nicht völlig mit denen von Protein-Enzymen übereinstimmten, da das Ribozym an sich selbst wirksam wird und daher aus der katalytischen Umsetzung verändert hervorgeht. Dies entspricht nicht der allgemein akzeptierten Definition eines Enzyms. Bei späteren Untersuchungen zeigte sich, daß einige Ribozyme befähigt sind, an anderen RNA-Molekülen katalytisch aktiv zu werden. Bei diesem Prozeß blieben die Ribozyme völlig unverändert und genügten daher der Definition eines „echten" Enzyms.

Cech und Mitarbeiter gewannen im zuvor beschriebenen System ein nach Spleißung verkürztes Ribozym, die L-19RNA. In Gegenwart von Guanosin oder Guanosinnucleotid als Cofaktor wird aus der Vorläufer-rRNA ein Intron (mit 414 Nucleotiden) herausgetrennt und weiter zu der bereits erwähnten L-19RNA verkürzt. Cech konnte zeigen, daß die nunmehr 395 Nucleotide umfassende L-19RNA fähig ist, andere Oligonucleotidketten zu spalten und zu verknüpfen.

Es stellt sich die Frage, inwieweit Vergleiche mit Protein-Enzymen gerechtfertigt sind – oder: was leisten Ribozyme wirklich? – Ein wichtiger Parameter zur Leistungsmessung von Enzymen ist der $k_{kat} \cdot K_M^{-1}$-Wert. Dieser Quotient setzt sich aus zwei wichtigen kinetischen Parametern zusammen: k_{kat} ist eine Geschwindigkeitskonstante; sie wird auch „Wechselzahl" genannt und gibt die Anzahl von Substratmolekülen an, die von einem Enzymmolekül in der Zeiteinheit umgesetzt wird (bei Substratsättigung des Enzyms).

Mit K_M bezeichnet man die Michaelis-Menten-Konstante. Anschaulich dargestellt entspricht sie derjenigen Substratkonzentration, bei der halb maximale Umsatzgeschwindigkeit erreicht wird (Näheres dazu in Lehninger, Biochemie, 2001).

Bei vielen Enzymen liegt der $k_{kat} \cdot K_M^{-1}$-Wert zwischen 10^8 und 10^9 $M^{-1} \cdot s^{-1}$. Für L-19RNA beträgt er 10^3 $M^{-1} \cdot s^{-1}$, d. h. er liegt um etwa fünf Zehnerpotenzen niedriger als bei Proteinenzymen hoher katalytischer Aktivität (L. Stryer, 1990). Jedoch ähnelt L-19RNA in der Leistungsfähigkeit dem Enzym Ribonuclease A. Die bisher geschilderten Fähigkeiten der Ribozyme betrafen ausschließlich Wechselwirkungen von RNA (d. h. Ribozymen) an RNA-Molekülen. In einer (hypothetischen) RNA-Welt müßten sie allerdings weitaus mehr zu leisten vermögen, z. B. Umsetzungen am Kohlenstoffgerüst von Biomolekülen zu katalysieren.

Den ersten Erfolg in dieser Richtung konnte die Forschungsgruppe von Cech verzeichnen (Piccirilli, 1992). Mit einem genetisch veränderten Tetrahymena-Ribozym gelang ihnen die Hydrolyse einer Esterbindung zwischen der Aminosäure N-Formylmethionin und der dazugehörigen tRNA$^{\text{f-Met}}$. Die Reaktion lief allerdings sehr langsam ab, d. h. nur etwa 5–15mal schneller als die nichtkatalysierte Reaktion. Die Autoren wagten die Aussage, daß diese Ribozyme als die ersten Aminoacyl-tRNA-Synthetasen (Abschn. 5.3.2) gewirkt haben könnten.

Bald nach diesem Befund gelang es der Arbeitsgruppe von M. Yaros (Illangasekare, 1995), ebenfalls an der Universität in Bolder, eine Ribozymaktivität mit weitaus höherer Leistung nachzuweisen. Sie selektierten aus einem Zufallsgemisch von vielen Milliarden RNA-Sequenzen eine RNA-Spezies mit der Fähigkeit, die Aminoacyl-Synthese zu katalysieren. Mit anderen Worten: Das selektierte Ribozym aminoacylierte sein 2'(3')-Ende bei Angebot von Phenylalanyl-AMP. Die Umsetzung benötigte den Zusatz von Mg^{2+} und Ca^{2+}. Die katalysierte Reaktion verläuft etwa 10^5mal schneller als ohne Ribozym. Damit gelang dieser Arbeitsgruppe der Nachweis, daß eine fundamentale Reaktion der kontemporären Proteinbiosynthese auch von einem Ribozym katalysiert werden kann (Abschn. 5.3.2). – Die eifrige Suche nach weiteren Aktivitäten wurde fortgesetzt – und ist noch nicht abgeschlossen.

Jeff Rogers und Gerald F. Joyce (1999) untersuchten die Frage, ob es möglich wäre, daß ein Ribozym, dessen RNA-Kette sich nur aus drei verschiedenen Nucleotidsorten (statt der normalen vier) zusammensetzt, auch katalytisch aktiv sein kann. In dem zu untersuchenden Ribozym sollte das Nucleosid Cytidin fehlen. Warum wählte man gerade Cytidin mit der Base Cytosin und nicht ein anderes der vier Nucleoside? – Dafür gibt es zwei Gründe:

- Cytidin ist das labilste der vier Nucleoside (Abschn. 6.2). Es desaminiert spontan zu Uridin (HWZ, $t\frac{1}{2}$ = 340 Jahre bei pH 7 und 298 K). Möglicherweise war aus diesem Grunde Cytidin im ersten genetischen Material auf der Urerde nicht vorhanden.
- Nucleinsäuren, die nur Adenosin, Guanosin und Uridin enthalten, vermögen A–U-Watson-Crick-Paare und G–U-Wobble-Paare zu bilden. Sie sollten befähigt sein, komplexe Sekundär- und Tertiärstrukturen aufzubauen.

Ein RNA-Ligase-Ribozym erhielten die Autoren durch die Methode der sog. „in-vitro-Evolution". Dabei werden Makromoleküle durch eine An-

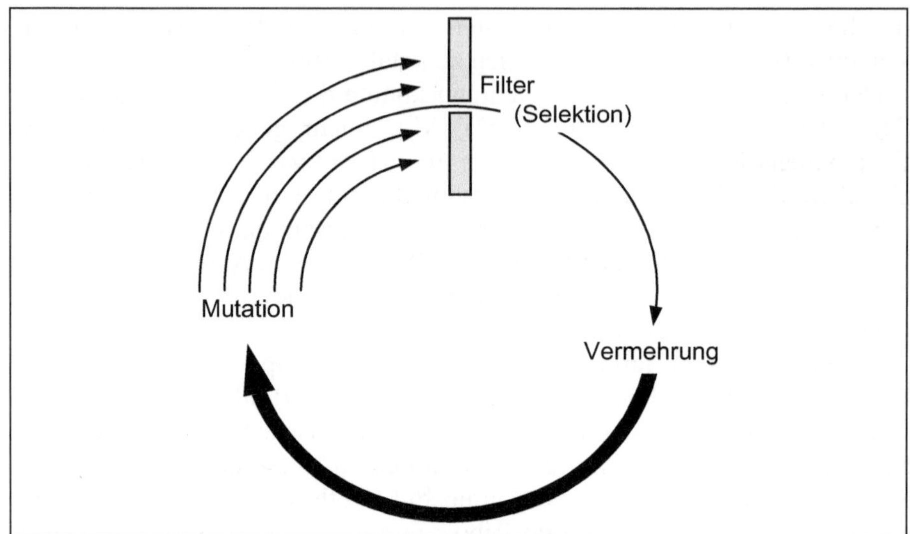

Abb. 6.10: Veranschaulichung des Prinzips der Evolution eines Ribozyms im Reagenzglas. Bei jedem Umlauf werden mehrere Mutanten selektiert und im folgenden Schritt vermehrt. Quelle: leicht modifiziert nach: Culotta (1992)

zahl von Synthesecyclen geleitet, bei denen auf eine Vermehrungsphase, Mutation und Selektion folgen. Ähnlich dem Darwinschen Evolutionsprozeß versucht man im Laboratorium Moleküle mit bestimmten, gewünschten Eigenschaften zu selektieren.

Eine Einführung in die Methode der in-vitro-Evolution gibt Joyce (1993), eine weiterführende Darstellung Schuster (1999). Das RNA-Lipase-Ribozym mit etwa 140 Nucleotiden (allerdings ohne die Pyrimidinbase Cytosin) faltete sich in definierter Struktur und war fähig, eine 10^5mal schnellere Reaktionsrate zu erreichen als bei nicht katalysierter Umsetzung. Dieser Befund überraschte sicherlich auch diejenigen Biogeneseforscher, die der RNA-Welt-Hypothese kritisch gegenüberstehen. Ob obiges Versuchsergebnis ihre Einstellung zur RNA-Welt veränderte, ist nicht bekannt!

Mit der Botschaft „Das Ribosom ist ein Ribozym" kommentierte Cech (2000) den Bericht von Nissen et al. (2000) in „Science" über den gelungenen Nachweis der Ribozymwirkung bei der Ausbildung der Peptidbindung am Ribosom. Seit mehr als 30 Jahren ist bekannt, daß in der lebenden Zelle für die Knüpfung der Peptidbindung die Peptidyltransferase-Aktivität am Ribosom verantwortlich ist. Bei diesem Prozeß an der großen Ribosomenuntereinheit läuft die wichtigste Reaktion der Eiweißbiosynthese ab. An der Aufklärung des molekularen Mechanismus wurde seit mehr als 20 Jahren in einigen Forschungslaboratorien intensiv gearbeitet. Die Schlüsselkomponenten in den Ribosomen aller Lebewesen auf der Erde sind nahezu gleich. Daher scheint die Annahme gerechtfertigt, daß die Proteinsynthese in einem (noch unbekannten) gemeinsamen Vorfahren aller lebenden Systeme durch eine ähnlich strukturierte Einheit katalysiert wurde. Die beiden, das Ribosom aufbauenden Untereinheiten bestehen z. B. beim Bakterium *E. coli* aus 3 rRNA-Strängen und 57 Polypeptiden. Bis zu Beginn der 80-iger Jahre galt es als sicher, daß die Knüpfung der Peptidbindung am Ribozym nur von ribosomalen Proteinen ausgeführt werden könnte. Doch bald wurden nach Entdeckung der Ribozyme erste Bedenken geäußert und die mögliche Beteiligung von Ribozymen am Peptidbildungsprozeß erwogen.

6.6   Kritik und Diskussionen um die „RNA-Welt"

Neben überzeugten RNA-Welt-Vertretern gibt es natürlich auch kritische Stimmen. Daneben besteht die Gruppe der „sanften Kritiker", die vor zu viel Optimismus warnen. Zu ihnen zählt Leslie Orgel, ein Kenner der Probleme, der eindeutig feststellte, daß die RNA-Welt-These eine Hypothese ist – und nicht mehr!

Im Chor der Kritiker erhebt natürlich auch R. Shapiro unüberhörbar seine Stimme. In seinem Buch „Planetary Dreams" (1999) führt er nochmals die vielen, einzelnen Argumente auf, die ihn und andere bewogen, alternative Biogenese-Modelle zur RNA-Welt zu favorisieren. Wie Shapiro berichtet, wurde er bereits von Mitarbeitern eines bekannten Laboratoriums mit dem Titel „Dr. No" bedacht.

Bei kritischer Analyse experimenteller Ergebnisse von Synthesen der Nucleinsäurebasen wird deutlich, unter welch drastischen Bedingungen manche Synthesen „erzwungen" wurden (Shapiro, 1996). So muß beispielsweise für die Guaninsynthese von Cyanidkonzentrationen von 2,2 M und höher ausgegangen werden, um Syntheseprodukte zu gewinnen! Auf eine Guaninsynthese durch Polymerisation von NH_4CN (Levy et al., 1999) war bereits in Abschnitt 4.3 hingewiesen worden. – Dieses Dilemma kann nur durch neue Synthesemöglichkeiten mit wirksamen, noch unbekannten Katalysatoren gelöst werden.

Auf ein anders geartetes Problem macht ebenfalls Shapiro (2000) aufmerksam: das Homopolymer-Problem bei der Biogenese. Viele Biogenese-Hypothesen nehmen eine spontane Bildung polymerer organischer Replikatoren an, die aus einer anorganischen Substanzmischung entstanden. Diese Replikatoren setzen sich aus Untereinheiten einer bestimmten chemischen Spezies zusammen. Ihre Struktur weist ein Rückgrad auf, das mit informationsübertragenden Gruppen verbunden ist. Als erste informationsübertragende Molekülarten wurden bekanntlich RNA, DNA, aber auch Proteine und Peptid-Nucleinsäuren (PNA) vorgeschlagen (Abschn. 6.7). Shapiro meint – sicher mit Recht –, daß bisher den Schwierigkeiten, solche Polymere zu erhalten, wenig Beachtung geschenkt wurde. Die präbiotischen chemischen Substanz-Mischungen auf der Urerde enthielten wahrscheinlich eine Unzahl Verbindungen, die bei Umsetzungen miteinander konkurrierten, um als nächster Baustein in (hypothetische) Polymere eingebaut zu werden. Als Beispiel betrachtet er die Wahrscheinlichkeit, ein nur aus L-α-Aminosäuren aufgebautes Polypeptid zu erhalten. Bezieht man die im Murchison-Meteoriten aufgefundenen Komponenten (Abschn. 3.3.2.2) mit ein, dann konkurrieren neben den L-Aminosäuren auch D-Aminosäuren, β-Aminosäuren und vor allem Hydroxysäuren um den Einbau in die Kette. Einige Reaktionen führen zu Kettenabbrüchen. Trifunktionelle Substanzen (wie z. B. Asparaginsäure, Glutaminsäure oder Serin) können Kettenverzweigungen ergeben. Andere zur Replikation befähigte Substanzgruppen dürften ähnliche Schwierigkeiten aufweisen.

Die genannten Probleme wurden bei präbiotischen Simulationsexperimenten durch Ausschluß der konkurrierenden Substanzen aus der Polymerisationsmischung vermieden – d. h. die Bedingungen wurden idealisiert! Die Ausbildung eines informationsübertragenden Homopolymers aus einer komplexen Substanzmischung kann nicht völlig ausgeschlossen werden; sie ist aber sehr unwahrscheinlich!

Wie konnten die zuvor beschriebenen Schwierigkeiten beseitigt worden sein? Robert Shapiro nennt Mineralien, die entweder als erste Replikatoren oder als hochselektive Polymerasen gedient haben könnten. Als weitere Möglichkeit zieht er in Betracht: Das Leben begann als ein metabolisches Netzwerk von Reaktionen. An ihnen waren Monomere beteiligt – die Replikatoren bildeten sich erst in einer späteren Phase der Evolution.

Die genannten Bedenken und die bereits in früheren Kapiteln erwähnten noch strittigen Fragen lassen eine de-novo-Synthese von RNA unter den Bedingungen der frühen Erde als beinahe unmöglich erscheinen. Deshalb wurde und wird mit Eifer nach Modellen gesucht, die möglichst viele der genannten Schwierigkeiten umgehen oder sie wenigstens vermeiden.

Seiner Rolle als kritischer Mahner blieb Shapiro auch auf der letzten ISSOL-Tagung im Juli 2002 in Mexiko treu. Er vertrat dort die Meinung, daß der Beginn des Lebens überhaupt nicht mit Polymeren startete (gleichgültig ob Nucleinsäuren oder Proteine, aber auch nicht mit ihren hypothetischen Vorläufern, den Prä-Nucleinsäuren oder Prä-Proteinen), sondern mit Wechselwirkungen zwischen Monomeren. Die polymeren Biomoleküle entstanden erst in späteren Phasen der molekularen Evolution. In dieser

„Monomeren-Welt" wurden Reaktionen durch kleine Biokatalysatoren unterstützt (Shapiro, 2002).

Wie viele Unklarheiten bei der Beantwortung der Frage nach der ersten informationsübertragenden Molekülspezies noch bestehen, zeigt ein Diskussionsartikel von Dworkin, Lazcano und S. Miller in der Zeitschrift für Theoretische Biologie. Die Forscher nehmen die RNA-Welt-Hypothese als allgemein akzeptiert an. Aber über die Entwicklungen vor und nach der RNA-Welt gibt es noch keine sinnvollen Modelle, so z. B. ob die DNA vor oder nach den Proteinen das Evolutionsgeschehen bestimmte. Metabolische Argumente sprechen dafür, daß RNA-Genmaterial vor der DNA wirkte. Aber auch die gegenteilige Annahme kann begründet werden: DNA war zuerst da – denn 2'-Desoxyribose zeichnet im Vergleich zur Ribose eine höhere Stabilität, Reaktivität und Löslichkeit aus.

Obwohl derartige Diskussionen nur spekulativ sind, so vermögen sie, für weitere Experimente starke Anreize zu liefern (Dworkin et al., 2003).

Die breite Kluft zwischen den beiden gegensätzlichen Thesen: „Replikation zuerst" und „Metabolismus zuerst" analysiert der Chemiker Pross von der Ben Gurion University of the Negev. Um das Ergebnis seiner Arbeit gleich vorweg zu nehmen: Pross kommt zu dem Schluß: Replikation zuerst!

Nach seiner Überzeugung läßt sich ein kausaler Zusammenhang zwischen beiden Thesen nur herstellen, wenn man die „Replikation zuerst"-These favorisiert. Außerdem zeigt seine Analyse, daß mehr experimentelle Beweise und theoretische Begründungen für die Replikations-These sprechen. Durch die Untersuchung sieht sich der Autor in seiner Annahme bestätigt, daß Lebensprozesse unter starker kinetischer Kontrolle stehen und daß man die Entwicklung metabolischer Reaktionswege nur verstehen kann, wenn man Leben als eine Manifestation der „replikativen Chemie" auffaßt (Pross, 2004).

6.7   „Prä-RNA-Welt"

Die großen Probleme des RNA-Welt-Szenarios führten dazu, nach einfacheren Systemen zu suchen. Nelson et al. (2000 a,b) fassen die schwerwiegendsten Probleme in drei Punkten zusammen:

– die Instabilität der Ribose und anderer Zucker,
– die Schwierigkeiten, die glykosidischen Bindungen zwischen den Nucleotiden unter den Bedingungen der Urerde zu realisieren, und
– die Unfähigkeit, zweiseitige, nicht enzymatische Matrizen-Polymerisation zu erreichen.

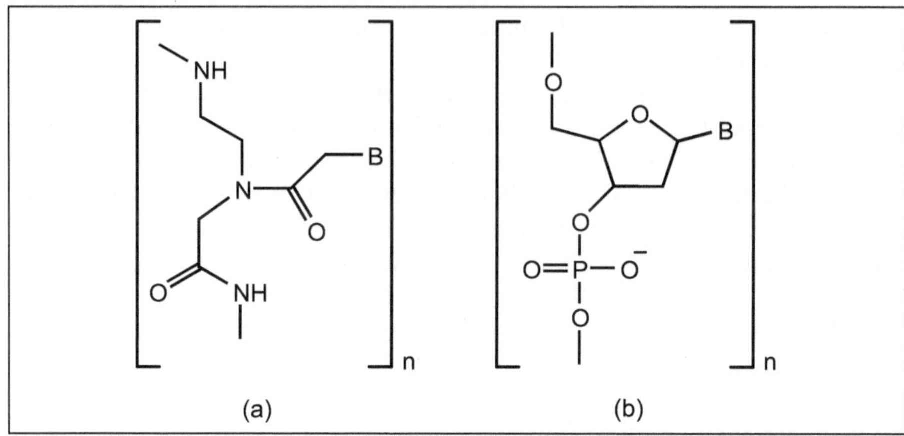

(a)   (b)

Abb. 6.11: Vergleich der Strukturen von PNA (a) und DNA (b).

Die Bemühungen konzentrieren sich vor allem auf das „Rückgrat" der RNA, das vereinfacht werden müßte, d. h. die Folge: –Phosphat–D-Ribose–Phosphat–D-Ribose–Phosphat, allerdings unter Beibehaltung der wesentlichen RNA-Funktionen wie Basenpaarung und Informationsweitergabe.

Eine sehr interessante polymere Substanz, die obige Forderungen erfüllt, tauchte in einer ganz anderen Forschungsrichtung auf. Bei der Suche nach Antisens-Agentien[3] fanden P. E. Nielsen et al. (1991) am Forschungszentrum für Biotechnologie in Kopenhagen sowie Egholm et al. (1992) beim Arbeiten mit Computermodellen eine polymere Substanz, die sie als „Peptidnucleinsäure" (PNA) bezeichneten. PNA sollte mit komplementärer DNA oder RNA über die normale Watson-Crick-Basenpaarung in Wechselwirkung treten, um auf diese Weise bestimmte Regionen, z. B. von Virus-Nucleinsäuren, zu blockieren.

Wie Abb. 6.11 zeigt, wird die normale Ribose-Phosphatkette nativer RNA durch das einfachere Rückgrat aus Polyamid-Polymeren ersetzt. Bei Laborexperimenten gelang die Synthese dieses neuartigen Polymeren.

Die Bezeichnung Peptidnucleinsäuren stammt von der Peptidbindung innerhalb des Polymeren (Abschn. 5.2). Die Verbindung zwischen dem Polyamidstrang und den organischen Basen erfolgt durch eine Acetylgruppe. Die Ausbildung DNA-ähnlicher Doppelhelixstrukturen durch PNA's beschrieben Pernilla Wittung et al.(1994). Es stellt sich die Frage: Können Peptidnucleinsäuren überhaupt unter präbiotischen Bedingungen synthetisiert werden?

---

[3] Antisens-Agentien sind Substanzen (hier Oligonucleotide), die krankheitsverhindernd wirken sollen, z. B. durch Blockade bestimmter mRNA-Sequenzen.

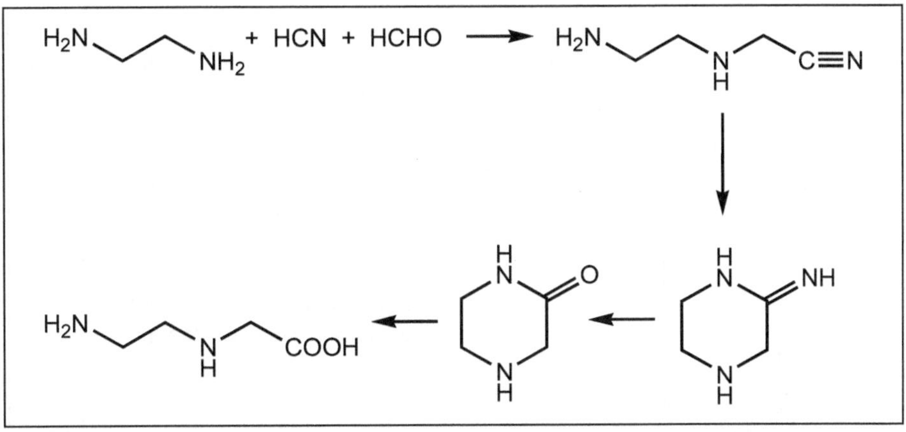

Abb. 6.12: Die Synthese des N-(2-Aminoethyl)-Glycins, das für den Aufbau der Peptidnucleinsäuren benötigt wird. Die Reaktion entspricht der Streckerschen Aminosäuresynthese.

Der Beantwortung dieser Frage nahm sich einer der Nestoren der präbiotischen Chemie an, Stanley Miller. – Das PNA-Polymer setzt sich aus Ethylendiaminomonoessigsäure (EDNA)-Einheiten zusammen, einer Verbindung, die man auch als N-(2-Aminoethyl)-Glycin (AEG) bezeichnen kann.

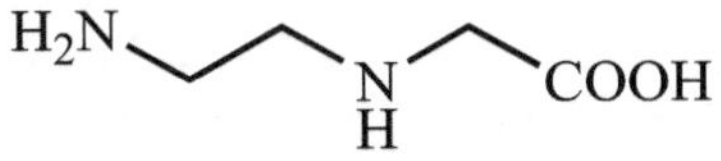

Bereits 1996 berichteten Nelson und Miller (1996) über erfolgreiche Experimente. Sie synthetisierten AEG und geringe Mengen von Ethylendiaminodiessigsäure aus Ansätzen von Ethylendiamin, Formaldehyd und Blausäure. Die AEG-Bildung ist über die robuste Strecker-Synthese möglich (Abschn. 4.1) (siehe Abb. 6.12).

Die Ausbeuten lagen bei 11–79 % für AEG, bei Ausgangsstoff-Konzentrationen von 10^{-1} bis 10^{-4} M. Bei neutralem pH-Wert und etwa 373 K cyclisiert AEG zum Lactam, Monoketopiperazin. Drei Jahre später gelangen die Synthesen der monomeren PNA-Einheiten (Nelson et al., 2000 a,b). Die FAZ berichtete über diese Erfolge am 2. August 2000 mit der Überschrift: „Peptid-Nucleinsäuren am Ursprung des Lebens?" Die Synthese von Pyrimidin-N^1-essigsäure verläuft erfolgreich, wenn man die bereits erwähnte Umsetzung von Cyanacetaldehyd mit hohen Konzentrationen von Harnstoff leicht modifiziert (Robertson u. Miller, 1995). An Stelle des Harnstoffs wird Hydantoinsäure eingesetzt.

Hydantoin, die cyclische Form der Hydantoinsäure, wurde in Murchison-Meteoriten nachgewiesen, aber auch als Polymerisationsprodukt der

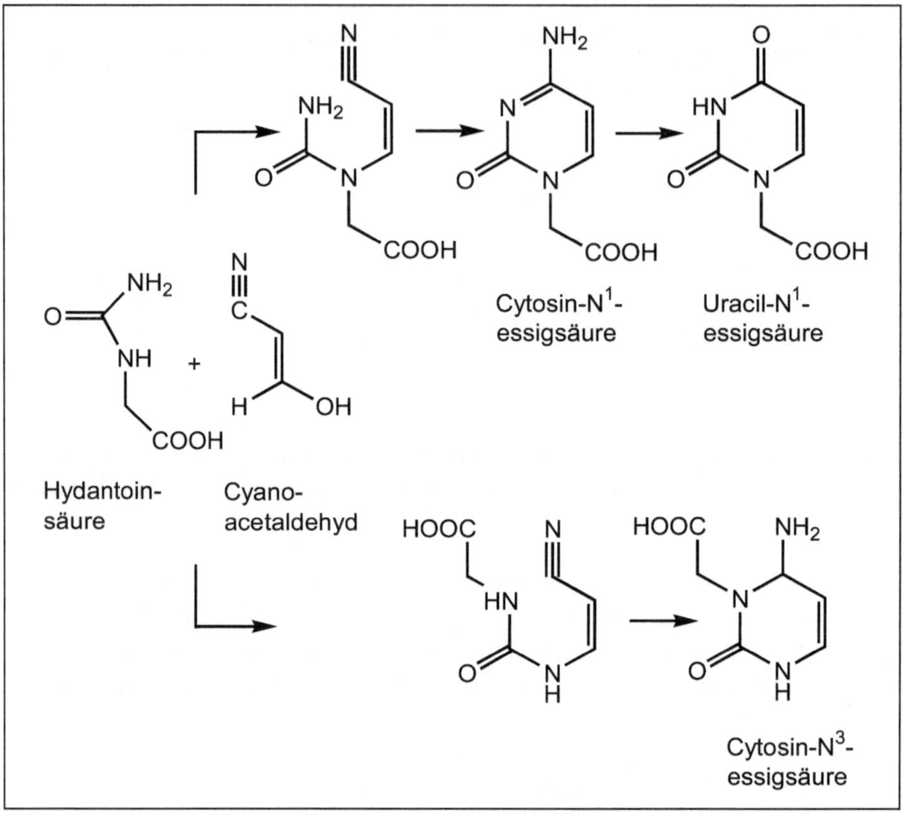

Abb. 6.13: Reaktionswege weiterer Komponenten der PNA, wie Cytosin- und Uracilessigsäure (siehe Abb. 6.12) aus Hydantoinsäure und Cyanacetaldehyd. Quelle: Nelson et al. (2000 b)

HCN-Umsetzung (Ferris et al., 1974). Die erzielten Ausbeuten betrugen 18 % für Cytosin-N^1-essigsäure und nur 1,8 % für das entsprechende Uracil-Derivat bezogen auf Cyanacetaldehyd (Ansatz: 1 mM Cyanacetaldehyd und 2 M Hydantoinsäure bei etwa 373 K).

Trotz vieler noch offener Fragen sind Peptidnucleinsäuren über einfachere Reaktionswege zu synthetisieren als natürliche RNA. Die PNAs zeichnen sich durch einen weiteren wichtigen Vorteil aus: Sie sind achiral und ungeladen, d. h. sie enthalten kein chirales Zentrum im polymeren Rückgrat (Abschn. 9.4). – Leider erfüllen sie nicht alle Bedingungen, die von informationsspeichernden und -übertragenden Molekülarten gefordert werden. Deshalb geht das Suchen nach anderen möglichen Kandidaten für eine Prä-RNA-Welt weiter.

Es ist nicht auszuschließen, daß nicht eine, sondern zwei oder mehrere Molekülarten der RNA-Phase vorausgingen. Auf jeden Fall muß dann ein

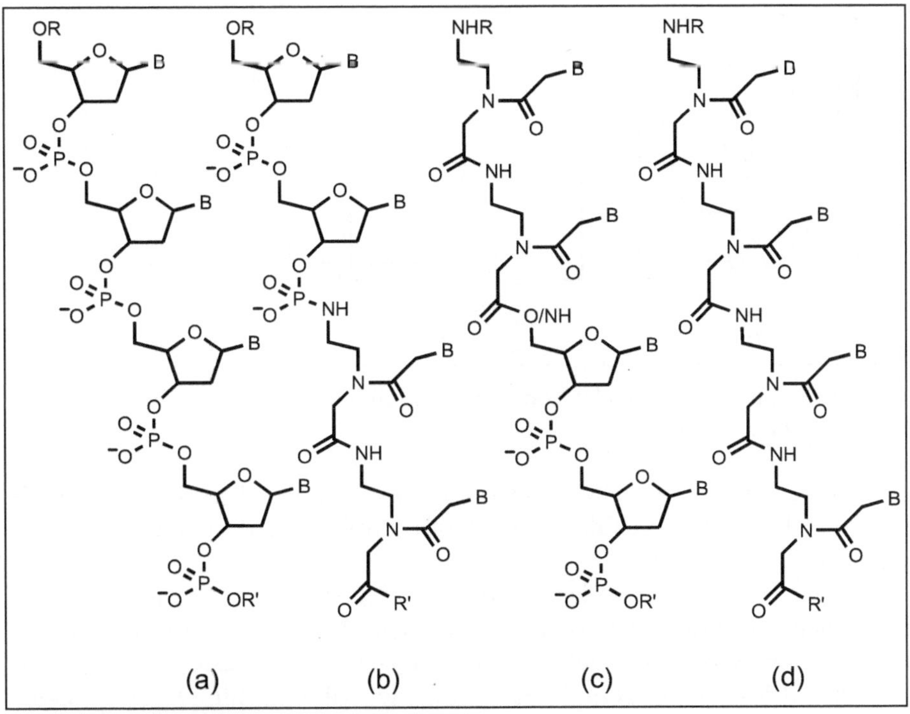

Abb. 6.14: Die Strukturen von DNA (a), den beiden Schimären-Verknüpfungsprodukten (b und c) sowie von PNA (d). Quelle: Koppitz et al. (1998)

evolutionärer Übergang von der einen polymeren Spezies zur anderen ohne Funktionsverlust (d. h. Informationstransfer und Replikationseigenschaften) möglich sein. Ein solcher Prozeß würde durch die Bildung von „Schimären" erleichtert werden, d. h. von Polymeren, die beide Speziestypen enthielten. Dieses Problem untersuchten Koppitz et al. (1998), d. h. die Bildung von Oligonucleotid-PNA-Schimären durch eine Matrizen-gesteuerte Verknüpfungsreaktion. – Der Begriff Schimäre entstammt der griechischen Sage, in der Schimären Unwesen darstellen, die aus Anteilen des Löwen, der Ziege und der Schlange gebildet werden. Präbiotische Schimären setzen sich aus den Anteilen PNA und normaler DNA zusammen, und zwar in Form von Oligomeren, die aus einigen wenigen Monomeren bestehen. Dabei war eine Verknüpfung über das Phosphoamidat und die 5'-Esterbindung zwischen DNA- und PNA-Anteilen begünstigt. In beiden Fällen konnten sowohl PNA als auch DNA als Matrize für die Verknüpfung beider Monomeren wirken. Die Ligation über eine 5'-Phosphoamidatbindung erwies sich dagegen als ungünstig (Abb. 6.14).

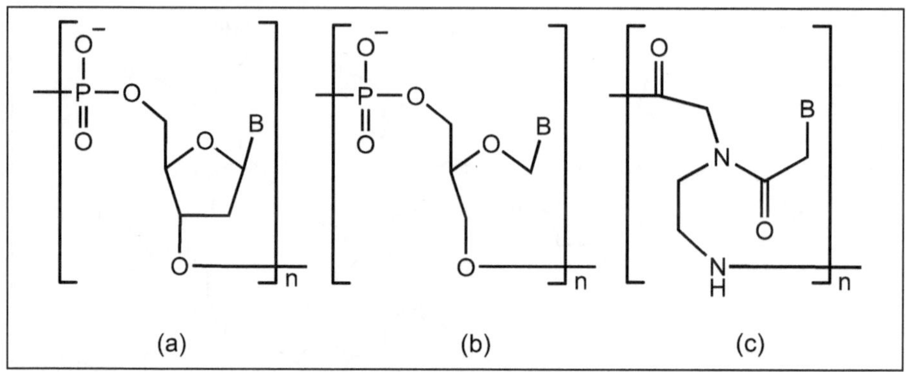

Abb. 6.15: Strukturvergleiche von DNA (a), Gly-NA (b) und PNA (c). Quelle: Merle u. Merle (1996).

Untersuchungen an PNA-Derivaten, den olefinischen Peptidnucleidsäuren (OPA's) von Schütz et al. (2000), dürften hauptsächlich der Antisens-Forschung dienen.

Bei der Suche nach anderen leistungsfähigen Rückgratstrukturen stieß man auch auf Poly(glycerotide). Acyclische Oligonucleotide bezeichnet man auch als Glycerin-Nucleinsäuren (Gly-NA).[4] Sie bestehen aus einem Glycerin-Rückgrat bei dem das C2'-Atom der Ribose fehlt. Diese Molekülklasse wurde erstmals von Schwartz und Orgel (1985) beschrieben. Die Moleküle weisen je Monomeren-Einheit ein asymmetrisches C-Atom in der Polymerkette auf (Merle et al., 1993).

Einige GlyNA's ergeben mit natürlichen Polynucleotiden Assoziate (J. u. M. Merle, 1996), so z. B. Dodekaglycerol-Adenin (Gly-A)$_{12}$ mit Dodekathymidylat-(dT)$_{12}$ bei Temperaturen unter 298 K. Allerdings ist dieses Assoziat weniger stabil als ein entsprechender Oligonucleotid-Duplex.

Die thermische Stabilität verschiedener Oligonucleotide und deren Analoga in Doppelsträngen fällt in folgender Reihe ab:

PNA > DNA > RNA > GlyNA

Daher kommen die PNAs eher als die GlyNAs als eventuelle RNA-Vorläufer in Betracht (J. u. M. Merle, 1996).

Eine weitere Alternative zu den PNAs sind Oligonucleotide mit veränderter Zuckerkomponente. Diese Arbeiten gehen auf Albert Eschenmoser zurück, der als bekannter Synthesechemiker der Frage nachging, warum die Natur bestimmte Biomoleküle für den Lebensprozeß auswählte ·und

---

[4]   Leider wird in den hier angeführten Literaturstellen die Abkürzung Gly – die in der Biochemie allgemein für die Aminosäure Glycin reserviert ist – für Glycerin verwendet.

nicht andere, ähnlich gebaute (Eschenmoser, 1991). Eschenmoser und Mitarbeiter untersuchten vor allem die Zuckerkomponente der Nucleinsäuren, also die Frage: warum gerade D-Ribose und nicht ein anderer Zucker?

Bei erfolgreichen Zuckersynthesen (Abschn. 4.4), so z. B. bei der Chemie des Glykolaldehyd-phosphats erhob sich das Problem: Warum gibt es nur Pentose-Nucleinsäuren und nicht Hexose-Nucleinsäuren? – Die Hexose (D-Allose) kann in zwei Strukturvarianten auftreten und zwar als 5-gliedrige Furanose und als 6-gliedrige Pyranose. Von beiden ist der Pyranose-Zucker die thermodynamisch stabilere Form (in sog. „Sesselkonformation"). Aus technischen Gründen bearbeitete die Züricher Gruppe zuerst den Zucker ohne die zwei OH-Funktionen in 2',3'-Position, d. h. die 2',3'-Didesoxy-allopyranose. Da der Zuckeranteil gegenüber der Desoxyribose in normaler DNA eine CH_2-Gruppe mehr enthält, bezeichnet man dieses Derivat als „Homo-DNA", die antiparallele Doppelstränge bildet. Die Schmelzpunkte (T_m-Werte) der Homo-DNA liegen 30–40 K höher als bei analogen Oligonucleotiden der Normal-DNA, d. h. der Doppelstrang wird erst bei höherer Temperatur in die Einzelstränge getrennt. Mit natürlicher DNA geht Homo-DNA keine Wechselwirkungen ein. Die intensive Beschäftigung mit Zuckeranalogen in Oligonucleotiden führte zur Erkenntnis, daß die Watson-Crickschen-Basenpaarungsregeln nicht nur eine Folge der H-Brückeneigenschaften der beteiligten Basen sind, sondern auch eine Frage der Furanosestruktur der Zucker in der Nucleinsäurekette (Eschenmoser, 1991).

Wie bereits in Abschn. 4.4 dargestellt, erhält man Ribose-2,4-diphosphat über eine basenkatalysierte Kondensation von Glycolaldehydphosphat in Gegenwart von Formaldehyd (Müller et al., 1990). Die Phosphatgruppe in Position 4 des Zuckers verhindert die Ausbildung eines 5-gliedrigen Ringes (Furanose-Ring). Dagegen kann sich ein 6-gliedriger Pyranose-Ring bilden.

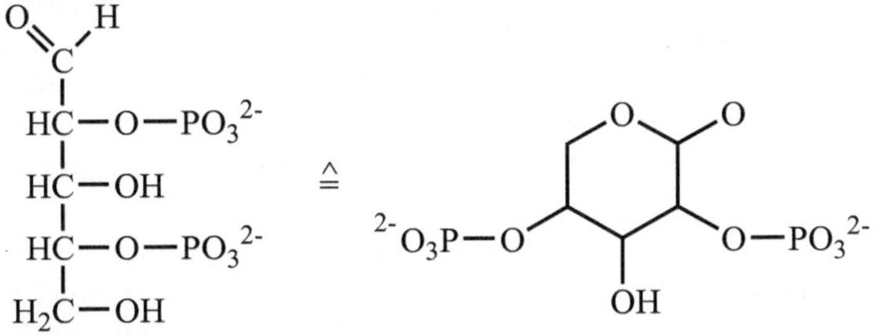

Die mit dem 6-Ring-Zucker gebildeten Oligonucleotide wurden als „Pyranosyl-RNA" (pRNA) bezeichnet. In diesem RNA-Derivat sind die Nucleotide durch eine 2'-4'-Verbindung miteinander verknüpft (Eschenmoser, 1994).

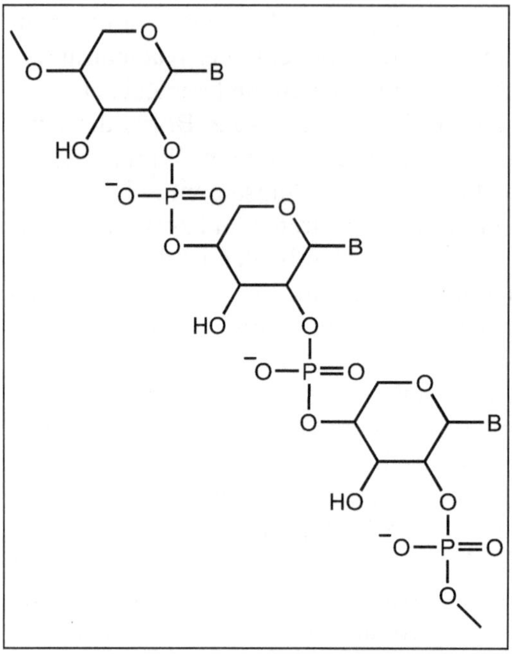

Abb. 6.16: Konstitution der Pyranosyl-RNA („p-RNA"). Quelle: Eschenmoser (1994)

Komplementäre pRNA-Stränge bilden Doppelstränge, und sie wechselwirken stärker und selektiver als DNA- oder RNA-Stränge miteinander (Schwartz, 1998). Ob allerdings pRNA als Kandidat für eine Prä-RNA-Spezies in Frage kommt oder nicht, bleibt unklar! – Einen umfassenden Überblick über die Ätiologie der Nucleinsäurestrukturen findet der Leser in „Science" (Eschenmoser, 1999). Wahrscheinlich ist pRNA als Vorläufer-Nucleinsäure nicht geeignet, da sie mit normaler RNA keine Watson-Crick-Basenpaarung eingehen kann. Dieses Manko schließt den Informationstransfer vom Vorläufer zum Nachfolger aus. Da aber diese „Wachablösung" als wesentliche Eigenschaft von Prä-Nucleinsäuren gefordert werden muß, galt die Frage als ungelöst. Aber Eschenmosers Arbeitskreis war auch in diesem Falle erfolgreich. Bisher nahm man an, daß das Rückgrat der Nucleinsäuren aus räumlichen Gründen mindestens sechs Atome zwischen den sich wiederholenden Einheiten enthalten müsse, um die normale Basenpaarung zu gewährleisten.

Die Eschenmoser-Gruppe konnte zeigen, daß letztere Annahme nicht zutrifft (Orgel, 2000). A. Eschenmoser, inzwischen Professor emeritus, konnte als Gast am renommierten Salk-Institut für biomedizinische Forschung, La Jolla, eine Reihe von Zuckerderivaten als weitere Anwärter in Prä-RNA-Modellen eingehend prüfen. Es zeigte sich, daß auch nur fünf Atome im Rückgrat der Nucleinsäurekette ausreichen, wenn sie in einer möglichst optimal gestreckten Form angeordnet sind.

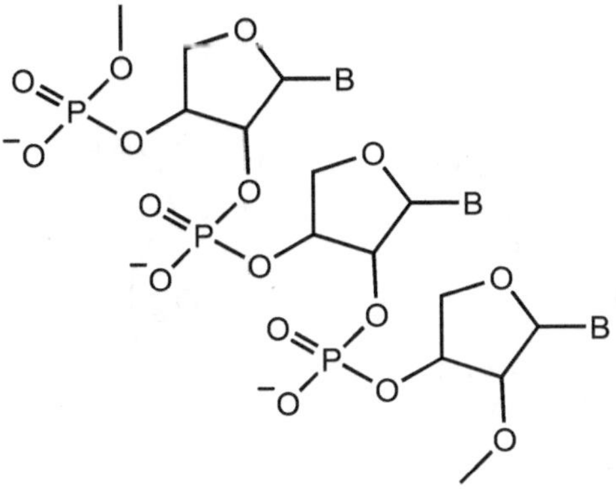

Abb. 6.17: Konstitution der „TNA", (L), α-Threofuranosyl-(3'→2')-oligonucleotid-Strang. Quelle: Schönig et al. (2000).

Dies wurde mit einem Polymeren aus (L)-α-Threofuranosyl-(3'→2')-Oligonucleotiden (TNA) (Abb. 6.17) (Schöning et al., 2000) erreicht.

Der 5-Ring-Zucker enthält nur noch vier C-Atome und zwischen den, die Zucker verbindenden Sauerstoffatomen liegen nur noch zwei C-Atome und nicht mehr drei, wie in den Ribose- oder Desoxyribose-Einheiten.

Der wesentliche Grund, warum die Tetrose bessere Qualitäten als Prä-Nucleinsäurezucker aufweist, ist die einfachere Synthese. Der vier C-Atome enthaltende Zucker dürfte sich auf der Urerde leichter gebildet haben als Pentosezucker mit fünf C-Atomen. So kann sich Tetrose direkt aus zwei identischen C_2-Einheiten, z. B. aus zwei Glykolaldehyd-Molekülen bilden. Dagegen entstehen Pentosezucker aus zwei und drei C-Atome enthaltenden Molekülen durch einen komplexen Synthesemechanismus. Die Synthese führt zu Mischungen von nur schwer trennbaren Zuckern mit vier, fünf und sechs C-Atomen. TNAs können stabile Watson-Crick-Doppelhelixes ausbilden und sind außerdem befähigt – und dies überraschte die Fachwelt –, stabile Doppelhelix-Bindungen mit komplementären RNAs und DNAs einzugehen (Eschenmoser, 2004).

Obwohl die Vor-RNA-Welt jetzt stärker im Mittelpunkt des wissenschaftlichen Interesses der präbiotischen Chemie steht, so fehlte es in den letzten Jahren nicht an Versuchen, die Synthese von Oligonucleotiden mit den normalen Nucleotiden durch Simulationsexperimente nachzuvollziehen (Ferris, 1998). – Bei Kondensationsreaktionen in wäßrigem Milieu herrscht immer ein Wettstreit zwischen Synthese und Hydrolyse. Meistens kann die Synthese nur erfolgreich sein, wenn sie Katalysatoren unterstützen.

Ein neues Szenario stellt die durch Mineraloberflächen katalysierte Polymerbildung dar. Wesentlich dürfte dabei die Konzentrierung der umzusetzenden Moleküle an der Oberfläche sein.

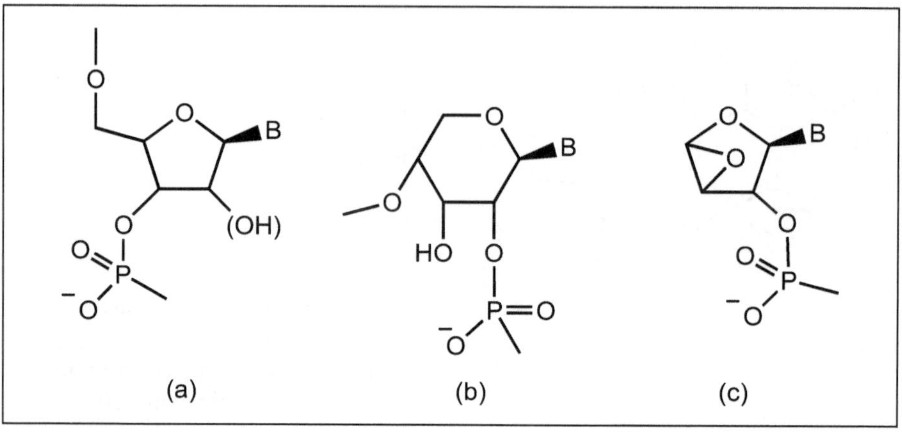

Abb. 6.18: Drei verschiedene Grundeinheiten zum Aufbau von Oligonucleotiden.
(a) RNA (5'→3')-β-D-Ribofuranosyl
(b) p-RNA (4'→2')-β-D-Ribopyranosyl
(c) TNA (3'→2')-α-L-Threofuranosyl
Quelle: Herdewijn, (2001).

Bestimmte Mineralien bewähren sich seit vielen Jahren für derartige Experimente, wie z. B. Montmorillonit (Abschn. 7.1). So gelang die Polykondensation von Phosphoimidazoliden von Adenosin (ImpA) mit Hilfe des Montmorillonits bis zu einer Kettenlänge von 55 Nucleotiden. Die Umsetzung erfordert den Zusatz von Mg^{2+}-Ionen und einem Oligo-A-Primer. Da Montmorillonit-Schichten negative Ladungen tragen, wirken die zweifach positiv geladenen Magnesiumionen als Mittler zwischen den negativen Ladungen des Nucleotid-Phosphatesters und der Mineraloberfläche. Eine Kettenlänge von 50 Nucleotiden erreichte man nicht in „einem

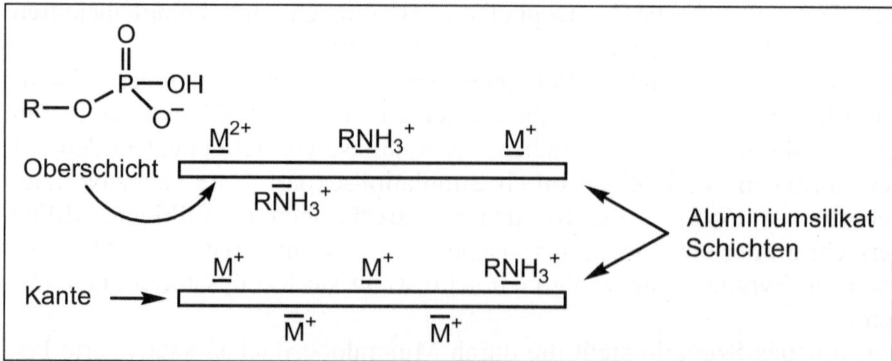

Abb. 6.19: Vereinfachtes Diagramm von Montmorillonit-Ton mit gebundenen anionischen und kationischen organischen Verbindungen. Quelle: Ferris (1998)

Zuge", sondern durch „Fütterung" des Reaktionsansatzes, d. h. durch schrittweisen Zusatz der aktivierten Nucleotide im Laufe von ca. 14 Tagen (Ferris et al., 1996).

Die Kettenlänge von 30–60 Nucleotiden wird allgemein als ausreichend angesehen, damit ein solches Oligonucleotid katalytisch wirksam werden kann (in der Art eines Ribozyms). Dem gemeinsamen Arbeitskreis von Ferris und Orgel gelang die Synthese von Homo-Oligomeren mit den beiden sauren Aminosäuren Asparaginsäure und Glutaminsäure, allerdings an der Oberfläche anderer Minerale, und zwar an Illit und Hydroxylapatit. Physikalisch-chemische Verfahren sowie Untersuchungen über die Wirkung von Hemmstoffen auf die RNA-Bildung an Montmorillonit-Oberflächen dienten zur Aufklärung des Reaktionsmechanismus. Dabei konnte eine obere Grenze von $5–10 \cdot 10^{15}$ katalytisch wirksamen Regionen auf etwa 50 mg Montmorillonit-Mineral ermittelt werden (Wang u. Ferris, 2001).

Zahlreiche Untersuchungen über präbiotische Synthesen gehen seit einigen Jahren davon aus, daß Adsorptionsprozesse von Mikromolekülen an Tonmaterialien von entscheidender Wichtigkeit gewesen sein müssen: einerseits um die wäßrigen Lösungen zu konzentrieren und andererseits, weil katalytische Effekte auf der Mineraloberfläche die Synthesen erst ermöglichten. Neue Experimente an Montmorillonit und Kaolin zeigten, daß ein- und zweiwertige Kationen bei der Adsorption von Nucleinsäuren wichtige Mittlerfunktionen ausführen. Die für eine Kationenadsorption benötigten Konzentrationen hängen von der Wertigkeit der Kationen, aber auch von der Nucleinsäurespezies ab. So benötigen doppelsträngige Nucleinsäuren höhere Kationenkonzentrationen als einsträngige, um im gleichen Umfange an Ton adsorbiert zu werden. Natürlich sind zweiwertige Kationen wirksamer als einwertige. Nach Ausbildung des Komplexes Ton-Kationen-Nucleinsäuren können die Kationen durch Auswaschen nicht mehr aus dem Komplex entfernt werden. Die Kationen erfüllen eine „Brückenfunktion" zwischen den negativen Ladungen der Mineraloberfläche und den negativen Ladungen der Phosphatgruppen der Nucleinsäuren (Franchi et al., 2003).

Eine Mehrzahl von Biogenese-Forschern scheint die RNA-Welt, trotz der vielen unbeantworteten Fragen, zu akzeptieren, d. h. eine Welt, in der die von Nucleinsäuren kodierte und von Ribosomen katalysierte Proteinsynthese noch nicht ablief. – Leslie Orgel, wahrscheinlich der profundeste Kenner dieses schwierigen Metiers, macht auf wesentliche Konsequenzen aufmerksam, die bei Akzeptanz der RNA-Welt zu bedenken sind. Kurz zusammengefaßt diskutiert Orgel zwei Möglichkeiten:

– Die RNA-Welt war die *erste biologische Welt*. In diesem Falle kann man von der heute wirksamen Biochemie wenig über die präbiotische Chemie der RNA-Welt lernen bzw. aussagen. Möglicherweise nur die eine Tatsache, daß Bildung und Polymerisation von Nucleotiden einstmals präbiotische Prozesse waren. Orgel ist also nicht der Auffassung, jetzige biochemische Abläufe auf Prozesse der präbiotischen Chemie zurückführen zu können, wie z. B. im Falle des Enzyms Kohlenmonoxid-dehydrogenase/Acetyl-CoA-Synthase. Das Enzym mit einem Fe/Ni/S-Zentrum reduziert CO_2 zu CO, das zu einem ähnlichen aktiven Zentrum weitergeleitet und in Acetyl-CoA eingebaut wird.

Huber und Wächtershäuser (1997) konnten den Einbau von CO an einem Fe/Ni-Sulfid-Katalysator zeigen. Orgel bezweifelt allerdings, daß es gerechtfertigt ist, aus diesen Versuchsergebnissen weiterreichende Schlüsse zu ziehen, denn der Enzymmechanismus konnte sich erst nach der Entstehung bzw. Evolution der Proteinsynthese entwickelt haben. Orgel hält die Verwendung des zuvor geschilderten Mechanismus des CO-Einbaus in Biomoleküle für eine Folge des chemischen Determinismus.

– Die RNA-Welt war *nicht die erste biologische Welt*. Somit dürfte die obige Schlußfolgerung nicht gerechtfertigt sein. Man kann dann spekulieren, daß die Monomeren eines frühen genetischen Polymeren jetzt noch als wichtige biochemische Substanzen erkennbar sind. Daß sich RNA präbiotisch gebildet haben könnte, hält Orgel für unwahrscheinlich. Ribonucleotide sind zu kompliziert aufgebaut, um in genügender Menge und Reinheit auf der Urerde entstehen zu können.

Hier muß die noch hypothetische Prä-RNA-Welt die Lücke füllen. Orgel vermutet in dieser noch dunklen Phase der chemischen und molekularen Evolution eine Molekülklasse, die sich relativ leicht unter den Bedingungen der Urerde bilden konnte und die bereits in Meteoritengesteinen aufgefunden wurde, wie z. B. Aminosäuren. Dabei müssen es nicht unbedingt die uns heute bekannten 20 proteinogenen α-Aminosäuren gewesen sein, die z. T. recht kompliziert aufgebaut sind, wie z. B. Phenylalanin, Tyrosin, Histidin und Tryptophan, sondern die einfachen Spezies.

Das Haupthindernis, eine zur Paarbildung (wie z. B. in der DNA) befähigte polymere Verbindung aus Aminosäure-Monomeren zu finden, ist eindeutig ein strukturelles Problem. Zu dessen Lösung gibt es nur zwei Möglichkeiten:

– die Anwendung von β-verknüpften Peptiden oder
– die alternative Verbindung von L- und D-Aminosäureresten in der Peptidkette.

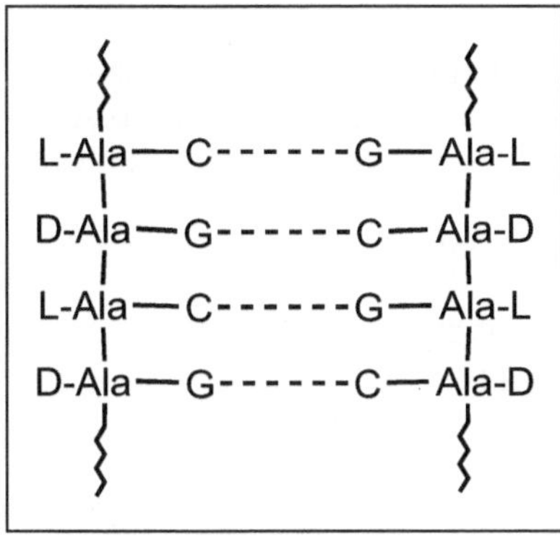

Abb. 6.20: Ausschnitt (vereinfacht) eines Modells des linearen Alanyl-PNA-Doppelstranges. Die regulären Peptidbindungen sind alternierend konfiguriert und daher in β-Faltblatt-Konformation. Quelle: Diederichsen (1997)

Unter der Vielzahl bereits eingehend untersuchter Polymere aus Aminosäuren und Nucleinsäurebasen scheint nach Orgel eine Gruppe von Polymeren, die ein Arbeitskreis an der Münchner Technischen Universität synthetisierte und beschrieb, von großem Interesse zu sein (Diederichsen, 1996, 1997; Diederichsen u. Schmitt, 1998). Es sind dies Peptide mit einer alternierenden Folge von D- und L-Aminosäuren (hier Alanin), die durch Substitution eines der β-H-Atome mit Guanin bzw. Cytosin verknüpft waren (Alanyl-PNA). Sie bilden daher einen linearen Alanyl-PNA-Doppelstrang.

Ob die in Abbildung 6.20 schematisch dargestellten Polymeren (oder ähnliche Formen) jemals auf der Urerde als Informationsträger von Bedeutung waren, ist noch völlig offen. Leslie Orgel hält aber die Alanylnucleotide von Diederichsen für durchaus mögliche und taugliche Kandidaten in einer Prä-RNA-Welt (Orgel, 2003).

Auf dem weiten, offenen Feld der Nucleinsäurechemie mit ihren vielen, möglichen Varianten und Vorstufen dürften noch überraschende Ergebnisse zu erwarten sein.

Literatur

Cech TR (1987) Spektrum der Wissenschaft, Jan: 42

Cech TR (2000) Science 289:878

Crick FHC (1968) J Mol Biol 38:367

Culotta E (1992) Science 257:613

Diederichsen U (1996) Angew Chem 108:458

Diederichsen U (1997) Angew Chem 109:1966

Diederichsen U, Schmitt HW (1998) Angew Chem 110:312

Dworkin JP, Lazcano A, Miller S (2003) J Theor Biol 222:127

Egholm M, Buchhardt O, Nielsen PE, Berg RH (1992) J Amer Chem Soc 114:1895

Eigen M (1971) Nature 58:465

Eschenmoser A (1991) Kon-Tiki-Experimente zur Frage nach dem Ursprung von Biomolekülen. In: Verhandlungen der Gesellschaft Deutscher Naturforscher und Ärzte, Berlin 1990 Wissenschaftliche Verlagsgesellschaft, Stuttgart, S 135

Eschenmoser A (1994) Orig Life Evol Biosphere 24:389

Eschenmoser A (1999) Science 284:2118

Eschenmoser A (2004) Orig Life Evol Biosphere 34:277

Ferris JP, Wos JD, Lobo AP (1974) J Mol Evol 3:311

Ferris JP (1994) Nature 369:184

Ferris JP, Hill AR, Liu R, Orgel LE (1996) Nature 381:58

Ferris JP (1998) Catalyzed RNA-synthesisis for the RNA world. In: Brack A (ed) The Molekular Origins of Life. Cambridge University Press, pp 255-268

Franchi M, Ferris J, Gallori E (2003) Orig Life Evol Biosphere 33:1

Fuller WD, Sanchez RA, Orgel LE (1972a) J Mol Biol 67:25

Fuller WD, Sanchez RA, Orgel LE (1972b) J Mol Evol 1:249

Gilbert W (1986) Nature 319:618

Herdewijn P (2001) Angew Chem 113:2309

Huber C, Wächtershäuser G (1997) Science 276:245

Illangasekare M, Sanchez G, Nickles T, Yaros M (1995) Science 267:643

Inoue T, Orgel LE (1981) J Amer Chem Soc 103:7666

Inoue T, Orgel LE (1983) Science 219:859

Inoue T, Joyce GF, Grzeskowiak K, Orgel LE, Brown JM, Reese CB (1984) J Mol Biol 178:669

Joyce GF (1989) Nature 338:217

Joyce GF (1993) Spektrum der Wissenschaft, Feb: 52

Joyce GF, Orgel LE (1999) Prospects for Understanding the Origin of the RNA World. In: Gesteland RF, Cech TR, Atkins JF (eds) The RNA-World 2nd ed. Cold Spring Harbour, New York

Koppitz M, Nielsen PE, Orgel LE (1998) J Amer Chem Soc 120:4563

Kuhn H (1972) Angew Chem 84:838

Lehninger AL (2001) Biochemie. Springer, Berlin Heidelberg New York

Levy M, Miller SL, Oró J (1999) J Mol Evol 49:165

Li T, Nicolaou (1994) Nature 369:218

Lohrmann P, Bridson PK, Orgel LE (1980) Science 208:1464

Merle L, Spach G, Merle Y, Sági J, Szemzö A (1993) Orig Life Evol Biosphere 23:91

Merle Y und L (1996) Orig Life Evol Biosphere 26:400

Müller D, Pitsh S, Kittaka A, Wagner E, Wintner CE, Eschenmoser A (1990) Helv Chim Acta 73:1410

Naylor R, Gilham PT (1966) Biochemistry 5:2722

Nelson KE, Miller SL (1996) Orig Life Evol Biosphere 26:345

Nelson KE, Levy M, Miller SL (2000a) Orig Life Evol Biosphere 30:259

Nelson KE, Levy M, Miller SL (2000b) Proc Natl Acad Sci USA 97:3868

Nielsen PE, Egholm M, Berg RH, Buchhardt O (1991) Science 254:1497

Nissen P, Hansen J, Ban N, Morre PB, Steitz TA (2000) Science 289:920

Nowick JS, Feng Q, Tjivikua T, Ballester P, Rebek J Jr (1991) J Am Chem Soc 113:88

Orgel LE (1968) J Mol Biol 38:381

Orgel LE (2000) Science 290:1306

Orgel LE (2003) Orig Life Evol Biosphere 33:211

Oró J, Basile B, Cortes S, Shen C, Yamrom T (1984) Origin of Life 14:237

Piccirilli JA, Mc Connell TS, Zaug AJ, Noller HF, Cech TR (1992) Science 256:1420

Ponamperuma C, Sagan C, Mariner R (1963) Nature 199:222

Pross A (2004) Orig Life Evol Biosphere 34:307

Rebek J Jr (1990) Angew Chem 102:261

Rebek J Jr (1994) Spektrum der Wissenschaft, September: 66

Reimann R, Zubay G (1999) Orig Life Evol Biosphere 29:229

Robertson MP, Miller SL (1995) Nature 375:772

Rogers J, Joyce GF (1999) Nature 402:323

Saygin Ö, Ellmauerer E (1984) Origins of Life 14:139

Scheffler M, Dorenbeck A, Jordan S, Wüstefeld M, von Kiedrowski G (1999 a) Angew Chem 111:3514

Scheffler M, Dorenbeck A, Jordan S, Wüstefeld M, von Kiedrowski G (1999 b) Angew Chem Int Ed 38:3312

Schöning K-U, Scholz P, Guntha S, Wu X, Krishnamurthy R, Eschenmoser A (2000) Science 290:1347

Schramm G, Groetsch H, Pollmann W (1962) Angew Chem 74:53

Schütz R, Cantin M, Roberts C, Greiner B, Uhlmann E, Leumann C (2000) Angew Chem 112:1305

Schuster P (1999) Künstliche Evolution – von der Theorie zur Erzeugung neuer Biomoleküle mit vorherbestimmbaren Eigenschaften. In: Ganten D u. a. (Hrsg) Versammlung der Gesellschaft Deutscher Naturforscher und Ärzte 1998. Hirzel, Stuttgart, S 147

Schwartz AW, Orgel LE (1985) Science 228:585

Schwartz AW (1998) Origins of the RNA world. In: Brack A. (ed) The Molekular Origins of Life. Cambridge University Press, p 241

Shapiro R (1996) Orig Life Evol Biosphere 26:238

Shapiro R (1999) Planetary Dreams. Wiley & Sons, New York

Shapiro R (2000) Orig Life Evol Biosphere 30:243

Shapiro R (2002) Book of Program and Abstracts, ISSOL-02 Oaxaca, p 60

Sievers D, von Kiedrowski G (1994) Nature 369:221

Sleeper HL, Lohrmann R, Orgel LE (1979) J Mol Evol 13:203

Stryer L (1990) Biochemie. Spektrum, Heidelberg

Szathmáry E, Gladkih I (1989) J theor Biol 138:55

Tjivikua T, Ballester P, Rebek J Jr (1990) J Am Chem Soc 112:1249

Unrau PJ, Bartel DP (1998) Nature 395:260

von Kiedrowski G (1986) Angew Chem 98:932

von Kiedrowski G, Helbing J, Wlotzka B, Jordan S, Mathen M, Achilles T, Sivers D, Terfort A, Kahrs BC (1992) Nachr Chem Tech Lab 40:578

von Kiedrowski G (1993) Bioorganic chemistry frontiers, Vol 3 / 113

von Kiedrowski G (1999) Molekulare Prinzipien der artifiziellen Selbstreplikation. In: Ganten D u. a. (Hrsg) Versammlung der Gesellschaft Deutscher Naturforscher und Ärzte 1998. Hirzel, Stuttgart, S 123
Wang K-J, Ferris JP (2001) Orig Life Evol Biosphere 31:381
Wittung P, Nielsen PE, Buchardt O, Egholm M, Nordin B (1994) Nature 368:561
Woese C (1967) The genetic code. Harper & Row, New York
Yamagata Y (1999) Orig Life Evol Biosphere 29:511
Yamagata Y (2000) Orig Life Evol Biosphere 30:198
Zielinski WS, Orgel LE (1987) Nature 327:346
Zubay G (2000) Origins of Life on the Earth and in the Cosmos 2nd ed. Academic Press, San Diego,
New York
Zubay G, Mui T (2001) Orig Life Evol Biosphere 31:87

7 Andere Theorien und Hypothesen

7.1 Anorganische Systeme

Bereits vor mehr als 50 Jahren nahm der britische Physikochemiker J. D. Bernal (1901–1971) an, Tonmineralien könnten bei Syntheseprozessen auf der Urerde eine wichtige Funktion erfüllt haben. Er dachte dabei an die Adsorption organischer Substanzen an Ton und ihre Konzentrierung.

Da die dünne Erdkruste vor vier Milliarden Jahren aus Geochemikalien (d. h. Verbindungen der Elemente: Si, O, Al, Fe, Mg, Ca, K, Na und Spuren anderer Elemente) aufgebaut war, vermuteten einige Biogenese-Forscher, daß das erste replizierende Material nicht aus Kohlenstoff und den anderen Bioelementen, sondern aus geochemischen Materialien bestand. Es wurden vor allem Tonmineralien in die theoretischen und experimentellen Untersuchungen einbezogen. Die wichtigsten Vertreter dieser Stoffklasse sind: Kaolinit und Montmorillonit. Letzerer wurde und wird bei vielen Simulationsexperimenten präbiotischer Reaktionen eingesetzt.

Bereits 1963 erwähnt Armin Weiss, damals Universität Heidelberg, die Einlagerung von Aminosäuren und Proteinen in glimmerartige Schichtsilikate (Weiss, 1963). Einige Jahre später verfaßt U. Hoffmann, ebenfalls Heidelberg, einen Artikel über „Die Chemie der Tonmineralien" mit dem Hinweis auf mögliche katalytische Aktivitäten bei Prozessen, die zur Lebensentstehung führen konnten (Hoffmann, 1968).

Aber am entschiedensten und radikalsten vertrat der schottische Chemiker Graham Cairns-Smith von der Universität Glasgow die Hypothese vom Ursprung des Lebens auf der Grundlage von Prozessen an Tonmineralien (Cairns-Smith, 1966, 1985a,b). Seinen Kritikern, die ihn nach den Spuren fragten, die seine Thesen unterstützen könnten, begegnete Cainrs-Smith mit einem anschaulichen Gleichnis: Zur Errichtung eines Gewölbes benötigt man zuerst ein stabiles Baugerüst. Nach Fertigstellung des Gewölbes wird das Gerüst abgerissen und verschwindet. Nichts erinnert mehr an das benötigte Hilfsmittel! – Nach Cairns-Smith ist es unklug, nach „Schrumpf-Versionen" heutigen Genmaterials zu suchen. Das erste Material mit der Fähigkeit, sich zu vervielfältigen, muß viel einfacher aufgebaut gewesen sein als die kontemporäre Gensubstanz und aus Stoffen bestanden haben, die überall auf der jungen Erde vorhanden waren. Dieses erste (noch unbekannte) Material mit der Eigenschaft, Information zu übertragen, muß später von einer ebenfalls unbekannten, komplexeren Stoffart abgelöst worden sein – unter Beibehaltung der Funktionen bzw. deren Erweiterung. Diesen Übergang von einer Stoffklasse bzw. einem System zu einem anderen bezeichnet Cairns-Smith die „genetische Wachablösung" (genetic takeover).

Das erste, primitive „Gen"-Material könnten nach Cairns-Smith Tonmineralien gewesen sein. Sie kristallisierten an vielen Stellen der Erde aus verdünnten Kieselsäurelösungen und hydratisierten Metallionenlösungen aus. Beide Substanzgruppen werden durch Verwitterungsprozesse auf der Erde laufend nachgeliefert.

Zwei Vorgänge halten diese Dynamik aufrecht:

- *der geologische Kreislauf*: Sedimente werden in tiefen Regionen der Erde unter hohem Druck und hoher Temperatur umgesetzt und durch geologische Dynamik wieder zur Erdoberfläche befördert. Das metamorphe Gesteinsmaterial ist im Vergleich zum Ausgangsmaterial labiler und kann leichter ausgelaugt werden. Als Folge entsteht der angezeigte Kreislauf, bei dem neue Tonspezies gebildet werden.
- *der Kreislauf des Wassers*.

Cairns-Smith räumt vorsichtigerweise ein, daß das erste, hypothetische, informationsübertragende Material nicht unbedingt ein Tonmineral gewesen sein muß. – Jedoch lassen sich die Grundprinzipien des Modells am besten mit verschiedenen Tonspezies darstellen. So könnten sich beispielsweise in Sandsteinporen Tone aus Lösungen kristallisiert haben, die Verwitterungsprodukte enthielten. Es bildeten sich Tonschichten, die durch äußere Einflüsse wieder abgetrennt und weitertransportiert wurden. Darauf erfolgte erneute Replikation unter ähnlichen Bedingungen. Bei diesen Kristallbildungsprozessen treten Fehler auf, z. B. Störstellen, Leerstellen, die Einlagerung von Fremdionen- oder -atomen. Diese „anorganischen Mutationen" werden weitergegeben, d. h. bei der nächsten Ausbildung einer Schicht wieder eingebaut.

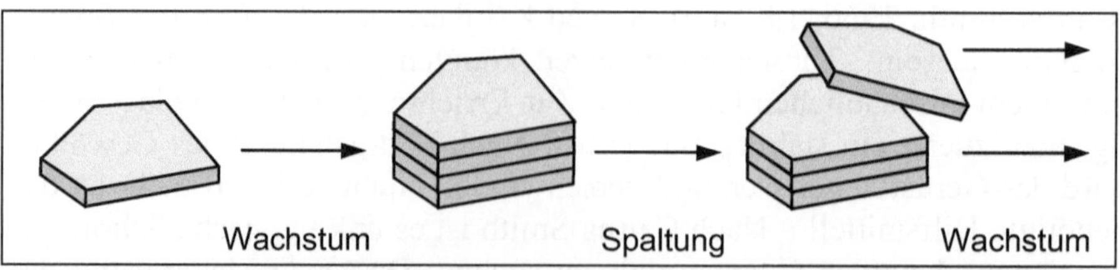

Abb. 7.1: Stark vereinfachtes Modell der Bildung von Kristallschichten im Wechsel von Wachstum und Spaltung, entsprechend den Vorstellungen eines anorganischen Beginns der Biogenese.

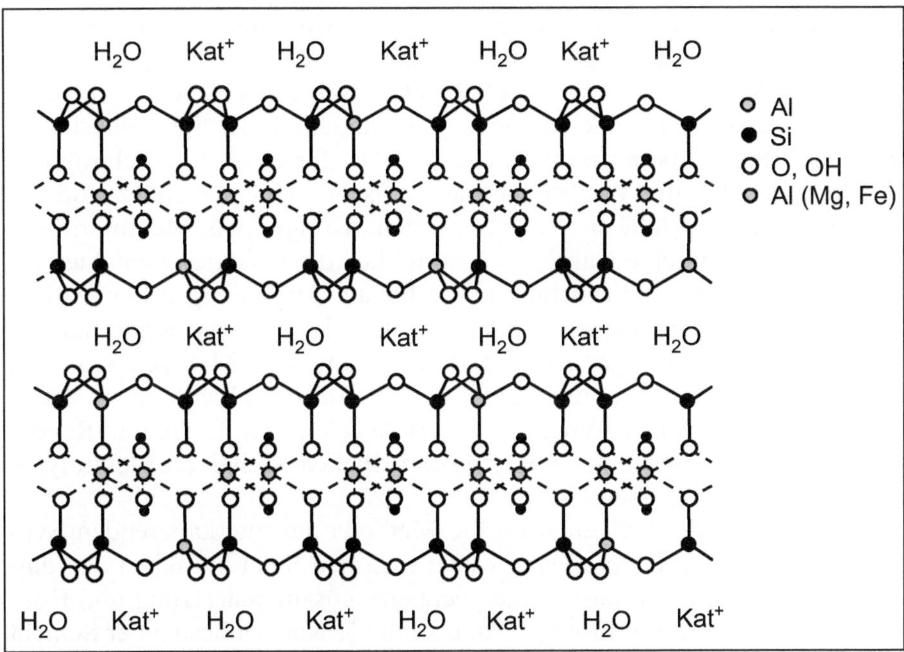

Abb. 7.2: Idealisierte, schematische Darstellung des Aufbaus einer einzelnen Montmorillonitschicht. Quelle: leicht modifiziert nach: A. Weiß (1981)

Tone bestehen aus übereinander angeordneten Silikatschichten. So sind im Kaolinit unsymmetrische Schichten über H-Brücken miteinander verbunden. Dabei besteht eine „Lage" aus Al-Ionen und Hydroxylgruppen, die mit einer zweiten Lage von Si- und O-Ionen verbunden ist.

Ein genauer Mechanismus wird von Cairns-Smith nicht beschrieben. Er zeigt nur die große Linie seiner Vorstellungen auf. Die Kritiker vermissen eindeutige experimentelle Ergebnisse und Befunde (aber die liefern andere Hypothesen-Bildner für ihre Modelle oftmals auch nicht!).

Über experimentelle Arbeiten berichtete Armin Weiss (1981) auf der Versammlung der „Gesellschaft Deutscher Naturforscher und Ärzte" in Hamburg. An Montmorillonit konnte gezeigt werden, daß der volle Informationsgehalt der Matrize auf die Tochterschichten übertragen wird. Im Prinzip kann dabei die interkalierende (d. h. einschiebende) Synthese einer neuen Schicht von Montmorillonit aus der Nährlösung mit der Replikation einer DNA-Kette verglichen werden. Bei diesen Experimenten ist der optimale Schichtabstand von großer Bedeutung und ein wichtiger, leistungsbegrenzender Faktor.

Warum können Schichtsilikate als Modelle für Replikationsprozesse dienen? Die Antwort ist einfach: Sie zeigen Eigenschaften, die auch bei replikativen Systemen zu beobachten sind. – Im Montmorillonit-Kristall liegen parallel angeordnete gleichartige Schichten vor. In wäßrigem Milieu wächst der Abstand zwischen den Schichten. Bei relativ hohem Elektrolytgehalt beobachtet man eine stufenweise Veränderung der Schichtabstände. Sinkt die Elektrolytkonzentration unter 10^{-3} M für einen 1,1-Elektrolyten, so verringert sich die Wechselwirkung zwischen den Schichten, und der Kristallverband zerfällt in Einzelschichten. Bringt man Montmorillonit (stark verdünnt) in eine Nährlösung, so wirken die isolierten Schichten als Kristallisations- bzw. Wachstumskeime für die Ausbildung neuer Schichten. Beim Vorliegen solcher Matrizen ist die Aktivierungsenergie um den Faktor 0,25–0,35 niedriger als bei Schichtbildung ohne Matrize (A. Weiss, 1981). Dieser Prozeß müßte noch von periodisch ablaufenden Naturphänomenen unterstützt werden, wie z. B. Wechsel von Dürre und Regenzeiten oder Schneeschmelze mit unterschiedlichem Gehalt an Elektrolyten im Lösungsmittel Wasser.

Eine weitere Möglichkeit wäre die Methode der interkalierenden Synthese von Silikatschichten: Dazu weitet man den Spalt zwischen den einzelnen Silikatschichten durch eine geeignete Zusammensetzung und Konzentration der Elektrolytlösung – dann kann die Neusynthese einer Schicht erfolgen. Leider sind eindeutige experimentelle Beweise für interkalierende Synthesen von Silikatschichten sehr schwierig. Ist eine Neuschicht mit der Matrix identisch, so können beide nicht unterschieden werden! – Trotz vieler Schwierigkeiten konnte der Nachweis erfolgreicher interkalierender Synthese von neuen Silikatschichten erbracht werden (A. Weiss, 1981). Das Ausgangsmaterial war allerdings sorgfältig ausgewählt und gereinigt! Zuerst wurde die optimale Zusammensetzung der Nährlösung (aus Na^+, K^+, Mg^{2+}, Al^{3+} und $Si(OH)_4$) ermittelt und dann ein Teil der Al^{3+}-Ionen und Orthokieselsäure als Brenzcatechin-Komplex zugesetzt. Auch in diesem Falle ist man von präbiotischen Bedingungen weit entfernt, aber es geht wiederum um ein Modellsystem, von dem mögliche Prinzipien und Mechanismen abgeleitet werden können. Der analytische Nachweis der Reaktionsprodukte (die „F_1-Generation") erfolgte chemisch und röntgenographisch. Der Schichtbildungsprozeß konnte über mehrere Stufen verfolgt werden. Bis zur Stufe 10, d. h. der 10. Generation, zeigten sich nur geringe Abweichungen der Ladungsdichten. Jedoch ab der 16. Generation stieg die Anzahl der Übertragungsfehler stark an.

Die Wertung der Versuchsergebnisse ist schwierig. – Die Schichtsilikate stellen aber ein wichtiges Modellsystem dar. Mit ihnen weiterzuarbeiten könnte sich als sinnvoll erweisen.

Abschließend noch einmal zurück zu den theoretischen Arbeiten von Cairns-Smith, der seine Thesen im Buch „Seven Clues to the Origin of Life" ausführlich darstellte (Cairns-Smith, 1985a). Seine Überlegungen lassen sich in sieben „Schlüsseln" zusammenfassen, mit deren Hilfe der Autor das Geheimnis der Biogenese zu erschließen hofft. Schlüssel 1 und 2 beinhalten Bezüge zu Biologie und Biochemie, wie z. B. die Tatsache, daß DNA und RNA Substanzen sind, deren Synthese unter primitiven Bedingungen zu große Schwierigkeiten bereitet. Im 3. Punkt werden Gleichnisse aus dem Bauwesen herangezogen, um dann in Schlüssel 4 und 5 über Vergleiche mit der Struktur von Seilen (Genfasern) zur Geschichte der Technik zu gelangen. Sie zeigt, wie Entwicklungsreihen von einfachen Maschinen zu den komplizierten Konstruktionen der Jetztzeit führen. Im vorletzten Punkt werden anorganische Kristalle als „Lowtech"-Produkte charakterisiert, während im letzten Schlüssel die ubiquitären Tone sowohl primitive Gene als auch einfachste Kontrollstrukturen – wie primitive Katalysatoren oder Membranen – ausbilden könnten.

Diesen „7 Schlüsseln" stimmt sicherlich nur ein Teil der Biogeneseforscher vorbehaltlos zu. Jedoch zu zwei seiner Konzepte kann Cairns-Smith einer breiten Zustimmung sicher sein:

- der Idee von der „Wachablösung", denn viele Biogenetiker sind der Auffassung, daß der RNA-Welt eine andere, einfachere Prä-RNA-Welt vorausging;
- einige Tonminerale, obwohl ihre Fähigkeit Information zu übertragen nicht überzeugte, zeigen bei wichtigen chemischen Reaktionen hervorragende katalytische Eigenschaften.

Cairns-Smith kann als entschiedendster Befürworter der Mineralientheorie gelten und so zeigt er positives Interesse sowohl an der „Hydrothermalen Biogenese-Hypothese" (Cairns-Smith, 1992) als auch an der „Eisen-Schwefel-Hypothese" von G. Wächtershäuser (Abschn. 7.3).

Es scheint, als ob in der Mineralien-Biogenese-Chemie bisher noch manche Möglichkeiten für präbiotisch sinnvolle Synthesen ungenutzt blieben.

Neuerdings gelang ein überraschendes Experiment aus dem Bereich anorganischer Protozellen. In einem einfachen anorganischen System entstehen spontan zelluläre Strukturen, wenn man Kügelchen von $CaCl_2$ und $CuCl_2$ in eine alkalische Lösung von Na_2CO_3, NaI und H_2O_2 einbringt. Das System bildet eine Zelle mit semipermeabler Membran. Reaktive Substanzen konnten in die Zelle diffundieren, während sich Produkte in umgekehrter Richtung bewegten. Das System befand sich dabei fernab vom thermodynamischen Gleichgewicht. In der Zelle wirkten Cu-Ionen als Katalysatoren bei der Phasentransferoxidation von Iodid durch H_2O_2. – Welche Bedeutung diesen Experimenten für die weitere Entwicklung in der präbiotischen Chemie beizumessen ist, wird die Zukunft zeigen (Maselko u. Strizhak, 2004).

7.2 Hydrothermale Systeme

7.2.1   Allgemeines

Das Auffinden der ersten hydrothermalen Quellen in den Jahren 1977–1979 war eine Sensation – nicht nur für Geologen und Lagerstättenkundler – auch für Biologen und Forscher, die den Lebensursprung zu klären versuchen. Hydrothermale Quellen findet man am mittelozeanischen Rücken, an dem durch Plattendrift (sea floor spreading) Magma aus dem Erdmantel aufsteigt und neuer Meeresboden entsteht. Bei diesem dynamischen Prozeß bilden sich Gesteinsspalten, in die kaltes Ozeanwasser eindringt, in die Nähe von Magmakammern gelangt und erhitzt wieder an die Oberfläche getrieben wird. Das Wasser kann Temperaturen von einigen hundert Grad erreichen (bei Ozeantiefen von 2000–3000 m). Auf den aufsteigenden Wasserströmen lasten Drucke von mehreren hundert bar. Bei dem langen Weg des überhitzten Wassers zur Bodenoberfläche löst es Mineralien und Gase aus dem Basaltgestein. Diese werden beim Austritt freigesetzt, bzw. z. T. ausgefällt. Dabei entstehen 1–3 m hohe Förderschlote, die oft gefärbtes, an Metallsulfiden gesättigtes heißes Wasser ausstoßen („schwarze Raucher"). An den heißen Tiefseequellen fand man überraschenderweise prosperierendes, vielfältiges Leben. Große Kolonien von 20–25 cm großen Venusmuscheln bevölkern, neben langen Röhrenwürmern (Vestimentiferan pogonophorans) und weißen Krebsen, den basaltischen Meeresboden. Die Nahrungskette in diesem außergewöhnlichen Ökosystem geht auf Bakterien zurück, die Sulfide, Schwefelwasserstoff und das CO_2 der hydrothermalen Lösungen metabolisieren (Macdonald u. Luyendyk, 1981; Edmond u. von Damm, 1983; Hékinian, 1984).

Die Vielfalt an Lebewesen in den hydrothermalen Regionen sagt natürlich nicht aus, daß dort Leben aus Biomolekülen neu entstanden ist. Dazu sind diese geologischen Systeme zu instabil. Die Dynamik der Plattentektonik bedingt ihren Zerfall nach Jahrzehnten bzw. wenigen Jahrhunderten.

Nach Nils Holm vom Fachbereich Geologie und Geochemie der Universität in Stockholm war die Entdeckung der hydrothermalen Systeme der Grund für intensive und z. T. kontroverse Diskussionen um die Frage: Waren die hydrothermalen Systeme die Geburtsstätten des Lebens vor ca. vier Milliarden Jahren? – Viele Geologen nehmen hydrothermale Aktivitäten auch für die Urerde an, wahrscheinlich sogar mit stärkerer Intensität als heute, da die dicke kontinentale Kruste fehlte und das Erdinnere noch heißer war (Holm, 1992).

Aber es gibt noch weitere Argumente, die die Annahme einer Biogenese an thermalen Quellen unterstützen:

– Die einfachsten Organismen, die wir kennen, sind thermophile Mikroorganismen.
– Die Annahme einer reduzierenden Uratmosphäre wurde zu Gunsten
  einer neutralen Gashülle geändert. Es besteht die hypothetische Möglichkeit, daß Fe-Dämpfe und reduzierter Kohlenstoff von Meteoriteneinschlägen im Ozean lokal begrenzte Areale mit reduzierenden Eigenschaften schaffen konnten.
– Die hydrothermalen Systeme, hunderte Meter unter dem Meeresspiegel,
  boten evolvierenden Systemen Schutz vor energiereicher Strahlung aus
  dem Kosmos, aber auch vor Meteoriteneinschlägen. Selbst die durch
  Rieseneinschläge bedingte Teilverdampfung des Ozeanwassers könnten
  Molekülsysteme in großen Ozeantiefen noch überstanden haben (Holm
  u. Andersson, 1995).
– Das Vorkommen superkritischer Flüssigkeiten in hydrothermalen Systemen kann nicht ausgeschlossen werden.

Diese vier Argumente bewogen Wissenschaftler verschiedener Disziplinen, sich mit der These einer möglichen Biogenese in den Tiefen hydrothermaler Systeme näher zu befassen.

7.2.2   Geologische Grundlagen

An den Spreizungszonen der Erde bildet sich neue ozeanische Kruste aus
Basalt, der heiß aus der Tiefe aufsteigt. Dabei wirkt das kalte Ozeanwasser
als Kühlmittel. Die Geologen unterscheiden zwei Arten hydrothermaler
Systeme (Holm, 1992):

– sedimentfreie, *achsennahe Systeme* (on-axis-systems) an plattentektoni-
  schen Spreizungszentren mit steilem Temperaturgradienten, da sie
  direkt über den Magmakammern liegen. Mittlere Temperatur des aus-
  strömenden Wassers ~ 620–640 K; Durchsatz: 24 $km^3 \cdot a^{-1}$,
– *achsenferne Systeme* (off-axis-systems), sie werden durch frei Konvek-
  tion angetrieben, entsprechend der Kühlung durch die Ozeankruste, mit
  Quellwassertemperaturen von etwa 420 K.

Für mögliche abiotische chemische Synthesen in den genannten Systemen
sind die in ihnen herrschenden Redox-Verhältnisse von entscheidender Bedeutung. Sie werden im jungen Basalt-Ozean-Becken in Tiefen von ~ 300–
1.300 m überwiegend durch das Mineraliengemisch: Pyrit (FeS_2) + Pyrrhotit (FeS) + Magnetit (Fe_3O_4) charakterisiert (PPM-System).

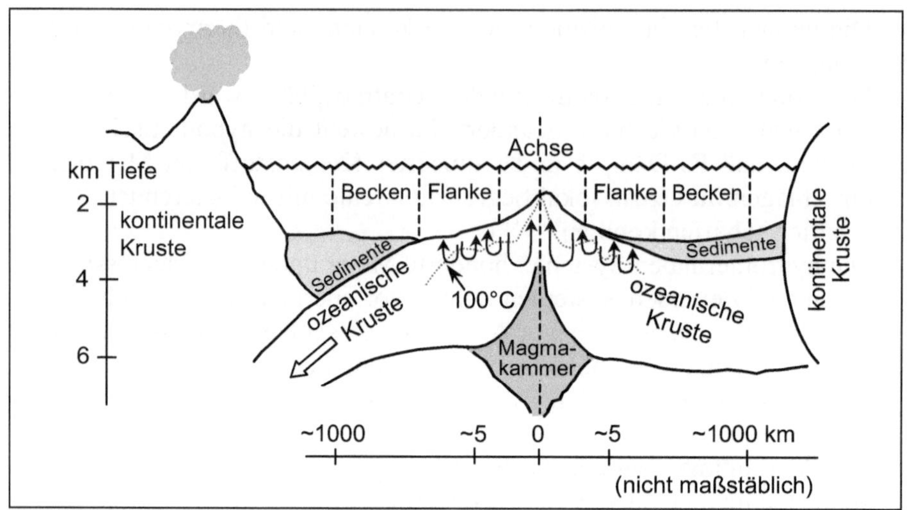

Abb. 7.3: Schematisierte Skizze der geologischen Verhältnisse in hydrothermalen Systemen. In der Mitte (Achse) das Spreizungszentrum mit den heißen Quellen (~ 300°C) im sedimentfreien Bereich. An den beiden Flanken die Quellen mit niedrigeren Wassertemperaturen. Quelle: Nach: Holm (1992)

In tieferen Zonen des Zirkulationssystems bestimmt vor allem das Mineralsystem: Fayalit (Fe_2SiO_4) + Magnetit + Quarz (SiO_2) (FMS-System), die Redoxbedingungen. Die Puffereigenschaften obiger Systeme können durch folgende Gleichungen ausgedrückt werden:

$$6\,FeS + 4\,H_2O \longrightarrow 3\,FeS_2 + Fe_3O_4 + 4\,H_2 \tag{7.1}$$

$$3\,Fe_2SiO_4 + 2\,H_2O \longrightarrow 2\,Fe_3O_4 + 3\,SiO_2 + 2\,H_2 \tag{7.2}$$

Letztere Umsetzung kann man auch mit Sauerstoff formulieren:

$$3\,Fe_2SiO_4 + O_2 \longrightarrow 2\,Fe_3O_4 + 3\,SiO_2 \tag{7.3}$$

Beide Mineralsysteme in der Ozeankruste sind kompatibel, wie Berechnungen in den folgenden Umsetzungen zeigen (Helgeson et al., 1978):

$$CO_2 + 4\,H_2 \longrightarrow CH_4 + 2\,H_2O \tag{7.4}$$

- bei Temperaturen von 620–670 K: beim Verhältnis $CO_2/CH_4 > 1$ und
- bei Temperaturen von weniger als 520 K: beim Verhältnis $CO_2/CH_4 < 1$
  Dies bedeutet die Entstehung von CO_2 bei hohen Temperaturen (CO_2-Ausgasung) und bei tieferen Temperaturen die überwiegende Bildung von CH_4.

Nach Hennet et al. (1992) herrschen in den heißeren Zonen relativ oxidierende Bedingungen, dagegen in den kälteren Regionen ein stärker reduzierendes Milieu. Somit gilt für das CO_2/CH_4-System:

– bei höheren Temperaturen (570–670 K), oxidierende Bedingungen (Stabilitätsfeld von CO_2)
– Bei niedrigeren Temperaturen dagegen reduzierende Bedingungen (Stabilitätsfeld von CH_4), wie sie für die ozeanische Kruste typisch sind. Ein Großteil des hydrothermalen Wassers zirkuliert mit einer Temperatur von etwa 420 K in der ozeanischen Kruste, und die dort herrschenden reduzierenden Bedingungen werden vor allem durch das PPM-Mineralien-Gemisch kontrolliert (Alt et al., 1989).

Hydrothermale Systeme sind auch für den Materie- und Energieumsatz der Erde von Wichtigkeit. Ein großer Anteil der von der Erde abgegebenen Wärme wird über die hydrothermalen Quellen in die kalten Weltmeere überführt. Berechnungen zeigen, daß in 8 bis 10 Millionen Jahren das gesamte Ozeanwasser einmal das geologische System der Erde durchlaufen hat. Dieser Prozeß ist mit gewaltigem Stoffumsatz verbunden. So werden z. B. die beiden Metalle Kupfer und Zink in den Sulfidniederschlägen der heißen Quellen mehr als 10.000-fach angereichert.

7.2.3   Synthesen an hydrothermalen Quellen

Den ersten Hinweis auf einen möglichen Zusammenhang zwischen den geologischen Prozessen an den Plattengrenzen des Ozeanischen Rückens und dem Biogenese-Problem lieferte J. B. Corliss (1981). Ihm schienen die hydrothermalen Bedingungen als „ideale Reaktoren für die abiotische Synthese". Diese idealen Bedingungen bestanden in Gradienten der Wassertemperatur, des pH-Wertes und der Konzentration verschiedener Inhaltsstoffe des heißen Quellwassers. Wesentlich ist auch die Gegenwart verschiedener Mineralien, die als Katalysatoren wirken konnten, wie z. B. Montmorillonit, Tonmineralien, Eisenoxide, Sulfide u. a. Vor allem die Arbeiten von Russel (1989) und Wächtershäuser (Abschn. 7.3) modifizierten das Modell der hydrothermalen Synthesen von Biomolekülen (Corliss, 1981).

Gleich nach Entdeckung der hydrothermalen Systeme galt das Hauptinteresse den extrem heißen Quellen. Später erkannte man, daß die off-axis-Bereiche (um 420 K) viel interessanter für die präbiotischen Fragen sein müßten. Ein wichtiger geochemischer Prozeß, der zur Bildung von Kohlenwasserstoffen (KW) in der Art von Reaktionen des Fischer-Tropsch-(FT)-Prinzips führt, ist die Bildung von Serpentin aus Periodit (bestehend aus Olivin + Pyroxen). Die Oxidation des Fe (II) im Olivinanteil führt zur Reduktion von Wasser und damit zur Bildung von Wasserstoff. Dieser Vorgang konnte von Berndt et al. (1996) experimentell nachgewiesen werden. Sie untersuchten die Serpentinisation von Olivin bei 570 K und 500 bar. Die Umwandlung des Fe (II) im Olivin in Fe (III) im Magnetit führte zur Bildung von Wasserstoff und damit zur Synthese reduzierter Kohlenstoffverbindungen aus dem gelösten CO_2. Nach 69 Tagen Reaktionsdauer zeigte sich das folgende Ergebnis: Die H_2-Bildung stieg von Null auf 158 mM·kg^{-1} bei gleichzeitigem Anstieg der Magnetitmengen. Der CO_2-Gehalt fiel von 8 mM·kg^{-1} auf 2,3 mM·kg^{-1}, wogegen die Konzentrationen an Methan, Ethan und Propan anstiegen (und zwar 84, 26 und 12 µM·kg^{-1}). Außerdem entstand C-haltiges Material, vor allem Aliphate.

Das umstrittene Problem der Biomolekülsynthese unter den simulierten Bedingungen einer hydrothermalen Quelle untersuchten Hennet et al. (1992). Sie arbeiteten mit Gemischen von HCN, HCHO und NH_3 bei 420 K und 10 bar in Gegenwart des PPM-Redoxpuffers. Bei diesem Experiment entstanden Aminosäuren, deren Ausbeute um eine Zehnerpotenz höher lag, als die entsprechende Synthese mittels Funkenentladungen in einer reduzierenden Gasatmosphäre. Da ausschließlich Aminosäure-Racemate ermittelt wurden, konnten Kontaminationen ausgeschlossen werden. Den Vergleich der Ausbeuten an C-haltigen Syntheseprodukten zwischen Funkenentladungen in der Gasphase und hydrothermalen Versuchsbedingungen zeigt Tabelle 7.1.

Die von den Kritikern dieser Systeme öfter erhobene Behauptung, Aminosäuren verhielten sich bei höheren Drucken und Temperaturen äußerst instabil, sollte unter solchen Bedingungen untersucht werden, die von den Kritikern nicht bedacht wurden (Andersson u. Holm, 2000). Dazu prüfte

Tabelle 7.1: Vergleich der Ausbeute an C-haltigen Verbindungen bei Funkenentladungs-Experimenten mit einer Atmosphäre von CH_4, NH_3, H_2O und H_2 – gegenüber den Experimenten unter hydrothermalen Bedingungen mit HCN, HCHO und NH_3 bei 423 K und 10 bar in Gegenwart von Pyrit-Pyrrhotit-Magnetit-Redoxpuffer. Quelle: Holm u. Andersson (1995)

Aminosäuren	Funkenentladungen Ausbeuten in µM	Hydrothermale Reaktionen Ausbeuten in µM
Glycin	630	9275
Alanin	340	847
Serin	–	26
Asparaginsäure	4	281
Glutaminsäure	6	81
Isoleucin	–	52

man die Stabilität einiger Aminosäuren mit dem bereits erprobten Redox-puffer-PPM-System. Eine Mineralienmischung aus Kali-Feldspat/Musko-wit/Quarz (KMQ) regelte die H-Ionen-Aktivität. Das System erhitzte man in einem mit Teflon ausgekleideten Autoklaven auf 473 K bei 50 bar. Die angewendeten Reaktionszeiten von 48 Stunden waren im Vergleich zu natürlichen, kosmischen Prozessen extrem kurz. Das Versuchsergebnis: Im Ansatz entstand Glycin, das nicht im Eingangs-Aminosäuregemisch enthalten war. – Wahrscheinlich wurde es durch Abbau von Serin gebildet. Die Alanin-Konzentration stieg an, möglicherweise als Folge der Zerlegung anderer Aminosäuren. – Wichtig ist die Tatsache, daß die Zersetzungsraten von Leucin, Alanin, Asparaginsäure im Redox-PPM gepufferten System, die den natürlichen hydrothermalen Verhältnissen entsprechen, deutlich niedriger lagen als in ungepufferten Vergleichsansätzen. So kann dieses Versuchsergebnis als Beweis für die Redoxpufferwirkung des eingesetzten KMQ-Systems gelten.

7.2.4   Andere Meinungen

Zur kritischen Überprüfung der in vorhergehenden Abschnitten aufgezeigten Hypothesen untersuchten Bernhardt et al. (1984) die Stabilität von Aminosäuren und Proteinen bei 573 K und 265 bar. Dabei wurden die Aminosäuren größtenteils zersetzt. Ihre Argumentation bezog sich hauptsächlich auf die Aussagen von Baross und Deming (1983) über den Bakterienwuchs bei 520 K.

Die Frage, ob Biogeneseprozesse in den Tiefseebereichen an hydrothermalen Quellen ablaufen konnten, versuchten Miller und Bada (1988) sowie Miller et al. (1989) zu beantworten. Miller verneint eindeutig die Möglichkeit, daß unter den Bedingungen der heißen Quellen Biomoleküle gebildet und erhalten werden konnten. Seine Kritik läßt sich nach Holm (1992) in vier Punkten zusammenfassen:

- hohe Temperaturen (~ 620 K) zerstören organische Verbindungen schneller, als sie gebildet werden können,
- eine Synthese von Polymeren ist nicht mit der Biogenese gleichzusetzen,
- es gibt nahe den Quellen keine Gradienten, nur die Mischung mit dem umgebenden etwa 275 K kalten Ozeanwasser,
- die wichtige Rolle der Mineralien und Tonmineralien muß erst noch bewiesen werden.

Die besondere Zuneigung zu den Forscherkolleginnen und -kollegen der hydrothermalen Systeme drückten Wills und Bada (2000) in ihrem Buch „The Spark of Life" aus, denn in diesem Buch wird diese Wissenschaftlergruppe mit dem Sammelbegriff „die Ventristen" gekennzeichnet. – Als Beweis für die oben angeführten vier Kritikpunkte führen Miller und Bada (beide in San Diego) eigene Daten mit Aminosäuregemischen an (523 K, 265 bar, neutraler pH-Wert, Zimmertemperatur) – das Ergebnis ähnelt dem von Bernhardt et al. (1984) – also eine praktisch restlose Zerstörung der untersuchten Moleküle!

E. L. Shock (1990) deutet diese Ergebnisse anders. Er moniert, daß beim Bada/Miller-System der Redoxzustand des Versuchsansatzes nicht kontrolliert wurde. Außerdem zeigen, nach Shock, einfache thermodynamische Berechnungen, daß die Miller/Bada-These nicht überzeugen kann. Begriffe wie Instabilität oder Zersetzung sind nicht korrekt, wenn Verbindungen (hier Aminosäuren) in wäßriger Phase bei extremen Bedingungen vorliegen und ein metastabiles Gleichgewicht anstreben. Nach Shock sind oxidierte und metastabile C- und N-Verbindungen in hydrothermalen Systemen von größerem Interesse als die reduzierten. Im Erdinneren stehen CO_2 und N_2 mit Stoffklassen wie Aminosäuren oder Carbonsäuren in einem stabilen Redox-Gleichgewicht. Die reduzierten Verbindungen wie NH_3 oder CH_4 sind es dagegen nicht. Eine Erklärung dafür liefert der Oxidationszustand der Lithosphäre. Für das System Seewasser/Basaltgestein hält Shock die zwei bereits beschriebenen Mineralsysteme FMQ und PPM für besonders wichtig. Innerhalb der ozeanischen Kruste erfolgt Pufferung durch das FMQ-System. Bei Untiefen von ~ 1,3 km dürfte das PPM-System wirksam werden, d. h. bei Temperaturen von mehr als 548 K sind N_2 und CO_2 die dominierenden Spezies bei stabilen Gleichgewichtsverhältnissen.

Bei fallender Temperatur (d. h. unter etwa 548 K) der hydrothermalen Lösungen dürften sie – obwohl noch PPM-gepuffert – ein Stabilitätsfeld durchlaufen, in dem CH_4 und NH_3 vorherrschen. Wird die Gleichgewichtseinstellung durch kinetische Hinderung blockiert, so entstehen metastabile Verbindungen, wie Alkane, Carbonsäuren, Alkylbenzol und Aminosäuren, d. h. maximal in einem Temperaturintervall von 423–293 K.

Die Thesen von Shock (1990) forderten Bada et al. (1995) und andere zu kritischen Entgegnungen heraus. So sind Bada, Miller und Zhav der Ansicht, daß Quasi-Gleichgewichtsberechnungen nur fehlerhafte Beschreibungen der experimentellen Beobachtungen liefern. Nach ihrer Meinung sind thermodynamische Berechnungen auf organische Verbindungen an Hochtemperaturquellen nicht anwendbar.

Im gleichen Jahr wandte sich Miller zusammen mit dem Biologen Antonio Lazcano (Universität Mexiko) gegen die Hypothesen, nach denen Leben an hydrothermalen Systemen entstanden sein könnte. Nach Meinung der beiden Forscher liefert der Nachweis thermophiler Bakterien (als den ältesten Lebewesen) noch keinen Beweis für eine Biogenese in den Tiefen der Weltmeere. Stanley Miller sieht die größeren Chancen für eine erfolgreiche präbiotische Chemie nicht in den hydrothermalen Bereichen – und damit bei hohen Temperaturen –, sondern seiner Meinung nach dürften präbiotische Synthesen unter den Bedingungen einer kalten Urerde günstiger abgelaufen sein (Miller u. Lazcano, 1995).

Kurz gesagt: Heiß oder kalt – das ist hier die Frage!

7.2.5   Reaktionen in superkritischer Phase

Beim Streit um die Stabilität von Biomolekülen unter extremen Bedingungen wurde bisher ein Problem unberücksichtigt gelassen, der Einfluß der Eigenschaften überkritischen Wassers auf Biomoleküle.

Wasser verhält sich überkritisch, wenn seine Temperatur über der kritischen Temperatur von 647 K und sein Druck über dem kritischen Druck von 22,1 MPa liegen. In der Nähe der kritischen Parameter verändern sich die physikalischen Eigenschaften des Wassers dramatisch. Die Dichten der flüssigen und der gasförmigen Phase werden im überkritischen Zustand gleich groß und verlieren dadurch ihre Identität. Ob überkritisches Wasser an Synthesen in hydrothermalen Systemen beteiligt war oder nicht, ist noch ungeklärt.

Ein Beispiel soll die vielfältigen Reaktionsweisen aufzeigen, die Mok et al. (1989) untersuchten. Milchsäure zerfällt im überkritischen Wasser in Acetaldehyd und dieser reagiert weiter. Sie kann auch zu Acrylsäure dehydratisiert werden. Letztere geht entweder durch Hydrierung in Propionsäure über, oder sie wird zu Ethen decarboxyliert

Einen umfassenden Überblick über die vielseitigen Reaktionsmechanismen, die im überkritischen Wasser ablaufen können, vermitteln Bröll et al. (1999) sowie Fuhrmann et al. (2003). Möglicherweise herrschten in der Nähe hydrothermaler Systeme überkritische Zustände, bei denen noch unbekannte Reaktionen abliefen.

Die Frage der Wasserabspaltung bei Polykondensationsreaktionen ist nach wie vor ein ungelöstes Problem. Daher sucht man in vielen Laboratorien nach Lösungen – so auch in Italien. Pálye und Zucchi, Universität Mo-

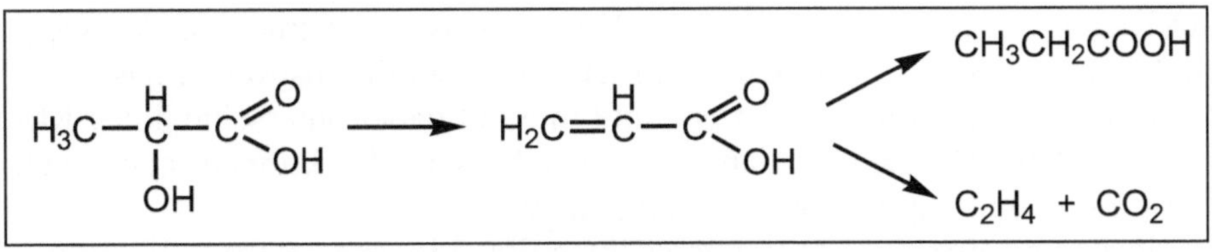

Abb. 7.4: Reaktionsschema der Umsetzung von Milchsäure in superkritischem Wasser zu Acrylsäure, Propionsäure und Ethen.

dena, halten es für möglich, daß auf der Urerde begrenzte Regionen existierten, die flüssige oder superkritische CO_2-Phasen enthielten. Diese Areale mit nichtwäßrigem Medium waren dann für manche präbiotische Reaktionen, wie z. B. Umsetzungen mit Wasserabspaltungen, äußerst günstig. Zur Bestätigung dieser Hypothese sind bzw. waren Laborexperimente in Bearbeitung (Pálye u. Zucchi, 2002; Holm u. Andersson, 1998).

Um das Verhalten der Aminosäure Glycin unter extremen Bedingungen zu studieren, injizierte eine japanische Forschergruppe Glycinlösungen in eine Apparatur, die hydrothermale Systeme simulierte. Unter den gegebenen Versuchsbedingungen herrschten in der wäßrigen Phase sub- bzw. superkritische Zustände. Die Analyse der Reaktionsprodukte zeigte, daß Glycin zu Diglycin, aber auch Diketopiperazin (neben Spuren von Triglycin) umgesetzt wurde. Maximale Dipeptid-Ausbeuten erreichte man bei 623 bzw. 648 K und Drucken von 22,2 bzw. 40,0 MPa. Allerdings wurden unter diesen Bedingungen auch die höchsten Zersetzungsraten von Glycin ermittelt (Alargov et al., 2002).

7.2.6   Reaktionen vom Fischer-Tropsch-Typ

Chemische Reaktionen ähnlich der Fischer-Tropsch-Synthese werden seit einigen Jahren im Zusammenhang mit der präbiotischen Chemie diskutiert. Man bezeichnet sie als „Fischer-Tropsch-Typ"-Reaktionen (FTT). Die FTT-Synthese arbeitet in ihrer technisch optimierten Form bei etwa 453 K und ohne Druck, jedoch mit Hilfe aktivierter Fe-, Co-, und Ni-Katalysatoren nach der allgemeinen Gleichung:

$$n\,CO + 2n\,H_2 \rightarrow C_nH_{2n} + n\,H_2O \tag{7.5}$$

Die Umsetzung liefert eine breite Palette von Kohlenwasserstoffen. Normalerweise läuft die Reaktion in wasserfreiem Medium ab. – Da für die abiotische Synthese andere Bedingungen gelten, wählte man die Bezeichnung: Fischer-Tropsch-Typ-Reaktionen.

Der geologische Prozeß der Serpentin-Bildung aus Peridotit führt wahrscheinlich über FTT-Reaktionen zur Synthese von Kohlenstoffverbindungen (Abschn. 7.2.3). Der bei der Serpentinisation freigewordene Wasserstoff kann mit CO_2 oder CO in vielfältiger Weise reagieren. Der Vorgang muß recht komplex verlaufen, denn CO_2 und CO durchströmen das Spaltensystem der ozeanischen Kruste und müssen dabei unterschiedliche Mineraloberflächen passieren, an denen katalytische Reaktionen, aber auch Adsorption und Desorption erfolgen können.

Horita und Berndt (1999) untersuchten die abiogene Methanbildung unter den Bedingungen hydrothermaler Quellen. Lösungen von Bicarbonat

(HCO_3^-) wurden Temperaturen von 470–670 K und 50 MPa ausgesetzt. Unter diesen Bedingungen erfolgt nur eine extrem langsame Reduktion von CO_2 zu Methan. Eine zugesetzte Ni-Fe-Legierung, die den Mineralien in der Erdkruste weitgehend entspricht, führt zu einer deutlichen Erhöhung der Reaktionsgeschwindigkeit bei der CH_4-Synthese. Es wird folgende Umsetzung angenommen:

$$HCO_3^- + 4\,H_2 \rightarrow CH_4 + OH^- + 2\,H_2O \tag{7.6}$$

Die Methanausbeuten stehen im direkten Verhältnis zur Menge der zugesetzten Ni-Fe-Legierung. Wahrscheinlich ist die abiotische CH_4-Bildung weiter verbreitet, als bisher angenommen wurde, vor allem auch, weil Ni-Fe-Legierungen in der ozeanischen Kruste aufgefunden werden.

Die präbiotische Chemie muß mit vielen Problemen fertig werden – ein besonders schwieriges sind Kontaminationen. Oftmals entstehen bei präbiotischen Experimenten wichtige Molekülspezies in äußerst geringen Konzentrationen. Auch wenn die Syntheseerfolge manchmal sensationell erscheinen, so besteht doch die Gefahr, daß es sich um Artefakte handelt.

Kontrollexperimente, die mit ultrareinem deionisierten Wasser durchgeführt wurden, zeigten, daß bei höheren Versuchstemperaturen (> 373 K) aus den synthetische Polymere enthaltenden Anteilen der Versuchsapparatur organische Kontaminationen, wie z. B. Format-, Acetat- oder Propionat-Ionen, in die Reaktionslösung gelangten. – Rostfreier Stahl zeigte z. B. katalytische Effekte bei der Zersetzung von Format. Daher wird die Verwendung von Titanlegierungen für die Apparaturen empfohlen.

Diese Laborbefunde weisen deutlich auf die Erfordernis von Kontrollexperimenten hin, um das Ausmaß an Kontaminationen zu erkennen (Smirnov u. Schoonen, 2003).

7.3 Chemoautotropher Lebensursprung

Keine der bisher aufgestellten Hypothesen zur Biogenese unterscheidet sich so deutlich von allen diskutierten Modellen, wie die vom Münchner Chemiker und Patentanwalt Dr. Günter Wächtershäuser aufgestellte „chemoautotrophe Theorie".

Wächtershäuser gilt als Quereinsteiger, der Ende der 80-iger Jahren mit einem grundlegenden Aufsatz (Wächtershäuser, 1988a) auf sich aufmerksam machte. Tatkräftige Hilfe für den Einstieg in die (fast) geschlossene Gesellschaft der Biogenetiker erhielt Wächtershäuser vom Philosophen Karl Popper, der auf dem Gebiet der Erkenntnistheorie bzw. Wissenschaftstherorie weltweit Anerkennung fand. Auf der wissenschaftstheoretischen Grundlage Poppers formulierte Wächtershäuser seine Thesen, die man wie folgt beschreiben kann:

Die neue Theorie (bzw. Hypothese) **verneint:**

- die präbiotische Ursuppe, d. h. jene oft zitierte Mischung organischer Moleküle im Urozean oder in Tümpeln, die auf vielerlei Art und Weise entstanden sein könnte, z. B. in der Atmosphäre, der Hydrosphäre – oder die Substanzen wurden aus dem All geliefert,
- damit verbunden: die Entstehung heterotropher Systeme, d. h. von Systemen, die organische Substanzen zum Aufbau eigener, neuer Verbindungen verbrauchen,
- das Vorliegen anderer „Welten" (z. B. der RNA-Welt, Ton-Kristall-Welt usw.),
- daß auf der Urerde zuerst ein, wenn auch primitiver, genetischer Apparat funktionieren mußte, bevor sich ein Metabolismus entwickeln konnte.

Es ist verständlich, daß diese Thesen bei den Biogeneseforschern in aller Welt auf reges Interesse stießen (wobei Interesse nicht unbedingt mit Zustimmung verbunden sein muß). – Im gleichen Jahr der Publikation über die „Theorie des Oberflächen-Metabolismus" stellt Wächtershäuser auch seine Theorie über mögliche Nucleinsäure-Vorläufer vor (Wächtershäuser, 1988b). Danach bestand die prä-DNA nur aus Purinbasen. Die Pyrimidine konnten erst später enzymatisch synthetisiert werden. In diesem Modell paart sich Adenin und Xanthin über zwei H-Brücken und Guanin mit Isoguanin über drei H-Brücken. (Dabei werden Xanthin und Isoguanin am N_3 der Base mit dem Zucker verbunden). – So interessant der obige Vorschlag auch war – die „Pyrit-Theorie" erregte die wissenschaftliche Diskussion stärker.

Eine Reihe wichtiger Erkenntnisse aus Biochemie und neuerdings auch aus der Biogeneseforschung weisen auf die große Bedeutung hin, die den beiden Elementen Eisen und Schwefel beizumessen ist. Sie sind fähig, Fe-S-Komplexe definierter Struktur, sog. Fe-S-Cluster, auszubilden.

„Die Schnittstelle zwischen biologischer und anorganischer Welt: die Eisen-Schwefel-Cluster" – so lautet der Titel eines „Science"-Artikels von Rees und Howard (2003) zu dieser Thematik.

In heutigen lebenden Systemen erfüllen Fe-S-Komplexe wichtige katalytische Funktionen in Enzymen, wie z. B. den Ferredoxinen oder Oxidoreduktasen und in Elektronentransportproteinen. – Es ist auffallend, daß bei diesen Redoxreaktionen vor allem Elemente und Verbindungen umgesetzt werden, wie z. B. CO, H_2, N_2, die auch Bestandteile der Urerde bzw. Uratmosphäre gewesen sein dürften. Daher scheint die Annahme einer aktiven Beteiligung von Fe-S-Clustern im Rahmen einer (hypothetischen)

„Fe-S-Welt" bei Prozessen, die letztlich zur Biogenese führten, durchaus vernünftig! Soweit die Hintergrundinformation zur „Theorie vom chemoautotrophen Lebensursprung".

Die RNA-Welt-Hypothese fordert für den Beginn des Lebens ein System, das zur Replikation befähigt ist. Dagegen fordert die Oberflächen-Metabolismus-These von Wächtershäuser, daß zuerst ein Stoffwechsel ablaufen muß, aus dem sich später komplexe Replikationssysteme entwickeln konnten. Dieser geforderte Metabolismus lief an der Oberfläche bestimmter Mineralien ab, die nach Meinung vieler Geologen auf der Urerde reichlich vorhanden waren.

Die für den Aufbau wichtiger Moleküle aus einfachen Bausteinen (wie z. B. CO_2 oder CO) dringend benötigten Reduktionsäquivalente zur Fixierung des Kohlenstoffs stammen aus der oxidativen Bildung von Pyrit aus Eisen (II) und Schwefelwasserstoff.

$$FeS + H_2S \rightarrow FeS_2 + 2\,H^+ + 2e^- \tag{7.7}$$

Die hier postulierte Energiequelle muß einige Bedingungen erfüllen:

- sie muß geochemisch realistisch sein,
- sie muß selektiv und mild wirksam sein (daher schließt Wächtershäuser die Wirkung von Sonnen-UV-Strahlung aus),
- der Elektronenfluß muß direkt vom reduzierenden Agens zum CO_2 erfolgen,
- das Reduktionspotential muß allen Reduktionsreaktionen des Metabolismus genügen (Wächtershäuser, 1992).

Der bei obiger Umsetzung entstehende Pyrit ist als „Katzengold" eine bekannte Verbindung. Sie war mit Sicherheit auch auf der Urerde vorhanden. – Eine grundlegende Frage für alle Reaktionen, die in den Anfangsphasen der chemischen Evolution abgelaufen sein müssen, ist die nach dem Ursprung bzw. der Herkunft der für die autotrophen Synthesen benötigten Reduktionsäquivalente.

So müssen beispielsweise für die Synthese von einem Mol Glucose aus Kohlendioxid 24 Mol Elektronen aufgewendet werden. Die Synthese der Aminosäure Cystein erfordert sogar 26 Elektronen pro Aminosäuremolekül:

$$6\,CO_2 + 24\,H^+ + 24e^- \rightarrow C_6H_{12}O_6 + 6\,H_2O \tag{7.8}$$

$$3\,CO_2 + NO_3^- + SO_4^{2-} + 26\,e^- + 29\,H^+ \rightarrow$$
$$H_2C(SH)-CH(NH_2)-COOH + 11\,H_2O \tag{7.9}$$

(de Duve, 1994)

Abb. 7.5: Pyritkristalle (FeS_2) mit Quarz

Der Wächtershäusersche Ansatz geht von einer positiv geladenen Oberfläche des neugebildeten Pyrits aus, die anionische Moleküle, wie z. B. $-COO^-$, $-OPO_3^{2-}$ oder S^- leicht bindet. Die Fixierung von CO_2 an der Pyritoberfläche führt zu anionischen Gruppen. Bei der CO_2-Fixierung werden die Produkte in ihrem wachsenden Zustand gebunden. Ihre Verweilzeit am Pyrit entspricht ihrer Oberflächen-Bindungsstärke. Stark gebundene Produkte haben Zeit, um bestimmte Reaktionen einzugehen. Sie bilden ein zweidimensionales Reaktionssystem, d. h. den Oberflächen-Metabolismus. Nur leicht gebundene Moleküle werden abgelöst und verlassen das System.

Nach Wächtershäuser wird der Unterschied zwischen der Ursuppen-Theorie und der Pyrit-Oberflächen-Theorie an der Rolle deutlich, die Oberflächen spielen: Einige Vertreter der Ursuppen-Theorie verwenden Tonmineralien bei ihren Experimenten. Ton trägt überwiegend negative Ladungen, an denen positiv geladene organische Moleküle schwach gebunden werden. Dagegen liegt beim Pyrit (positiv geladen) und den anionischen organischen Molekülen eine starke Bindung vor; sie wurden nicht adsorbiert, sondern sie entstanden an der Pyritoberfläche. Außerdem sind sie weniger durch Hydrolyse bedroht als in der Ursuppen-Lösung.

Inwieweit besondere Kristallformen des Pyrits zur Entstehung von Homochiralität unter den Biomolekülen beitrugen, wird von Wächtershäuser eingehend erörtert. Die These dürfte aber noch recht spekulativ sein.

Mit Hilfe des Oberflächen-Metabolismus lassen sich auch Fragen zur Entstehung erster Zellstrukturen diskutieren. So können beispielsweise für den Zellmembran-Aufbau benötigte Moleküle im sog. *reduktiven Citronensäure-Cyclus* aufgebaut werden.

$$HOOC-(CH_2)_n-COOH \longrightarrow HOOC-(CH_2)_n-\underset{O}{\overset{\parallel}{C}}-COOH \qquad (7.10)$$

$$HOOC-(CH_2)_n-\underset{O}{\overset{\parallel}{C}}-COOH \longrightarrow HOOC-(CH_2)_{n+1}-COOH \qquad (7.11)$$

Keine stöchiometrischen Gleichungen!

Wächtershäusers bevorzugter Kandidat für einen durch Pyritbildung angetriebenen C-Fixierungsprozeß ist der oben zitierte reduktive Citrat-Cyclus (rCZ). Vereinfacht ausgedrückt ist der rCZ die Umkehrung des normalen Citrat-Cyclus (CZ), der wegen seiner zentralen Bedeutung für den Stoffwechsel in lebenden Zellen als die „Drehscheibe des Stoffwechsels" bezeichnet wird. – Der Citrat-Cyclus extrem vereinfacht in Stichworten:

Ein Trägermolekül, aus vier C-Atomen aufgebaut (folgend als C_4-Einheit bezeichnet), nimmt eine in den Cyclus eingeschleuste C_2- Einheit (die „aktivierte Essigsäure") auf. Es entsteht ein Molekül aus sechs C-Atomen (C_6-Einheit), die Citronensäure, bzw. ihr Salz, das Citrat. In einem Kreisprozeß wird CO_2 abgespalten, so verbleibt eine C_5-Einheit, die durch eine weitere CO_2-Abspaltung zur C_4-Einheit, zum Oxalacetat, umgewandelt wird. Nach weiteren chemischen Umstrukturierungen steht die C_4-Einheit für einen neuen Cyclus bereit. – In der lebenden Zelle verläuft dieser Prozeß über zehn Stufen, die von acht Enzymen katalysiert werden. Aber nicht die CO_2-Abspaltung ist Sinn und Zweck des CZ, sondern die Bereitstellung von Reduktionsäquivalenten, d. h. von Elektronen und damit H^+-Ionen für die Prozesse in der Atmungskette.

Die Nettogleichung des CZ lässt sich wie folgt zusammenfassen:

$$\text{Acetyl-CoA} + 3\,NAD^+ + FAD + GDP + P_i + 2\,H_2O \rightarrow$$
$$2\,CO_2 + 3\,NADH + FADH_2 + GTP + 2\,H^+ + CoA \qquad (7.12)$$

Bei einem Umlauf werden also acht H-Atome ($H^+ + e^-$) an Wasserstoffübertragende Co-Enzyme abgegeben, um dann in der Atmungskette zu Wasser oxidiert zu werden. Mit diesem Prozeß ist die oxidative Phosphorylierung verbunden, d. h. die ATP-Synthese aus ADP und Phosphat.

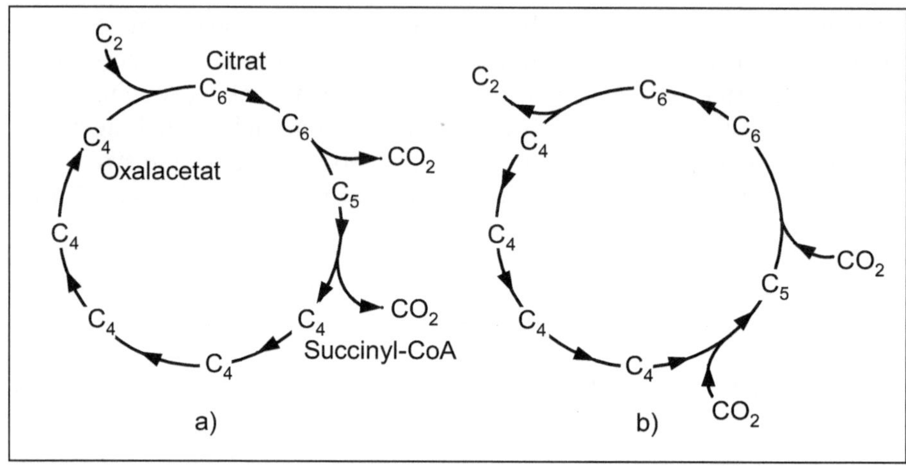

Abb. 7.6: Eine stark vereinfachte Darstellung des „normalen“, in kontemporären Zellen ablaufenden Citronensäure-Cyclus (a) und der entsprechende, „reduktive“ Prozeß (b), der möglicherweise im Metabolismus evolvierender Systeme eine Bedeutung hatte.

Der rCZ verläuft (formal) genau in umgekehrter Richtung, also unter CO_2-Aufnahme vom C_4 zum C_6-Molekül, jedoch ohne die Mithilfe hochspezialisierter Enzyme. Der rCZ ist aber nicht nur ein hypothetisches archaisches Phänomen, er konnte bereits in kontemporären Lebewesen nachgewiesen werden, so z. B. im photosynthetischen Bakterium *Chlorobium thiosulfatophilum* (Evans et al., 1966).

Damit der rCZ abzulaufen vermag, bedarf es eines entsprechend hohen Reduktionspotentials, das vom FeS/H_2S-System geliefert werden muß. Ist diese Bedingung erfüllt, kann an der Pyritoberfläche CO_2 aufgenommen und in die wachsenden kohlenstoffhaltigen Moleküle eingebaut werden. Der archaische rCZ muß aber nicht eine genaue Kopie des jetzt wirksamen CZ sein, wahrscheinlich erfolgten Änderungen während langer Evolutionsphasen. Der rCZ war auf alle Fälle ein autokatalytischer Prozeß, der von einer intakten FeS_2-Oberfläche abhängig war.

Der Gesamtvorgang läßt sich auch nach Lahav (1999) zusammenfassen:

$$\text{Oxalacetat} + 4\,CO_2 \rightarrow 2\,\text{Oxalacetat}$$

Dieser archaische Cyclus ist ein Konstrukt mit wenigen oder vielen realistischen Bereichen – je nach persönlicher Einstellung gegenüber den Wächtershäuserschen Thesen.

Der rCZ benötigt für den Start geringe Mengen an Primer (z. B. Succinat oder Acetat), wenn er jedoch einmal „angesprungen“ ist, sollte er autokatalytisch weiterlaufen. – Die Prozesse der CO_2-Bindung an der Pyrit-oberfläche lassen sich in einer einzigen Gleichung zusammenfassen:

$$4\ CO_2 + 7\ FeS + 7\ H_2S \rightarrow (CH_2\ COOH)_2 + 7\ FeS_2 + 4\ H_2O \qquad (7.13)$$

$\Delta G° = -420\ kJ·Mol^{-1}$
(Wächtershäuser, 1990a)

G. Wächtershäuser formulierte seine Vorstellungen über die bereits skizzierten ersten metabolischen Prozesse auf der Urerde in sechs Postulaten und elf Thesen (Wächtershäuser, 1990b). Experimentell versuchte man bereits, das umfangreiche Theorienwerk im Labor – soweit wie möglich – zu überprüfen und zu bestätigen.

Am Lehrstuhl für Mikrobiologie der Universität Regensburg (Prof. Stetter) wurden erste Experimente zur chemoautotrophen Theorie durchgeführt. Man fand, daß Synergismus (d. h. Wirkungsverstärkung) beim FeS/H_2S-System die Reduktionswirkung bestimmt, z. B. bei der Umwandlung von Nitrat zu Ammoniak oder von Alkinen zu Alkenen. Die bei den Versuchen angewendeten Bedingungen entsprachen denen der hydrothermalen Systeme: wäßrige Phase, 373 K, nahezu neutraler pH-Wert, anaerobe Versuchsbedingungen (Blöchl et al., 1992).

Im gleichen Institut gelang zwei Jahre später der Nachweis der Bildung einer Amidbindung ohne Mithilfe eines Kondensationsmittels (Keller et al., 1994).

Große Aufmerksamkeit erregten Experimente, bei denen CO und CH_3SH in den aktivierten Thioester Methylthioacetat umgewandelt wurden, der zu Essigsäure hydrolysierte (Huber u. Wächtershäuser, 1997). Einen einleitenden, lesenswerten Kommentar zur vorgenannten Publikation verfaßte R. H. Crabtree (1997) von der Yale Universität, New Haven. – Natürlich erfolgten die Umsetzungen unter den Bedingungen der Tiefseequellen bei 373 K, verschiedenen pH-Werten und bei autogenem Druck. FeS und NiS wurden in situ ausgefällt. Modifiziert man das FeS-NiS-System mit katalytischen Mengen Selen, so beobachtet man die alleinige Bildung von Essigsäure und CH_3SH aus CO und H_2S. Für die Essigsäurebildung aus CO + CH_3SH am FeS-NiS-System schlagen die Autoren einen hypothetischen Reaktionsmechanismus vor (s. Abb. 7.7).

Bei ähnlichen Versuchsbedingungen wie den zuvor ausgeführten gelang Huber und Wächtershäuser (1998) auch der Nachweis der Knüpfung von Peptidbindungen bei Einsatz dreier Aminosäuren, wobei allerdings hauptsächlich ein Dipeptid nachgewiesen werden konnte.

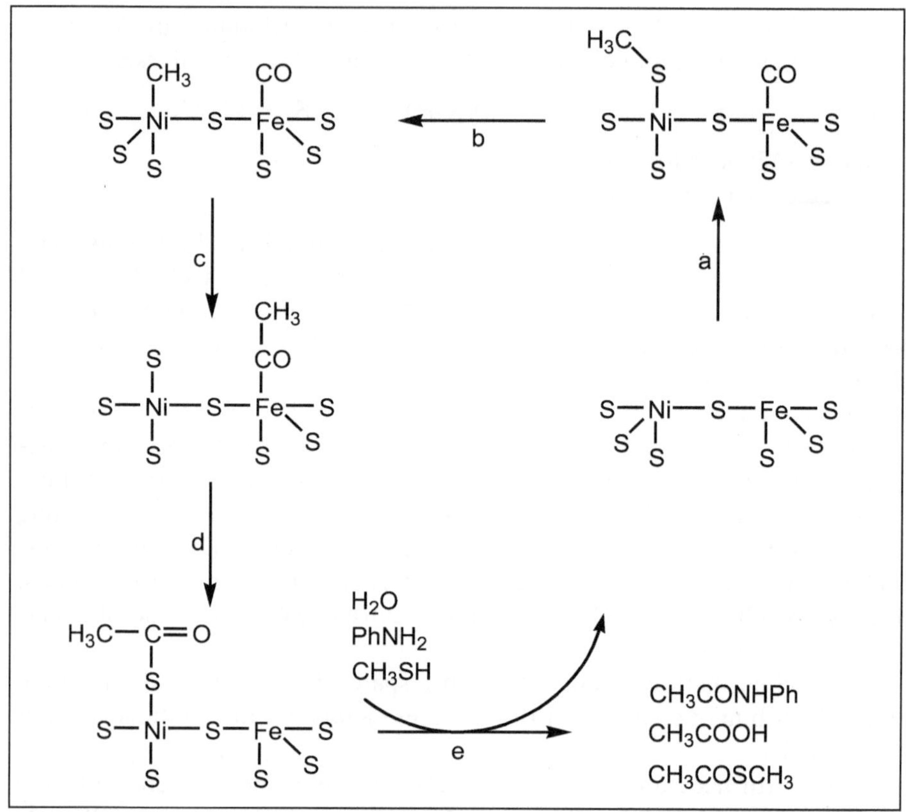

Abb. 7.7: Ein möglicher, hypothetischer Reaktionsmechanismus zur Bildung von Essigsäure aus CO und CH_3SH an NiS–FeS. Quelle: Huber u. Wächtershäuser (1997)

In Abbildung 7.7 bedeuten die Reaktionswege:

a. Aufnahme von CO durch das Fe-Zentrum und von CH_3SH durch das Ni-Zentrum,
b. Bildung des Methyl-Ni-Zentrums,
c. Wanderung der Methylgruppe zur Carbonylgruppe unter Bildung einer Fe- oder Ni-(gebundenen)-Acetylgruppe,
d. Wanderung des Acetylrestes zu einem Sulfido- (oder Sulfhydryl)-Liganden. Dabei Ausbildung eines Thioacetat-Liganden am Ni (oder Fe).
e. Essigsäurebildung durch Hydrolyse. Die freien Valenzen der S-Liganden sind entweder an ein anderes Metallzentrum gebunden oder an H (bzw. $-CH_3$). Alternativ zum vorherigen Reaktionsschritt d. kann der Acylrest an den CH_3–S-Liganden unter Ausbildung des Methylthioesters wandern, der sich gleich abtrennt.

Unter besonderen Bedingungen experimentierte eine Forschergruppe des Geophysikalischen Institutes der Carnegie-Institution in Washington DC (Cody et al., 2000a; Cody et al., 2000b). Einen Kommentar zu diesen Versuchsergebnissen verfaßte G.Wächtershäuser in „Science" (Wächtershäuser, 2000). Sie untersuchten die katalytischen Eigenschaften von Eisensulfid. Bei $523 \pm 0,2$ K wurden die Ansätze aus FeS, Alkyl(nonyl)thiol und Ameisensäure (als Lieferant eines reaktiven C-Atoms, nach dem Zerfall in $CO + H_2O$) eingesetzt. Beide Komponenten standen mit CO_2 und H_2 über die Wassergas-Konvertierungs-Reaktion im Gleichgewicht. Die angewandten Drücke betrugen 50, 100 und 200 MPa. Die Goldbeschichtung des Reaktionsgefäßes hatte keinen Einfluß auf die Versuchsergebnisse, wie Blindversuche zeigten. Durch Druckerhöhung erreichte man leichte Synthesesteigerungen von metallorganischen Phasen. Mittels spektroskopischer Methoden (im UV- und sichtbaren Bereich) sowie Ramanspektroskopie konnte eine Reihe von Organometall-Verbindungen charakterisiert werden. Die gelungene Synthese von 1-Decansäure weist darauf hin, daß unter den gewählten experimentellen Bedingungen Carbonylierung erfolgt, d. h. die Einführung der Carbonylgruppe. Die Bildung methylierter Verbindungen zeigt an, daß ein Teil des CO zur Methylgruppe reduziert wurde. FeS wird für die Bildung eines carbonylierten Eisen-Schwefel-Clusters und den Schwefelüberschuß verbraucht, z. B. über

$$2 \, FeS + 6 \, CO + 2 \, RSH \rightarrow Fe_2(RS)_2(CO)_6 + 2 \, S^0 + H_2 \qquad (7.14)$$

Die bisher erzielten Versuchsergebnisse erschienen recht erfreulich – eine echte Sensation war jedoch die Entdeckung von Pyruvat, dem Salz der Brenztraubensäure (2-Oxopropansäure) unter den Produkten. Es ist eine der wichtigsten Substanzen im Metabolismus kontemporärer Organismen. Die Brenztraubensäure wurde 1835 erstmals von Berzelius durch „Brenzen", d. h. trockenes Destillieren von Traubensäure (Weinsäure) gewonnen. Diese labile Substanz konnte in einem Reaktionsgemisch von reinem FeS, Alkyl(nonyl)thiol sowie Ameisensäure nachgewiesen werden. Man simulierte hydrothermale Bedingungen bei 523 K und 200 Mpa. Die Ausbeute von 0,07 % Pyruvat war sicherlich kein überwältigendes Ergebnis, aber unter den extremen Versuchsbedingungen recht beachtlich. Es unterstützt die Thesen von G. Wächtershäuser. Cody schließt aus seinen Untersuchungen, daß sich das Leben zuerst in einem metabolischen System entwickelte, bevor sich die Replikationsprozesse ausbildeten.

Etwa drei Jahre nach Wächtershäusers ersten Publikationen erschien in den „Proceedings of National Academy of Sciences", USA, ein Artikel von Christian de Duve und Stanley Miller unter der Überschrift „Zweidimensionales Leben?" in Anspielung auf die These von Reaktionen an positiv geladenen Pyritoberflächen (de Duve u. Miller, 1991). Ihre Kritik an der chemoautotrophen Theorie richtete sich vor allem gegen bestimmte kinetische und thermodynamische Aspekte, aber auch gegen theoretische Aussagen, zu deren Stützung damals noch die nötigen Experimente fehlten.

Im Laboratorium von S. Miller liefen Versuche zu dem von Wächtershäuser vorgeschlagenen System FeS/H_2S und der Reduktion von CO_2 zu Biomolekülen. Die Arbeitsgruppe konnte unter ihren Versuchsbedingungen keine positiven Resultate gewinnen, d. h. die Synthese von Aminosäuren oder Nucleinsäurebasen gelang nicht! – Die Experimentatoren meinten, daß dem angewendeten System die nötige Robustheit im geologisch-chemischen Geschehen fehlte, und daher dürfte der untersuchte Ansatz bei der Entstehung eines primitiven Metabolismus auf der Urerde keine Rolle gespielt haben (Keefe et al., 1995). – Die gleiche Forschergruppe in San Diego arbeitete an dieser Thematik weiter. Sie konnten bestätigen, daß FeS in Gegenwart von H_2S ein stark reduzierendes Agens darstellt, das Alkene, Alkine und Thiole zu gesättigten Kohlenwasserstoffen zu reduzieren vermag. Nach diesen Befunden ist dieses System jedoch unfähig mit CO_2 als C-Quelle Aminosäuren oder Purine zu synthetisieren. Es gelang ihnen auch nicht, Aminosäuren durch reduktive Aminierung von Carbonsäuren zu erhalten (Keefe et al., 1996).

Bereits 1974 erkannte man die Bedeutung von Fe-Sulfiden, vor allem Pyrit (FeS_2) und Pyrrhotin ($Fe_{0,86}S$), als wichtige Verbindungen für Reaktionen, die zur Synthese von Biomolekülen führen konnten. Ebenso vermutete man ihre Mitwirkung an der Ausbildung primitiver Ferredoxine und Beteiligung am Elektronentransfer bei photochemischen Prozessen (Österberg, 1974). Andererseits ist Österberg nunmehr nicht so sicher, daß metabolische Schwefelcyclen in den präbiotischen Biogeneseprozeß einbezogen wurden (Österberg, 1997). Unter den reduzierenden Bedingungen der Gleichgewichts-Konzentrationen von Schwefel dürfte dessen Konzentration sehr niedrig gewesen sein ($< 10^{-8}$ M). Metabolische Schwefelcyclen gewannen nach Österberg erst an Bedeutung, als Sauerstoff evolvierte, d. h. in Zeiträumen, als Leben bereits existierte. Wahrscheinlich handelt es sich bei obiger Konzentrationsabschätzung um Werte, die von einer homogenen Verteilung auf das Gesamtwasservolumen bezogen wurden. Dabei blieben die lokalen Möglichkeiten, d. h. höhere Konzentrationen in begrenzten Arealen, unberücksichtigt.

Die Bedeutung und Leistungsfähigkeit des FeS/FeS_2-Systems untersuchten Kaschke et al. (1994) in Glasgow. Sie wiesen experimentell nach, daß das FeS/FeS_2-System fähig ist, Carbonylgruppen zu reduzieren. Als Modellsubstanzen verwendeten sie Cyclohexanon. Wenn auch die Umsetzungen nicht als präbiotisch gelten können, so weisen sie dennoch in Übereinstimmung mit thermodynamischen Berechnungen auf die Reduktionskraft des Fe/S-Systems hin.

Eine umfassende theoretische Arbeit zur Problematik der Eigenschaften des Redoxsystems FeS/FeS_2 stammt aus dem Department für Geowissenschaften der State University von New York (Schoonen et al., 1999). Um das Endresultat gleich vorweg zu nennen: Die Autoren kommen zu dem Schluß, daß die von Wächtershäuser in frühen Arbeiten formulierte hypothetische Reduktion von CO_2 (durch das FeS/FeS_2-Redoxpaar) und der damit angenommene C-Fixierungscyclus auf der Urerde wahrscheinlich nicht ablaufen konnte. Diese Aussage beruht auf der Grundlage einer theoretischen Analyse thermodynamischer Daten. Beim Umsatz von CO anstelle von CO_2 liegen natürlich andere Bedingungen vor. Dabei ist unbekannt, ob freies CO in der Hydrosphäre vorhanden war und, falls es zur Verfügung stand, in welchen Konzentrationen es vorlag.

Dagegen kamen eher positive Nachrichten aus Holland. An der Universität Nimwegen untersuchte man das $FeS/H_2S/CO_2$-Problem. Bei Umsetzungen von FeS mit H_2S in Gegenwart von CO_2 unter anaeroben Bedingungen entstanden: Wasserstoff, Thiole und geringe Mengen an CS_2 und Dimethyldisulfid. Die gleichen Verbindungen bilden sich, ersetzt man H_2S durch HCl im H_2S-erzeugenden System $FeS/HCl/CO_2$. Die Produktanalyse erfolgte durch GC-MS. Die Wasserstoff- und Thiolsynthese sind von den FeS/HCl- oder FeS/H_2S-Proportionen und der Temperatur abhängig. Die H_2-Bildung beschleunigt sich deutlich bei Temperaturen über 323 K, die Thiolsynthese über 348 K. Durch Einbau des Wasserstoffisotops Deuterium in DCl und D_2O gelang es, die CO_2-Reduktion nachzuweisen. Nach Meinung der Autoren könnten diese Reaktionen auch unter den Bedingungen der hydrothermalen Quellen auf der Urerde abgelaufen sein (Heinen u. Lauwers, 1996).

Photoelektrochemische experimentelle Untersuchungen am $Pyrit/H_2S$-System, aber auch theoretische Überlegungen führten Tributsch et al. (2003) zu der Schlußfolgerung, daß eine CO_2-Fixierung an Pyrit wahrscheinlich nicht zu den von Wächtershäuser angenommenen Synthesen führen könne. Der diesen Umsetzungen zu Grunde liegende Reaktionsmechanismus dürfte bedeutend komplizierter gewesen sein, als bisher vermutet. Die Berliner Forschergruppe unterstützt die bereits von Schoonen et al. (1999) genannten Bedenken, daß – neben anderen Fakten – der Elektronentransfer vom Pyrrhotin zum CO_2 durch eine zu hohe Aktivierungshürde behindert wird.

Ein Mangel an unterschiedlichen Meinungen über das Modell der chemoautotrophen Biogenese besteht also nicht – die Zukunft wird (hoffentlich) mehr Klarheit bringen!

Ersetzt man im Pyrit/H$_2$S-System CO$_2$ durch CO, dann liegen weitaus günstigere Bedingungen vor, wie die bisher erzielten positiven Versuchsergebnisse von Huber und Wächtershäuser (1998) und Cody (2000a) zeigen.

Einen neuen Beweis für die These „Metabolismus zuerst" liefert eine Forschergruppe der Technischen Universität München. Unter Weiterführung der Arbeiten mit CO als „Antriebsmittel", d. h. Aktivierungsmittel, unter heißen Bedingungen in wäßriger Phase (zur Simulation hydrothermaler Systeme) konnte nachgewiesen werden, daß α-Aminosäuren (hier Phenylalanin) zu Peptiden polykondensieren. Unerläßliche Voraussetzungen sind: CO (bei unterschiedlich hohem Druck) und frisch ausgefälltes, kolloidales (Fe, Ni)S. – Es entsteht vor allem das Dipeptid, das unter den gleichen Bedingungen, die zur Synthese führten, wieder zu α-Aminosäuren abgebaut wird. Dieser katabolische Mechanismus verläuft über das N-terminale Hydantoin- bzw. über das Harnstoffderivat, die beide identifiziert wurden. Die Autoren postulieren einen cyclischen Prozeß mit anabolischen und katabolischen Phasen. Das Hydantoinderivat stellt einen mit den Purinen verwandten Heterocyclus dar. Nach Annahme der Münchener Forschergruppe könnte dies ein Hinweis auf das gleichzeitige Auftreten von Peptiden und Nucleinsäuren beim präbiotischen Biogeneseprozeß sein.

Die Versuchsergebnisse werden von den Autoren (mit G. Wächtershäuser) als eine weitere Bestätigung der These vom chemoautotrophen Lebensursprung gewertet (Huber et al., 2003).

Wer sich von den erdgebundenen Experimenten und den komplizierten Berechnungen lösen möchte, um in die höheren Sphären wissenschaftstheoretischer Probleme einzutauchen, dem sei Wächtershäusers Arbeit über „Der Ursprung des Lebens und seine methodologische Herausforderung" als Lektüre empfohlen (Wächtershäuser, 1997).

Abschließend eine Anmerkung über Günter Wächtershäuser in R. Shapiros Buch „Planetary Dreams". Der Autor erzählt, wie Leslie Orgel über Wächtershäusers Thesen urteilt. „... that he[1] considered the work to be the most important finding in the last century". (Shapiro, 1999).

Ein umfassendes Persönlichkeitsbild von Wächtershäuser zeichnete der Science-Mitarbeiter M. Hagmann (Zürich) in einem Portraitartikel (Hagmann, 2002).

---

[1]   Orgel (Anm. des Autors)

7.4 Die „Thioester-Welt" von de Duve

Die Entdeckung der unterseeischen heißen Quellen und mit ihnen das Auffinden bisher unbekannter Schwefel-metabolisierender Bakterien lenkten das Interesse einiger Forscher stärker auf das Element Schwefel. Es lag nahe, eine Verbindung zwischen Schwefelbakterien – primitivem Leben – und der Entstehung der einfachsten Lebensformen zu vermuten. In den 80-er Jahren stieß der Nobelpreisträger für Medizin (1974) Prof. de Duve zu dem Kreis der Biogeneseforscher.

Der Physiologe de Duve suchte nach einem materiellen Bindeglied zwischen der präbiotischen Phase auf der Urerde und dem Entwicklungszustand, in dem RNA oder eine ähnliche Art von Molekülen, den weiteren Evolutionsprozeß auf der Erde bestimmten. Dieses Bindeglied sollte vor allem befähigt sein, chemische Energie zu übertragen, denn ohne einen solchen Vorgang ist eine RNA-Synthese nicht vorstellbar. Die von Christian de Duve für diese wichtige Funktion favorisierte Molekülspezies sind die Thioester. Die genaue Begründung, warum er gerade die Thioester bevorzugt, stellt der Autor in seinem Buch „Aus Staub geboren" (de Duve, 1995) ausführlich dar.

Die Bedeutung der Thioester erkannte bereits zu Beginn der 50-er Jahre Theodor Wieland, Universität Frankfurt/Main (Wieland und Pfleiderer, 1957), als er Aminoacylmercaptane als aktivierte Aminosäuren bei Peptidsynthesen einsetzte (Abschn. 5.2.1). So erweist sich dieses Gebiet der Grundlagenforschung drei Jahrzehnte später als äußerst nutzbringend für die präbiotische Chemie.

L. Weber, damals am Salk-Institut in San Diego, gelang die Bildung „energiereicher" Thioester aus Glycerinaldehyd und N-Acetylcystein. Die Umsetzung erfolgte unter anaeroben Bedingungen, bei pH 7 in wäßriger Na-Phosphat-Lösung. Es wurden 0,3 % des eingesetzten Aldehyds zu Lactoyl-Thioester pro Reaktionstag umgesetzt (Weber, 1984).

$$H_3C-\overset{\displaystyle H}{\underset{\displaystyle OH}{C}}-C\overset{\displaystyle O}{\underset{\displaystyle S-R}{}}$$

Drei Jahre zuvor erreichte Weber durch UV-Bestrahlung einer wäßrigen Lösung von Acetaldehyd und N, N'-Diacetylcystin die Bildung des Thioesters N, S-Diacetylcystein (Weber, 1981).

Eigentlich müßte die Thioester-Welt von de Duve als „Schwefel-Eisen-Welt" bezeichnet werden, denn Eisenionen sind für die Redoxprozesse in der Thioester-Welt essentiell.

De Duve (1994, 1995) stellt die für die gesamte präbiotische Chemie wesentliche Frage: Woher kommen die für den Aufbau von Biomolekülen auf der Urerde benötigten Reduktionsäquivalente? – Diese Frage erübrigte sich größtenteils, wenn man die von Miller/Urey und Oparin angenommene, stark reduzierende Uratmosphäre akzeptiert. Da diese jedoch von den meisten Fachleuten stark bezweifelt wird, muß die oben gestellte Frage offen bleiben! – Den Terminus Reduktionsäquivalent kann man inhaltlich gleichsetzen mit dem Vorhandensein bzw. der Verfügbarkeit von Elektronen. Woher stammen also die benötigten Elektronen?

Nach de Duve (und andere Autoren) aus dem Eisen, das als Fe^{2+} durch die intensive UV-Strahlung der Sonne jeweils ein Elektron je Fe-Atom liefert. Das dabei entstehende Fe^{3+} konnte zusammen mit Fe^{2+} als Mischoxid ($FeO \cdot Fe_2O_3 = Fe_3O_4$) aus Lösungen ausfallen. Es wird heute in Gesteinsschichten als Bändereisenerz aufgefunden. Die $1{,}5–3{,}5 \cdot 10^9$ Jahre alten Bändereisenerze bildeten sich durch Wechselwirkung von Fe^{2+} und Sauerstoff, den lichtumsetzende Bakterien produzierten. (Der frühe Zeitraum von $3{,}5 \cdot 10^9$ Jahren wird neuerdings von einigen Forschern in Zweifel gezogen! – Abschn.10.1).

Der oben skizzierte Prozeß führte zur Bereitstellung der nötigen Quantitäten von Wasserstoff für die Reduktion von CO_2, CO, NO_3^- und anderen oxidierten Ausgangsstoffen. Diese wurden dann in weiteren Reaktionsschritten zu Biomolekülen umgesetzt. – Gibt es in kontemporären, lebenden Zellen noch Relikte in Form von Thioestern bzw. Thioverbindungen, die auf die große Bedeutung dieser Stoffklasse hinweisen? – Diese Frage kann eindeutig mit „ja" beantwortet werden.

Viele für die Lebensfunktionen notwendige, essentielle Substanzen sind Schwefelverbindungen, so z. B. die Aminosäuren Cystein und Methionin, das Tripeptid Glutathion oder das CoenzymA (CoA). Letzteres enthält als endständige Wirkgruppe die SH-Gruppe des Cysteamins. CoA fungiert bei allen wichtigen biochemischen Acylierungen als Coenzym. Die Cysteamin-SH-Gruppe verbindet sich mit Carbonsäuren zu Thioestern:

$$R\!-\!\underset{\underset{O}{\|}}{C}\!-\!S\!-\!CoA$$

Dabei entsteht die energiereiche S-Acetylverbindung, die bei Hydrolyse etwa $34\ kJ \cdot Mol^{-1}$ freisetzt. Dieser Wert entspricht etwa dem bei der ATP-Hydrolyse freiwerdenden Energiebetrag

Über eine mögliche präbiotische Synthese von Pantethein, dem Teil des CoA-Moleküls ohne den Adenosindiphosphat-Anteil, berichten Keefe et al. (1995) aus dem Laboratorium von Stanley Miller. Ihnen gelang die

Synthese der CoA-Vorstufe durch Verknüpfung von β-Alanin, Pantoyl-lacton und Cysteamin .

Diese Kondensation erfordert das Einengen der Reaktionslösung – um präbiotische Zustände zu erreichen, müssen wieder einmal die „warmen Lagunen" weiterhelfen!

Konnten Thioester auf der Urerde entstanden sein? – Das ist sehr wahrscheinlich, gibt es doch deutliche Hinweise auf die Bildung von Thiolen bei H_2S-Vorkommen. Choughuley und Lemmon (1966) konnten in einer reduzierenden H_2S-Atmosphäre und bei β-Bestrahlung u. a. die S-haltige Aminosäure Cysteinsäure und ihr Decarboxylierungsprodukt Taurin nachweisen. Schwefelwasserstoff zeigt ein breites Absorptionsspektrum von 270 nm bis in das Vakuum-UV. – Sagan und Khare (1971) sowie Khare und Sagan (1971) nehmen H_2S als initialen Photonenakzeptor an. Das Vorkommen von Thiolen auf der Urerde kann als gesichert gelten. Um für präbiotische Reaktionen verfügbar zu sein, muß erst eine energetische Hürde, eine „bergauf"-Reaktion, überwunden werden.

$$R\!-\!SH + R'\!-\!C\underset{OH}{\overset{O}{\lessgtr}} \rightleftharpoons R'\!-\!C\underset{S\!-\!R}{\overset{O}{\lessgtr}} + H_2O \qquad (7.15)$$

Wie konnte dieses Problem gelöst werden? In wäßriger Phase bilden sich aus freien Carbonsäuren und Thiolen nur Spuren des Thioesters, d. h. das Gleichgewicht der Thioester-Bildung ist nach links verschoben. Nach de Duve (1994) bestehen zwei Möglichkeiten der spontanen Thioestersynthese unter den Bedingungen der Urerde:

– Nach Gleichung 7.15 bei erhöhter Temperatur und niedrigen pH-Werten (um pH 2). – Wie bereits dargestellt, gelang Weber (1984) eine Thioestersynthese aus Glycerinaldehyd und N-Acetylcystein.
– Durch die oxidative Synthese von Thioestern aus Aldehyd und Thiol:

$$R'\!-\!SH + R\!-\!C\underset{H}{\overset{O}{\lessgtr}} \rightleftharpoons R\!-\!C\underset{S\!-\!R'}{\overset{O}{\lessgtr}} + 2\,e^- + 2\,H^+ \qquad (7.16)$$

oder aus α-Ketosäure und Thiol:

$$R'\!-\!SH + R\!-\!\underset{O}{\overset{\|}{C}}\!-\!C\underset{OH}{\overset{O}{\lessgtr}} \rightleftharpoons R\!-\!C\underset{S\!-\!R'}{\overset{O}{\lessgtr}} + 2\,e^- + 2\,H^+ + CO_2 \quad (7.17)$$

Im letzteren Falle erfolgte nach Decarboxylierung der Ketosäure die Elektronenaufnahme über Fe^{3+}, das in stark oxidierten Bereichen des gebänderten Eisensedimentes zur Aufnahme von Elektronen befähigt ist. Auf diese Weise wirken Fe-Ionen katalytisch auf den Thioester-Bildungsprozeß, der

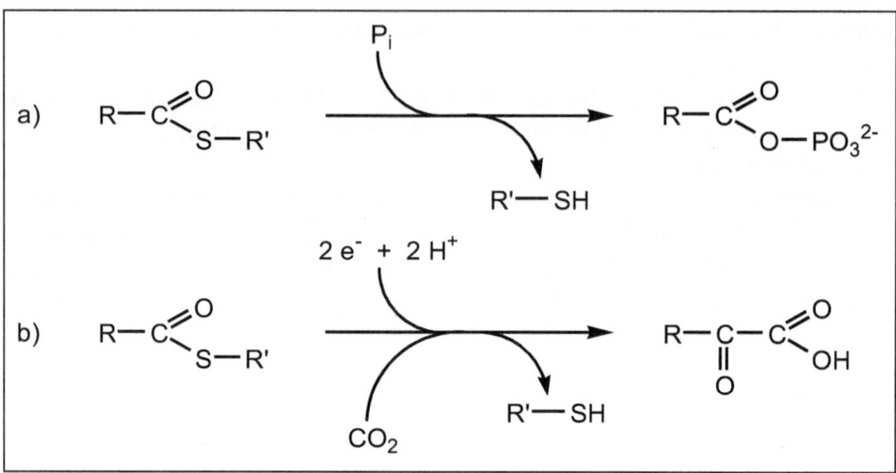

Abb. 7.8: Zwei Beispiele für wichtige Reaktionen in der „Thioester-Welt": a) Die Phosphorolyse von Thioestern führt zu Acylphosphaten. b) Bei der reduktiven Spaltung von Thioestern und Carbonylierung entstehen α-Ketosäuren. Quelle: Nach: de Duve (1994)

damit ohne die Hilfe von Enzymen abläuft. Es war also die Sonnen-UV-Strahlung, die präbiotisch gebildete Thioester über die Energieschwelle hob.

Thioester waren – nach de Duve – auf der Urerde zu einem breiten Spektrum chemischer Reaktionen befähigt, so u. a. zur Phosphorolyse, die zu Acylphosphaten führte (Abb. 7.8 a), oder zur reduktiven Thioesterspaltung, die nach Carbonylierung die Synthese von Ketosäuren ermöglichte (Abb.7.8 b).

So oder ähnlich konnten auf der jungen Erde für die RNA-Welt oder eine Vorläuferphase entscheidend wichtige Verbindungen entstanden sein. Damit scheint die Thioester-Welt die RNA-Welt-Hypothese zu stützen, wenn auch de Duve als besonnener Kritiker dieser Hypothese gelten darf, der seine Ansichten in einem kurzen „Nature"-Artikel unter dem provozierenden Titel „Did God make RNA?" darlegte (de Duve, 1988).

Die Thioester-Hypothese mit ihren Wurzeln in der Schwefelchemie zeigt, unter Einbeziehung des Fe^{2+}/Fe^{3+}-Systems, deutliche Verbindungen zur „Eisen-Schwefel-Welt" des chemoautotrophen Biogenese-Modells von Wächtershäuser (Abschn. 7.3).

Zusammengefaßt läßt sich die Thioester-Hypothese wie folgt beschreiben: Die Bildung von Thiolen war, z. B. in vulkanischer Umgebung (oberirdisch oder submaritim), möglich. Carbonsäuren und Derivate entstanden durch abiotische Synthesen oder wurden von außen der Erde zugeführt. Die Carbonsäuren reagierten unter günstigen Bedingungen mit Thiolen

(d. h. Fe-Redox-Prozeß durch Sonneneinwirkung bei optimalen Temperatur- und pH-Werten) zu energiereichen Thioestern. Aus ihnen entstehen dann Polymere, die z. T. Membranen ausbilden. Ein Teil der Thioester reagiert mit Phosphat (p_i) zu Diphosphat (pp_i). Trans-Phosphorylierungen führen zu verschiedenen Phosphatestern. Aus AMP und anderen Nucleosidmonophosphaten entstanden durch die Reaktion mit Diphosphat die Nucleosidtriphosphate und damit die RNA-Welt (de Duve, 1998).

Im Gegensatz zur Gilbert-RNA-Welt stellt das de-Duve-Modell eine von der Thioester-Welt unterstützte bzw. erst durch sie ermöglichte RNA-Welt dar.

Wichtige präbiotische Umsetzungen erfordern Acylierungsreaktionen, wie z. B. die Verknüpfung von Aminosäuren zu Polypeptiden (Abschn. 5.1 und 5.2). In wäßriger Phase erweisen sich Kondensationsmittel oftmals als wenig wirksam, oder die Polykondensationsreaktionen erfordern drastische Bedingungen (hohe Temperaturen bzw. saures Milieu). Aktivierte Aminosäuren, z. B. als Thioester-Derivate, können als Ausgangsprodukte für den Aufbau von Peptiden angenommen werden. Ein engverwandter Reaktionsweg zur Knüpfung von Amidbindungen konnte durch oxidative Acylierung mit Hilfe von Thiosäuren erreicht werden (Liu u. Orgel, 1997). Dazu acylierte man die Aminosäuren Phenylalanin und Leucin sowie Phenylphosphat in wäßriger Lösung mit Thioessigsäure und einem oxidierenden Agens ($Fe(CN)_3$. Die unter milden Bedingungen durchgeführte Reaktion verlief mit sehr guten Ausbeuten. Die Autoren halten die oxidative Acylierung für eine allgemein anwendbare Methode zur Aktivierung von Carbon-

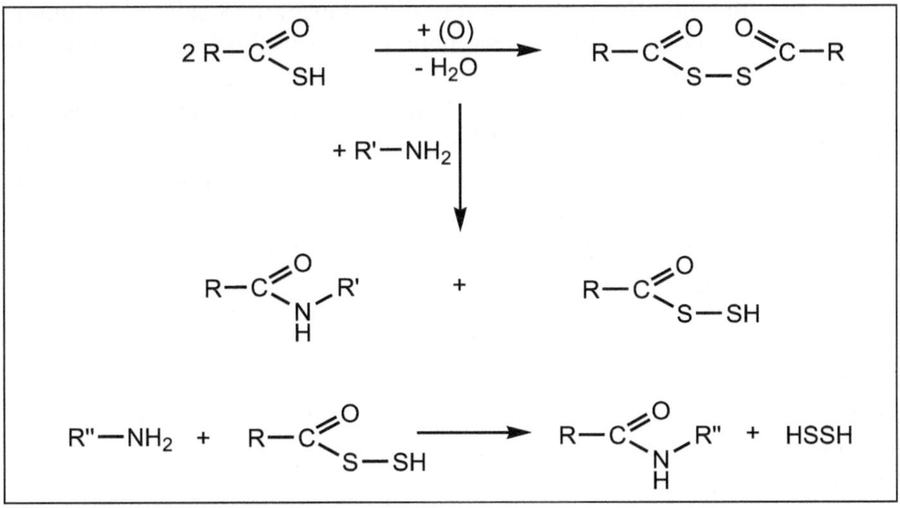

Abb. 7.9: Die oxidative Acylierung durch Thiosäuren. Der zweite Reaktionsschritt verläuft schnell, der letztere dagegen langsam. Quelle: Liu u. Orgel (1997)

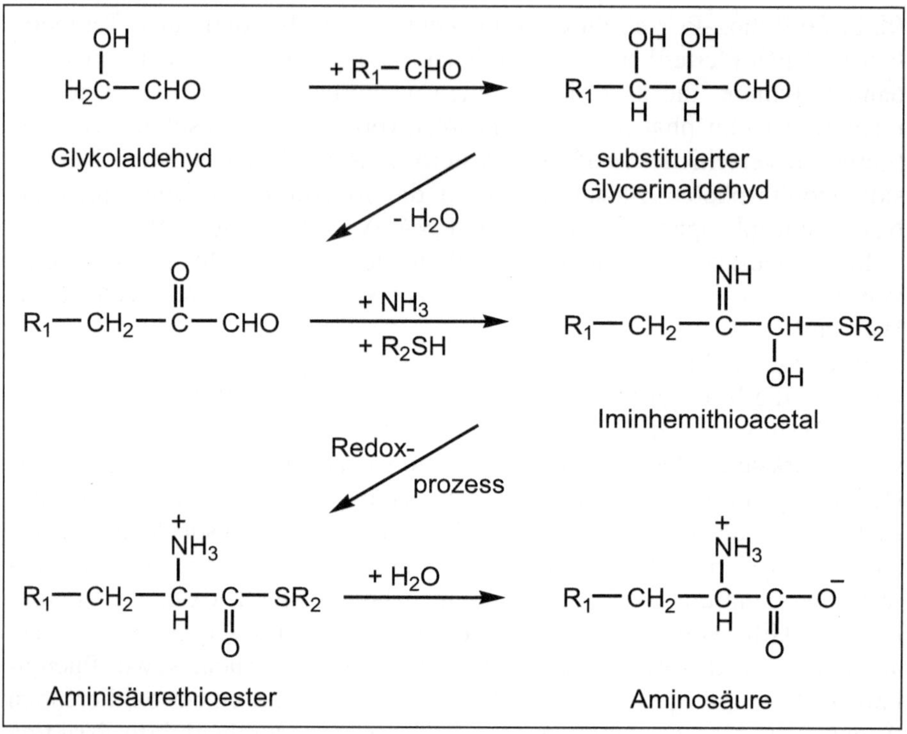

Abb. 7.10: Ein allgemeiner, präbiotischer Syntheseweg zu Aminosäurethioestern. Quelle: Nach: Weber (1998).

säuren einschließlich der Aminosäuren, die unter präbiotischen Bedingungen durchaus möglich erscheint. Sie nehmen den in Abbildung 7.9 dargestellten Mechanismus an.

Neuere Arbeiten von Arthur L. Weber (1998), jetzt am Seti-Institut, Ames Forschungszentrum, Moffet Field, weisen auf die gelungene Synthese von Aminosäurethioestern hin, die er mit Formose-Substraten (Formaldehyd und Glykolaldehyd) und Ammoniak erreichte. Die Synthese von Alanin und Homoserin war erfolgreich, wenn dem Reaktionsansatz Thiol-Katalysatoren zugesetzt wurden.

Als allgemeinen präbiotischen Reaktionsweg für die Synthese von Aminosäurethioestern schlägt Weber (1998) – entsprechend seinen experimentellen Ergebnissen – die in Abbildung 7.10 dargestellten Stufen vor.

Die Aminosäurethioester können entweder durch Hydrolyse zu freien Aminosäuren umgesetzt werden oder mit einer weiteren Aminosäure zum Dipeptid.

7.5 Atomarer Kohlenstoff in Mineralien

Bei der Untersuchung von sehr reinem Magnesiumoxid fand man vor mehr
als 20 Jahren im IR-Spektrum Störungen, die von atomarem Kohlenstoff
stammen mußten. Der ungeladene atomare Kohlenstoff zeigte große Beweglichkeit (Freund, 1981a). Man fand ihn nicht nur in MgO-Kristallen,
sondern auch in Mineralien aus magmatischen Tiefengesteinen. Als bevor-
zugtes Untersuchungsobjekt wählte man Olivin, ein Magnesium-Eisensili-
kat. Im Olivin gelang es, die Beweglichkeit der C-Atome noch bei Temperaturen von 77 K mit kernphysikalischen Methoden nachzuweisen. Aus
Basalten wurden durch Erhitzen Kohlenwasserstoffe freigesetzt (Methan,
aber auch ungesättigte KW und Aromaten). So konnten $5{\cdot}10^{-5}$ g KW je
Gramm Olivin nachgewiesen werden. Behandelt man die Kristalloberflä-
chen kurz vor dem Erhitzen mit Wasser, so entsteht Methanol. Amine, wie
Methylamin oder Dimethylamin bilden sich bei Einwirkung von Ammoniak auf Olivin (Freund, 1983). Das bedeutet, daß jeder Kubikkilometer
eines entgasenden basaltischen Magmas $3{-}6{\cdot}10^{9}$ kg CO_2 und $1{-}3{\cdot}10^{8}$ kg
abiotische synthetisierte KW freisetzen könnte, optimale Bedingungen
vorausgesetzt (Freund et al., 1982).

Im Zusammenhang mit dem Auffinden von Aminen und sauerstoffhalti-
gen organischen Verbindungen stellt sich die Frage, ob nicht auch Aminosäuren in Olivin- oder MgO-Kristallen mit Hilfe des atomaren Kohlenstoffs gebildet werden könnten. Über den Nachweis von Aminosäuren in
flüssigen Extrakten der Reaktionsansätze berichteten Knobel et al. (1984)
auf dem ISSOL-Kongreß 1983 in Mainz. Die Ausbeuten waren allerdings
sehr gering, die Gesamtausbeute betrug $1{,}5{-}3{,}0{\cdot}10^{-7}$ g je Gramm MgO
(Freund, 1983). Diese Ergebnisse erfuhren breite Beachtung in den Medien
und führten zu einer Fernsehsendung im WDR (Freund 1981b).

Nun ist es ruhiger geworden um diese Problematik. Aber die an hydrothermalen Quellen ablaufenden Prozesse werfen neue Fragen auf. – Car-
bon- und Dicarbonsäuren (wie z. B. Glykolsäure, Oxal-, Malon- und Bern-
steinsäure) konnten in Tetrahydrofuran- und Wasserextrakten aus großen,
synthetisch hergestellten MgO-Kristallen nachgewiesen werden (Freund et
al., 1999). Die Autoren meinen, daß magmatische und metamorphe Gesteine, die an die Oberfläche eines tektonisch aktiven Planeten – wie die
Erde – gelangen und verwittern, eine wichtige Quelle für abiotisch gebildete organische Verbindungen darstellen können. Die je Gesteinsvolumen
freigesetzten Mengen organischen Materials sind noch unbekannt. Es liegen nur Schätzungen vor. Unter der Annahme der Bildung von $1{-}10$ km^3
verwitterten Materials ergäbe sich nach Freund (2000) eine Bildungsrate in
der Größenordnung von $10^{10}{-}10^{12}$ g organischen Materials per Jahr. Mög-

licherweise erhöhten hydrothermale Flüssigkeiten die geschätzten Werte durch Auslaugen der Gesteine und Mineralien.

Organische Protomoleküle fanden Freund et al. (2001) mit Hilfe hochempfindlicher IR-Spektroskopie sowohl in synthetisiertem, sehr reinem MgO als auch in natürlichem Olivin des oberen Erdmantels.

Literatur

Andersson EM, Holm NG (2000) Orig Life Evol Biosphere 30:9

Alargov DK, Deguchi S, Tsuji K, Horikoshi K (2002) Orig Life Evol Biosphere 32:1

Alt JC, Anderson TF, Bonnell L (1989) Geochim Kosmochim Acta 53:1011

Bada J, Miller SL, Zhao M (1995) Orig Life Evol Biosphere 25:111

Baross JA, Deming JW (1983) Nature 303:423

Berndt ME, Allen DE, Seyfried Jr WE (1996) Geology 24:351

Bernhard G, Ludemann HD, Jaenicke R, König H, Stetter KO (1984) Naturwissenschaften 71:583

Blöchl E, Keller M, Wächtershäuser G, Stetter KO (1992) Proc Natl Acad Sci USA 89:8117

Bröll D, Kaul C, Krämer A, Krammer P, Ricter T, Jung M, Vogel H, Zehner P (1999) Angew Chem 111:3180

Cairns-Smith AG (1966) J Theor Biol 10:53

Cairns-Smith AG (1985a) Seven Clues to the Origin of Life. Cambridge University Press

Cairns-Smith AG (1985b) Spektrum der Wissenschaft, August: 82

Cairns-Smith AG (1992) Orig Life Evol Biosphere 22:161

Choughuley ASU, Lemmon RM (1966) Nature 210:628

Cody GD, Boctor NZ, Blank J, Brandes J, Filley TR, Hazen RM, Yoder H Jr (2000a) Orig Life Evol Biosphere 30:187

Cody GD, Boctor NZ, Filley TR, Hazen RM, Scott JH, Shmarma A, Hatten S, Joder Jr (2000b) Science 289:1337

Corliss JB, Baross JA, Hoffman SE (1981) Ocean Acta N˙ SP 59

Crabtree RH (1997) Science 276:222

de Duve C (1988) Nature 336:209

de Duve C, Miller SL (1991) Proc Natl Acad Sci USA 88:10014

de Duve C (1994) Ursprung des Lebens. Spektrum, Heidelberg

de Duve C (1995) Aus Staub geboren. Spektrum, Heidelberg

de Duve C (1998) Clues from present-day biology: the thioester world. In: Brack A (ed) The Molekular Origins of Life. Cambridge University Press, p 219

Edmond JM, von Damm K (1983) Spektrum der Wissenschaft, Juni: 74

Evans MCW, Buchanan BB, Aron DI (1966) Proc Natl Acad Sci USA 55:928

Freund F (1981a) Universitas 36:1175

Freund F (1981b) WDR-Print, Nr 62

Freund F, Knobel R, Wengeler H, Kathrein H, Oberheuser G, Schaefer RG (1982) Geologische Rundschau 71:1:1
Freund F (1983) Umschau 1983:2:42
Freund F, Gupta AD, Kumar D (1999) Orig Life Evol Biosphere 29:489
Freund F (2000) Orig Life Evol Biosphere 30:145
Freund F, Staple A, Scoville J (2001) Proc Natl Acad Sci USA 98:2142
Fuhrmann H, Dwars T, Oehme G, (2003) Chem Unserer Zeit 37:15
Hagmann M (2002) Science 295:2006
Heinen W, Lauwers A-M (1996) Orig Life Evol Biosphere 26:131
Hékinian R (1984) Spektrum der Wissenschaft, September: 63
Helgeson HC, Delaney JM, Nesbitt HW, Bird DK (1978) Amer J Sci 271:1
Hennet J-C, Holm NG, Engel NH (1992) Naturwissenschaften 79:361
Holm NG (1992) Why are hydrothermal systems proposed as a plausible environments for the origin of life? In: Holm NG (ed) Marine Hydrothermal Systems and the Origin of Life. Kluwer, Dordrecht Boston London, p 5
Holm NG, Andersson EM (1995) Planet Space Sci 43:153
Holm NG, Andersson EM (1998) Hydrothermal Systems. In: Brack A (ed) The Molekular Origins of Life. Cambridge University Press, p 86
Hoffmann U (1968) Angew Chem 80:736
Horita J, Berndt ME (1999) Science 285:1055
Huber C, Wächtershäuser G (1997) Science 276:245
Huber C, Wächtershäuser G (1998) Science 281:670
Huber C, Eisenreich W, Hecht S, Wächtershäuser G (2003) Science 301:938
Kaschke M, Russell MJ, Coll WJ (1994) Orig Life Evol Biosphere 24:43
Keefe AD, Miller SL, Mc Donald G, Bada J (1995) Proc Natl Acad Sci USA 92:11904
Keefe AD, Newton GL, Miller SL (1995) Nature 373:683
Keefe AD, Miller SL, Mc Donald G, Bada J (1996) Orig Life Evol Biosphere 26:230
Keller M, Blöchl E, Wächtershäuser G, Stetter KO (1994) Nature 368:336
Khare BN, Sagan C (1971) Nature 232:577
Knobel R, Breuer H, Freund F (1984) Origins of Life 14:197
Lahav N (1999) Biogenesis. Oxford University Press, New York Oxford
Liu R, Orgel LE (1997) Nature 389:52
Macdonald KC, Luyendyk BP (1981) Spektrum der Wissenschaft, Juli: 73
Maselko J, Strizhak P (2004) J Phys Chem B 108:4937
Miller SL, Orgel LE (1974) The Origin of Life on the Earth. Prendice-Hall, Englewood Cliffs NY
Miller SL, Bada JL (1988) Nature 334:609
Miller SL, Bada JL, Friedmann N (1989) Orig Life Evol Biosphere 19:536 (abstr)
Miller SL, Lazcano A (1995) J Mol Evol 41:689
Mok DS-L, Antal MJ Jr, Jones M Jr (1989) J Org Chem 54:4596
Österberg R (1974) Nature 249:382
Österberg R (1997) Orig Life Evol Biosphere 27:481
Pályi G, Zucchi C (2002) Book of Program and Abstracts, ISSOL-02 Oaxaca p 91
Rees DC, Howard JB (2003) Science 300:929

Russel MJ, Hall AJ, Turner D (1989) Terra Nova 1:238
Sagan C, Khare BN (1971) Science 173:417
Schoonen M, Xu Y, Bebie J (1999) Orig Life Evol Biosphere 29:5
Shapiro R (1999) Planetary Dreams. Wiley, New York
Shock EL (1990) Orig Life Evol Biosphere 20:331
Smirnov A, Schoonen MAA (2003) Orig Life Evol Biosphere 33:117
Tributsch H. Fiechter S, Jokisch D, Rojas-Chapana J, Ellmer K (2003) Orig Life
    Evol Biosphere 33:129
Wächtershäuser G (1988a) Microbiol Rev 52:452
Wächtershäuser G (1988b) Proc Natl Acad Sci USA 85:1134
Wächtershäuser G (1990a) Orig Life Evol Biosphere 20:173
Wächtershäuser G (1990b) Proc Natl Acad Sci USA 87:200
Wächtershäuser G (1992) Order out of Order: heritage of the iron-sulfur world. In:
    Trân Thanh Vân J und K, Mounolou JC, Schneider J, Mc Kay C (eds) Fron-
    tiers of Life. Editions Frontiers, Gif-sur-Yvette CEDEX, pp 21 – 39
Wächtershäuser G (1997) J Theor Biol 187:483
Wächtershäuser G (2000) Science 289:1307
Weber AL (1981) J Mol Evol 17:103
Weber AL (1984) Origins of Life 15:17
Weber A (1998) Orig Life Evol Biosphere 28:259
Weiss A (1963) Angew Chem 75:113
Weiss A (1981) Angew Chem 93:843
Weiss A (1981) Replikation und Evolution in anorganischen Systemen. In: Ver-
    handlungen der Gesellschaft Deutscher Naturforscher und Ärzte 1980. Sprin-
    ger, Berlin Heidelberg New York, S 843-854
Wieland T, Pfleiderer G (1957) Advances in Enzymology 19:235
Wills C, Bada J (2000) The Spark of Life. Perseus, Cambridge Mass.

8 Genetischer Code und weitere Theorien

8.1 Zum Informationsbegriff

Bei vielen Teilfragen zur Biogenese trifft man immer wieder auf den Begriff der „Information". Im folgenden nur einige Bemerkungen zu diesem umfassenden Thema. – Ähnlich der Problematik um den Begriff „Leben" scheint auch noch keine voll befriedigende und von allen mit dieser Wissenschaft befaßten Fachleuten akzeptierte Definition des Begriffes „Information" vorzuliegen.

Betrachtet man den Zustand der physikalischen Welt, so kann dieser durch drei Grundgrößen beschrieben werden:

- Masse
- Energie
- Information

Vereinfacht, aber treffend läßt sich formulieren: Masse und Energie kennzeichnen den Zustand eines Systems, und Information beschreibt die Verteilung dieses Zustandes in Raum und Zeit (Marko, 1984).

Die bekannte Beziehung zwischen dem Informationsgehalt einer Nachricht und der Erwartungswahrscheinlichkeit wird nach Shannon nach folgender Formel berechnet:

$$I_i = \operatorname{ld} p_i^{-1}$$

I_i = Informationsgehalt
p_i = Wahrscheinlichkeit
ld = Logarithmus zur Basis 2

Nach der Definition wird der Informationsgehalt einer Nachricht nur auf Grund ihrer Wahrscheinlichkeit bestimmt. Informationen lassen sich in verschiedene Spezies, nach Küpers „Dimensionen" genannt, einteilen:

- die *syntaktische* Dimension: sie umfaßt die Beziehung der Zeichen untereinander,
- die *semantische* Dimension: sie umfaßt die Beziehung der Zeichen untereinander und das, wofür sie stehen,

– die *pragmatische* Dimension: sie umfaßt die Beziehung der Zeichen untereinander, das, wofür sie stehen, und das, was dies für die beteiligten Sender und Empfänger als Handlungsforderung stellt (Küpers, 1986).

Pragmatisch heißt, auf Wirkung ausgerichtet. Pragmatische Information verändert den Empfänger (Jantsch, 1992).

Näheres gibt es ausführlicher bei Küpers (1986) in seinem Buch „Der Ursprung biologischer Information". Über die neuen Entwicklungen im Bereich der Quanteninformation kann man sich bei Bruß (2003) informieren.

8.2   Genetischer Code

Mit der Feststellung „Der genetische Code bleibt ein Rätsel, auch wenn er bereits vor mehr als 30 Jahren entziffert wurde." beginnt ein Artikel von Knight et al. (1999) vom Department für Evolutionsbiologie der Princetown Universität. Mit einer Fülle von Hypothesen und Modellen versuchen Wissenschaftler dieses Rätsel zu lösen.

Der genetische Code regelt die Zuordnung der Nucleotidtripletts zu den Aminosäuren. Er stellt die Nahtstelle zwischen Nucleinsäuren und Proteinen dar.

Ein kurzer Blick in die Historie: Vor fünf Jahrzehnten gleich nach der Publikation des Doppelhelix-Modells durch Watson und Crick äußerte der geniale George Gamow 1954 (Abschn. 2.1) die Vermutung, daß es möglicherweise eine Beziehung zwischen den verschiedenen Aminosäuren und bestimmten Regionen geben müsse, die von Nucleotiden in der DNA-Struktur gebildet werden (Gamow, 1954).

Wenige Jahre später erkannte man, daß die Aminosäuresequenz der Proteine in den Zellen aller Lebewesen über die gleichen Reaktionsmechanismen festgelegt werden (von geringfügigen Ausnahmen abgesehen). Es geht also um die Übersetzung der Sprache der Nucleinsäuren in die Sprache der Proteine (bzw. Peptide). Dieser komplexe Vorgang muß exakt ablaufen, um das Überleben der Individuen zu sichern. Die wesentlichen Schritte zusammengefasst lauten:

Die in der DNA niedergelegte Information (d. h. die Nucleotidfolge) wird zuerst in RNA umgeschrieben (Transkription). Die entstandene Boten-(Messenger)-RNA (mRNA) tritt an spezifischen Zellorganellen (Ribosomen) mit den Aminosäure-beladenen tRNA-Molekülen in Wechselwirkung. Die Beladung der tRNA mit den entsprechenden Aminosäuren erfolgt mit Hilfe der Aminoacyl-tRNA-Synthetasen (Abschn. 5.2.2). Für jede Aminosäuresorte steht eine spezielle tRNA-Spezies zur Verfügung, d. h. es müssen mindestens 20 verschiedene tRNA-Molekülsorten in den

Tabelle 8.1: Der genetische Code als Dreibuchstaben-Code und der üblichen Dreibuchstaben-Abkürzung für die 20 proteinogenen Aminosäuren. Die erste Base entspricht dem 5'-Ende, die dritte Base dem 3'-Ende der Nucleotidkette.

		2. Base				
		U	**C**	**A**	**G**	
1. Base	**U**	Phe / Leu	Ser	Tyr / Stop	Cys / Stop / Trp	U C A G
	C	Leu	Pro	His / Gln	Arg	U C A G
	A	Ile / Met	Thr	Asn / Lys	Ser / Arg	U C A G
	G	Val	Ala	Asp / Glu	Gly	U C A G

Phe	Phenylalanin	Thr	Threonin	Asp	Asparaginsäure
Leu	Leucin	Ala	Alanin	Glu	Glutaminsäure
Ile	Isoleucin	Tyr	Tyrosin	Cys	Cystein
Met	Methionin	His	Histidin	Arg	Arginin
Val	Valin	Gln	Glutamin	Gly	Glycin
Ser	Serin	Asn	Asparagin	Trp	Tryptophan
Pro	Prolin	Lys	Lysin		

Zellen vorhanden sein. Die tRNAs enthalten ein Nucleotidtriplett (das Anticodon), das mit dem Codon der mRNA in Watson/Crick-Wechselwirkung tritt. Im genetischen Code erkennt man, daß die einzelnen Aminosäuren recht unterschiedlich mit Codons versorgt werden. So bestimmen jeweils sechs Codewörter die Aminosäuren Serin, Leucin und Arginin, wogegen Methionin und Tryptophan von nur einem einzigen Nucleotidtriplett festgelegt werden.

Wie konnte sich ein derartiges, komplexes Informationsübertragungssystem entwickeln? – Zur Lösung dieser speziellen Frage stehen keinerlei Zeugen aus den archaischen Zeiträumen vor drei bis vier Milliarden Jahren zur Verfügung. Selbst die Analysen von Meteoritengesteinen helfen hier nicht weiter.

Knight diskutiert die These, daß der genetische Code möglicherweise die folgenden drei unterschiedlichen „Gesichter" aufweist:

- Selektion
- Historie
- Chemie

Der durch *Selektion* angepaßte genetische Code stellt eine Adaptation an optimierte Funktionen dar, wie z. B. an die zur Minimierung von Codierungsfehlern (entstanden durch Mutationen oder fehlerhafte Translationen).

Die *historische* Komponente spiegelt das Zusammenspiel zwischen Aminosäuren und dem Code über eine lange Zeitspanne wider.

Der *chemische* Beitrag könnte darin bestehen, daß bestimmte Codoncharakteristika direkt durch günstige chemische Wechselwirkungen zwischen einzelnen Aminosäuren und kurzen Nucleinsäuresequenzen ausgebildet wurden. Fehlten diese Wechselbeziehungen, so waren die betreffenden Aminosäuren vom Einbau in Peptide oder Proteine ausgeschlossen.

Wenn der genetische Code in seiner jetzigen Form bereits so viele offene Fragen birgt, dann dürfte die Aufklärung seiner Entstehung vor drei bis vier Milliarden Jahren noch weitaus schwieriger sein. Einige Forscher meinen, daß eine genaue Rekonstruktion des Entstehungsweges möglicherweise niemals gelingen wird, andere wiederum halten den genetischen Code für ein Zufallsergebnis, das „eingefroren" wurde. Es klingt plausibel, daß der Code, ähnlich anderen Organismeneigenschaften, durch natürliche Selektion geformt wurde (Vogel, 1998).

Einige der zahlreichen Hypothesen und Modelle sollen skizzenhaft dargestellt werden. – So bezieht sich die physikochemische Hypothese auf eine Minimierung der Anfälligkeit des genetischen Codes für Fehler bei der Informationsweitergabe. Die Fehlerrate kann abfallen, wenn Aminosäuren mit ähnlichen Codons auch ähnliche Eigenschaften aufweisen, wie z. B. Aminosäuren mit hydrophilen Resten. Auf diese Weise könnte der Austausch einer Base im Basentriplett nur zu einer geringfügigen Änderung des Proteincharakters führen.

Modellrechnungen weisen darauf hin, daß der genetische Code kein Zufallsprodukt sein kann, sondern durch Selektionsprozesse optimiert wurde (Vaas, 1994). Computersimulationen zeigen die Fehlerunempfindlichkeit des kontemporären genetischen Codes, denn er widerstand (in den Modellrechnungen) Fehlern besser als eine Million anderer Codons (Vogel, 1998).

Eine andere Hypothese wurde von Tze-Fei Wong vorgeschlagen. Wong stellte eine Verbindung zwischen der Entwicklung des genetischen Codes und der Ausbildung neuer Aminosäuren her. Damit stimmt er mit einigen

Tabelle 8.2: Hinweise auf die Entstehung des genetischen Codes können (nach der Co-Evolutionstheorie von Wong) möglicherweise aus den Biosynthesewegen von Aminosäuren (d. h. der Beziehung: Vorläufer-Aminosäure zu Aminosäure) abgeleitet werden. Quelle: Wong (1975)

Glu → Gln	Asp → Lys	Ser → Trp
Glu → Pro	Glu → His	Ser → Cys
Glu → Arg	Thr → Ile	Val → Leu
Asp → Asn	Thr → Met	Phe → Tyr
Asp → Thr		

anderen Biogeneseforscher überein, daß zu Beginn der präbiotischen Entwicklung nur wenige Aminosäurespezies vorhanden waren. Diese hatten alle bereits existierenden Codons besetzt. Für neuentstandene Aminosäuresorten mußten daher Codons von den bisherigen „Besitzern" abgegeben werden. Wong, früher an der Universität von Toronto, jetzt an der Universität von Hongkong tätig, ging vor allem von Synthesen aus, bei denen neue Aminosäuren aus schon vorhandenen (alten) Aminosäuren (bzw. ihren Vorläufern) durch möglichst wenige, enzymatisch katalysierte Reaktionsschritte gebildet werden konnten (Wong, 1975).

T-F. Wong nahm die in Tabelle 8.2 aufgeführten Umwandlungen von Aminosäure-Vorläufern zu den kontemporären Aminosäuren an.

Die evolutionären Beziehungen zwischen den Codewörtern für die einzelnen Aminosäuren zeigt Abbildung 8.1.

Es lohnt sich, die einzelnen Basenfolgen mit Hilfe des genetischen Codes zu überprüfen. Alle Paare von Codoneinheiten, die durch Pfeile miteinander verbunden sind, unterscheiden sich nur durch einen einzigen Basenaustausch.

Eine andere Hypothese stammt von Mikio Shimitso (1982) auf der Grundlage sterischer Untersuchungen von Molekülmodellen. Bereits Jahre zuvor war gefunden worden, daß möglicherweise das 4. Nucleotid am 3'-Ende der tRNA-Moleküle (Diskriminierungsbase genannt) eine Erkennungsfunktion erfüllt. Dieses Basenpaar ist bei einigen Aminosäuren (d. h. dem tRNA-Aminosäurekomplex) befähigt, zusammen mit dem Anticodon des tRNA-Moleküls, die zur betreffenden tRNA-Spezies gehörige Aminosäure auszuwählen. Dies geschieht auf Grund der stereochemischen Eigenschaften der Moleküle. Da das Anticodon eines tRNA-Moleküls und das 4. Nucleotid des Akzeptorstammes weit voneinander entfernt liegen, müs-

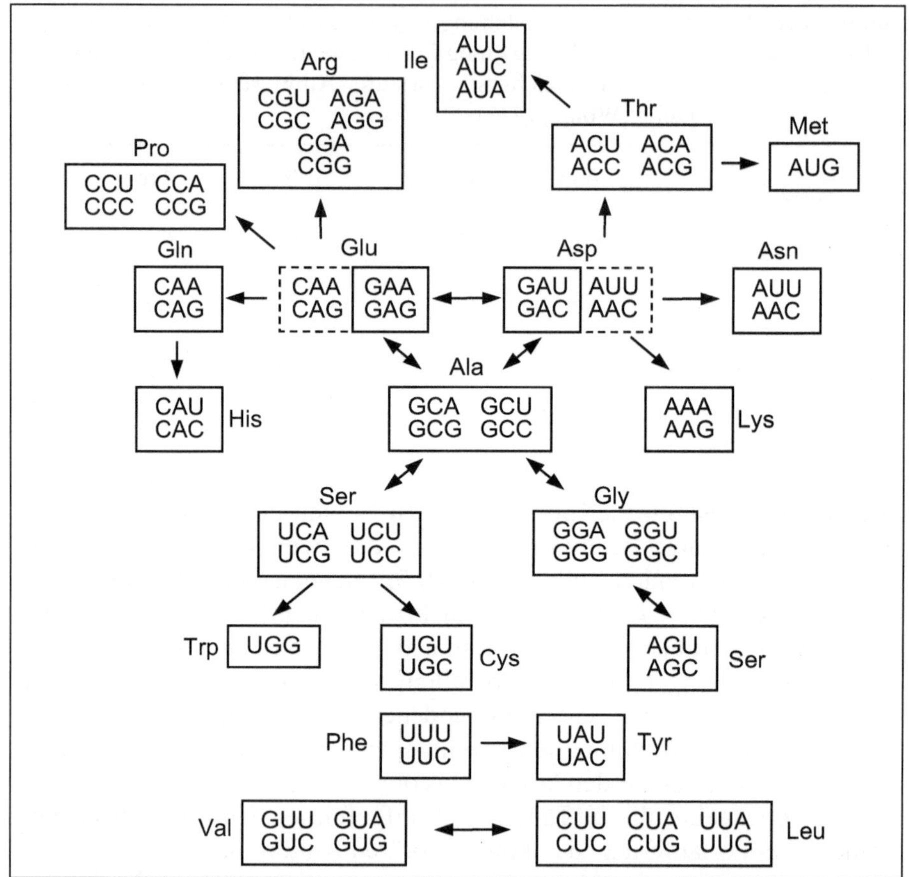

Abb. 8.1: Die Evolutionskarte von Wong zeigt mögliche Beziehungen zwischen Codewörtern. Die eingerahmten Codons entsprechen den heute gültigen Codewörtern (vgl. Tabelle 8.1). Die gestrichelt-eingerahmten Codons bei Asp und Glu gehören zu diesen Aminosäuren in einer sehr frühen Evolutionsphase des genetischen Codes. Einfache Pfeile weisen auf die biosynthetischen Beziehungen vom Vorläufer zum Produkt hin. – Doppelpfeile auf wechselseitige Bildungsmöglichkeiten. Alle Paare von Codoneinheiten (gleichgültig ob durch Einfach- oder Doppelpfeil verbunden) unterscheiden sich nur durch eine einzige Base. Quelle: Wong (1977)

sen jeweils zwei tRNA-Moleküle in Form einer Kopf-zu-Schwanz-Anordnung komplexieren. Die dabei entstehende „Tasche" sollte dann spezifisch zur entsprechenden Aminosäure passen.

Wie bereits angedeutet, bestehen zwischen den Fachleuten noch viele Unstimmigkeiten über die verschiedenen Hypothesen und Modelle zur Entstehung, Entwicklung und Evolution des genetischen Codes.

Seit einigen Jahren arbeitet M. Di Guilio vom Institut für Genetik und Biophysik in Neapel an den zuvor genannten Problemen. Er untersucht mit Hilfe statistischer Analysen rRNA-Sequenzen (Di Guilio, 1997; Di Guilio u. Medugno, 1998, 1999, 2000, 2001). Im Prinzip konnte von ihm die Koevolutions-Theorie von Wong bestätigt werden. Von 15 tRNA-Nucleotidsequenzen weisen drei die gemeinsame Sequenz GAGCGC auf. Es sind: $tRNA^{Ile}$, $tRNA^{Met}$ und $tRNA^{Val}$. Diesen Befund deutet man als Hinweis darauf, daß die drei tRNA-Spezies eine gemeinsame Entwicklungsgeschichte durchlaufen haben. Letztere Schlußfolgerung stimmt mit der Tatsache überein, daß die zu diesen Transfer-Ribonucleinsäuren gehörigen Aminosäuren Isoleucin, Methionin und Valin in ihrer Biosynthese miteinander verwandt sind (Di Guilio, 1994).

Wie stark die Meinungen zum Code-Problem differieren, zeigt die Reaktion von R. Amirnovin und S. Miller (1999) auf eine Arbeit von Di Guilio über die Koevolutions-Theorie (bzw. -Hypothese). Obwohl die Kritiker diese Theorie für „attraktiv" halten, so sind sie doch der Ansicht, daß sie nicht durch den Vergleich biosynthetischer Verwandtschaft bewiesen werden kann.

Einen wesentlichen Faktor in der Evolution des genetischen Codes stellten ohne Zweifel die Aminoacyl-tRNA-Synthetasen dar (Abschn. 5.2.2). Es fällt auf, daß die beiden Synthetaseklassen nicht zufällig über die Matrix der Aminosäure-Zuordnung des genetischen Codes verteilt sind. So kodieren beispielsweise alle XUX-Codons für Synthetasen der Klasse 1 (mit einer Ausnahme), während alle XCX-Codons für Aminoacyl-tRNA-Synthetasen der Klasse 2 kodieren. Eine mögliche Erklärung dafür wäre, daß sich die Synthetasen gleichzeitig mit dem genetischen Code bildeten. Die wahrscheinlichste Möglichkeit ist jedoch, daß diese Enzyme evolvierten, als der genetische Code bereits fertig etabliert war (Wetzel, 1995).

Die Frage nach dem Alter des genetischen Codes wurde von M. Eigen durch die statistische Auswertung vergleichender rRNA-Sequenzen beantwortet (Vaas, 1994). Nach Eigen (1987) müßte der genetische Code vor etwa 3,6 Milliarden Jahren entstanden sein. Dies stimmt etwa mit dem bisher angenommenen Zeitraum für die Entstehung erster Lebensformen überein.

Trotz vieler noch offener Probleme über die Entstehung des genetischen Codes, gibt es doch einige Punkte, über die einigermaßen Konsens in der Biogenetiker-Gemeinde besteht (de Duve, 1994):

– Der genetische Code entwickelte sich stufenweise. Die Anfangsstufen mußten primitiv und damit ungenau gewesen sein. (L. Orgel äußerte einmal die Vermutung, daß der primitive Code möglicherweise nur aus zwei Codons bestand: ein Codon für hydrophile und das zweite für hydrophobe Aminosäuren).

– Für die ersten Proteine standen nicht 20 verschiedene Aminosäurespezies, sondern nur einige wenige zur Verfügung.

– Obwohl in den ersten Jahrmillionen der Entwicklung des Codes nur wenige Aminosäurearten vorhanden waren, so sollte doch schon mit einem Dreiercode begonnen worden sein. Auch F. Crick hält an einem Dreiercode fest und zwar wegen des „Prinzips der Kontinuität". – Vielleicht erfüllte die dritte Base noch keine Funktion, sie war nur aus sterischen Gründen notwendig, z. B. da bei einem aus nur zwei Basen bestehenden Code (Zweiercode) am mRNA-Strang zu wenig Platz für zwei mit Aminosäuren beladene tRNA-Moleküle gewesen wäre.

Auf M. Eigen geht die Vorstellung zurück, dass die Urformen der tRNA aus iterativen PurXPyr, also z. B. GXC-Tripletts, bestanden. Diese Annahme drücken die Autoren bereits im Titel ihrer Publikation aus: „Transfer-RNA, ein frühes Gen?" (Eigen u. Winkler-Oswatisch, 1981). Eine Nucleotidkette mit dem sich wiederholenden Muster, wie oben angezeigt, bedingt natürlich die Erzeugung einer komplementären antiparallelen Nucleotidfolge:

........PurXPyr PurXPyr........
........PyrXPur PyrXPur........ (nach Eigen, 1979)

X bedeutet jede der vier Nucleinsäurebasen: G, A, C, U – so daß daraus vier Anticodons gebildet werden können: GGC, GAC, GCC und GUC. In antiparalleler Struktur ergibt dies die Codons: GCC, GUC, GGC und GAC. Diese Codons codieren heutzutage die vier Aminosäuren: Alanin, Glycin, Valin und Asparaginsäure. Erstaunlicherweise erhielt man diese vier Proteinbausteine beim Miller-Urey-Experiment mit den besten Ausbeuten. Sie konnten ebenfalls im Murchison-Meteoriten nachgewiesen werden. – Es fällt schwer, bei derartigen Zusammenhängen nur an zufällige Ereignisse zu glauben.

Trotz guter Fortschritte bei der Suche nach den Wurzeln des genetischen Codes – es bleibt noch viel Arbeit zu leisten!

8.3   Die Biogenesetheorie von M. Eigen

Bereits vor mehr als 30 Jahren legte Manfred Eigen eine Theorie zur Selbstorganisation und Evolution lebender Systeme vor (Eigen, 1971 a, b). Manfred Eigen, Nobellaureat für Chemie 1967, vom Max-Planck-Institut für Biophysikalische Chemie in Göttingen erweiterte die Darwinsche Evolution mit einer mathematisch fundierten Theorie. Sie reicht zurück bis zu den fundamentalen, molekularen Prozessen, die zur Biogenese führen konnten.

Nach F. Dyson (1988) (Abschn. 8.4) hat Eigen die Oparinsche Hypothese (zuerst Zellen, dann Enzyme, zuletzt Gene) durch Umkehrung dieser Reihenfolge: zuerst Gene, dann Enzyme und zuletzt die Zelle, vom Kopf auf die Füße gestellt.

Aus zwei Gründen hält Dyson die Eigensche Theorie für populär:

- Bei Experimenten verwendete man RNA als Arbeitsmaterial. Dabei wird die RNA-Replikation als der grundlegende Prozeß dargestellt, und
- die Aufklärung der DNA-Doppelhelix zeigte, daß Gene in ihrer Struktur einfacher aufgebaut sind als Enzyme (d. h. Proteine).

Nimmt man an, daß die Biogenese die folgenden Phasen durchlief,

- die Bildung kleiner Moleküle,
- Selbstorganisation von Makromolekülen zu funktionsfähigen und sich selbst reproduzierenden Einheiten,
- die Ausbildung zellulärer Strukturen und
- die biologische Evolution vom Einzeller zu multizellulären Gebilden,

so befaßt sich die Theorie von M. Eigen mit der zweiten Phase und dem Schwerpunkt der Genese des Replikationsvorganges. Für jede der obigen Phasen (natürlich mit Ausnahme der ersten) ist die vorhergehende Phase unumgängliche Voraussetzung.

Der Begriff Evolution wird in Zusammenhang mit der Biogenese oftmals (leider) mehrdeutig angewendet. So bezeichnet man Phase 1 meistens als „chemische Evolution", entsprechend die Phase zwei als „molekulare Evolution". Neuerdings verwendet man den Evolutionsbegriff auch in der Physik, z. B. bei der Evolution des Kosmos und u. ä. im Sinne von Weiter- bzw. Fortentwicklung.

Die Theorie von M. Eigen beschreibt die Selbstorganisation biologischer Makromoleküle auf Grund von kinetischen Überlegungen und mathematischen Formulierungen, die letztlich in der Thermodynamik irreversibler Systeme ihre theoretische Begründung finden.

Evolutionäre Prozesse sind irreversibel an einen zeitlichen Ablauf gebunden. Zu ihrer Beschreibung reicht die klassische Thermodynamik nicht mehr aus. Man benötigt eine auf irreversible Vorgänge erweiterte Thermodynamik, die den „Pfeil der Zeit" berücksichtigt (Abschn. 9.2). Die Theorie von M. Eigen beruht auf zwei wesentlichen Konzepten:

–   der Quasi-Spezies und
–   dem Hypercyclus-Modell.

Unter der *Quasi-Spezies* versteht man eine Population von genetisch verwandten RNA-Molekülen, die nicht miteinander identisch sind. Sie wirken als Matrizen für eine weitere Generation von RNA-Molekülen, die dann ebenfalls zur Quasi-Spezies, d. h. zur größeren „Sippe", gehören. Die Moleküle einer Quasi-Spezies weisen bestimmte morphologische Gemeinsamkeiten auf. Eigen nimmt an, daß es natürliche Ausleseprozesse gibt (ähnlich den Darwinschen), die eine Replikation solcher Moleküle begünstigen, die der Quasi-Spezies ähnlich sind. Eigen stellt diese Situation durch eine Reihe von Gleichungen dar, die den Zustand repräsentieren, der zwischen dem (Darwinschen) Ausleseprozeß und den durch Zufall bedingten Replikationsfehlern entsteht.

Unter einem *Hypercyclus* versteht man eine komplexere Organisationsform. Voraussetzung dafür ist das Vorhandensein mehrerer RNA-Quasi-Spezies mit der Fähigkeit, chemische Zusammenschlüsse mit bestimmten Proteinen (Enzyme oder Vorstufen) einzugehen. Verknüpft sich ein solches Protein mit einer Quasi-Spezies, so begünstigt das Duo die Replikation einer zweiten Quasi-Spezies. Nach Dyson verhaken sich die verknüpften Populationen zu einem stabilen Gleichgewicht. Auf diesem Niveau treten Probleme auf! Für jede Theorie über den Ursprung der Replikation ergibt sich das zentrale Problem, daß der Replikationsvorgang perfekt ablaufen muß, um „überleben" zu können. Unterlaufen Replikationsfehler, so werden diese von Generation zu Generation zunehmen, bis das System zusammenbricht. Die „Fehlerkatastrophe" hat sich ereignet!

M. Eigen beschreibt diesen Vorgang in etwa wie folgt: Wir betrachten ein sich selbst replizierendes System, das durch die Informationsmenge von N Bit charakterisiert wird. Mit einer Wahrscheinlichkeit w wird ein Bit fehlerhaft kopiert. Die Selektion reagiert auf Fehler mit einem Selektionsfaktor S. Mit anderen Worten: Ein fehlerfreies System hat gegenüber einem System mit einem Fehler einen Selektionsvorteil von S.

Das Überlebenskriterium lautet dann:

$$N \cdot w < \log S$$

1. Wird obige Bedingung erfüllt, dann ist der Selektionsvorteil des fehlerfreien Systems so groß, daß in der Population einige Fehler toleriert werden können.

2. Ist obige Bedingung nicht erfüllt, dann tritt die Fehlerkatastrophe ein. Auf der linken Seite der Ungleichung steht die Anzahl von Bit, die das System an Information verliert, wenn bei jeder neuen Generation die Fehler kopiert werden. Die rechte Seite entspricht der Anzahl an Bit, die durch die Selektion bedingt werden.

Daraus folgt: Geht mehr Information verloren als nachgeliefert werden kann, ergeben sich für das System bedrohliche Situationen. Soll obige Ungleichung erfüllt werden, so darf die Fehlerrate höchstens den Wert $1/N$ erreichen. Diese Forderung ist auch von heute lebenden Organismen kaum zu erfüllen. Bei ihnen liegt N in der Größenordnung von 10^8 und w bei etwa 10^{-8} (Dyson, 1988).

Jedoch ermöglichen komplizierte Fehlerkorrekturen (durch Reparaturenzyme), die Fehlerrate stark zu erniedrigen. Den primitiven Replikatoren standen allerdings diese Reparatursysteme nicht zur Verfügung, d. h. sie mußten mit Fehlerquoten von mehr als 1:100 existieren. Dieser Umstand beschränkte die Genomgröße auf etwa 100 Basen (Nucleotide). Ein Bereich, der sich bereits bei den Experimenten von Saul Spiegelman (1967) und dem Arbeitskreis von M. Eigen (Biebricher et al., 1981) erkennen ließ.

Saul Spiegelman von der Colombia Universität ging mit grundlegenden Experimenten in die Wissenschaftsgeschichte ein. Ihm gelang erstmalig der Nachweis der Darwinschen Evolution „im Reagenzglas". Das Untersuchungsobjekt war der Bakteriophage Qβ, ein RNA-Phage, der *E.-coli*-Zellen infizieren kann. Spiegelman verwendete für seinen In-vitro-Inkubationsansatz: gereinigte Qβ-RNA, Qβ-Replikase und die vier Ribonucleosidtriphosphate (ATP, GTP, UTP und CTP). Nach 20 Minuten überführte er einen Teil des Ansatzes in frisches Reaktionsmedium (mit Replikase und Nucleotiden). Es wurden 75 solcher Transferreaktionen durchgeführt. Die Inkubationsdauer wurde sukzessiv verkürzt, um die zuerst gebildeten RNA-Spezies zu selektieren. Die RNA-Synthesegeschwindigkeit hatte von Ansatz zu Ansatz zugenommen. Dabei verkürzte sich die Länge der Virus-RNA deutlich. Sie betrug nur noch 17 % der ursprünglichen Länge. Es wurden diejenigen Gene eliminiert, die der Phage unter den In-vitro-Bedingungen zum Überleben nicht mehr benötigte, da man beispielsweise die Replikase von außen dem System zusetzte. Es war nur wichtig, daß das 3'-Ende der RNA die Initiationssequenz enthielt. Sie ist für die Aktivität der Qβ-Replikase essentiell. Es konnte eine noch kürzere Mutante mit nur 220 der ursprünglich im Wildtyp vorhandenen 4220 Nucleotide erhalten werden. Diese kurzen Qβ-RNA-Stränge bezeichnete man etwas respektlos als „Spiegelman-Monster".

M. Eigen führte ähnliche Experimente mit dem Qβ-Phagen durch (Bibricher et al., 1981). Er verringerte stufenweise die Konzentration an zuge-

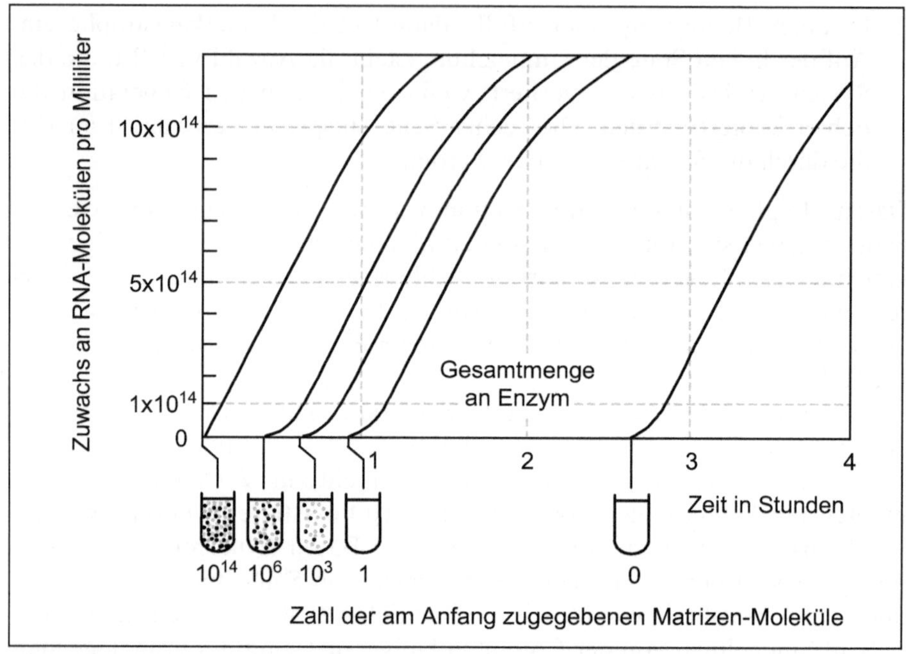

Abb. 8.2: Die Vermehrungskurven von RNA-Strängen (Q_β-System) bei abfallender Konzentration von zugesetzten Matrizenmolekülen. Übersteigt die Anzahl von Matrizenmolekülen die der Enzyme, so beobachtet man lineare Vermehrung (erste Kurve). Sie verlangsamt bei hohen Konzentrationen in Folge Produkthemmung. Beim Überwiegen der Enzymmenge gegenüber der Matrize erfolgt exponentielle RNA-Vermehrung. Wird keine Matrize zugesetzt, bildet das System nach längerer Inkubationsphase eine RNA-Sequenz, die mit bestimmten Q_β-Fragmenten verwandt ist. Quelle: Eigen et al. (1982)

setzter Virus-RNA, erhielt aber trotzdem eine gute Ausbeute an Mutanten-RNA, die allerdings kurzkettiger war. Selbst ohne RNA-Zusatz wurde neue RNA gebildet. Anfänglich hielt man dieses erstaunliche Ergebnis für einen Schmutzeffekt, d. h. daß sich geringste RNA-Spuren in das System eingeschmuggelt hatten, aber diese Bedenken konnten durch zusätzliche Experimente ausgeschlossen werden (Eigen et al., 1982). Genaue Analysen der kurzkettigen RNA zeigten, daß diese mit denen von Spiegelman bei seinen zuvor beschriebenen Sequenzen gut übereinstimmten.

Allerdings vermag eine RNA-Kette von etwa 100 Nucleotiden nur maximal 33 Aminosäuren zu codieren (falls ein Triplett-System des genetischen Codes vor mehr als 3½ Milliarden Jahren bereits wirksam war). Mit 33 Aminosäureresten wäre ein Polypeptid entstanden, das nur zwei Drittel der Länge des Insulin-Moleküls erreicht, und es ist zweifelhaft, ob diese Kettenlänge für ein aktives Replikationsenzym ausreicht.

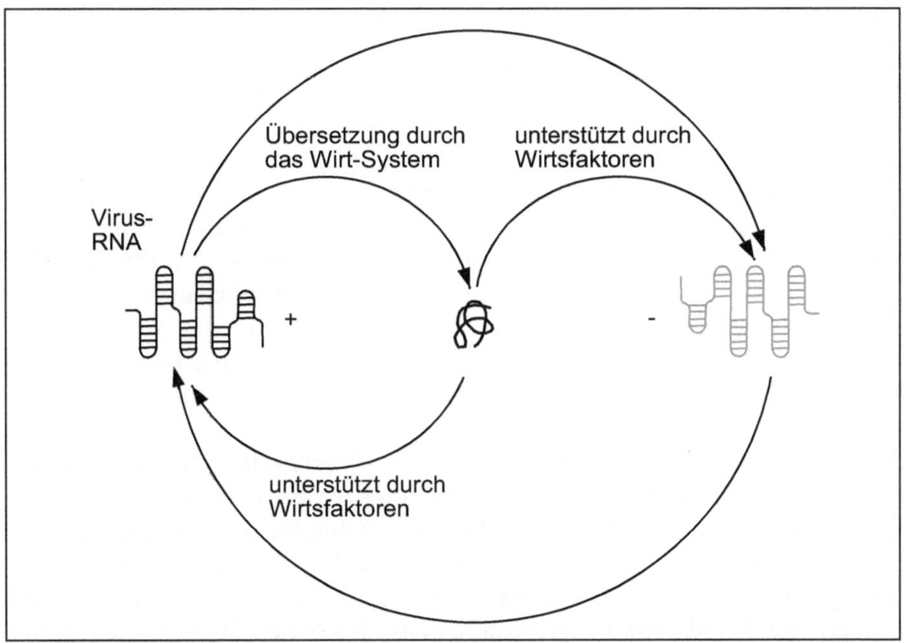

Abb. 8.3: Beim Befall einer Zelle durch ein RNA-Virus können Hypercyclus-Phänomene beobachtet werden. Dabei liefert das Virus der Wirtszelle die Information für ein Enzym, das ausschließlich die Vermehrung viraler Information, d. h. eines RNA-Stranges, begünstigt. Diese RNA wird von der Wirtszelle in ein Protein (eine Replikase) überführt, die einen neuen RNA-Minus-Strang bildet. Letzterer wird dann zu einem Plus-Strang repliziert. Quelle: Eigen et al. (1982)

Die sog. „Informationskrise", also die Tatsache, daß längere RNA-Ketten wegen der Fehlerhäufigkeit nach einigen Vervielfältigungsschritten bereits so viele Fehler aufweisen, daß sie nicht weiter repliziert werden können, verlangt eigentlich nach Katalysatoren, die eine genauere Replikation gewährleisten. Bisher war man immer von Proteinkatalysatoren (Enzymen) ausgegangen; neuerdings stehen auch Ribozyme in der Diskussion. Komplexere Katalysatoren hätten also komplexere Matrizen zur Voraussetzung. Woher sollten aber Matrizenmoleküle kommen? – Dieses schwerwiegende Problem, das Eigen selbst als Informationskrise bezeichnet hatte, wird gelegentlich auch als „Eigens Dilemma" bezeichnet (Blomberg, 1997).

Dieses Dilemma könnte das Hypercyclus-Modell überwinden. – Im übrigen sind Hypercyclen nicht nur theoretische Modelle, sondern sie können auch in heutigen Organismen in einfacher Form beobachtet werden und zwar dann, wenn ein RNA-Virus die Information für ein Enzym in der Wirtzelle überträgt, das für die bevorzugte Synthese von neuer Virus-RNA befähigt ist. Diese RNA-Synthese unterstützen Wirtsfaktoren und es entsteht ein RNA-Minusstrang. Bei der folgenden RNA-Replikation wird ein Plusstrang gebildet. Der Prozeß entspricht einer doppelten Rückkopplungsschleife. An ihr wirken mit: das von der RNA-Matrize codierte Enzym und die Information, die in der Matrize als Nucleotidsequenz niedergelegt ist. Beide Faktoren wirken bei der Replikation der Matrize mit. Dies entspricht einer Autokatalyse zweiter Ordnung (Eigen et al., 1982).

Die von Eigen weiterentwickelten Hypercyclus-Modelle waren weitaus komplexer. Da bei den Hypercyclen neben den Nucleinsäuren auch Proteinenzyme mitwirken, könnten die Hypercyclen erst in einer späten Phase in der (hypothetischen) RNA-Welt wirksam werden. Dabei ist vorstellbar, daß sich die Proteinenzyme auf der Urerde durch Ribozyme ersetzen ließen.

Im selbstreproduzierenden, katalytischen Hypercyclus (zweiten Grades, wegen seiner Doppelfunktion RNA/Protein-Synthese) enthielten die Polynucleotide N_1 die Information für ihre eigene autokatalytische Selbstreplikation, aber auch für die Synthese des Proteins E_1. Der Hypercyclus ist erst dann geschlossen, wenn das letzte Enzym des Cyclus die Bildung des ersten Polynucleotids katalysiert. Mathematisch können Hypercyclen durch ein System von nicht-linearen Differenzialgleichungen beschrieben werden.

Trotz aller wissenschaftlichen Eleganz und allgemeiner Akzeptanz (mit gewissen Einschränkungen) scheint der Hypercyclus für die Frage nach der Lebensentstehung doch nicht relevant zu sein, denn er gibt auf die Frage – „how did the first hypercycle emerge in the first place?" – keine Antwort (Lahav, 1999).

Aus Freiburg im Breisgau kamen Bedenken zum Problem der Fehlerkatastrophe. Computersimulationen zeigten, daß außer der Fehlerkatastrophe noch weitere fatale Ereignisse evolvierende Populationen bedrohen (Bresch et al., 1980; Niesert et al., 1981; Niesert, 1987).

Die Freiburger fanden drei mögliche Katastrophen, die eintreten könnten. Diese lauten kurz zusammengefaßt:

- *die egoistische RNA*: Diese Katastrophe tritt dann ein, wenn nach einer Mutation ein RNA-Molekül erlernt, sich schneller als die anderen zu replizieren – dabei „vergißt" es, als Katalysator zu wirken.
- *der Kurzschluß*: Er tritt dann ein, wenn ein RNA-Molekül (in der Hypercyclus-Kette) durch Mutation so verändert wird, daß es nicht die nächstfolgende, sondern eine später in der Kette ablaufende Reaktion katalysiert – dadurch wird der Hypercyclus zu einem einfachen Cyclus kurzgeschlossen.

– *der Kollaps:* Ein Kollaps erfolgt, wenn statistische Schwankungen zum Absterben einer der wesentlichen Komponenten des Cyclus führen, dann kollabiert der Gesamtcyclus.

Die Computersimulationen zeigten, daß die beiden ersten Katastrophen mit steigender Größe der molekularen Populationen wahrscheinlicher werden. Um die angenommenen Katastrophen zu vermeiden, müßte die Population eines Hypercyclusmodells möglichst klein gehalten werden. Dagegen nimmt die Wahrscheinlichkeit für einen Kollaps mit steigender Population ab.

Wegen dieser einander widersprechenden Bedingungen betitelte Ursula Niesert eine ihrer Arbeiten mit: „Der Ursprung des Lebens zwischen Scylla und Charybdis", denn es gibt – nach den Erkenntnissen aus den Computersimulationen – nur einen engen Bereich der Hypercyclus-Populationen, bei dem die drei zuvor beschriebenen Katastrophen auszuschließen sind.

Wie zu erwarten, erfolgte noch im gleichen Band der „Zeitschrift für Theoretische Biologie" eine Erwiderung auf die zuvor geschilderte Hypercyclus-Kritik (Eigen et al, 1980). Danach basieren die Freiburger Untersuchungen auf einem speziellen Evolutionsmodell, bei dem das Auftreten von Mutanten mit unterschiedlichen, selektiven Werten ignoriert wird. Bei derartigen realistischen Modellen verliert die Fehlerschwelle für die Stabilität des Wildtyps ihre Wichtigkeit. Erreicht der Wildtyp einen endlichen Fitness-Wert, kann er immer zur Selektion gelangen, da Konkurrenten fehlen (Eigen, 1987).

Freeman Dyson vertritt die Meinung, daß jede Theorie über den Ursprung des Lebens, die mit einer kooperativen Organisation in einer großen Molekülpopulation beginnt und keine besondere Vorsorge gegen Kurzschlüsse in den Stoffwechselwegen trifft, von der zuvor beschriebenen Kritik getroffen wird (Dyson, 1988).

Die kritische Diskussion um einzelne Teilfragen der Eigenschen Theorien und Hypothesen schmälert in keiner Weise die großen Verdienste, die sich Manfred Eigen seit mehr als drei Jahrzehnten in diesem Wissenschaftsbereich erworben hat. Seine experimentellen und theoretischen Beiträge zur Frage der Evolution der genetischen Information sind von entscheidender Bedeutung, wenn sich auch gelegentliche Korrekturen an einigen Thesen als notwendig erweisen.

8.4   Die Biogenese-Modelle von H. Kuhn

Ebenfalls aus Göttingen stammen die Modelldarstellungen von Hans Kuhn (1972), MPI für Biophysikalische Chemie, über die „Selbstorganisation molekularer Systeme und die Evolution des genetischen Apparates". Die umfassenden Ansätze von M. Eigen und H. Kuhn sind zwei verschieden konzipierte Modelle, die beide vor allem das Problem der Evolution der Replikation zu erklären versuchen.

H. Kuhn entwickelte ein Modell, wie man mit kleinen, überschaubaren und daher abschätzbaren Schritten von einer Entwicklungsstufe zur nächsten voranschreiten kann. In bestimmten Situationen bzw. Zuständen des Systems werden die möglichen Bedingungen abgeschätzt, um zur nächsten Stufe zu gelangen.

Bei der Entwicklung seines Modells geht Kuhn ähnlich vor, wie bei der Bearbeitung der Quantenmechanik. Man erfand zuerst geeignete Testfunktionen als Näherungslösung von Wellenfunktionen und versuchte dann, auf diesem Wege chemische Bindungsphänomene besser deuten zu können.

Stark vereinfacht und schematisiert läßt sich der Biogeneseprozeß auf wenige Teilvorgänge zurückführen (Kuhn u. Waser, 1982) (Abb. 8.4).

Bereits 1972 ging Kuhn in seinem Modell von einer RNA-Replikation ohne die Mithilfe von Enzymen aus, die eine bestimmte Fehlerrate aufwies. Ein wichtiger Faktor sind bei Kuhn Naturphänomene mit cyclischen

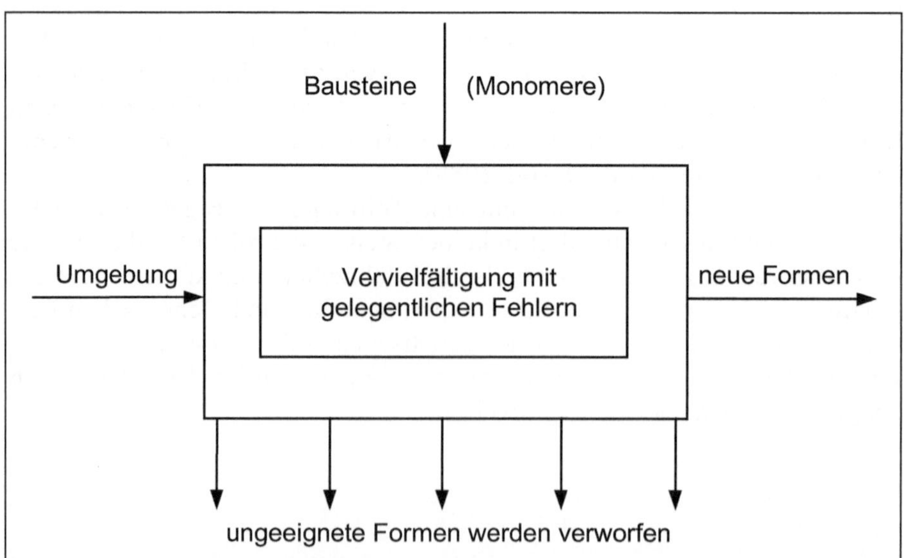

Abb. 8.4: Die Grundzüge des Evolutionsprozesses in schematisierter Darstellung. Quelle: Kuhn und Waser (1982)

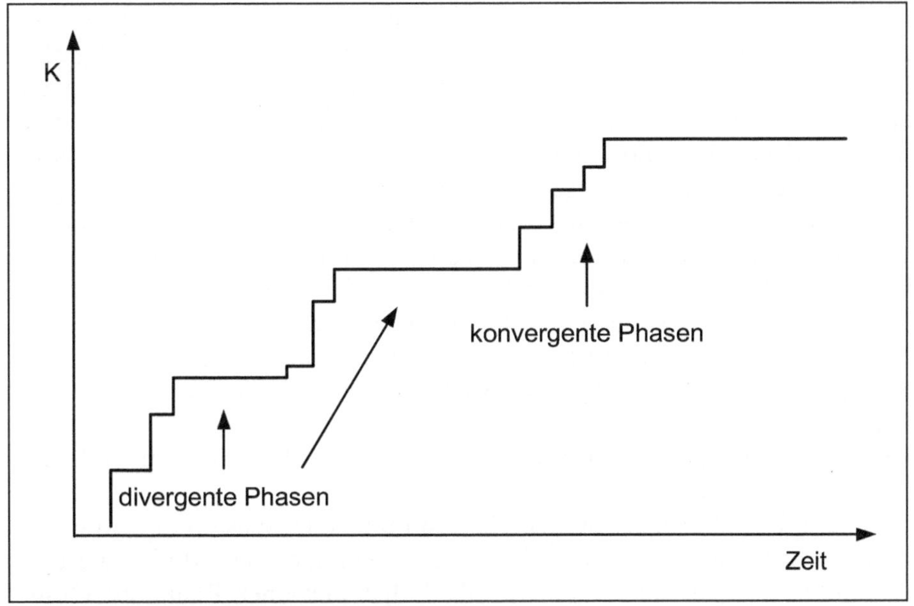

Abb. 8.5: Kenntnis (K) als Funktion der Dauer des Evolutionsprozesses. (K als die Fähigkeit, in einer bestimmten Umgebung überleben zu können). Quelle: Kuhn (1976)

Perioden. Sie treiben Vervielfältigungsprozesse an. Solche Phänomene sind z. B. Sommer und Winter, Tag und Nacht, Ebbe und Flut (wobei das letztere Naturereignis auf der Urerde sehr wahrscheinlich mit weitaus größerer Intensität ablief als heute). Diese Rhythmen waren zum Teil mit beträchtlichen Temperaturschwankungen verbunden, die beispielsweise den Übergang von zwei- zu einsträngiger RNA (und umgekehrt) möglich machten. Mit den cyclischen Vorgängen können Verknüpfungsreaktionen zwischen Monomeren (Nucleotiden) zu den entsprechenden Polymeren angenommen werden.

Andere Umweltbedingungen, z. B. Änderung des pH-Wertes des Ozeanwassers oder eine Änderung der Reaktantenkonzentration, konnten zu Abbaureaktionen führen. Bei den periodisch ablaufenden Auf- und Abbauphasen ist bei diesem ersten Kuhnschen Modell zwischen divergenten und konvergenten Evolutionsphasen zu unterscheiden:

- *divergente* Phasen: Viele Molekülsorten überlebten mit ähnlicher Wahrscheinlichkeit. Daraus ergibt sich eine vielfältige Population.
- *konvergente* Phasen: verlaufen dagegen streng selektiv. Es überleben nur die Zufallsmutanten, die einem neuen Zweck am besten dienen.

Eine Phasenumkehr erfolgt an einem Wendepunkt, dessen Erreichen eigentlich sehr unwahrscheinlich ist. Sie kann jedoch bei genügend großer Population notwendigerweise auftreten. Die Bildung von Aggregaten könnte in minimalen Volumina (z. B. in Gesteinsporen) erfolgen. Eine notwendige Kompartimentierung wird, anstelle einer Zellwandbildung, durch die Verlagerung der Prozesse in kleine Poren ermöglicht. Die Aggregate sind RNA-Polymere, deren Außenflächen zufällig katalytisch wirksam sein können (wurden hier schon im Jahre 1972 Ribozyme erahnt?). Kuhn bezeichnet RNA-Moleküle mit bestimmter Tertiärstruktur als „Nucleationsmoleküle". Sie können zu erhöhter Aggregatbildung fähig sein, wenn das Nucleationsmolekül einen „Sammlerstrang" aufweist, d. h. ein offenes Strangende ohne Tertiärstruktur. An bestimmten Regionen können dann wichtige Reaktionen ablaufen, wie z. B. die Anlagerung von Fremdmolekülen, eventuell aktivierter Aminosäuren, die zur Bildung von Proteinen bzw. Protoproteinen führen.

Anfang der 80er Jahre stellen H. Kuhn und Jürg Waser ein erweitertes Modell vor (Kuhn u. Waser, 1981, 1982). Auch in diesem Modell wird die Evolution replizierender Systeme als Folge einzelner Reaktionsschritte aufgezeigt, bei denen periodische Temperaturänderungen und eine strukturierte Umwelt wesentliche Voraussetzungen darstellen. Es wurde ein neuer Mechanismus entwickelt, durch den RNA-Stränge bestimmte Strukturen annehmen. Diese Strukturen können durch Watson-Crick-Paarung in Form von Haarnadelsträngen entstehen. Ein großer Selektionsvorteil wäre die Ausbildung eines „Sammelapparates" (Kollektorstranges), der den Zusammenbau passender Haarnadelstrukturen erleichtern würde (Abb. 8.6).

Es wird angenommen, daß sich in einer späteren Entwicklungsphase an die RNA-Strukturen, die etwa die Länge der jetzigen tRNA-Moleküle erreichen sollten, Aminosäuren anhefteten. Die obige Struktur könnte beispielsweise von Ca^{2+}-Ionen im Raum zwischen den Strängen (mit den negativ geladenen Phosphatgruppen) stabilisiert werden.

Das Kuhnsche Modell wird sehr ausführlich (und in Teilbereichen mathematisch begründet) in den zuvor zitierten Arbeiten dargestellt. Unverständlicherweise finden in der Fachliteratur die Kuhnschen Modelle im Vergleich zu anderen Ansätzen nicht immer die ihnen gebührende Beachtung. – Ohne auf Einzelheiten näher eingehen zu können, seien hier nur einige Stichpunkte erwähnt:

Das Kuhnsche Modell betrachtet die Frage nach dem Ursprung des Lebens als ein primär logistisches Problem, sekundär als ein physikalisch-chemisches. So stellt sich z. B. die Frage, wie man mit physikalisch-chemischen Modellen den logistischen Erfordernissen der Biogenese begegnen kann (Kuhn u. Waser, 1982). Bei dieser Ausgangsposition geht es nicht um thermodynamische Bedingungen für das Auftreten dissipativer

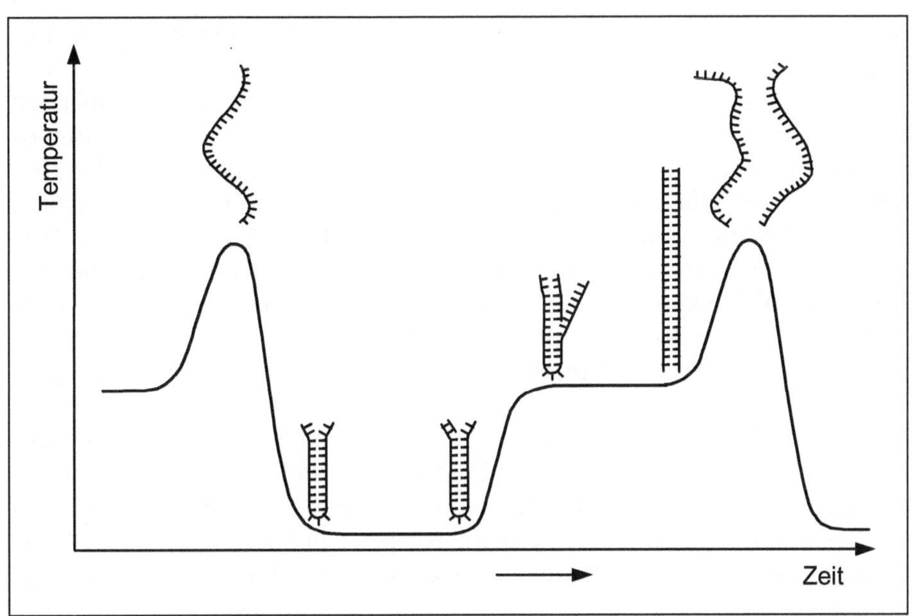

Abb. 8.6: Schema einer RNA-Strangreplikation. Periodisch schwankende Temperaturen bedingen Entfaltung (hohe Temperatur) oder Doppelstrangbildung (tiefe Temperatur) z. B. in Haarnadelkonformation. In dieser Form kann die Replikation nur am Strangende beginnen. Sie setzt sich bei Temperaturerhöhung von dort fort, d. h. die Basenpaarbindung wird gelockert. Ein weiteres Temperaturprogramm ist erforderlich, um den Zusammenbau der gefalteten Stränge zu höheren Aggregaten und ihre spätere Trennung zu gewährleisten. Quelle: Kuhn u. Waser (1981)

Strukturen in einem homogenen Medium. Vielmehr wird nach Bedingungen gefragt, die an einer Stelle vorhanden sein müssen, damit aus wenigen Makromolekülen Aggregate zusammentreten und sich replizieren können. Für alle im Modell entwickelten Prozesse ist eine räumlich und zeitlich gegliederte Umwelt wesentliche Voraussetzung. Nur so können die wichtigsten Bausteine vor dem Abdiffundieren aus den spezifischen Regionen des Systems bewahrt werden. Damit entsteht ein Antrieb für die Replikation sowie für eine gewisse Dynamik des Systems. Es ist verständlich, daß auch das Kuhnsche Modell keine exakten chemischen Mechanismen, z. B. über die RNA-Replikationsprozesse liefert. Dies leisten allerdings andere Evolutions-Modelle genau so wenig.

In einer weiteren Arbeit wurde das Translations-Modell verfeinert und weiterentwickelt (Lehmann u. Kuhn, 1984). Es wird angenommen, daß in frühen Stadien der Evolution vor allem Guanosin und Cytidin als Bausteine für die RNA-Synthese dienten, da sie eine starke Basenpaarung aufweisen (über drei H-Brücken). Quantitative Überlegungen führen zu einer oberen Grenze für eine vernünftige Kettenlänge bei etwa 50 Nucleotid-monomeren.

In nachfolgenden Arbeiten wurden Vorstellungen über die treibenden Kräfte, die eine Ausbildung höherer Aggregate aus RNA und Amino-säuren bewirken, weiter konkretisiert. Diese Prozesse könnten in den (bereits vor zwei Jahrzehnten angenommenen) Gesteinsporen ablaufen und durch Hydratations-und Dehydratationsphasen bedingt sein (Kuhn u. Waser, 1994). Die kleinen Gesteinsporen wirken wie winzige Reagenzgläser. Auf diese Weise könnten an vielen Millionen Systemen optimale Zusammensetzungen erprobt und repliziert werden Für alle in diesem Modell ablaufenden synthetischen Umsetzungen werden noch keine Proteinenzyme angenommen (siehe auch: Lahav, 1999). Ähnlich wie bei anderen großen Entwürfen über den möglichen Verlauf der ersten Schritte der Biogenese werden auch von Kuhn bestimmte Fragen und Probleme als gelöst vorausgesetzt, wie z. B. das Problem der Synthese aller Nucleotide oder der Aminosäureaktivierung. Das bedeutet im Klartext, daß derartige Evolutionsmodelle nur den großen Rahmen abstecken. Die „Kleinarbeit" bleibt aber noch zu leisten.

Eine von C. Kuhn (2001) durchgeführte Computersimulation konnte kritische Phasen in den ersten Schritten der Kuhnschen Theorie bestätigen, wie z. B. die Bildung von Aggregaten (Sammlerstrang und Haarnadelstrang). Bei dieser Simulation verlief der Prozeß der Entwicklung eines einfachen genetischen Apparates in drei Schritten:

- Konstruktion, d. h. Simulation der Bildung von Aggregaten und Diffusion und Ineinanderpassen der Molekülstränge,
- Selektion,
- Multiplikationsphase: Die Aggregate zerfallen in Einzelstränge, die nun als Matrizen wirken. Komplementäres Kopieren bei gelegentlichen Kopierfehlern. Trennung von Matrix und Replikationsstrang.

Die Kuhnschen Modelle zur Biogenese wurden weiterentwickelt (Kuhn u. Kuhn, 2003). Dabei bleibt das Grundprinzip erhalten: die Replikation zuerst. Es werden auch weiterhin keine exakten Einzelschritte aufgezeigt – es geht vielmehr um die „große Linie" – das Wesentliche des Biogeneseprozesses.

Nach Meinung der Autoren ist es vor allem die strukturelle Vielfalt der Umwelt, die eine Biogenese ermöglichte, d. h. auf der Urerde gab es eine enorme Anzahl von Bereichen mit unterschiedlichsten Eigenschaften und Zuständen, die als antreibender Stimulus für die zunehmende Komplexität der evolvierenden Systeme sorgte. Mit steigender Komplexität konnten dann auch solche Bereiche der Urerde „besiedelt" werden, die für frühere, primitivere Systeme unerreichbar waren.

Der neue Ansatz beinhaltet die Vorstellung, daß die Umwelt die entscheidende Kraft sein könnte, die komplexe Entwicklungsschritte zum Leben erst ermöglichte bzw. erzwang.

Konkret betrachtet, erfolgte zuerst die spontane Bildung kurzer Stränge an vielen Stellen in kleinsten Bereichen (z. B. den bereits erwähnten Gesteinsporen). Die Ausbildung längerer replikationsfähiger Stränge ist unter diesen Bedingungen noch unwahrscheinlich. Jedoch in anderer Umgebung bzw. unter günstigeren Bedingungen könnte die Fusion kurzer Ketten zu längeren, bereits replikationsfähigen Molekülsträngen erfolgen.

Die Theorie steht – nun fehlen nur noch ideenreiche, mutige Experimentatoren, die versuchen, diese Modellvorstellungen zu überprüfen.

8.5 Die „Ursprünge" des Lebens von F. Dyson

Der amerikanische Professor für Physik, Freeman Dyson, der am Institute for Advanced Study der Universität Princeton lehrte, stellte eine interessante Biogenese-Hypothese auf (Dyson, 1988). Dyson wählte bewußt den Terminus „Ursprünge", wie auch einige andere Biogenetiker, da selbst die Frage: ein Ursprung oder mehrere, noch umstritten ist. Nach Dysons Meinung gibt es für die Ursprünge des Lebens zwei logische Möglichkeiten:

- Das Leben hatte nur einen Ursprung: Dann mußten die beiden das Leben charakterisierenden Eigenschaften, d. h. Replikation und Stoffwechsel, beide vorhanden gewesen sein (wenigstens in rudimentärer Form).
- Das Leben begann zweimal in jeweils verschiedenen Systemen, dann gelang einem System der Stoffwechsel ohne Replikation und dem zweiten System Replikation ohne Stoffwechsel.

Sollte das System zweimal begonnen haben – und dies ist eine der zentralen Annahmen von Freeman Dyson –, dann sollte der Lebensprozeß mit den Proteinen begonnen haben und nicht mit Nucleinsäuren oder deren Vorläufern. So hält Dyson die von Eigen und Orgel (und von Kuhn, der zwar von Dyson nicht erwähnt wird, aber dazugehört) untersuchten Systeme für solche, die zum zweiten Fall über den Ursprung des Lebens passen. Die umfassende Theorie von Manfred Eigen aus dem Jahre 1971 und später wäre dann – nach Dysons Meinung – eigentlich keine Theorie über den Ursprung des Lebens, sondern eher eine Theorie über den Ursprung der Replikation.

Mit dem eindeutigen Bekenntnis zum „Metabolismus zuerst" stimmt Dyson in der Grundauffassung über den Biogeneseprozeß mit G. Wächtershäuser überein, auch wenn dies für manche Einzelfragen nicht zutrifft.

Um der Metabolismus-Version vom Lebensursprung eine möglichst gut fundierte (mathematische) Theorie gegenüber zu stellen, entwarf der theoretische Physiker Dyson eine von ihm als „Spielzeugmodell" benannte Theorie. Über ein mathematisches Modell versucht er, die Vorgänge einer metabolischen Entwicklung zum Lebensprozeß zu quantifizieren. Dabei erkennt er seine schwierigere Ausgangslage im Vergleich zu M. Eigen, denn der Stoffwechsel (Metabolismus) ist ein schlecht definiertes Konzept. Im Gegensatz dazu kann die Replikation leichter beschrieben und definiert werden. Sie beinhaltet das Kopieren und dieser Prozeß kann entweder exakt ablaufen oder mit einer gewissen Fehlerrate. Ähnlich den Gleichungen, mit denen Eigen den Zeitverlauf von Molekülpopulationen beschreibt, versucht Dyson die Oparin-Theorie, also mit Metabolismus zuerst, auf eine ähnliche Weise darzustellen.

Die Schwierigkeiten bzw. das Unvermögen Metabolismus zu definieren, löst Dyson in zwei Schritten:

- Er beschreibt molekulare Populationen mathematisch in der Art, wie Physiker klassische dynamische Systeme berechnen. Man stellt sehr genaue dynamische Gleichungen auf, läßt dagegen die Gesetze der Wechselwirkung recht allgemein. So gewinnt man eine allgemeine Theorie der molekularen Systeme, die zu definieren erlaubt, was unter dem Ursprung des Stoffwechsels zu verstehen ist (Dyson, 1988).
- Nun reduziert man die allgemeine Theorie auf ein „Spielzeugmodell". Dabei gilt folgende Annahme: Es gibt einfache und willkürliche Regeln für die Wahrscheinlichkeit einer molekularen Wechselwirkung. Das komplexe Netzwerk biochemischer Reaktionsketten wird durch eine einzige Formel ausgedrückt.

Auf nähere Einzelheiten des Dysonschen Modells wird an dieser Stelle nicht eingegangen. Es sollen nur seine wesentlichen Schlußfolgerungen aufgezeigt werden. Zehn Annahmen definieren einleitend das Modell, z. B.:

Annahme 1:   Zuerst gab es Zellen, dann Enzyme, schließlich viel später Gene.

Annahme 2:   Zellen sind träge Tröpfchen mit einer Population polyme-
(verkürzt)   rer Moleküle, die die Zelle nicht verlassen. Die Polymeren setzen sich aus Monomeren zusammen, sie enthalten eine feste Zahl (N) von Monomeren. Diese können in die Zelle und aus der Zelle diffundieren, ebenso ist Energieversorgung von außen möglich.

Dyson führt eine Reihe mathematischer und physikalischer Vereinfachungen ein, um dann zu den wesentlichen Aussagen zu kommen. Dabei geht es um den wechselseitigen Bezug von drei Parametern. Sind die Parameter gewählt, ist das Modell vollständig definiert. Die Parameter bedeuten:

a: definiert die Vielfalt der Monomeren (z. B. verschiedene Aminosäuren)
b: Maß für die Anzahl der verschiedenen chemischen Reaktionsarten, die Urlebensformen zu katalysieren vermochten – eine Art Qualitätsfaktor
N: die Größe der molekularen Population

Es gilt nun zu untersuchen, ob das Modell ein „interessantes Verhalten" für bestimmte Werte von a, b und N zeigt, die mit Fakten der organischen Chemie vereinbar sind. Dabei bedeutet interessantes Verhalten, der Sprung vom ungeordneten in den geordneten Zustand. Dieses Verhalten tritt aber nur in einem engen Wertebereich von a, b und N auf und ist von chemischen und physikalischen Konstanten unabhängig. Das Modell macht also Aussagen über die Materie, aus der das erste Lebenssystem bestanden haben könnte.

Die bevorzugten Bereiche für interessantes Verhalten sind:

a: von 8 bis 10
b: von 60 bis 100
N: von 2.000 bis 20.000

– Zu a: Die Zahl der Monomerentypen sollte bei 9–11 liegen. Bezogen auf die heutigen Monomeren von Proteinen mit 20 verschiedenen Aminosäuren könnten so in den Ur-Proteinen 10 Aminosäuren ausgereicht haben, um funktionsfähige Polymere zu gewährleisten. Mit $a = 3$ wäre das Modell von Dyson nicht lebensfähig. Dies entspräche einem Lebensbeginn mit vier Nucleotidsorten, die jedoch nicht die biochemische Vielfalt bewiesen, die nötig wäre, um den Übergang von Unordnung zu Ordnung zu ermöglichen. Daher kamen nach Dysons These die Proteine zuerst.
– Zu b: Der Bereich von 60–100 erweist sich als vernünftig für den Diskriminierungsfaktor b. Moderne Polymerasen haben einen Diskriminierungsfaktor von 5.000–10.000, dagegen weist ein einfacher Peptidkatalysator mit einem aktiven Zentrum von etwa 4–5 Aminosäureresten einen b-Faktor von 60–100 auf.
– Zu N: Ein Wert für N von 10.000 kann bereits genügen, um ein System zu demonstrieren, das typische Kennzeichen von Leben aufweist. Andererseits ist es auch klein genug, um den statistischen Übergang von Unordnung in Ordnung zu gestatten.

Warum könnte das vorgestellte Modell erfolgreich sein? – Es ist fähig, hohe Fehlerraten zu tolerieren, d. h. es umgeht die Fehlerkatastrophe, in dem es nicht repliziert. Ein replizierendes System kann nur spontan auftreten,

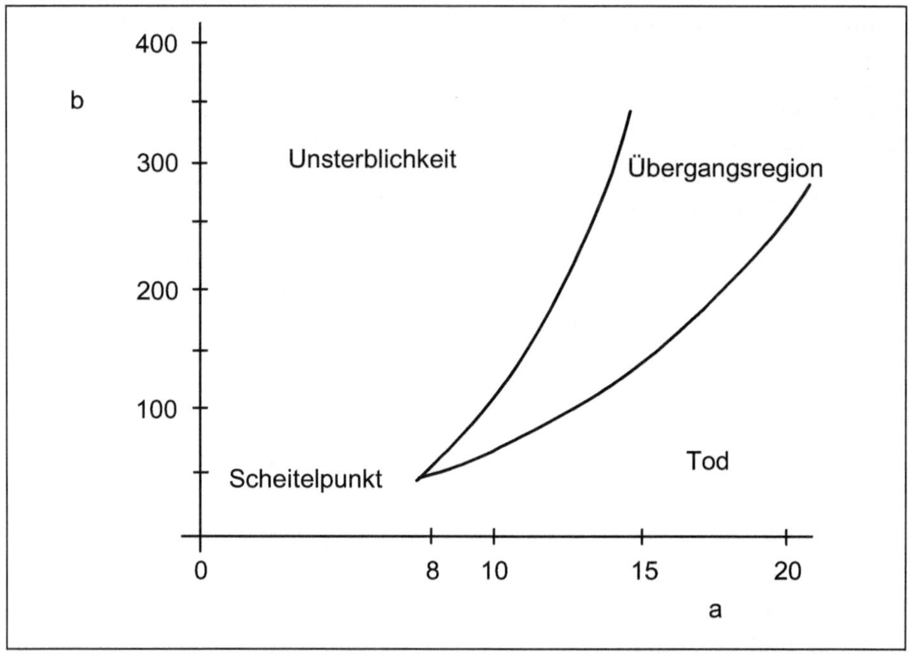

Abb. 8.7: Das Prinzip des Dyson-Modells. Im Phasendiagramm stellt jeder Punkt eine mögliche Zusammensetzung einer molekularen Population dar. In der Abszisse die Zahl a. Die Summe $(1 + a)$ stellt die Anzahl der Monomerensorten dar. In der Ordinate bedeutet b den Qualitätsfaktor der polymeren Katalyse. In der „Übergangsregion" befinden sich Populationen, die sowohl einen geordneten als auch einen ungeordneten Gleichgewichtszustand aufweisen. In der „Todesregion" herrschen nur ungeordnete Zustände, wogegen es in der „unsterblichen" Region (im „Garten Eden") keinen ungeordneten Zustand gibt. Quelle: Dyson (1988)

wenn das N nicht größer als 100 ist. Im Dyson-System jedoch (mit a und b in den zuvor angegebenen Bereichen) beträgt die Fehlerrate etwa 25–30 %. Trotzdem kann ein Polymeres aus 10.000 oder mehr Monomeren mit relativ hoher Wahrscheinlichkeit den Sprung vom Ungeordneten in den Ordnungszustand erreichen. Bei einer Anordnung, in der jeweils nur drei von vier Verknüpfungen in der Kette richtig plaziert sind, wären für ein replizierendes System tödlich – ein nicht replizierendes System jedoch kann diesen Zustand tolerieren.

Im Phasendiagramm in Abb. 8.7 entspricht jeder Punkt einem bestimmten Wert für a und b, d. h. er stellt die mögliche chemische Zusammensetzung einer molekularen Population dar. Horizontal ist a aufgetragen, mit $(a + 1)$ der Zahl der Monomerensorten. Die Ordinate b kennzeichnet den Qualitätsfaktor der Polymerenkatalyse. Im Übergangsbereich findet man die Populationen, die sowohl einen geordneten, als auch einen ungeordneten Gleichgewichtszustand besitzen. In der „Todesregion" gibt es keinen geordneten Zustand. In diesem Modell ist a zu groß, d. h. es herrscht eine zu große chemische Vielfalt, und b zu klein, d. h. die katalytische Aktivität ist zu schwach.

In der „Unsterblichkeitsregion" findet man keinen ungeordneten Zustand vor, d. h. bei diesen Modellen ist a zu klein (sehr geringe chemische Vielfalt) und b zu groß (d. h. zu hohe katalytische Aktivität). In der Region an der Kurvenspitze liegen die biologisch wichtigen Modelle, denn sie zeigen hohe Fehlerquoten und sind befähigt mit großen Populationen in den Ordnungszustand überzugehen.

Einige der mathematischen Grundlagen für das Modell entstammen Überlegungen des Genetikers Motoo Kimura (1980). Er gilt als entschiedener Vertreter der „neutralen Theorie der Evolution". Sie besagt, daß statistische, zufällige Fluktuationen mehr zur Entstehung neuer Arten beitragen als die natürliche Darwinsche Auslese. Die Evolution durch zufällige, statistische Fluktuationen bezeichnet man als „genetische Trift". Nach Dyson dürften beide Formen der Evolution wirksam sein (Dyson.1988)

Freeman Dyson beschließt seinen Kommentar zu den „Zwei Ursprüngen des Lebens" mit den Sätzen: „Wenn meine Bemerkungen irgendeine Bedeutung haben, dann nur, insofern sie zu neuen Experimenten führen. Ich überlasse es nun den Experimentatoren nachzusehen, ob sie einige solide Fakten aus diesen philosophischen Gespinsten ziehen können".

Dysons Modell erhielt neben wohlmeinender Zustimmung auch vorsichtige Kritik. Shneior Lifson (1997) bemängelte vor allem Dysons Annahme, Metabolismus (und andere Eigenschaften) könnten sich ohne natürliche Selektion entwickeln, wie Dyson in seiner Annahme Nr. 3 formuliert: „Es gibt keine Darwinsche Selektion. Die Evolution der Population aus Molekülen geht durch eine zufällige Drift vor sich." (Dyson, 1988)

Lifson (1997) weist darauf hin, daß Dyson vor allem die Rolle des primitiven Metabolismus, der Anpassungsfähigkeit, der Fehlertoleranz u. a. betont, jedoch könnten solche Eigenschaften (nach Lifson) nur durch natürliche Selektion evolvieren.

Gleichgültig welche Meinung gilt, so hat Freeman Dyson mit seinem „Spielzeug-Modell" die bunte Palette der z. T. kühnen Theorien und Hypothesen um eine weitere, lebhaft schillernde Hypothese bereichert und erweitert.

Literatur

Amirnovin R, Miller SL (1999) J Mol Evol 48:254

Biebricher C, Eigen M (1981) J Mol Biol 148:369

Blomberg C (1997) J theor Biol 187:541

Bresch C, Niesert U, Harnasch D (1980) J theor Biol 85:399

Bruß D (2003) Quanteninformation. Fischer, Frankfurt/M

de Duve C (1994) Ursprung des Lebens. Spektrum, Heidelberg

Di Giulio M (1994) Orig Life Evol Biosphere 24:425

Di Giulio M (1997) J theor Biol 187:573

Di Giulio M, Meduquo M (1998) J Mol Evol 46:615

Di Giulio M, Meduquo M (1999) J Mol Evol 49:1

Di Giulio M, Meduquo M (2000) J Mol Evol 50:258

Di Guilio M, Meduquo M (2001) J Mol Evol 52:372

Dyson F (1988) Zwei Ursprünge des Lebens. Rasch & Röhring, Hamburg

Eigen M (1971a) Naturwissenschaften 58:465

Eigen M (1971b) Quart Rev Biophys 4:149

Eigen M (1979) Zeugen der Genesis. In: Jahrbuch der Max-Planck-Gesellschaft, S 17

Eigen M, Gardiner WG, Schuster P (1980) J theor Biol 85:407

Eigen M, Winkler-Oswatitsch R (1981) Naturwissenschaften 68:282

Eigen M, Gardiner WG, Winkler-Oswatitsch R (1982) Ursprung der genetischen Information. In: Evolution. Spektrum, Heidelberg

Eigen M (1987) Stufen zum Leben. Piper, München

Gamow G (1954) Nature 173:318

Jantsch E (1992) Die Selbstorganisation des Universums. Hansen, München Wien

Kimura M (1980) Spektrum der Wissenschaft , Januar: 94

Knight RD, Freeland SJ, Landweber LF (1999) Trends Biochem Sci 24:241

Küpers B-O (1986) Der Ursprung biologischer Information. Piper, München

Kuhn H (1972) Angew Chem 84:838

Kuhn H (1976) Naturwissenschaften 63:68

Kuhn H, Waser J (1981) Angew Chem 93:495

Kuhn H, Waser J (1982) Selbstorganisation der Materie und Evolution früher Formen des Lebens. In: Hoppe W, Lohmann W, Markl H, Ziegler H (Hrsg) Biophysik. Springer, Berlin Heidelberg New York

Kuhn H, Waser J (1994) FEBS-Letters 352:259

Kuhn C (2001) Proc Natl Acad Sci USA 98:8620

Kuhn H, Kuhn C (2003) Angew Chem 115:272

Lahav N (1999) Biogensis. Oxford University Press, New York Oxford, p 252

Lehmann U, Kuhn H (1984) Origins of Life 14:497

Lifson S (1997) J Mol Evol 44:1

Marko H (1985) Grundlagen der Information und Kommunikation. In: Verhandlungen der Gesellschaft Deutscher Naturforscher und Ärzte 1984. Wissenschaftliche Verlagsgesellschaft, Stuttgart, S 71

Niesert U (1987) Origins of Life 17:155

Niesert U, Harnasch D, Bresch C (1981) J Mol Evol 17:348
Shimizu M (1982) J Mol Evol 18:297
Spiegelman S (1967) American Scientist 55:221
Vaas R (1994) Der genetische Code. Supplement zu: Naturwissenschaftliche
    Rundschau, November
Vogel G (1998) Science 281:329
Wetzel R (1995) J Mol Evol 40:545
Wong J T-F (1975) Proc Natl Acad Sci USA 72:1909

9 Grundlegende Phänomene

9.1 Thermodynamik und Biogenese

Dieses Kapitel gibt nur einen einführenden, kurzen Überblick über ein vor allem mathematisch anspruchsvolles – aber für Fragen der Biogenese entscheidend wichtiges – Wissenschaftsgebiet.

Die Wissenschaft „Thermodynamik", ein Teilgebiet der Physik, befaßt sich nicht nur mit „Wärme" und „Dynamik", sondern allgemeiner formuliert, Thermodynamik handelt von Energie und Entropie. Den Begriff Thermodynamik mit Wärmelehre zu beschreiben, ist irreführend, denn die Thermodynamik behandelt Theoreme, deren Gültigkeitsbereich beinahe alle Gebiete der Physik umfaßt.

Thermodynamische Prozesse spielen praktisch in allen Naturwissenschaften eine wichtige, oftmals sogar die entscheidende Rolle. Sie reichen von der Kosmologie bis zur Biologie, von den Weiten des Alls bis in die Mikrodimensionen lebender Zellen. Energie und Entropie bestimmen und lenken alle Prozesse, die in der von uns beobachtbaren Welt ablaufen.

Die Thermodynamik beschreibt nur die Eigenschaften großer Partikelpopulationen. Sie ist nicht befähigt, über das Verhalten einzelner Atome oder Moleküle irgendwelche Aussagen zu machen.

Die wichtigsten Eigenschaften eines Systems werden bestimmt durch:

– Temperatur,
– Druck,
– Volumen und
– die Zusammensetzung des Systems.

Eine „Zustandsgleichung" erfaßt diese Größen mathematisch und kennzeichnet das System, das sich in Gleichgewicht befinden muß. Die Thermodynamik wird durch drei Hauptsätze charakterisiert, von denen die ersten zwei am besten bekannt sind bzw. bekannt sein sollten. In dem lesenswerten Buch „Die Natur der Natur" berichtet John D. Barrow (1993) über C. P. Snow, der durch seinen Essay über die „Zwei Kulturen", d. h. die geisteswissenschaftliche und die naturwissenschaftliche, bei vielen Lesern bekannt wurde. Snow erzählte, daß er in Kreisen hochgebildeter Menschen, die bei der Vorstellung, ein Wissenschaftler könne von Shakespeare kaum gehört haben, erschauderten, die aber bei der Frage, ob sie den „zweiten Hauptsatz der Thermodynamik" kennen, äußerst kühl, aber auch negativ reagierten.

Doch zurück zum Thema – der *erste Hauptsatz* der Thermodynamik betrifft die Energie. Er wird auch als Energie-Erhaltungssatz bezeichnet: „Die Gesamtenergie eines abgeschlossenen Systems bleibt unverändert", d. h. Energie kann in verschiedenen Formen auftreten, also z. B. als chemische, mechanische oder elektrische Energie. Diese Energieformen können ineinander umgewandelt werden, und sie vermögen Arbeit zu leisten.

Die Verdienste des deutschen Arztes Robert Mayer bei der Entdeckung des Energie-Erhaltungsprinzips in der Mitte des 19. Jahrhunderts dürfen nicht unerwähnt bleiben. Arbeit kann aber auch vollständig in Wärme umgewandelt werden. Jedoch – und das ist wesentlich – umgekehrt kann die vollständige Überführung von Wärme in Arbeit in einem isothermen System nicht erreicht werden.

Dieses Problem behandelt der *zweite Hauptsatz* der Thermodynamik mit Aussagen über die Entropie: „Die Gesamtentropie eines abgeschlossenen Systems kann niemals abnehmen".

Ein kurzer historischer Rückblick kann einige Zusammenhänge der Thematik klarer erscheinen lassen. – Die beiden Hauptsätze der Thermodynamik gehen auf Arbeiten von Sadi Carnot und James Joule um die Mitte des 19. Jahrhunderts zurück. Es war vor allem der Physiker Rudolf Clausius (1822–1888), der an den Universitäten Zürich, Würzburg und Bonn lehrte, dem wir die ersten eindeutigen Aussagen zu den zwei Hauptsätzen verdanken. Auf Grundlage der Arbeiten von Carnot und Joule erkannte Clausius, daß es sich bei der Wärmetheorie nicht um eingesetzte Wärme handeln konnte, sondern daß stattdessen zwei unabhängige Prinzipien vorlagen: das Gesetz von Äquivalenz von Wärme und Energie und das Gesetz von der Unmöglichkeit des Übergangs von Wärme von einem kälteren Körper auf einen wärmeren. Mit anderen Worten: Der Übergang einer bestimmten Wärmemenge erfolgt von selbst in der Richtung, in der die ursprüngliche Temperaturdifferenz weiter minimiert wird. Soll dagegen eine Temperaturdifferenz erzeugt werden, so muß Arbeit (z. B. in Form elektrischer Energie) aufgewandt werden, wie dies bei Kühlschränken zu beobachten ist. Bei solchen Prozessen verliert eine bestimmte Energiemenge beim Abfallen von höherer zu niedriger Temperatur an „Wert". Als quantitativer Ausdruck für diese Wertminderung wurde von Clausius eine neue Zustandsgröße eingeführt, die Entropie S.

Sie ist, mit anderen Worten, ein quantitatives Maß für den „Unwert" (d. h. Wertverlust), den eine bestimmte Energiemenge beim Übergang von höherer zu niederer Temperatur erleidet. Beim Durchrechnen der Abläufe bei einer schematisierten, reversibel arbeitenden Dampfmaschine, einer sog. „Carnot-Maschine", konnte Clausius zeigen, daß jeder einem System reversibel zugeführten kleinen Wärmeportion dQ_{rev} eine entsprechende Änderung der Entropie entspricht (Unsöld, 1981).

$$dS = \frac{dQ_{rev}}{T}$$

Es ist sicher nicht übertrieben, wenn man den zweiten Hauptsatz der Thermodynamik als wichtigstes, allgemeingültiges physikalisches Prinzip bezeichnet, wie dies der bekannte englische Astronom A. S. Eddington (1932) formulierte.

Von den Hauptsätzen gibt es verschiedene Formulierungen. Die prägnanteste stammt von Rudolf Clausius aus dem Jahre 1872: „Die Energie der Welt ist konstant; die Entropie der Welt strebt einem Maximum zu".

Die letztere Aussage führte um 1930 zur Vorstellung vom „Wärmetod des Weltalls" und gab Anlaß zu umfangreichen Spekulationen. Die Arbeiten von Ludwig Boltzmann (1844–1906) in Wien führten zu einem tieferen Verständnis und zur Erweiterung des Entropiebegriffes. Auf Grund der von ihm entwickelten statistischen Mechanik erfuhr der Entropiebegriff eine atomistische Deutung. Es gelang Boltzmann, die Zusammenhänge zwischen Thermodynamik und den allgemeinen Phänomenen von Ordnung und zufälligen Ereignissen aufzudecken. Damit führte er den Begriff der Entropie als ein Maß für die Unordnung und damit für den wahrscheinlichsten Zustand eines Systems ein.

Das Leben des erfolgreichen Physikers endete tragisch. Seinen Grabstein am Wiener Zentralfriedhof ziert die Formel:

$$S = k_B \log W$$

Sie sagt aus, daß die Entropie S dem Logarithmus von W proportional ist. W bedeutet die Anzahl der in einem System möglichen mikroskopischen Zustände (auch thermodynamische Wahrscheinlichkeit genannt (Flamm, 1979)). k_B stellt eine Boltzmann zu Ehren benannte Konstante dar. Die oben aufgeführte Formel geht auf Max Planck zurück, der diese Formel zur Auffindung des Wirkungsquantums verwandte (Flamm, 1979).

Wenn ein sich selbst überlassenes System dem Zustand größter Unordnung, d. h. größter Entropie, zustrebt, dann entspricht negative Entropie (Negentropie) einem Systemzustand mit hoher Ordnung. Bezogen auf das Weltall bedeutet dies, daß im Universum zwei Tendenzen wirksam sind:

– eine zerstreuende und
– eine ordnende Tendenz.

Die zerstreuende herrscht beispielsweise in einem System mit hohen Temperaturen und nur wenigen Teilchen. Die ordnende Tendenz wirkt dagegen in einem System, in dem die Teilchen geordnet vorliegen, wie in einem Kristall oder in der DNA-Spirale. Die realen Zustände materieller Systeme liegen irgendwo zwischen diesen beiden Extremen.

Was aber haben die bisher dargestellten Sachverhalte mit der Frage nach den Ursprüngen des Lebens zu tun? – Die Antwort ist einfach: Sehr viel – denn die Aussagen des zweiten Hauptsatzes wurden von den Gegnern der Evolutionstheorie und der modernen Biogeneseforschung immer wieder als Argumentationsbasis für ihre eigene Deutung der Schöpfungsgeschichte benutzt. Nach ihrer Ansicht kann, legt man den zweiten Hauptsatz der Thermodynamik zugrunde, aus Unordnung niemals Ordnung, d. h. Leben, ohne das Eingreifen und die Mithilfe eines allmächtigen Schöpfers entstehen.

Bei dieser Argumentationsweise wurde jedoch eine wesentliche Forderung des zweiten Hauptsatzes übersehen: Der zweite Hauptsatz der Thermodynamik gilt nur für abgeschlossene Systeme, d. h. solche Systeme, bei denen weder Materie noch Energieaustausch mit der Umgebung möglich sind. Die chemischen und physikalischen Prozesse, die zur Biogenese auf der Urerde führten, liefen jedoch nicht in geschlossenen Systemen ab, sondern in offenen. Bei ihnen war Stoff- und Energieaustausch für den erfolgreichen Ablauf von Reaktionsfolgen sogar essentiell, wie z. B. bei der Entstehung und Synthese von Biomonomeren.

Es ist aber durchaus möglich – scheinbar im Gegensatz zur Aussage des zweiten Hauptsatzes –, daß in einem System Ordnung, d. h. geordnete Zustände, aus Unordnung entsteht, z. B. durch Selbstorganisations-Prozesse, die in vielen Bereichen experimentell bestätigt werden konnten. Aber diese Ordnung entsteht auf Kosten von mehr Unordnung außerhalb des beobachteten Systems. Bildlich vereinfacht: Die Unordnung wird aus dem sich ordnenden System nach draußen „gepumpt". Damit vermehrt sich der Unordnungszustand außerhalb des Systems und der zweite Hauptsatz behält seine Gültigkeit.

Der dritte Hauptsatz der Thermodynamik ist für die Frage der Biogenese von geringerer Bedeutung. Er sagt aus, daß es unmöglich ist, ein System (auch nicht bei unendlich vielen Stufen) bis zum absoluten Nullpunkt abzukühlen.

Zum Schluß dieses Abschnitts seien einige wichtige Nomenklaturfragen erläutert: Unter einem „System" versteht man den Teil in unserer Welt, dem unsere Aufmerksamkeit gilt. Dies kann die gesamte Erde sein oder unser Sonnensystem, aber auch eine einzelne, winzig kleine Zelle. Man unterscheidet drei Arten von Systemen:

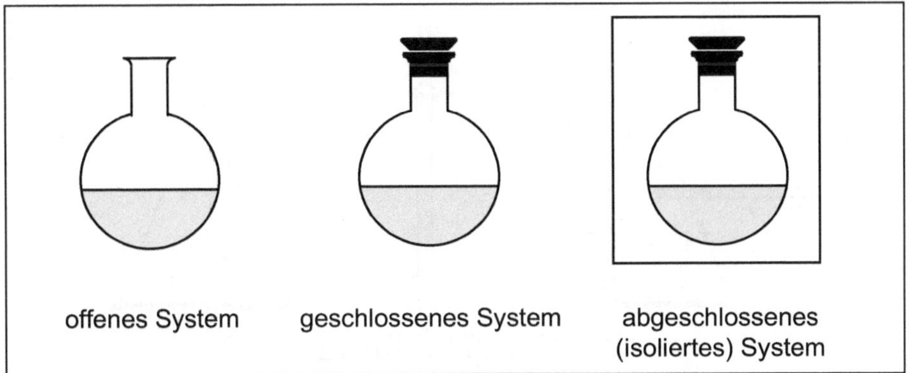

Abb.9.1: Die drei möglichen Zustände eines physikalischen Systems.

– das *offene* System tauscht Materie und Energie mit seiner Umgebung aus,
– das *geschlossene* System tauscht keine Materie mit der Umgebung aus,
– das *isolierte (abgeschlossene)* System tauscht weder Materie noch Energie mit seiner Umgebung aus.

9.2 Thermodynamik irreversibler Systeme

Einige Begriffe der klassischen Thermodynamik, die sich auf Gleichgewichtszustände und geschlossene Systeme bezogen, zeigten auch über die Physik hinausgehende Wirkungen, so z. B. der Begriff des „angepaßten Zustandes" in der Evolutionstheorie Darwins, der eine Art Gleichgewichtszustand zwischen Organismus und Umwelt darstellt (Wieser u. Gnaiger, 1980).

Die meisten in der Natur ablaufenden Vorgänge bestehen aus irreversiblen Prozessen. Eindeutig reversible Vorgänge sind dagegen sehr selten, sie beanspruchen vor allem theoretisches Interesse. Erst die nähere Analyse von Zuständen des sog. „Fließgleichgewichtes" (ein Begriff, der auf den Biologen Ludwig von Bertalanffy zurückgeht) führte die Thermodynamik mit Problemen lebender Systeme zusammen. Fließgleichgewichte herrschen in offenen Systemen. Bereits vor mehr als 50 Jahren schrieb von Bertalanffy: „Jedenfalls aber ermöglicht die Lehre vom Fließgleichgewicht die Aufstellung exakter mathematischer Gesetze für Grunderscheinungen des Lebens, wie Stoffwechsel und Wachstum" (v. Bertalanffy, 1951).

Die Thermodynamik offener Systeme wurde erst in den letzten Jahrzehnten intensiv und erfolgreich bearbeitet. Die „Thermodynamik irrever-

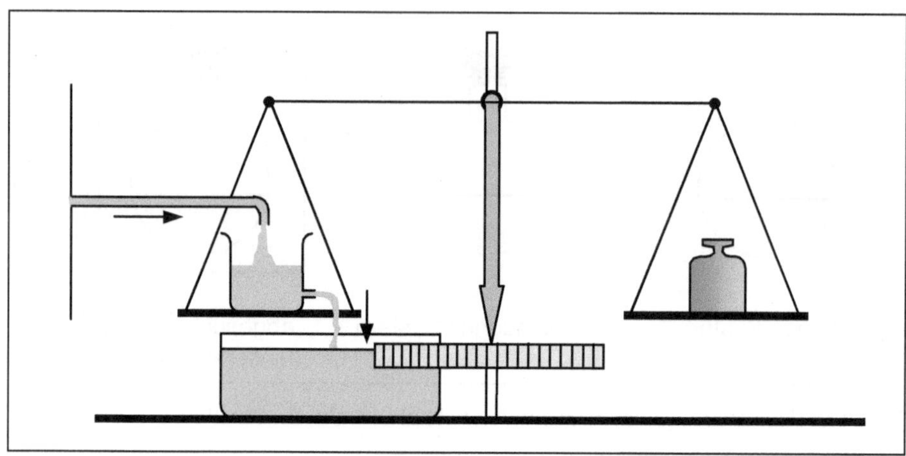

Abb.9.2: Einfaches Modell für ein Fließgleichgewicht, das durch einen „stationären Zustand" charakterisiert wird. Fließgleichgewichte (eng. „steady state") sind eine wesentliche Eigenschaft lebender Systeme.

sibler Systeme" geht auf Arbeiten von Lars Onsager und vor allem auf Ilja Prigogine und seiner Brüsseler Schule zurück. Sie untersuchten Systembedingungen fernab von Gleichgewicht. Bestimmte Systeme vermögen durch Aufnahme freier Energie sich weit ab vom Gleichgewicht in einem dynamischen Zustand zu erhalten. Entsprechend erhöhen sie die Entropie der Umgebung (Abschn. 9.1).

Die Gleichgewichtsthermodynamik wurde vor rund 1½ Jahrhunderten entwickelt. Sie befaßt sich ausschließlich mit der Einstellung des Gleichgewichtszustandes ohne Berücksichtigung der Zeit, die ein System für den Übergang von einem Anfangszustand zu einem Endzustand benötigt. Zur Beschreibung von Vorgängen, die zur Entstehung von sich selbst organisierenden Systemen führen, muß deshalb die Thermodynamik irreversibler Prozesse angewendet werden. Dabei wird der Faktor Zeit berücksichtigt und damit die Geschwindigkeit, mit der stoffliche Umsetzungen ablaufen. Evolutionäre Prozesse sind irreversibel an zeitliche Abläufe gebunden. Daher reicht die klassische Thermodynamik zu ihrer Beschreibung nicht mehr aus (Schuster u. Sigmund, 1982).

Zur Aufrechterhaltung des stationären Zustandes eines lebenden Systems ist, wie bereits erwähnt, der dauernde Zufluß von Energie nötig. Sie wird meistens in Form von chemischer Energie dem System zugeführt, wie z. B. bei der Proteinbiosynthese durch die aktivierten Aminosäuren (Abschnitt 5.3) oder die Nucleosidtriphosphate bei den Nucleinsäuren. Der Energiefluß ist immer mit einer Entropieproduktion dS/dt verbunden. Sie setzt sich aus zwei Anteilen zusammen:

- Den *„Flüssen"*: Sie kommen von außen in das System, und sie verlassen auch das System: d_eS/dt.
- Die *„innere Entropieproduktion"*: Sie stellt den zeitbezogenen Entropiezuwachs dar, der im System erzeugt wird: d_iS/dt. Die innere Entropieproduktion gilt als die wichtigste Größe in der Thermodynamik irreversibler Prozesse. Sie erreicht ihren Maximalwert, wenn sich das System im stationären Zustand befindet. Die Entropieproduktion lautet dann:

$$\frac{dS}{dt} = \frac{d_eS}{dt} + \frac{d_iS}{dt}$$

Die Theorie der Thermodynamik irreversibler Systeme (Prigogine, 1979, Prigogine u. Stengers, 1986; Nicolis u. Prigogine, 1987) zeigt, daß der Differentialquotient der Entropie nach der Zeit (also die zeitliche Änderung der Entropie) durch die Summe von Produkten darstellbar ist. Die einzelnen Terme des Produktes enthalten eine Kraftgröße und eine Fließgröße. In chemischen Systemen entspricht die Kraftgröße der Affinität, also der Triebkraft der Reaktion, und die Fließgröße der Reaktionsgeschwindigkeit.

Aus dem zweiten Hauptsatz der Thermodynamik läßt sich für offene Systeme ein Prinzip ableiten, nach dem die Änderung der Entropieproduktion in der Umgebung eines stationären Zustandes immer negativ ist, wenn man in dem System die Flüsse konstant hält und nur die Kräfte variiert. Wie bereits erwähnt, erreicht die Entropieproduktion im stationären Zustand eines Systems einen Minimalwert. Befindet es sich in einem Minimum und eine auftretende Schwankung ist positiv, so fällt das System ins Minimum zurück und der stabile Zustand ist wieder hergestellt.

Sollte die Entropieproduktion im stationären Zustand abfallen, so tritt eine negative Schwankung auf. Sie bedeutet eine Systeminstabilität. Der stabile, stationäre Zustand des Systems wird gestört bzw. aufgehoben. Das System reagiert darauf und ändert so lange seine Zusammensetzung, bis ein neuer stabiler Zustand erreicht wird. So entsteht nach einer instabilen Phase ein neuer stationärer Zustand. Das System ist im neuen Zustand durch einen niedrigeren Entropiegehalt ausgezeichnet als vor der Schwankung, da nur eine negative Entropieänderung auftreten kann. Der niedrigere Entropiegehalt entspricht aber einem höheren Ordnungsgrad des Systems.

Wodurch können negative Schwankungen der Entropieproduktion entstehen oder ausgelöst werden? Wie Manfred Eigen in seiner Evolutionstheorie darlegt, können Schwankungen in der Entropieproduktion durch das Wirksamwerden einer selektionsfähigen, sich selbst replizierenden Molekülspezies hervorgerufen werden. Den gleichen Effekt vermögen auch autokatalytisch wirksame Mutanten auszulösen. Das Phänomen Evolution

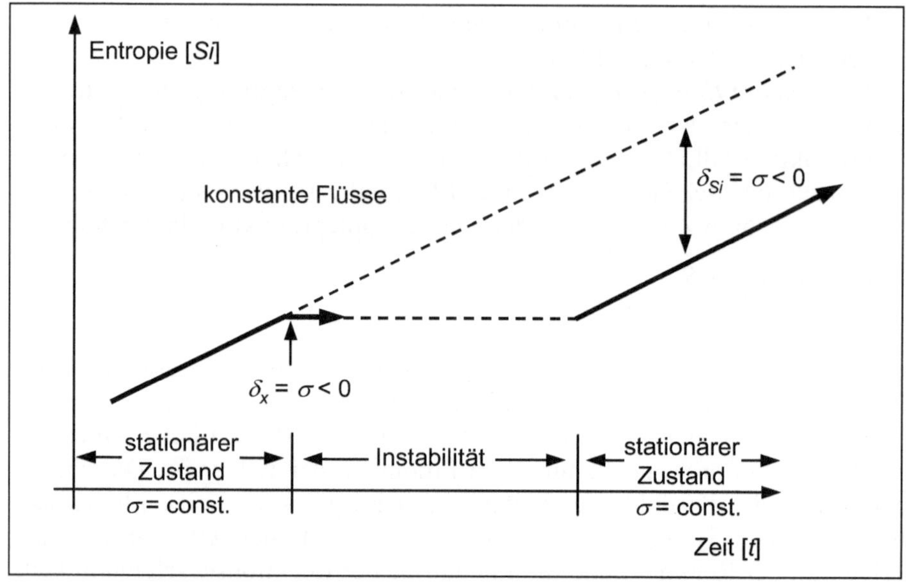

Abb. 9.3: Entropie-Zeit-Diagramm eines Selektionsprozesses. Tritt in einem System eine negative Schwankung der inneren Entropieproduktion σ auf, so wird der herrschende, stationäre Zustand beendet. Es entsteht eine Instabilität, aus der sich ein neuer, stabiler, stationärer Zustand bildet. Die Änderung der inneren Entropie ist immer negativ ($\delta S_i < 0$). Der neue stationäre Zustand zeichnet sich durch eine geringere Entropie aus, d. h. der Ordnungszustand des Systems wurde erhöht. Quelle: Eigen (1971 a, b); Schuster (1972)

zeigt sich nach dieser Betrachtungsweise als eine fortlaufende Folge von Instabilitäten, d. h. Zusammenbrüchen stationärer Zustände.

Die Bedeutung der Arbeiten von Prigogine und seiner Brüsseler Schule für das tiefere Verständnis von Evolutionsprozessen liegt vor allem darin begründet, die Strukturbildung bei chemischen Reaktionen und biologischen Objekten mit Hilfe der Thermodynamik dissipativer Systeme und des Prinzips „Ordnung durch Schwankungserscheinungen" erklären zu können (Unsöld, 1981).

9.3 Selbstorganisation

Der Begriff „Selbstorganisation" ist fast schon zu einem Modewort geworden. Er begegnet uns in Artikeln der Fachliteratur verschiedener Wissenschaften bis hin zu Prozessen im submikroskopischen Bereich. So werden z. B. röhrenförmige molekulare Strukturen (organische Nanoröhren) durch Selbstorganisation gebildet (Bong et al., 2001). Selbstorganisation ist ein umfassender vieldeutiger Begriff. Eine Definition könnte lauten: Unter Selbstorganisation versteht man ein Phänomen, bei dem sich aus den Komponenten eines Systems spontan Strukturen ausbilden.

Nach Erich Jantsch ist die Selbstorganisation „das dynamische Prinzip, das der Entstehung der reichen Formenwelt biologischer, ökologischer, gesellschaftlicher und kultureller Strukturen zu Grunde liegt" (Jantsch, 1992). Wie aus den Definitionen erkennbar ist, handelt es sich bei Selbstorganisationsprozessen um recht komplexe Vorgänge.

Selbstorganisation kann einschließen:

– Musterbildung,
– Wachstum,
– cyclische Prozesse verschiedener Art,
– Multistabilität,
– Reproduktion (Field u. Schneider, 1988).

Oftmals erweist sich eine kurze, wissenschaftshistorische Rückschau als sinnvoll, um komplexe Sachverhalte einsichtiger zu gestalten. – In der Entwicklung der Physik lassen sich drei Phasen erkennen:

– die erste ist durch Galilei und Newton gekennzeichnet,
– die zweite durch die Einführung der Relativitätstheorie und Quantenmechanik in die Physik (in den ersten Jahrzehnten des 20. Jahrhunderts),
– die dritte Phase geht als die „Physik der Komplexität" in die Wissenschaftsgeschichte ein.

Nach Galilei gewinnt man durch die Beobachtung von Naturerscheinungen mittels geeigneter Meßgeräte bestimmte Zahlenwerte, die zueinander in Beziehung gebracht werden müssen. Die Lösungen der erhaltenen Gleichungen erlauben Aussagen über künftige Entwicklungen. Dieses Verfahren verleitete zu dem Mißverständnis, daß dies die einzige Art der Erkenntnisgewinnung wäre. Es führte zum deterministischen Glauben, der erst durch Heisenbergs Unschärferelation für den Bereich mikroskopische Objekte widerlegt wurde. Für den makroskopischen Bereich schien der deterministische Glaube weiterhin zu gelten. Erst durch die Entdeckung des „deterministischen Chaos" wurde der Determinismus zu Grabe getragen.

Selbstorganisation ist eine Eigenschaft sog. „komplexer Systeme". Sie stellen ein wichtiges Teilgebiet der Physik dar und werden erst seit einigen Jahren intensiv erforscht. Die Max-Planck-Gesellschaft verfügt seit 1993 in Dresden über ein Institut für „die Physik komplexer Systeme". In diesem interdisziplinären Forschungsgebiet werden Probleme bearbeitet, die vom Kosmos bis zur lebenden Zelle reichen (Richter u. Rost, 2002).

Nach Stuart A. Kauffman (1991) besteht noch keine allgemein akzeptierte, umfassende Definition des Begriffes Komplexität. Dennoch gibt es über bestimmte Eigenschaften komplexer Systeme eine übereinstimmende Meinung. Eine davon ist das bereits erwähnte deterministische Chaos. Ein geordnetes, nichtlineares dynamisches System kann im Laufe der Zeit in einen chaotischen Zustand übergehen, wenn geringfügige, kaum bemerkbare Störungen auf das System einwirken. Bereits äußerst kleine Unterschiede in den Anfangsbedingungen komplexer Systeme können zu großen Differenzen in den Systementwicklungen führen. Die Theorie komplexer Systeme verwendet zur Erklärung naturwissenschaftlicher Phänomene nicht mehr die bekannte Ursache-Wirkung-Beziehung.

Hermann Haken (1989), der Begründer der „Synergetik", berichtet vom amerikanischen Meteorologen E. N. Lorenz, der zeigte, daß bereits durch das Zusammenwirken von wenigen Freiheitsgraden ein neuer Zustand im betrachteten System entsteht, ein deterministisches Chaos. Solche Systeme sind durch ihre Empfindlichkeit gegenüber Anfangsbedingungen charakterisiert. Der häufig zitierte „Flügelschlag eines Schmetterlings in Peking" (ein Ausspruch von Lorenz), der einen Wetterwechsel an der amerikanischen Westküste auslöst, wurde oftmals zur drastischen Erklärung des deterministischen Chaos angewandt. Die ein deterministisches Chaos charakterisierende „unregelmäßige Bewegung" erklärt Haken (1989) sehr anschaulich mit dem einfachen Beispiel des Systems: Stahlkugel und Rasierklinge. Läßt man eine kleine Stahlkugel öfter von oben auf eine senkrecht stehende Rasierklinge fallen, so wird die Stahlkugel durch geringfügigste Änderungen ihrer Ausgangslage einmal im weiten Bogen nach links, das andere Mal nach rechts abgelenkt.

Wie so oft bei komplexen Prozessen so kann auch das Phänomen Selbstorganisation in verschiedenen Erscheinungsformen auftreten (Cramer, 1988):

- Selbstorganisation durch inhärente Eigenschaften: In diesem Fall wird die Selbstorganisation durch die vorgegebenen Eigenschaften seiner Teilchen bestimmt, wie z. B. die Basenpaarung in der DNA-Doppelhelix; die Bildung von Schneekristallen; die RNase-Rekonstruktion (Abb. 9.4).
- Selbstorganisation in der Ontogenese: d. h. die Ausbildung eines Organismus von der Eizelle zum Gesamtorganismus.
- Echte Selbstorganisation: Selbstorganisation als Systemeigenschaft. Unter bestimmten Bedingungen organisiert sich ein System von hohem Komplexitätsgrad selbst. Typisches Beispiel: das Hypercyclus-Modell von M. Eigen (Abschn. 8.2).

- Selbstorganisation als physikalisches Prinzip: Die Selbstorganisation gilt seit dem Urknall als ein physikalisches Attribut der Materie.

Eine breiter angelegte Differenzierung des Phänomens Selbstorganisation findet man bei Jantsch (1992). Er unterscheidet zwischen:

- konservativer, d. h. strukturbewahrender Selbstorganisation und
- dissipativer Selbstorganisation, z. B. bei evolvierenden Systemen.

Für die zur Biogenese führenden Prozesse sind Systeme mit dissipativer Selbstorganisation von Bedeutung. Es sind dies offene Systeme, deren interner Zustand vom Ungleichgewicht beherrscht wird, fernab vom Gleichgewicht.

Als Beispiele für Selbstorganisationsprozesse aus den Bereichen Chemie und Biochemie seien genannt:

- die Belousov-Zhabotinskii-Reaktion,
- die Bénard-Zellen,
- die Rekonstruktion von RNase und das
- das TMV-Virus.

Bei der Belousov-Zhabotinskii-Reaktion handelt es sich um eine typische chemische, oszillierende Reaktion. Periodisch bilden sich spiralförmige Strukturen, die verschwinden und wiederkehren. Dabei läuft eine autokatalytische Reaktion ab, und zwar die Oxidation von Ce^{3+} bzw. Mn^{2+} durch Bromat (Jessen, 1978).

Die Bildung der Bénard-Konvektionszellen ist ein weiteres Beispiel für Selbstorganisationsprozesse. Erhitzt man Wasser in einem Gefäß von unten her, so treten unter bestimmten Bedingungen makroskopische Konvektionsströmungen auf, die von oben her gesehen die Struktur von gleichmäßigen, wabenförmigen Zellen aufweisen.

Aus dem Bereich der Biochemie stellt die Rückfaltung des Enzyms RNase nach völliger Denaturierung ein eindrucksvolles Exempel für die Selbstorganisation auf molekularem Niveau dar. Christian Anfinsen konnte an der Rinderpankreas RNase (ein aus 124 Aminosäureresten aufgebautes Enzym) durch Behandlung mit Harnstoff und β-Mercaptoethanol völlige Denaturierung und Reduktion der vier im Protein enthaltenen Disulfidbrücken erreichen. Das dreidimensional gefaltete Protein geht dabei in eine durch den Zufall bestimmte geknäulte Form über. Aus den vier Disulfidbrücken wurden acht SH-Gruppen. Die enzymatische Aktivität ging völlig verloren. Behandelt man das reduzierte Protein mit Luftsauerstoff, so erfolgt Reoxidation der SH-Gruppen zu den ursprünglichen Disulfidbrücken und zwar in der richtigen räumlichen Anordnung, so daß das Enzym wieder seine volle Aktivität zeigt. Vor allem für diese Arbeiten (in einem grö-

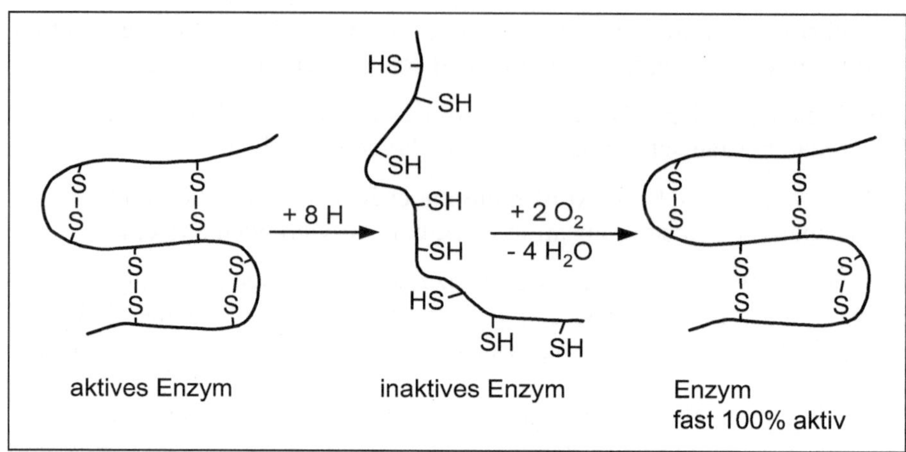

Abb. 9.4: Das Enzym RNase kann durch Reduktionsmittel (Harnstoff + Mercaptoethanol) entfaltet werden. Durch oxidative Entfernung der Reduktionsmittel bildet das Molekül wieder seine ursprüngliche, dreidimensionale Struktur aus und erreicht (fast) seine volle enzymatische Aktivität.

ßeren Zusammenhang gesehen) erhielt Chr. Anfinsen 1972 den Nobelpreis für Chemie (Anfinsen, 1973).

Ganz andere Mechanismen werden im Falle der Selbstassoziation (angelsächsisch: self-assembly) beim Tabakmosaik-Virus (TMV) wirksam. Das Virus besteht aus einsträngiger RNA, die von 2130 identischen Proteineinheiten umhüllt wird. Jede dieser Proteineinheiten besteht aus 158 Aminosäureresten. Ein Viruspartikel, das die Tabakspflanze als Wirt benötigt, weist Stäbchenform mit helikaler Symmetrie auf (sog. „Stanley-Nadeln"). Es ist 300 nm lang, mit einem Durchmesser von 18 nm. Proteinanteil und RNA lassen sich trennen. Beide Virusbestandteile sind befähigt, durch Selbstorganisationsprozesse die ursprüngliche Form wiederherzustellen, wenn ein bestimmter pH-Wert und die nötigen Ionenbedingungen erfüllt werden. Das Virus ist dann wieder voll aktiv.

Wenn auch bei diesen Beispielen recht unterschiedliche Kräfte und Mechanismen wirksam waren, so führten doch alle zum gleichen Ergebnis, der Entstehung von „Strukturen" durch das Phänomen der Selbstorganisation bzw. Selbstordnung. – Der Begriff Struktur hängt mit der Verteilung der Materie zusammen. Man spricht dann von Struktur, wenn keine gleichmäßige Verteilung von Materie vorliegt, d. h. wenn sie von der wahrscheinlichsten Verteilung abweicht (Dorfmüller, 1993).

Die Attraktivität des Begriffs Selbstorganisation führt zu einer verbreiteten Anwendung, die allerdings nicht immer einer kritischen Prüfung standhält. So vermerkt der australische Physiker Paul Davies in seinem Buch „das fünfte Wunder", daß manche Beispiele für Selbstorganisation (wie auch zuvor geschehen) bei kritischer Betrachtung eigentlich nur Beispiele für eine spontane Selbstordnung darstellen, wie z. B. die Ausbildung der sechseckigen Konvektionszellen, die eher an eine Ordnung in Kristallen erinnert als an den komplexen Ordnungszustand lebender Systeme (Davies, 2000).

Das Phänomen Selbstorganisation führt also nicht direkt zu lebenden Systemen, es ist vielmehr Voraussetzung bzw. ein wesentlicher Beitrag zur Ausbildung und Entstehung eines Systems, das als lebend bezeichnet werden kann.

Nach Stuart Kauffman lösen Selbstorganisationsprozesse den Trend aus, der zu komplexeren Zuständen im System führt. In lebenden Systemen wirken zwei Quellen, die Ordnung determinieren:

- Selbstorganisation und
- Selektion   (Kauffman, 1996)

Nur durch das komplexe Zusammenwirken beider Phänomene kann ein lebendes System bestehen. St. Kauffman, theoretischer Biologe (und Mediziner) am Santa Fé-Institut, befaßt sich seit vielen Jahren mit Fragen der Entstehung des Lebens und den Ursprüngen der molekularen Evolution. Seine Modelle sind mathematische Modelle (Kauffman, 1991), die letztlich zur These führen, daß sich komplexe Systeme am besten dann anpassen, wenn sie „am Rande des Chaos" eine Gratwanderung ausführen. Dies heißt, allgemein formuliert, sich entwickelnde Systeme müssen einerseits die Komplexität besitzen, die das Phänomen Leben charakterisiert, aber auch ein gewisses Ausmaß an Stabilität und Wendigkeit besitzen, um bei Umweltveränderungen weiter existieren zu können. Dieser Zustand entspricht der zuvor bereits erwähnten Gratwanderung zwischen strukturlosem Chaos und lebensbedrohender Erstarrung.

Auch bei Kauffman stellen autokatalytische Reaktionen eine unabdingbare Voraussetzung für Biogeneseprozesse dar. Sie vermögen sich in selbstverstärkenden Rückkopplungsprozessen hochzuschaukeln, bis eine kritische Schwelle erreicht wird. Die nächste Stufe wäre dann der plötzliche Übergang von der Autokatalyse zur Selbstorganisation, ähnlich dem Übergang strukturlosen heißen Wassers zum System der Konvektionszellen (Bérnard-Instabilität) (Davies, 2000).

Die Kauffmanschen Aussagen stammen ausschließlich von Computer-Simulationen – und dies ist auch der Hauptansatzpunkt für Kritik, vor allem aus den Reihen der Biologen. Wenn auch umfangreiche mathematische Überlegungen sowie raffinierte Computer-Simulationen zeigen konnten, daß Netzwerke mit vielen Elementen dazu neigen, spontan in Systeme von organisierter Komplexität überzugehen, so fehlen doch noch wesentliche Komponenten, die zu einem lebenden System führen.

9.4 Das Chiralitätsproblem

Das Problem der „Händigkeit" von Molekülen wird im folgenden auch mit dem Fachausdruck Chiralität bezeichnet. Dieser Begriff wurde um die Jahrhundertwende von Lord Kelvin in die Wissenschaftssprache eingeführt und stammt vom griechischen „cheir", die Hand, da sich chirale Moleküle wie unsere beiden Hände verhalten, wie Bild und Spiegelbild, die nicht miteinander zur Deckung gebracht werden können.

Einführend einige allgemeine, aber wesentliche Fakten: Eine große Anzahl von Molekülen tritt in der Natur, aber auch bei chemischen Synthesen im Laboratorium in zwei räumlich unterschiedlichen Strukturen auf, die sich wie Bild und Spiegelbild verhalten. Auch zweidimensional wird dieser Unterschied deutlich. Der Buchstabe A (Abb. 9.5) kann, verschiebt man ihn von links nach rechts (oder umgekehrt), mit dem jeweiligen zweiten A zur Deckung gebracht werden. Dagegen ist dies mit dem Buchstaben G nicht möglich. Daher bezeichnet man A als nicht chiral oder achiral und G als chiral (händig).

Bei dreidimensionalen Gebilden wird der Sachverhalt komplexer: Legt man beide Hände mit den Innenflächen aneinander, so liegt die Spiegelebene genau dazwischen, die Hände sind chiral. Ob ein Molekül chiral oder achiral ist, hängt von Symmetriebeziehungen ab:

– *Chirale* Moleküle sind durch Symmetrieelemente 1. Art, z. B. Drehachsen, charakterisiert,
– *achirale* Moleküle durch Symmetrieelemente 2. Art, z. B. Symmetrieebenen, Inversionszentren oder Drehspiegelachsen (Brunner, 1999).

Es stellt sich die Frage: Warum ist das Chiralitätsproblem ein Thema für die Frage nach der Biogenese? – Zwei der wichtigsten Biomoleküle enthalten Bausteine von nur einer der beiden möglichen Molekülspezies:

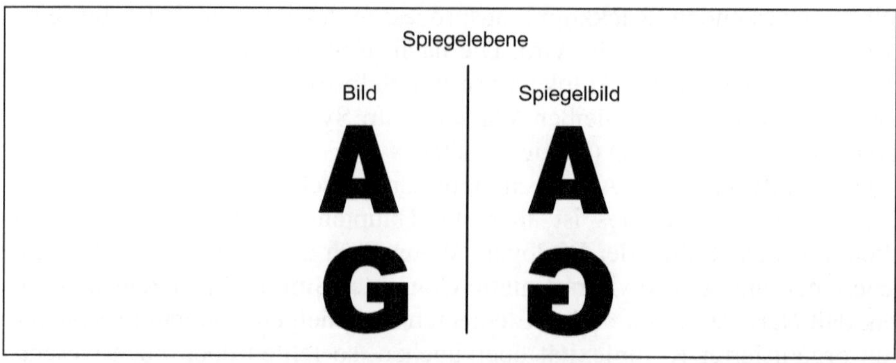

Abb. 9.5: Bild und Spiegelbild im zweidimensionalen Raum. Brunner (1999).

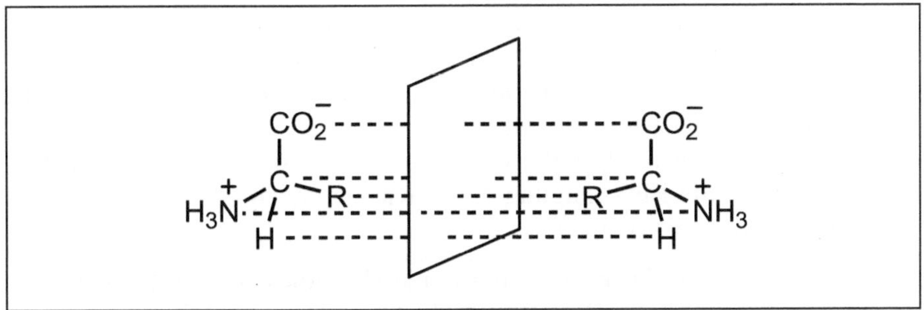

Abb. 9.6: Spiegelbildverhalten enantiomerer Moleküle. Die linkshändige L-α-Aminosäure geht durch Spiegelung in die rechtshändige D-α-Aminosäure über. Quelle: Tranter (1986)

–   Bis auf geringe Ausnahmen enthalten alle Proteine kontemporärer Lebewesen nur L-Aminosäuren,
–   in den beiden Nucleinsäuren besteht die Zuckerkomponente ausschließlich aus D-Ribose bzw. D-Desoxyribose.

Diese eindeutige Bevorzugung einer der beiden enantiomeren Formen bezeichnet man als die „Homochiralität der Biomoleküle". Sie wird von vielen Biogenetikern als Voraussetzung für die Entstehung des Lebens angesehen.

Obwohl sich bei jeder Synthese von Aminosäuren immer gleiche Mengen beider Formen bilden, so werden (fast) ausschließlich Aminosäuren der L-Reihe in Proteine und Peptide eingebaut. Dieses Phänomen bezieht sich auf die Aminosäuren in allen Lebewesen, vom Bakterium bis zum Elefanten. Aber auch im Bereich der Händigkeit gibt es Ausnahmen. So enthalten einige Antibiotika in ihren Proteinen D-Aminosäuren, und man findet sie in einigen wenigen Zellwandkomponenten. Die D-Aminosäuren stellen einen gewissen Schutz gegen die Aktivitäten der auf L-Aminosäuren spezialisierten Abbauenzyme dar.

Wie in Kapitel 6 ausgeführt, enthalten die Nucleinsäuren D-Ribose bzw. Desoxyribose. Die entsprechende L-Form ist von den Informationsträgern DNA und RNA verbannt. So stellt sich die Frage: Warum erfolgte die Zuordnung in der Weise L-Aminosäuren und D-Zucker in den Biomolekülen – und nicht umgekehrt?

In der wissenschaftlichen Diskussion wird von zwei Hypothesen beherrscht:

–   Die *konventionelle* Hypothese: In der präbiotischen Periode lagen während der chemischen Evolution beide Molekülformen, d. h. die D- bzw. L-Form, in gleichen Mengen nebeneinander vor. Durch ein noch unbekanntes Ereignis erfolgte der Symmetriebruch. Jeweils nur eine der beiden (enantiomeren) Molekülsorten wurde in die entsprechenden Makromoleküle eingebaut. Damit legte ein nichtlinearer Evolutionsprozeß die Richtung (D- oder L-Form) fest.

– Die *deterministische* Hypothese: Sie nimmt an, daß fundamentale Naturgesetze für die Bevorzugung einer der beiden Molekülsorten verantwortlich sind.

Die wissenschaftliche Diskussion um beide Hypothesen ist noch nicht beendet. Die konventionelle Hypothese scheint z. Zt. an Bedeutung verloren zu haben, aber eine eindeutige Klärung des Problems steht noch aus.

Im ersteren Falle wäre vorstellbar, daß sich ein Protoenzym auf der Urerde, das die Polykondensation von Aminosäuren zu (Proto)-Proteinen katalysierte, aus noch unbekannten Gründen für die L-Form entschieden hatte. Diese Festlegung mußte auf die folgenden Sequenzen weitervermittelt werden. Hier stellt sich die Frage: Zufall oder Notwendigkeit? Hätte das Protoenzym mit gleicher Wahrscheinlichkeit auch die D-Aminosäuren auswählen können? – An einer klärenden Antwort wird noch gearbeitet. Über die deterministische Hypothese liegen dagegen viele Publikationen vor und zwar sowohl theoretische als auch experimentelle Arbeiten.

Der experimentelle Befund, daß die Oligomerisation von Monomeren gehemmt wird, wenn die Monomeren aus einem Gemisch mit der gleichen Anzahl von rechts- und linkshändigen Einheiten bestehen, führte zur Annahme, Leben könne nur in einer Umgebung entstehen, in der eine der beiden Enantiomerenformen deutlich vorherrschte. Diese Annahme bedingt aber auch, daß die den Lebensursprung beschreibenden Modelle von einem abiogenen Ursprung der molekularen Paritätsverletzung ausgehen müssen.

Vor etwa 50 Jahren stellten die Physiker zu ihrem Erstaunen fest, daß das bisher als vollkommen symmetrisch angenommene Universum eine gewisse Vorliebe für die Linkshändigkeit zeigt. Man hielt es bei grundlegenden Naturgesetzen für unmöglich, links und rechts unterscheiden zu können. Diese Annahme bildete das Fundament für das physikalische Gesetz von der „Erhaltung der Parität". Danach muß bei jedem physikalischen Prozeß die Summe der Paritäten vor und nach dem Prozeß gleich sein. Mit anderen Worten: Das Spiegelbild jeder physikalischen Erscheinung ist ebenfalls eine reale Erscheinung (Ball, 1996).

Die Fachwelt staunte, als 1956 zwei in den USA lebende junge Chinesen, die Physiker Chen Ning Yong und Tsung Dao Lee, die Hypothese aufstellten, daß Parität nicht in jedem Fall erhalten bleibt. Allerdings fehlte noch der experimentelle Beweis für diese kühne Behauptung. Er wurde bald von der an der Columbia-Universität lehrenden Physikerin Chien-

Shiung Wu erbracht. Sie untersuchte den Zerfall von ^{60}Co. Dieses in der Natur nicht vorkommende Isotop muß im Kernreaktor aus natürlichem ^{59}Co durch Neutronenbeschuß gewonnen werden. Es zerfällt mit einer HWZ von fünf Jahren, so verbleibt genügend Zeit zum Experimentieren. Der β-Zerfall von ^{60}Co führt zu ^{60}Ni + 1 Elektron + 1 Antineutrino. Im Kobaltkern verwandelt sich ein Neutron durch den β-Prozeß zu einem Proton, einem Elektron und einem Antineutrino (genauer: Elektron-Antineutrino). Dabei entsteht aus dem Co-Kern ein Ni-Kern. Der β-Zerfall beruht auf Wechselwirkungen zwischen den Kernteilchen, die durch die „schwache Kraft" bedingt sind. Beim Zerfall der Kobalt-60-Kerne werden Elektronen vor allem in Richtung der magnetischen Pole ausgesandt. Sollte dieser Vorgang dem Gesetz der Paritätserhaltung folgen, so müßten die Elektronen mit gleicher Wahrscheinlichkeit aus dem einen, wie auch aus dem anderen Pol ausgestoßen werden. Bei den Experimenten zum ^{60}Co-β-Zerfall mußte die Probe bis nahe dem absoluten Nullpunkt (0,01 K) gekühlt werden, um die thermische Bewegung der gleichzurichtenden Teilchen einzufrieren. Ein starkes Magnetfeld richtete die Teilchen aus und dabei ermittelte man die Anzahl der aus jedem Polende austretenden Elektronen. Die Experimente ergaben, daß an einem Pol mehr Elektronen freigesetzt werden als an dem anderen Pol. Damit war erstmals ein Paritätsbruch nachgewiesen worden. Diese Bestätigung der Lee/Yang-Hypothese brachte beiden Entdeckern 1957 den Nobelpreis für Physik ein.

Welche Bedeutung hatte aber dieses Forschungsergebnis für das Chiralitätsproblem? – Eine Schwierigkeit ist die Tatsache, daß die für die Paritätsverletzung verantwortliche Kraft gar nicht so schwach ist. Aber sie wirkt nur über eine extrem kurze Reichweite (kürzer als ein Atomradius). Daher macht sich die schwache Kraft außerhalb des Atomkerns nicht bemerkbar – mit der Ausnahme des β-Zerfalls. Ihr Einfluß auf chemische Reaktionen müßte dennoch entweder gar nicht oder nur in sehr geringem Ausmaß vorhanden sein, da chemische Reaktionen fast ausschließlich auf Wechselwirkungen der Elektronenhüllen beruhen.

Der Einfluß der schwachen Kraft auf chemische Reaktionen ist berechenbar. Da die schwache Kraft die Linkshändigkeit bevorzugt, wirkt sich dies auf den Energieinhalt an Molekülen und damit auf deren Stabilität aus. Im Falle der Aminosäuren wäre deren L-Form zu einem extrem kleinen Anteil stabiler als die entsprechenden D-Analoga. Theoretische Berechnungen (nach den sog. Ab-initio-Verfahren) vor allem von Mason und Tranter (1983) ergaben, daß die durch die Paritätsverletzung bedingte Energiedifferenz zwischen beiden Enantiomeren bei etwa 10^{-14} J·Mol^{-1} liegen muß (Buschmann et al., 2000). Neuerdings gibt es deutliche Hinweise, daß die zuvor angegebenen Werte einer Energiedifferenz (bzw. Stabilitätsdifferenz) zwischen den Enantiomeren um etwa eine Zehnerpotenz höher liegt (Bakasov et al., 1995). Für einen Teil der an diesem Problem arbeitenden Wissenschaftler ist dieser Betrag jedoch zu gering, um die Entstehung einer homochiralen, belebten Welt zu erklären.

Kondepudi und Nelson (1985) konnten unter Berücksichtigung der neuen Erkenntnisse über das Verhalten von Systemen fern ab vom Gleichgewicht, eine gewisse Bevorzugung der L-Aminosäuren rechnerisch ermitteln. Es ist der durch die schwache Wechselwirkung bedingte, winzig kleine Stabilisierungseffekt, der durch Verstärkungsmechanismen bis zu 98 % der Wahrscheinlichkeit erreicht, daß die L-Enantiomeren der Aminosäuren in Polymere eingebaut werden. Die Verstärkungsmechanismen finden ihre Begründung in der Thermodynamik irreversibler Systeme.

Ein besonderes Modell stammt von Vitali Goldanski in Moskau, der einige Annahmen, die den Berechnungen von Kondepudi zu Grunde liegen, recht kritisch beurteilt. Das von Goldanski entwickelte Modell nimmt an, daß in den Dunkelwolken des interstellaren Staubes auch nahe dem absoluten Nullpunkt chemische Reaktionen abzulaufen vermögen. Dabei sind Prozesse vorstellbar, die eine der beiden Enatiomeren begünstigen. Diese Produkte müßten durch Meteoriten oder Kometen auf die Erde transportiert worden sein (Goldanski u. Kuzmin, 1991). Reaktionen bei extrem tiefen Temperaturen sind durch die Annahme von quantenmechanischen Tunneleffekten erklärbar. Derartige Vorstellungen konnten experimentell untermauert werden. So gelang es bei der Temperatur des flüssigen Heliums (4,2 K) Formaldehyd zu Ketten von mehreren hundert Einheiten zu polymerisieren. Dieser Prozeß mußte allerdings durch hochenergetische Elektronenstrahlen eines Teilchenbeschleunigers oder durch γ-Strahlung (^{60}Co) ausgelöst werden (Goldanski, 1986).

Ein weiterer Erklärungsversuch zur Homochiralität von Biomolekülen findet seine Begründung in der Autokatalyse. Der große Vorteil einer asymmetrischen Katalyse besteht darin, daß Katalysator und chirales Produkt identisch sind und daher nicht voneinander getrennt werden müssen (Buschmann et al., 2000). Damit die enantioselektiv wirksame verstärkende Autokatalyse eine der beiden enantiomeren Formen bilden kann, muß eine schwache Störung auf das racemische Gemisch gewirkt haben. Dies könnte durch den zuvor beschriebenen geringfügigen Energieunterschied der Enantiomeren oder aber durch statistische Fluktuationen ausgelöst worden sein.

Außerdem stellt sich die Frage nach dem Ursprungsort der chiralen Moleküle. Wurden die L-Aminosäuren bzw. D-Zucker auf der Urerde selektiert, oder sind extraterrestrische Quellen für die Homochiralität verantwortlich? Die zweite Möglichkeit beschreiben Hypothesen über die Einwirkung von zirkular polarisiertem Licht extraterrestrischen Ursprungs auf chirale Moleküle in Molekülwolken, aus denen sich das Sonnensystem bildete. Eine dieser Hypothesen wurde erstmalig von Rubenstein et al. (1983) diskutiert und von anderen Wissenschaftlern, vor allem A. W. Bonner, beide von der Stanford-Universität, weiterentwickelt (Bonner u. Rubenstein, 1987). Als eigentlichen Auslöser der Strahlung nehmen die Autoren die Synchrotron-Strahlung an, die von Supernovae stammt. Der bei diesem Bestrahlungsprozeß gebildete Überschuß einer enantiomeren Form müßte dann mittels Kometen und Meteoriten auf die Urerde transportiert worden sein – wahrscheinlich noch im Zeitraum der Bombardementphase vor $4,2–3,8\cdot10^9$ Jahren.

Diese Hypothese teilt das Schicksal mit vielen anderen Hypothesen zum Biogeneseproblem – sie ist noch umstritten! Dabei dürfte nicht nur die Entstehung der CP-UV-Strahlung hypothetisch sein, sondern auch die Überführung von Molekülen aus dem interstellaren Raum auf die Erde. Letztere Annahme gründet sich vor allem auf die Ergebnisse neuer Analysen des Murchison-Meteoriten (Cronin u. Pizzarello, 1997; Cronin, 1998). Beide Forscher von der Universität Tempo-Arizona fanden im Meteoritenmaterial die vier stereoisomeren Aminosäuren: DL-α-Methylisoleucin und DL-α-Methylalloisoleucin. Dabei kommen die L-Enantiomeren der beiden enantiomeren Paare eindeutig im Überschuß vor (7,0 und 9,1 %). Ganz ähnliche Ergebnisse erhielt die Arbeitsgruppe von zwei anderen α-Methyl-Aminosäuren, und zwar von Isovalin und α-Methylvalin. Eine Verunreinigung durch kontemporäre Proteine kann ausgeschlossen werden, da diese Aminosäuren nicht, oder nur in sehr geringen Mengen in der lebenden Natur vorkommen. Da für die C-haltigen Chondrite (Abschn. 3.3.2) ein Entstehungsalter von etwa $4,5\cdot10^9$ Jahren angenommen wird, müssen entweder nur einer oder mehrere asymmetrische Einflüsse bereits vor der Biogenese auf obige Aminosäuren eingewirkt haben.

Es ist noch unklar, welche Strahlenquellen die asymmetrischen Reaktionen auslösen konnten. Jeremy Bailey vom Anglo-Australian Observatory, Epping, Australien untersuchte, welche astronomischen Objekte als Strahlenquelle in Betracht gezogen werden können (Bailey et al., 1998; Bailey, 2001). – Mit UV-zirkular polarisiertem Licht gelang es im Laborexperiment einen kleinen enantiomeren Überschuß bei einigen Aminosäuren zu erzeugen (Norden, 1977). Diese asymmetrische Photolyse besteht in einer photochemischen Zerstörung von D- und L-Enantiomeren allerdings mit unterschiedlichen Zerstörungsraten und damit zu einem gewissen Vorteil der stabileren Form. Diesem Vorgang muß ein autokatalytischer Vermehrungsprozeß folgen.

Welche astronomischen Objekte kommen überhaupt als Strahlungsquellen in Betracht? Die bekanntesten CPL-Quellen sind weiße Zwerge mit einem starken Magnetfeld. Allerdings ist die Chance sehr gering, daß organische Moleküle dieser Strahlung ausgesetzt sein konnten. Als weitere mögliche CPL-Quellen können Reflexionsnebel in einigen Gebieten mit massiver Sternbildung angenommen werden. Diese kosmischen Regionen weisen CP-Licht im IR-Bereich auf. Man vermutet, daß auch die für eine erfolgreiche Enantiomerenselektion benötigte UV-CP-Strahlung vorhanden sein dürfte. In diesen Räumen des Kosmos kann beinahe jeder Stern als UV-Quelle wirken. Die Polarisation könnte durch Staubpartikel erzeugt worden sein, die durch ein Magnetfeld eine bestimmte Ausrichtung erfuhren. Diese Sternentstehungsregionen enthalten meistens auch organische Materie und damit (vermutlich) auch chirale Biomoleküle oder ihre Vorstufen. Nach Bailey (2001) sind noch keine genauen Abschätzungen über die Wahrscheinlichkeit des tatsächlich ablaufenden Prozesses möglich, ob also die Homochiralität durch extraterrestrische Ereignisse herbeigeführt wurde oder durch intrinsische Prozesse, wie der Wirkung der universellen schwachen Kraft.

Eine weitere Hypothese über die Homochiralität steht im Zusammenhang mit Wechselwirkungen von Biomolekülen mit Mineralien der Gesteinsoberfläche der Erde bzw. des Meeresbodens. So wurden auch Adsorptionsprozesse von Biomolekülen an chiralen Mineralienoberflächen untersucht. Inwieweit optisch aktiver, natürlicher Quarz bei der Entstehung optischer Aktivität auf der Urerde eine Rolle gespielt haben konnte, überprüften Klabunovskii und Thiemann (2000) auf der Grundlage einer großen Anzahl von Analysendaten diverser Autoren. Einige Forscher halten es für möglich, daß die enantioselektive Adsorption durch eine der beiden Quarzspezies (L- oder D-Quarz) zur Homochiralität von Biomolekülen geführt haben könnte. Die asymmetrische Adsorption an enantiomorphen Quarzkristallen konnte nachgewiesen werden: L-Quarz adsorbiert bevorzugt L-Alanin. Auch gelingt mit D- bzw. L-Quarz als aktive Katalysatoren eine asymmetrische Hydrogenierung. – Mittelt man jedoch über eine große Anzahl von Untersuchungen zu diesem Problem, wie dies Klabunovskii und Thiemann darlegten, so ist keine eindeutige Bevorzugung einer der beiden enantiomorphen Quarzformen in der Natur zu beobachten. Möglicherweise verhalten sich Kristalle des gesteinsbildenden, rhomboedrisch kristallisierenden Kalkspats (Calcit: $CaCO_3$) bei der Adsorption von L- und D-Aminosäuren selektiv. Diese Eigenschaft des Calcits wurde an einem racemischen Gemisch der Aminosäure Asparaginsäure nachgewiesen. Die selektive Adsorption erfolgt am besten bei Kristallen mit stufenförmiger Oberfläche. Für weitergehende Aussagen sind noch zahlreiche Untersuchungen notwendig (Hazen et al., 2001).

Szabo-Nagy und Keszthelyi (2000 und 1999) weisen mit neuen Experimenten auf eine mögliche Paritätsverletzung bei der Kristallisation von Racematen hin, die aus Tris(1,2-ethylendiamin Co(III)) und der entsprechenden Iridium-Verbindung bestehen.

Sensationell erscheinende Ergebnisse erzielte Kondepudi (2000) von der Wake-Forest-Universität, Winston, Salem, bei der Kristallisation einer Mischung von gelöstem $NaClO_3$ und $NaBrO_3$ unter Rühren. Dabei bildete sich ein Überschuß einer enantiomeren Form bis zu 80 %. Welches Enantiomer überwiegt, ist nicht vorauszusehen, also ein Zufallsprozeß. Wahrscheinlich ist der Vorgang auf chirale, autokatalytische Prozesse zurückzuführen. Ähnliche Erscheinungen wurden auch schon in Schmelzen beobachtet.

Es scheint, als wäre ein Axiom der Stereochemie, und zwar die absolute Identität der wichtigsten chemischen und physikalischen Eigenschaften von chiralen Isomeren, nicht mehr gültig. Experimente mit der Aminosäure Tyrosin (Tyr) zeigen unerwartete Unterschiede in der Löslichkeit von D- und L-Tyr in Wasser. So kristallisierte eine übersättigte Lösung von 10 mM L-Tyr bei 293 K viel langsamer als eine von D-Tyr unter ansonsten gleichen Bedingungen. Die gesättigte Lösung von L-Tyr war konzentrierter als die von D-Tyr. Übersättigte Lösungen von DL-Tyr in Wasser bildeten Niederschläge vor allem von D-Tyr und DL-Tyr, und dies ergab einen Überschuß von L-Tyr in der gesättigten Lösung. Die Experimente wurden äußerst sorgfältig ausgeführt, um mögliche Kontaminationen auszuschließen. Ob dieses Phänomen nur eine besondere Eigenschaft des Tyrosins ist oder ob auch andere Aminosäuren ein ähnliches Verhalten zeigen, muß noch geprüft werden. Ebenso sind mögliche Rückschlüsse auf das Homochiralitätsproblem von Biomolekülen noch unklar (Shinitzky et al., 2002).

Nähere Auskünfte über das Vorkommen chiraler Molekülarten sollte die geplante, doch nunmehr (bedingt durch den Fehlstart der Ariane 5 ECA-Rakete im Dezember 2002 (Adam, 2002)) verschobene Landung auf einem Kometen mit Analysen des Kometenmaterials ergeben. Das auf einem Roboter installierte GS-MS-Gerät ist auch befähigt, chirale organische Moleküle zu trennen und zu analysieren (Thiemann u. Meierhenrich, 2001).

Die Labordaten von zwei Arbeitsgruppen (Abschn. 3.2.4) weisen darauf hin, daß sich bei der Simulation von Bedingungen des interstellaren Raumes chirale Aminosäure-Strukturen ausbilden können. Die Versuchsergebnisse unterstützen die Annahme, daß an interstellaren Eiskörnern unter Bestrahlung mit zirkulär polarisiertem UV-Licht wichtige asymmetrische Reaktionen abgelaufen sein konnten. Ob derartiges Material jemals zur Urerde befördert wurde, bleibt noch eine offene Frage. Aber die in einigen Jahren erwartete Rosetta-Mission (Abschn. 3.2.4) könnte wesentliche Antworten zum Problem einer asymmetrischen Synthese von Biomolekülen unter Weltraumbedingungen liefern (Meierhenrich u. Thiemann, 2004).

Zusammenfassend kann man feststellen, daß trotz wichtiger Teilergebnisse auch das Homochiralitätsproblem noch auf eine Lösung wartet!

Literatur

Adam D (2002) Nature 420:.723

Anfinsen C (I973) Angew Chem 85:1065

Bailey J, Chrysostomou A, Hough JH, Gledhill TM, McCall A, Clark S, Ménard F, Tamura M (1998) Science 281:672

Bailey J (2001) Orig Life Evol Biosphere 31:167

Bakasov A, Ha T-K, Quack M (1995) Ab initio Calculation of molecular energies including parity violating interactions. In: Chela-Flores J, Raulin F (eds) Chemical Evolution: Physics of the Origin of Life. Kluwer, Dordrecht Boston London, p 287

Ball P (1996) Chemie der Zukunft – Magie oder Design? VCH, Weinheim

Barrow JD (1993) Die Natur der Natur. Spektrum, Heidelberg, S 205

Bong DT, Clark TD, Granja JR, Ghadiri MR (2001) Angew Chem 113:1017

Bonner WA, Rubenstein S (1987) Biosystems 20:99

Brunner H (1979) Naturw Rdsch 32:393

Brunner H (1999) Rechts oder links. Wiley, Weinheim

Buschmann H, Thede R, Heller D (2000) Angew Chem 112:4197

Cramer F (1988) Chaos und Ordnung. Deutsche Verlagsanstalt, Stuttgart

Cronin JR Pizzarello S (1997) Science 275:951

Cronin JR (1998) Clues from the Origin of the Solar System: Meteorites. In: Brack A (ed) The Molecular Origins of Life. Cambridge University Press, pp 119-146

Davis P (2000) Das fünfte Wunder. Scherz, München Wien

Dorfmüller T (1993) FAZ, Natur und Wissenschaft, 29.12.1993

Eddington AS (1932) The Nature of the Physical World. London, (CUP)

Eigen M (1971 a) Quart Rev Biophys 4:149

Eigen M (1971 b) Naturwissenschaften 58:465

Field R, Schneider F (1998) Chemie in unserer Zeit 22:17

Flamm D (1979) Naturw Rdsch 32:325

Goldanski VI (1986) Spektrum der Wissenschaft , April: 62

Goldanski VI, Kuzmin VV, (1991) Nature 352:114

Haken H (1989) Synergetik: Vom Chaos zur Ordnung und weiter ins Chaos. In: Verhandlungen der Gesellschaft Deutscher Naturforscher und Ärzte 1988. Wissenschaftliche Verlagsgesellschaft, Stuttgart, S 56-75

Hazen RN, Filley TR, Goodfriend GA (2001) Proc Natl Acad Sci USA 98:5487

Jantsch E (1992) Die Selbstorganisation des Universums. Hanser, München

Jessen W (1978) Naturwissenschaften 65:449

Kauffman SA (1991) Spektrum der Wissenschaft , Oktober: 90

Kauffman SA (1996) Der Öltropfen im Wasser. Piper, München

Klabunovskii E, Thiemann W H-P (2000) Orig Life Evol Biosphere 30:431

Kondepudi DK, Nelson GW (1985) Nature 314:438

Kondepudi DK (2000) Orig Life Evol Biosphere 30:214

Mason SF, Tranter GE (1983) J Chem Soc Chem Commun 1983:117

Meierhenrich UJ, Thiemann W H-P (2004) Orig of Life Evol Biosphere 34:111

Nicolis G, Prigogine I (1987) Die Erforschung des Komplexen. Piper, München
Norden B (1977) Nature 266:567
Prigogine I (1979) Vom Sein zum Werden. Piper, München
Prigogine I, Stengers I (1986) Dialog mit der Natur. Piper, München
Richter K, Rost J-M (2002) Komplexe Systeme. Fischer, Frankfurt/M
Rubenstein E, Bonner WA, Noves HP, Brown GS (1983) Nature 306:118
Schuster P (1972) Chemie in unserer Zeit 6:1
Schuster P, Sigmund K (1982) Vom Makromolekül zur primitiven Zelle – Das Prinzip der frühen Evolution. In: Hoppe W, Lohmann W, Markl H, Ziegler H (Hrsg) Biophysik. Springer, Berlin Heidelberg New York, S 907-947
Shinitzky M, Nudelman F, Barda Y, Halmowitz R, Chen E, Deamer DW (2002) Orig Life Evol Biosphere 32:285
Szabo-Nagy A, Keszethelyi L (1999) Proc Natl Acad Sci USA 96:4252
Szabo-Nagy A, Keszethelyi L (2000) Orig Life Evol Biosphere 30:219
Thiemann W H-P, Meierhenrich U (2001) Orig Life Evol Biosphere 31:199
Tranter GE (1982) Nachr Chem Tech Lab 34:866
Unsöld A (1981) Evolution kosmischer, biolgischer und geistiger Strukturen. Wissenschaftlliche Verlagsgesellschaft, Stuttgart
von Bertalanffy L (1951) Auf den Pfaden des Lebens. Umschau, Frankfurt/Main
Wieser W, Gnaiger E (1980) Biologie in unserer Zeit 10:104

10 Urzellen und Zellmodelle

10.1 Paleontologische Befunde

Die frühe Phase der Erdgeschichte vor 4 bis etwa 3,8 Milliarden Jahren liegt, wie der Zeitraum vor dieser Periode, noch völlig im Dunkel unserer Unkenntnis. Mögliche Zeugen aus diesen archaischen Phasen der Erdgeschichte könnten helfen, das Dunkel aufzuhellen.

Es geht also um die Spurensuche nach möglichen Resten ersten primitiven Lebens auf unserem Planeten – die Suche nach Fossilien, genauer nach Mikrofossilien. Darunter versteht man die Reste ehemals lebender Zellen. Es sind meist nur die Zellwände, die erhalten blieben. Sie können aus dem umgebenden Sedimentgestein isoliert werden, wenn die silikathaltigen, sulfidischen und karbonatreichen Mineralien chemisch aufgelöst wurden. Der kohlenstoffhaltige Rückstand enthält dann die Mikrofossilien, von denen für die nachfolgenden mikroskopischen Untersuchungen transparente, dünne Plättchen hergestellt werden.

Eine weitere wichtige Methode, um frühes Leben aufzuspüren, führt über das Verhältnis der beiden Kohlenstoffisotope ^{12}C und ^{13}C. Bei biologischen Prozessen wird das leichtere Isotop ^{12}C (der „normale Kohlenstoff") bevorzugt in Biomoleküle eingebaut. Aus dem Verhältnis ^{13}C/^{12}C schließt man auf das Vorliegen von Material, das durch Lebensprozesse entstand. Entscheidend für eine gesicherte Aussage ist natürlich, daß andere, nicht-biologische Ereignisse völlig auszuschließen sind. Ob dies in jedem Falle möglich sein dürfte – ist fraglich. Vor allem dann, wenn nicht alle geologischen Prozesse, die vor 3–4 Milliarden Jahren abliefen, genau bekannt sind.

Es gibt drei Arten von Beweisen für das erste Leben auf unserer Erde. Diese drei sind voneinander unabhängig, verstärken sich aber gegenseitig:

– Stromatoliten,
– zelluläre Fossilien,
– biologisch gebildete C-haltige Materie.

Stromatoliten sind lamellenartig gelagerte kalkreiche Fossilien mit einer Feinschichtung im Millimeter-Bereich, die in vielerlei Formen auftreten können. Sie entstanden durch die Lebensfunktionen von Blaugrünalgen (Cyanobakterien).

Zelluläre Fossilien werden mikroskopisch und neuerdings mit Hilfe der Laser-Raman-Spektroskopie (siehe später) untersucht. Die Dünnschliffe der Gesteine zeigen oftmals Zellen in der Größe, Form, zellulären Struktur und Kolonieform, die den heutigen Mikroorganismen stark ähneln. Damit die zuvor bezeichneten Eigenschaften erhalten bleiben, durften die Gesteine niemals über 420 K erhitzt worden sein. Ebenso hätten zelluläre Fossilien höhere Druckbelastungen nicht überstanden.

Die Isotopenzusammensetzung des Kohlenstoffs in C-haltigem, organischem Material („Kerogen") in alten Sedimenten gestattet die Entscheidung, ob in der Phase der Gesteinsbildung photosynthetische Organismen vorhanden waren oder nicht. Dieses Indiz kann noch Auskunft über biologische Aktivitäten geben, falls zelluläre Strukturen bereits zerstört wurden. Das Element Schwefel kann in ähnlicher Weise für Aussagen genutzt werden (Schopf, 1999).

Die ältesten Gesteinsformationen der Erde findet man hauptsächlich in drei Regionen:

- Südafrika,
- West-Australien und
- Grönland.

Folgt man der historischen Entwicklung der Paleontologie, so begann sie zaghaft nach Darwins „Suche nach dem fehlenden Beweis", d. h. den fehlenden Fossilien aus dem Präkambrium, die Darwins Theorie beweisen konnten. 1865 entdeckte Sir John William Dawson (Kanada) die „Eozoön Pseudofossilien" und 1883 James Hall die „Crytozoon Stromatoliten" (Schopf, 1999). Aber die intensive Phase der Paleobiologie des Präkambriums begann in der Mitte des vorigen Jahrhunderts.

Es waren vor allem die Arbeiten von Barghoorn und Schopf (1966) über Mikrofossilien der Fig-Tree-Gruppe mit einem Alter von ca. $3,1 \cdot 10^9$ Jahren. In den kohlenstoffreichen Gesteinen der Feigenbaum-Serie (cherts) fanden die beiden Paleobiologen rutenförmige Mikroorganismen von 0,5–0.25 µm, die „Eubacterium isolatum" benannt wurden. Außerdem entdeckten sie Fossilien, der etwa 100 Millionen Jahre älteren Onverwacht-Serie (Swaziland-System). Diese Mikrofossilien dürften von algenähnlichen Organismen abstammen. Aus diesen Sedimentgesteinen extrahierte C-haltige Verbindungen erwiesen sich bei gaschromatographischer Analyse als geradkettige Kohlenwasserstoffe von $n\text{-}C_{16}$ bis $n\text{-}C_{25}$, mit einem Maximum bei $n\text{-}C_{20}$. Inwieweit diese Verbindungen biogenen Ursprungs sind, blieb ungeklärt.

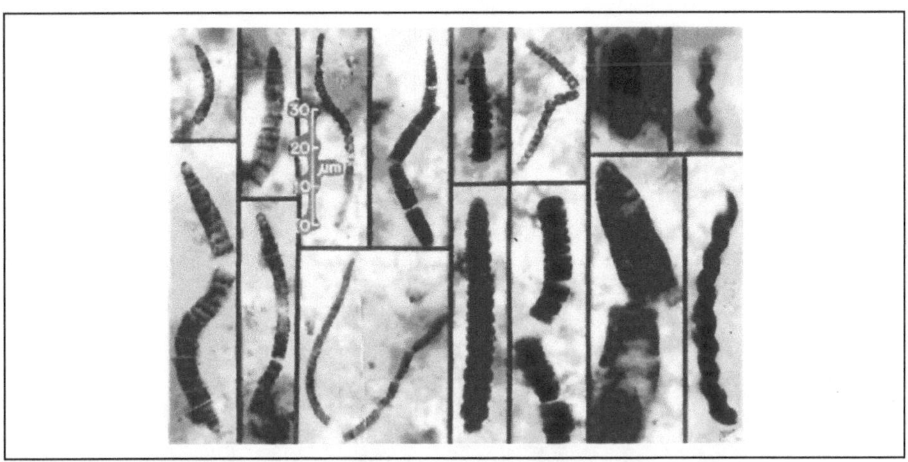

Abb. 10.1: Zelluläre, versteinerte, fadenförmige Mikrofossilien (Cyanobakterien) aus der geologischen Bitter-Springs-Formation in Zentral-Australien (Alter: ~ 850 Millionen Jahre). Quelle: mit freundlicher Überlassung von J. W. Schopf

Die Nachricht über die ältesten bisher entdeckten Mikrofossilien war eine Sensation (Schopf, 1993). Das Fundgebiet liegt in West-Australien in geologischen Formationen, deren Alter von mehr als drei Milliarden Jahren schon einige Jahre zuvor erkannt und beschrieben wurde (Groves et al.,

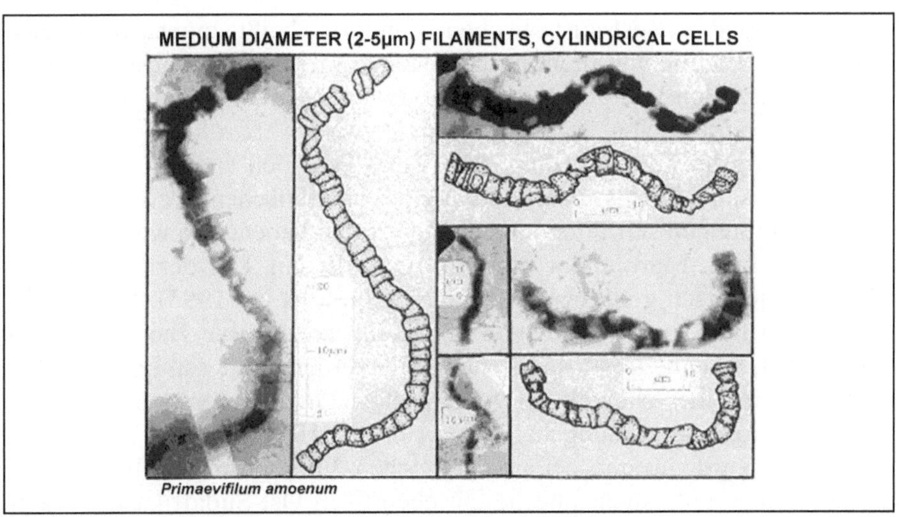

Abb. 10.2: Cyanobakterien-ähnliche, fadenförmige, C-haltige Fossilien aus dem 3,456 Milliarden Jahre alten Apex-chert in NW-West Australien, deren Ursprung, Herkunft und Entstehung nicht unumstritten sind. Zur sicheren Interpretation zum Dünnschliffbild die dazugehörige Zeichnung. Quelle: mit freundlicher Überlassung von J. W. Schopf

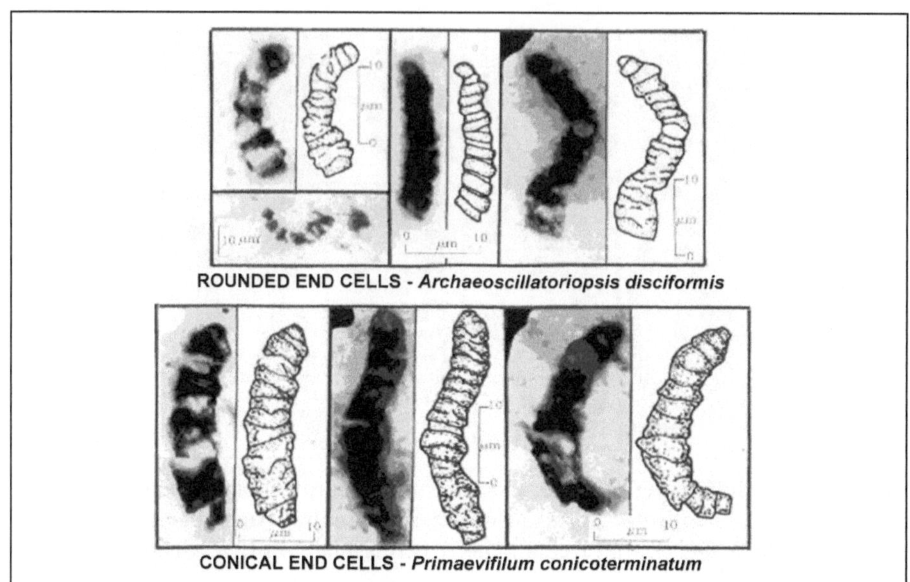

Abb. 10.3: Mikrofossilien mit unterschiedlich geformten Endzellen aus dem gleichen Fundgebiet wie Abb. 10.2 und daher mit dem gleichen Alter. Ebenso zu den Originalabbildungen die Zeichnungen zur näheren bzw. besseren Erkennung der Strukturen. Quelle: J. W. Schopf wie Abb. 10.2

1981). Einer der west-australischen Fundorte heißt eigenartigerweise „Northpole". Für die vor allem im Hornstein (einem stark verfestigten Kiesel-Sedimentgestein) entdeckten Fossilien wurde ein Alter von 3,465 Milliarden Jahren ermittelt.

Die wichtigste Voraussetzung archaische Fossilien finden zu können, sind geologische Formationen, die keine dramatischen Veränderungen bzw. Umformungen seit ihrer Entstehung erlitten haben. Die west-australische Gegend um Marble Bar und Northpole ist ein Teil der als Pilbara-Schild bezeichneten geologischen Einheit (Buick et al., 1995). Die Northpole-Region liegt etwa 40 km von der Kleinstadt Marble Bar entfernt in einer heißen, beinahe trostlosen Zone. Die Sedimente mit den Fossilien befinden sich in einer ehemaligen vulkanischen Lagune, deren Bildung auf komplexe Prozesse zurückgeht (Groves et al., 1981). Dieser Teil West-Australiens wurde wegen seiner zahlreichen Erzvorkommen bereits vor Jahren intensiv untersucht und beschrieben. – In Ost-Südafrika in Swaziland gibt es ebenfalls 3–3,5 Milliarden Jahre alte Gesteinsformationen. – Noch ältere Gesteine fand man bei Isua auf Grönland, doch es ist nahezu unmöglich, daß die dort aufgefundenen Lebensspuren echt sein könnten, da die Isua-Gesteine stärker thermisch belastet wurden als das Material aus West-Australien (darüber später ausführlicher).

Wie sind geologische Zeitspannen von ca. 3,5 Milliarden Jahren überhaupt bestimmbar? – Die Methode der Wahl ist die bekannte radiometrische Altersbestimmung mit Hilfe von radioaktiven Isotopen. Dabei muß das „Eltern"-Isotop in das „Tochter"-Isotop zerfallen. Bei bekannter HWZ des zerfallenden Isotops kann man auf das Alter des Gesteins schließen, wenn es gelingt, die genaue Substanzmenge des Tochter-Isotops zu bestimmen. Der wissenschaftliche Erfolg beruht auf zwei Fundamenten: Das eine bestimmt die Natur, das andere die technische Entwicklung, denn die Bestimmungsmethode erfordert sehr empfindliche Massenspektrometer. Von der Natur des zu untersuchenden Gesteinsmaterials ist zu fordern, daß sowohl das nicht zerfallene Eltern-Isotop als auch das durch Zerfall gebildete Tochter-Isotop im Untersuchungsmaterial eingekapselt gehalten wurden, d. h. nicht entweichen konnten. Vereitelten geologische Prozesse die letztere Forderung, so sind falsche Untersuchungsergebnisse die Folge.

Am besten „versiegelt" sind Zirkone, d. h. Zirkonium-Silikat-Mineralien. Sie bestehen aus dichtgefügten Kristallen. Sie bilden sich, wenn geschmolzene Lava an Vulkanflanken erstarrt. Wenn die Zirkonkörner auskristallisieren, bauen sie radioaktives Uran ein (vor allem ^{238}U), das über mehrere Stufen zerfällt und schließlich als Bleiisotop (^{208}Pb) zurückbleibt. Die Zerfallsrate ist extrem langsam – die HWZ beträgt $4{,}5 \cdot 10^9$ Jahre. Aus diesem Grund hat sich die U-Pb-Zirkon-Methode für die Altersbestimmungen des Prekambriums sehr bewährt. Die von Schopf untersuchten Fossilien waren zwischen zwei Lavaschichten eingebettet (Schopf, 1999). Die Fossilienschicht (Appex chert) befand sich sandwich-artig zwischen dem vulkanischen Material, das ein Alter von $3{,}458 \pm 0{,}0019 \cdot 10^9$ Jahren und $3{,}471 \pm 0{,}005 \cdot 10^9$ Jahren aufwies. Für die Fossilien ermittelte man daraus ein Alter von $\sim 3{,}465 \cdot 10^9$ Jahren.

Bereits drei Jahre nach Bill Schopfs Bericht in „Nature" erschien in der gleichen Zeitschrift ein Artikel von der Arbeitsgruppe von Gustaf Arrhenius aus dem Scripps-Institut für Ozeanographie in La Jolla (Mojzsis et al., 1996). Mit modernster Technik hatten die Forscher Gesteine aus Grönland untersucht. Sie kamen zu dem Schluß, daß das Leben (möglicherweise) noch 300 Millionen Jahre älter sein könnte, als bisher angenommen. Bei Isua in West-Grönland, etwa 150 km nord-östlich von Godthab (Nuuk), waren bereits vor mehr als 25 Jahren erste Hinweise auf diese ältesten Sedimentgesteine publiziert worden (Nagy, 1976; Walters et al., 1981). Die Sedimente von Isua waren sicherlich starken Belastungen ausgesetzt gewesen. Trotzdem glaubte man Spuren primitiven Lebens gefunden zu haben. Das ^{13}C/^{12}C-Verhältnis in dem Isua-Gestein wies auf den biologischen Ursprung des Kohlenstoffs hin (Schidlowski, 1988).

Bei den west-australischen Gesteinsproben der Pilbarer Formation erhielt man ein ^{13}C/^{12}C-Verhältnis von etwa 3 % über einem Vergleichstandardwert (dem sog. PDB-Standard). Ähnliche Werte ermittelte man auch für das Isua-Gestein. Da aber dieses Gestein nicht mehr seine ursprüngliche Morphologie aufwies, sind die von Pflug (1978, 1984) gefundenen hefeähnlichen Relikte doch recht unsicher und wurden vor allem von amerikanischen Wissenschaftlern (J. W. Schopf und E. Roedder) stark angezweifelt (Breuer, 1981, 1982). Bill Schopf konnten weder die Isua-Mikrofossilien noch das $^{13}C/^{12}C$-Isotopenverhältnis davon überzeugen, daß es sich um 3,8 Milliarden Jahre alte Lebensspuren handeln könnte. Diese Isua-Graphit-Flocken könnten auch „der verkohlte Bodensatz der Ursuppe" sein oder C-haltiges Material, das von Meteoriten oder Kometen auf die Erde gebracht wurde (Schopf, 1999).

Die Analysen des Isua-Gesteins wurden im Scripps-Institut mit modernster Technik durchgeführt – mit Hilfe der Ionen-Mikroproben-Massenspektrometrie. Das Untersuchungsmaterial stammte von der Insel Akilia in der Nähe von Isua. Die Graphitteilchen waren im Apatit $[Ca_3(PO_4)_3OH, F]$ der 3,8 Milliarden Jahre alten Gesteine eingeschlossen. Die Einschlüsse wiesen ein Volumen von 10 μm^3 auf und enthielten ca. 20 μg Kohlenstoff. Die angewandte, neue Analysenmethode hatte allerdings noch nicht alle Gütetests bestanden. Aus diesen und einigen geologischen Gründen schien Vorsicht geboten, und Zweifel an der Zeitbestimmung von 3,8 Milliarden Jahren für die ersten Lebensspuren waren angebracht (Holland, 1997). – Die Zweifel bestätigten sich, denn fast fünf Jahre nach dem kurzen „Science"-Artikel von Holland erfolgte die „Korrekturmeldung" aus dem Scripps-Institut (van Zuilen et al., 2002a, b). Darin wird die Annahme, bei den Isua-Proben könnte es sich um Relikte des ältesten lebenden Materials gehandelt haben, zurückgenommen. Neue geologische Untersuchungen der Gesteinsformationen führten zu der Erkenntnis, daß die aufgefundenen Graphitflocken im Metacarbonat-Gestein durch chemische Disproportionierung (bei höheren Drucken und Temperaturen als bisher angenommen) durch die folgende Umsetzung gebildet werden konnten:

$$6\ FeCO_3 \rightarrow 2\ Fe_3O_4 + 5\ CO_2 + C$$

Diese Korrektur verschiebt die Zeitmarke der Lebensentstehung wieder auf den von Schopf gefundenen Wert von etwa 3,5 Milliarden Jahren – und damit standen wieder 300 Millionen Jahren mehr für den Prozeß der chemischen und molekularen Evolution zur Verfügung.

Drei Jahre vor der Korrektur lieferte M. F. Rosing (1999) vom geologischen Museum in Kopenhagen eine gewisse Bestätigung der Arbeiten von Schidlowski und Mojzsis. Er untersuchte die trüben pelagischen Sedimentgesteine (d. h. Sedimente des tiefen Ozeans) der Isua-Zone (Isua-supracrustal belt) und stellte eine Verarmung an ^{13}C in dem mehr als $3,7 \cdot 10^9$ Jahre

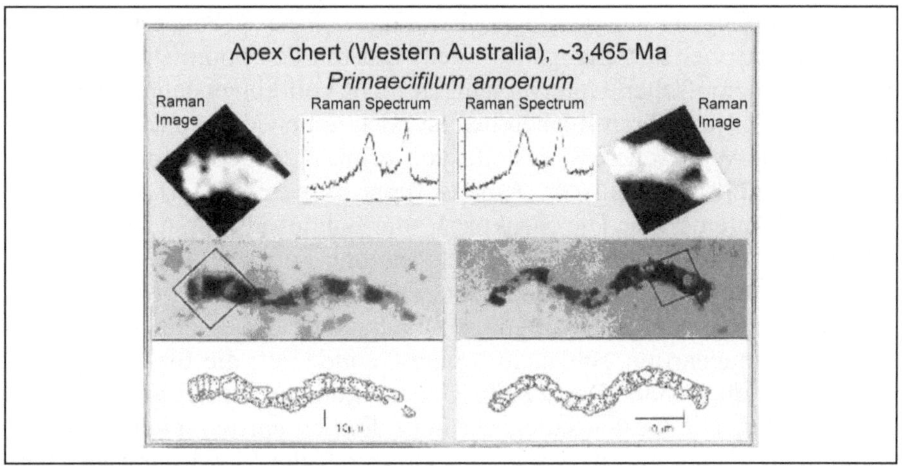

Abb. 10.4: Zelluläre, versteinerte fadenförmige Mikroorganismen (zwei Exemplare von *Primaevifilum amaenum*), 3,456 Milliarden Jahre alt aus dem Gebiet Apex chert, NW-West-Australien. Neben der Originalabbildung sind die Zeichnung und die Raman-Spektren sowie die Raman-Bilder, die auf eine C-haltige, (organische) Zusammensetzung der Fossilien hinweisen, dargestellt. Quelle: mit freundlicher Überlassung von J. W. Schopf

alten Seebodensedimenten fest — etwa 19 ‰ (entsprechend PDB-Standard). Rosing deutet die gemessenen Daten, daß der in den Sedimenten vorgefundene Kohlenstoff biogenen Ursprungs sein könnte.

Aber die Frage nach dem Zeitpunkt der Lebensentstehung ist noch lang nicht geklärt, denn die Zeitmarke der $3{,}465 \cdot 10^9$ Jahre (nach den Arbeiten von Schopf) für erste Lebensspuren werden nun auch in Zweifel gezogen. — Aber Schopf stellte eine neue, hochmoderne Analysenmethode vor: die Laser-Raman-Spektroskopie, eine empfindliche, das sensible Untersuchungsmaterial schonende Methode zur Untersuchung mikroskopisch kleiner Fossilien. Mit der Laser-Raman-Darstellung kann man sowohl die chemische Zusammensetzung als auch die Struktur von Fossilien zwei-dimensional ermitteln (Kudryavtsev et al., 2001).

Die Laser-Raman-Spektroskopie wandte Schopf zur Bestätigung seiner Forschungsergebnisse über die ältesten Mikrofossilien (Appex chert/West-Australien) an (Schopf, 2002a). — Dieser sehr positiven Bewertung der Laser-Raman-Methode können sich allerdings Jill Dill Pasteris und Brigitte Wopenka (Washington-Universität in St. Louis) nicht anschließen. Nach ihrer Meinung habe Schopf seine Raman-Spektren überinterpretiert, denn sie zeigen, daß das Untersuchungsmaterial aus hoch ungeordnetem C-haltigen Material besteht, das mit den Spektren von Kerogenen übereinstimmt (Pasteris u. Wopenka, 2002).

Aber der Gegenwind wurde noch heftiger. Eine Arbeitsgruppe (acht Mitglieder aus vier Forschungsinstituten) war mit den optimistischen Deutungen der Schopfschen Untersuchungen nicht voll einverstanden (Brasier et al., 2002a). Nach ihren Recherchen ist noch unbewiesen, daß die Mikrofossilien der Appex-chert-Fundstelle von primitiven Lebensformen stammen. Die britisch-australische Arbeitsgruppe um Brasier (Oxford) weist auf zwei Probleme hin: Die Strukturen, die Schopf als fossile Bakterienreste deutet, zeigen uneinheitliche vielgestaltige Formen, auch solche, die kaum von Einzellern stammen können. Dünne Schliffe der Fossilien wiesen, unter verschiedenen Bedingungen untersucht, an den angenommenen Zellrelikten eigenartige, schlauchförmige Gebilde auf, die für Zellstrukturen ungewöhnlich sind. Das zweite Gegenargument betrifft die Geologie des Fundortes. Die Gesteinsader, der die Fossilien entstammten, hatte hydrothermalen Ursprung, d. h. sie entstand durch die Einwirkung von heißem Wasser auf Mineralien. Brasier und Mitarbeiter sind der Auffassung, daß durch diesen Prozeß ein C-Isotopenverhältnis entstehen kann, das dem von biologischem Material entspricht. Es ist also vorstellbar, daß im Fundgebiet CO_2 durch vulkanische Aktivität frei wurde und nach Umsetzung bei 520–620 K die Isotopenfraktionierung einsetzte. Dieser Vorgang wäre dann für die Vortäuschung eines biologischen Ursprungs des vorgefundenen Kohlenstoffs verantwortlich.

Auch auf der letzten ISSOL-Konferenz im Juli 2002 in Oaxaca (Mexiko blieben die Fronten beider streitenden Parteien starr und unverändert. – So müssen erst weitere, aufwendige Untersuchungen klären, ob die Apex-Mikrobenrelikte echte Zeugen der ältesten Lebewesen sind – oder nur eine fatale Täuschung (Schopf et al., 2002b; Brasier et al., 2002b; Brasier et al., 2004).

Für die nächsten Monate werden umfangreiche Expeditionen an die alten Fundstätten in West-Australien geplant, um nach neuem Untersuchungsmaterial zu suchen, das (möglicherweise) zu eindeutigen, von allen Fachleuten akzeptierten, wissenschaftlichen Aussagen über die ältesten Fossilien führt – den geplanten Unternehmungen viel Glück und Erfolg!

Die großen Schwierigkeiten, den Ursprung natürlicher Strukturen durch die Untersuchung morphologischer Charakteristika zu erkennen, werden erst in letzterer Zeit erkannt, untersucht und beschrieben (García-Ruiz, 2002).

Auch Ende des Jahres 2003 verhalfen neue Forschungsergebnisse zu sensationellen Überschriften: „Im Laboratorium gekochte Mineralien stellen uralte Mikrofossilien in Frage", so betitelt Richard A. Kerr in „Science" seinen Beitrag zu einer Arbeit über synthetisch hergestellte Silikat-Carbonate. Diese Mikrostrukturen zeigen Morphologien, die Filamenten täuschend ähnlich sehen, die für cyanobakterielle Mikrofossilien der Präkambrium Warrawoona-Chert-Formation in West-Australien angenommen werden. Die Laborstrukturen bestehen aus Silikat-ummantelten Carbonat-kristallen. Sie weisen teilweise eine helikal-gewundene Morphologie auf, die an biologische Objekte erinnert. Einfache Kohlenwasserstoffe, deren Ursprung ebenfalls abiotisch und anorganisch gewesen sein konnte, kondensieren leicht auf diesen Filamenten und polymerisieren unter mildem Erhitzen zu kerogenen Produkten (García-Ruiz et al., 2003; Kerr, 2003).

Die zuvor aufgezeigten wissenschaftlichen Kontroversen (siehe auch Simpson, 2004) weisen auf die gewaltigen Schwierigkeiten hin, mit denen viele Teile der Biogeneseforschung konfrontiert werden. Die nächsten Jahre dürften noch recht spannend werden und – auf Überraschungen sollte man gefaßt sein!

10.2 Zum Problem der Modellzellen

Mit der lapidaren Feststellung, „die Zelle ist die Grundeinheit des Lebens", beginnt Christian de Duve sein Buch „Ursprung des Lebens" (1994). Die Zellen kontemporärer Organismen stellen äußerst komplexe Systeme dar. Sie enthalten eine Vielzahl verschiedenster Molekülsorten, von den Makromolekülen bis zu den Alkaliionen. Trotz ihrer geringen Dimensionen (durchschnittliches Volumen von etwa 10^{-8} cm^3) sind Zellen mit allen für den Lebensprozeß notwendigen Funktionen ausgestattet. Eine Reihe von Strukturen und Charakteristika findet man in den verschiedenen Zellarten aller Lebewesen. Die Vermutung liegt nahe, daß die Zellen aller lebenden Systeme von einer noch unbekannten „Urzelle" abstammen.

Zum Problem des Ursprungs erster zellulärer Strukturen stellt D. W. Deamer, Universität von Kalifornien, Santa Cruz (1998), zwei wesentliche Fragen, die beantwortet werden müssen, wenn wir den Beginn des Lebens verstehen wollen:

– Entstanden einfachste Lebensformen a priori von bereits existierenden zellulären Strukturen, oder
– entwickelte sich zelluläres Leben erst in einer späteren Phase der Evolution?

Vereinfacht formuliert könnte man fragen: Was war früher da, die Zelle oder ein informationsübertragendes System?

10.2.1   Einführende Bemerkungen

Die Zellen aller jetzt existierenden Organismen werden von Zellmembranen umgeben, die meistens aus einer Phospholipid-Doppelschicht bestehen. In ihr sind Proteine in unterschiedlichem Verhältnis eingelagert. Diese Doppelschicht (bilayer) setzt sich aus zwei Lagen von Lipidmolekülen zusammen.

Grundlage für die Ausbildung der Mono- bzw. Doppelschichten ist der physikalisch-chemische Charakter der Molekülklassen, die diese Strukturen bilden. Es sind amphipathische (bifunktionelle) Moleküle, d. h. Moleküle, die sowohl eine polare, als auch eine unpolare Atomgruppierung enthalten, wie z. B. die Aminosäure Phenylalanin (a) oder das für Membranen wichtige Phospholipid Phosphatidylcholin (b). Dabei entspricht der polare Teil dem hydrophilen und der unpolare Teil dem hydrophoben Charakter.

a) Phenylalanin

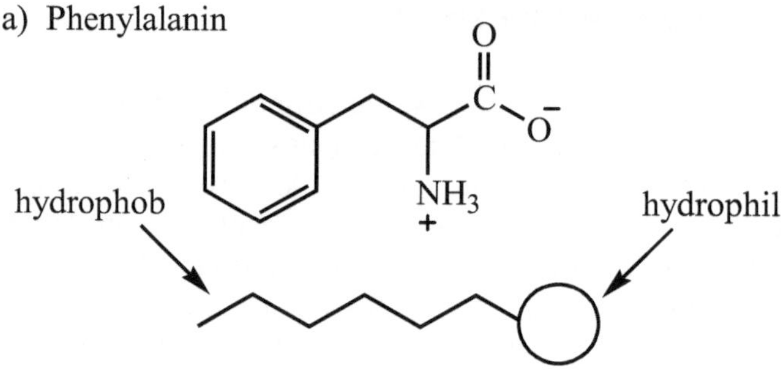

b) Phosphatidylcholin

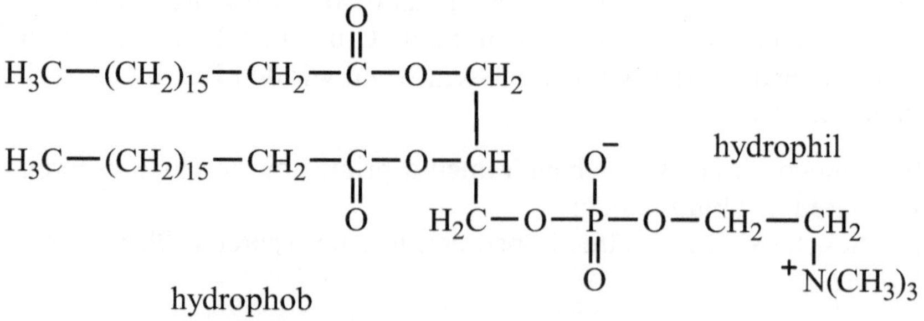

Bildhaft bezeichnet man in einem amphipathischen Molekül den polaren, hydrophilen Teil als den „Kopf" und den unpolaren, hydrophoben als den „Schwanz" des Moleküls.

Hydrophile Moleküle bzw. Molekülteile versuchen mit den polaren Wassermolekülen in Wechselwirkung zu treten, die hydrophoben sind dagegen bestrebt, ihnen zu entkommen.

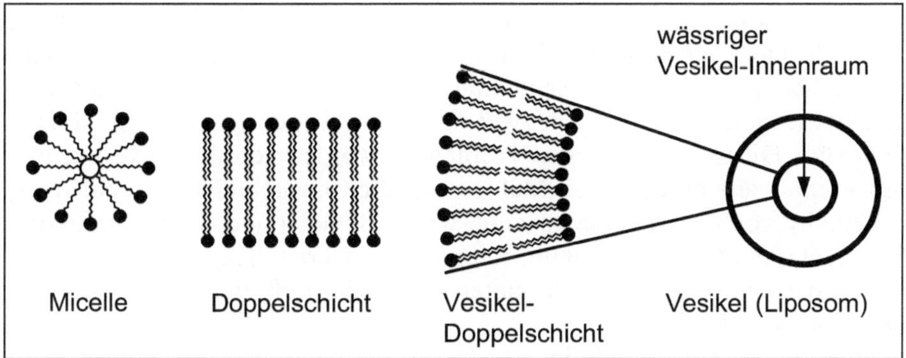

Abb. 10.5: Schematische Darstellungen: einer Micelle aus ionisierten Fettsäure-molekülen, der Doppelschicht aus Phospholipidmolekülen und der Vesikel-Doppelschicht eines Liposoms.

Es sind drei verschiedene Typen von Lipidstrukturen möglich, wenn man amphipathische Moleküle mit Wasser mischt. Welche Art von Aggregat entsteht, hängt von den physikalisch-chemischen Bedingungen und den beteiligten Lipidspezies ab. Die den Aggregationsprozeß antreibende thermodynamische Kraft ist die hydrophobe Wechselwirkung.

- *Micellen* stellen die einfachsten Strukturen dar. Es sind kugelförmige Gebilde, bei denen die hydrophoben Reste nach innen gerichtet sind und die hydrophilen nach außen. Eine bevorzugte Micellenbildung erfolgt dann, wenn die Dimensionen der Kopfgruppe größer sind als die des hydrophoben Restes, wie z. B. bei den freien Fettsäuren.
- *Eine Doppelschicht* bildet sich durch Zusammenlagerung zweier Lipidschichten, wobei die hydrophoben Reste beider Einzelschichten miteinander in Wechselwirkung treten und Wasser ausschließen.
- Bei instabilen Doppelschichten kommt es zur Ausbildung eines geschlossenen Vesikels oder *Liposoms*, das im Inneren ein mit Wasser gefülltes Areal enthält.

10.2.2 Historisches

Ein Hauptanliegen A. I. Oparins war der Nachweis eines primitiven Metabolismus in einer bestimmten Art von Protozellen, den Koazervaten. Der physikochemische Prozeß ihrer Bildung (eigentlich: „Häufchen"-Bildung) ist mit einer Entmischung, etwa einem Aussalz-Effekt, vergleichbar. Dieser Vorgang wurde erstmals von Bungenberg de Jong et al. (1930) beschrieben. Bei der Koazervat-Bildung fließen dehydratisierte Kolloidteilchen zusammen. Der Wasserentzug aus der Solvathülle der beteiligten

Makromoleküle erfolgt durch ein zweites hydrophiles Kolloid im System, das sich durch einen stärker hydrophilen Charakter auszeichnet. Diesem Effekt überlagert sich die elektrostatische Anziehung zwischen den entgegengesetzten Ladungen von zwei oder mehr Typen eingesetzter Makromoleküle. Diese „zellähnlichen Tröpfchen" werden vor allem in Systemen mit kompliziert aufgebauten Makromolekülen ausgebildet. Es sind mehr als 200 hydrophile Systeme bekannt, wie z. B. Gelantine/Gummiarabikum, Serumalbumin/Gummiarabikum u. a. Die Koazervat-Tröpfchen sind heterogen und polydispers, d. h. unterschiedlich groß und von variablem Durchmesser (1–500 μm).

Oparin und seine Schule im Biochemischen Institut, Moskau, arbeiteten viele Jahre an Koazervat-Systemen. – Der Ursprung des Lebens begann für Oparin mit der Ausbildung der ersten Zelle. Inzwischen ruht die Beschäftigung mit den Koazervaten. Sie sind z. Z. mehr von historischer als von wissenschaftlicher Bedeutung. Koazervate gelten wegen ihrer geringen thermodynamischen Stabilität als zu „dubios" und zu unsicher.

Ein zweites, ebenfalls historisch gewordenes Modell für Protozellen sind die „Mikrosphären" (Fox, 1980; Nakashima, 1987; Lehninger, 1977). Sie bilden sich beim Abkühlen aus heißen, gesättigten Proteinoid-Lösungen (Abschn. 5.4.2). In den letzten Jahren wurden auch die Mikrosphären in der Rumpelkammer der z. Z. ruhenden wissenschaftlichen Modelle abgelegt. – Vielleicht kommt noch einmal der Zeitpunkt, an dem Koazervate oder Mikrosphären in originaler oder abgeänderter Form in die wissenschaftliche Diskussion zurückkehren.

10.2.3   Neue Entwicklungen

Seit einigen Jahren bearbeiten Pier Luigi Luisi und Mitarbeiter, Institut für Polymere an der ETH in Zürich, das Problem der Entstehung primitiver Membranen. Nach den ältesten Fossilien (Abschn. 10.1) sollten die ersten Lebensformen bereits mit zellähnlichen Strukturen ausgestattet gewesen sein, d. h. das Leben beruhte seit etwa 3,5 Milliarden Jahren (oder weniger!!) auf drei wesentlichen Prinzipien (Luisi, 1996):

– Metabolismus,
– Reproduktion (als Konsequenz: Evolution) und
– Kompartimentierung.

Die derzeitige starke Favorisierung einer dieser drei Prinzipien, vor allem der Reproduktion (RNA-Welt), führte zwangsläufig zur Vernachlässigung der übrigen. Dabei könnte es die Abgrenzung, d. h. die Zellbildung, gewesen sein, die eine Voraussetzung für die äußerst sensible Chemie der Nucleotidsynthese und den nachfolgenden Polykondensationsprozeß zu den Nucleinsäuren oder ähnlichen Vorläufern darstellt.

In gewisser Weise wurden Anteile der Koazervat-Experimente nach mehr als zwei Jahrzehnten von Walde et al. (1994) wieder aufgegriffen. Allerdings mit anderer Methodik. Walde (von der Arbeitsgruppe Luisi) wiederholte die Nucleotidpolymerisation (zu Polyadenylsäure) aus ADP unter der katalytischen Wirkung von Polynucleotid-Phosphorylase (PNRase). Aber anstelle der Oparinschen Koazervate verwendeten die Züricher Forscher Micellen und sich selbst bildende Vesikel. Sie konnten nachweisen, daß innerhalb dieser molekularen Strukturen – als Protozell-Modelle – enzymkatalysierte Reaktionen ablaufen. Dabei untersuchte man zwei supramolekulare Systeme:

– reverse Micellen aus Na-bis(2-ethylhexyl)sulfosuccinat in Isooctan und
– Vesikel aus Ölsäure/Oleat bei pH 9.

Im ersten Fall verlief die Reaktion mit recht guten Ausbeuten an Polymeren, wie z. B. Poly(A), das aus den Micellen ausgefällt wurde.

Im zweiten System erfolgte ebenfalls Poly(A)-Synthese, aber das polymere Produkt verblieb innerhalb der Vesikel. Außerdem untersuchte Walde den Anstieg der Vesikelkonzentration, der einem autokatalytischen Prozeß entspricht. Bei diesem Experiment fängt man zuerst das Enzym PNPase in die Vesikelhüllen ein. Im zweiten Schritt versetzt man den Ansatz mit ADP und Ölsäureanhydrid, das zu Ölsäure hydrolisiert wird. ADP durchdringt die Vesikel-Doppelschicht und wird im Inneren der Vesikel von PNPase zu Poly(A) polykondensiert. Durch die laufende Hydrolyse des Anhydrids erfolgt eine ständige Nachlieferung von Vesikelsubstanz und damit Vesikelvermehrung bei gleichzeitiger Poly(A)-Synthese. Mit diesen Experimenten gelang die Präsentation eines Modells für eine Minimalzelle. Unter ähnlichen Bedingungen konnten auch autokatalytisch synthetisierte Riesen-Vesikel hergestellt und lichtmikroskopisch beobachtet werden (Wik et al, 1995).

Die günstigen Eigenschaften, die Vesikel als Protozellmodelle auszeichnen, wurden durch Computersimulationen bestätigt (Pohorill u. Wilson, 1995). Die Forscher untersuchten die molekulare Dynamik an einfachen Membran/Wasser-Grenzflächen. Dabei zeigte sich, daß die Doppelschicht-Oberfläche zeitlich und räumlich schwankt. Die Modellmembran bestand aus Glycerin-1-monooleat. Gelegentlich weist sie Defekte auf, durch die Ionentransporte möglich sind. Negative Ionen passieren die Doppelschicht leichter als positive. Die Membran-Wasser-Grenzschicht dürfte sich für solche Reaktionen als besonders geeignet erweisen, die durch heterogene Katalyse beschleunigt werden. Daher erfüllen – nach Meinung der Autoren

– die Vesikel fast alle Voraussetzungen für die ersten Protozellen auf der Urerde!

Bereits einige Jahre vor den zuvor geschilderten experimentellen und theoretischen Arbeiten über Urzellen oder Protozellen beschrieben Morowitz, Heinz und Deamer (1988) ihre Vorstellungen über „Die chemische Logik einer Minimum Protozelle". Von den Autoren gilt vor allem Harold J. Morowitz von der George-Mason-Universität, Fairfax VA, als ein Vertreter der „Metabolismus-zuerst"-Hypothese.

Die drei genannten Wissenschaftler fordern die Bildung replizierender Protozell-Vesikel als erste Phase eines Biogenese-Prozesses. Die Ausbildung der Vesikel-Doppelschichten konnte nur aus solchen amphiphatischen Molekülen erfolgen, die auf der Urerde reichlich vorhanden waren. Sollten sich unter ihnen primitive Pigmentmoleküle für den Einbau in die Doppelschicht befunden haben, so konnte mit ihrer Hilfe Lichtenergie in Form eines elektrochemischen Ionengradienten eingefangen werden. Die Energie konnte – so die weitere Hypothese – zur Umwandlung einfacher Moleküle (z. B. Kohlenwasserstoffe) in amphipathische Verbindungen benutzt werden, also z. B. Monocarbonsäuren. Aus dem „Prinzip der Kontinuität" sind drei Annahmen über die logische Entstehung einer Protozelle ableitbar (Morowitz et al., 1988):

- Die plausibelsten Komponenten sind die amphipathischen Verbindungen. Wuchs entsteht durch chemische Transformation einfacher Molekülsorten in amphipathische.
- Die Überführung von Licht durch primitive Pigmente liefert Energie für chemische Umsetzungen, die den Wuchs der Protozelle, aber auch den Aufbau eines chemiosmotischen Protonengradienten als Energiespeicher ermöglichen.
- Phosphate werden als die wahrscheinlichste Verbindungsklasse angenommen, die den Prozeß zwischen der Lichtabsorption und den chemischen, energieverbrauchenden Molekülumwandlungen vermittelt.

Bereits wenige Jahre nach dem Artikel von Morowitz konnten einige der vorgeschlagenen Modelle bestätigt bzw. nahezu bestätigt werden.

Bei Studien über die Probleme der ersten Zellbildung ist es wichtig, sich vom Bild kontemporärer Membranchemie freizumachen und zu bedenken, daß die Begrenzung erster zellähnlicher Strukturen wahrscheinlich aus völlig anderen Ausgangsmaterialien bestand als heutige Zellhüllen. Diese Ausgangsstoffe hatten aber ohne Zweifel amphipathischen Charakter.

So erhebt sich die Frage: Waren diese Molekülklassen auf der Urerde auch verfügbar? – Als einzige Zeugen zur Beantwortung dieser Frage stehen auch in diesem Falle nur die Meteoriten zur Verfügung (Deamer, 1998). Die Arbeitsgruppe von David Deamer untersuchte Murchison-Material nach Extraktion und Hydropyrolyse (bei 370–570 K und Reaktionszeiten von Stunden bis Tagen). Die Analysen (GC und MS) ergaben eine Reihe organischer Verbindungen, darunter signifikante Mengen amphipathischer Molekülarten einschließlich Octan (C_8)- und Nonansäure(C_9), also Monocarbonsäuren, sowie polare, aromatische KW.

Zur Bildung relativ stabiler Vesikel führten aber nicht reine Verbindungsklassen, sondern nur Mischungen der Komponenten. Ob allerdings die im Murchison-Meteoriten nachgewiesenen Konzentrationen – auch bei der Annahme von Konzentrierungseffekten – für die Bildung präbiotischer Protozellen bzw. Vesikeln ausgereicht hätte, ist unklar. Als mögliche Quellen für amphipathische Bausteine werden Synthesen nach dem Vorbild der technischen Fischer/Tropsch-Synthese diskutiert.

Die Bildung von Lipidkomponenten in wäßriger Phase bei Temperaturen von 370–670 K untersuchten Rushdi und Simonite (2001). Sie erhitzten wäßrige Lösungen von Oxalsäure in einem Stahlgefäß zwei Tage und fanden eine maximale Ausbeute an oxidierten Verbindungen im Bereich von 420–520 K (maximal 5,5 % Ausbeute, bezogen auf die eingesetzte Oxalsäure). Man erhielt ein breites Verbindungsspektrum, von den *n*-Alkanen bis zu den entsprechenden Alkoholen, Aldehyden und Ketonen. Bei höheren Temperaturen, d. h. über 520–570 K konkurrieren obige Synthesereaktionen mit abbauenden Crackreaktionen.

Die Herstellung von Liposomen (wie sie z. B. in der Kosmetikindustrie durchgeführt werden) ist ein komplexer, technischer Prozeß. Daher die Frage: Gibt es einen einfachen Mechanismus, der unter plausiblen präbiotischen Bedingungen vorstellbar wäre? – Deamer und Mitarbeiter entwickelten vor fast 20 Jahren die „Sandwich-Methode". Sie ermöglichte es, auch große Moleküle in das Liposomen-Innere einzubringen (Shew u. Deamer, 1985) (s. Abb. 10.6).

Dazu wurde die Mischung von Liposomen und Makromolekülen unter Stickstoff getrocknet. Dabei fusionieren beide Molekülsorten zu einem multilamellaren Film unter Ausbildung von Sandwich-Strukturen. Nach Rehydratation entstehen größere Liposomen, die Makromoleküle (Proteine oder RNA) eingeschlossen enthalten. Dieser Prozeß ist unter Bedingungen vorstellbar, wie sie z. B. in heißen Regionen der Urerde herrschten sowie mit Unterstützung durch den Gezeiten-Rhythmus der Ozeane.

Die Experimente wurden mit C_{14}-Phosphatidylcholin (PC)-Vesikeln durchgeführt. Die biochemische Reaktion, die in den Vesikeln ablaufen sollte, war die bereits erwähnte RNA-Polymerisationsreaktion mit Hilfe des Enzyms Polynucleotid-Phosphorylase (PNPase), das bereits Oparin und Mitarbeiter vor vielen Jahren bei Experimenten mit Koazervaten eingesetzt hatten. PNPase und zugesetztes ADP bilden dann in den Vesikeln Oligonucleotide.

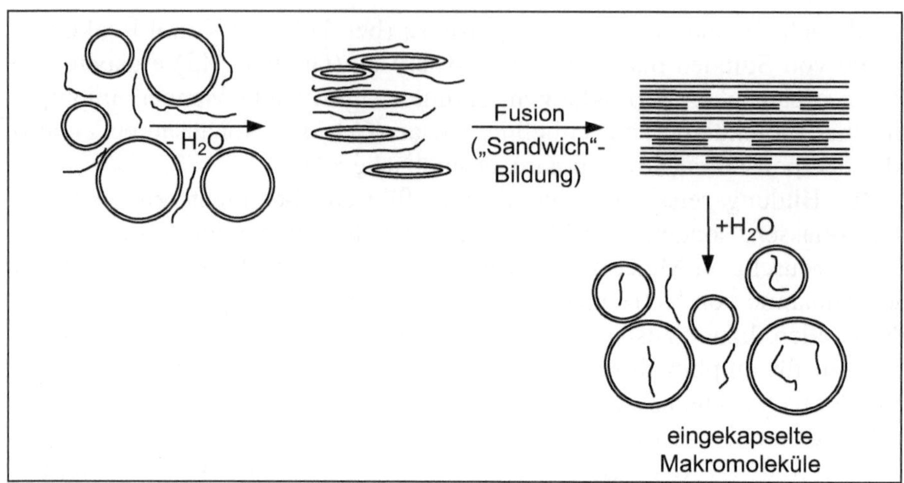

Abb. 10.6: Auch Makromoleküle können in Liposomen eingekapselt werden. Dazu trocknet man eine Mischung von Liposomen und Makromolekülen – beide Anteile fusionieren und bilden vielschichtige Strukturen, d. h. die Makromoleküle werden in alternierende Schichten eingeschlossen. Nach Rehydratisierung wird etwa die Hälfte der Makromoleküle in Liposomen eingebaut. Quelle: Deamer (1998)

Die Abhängigkeit einer erfolgreichen RNA-Synthese in den Vesikeln von der Länge der Kohlenstoffkette in den beiden hydrophoben Resten des PC-Moleküls zeigt Abbildung 10.7:

Der von Deamer ermittelte Permeabilitäts-Koeffizient von $2,6{\cdot}10^{-10}$ $\text{cm}{\cdot}\text{s}^{-1}$ bei 296 K reicht aus, um das Enzym in den Liposomen mit ADP zu versorgen. Wie konnte nachgewiesen werden, daß in den Vesikeln tatsächlich RNA-Bildung erfolgt? – Den Anstieg der RNA-Synthese ermittelte man durch Beobachtung der Fluoreszenz innerhalb der Vesikel. Die Reaktionsgeschwindigkeit erreicht innerhalb der Liposomen nur etwa 20 % des Wertes mit freiem Enzym. Dies zeigt, daß die Hülle doch eine gewisse Leistungsbegrenzung darstellt. Die Fluoreszenz gelang mit Hilfe von Ethidiumbromid, einem in der Nucleinsäure-Chemie häufig angewandten Fluoreszenzfarbstoff.

Es folgten weitere Untersuchungen von Monnard und Deamer (2001) mit DMPC-Liposomen über deren Eigenschaften bei passiver Diffusion gelöster Stoffe. Die Passage durch die Lipid-Doppelschicht ist eine Voraussetzung für die Aufnahme von „Nahrungsstoffen" durch die Vesikelhülle. Die Experimente zeigten, daß selbst polare Moleküle in das Liposomeninnere einzudringen vermögen. Dagegen ist es Oligonucleotiden, auch Nucleotiden, nicht möglich, die Lipid-Doppelschicht von DMPC-Vesikeln zu durchqueren.

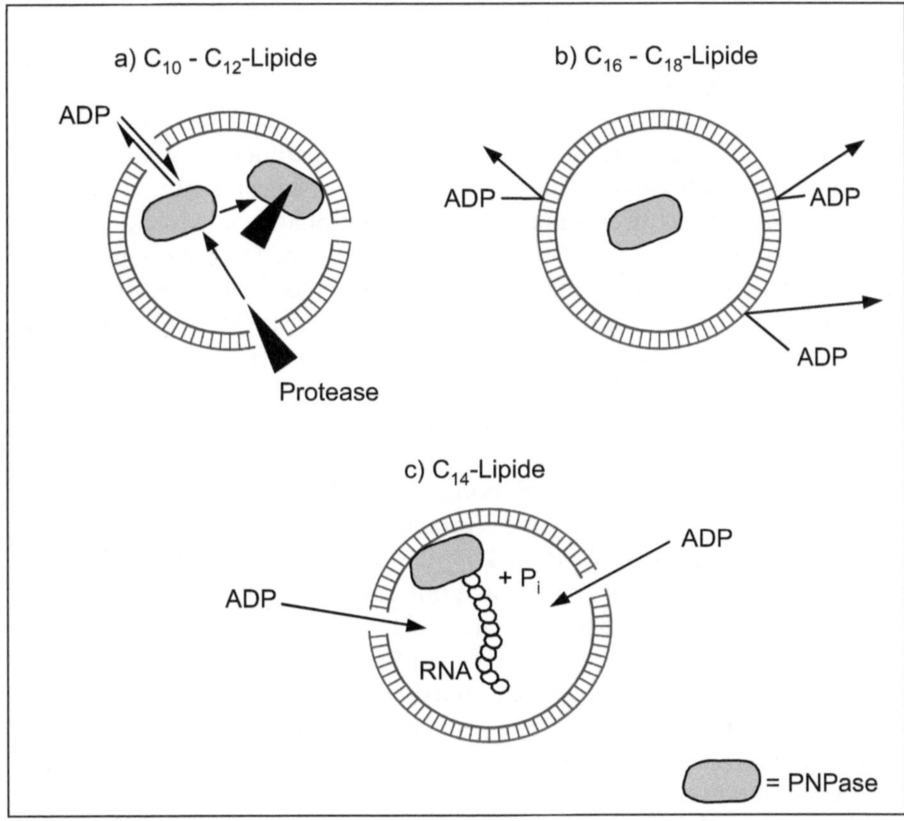

Abb. 10.7: Die RNA-Synthese in Vesikeln. Durch Wahl der passenden Kettenlänge der Fettsäuren in den Phospholipiden kann die Membrandurchlässigkeit reguliert werden. Kurze Kettenlängen (a) machen die Doppelschicht so instabil, daß auch größere Moleküle, wie z. B. eine Protease in den Innenraum einzudringen vermögen und die Polymerase schädigen können. Zu lange KW-Ketten (b) verhindern den Durchtritt von Substratmolekülen, wie z. B. ADP. Nur mit C$_{14}$-Fettsäuren (c) erfolgt die RNA-Polymerisation in dem Vesikel. Quelle: Deamer, wie oben.

Die Erfolge auf dem Gebiet präzellulärer Strukturen führten Daniel Segré et al. vom Weizmann-Institut in Rehovot/Israel in Zusammenarbeit mit D. Deamer dazu, die Hypothese von der „Lipid-Welt" zu publizieren. Die Autoren meinen, daß die wahrscheinlichere „Lipid-Welt" zeitlich vor der weniger wahrscheinlichen „RNA-Welt" auf der Urerde die chemische und molekulare Evolution bestimmte. Diese führte, nach weiteren Entwicklungsstufen (oder „Welten") schließlich zur Biogenese (Segré et al., 2001).

Das Konzept einer Lipid-Welt leiten die Wissenschaftler von der Fähigkeit amphiphatischer Moleküle ab, durch spontane Selbstorganisationsprozesse supramolekulare Strukturen wie Micellen oder Vesikel (bzw. Liposomen) auszubilden. Das kritische Urteil vieler Biogenetiker über die Chancen einer RNA-Welt ist bekannt (Abschn. 6.6). Zu den bereits erwähnten Schwachpunkten der RNA-Welt kommt noch die Unfähigkeit der RNA hinzu, Energie aus der Umgebung aufzunehmen. Somit ist RNA auch unfähig (nach Ansicht dieser Biogenese-Forscher), beim Aufbau supramolekularer Strukturen mitzuwirken. Amphiphatische Moleküle dagegen verfügen über alle zuvor erwähnten Fähigkeiten. Sie erweisen sich als äußerst vielseitig, denn ein jedes Molekül mit langer Kohlenstoffkette und einer polaren Gruppe ist bereits ein amphiphatisches Molekül. Die Verwertung zugeführter Energie (z. B. in Form von Licht) kann durch Einbau von Pigmentmolekülen erfolgen. Eine Erweiterung und Vergrößerung von Micellen und Vesikelpopulationen wurde ebenfalls schon beobachtet.

Weitere Experimente sind noch erforderlich, um zu einer abschließenden Bewertung der Lipid-Welt-Hypothese zu gelangen.

Neuerdings wird versucht, eine Verbindung von RNA-Welt mit der zuvor beschriebenen Lipid-Welt zu knüpfen. Zwei Vertreter aus der RNA- bzw. Ribozym-Forschung fanden sich mit einem Fachmann der Membran-Biophysik zusammen (Szostak et al., 2001). Sie entwickelten ein Modell der Entstehung und Ausbildung der ersten Protozellen, das sowohl die neuen experimentellen Forschungsergebnisse mit Replikationssystemen als auch die Selbstorganisationsprozesse amphiphatischer Substanzen zu supramolekularen Strukturen umfaßt.

So lautet die Frage: Wie primitiv kann eine Zelle sein, die noch den Anforderungen genügt, die Definitionen des Begriffes Leben stellen? – Wie bereits erörtert (Abschn. 1.4) erweist sich die Definition von Leben als „berüchtigt" schwierig (Luisi, 1998) und führt gelegentlich zu Mißverständnissen unter den Biogenetikern.

Die Autoren nehmen ein einfaches zelluläres System an, das befähigt ist, sich autonom zu replizieren, und das der Darwinschen Evolution unterliegt. Diese einfache Protozelle besteht aus einer RNA-Replikase, die sich in einer sich selbst replizierenden Vesikel repliziert. Kann dieses System Kleinmoleküle von außen aufnehmen (eine Art von „Fütterung"), d. h. Vorstufen, die für den Membranaufbau und die RNA-Synthese benötigt werden, so würden die Protozellen wachsen und sich teilen. In der Folge müßten sich verbesserte Replikasen herausbilden. Günstigere Überlebenschancen dürften aber erst dann zu erwarten sein, wenn eine durch RNA codierte Sequenz für besseren Wuchs oder Replikation von Membrankomponenten sorgt, z. B. durch ein Ribozym, das die Synthese amphipathischer Lipide katalysiert (Abb. 10.8 und 10.9).

Von dieser Verbindung („RNA + Lipid-Welt") sind in nächster Zeit sicherlich weitere, wesentliche Fortschritte zu erwarten.

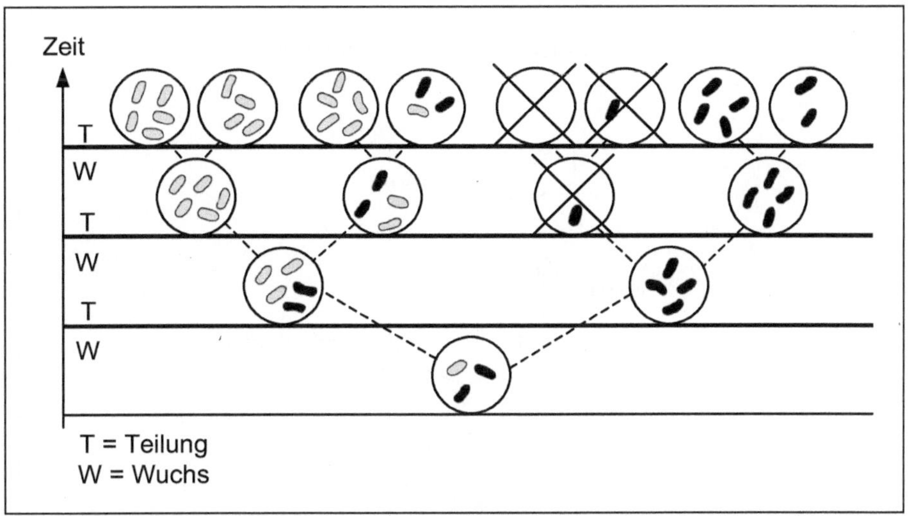

Abb. 10.8: Die Bedeutung der Vesikel für die Darwinsche Evolution einer Replikase. Die Kompartimentierung stellt sicher, daß „verwandte" Moleküle größtenteils zusammengehalten werden. Dies erlaubt es, daß sich überlegenere Mutanten-Replikasen (grau) im Vergleich zu Elternreplikasen (schwarz) effektiver replizieren. Dieser evolutionäre Vorteil verbreitet sich in Form von Vesikeln mit überlegeneren Replikasemolekülen. Sie führen mit großer Wahrscheinlichkeit zu Vesikeln mit mindestens zwei Replikasemolekülen (bzw. einem Replikase- und einem Matrizen-Molekül). Vesikel mit weniger als zwei Replikasemolekülen wurden durchgestrichen – ihre Nachkommen können die RNA-Selbstreplikation nicht fortsetzen. So werden die Vesikeln mit den überlegeneren Replikasen zur wachsenden Fraktion von Vesikeln, die die Replikaseaktivität weiterführen. Quelle: Szostak et al. (2001).

Das bei verschiedenen präbiotischen Synthesen häufig verwendete Tonmineral Montmorillonit dürfte sich inzwischen zum wichtigsten Mineral bei Experimenten in der präbiotischen Chemie entwickelt haben. – Nun zeigt es auch seine Fähigkeiten im Bereich von Simulationsversuchen zur Ausbildung primitiver, zellulärer Kompartimente: Montmorillonit beschleunigt die spontane Umwandlung von Fettsäure-Micellen in Vesikel. Oftmals werden dabei auch Tonpartikel in die Vesikel eingeschlossen, ebenso auch an Ton adsorbierte RNA-Anteile. Sind die Vesikel erst einmal ausgebildet, so vermögen sie weiterzuwachsen, wenn ihnen Fettsäuren über Micellen zugeführt werden. Preßt man dann die Vesikel durch 100-nm-Poren-Filter, so teilen sie sich ohne Verdünnung ihrer Inhaltsstoffe.

Diese erfolgreichen Experimente weisen auf mögliche präbiotische Reaktionswege zur Entstehung, dem Wuchs und der Vermehrung erster Zellen hin (Hanczyc et al., 2003).

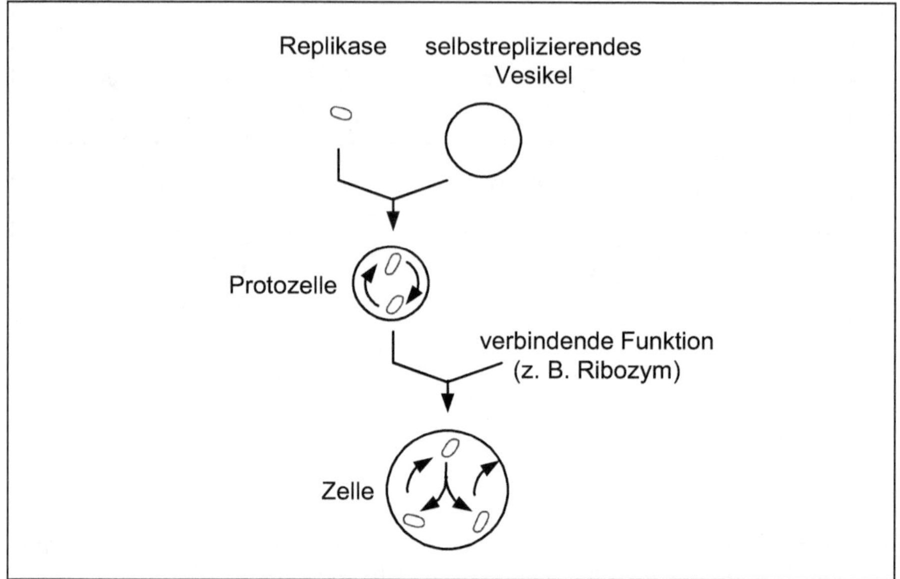

Abb. 10.9: Grundriß eines vorgeschlagenen Reaktionsweges zur Synthese einer Zelle. Die wesentlichen Vorprodukte sind eine RNA-Replikase und eine selbstreplizierende Vesikel. Durch die Kombination beider Vorprodukte in einer Protozelle erreicht man eine schnelle, evolutionäre Optimierung der Replikase. Setzt man dem System eine RNA-codierte Molekülspezies zu, wie z. B. ein Lipid-synthetisierendes Ribozym, so wird die zelluläre Struktur vervollständigt. Quelle: Szostak et al. (2001)

10.3 Der Stammbaum des Lebens

Der breit angelegte Überblick, den vor etwa 2400 Jahren Aristoteles über die Tier- und Pflanzenwelt erstellte, erfaßte nur einen Bruchteil aller Lebewesen. Aber sein Werk blieb bis in das Mittelalter Grundlage unseres Wissens über alles Lebendige. Erst 2000 Jahre später unternahm Carl von Linné (1707–1778) den Versuch, ein Ordnungssystem über alle bis dahin bekannten Pflanzen und Tiere zu entwickeln. Es schmälert sicherlich nicht die Verdienste, die sich Linné mit der Erarbeitung seines „Systems der Natur" erwarb, wenn man heute feststellt, daß der große Naturforscher irrte, als er alle Tier- und Pflanzenarten für unveränderlich hielt, d. h. daß sie heute noch genau so aussehen, wie sie einstmals erschaffen wurden. Versteinerte Formen von Lebewesen galten noch zu Linnés Zeiten als Spielereien der Natur, die nicht ernst zu nehmen sind.

Erst mit Charles Darwin setzte das große Umdenken ein. Nach Darwins Lehre stammten alle Lebewesen von einigen wenigen Vorläufern ab. Diese wiederum von einer noch kleineren Anzahl von Urahnen. Auf diese Weise ließ sich eine Art von Stammbaum für alles Lebendige erstellen, der letztlich die Verwandtschaft aller Lebewesen aufzeigte.

Auch Ernst Haeckl (1834–1919), Professor in Jena, erschuf einen solchen Stammbaum (der Plantae, Protista und Animalia), die von einer gemeinsamen Wurzel allen Lebens abstammten, der Radix Moneres (Kandler, 1987). Über die Struktur derartiger Stammbäume wurde lange Zeit heftig gestritten. Doch schließlich einigte sich die Mehrzahl der Biologen auf die Annahme, daß alles Leben von einer einzigen Zelle ausgegangen sein müßte, dem sog. „letzten gemeinsamen Vorfahren" (LGV). Welche Möglichkeiten standen den Forschern bis vor etwa 40 Jahren zur Verfügung, um ihre Hypothesen und Theorien überprüfen zu können? Es waren ausschließlich Vergleiche anatomischen und physiologischen Charakters, die zu Aussagen über die stammesgeschichtlichen Verwandtschaften zwischen Organismen und Organismenreichen herangezogen werden konnten. Diese Methoden erwiesen sich für die Erkennung von Verwandtschaftsbeziehungen bei höheren Lebewesen als recht erfolgreich, sie versagten jedoch bei einzelligen Organismen.

Da aber Mikroorganismen über einen bedeutend längeren Zeitraum unseren Planeten besiedelten als mehrzellige Lebewesen, so war man in eine Sackgasse geraten.

Einen Ausweg aus dieser Situation verdanken wir dem genialen Linus Pauling, der mit Emile Zuckerkandl etwa Mitte der sechziger Jahre vorschlug, nicht äußere Merkmale von Lebewesen für Vergleiche zu verwenden, sondern molekulare Kennzeichen. Damit meinten sie den molekularen Aufbau von Proteinen oder Genen, d. h. die Sequenz der Monomeren, die diese Makromoleküle aufbauen, den sog. „molecular paleontological record". Zu diesem Zeitpunkt war nur die Proteinanalytik entwickelt, d. h. die Bestimmung der Aminosäuresequenzen in Proteinen. So wurden vor allem Hämoglobine und Cytochrome erfolgreich zur Aufklärung von philogenetischen Zusammenhängen verwendet (Wieland u. Pfleiderer, 1967; Braunitzer, 1967).

Diese „Protein-Uhr" erschien dem Mikrobiologen und Genetiker Carl Woese von der Universität von Illinois nicht verläßlich genug. Er wollte nicht die Genprodukte als Vergleichsmaterialien, sondern die RNA. Als RNA-Lieferanten wählte er eine Zellorganelle, die entscheidend an der Proteinbiosynthese mitwirkt, die Ribosomen. Von diesen allerdings nur einen begrenzten Teilbereich und zwar den RNA-Anteil der kleineren der beiden Ribosomenhälften, die sog. 16S-RNA (bei Bakterien). Dieses Polynucleotid besteht aus 1540 Nucleotiden. Die Bestimmung der Nucleotidsequenzen war vor mehr als zwei Jahrzehnten noch nicht mit der gleichen Perfektion möglich wie heutzutage, und so entschloß sich Woese nicht die genaue Basensequenz der 16S-RNA verschiedener Organismen zu vergleichen, sondern er wählte ein abgekürztes Verfahren, um ans Ziel zu gelangen. Woese ermittelte den Grad der Verschiedenheit von Bruchstücken der 16S-RNA, die bei Spaltungsreaktionen mit RNase T_1 entstehen (Woese, 1981).

Durch Woeses Arbeiten wurde das bis dahin bestehende Weltbild von der Aufteilung alles Lebendigen in zwei Urreiche voll bestätigt. Diese zwei Urreiche umfaßten:

- *Die Eukaryoten (wörtlich: Echtkloner)*: Dazu zählen die Tiere, Pflanzen, Pilze und Einzeller, bei denen die DNA in einer Hülle (Zellkern) verpackt ist. Sie weisen ein Cytoskelett (ein membranartiges, feines Netzwerk im Zellinneren) auf und enthalten Mitochondrien. Höhere Pflanzen und Algen sind mit Chloroplasten für die Photosynthese ausgerüstet.
- *Die Prokaryoten (wörtlich: Vorkloner)* stellen einfache Zellen ohne Zellkern dar. Sie wurden bis vor etwa zwei Jahrzehnten noch mit den Bakterien gleichgesetzt.

Doch vor mehr als 20 Jahren überraschte Carl Woese (1981) mit der Hypothese, daß neben den zwei bekannten Urreichen des Lebens noch ein drittes bestanden haben müßte. Die Organismen dieser dritten Gruppe gleichen äußerlich Bakterien, sie weisen aber andererseits ganz ungewöhnliche Eigenschaften auf. Es sind Exzentriker, denn sie leben in Umgebungen, die man bis zu ihrer Entdeckung für lebensfeindlich hielt: in heißen Quellen, in Gewässern mit hohem Salzgehalt und bei unnormalen pH-Werten. Die als Archaebakterien bezeichneten Mitglieder des neuen, dritten Urreiches unterscheiden sich deutlich von den eigentlichen Bakterien. Eine große Gruppe stellen die Methanbildner, die nur bei Abwesenheit von Sauerstoff überleben. Sie erzeugen aus CO_2 und anderen C-haltigen Verbindungen durch Reduktion Methan. Außer ihnen gehören noch die extrem Halophilen und die Thermophilen zu den Archaebakterien.

Die anfänglich kritisch-skeptische Einstellung vieler Biologen zu den Vorstellungen Woeses wich deutlich, als er seine Hypothese durch neue Befunde untermauern konnte. So bestehen die Zellmembranen der Archaeen aus außergewöhnlichen Lipiden. Während die Lipide der Eubakterien und Eukaryoten geradkettige Fettsäuren enthalten, die mit Glycerin verestert sind, bestehen die Lipide der Archaebakterien aus einem Glycerinderivat bei dem Phytanolreste die Fettsäuren ersetzen (Phytanole sind langkettige Fettalkohole, mit einer Methylgruppe an jedem vierten C-Atom). Die Verknüpfung mit dem Glycerinanteil erfolgt durch eine Etherbindung.

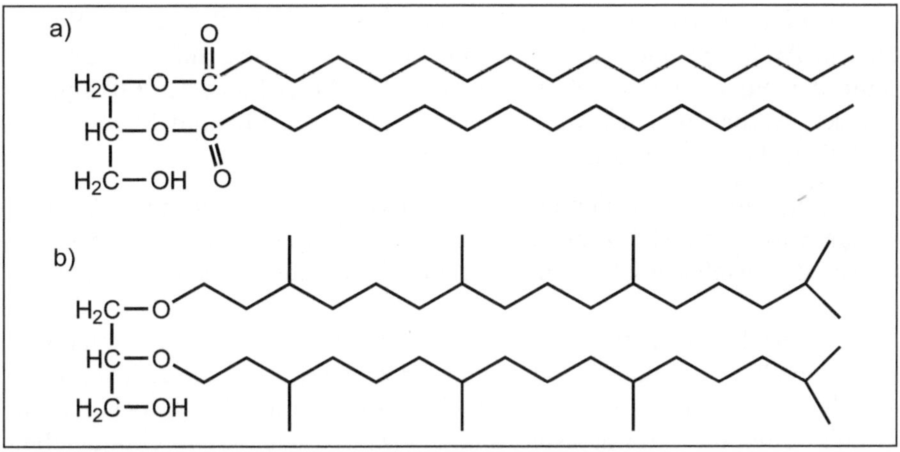

Abb 10.10: Die Unterschiede in den Membranlipiden von Eukaryoten (und Eubakterien) und den Archaeen. In Eukaryoten (Eubakterien) sind Fettsäureglycerinester Hauptbestandteile der Membran, die Archaeenmembranen enthalten vor allem Di- (aber auch andere) -Ether des Glycerins mit Phytanolresten.

Ein weiteres Beispiel für den unterschiedlichen Aufbau wichtiger Biomoleküle in Archaebakterien bzw. Eubakterien findet man in der DNA-abhängigen RNA-Polymerase. Das Archaeen-Enzym gleicht dem der Eukaryoten mehr als dem Polymerase-Enzym aus Bakterien. Das gilt sowohl für den molekularen Aufbau als auch für die Reaktionsweise beim Translationsprozeß. Die Polymerasen der Archaebakterien sind − im Gegensatz zu den entsprechenden Enzymen der Eubakterien − unempfindlich gegen die Antibiotika Rifampicin und Streptolydigin (Kandler, 1981).

Weitere umfassende Information über Archaebakterien bei H. König (1986), M. Groß (1997) und R. Schnabel (1984).

Die Bezeichnung Archaebakterien wählte Woese, da diese Mikroorganismen unter Bedingungen optimal wachsen, die wahrscheinlich vor 4 bis 3,5 Milliarden Jahren auf der Urerde herrschten: heiße Quellen, saures Milieu, Sauerstoff-freie Atmosphäre und hohe Salzkonzentrationen, zumindest in einigen abgegrenzten Bereichen.

Nach der Akzeptanz der drei Urreiche durch die Fachwelt erhob sich die Frage, ob sich die Eukaryoten aus den Archaeen entwickelt hatten oder nicht. Einige Erkenntnisse über gewisse Ähnlichkeiten im Transkriptions- und Translationsmechanismus ließen vermuten, daß zwischen beiden Gruppen verwandtschaftliche Beziehungen bestanden. Mehr Klarheit in dieser Frage brachten Peter Gogarten et al. (1989) sowie eine japanische Forschergruppe. Sie untersuchten die Aminosäuresequenzen zweier wichtiger Proteine − eines davon war eine Protonen-pumpende ATPase vom

V-Typ. Beide Forschergruppen kamen zu dem übereinstimmenden Resultat, daß Archaeen und Bakterien vom LGV abstammen müßten. Erst im Laufe der weiteren Entwicklung erfolgte die Abspaltung der Eukaryoten von den Archaeen. Dieses allgemein akzeptierte Bild vom Stammbaum des Lebens besagt kurz zusammengefaßt:

- Aus dem noch unbekannten „ersten universellen gemeinsamen Vorfahren" entwickeln sich zuerst zwei Urreiche: Bakterien und Archaeen.
- Aus den Archaeen-ähnlichen Vorläufern entwickeln sich die Eukaryoten.
- Nach der Endosymbionten-Hypothese übernahmen die Eukaryoten Gene sowohl von Bakterien (als Alpha-Proteobakterien) als auch von Cyanobakterien. Im ersten Fall entwickeln sich daraus die Mitochondrien, im zweiten die Chloroplasten, also die äußerst wichtigen Zellorganellen für Energieproduktion (ATP-Synthese) und die Photosynthese.

Im Laufe der letzten Jahre stieg die Anzahl an Organismen, deren Genom vollständig aufgeklärt werden konnte. Diese Information steht nun von mehr als einem halben Dutzend Archaeen und mehr als zwei Dutzend Bakterien den Wissenschaftlern zur Verfügung (Doolittle, 2000), aber diese Zahlen dürften sich inzwischen deutlich erhöht haben Bei genauerem Studium der Sequenzdaten wurden Unstimmigkeiten im ansonsten allgemein anerkannten Stammbaum des Lebens deutlich. So findet man in Archaeen eine Anzahl bakterieller Gene, so z. B. in *Archaeoglobus Fulgidus* die bakterielle Form des Enzyms HMG (Hydroxymethylglutaryl)-CoA-Reduktase, einem wichtigen Enzym für die Synthese von Membranlipiden. Der in hydrothermalen Quellen lebende Mikroorganismus verwendet noch weitere bakterielle Gene, um in dieser extremen Umgebung überleben zu können.

Diese Fakten stimmen mit der Annahme eines geradlinig verlaufenden Stammbaumes der Organismenevolution nicht überein. Seit der Ära von Charles Darwin war es gebräuchlich, bei Verwendung des Begriffes „genetischer Transfer" nur die Weitergabe von Erbinformationen innerhalb einer Art zu vermuten. Seit mehr als 30 Jahren beobachtet man jedoch Phänomene, die zeigen, daß Gentransfer auch zwischen einzelnen Arten von Lebewesen abzulaufen vermag.

Die Grundlage für den bisher gültigen Stammbaum war die „vertikale" Weitergabe genetischer Information, d. h. Vererbung von Generation zu Generation. Die jetzt erkennbaren Unstimmigkeiten im bisherigen Modell des philogenetischen Stammbaumes sind nur erklärbar, wenn noch ein zweiter Prozeß neben der vertikalen Informationsweitergabe wirksam war, der sog. „horizontale Gentransfer" (Maier et al., 1996). Darunter versteht man die Übertragung genetischen Materials von einer Organismenart auf eine andere.

Der horizontale Gentransfer (HGT) könnte auch noch einige ungelöste Rätsel erklären, so z. B. die Tatsache, daß in einigen Archaeen Gene vorkommen, die normalerweise in Bakterien zu finden sind. Der HGT ist zwar schon länger bekannt, nur ahnte niemand, daß dieses Phänomen schon im Archaikum als wirksames Prinzip die Entwicklung lebender Systeme bestimmte.

Nach Ford Doolittle von der Dalhousie-Universität in Halifax/Kanada (Doolittle, 2000) stellte man den Übergang der Archaeen zu den Eukaryoten bisher zu stark vereinfacht dar, bzw. er wurde sogar falsch interpretiert. Seiner Meinung nach gingen die frühen Eukaryoten aus einer Art Vorläuferzelle hervor, die wiederum selbst das Produkt zahlreicher vorheriger horizontaler Gentransfer-Prozesse war. Ein modifizierter philogenetischer Stammbaum besteht ebenfalls aus drei Urreichen. Aber die Beziehungen zwischen den Urreichen werden nun komplizierter und vielschichtiger. Vor allem im „Untergrund", d. h. dem Zeitraum der ersten Millionen Jahre nach der Lebensentstehung, vermutet man zahlreiche Querverbindungen zwischen den Entwicklungsstämmen. Es erhebt sich die Frage, inwieweit die bisherige Sonderstellung der 16S-rRNA-Sequenzen erhalten bleibt. Viele Forscher meinen, daß die Gene für die 16S-rRNA sowie weitere für Transkription und Translation zuständigen Gene sich wenig veränderten, so daß der bisherige Stammbaum gültig bleibt. Aber nach Doolittle ist diese „Nichtaustauschbarkeit" eine weitgehend ungeprüfte Annahme. Die 16S-rRNA zeichnet eine wichtige Eigenschaft aus. Sie setzte sich aus konservativen und progressiven Abschnitten zusammen, und so erfaßte man bei der Analyse (Sequenz-Ermittlung) sehr frühe und spätere Ereignisse der philogenetischen Entwicklung (Kandler, 1981).

Ein erster Vorschlag von Ford Doolittle zeigt nicht einfache, nach oben strebende Äste des philogenetischen Baumes, sondern ein Gewirr von Querverbindungen zwischen den Entwicklungslinien. Diese ähneln eher einem Pilzgeflecht und haben fast nichts mehr mit dem ursprünglichen Modell gemeinsam – bis auf die Endstationen der drei Urreiche. – Elizabeth Pennisi (2001) wählte in einem Übersichtsartikel in „Science" das anschauliche Bild vom „verwirrten Brombeergesträuch", wenn es darum geht, das neue Modell zu beschreiben.

Für die nächsten Jahre wird in den USA ein ehrgeiziges Projekt mit dem Ziel geplant, die vielen noch offenen Fragen um den Stammbaum des Lebens zu klären. Im September 2001 trafen sich zahlreiche Biologen in New York City, um Forschungsstrategien zu entwerfen. Das Projekt dürfte eine Zeitspanne von 10 bis 15 Jahre umfassen und beträchtliche Geldsummen erfordern. Moderne Analytik und Datentechnik werden dazu verhelfen, das

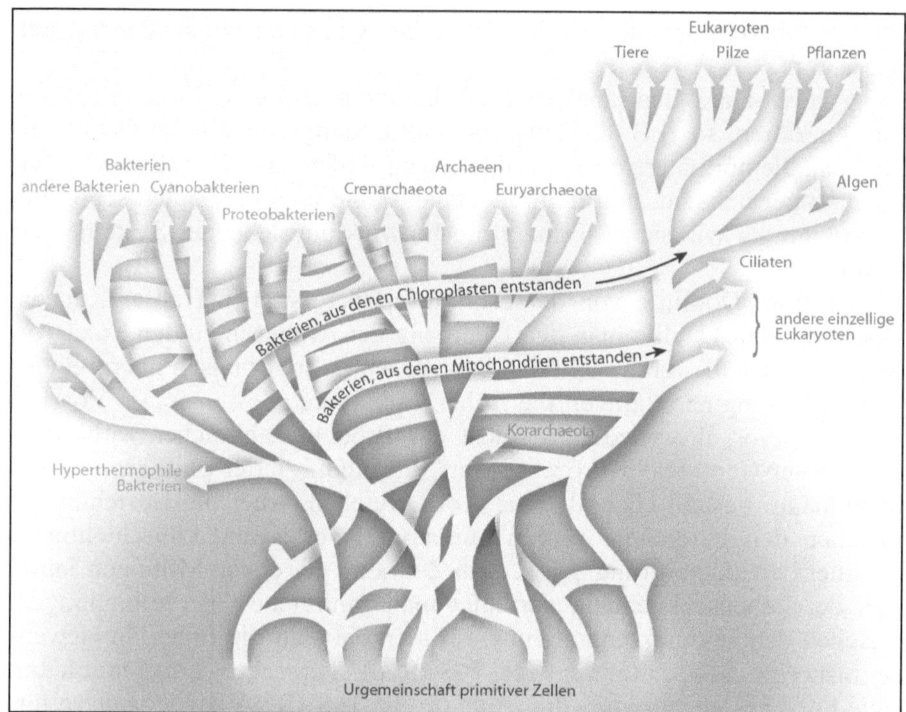

Abb. 10.11: Der „modifizierte Stammbaum des Lebens" behält die bekannte baumartige Struktur bei. Er bestätigt auch, daß die Eukaryoten ihre Mitochondrien und Chloroplasten einst von den Bakterien übernahmen. Er weist aber auch auf ein Netzwerk von Verbindungen zwischen den Ästen hin. Die zahlreichen Querverbindungen deuten auf einen regen Transfer einzelner oder mehrerer Gene zwischen einzelligen Organismen. Der modifizierte Lebensbaum stammt nicht, wie bisher angenommen, von einer einzigen Zelle (der hypothetischen „Urzelle") ab. Die drei großen Urreiche des Lebens dürften eher von einer Gemeinschaft primitiver Zellen mit unterschiedlichen Genomen stammen. Quelle: W. F. Doolittle (2000)

Projekt erfolgreich zu bearbeiten. Dann könnten gesicherte Erkenntnisse über den Ursprung und die Beziehungen aller Arten von Lebewesen auf unserer Erde vorliegen.

Der horizontale Gentransfer wird auch von Carl Woese als eine der Haupttriebfedern für die Evolution der zellulären Organisation angesehen. Sein neues Modell (Woese, 2002) beruht auf der (durch Daten unterstützten) Vermutung, daß der HGT vor allem durch die Organisation der Aufnehmerzelle bestimmt wird. Damit avanciert der HGT zu einem der wichtigsten Schlüssel zum Verständnis der Zellevolution. – Bereits zwei Jahre zuvor hatte Woese auf die zentrale Bedeutung des HGT für den universellen phylogenetischen Lebensbaum hingewiesen (Woese, 2000).

Zwar ist – wie bereits bemerkt – das Prinzip schon länger bekannt, es wurde allerdings bis vor etwa einem Jahrzehnt nur als eine schwach wirksame Kraft im evolutionären Geschehen der Entwicklung der ersten Zellen angesehen. Die Organisation der primitiven Zellen muß sehr einfach gewesen sein. Voraussichtlich bestand sie aus einer „lockeren" Struktur, die leicht durch HGT-Prozesse verändert werden konnte. Ein wesentliches Charakteristikum des Woese-Modells stellt die Art und Weise des Evolutionsvorganges dar. Woese nimmt an, daß das Zelldesign nur durch eine Gesamtleistung des HGT-Feldes erreicht werden konnte – es evoliert sozusagen das gesamte Ökosystem – obwohl die Ausstattung jeder Zelle unterschiedlich gewesen sein mußte, da die Zellen unter verschiedenen Anfangszuständen entstanden.

Das neue Modell scheint einige bisherige Unklarheiten zu beseitigen – bei weniger optimistischer Sichtweise dürfte es jedoch viele neue Fragen aufwerfen!

Eine Untersuchung in der Mitte des letzten Jahrzehnts sorgte unter den Fachleuten für erfrischende Unruhe und lebhafte Diskussionen. Russel F. Doolittle (1996), vom Institut für Molekulare Genetik in San Diego, untersuchte die Aminosäuresequenzen von 57 verschiedenen Enzymen der 15 philogenetischen Hauptgruppen. Dabei wurden 531 Sequenzen verwendet, um den Lebensstammbaum über Proteinsequenzen zu überprüfen, ähnlich dem Vorgehen von C. Woese mit Ribosomen-RNA. R. Doolittle fand etwa die gleichen Verzweigungsformen wie die rRNA-Analysen von Woese. – Doch zum Erstaunen der Forschungsgruppe in San Diego und des Fachpublikums in aller Welt lag der Zeitraum für die Entstehung des LGV nicht im Bereich von $3{,}5 \cdot 10^9$ Jahren, sondern etwa 1,8 Milliarden Jahre später! Es besteht also eine gewaltige Diskrepanz zwischen dem als gesichert (?) angenommenen Befunden über die ältesten Fossilien, den Cyanobakterien-ähnlichen Philamenten des Apex chert in West-Australien (Abschnitt 10.1), und dem von Doolittle und Mitarbeitern mit Hilfe der „molekularen Uhr" aufgefundenen Zeitraum zur Bildung des LGV. Wills und Bada (2000) bezeichnen das Problem als das „Doolittle-Ereignis", denn man könnte annehmen, daß eine große Katastrophe die Erde heimsuchte, die alles bisher bestehende Leben vernichtete. Es ist völlig offen (und sehr fraglich), ob nach diesem hypothetischen „Ereignis" der Lebensentstehungsprozeß erneut einsetzen konnte oder sich aus Anteilen, die doch überlebt hatten, regenerierte.

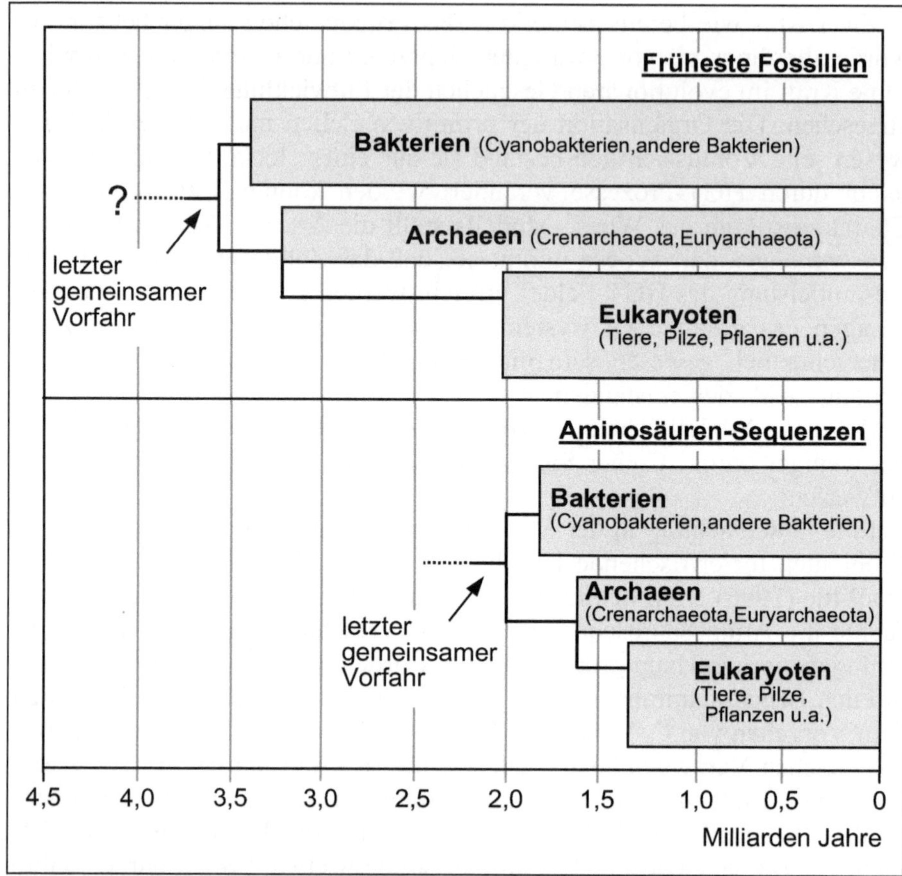

Abb. 10.12: Zwei recht unterschiedliche Methoden zur Ermittlung der Geschichte des Lebens auf unserer Erde und damit auch zur Bestimmung des Beginns des Lebens-Stammbaums:
a) nach den frühesten Fossilien, mit Hilfe von präkambrischen, paleobiologischen Untersuchungen und
b) aus den Aminosäuresequenzen einer großen Zahl von Proteinen.
Die Differenzen zwischen beiden Methoden betragen etwa 1.800 Millionen Jahre!

Es gibt für das „Doolittle-Ereignis" noch eine Reihe weiterer Erklärungsmöglichkeiten (Mooers u. Redfield, 1996). Eine davon könnte in der Analysenmethode begründet sein, die Doolittle anwendete, da er eine relativ konstante Rate der Aminosäure-Substitution annahm. Möglicherweise ist diese Annahme nicht berechtigt und müßte überprüft werden.

Es ist nicht nur die gewaltige Zeitdifferenz von 1,8 Milliarden Jahren, die ein großes Fragezeichen setzt, auch der Zeitplan der Aufspaltung in die Hauptarme des Stammbaumes wird deutlich verschoben. Die als mögliche

Erklärung der Differenzen einbezogene Katastrophenhypothese dürfte nur wenig wahrscheinlich sein, denn bisher liegen keine Anzeichen für eine so gewaltige „Auslöschung allen Lebens" auf der Erde vor. Eine andere Erklärungsmöglichkeit wäre, daß die Daten aus den Aminosäuresequenzen nur die Verzweigungsart der Lebewesen beim Evolutionsprozeß wiedergeben und nicht die Zeiten bzw. Zeiträume, in denen dieser Vorgang ablief (Schopf, 1998). – Diese Deutung des „Doolittle-Ereignisses" durch Schopf erfolgte zu einem Zeitpunkt, als noch keine Zweifel an der von ihm 1993 publizierten Zeitmarke von 3,45 Milliarden Jahren für die ersten Lebensspuren vorlagen.

Sollte sich in der nächsten Zeit herausstellen, daß die ersten Lebensspuren nicht mit einem Alter von 3,45 Milliarden Jahren zu datieren sind, dann müßte das Doolittle-Ereignis erneut diskutiert – und für wahrscheinlicher gehalten werden, als dies z. Zt. noch der Fall ist.

So ist auch der Stammbaum des Lebens mit vielen Fragezeichen geschmückt, die hoffentlich in den nächsten Jahren immer weniger werden und schließlich verschwinden.

Literatur

Barghoorn ES, Schopf JW (1966) Science 152:758

Brasier MD, Green OR, Jephcoat AP, Kleppe AK, VanKranendonk MJ, Lindsay JF, Steele A, Grassineau NV (2002a) Nature 416:76

Brasier MD, Green OR, Jephcoat AP, Kleppe AK, VanKranendonk MJ, Lindsay JF, Steele A, Grassineau NV (2002b) Book of Program and Abstracts, ISSOL-02, Oaxaca, p 51

Brasier MD, Green OR, Lindsay JF, Steele A (2004) Orig Life Evol Biosphere 34:257

Braunitzer G (1967) Die Primärsstruktur der Eiweißstoffe. In: Verhandlungen der Gesellschaft Deutscher Naturforscher und Ärzte 1966. Springer, Berlin Heidelberg New York, S 407

Breuer G (1981) Naturw Rdsch 34:299

Breuer G (1982) Naturw Rdsch 35:300

Buick R, Thornett JR, McNaughton NJ, Smith JB, Barley ME, Savage M (1995) Nature 375:574

Bungenberg de Jong H, Decker WA, Swan OS (1930) Biochem Z 221:392

Deamer DW (1998) Membrane Compartments in Prebiotic Evolution. In: Brack A (ed) The Molecular Origins of Life. Cambridge University Press, p 189

de Duve (1994) Ursprung des Lebens. Spektrum , Heidelberg

Doolittle RF, Feng D-F, Tsang S, Cho G, Little E (1996) Science 291:470

Doolittle WF (2000) Spektrum der Wissenschaft April: 62

Fox SW (1980) Nature 67:378

García-Ruiz JM (2002) Astrobiology 2:353

García-Ruiz JM, Hyde ST, Carnerup AN, Christy AG, Van Karnendonk MJ, Welham NJ (2003) Science 302:1194

Gogarten JP, Kibak H, Dittrich P, Taiz L, Bowman EJ, Manolson MF, Poole RJ, Date T, Oshima T, Konishi J, Denda K, Yoshida M (1989) Proc Natl Acad Sci USA 86:6661

Groß M (1997) Exzentriker des Lebens. Spektrum, Heidelberg

Groves DI, Dunlopp JSR, Buick R (1981) Spektrum der Wissenschaft, Dezember: 41

Hanczyc MM, Fujikawa SM, Szostak JW (2003) Science 302:618

Holland HD (1997) Science 275:38

Kandler O (1981) Naturwissenschaften 68:183

Kandler O (1987) Entstehung des Lebens und frühe Evolution der Organismen. In: Wilhelm F (Hrsg) Der Gang der Evolution. Beck, München, S 97

Kerr RA (2003) Science 302:1134

König H (1986) Biologie in unserer Zeit 16:71

Kudryavtsev AB, Schopf JW, Agresti DG, Wdowiak TJ (2001) Proc Natl Acad Sci USA 98:823

Lehninger AL (1977) Biochemie. Verlag Chemie, Weinheim, S 850

Luisi PL (1996) Orig Life Evol Biosphere 26:272

Luisi PL (1998) Orig Life Evol Biosphere 28:613

Maier U-G, Hofmann CJB, Sitte P (1996) Naturwissenschaften 83:103

Mojzsis SJ, Arrhenius G, McKeegan KD, Harrison TM, Nutman AP, Friend GRL (1996) Nature 384:55

Mooers AD, Redfield RD (1996) Nature 379:587

Morowitz HJ, Heinz B, Deamer DW (1988) Orig Life Evol Biosphere 18:281

Monnard PA, Deamer DW (2001) Orig Life Evol Biosphere 31:147

Nagy B (1976) Naturwissenschaften 63:499

Nakashima T (1987) Topics in Current Chemistry 139:57

Pasteris D, Wopenka B (2002) Nature 420:476

Pennisi E (2001) Science 293:197

Pflug HD (1978) Naturwissenschaften 65:611

Pflug HD (1984) Spur des Lebens. Springer, Berlin Heidelberg New York

Pohorille A, Wilson MA (1995) Orig Life Evol Biosphere 25:21

Rosing MT (1999) Science 283:674

Rushdi AL, Simoneit BRT (2001) Orig Life Evol Biosphere 31:103

Schidlowski M (1988) Nature 333:313

Schopf JW (1993) Science 260:640

Schopf JW (1998) Tracing the Roots of the Universal Tree of Life. In: Brack A (ed) The Molecular Origins of Life. Cambridge University Press, pp 336-362

Schopf JW (1999) Cradle of Life. Princeton University Press, Princeton

Schopf JW, Kudryavtsev AB, Agresti DG, Wdowiak TJ, Czaja AD (2002a) Nature 416:73

Schopf JW, Czaja AD, Kudryavtsev AB, Agressti DG, Wdowiak TJ, Kempe A, AltermanW, Heckl WM (2002b), Book of Program and Abstracts ISSOL-02, Oaxaca, p 51

Schnabel R (1984) Chemie in unserer Zeit 18:121
Segré D, Ben-Eli D, Deamer DW, Lancet D (2001) Orig Life Evol Biosphere 31:119
Shew RL, Deamer DW (1985) Biochim Biophys Acta 816:1
Simpson S (2004) Spektrum der Wissenschaft, Aprl. 70
Szostak JW, Bartel DP, Luisi PL (2001) Nature 409:387
van Zuilen MA, Lepland A, Arrhenius G (2002a), Book of Program and Abstracts ISSOL -02,Oaxaca, p 46
van Zuilen MA, Lepland A, Arrhenius G (2002b) Nature 418:627
Walde P, Goto A, Monnard PA, Wessiken M, Luisi PL (1994) J Amer Chem Soc 116:7541
Walters C, Shimoyama A, Ponnamperuma C (1981). Origin of Life 11:473
Wick R, Walde P, Luisi PL, (1995) J Amer Chem Soc 117:1435
Wieland T, Pfleiderer G (1967) Ein molekularbiologischer Kalender der Evolution? Strukturvergleiche analoger Proteine aus verschiedenen Organismen. In: Wieland T, Pfleiderer G (Hrsg) Molekularbiologie. Umschau, Frankfurt/Main, S 139
Wills C, Bada J (2000) The Spark of Life. Perseus Publishers, Cambridge, Mass
Woese CR (1981) Spektrum der Wissenschaft, August: 74
Woese CR (2000) Proc Natl Acad Sci USA 97:8392
Woese CR (2002) Proc Natl Acad Sci USA 99:8742

11 Exo-/Astrobiologie und andere Themen

Obwohl die Begriffe Exobiologie und Astrobiologie gleichwertig sind, so gewinnt dennoch der Begriff „Astrobiologie" die Oberhand, nachdem die NASA ihn 1995 offiziell einführte. Dieser Wissenschaftszweig reicht von der Kosmochemie über die Biogenese bis hin zu allen Themen, die mit der Erforschung von Lebensspuren unterschiedlichster Ausprägung auf Planeten und Monden innerhalb und außerhalb unseres Sonnensystems im Zusammenhang stehen.

Für diese Forschungsvorhaben richtete die NASA 1996 ein Zentrum am Ames-Research Center im kalifornischen Mountain View ein. Einige bekannte Institute schlossen sich zu dem Forschungszentrum für Astrobiologie zusammen, darunter z. B. die Carnegie Institution of Washington D.C. (Evolution hydrothermaler Systeme); Harward University, Cambridge, Massachusetts (Geochemie und Paleontologie der Erde); Scripps Research Institute, University California, San Diego (Präbiotische Chemie, selbstreplizierende Systeme); University of Colorado, Boulder (RNA-Katalyse, Bewohnbarkeit von Planeten). – Vorteilhaft für die neue Organisation dürfte sich eine strengere Koordination bestimmter Forschungsobjekte mit den von der NASA gestarteten Weltraum-Missionen auswirken. Die finanzielle Planung sah für das Jahr 2000 einen Betrag von 20 Millionen Dollar vor. Besondere Programme sollen den wissenschaftlichen Nachwuchs fördern (Doktoranden- und Postdoktoranden-Programme).

In Europa wurde erst in letzter Zeit eine Organisation gegründet, die nationale Forschungsaktivitäten zu einer größeren Institution zusammenfaßt, damit die Abstimmung mit außereuropäischen (vor allem US-amerikanischen) Organisationen effektiver verläuft. Diese europäische Organisation heißt: European Exo-/Astrobiology Network Association (EANA). Ihr obliegen künftig wichtige Funktionen:

- die Förderung der Koordination zwischen europäischen Forschern auf dem Gebiet der Exo-/Astrobiologie,
- die Herstellung von Kontakten zu anderen europäischen Organisationen, wie der ESA (European Space Agency), der ESF (European Science Foundation) sowie der Europäischen Kommission,

- die Förderung junger Wissenschafter (Erkundung von Finanzierungs-
  möglichkeiten für Forschungsvorhaben),
- als Ansprechpartner für nicht-europäischen Organisationen zu dienen.

Die EANA wurde anläßlich des ersten europäischen Seminars (Workshop) für Exo-/Astrobiologie im Mai 2001 in Frascati/Italien gegründet (ESA, 2001). Bisher legte man fünf Punkte als vorrangig für ein künftiges exo-/ astrobiologisches Weltraumprogramm fest:

- Suche und Nachweis von Vorstufen des Lebens, wie z. B. organische Moleküle im Weltraum,
- Identifizierung möglicher Lebensräume auf Planeten unseres Sonnensystems und auf extrasolaren Planeten sowie die Suche nach außerirdischen Lebensformen,
- Studien über die Umwelteinflüsse auf Lebensformen und Strategien der Adaptation an extreme Umweltbedingungen,
- Untersuchungen von Eis, Permafrost, Asteroiden und Kometen im Hinblick auf deren mögliche Bedeutung für Entstehung und Evolution des Lebens,
- Missionen zum Mars mit dem Ziel, nach Spuren des Lebens zu suchen, bis hin zur Rückführung von Marsgestein zur Erde.

Zur astrobiologischen Forschung gehört aber nicht nur die Suche nach Leben auf anderen Gestirnen, auch die Untersuchung extremer Lebensräume auf der Erde sind Gegenstand intensiver Forschungsarbeiten. Dabei gilt das Interesse außer den hydrothermalen Systemen auch den Lebensprozessen unter extremen Bedingungen, wie z. B. dem Leben in tiefen Gesteinsformationen (Pedersen, 1997) (näheres in Abschn. 11.2.1).

11.1 Extraterrestrisches Leben

Leben, das außerhalb unserer Erde existiert bzw. existieren könnte, wird ganz allgemein als extraterrestrisches Leben bezeichnet. Außerdem unterscheidet man zwischen Leben (bzw. möglichem Leben) innerhalb oder außerhalb unseres Sonnensystems. Trotz zahlreicher Publikationen der Science-Fiction-Branche in Buchform oder als raffiniert ausgestatteter Fernseh- oder Kinofilm muß man feststellen, daß bisher noch kein einziger Nachweis für ein lebendes System außerhalb unserer Erde erbracht werden konnte. Die kommenden Jahre und Jahrzehnte dürften endlich Klarheit bringen, ob wir wirklich allein durch das Universum treiben oder nicht.

Innerhalb unseres Sonnensystems sind drei Ziele Forschungsobjekte bei der Suche nach extraterrestrischem Leben oder bescheidener ausgedrückt, nach Lebensspuren bzw. nach Biomolekülen oder deren Vorstufen:

- der Planet Mars,
- der Jupitermond Europa und
- der Saturnmond Titan.

11.1.1   Leben in unserem Sonnensystem

11.1.1.1   *Extraterrestrisches Leben auf dem Mars?*

Im Zusammenhang mit der Frage nach Leben auf anderen Planeten nimmt der Mars eine Sonderstellung ein:

- Mars als Nachbar der Erde,
- das Marsklima ist nicht so extrem lebensfeindlich wie das Klima des anderen Nachbarn der Erde, der Venus,
- historische Ereignisse, wie z. B. die Entdeckung der (hypothetischen) Marskanäle, die in der zweiten Hälfte des 19. Jahrhunderts allgemeines, starkes Interesse auslösten (Walter, 1999).

Die Phase der Science-Fiction-Geschichten mit grünen Menschen vom Mars dürfte (hoffentlich) überstanden sein. Somit kann die Frage nach Leben auf dem Mars nur lauten: Gibt es oder gab es bereits voll ausgeformte, lebende Systeme oder nicht – oder sind Vorstufen des Lebens in Form von Biomolekülen nachweisbar?

Freies Wasser – als essentielle Voraussetzung für Leben – konnte am Mars noch nicht nachgewiesen werden. Jedoch deuten geomorphologische Untersuchungen auf eine Zweiteilung der Marsoberfläche hin (Jaumann et al., 2002):

- eine südliche Hochlandhemisphäre, mit Kratern übersät, ähnlich den Hochländern des Mondes, mit mehreren tausend Höhenmetern über dem Normalniveau,
- die nördlich gelegenen Mars-Tiefländer, die – in gewisser Analogie zur Erde – den Ozeanböden entsprechen könnten.

Entlang des Marsäquators zieht sich ein Schluchtensystem von solchen Ausmaßen, die auf der Erde unbekannt sind. Dabei entspricht der Durchmesser des Mars etwa dem Halbmesser unserer Erde. Der gewaltige Schildvulkan Olympus Mons erreicht eine Höhe von 26 km und Schluchten dürften bis zu 8 km hohe Wände aufweisen (Heuseler et al., 2000). Gewaltige Erosionsrinnen und Flußläufe deuten, neben anderen Anzeichen, darauf hin, daß einstmals große Mengen flüssigen Wassers auf dem Mars vorhanden gewesen sein mußten. Bereits in den 70-iger Jahren zeigten Aufnahmen der Mariner-9-Sonde verschiedene Formen von Tälern, die Fluß- oder Stromtälern der Erde glichen. Neuere Satellitenaufnahmen lassen auch andere Deutungen zu, wie z. B. daß die Täler durch den Einsturz von Oberflächenstrukturen entstanden sein konnten, die durch fließendes Grundwasser ausgewaschen wurden. Offenkundig strömten einst größere Wassermassen durch die Täler nach Norden in die Tiefebene. Möglicherweise bildeten sich dabei auch weite Schwemmlandschaften.

Doch der Ursprung dieses (hypothetischen) Wassers liegt noch im Dunkeln. Da Mars und Erde einige Gemeinsamkeiten in ihrer Entstehungsgeschichte aufweisen, so könnte auch beim Mars das Wasser sowohl aus dem Planeteninneren als auch von Kometen und Asteroiden stammen. Bei den gewaltigen Dimensionen der Mars-Schildvulkane kann angenommen werden, daß große Wasseranteile vulkanischen Ursprungs sind. Eine Klasse von Marsvulkanen gleicht den Schildvulkanen Kilauea und Mauna Loa auf Hawaii. – Somit bleibt als vordringlichstes Forschungsthema die Suche nach Wasser auf unserem Nachbarplaneten.

Wohin könnte aber das angenommene Mars-Wasser gelangt sein? Es werden zwei Möglichkeiten diskutiert:

– ein Teil des Wassers ist in tieferen Marsschichten verborgen,
– ein anderer Teil wurde photolytisch zersetzt und der freigesetzte Wasserstoff ging durch Flucht in den Weltraum verloren.

Zur ersten These liegen nun neue, wichtige Forschungsergebnisse vor, die die Annahme großer Mengen von Wassereis bestätigen. Die NASA-Sonde „2001 Mars-Odyssey" konnte Wassereis vermischt mit Marsmaterialien (Sand, Gestein und Staub) ermitteln. Dieser wasserhaltige Bereich erstreckt sich ab dem 60. Breitengrad der Südhalbkugel bis zum Pol. Diese Erkenntnisse verdankt die NASA dem Gammaspektrometer (Gamma Ray Spectrometer: GRS) an Bord der Sonde. Das Gerät besteht aus vier Teilen: dem Gamma-Sensorkopf, einem Neutronenspektrometer, dem Detektor für hochenergetische Neutronen und der zentralen elektronischen Einheit. Das GRS hatte zur Aufgabe, Menge und Verteilung von etwa 20 Elementen wie z. B. Silizium, Sauerstoff, Eisen, Magnesium, Kalium, Aluminium, Schwefel und Kohlenstoff zu bestimmen.

Zwei Eigenschaften des Mars kommen der Untersuchungsmethodik entgegen: die dünne Atmosphäre (etwa 10 mb) und das Fehlen eines globalen Magnetfeldes. Sie ermöglichen, daß die kosmische Strahlung (vor allem energiereiche, schnelle Protonen) fast ohne Bremsung auf die Marsoberfläche auftrifft. Allerdings wurden beim Magnetometer/Elektronenreflektometer-Experiment an Bord der Mars-Global-Surveyor-Sonde magnetische Oberflächen-Anomalien am Mars entdeckt (Lammer et al., 2002). Es wird ein erheblich intensiveres Magnetfeld in den früheren Äonen der Marsgeschichte angenommen. Dies läßt auf eine bedeutend dichtere Marsatmosphäre schließen (möglicherweise um 1 bar), und außerdem hätte ein stärkeres Magnetfeld eine ähnliche Schutzfunktion gegen kosmische Strahlung und UV-Strahlen erfüllt wie auf der Erde.

Die jetzt auf die Marsoberfläche auftreffende kosmische Strahlung tritt mit den Atomen der Mineralien und den anderen Substanzen der Marsoberfläche in Wechselwirkung. Beim Aufprall der Strahlung auf die Atome der Marsoberfläche werden schnelle Neutronen freigesetzt, die mit anderen Atomen wechselwirken. Aus ihnen entstehen epithermische Neutronen. Im weiteren Verlauf des Prozesses verlieren die Neutronen an Energie und werden zu thermischen Neutronen. Reagieren sie mit anderen Atomen, so überführen sie diese in einen angeregten Zustand. Beim Zurückfallen in den Grundzustand erfolgt Energieabgabe in Form von Gammastrahlung. Die Energie der Gammaquanten zeigt im Spektrum das Element an, von dem die Strahlung ausging. So fand man in den Spektren der Odyssey-Sonde so große Mengen an Wasserstoff, dass diese nur von H_2O stammen können. Diese präzisen Messungen wurden aber erst möglich, als am 4. Juni 2002 der Sensorkopf, durch einen 6,2 m langen Ausleger von der Sonde entfernt, ungestört durch Effekte der übrigen Apparaturen seine Messungen durchführen konnte. Die beiden Neutronenmeßgeräte vermögen zwischen den verschiedenen Neutronenspezies (schnelle, epithermische und thermische) zu unterscheiden. Während mit dem Gammadetektor sehr verläßlich ein bestimmtes Element erkannt werden kann, ist dies durch Ermittlung des Neutronenflusses nicht möglich. Es gelang jedoch recht genau, die Grenze am 60. Grad südlicher Breite zu bestimmen, denn jenseits dieser Grenzlinie fiel die Anzahl epithermischer und thermischer Neutronen deutlich ab. Diesen Befund deutet man als klaren Beweis für das Vorhandensein von Wasser. Für die Verteilung des Marswassers liegen bereits Modelle bzw. Modellrechnungen vor. Flüssiges Wasser dürfte auf dem Mars wegen des geringen Atmosphärendrucks verdunsten. Daher kann sich Wasser in einiger Entfernung von den Polen nur unter der Oberfläche halten (Körkel, 2002). Sichere Aussagen über die Verteilung des Wassers auf dem Mars sind noch nicht möglich, da aus den Neutronenmeßdaten nur Hinweise bis zu maximal 2 m Bodentiefe abgeleitet werden können. Bei den Gammawerten liegt der Bereich nur bei einem halben Meter. Modellrechnungen nehmen an den Polen Bereiche von Marsstaub und Eis an, bei einem Wasseranteil bis zu 60 %.

So stellt sich die Frage: Ist es unter den bisher bekannt gewordenen Bedingungen möglich, auf Leben bzw. Spuren von Leben auf dem Planeten Mars zu schließen?

Es sind vier Alternativen vorstellbar. Auf dem Mars werden:

- lebende Systeme gefunden,
- einstmals lebende Systeme entdeckt,
- Biomoleküle bzw. Vorläufermoleküle nachgewiesen,
- keine der zuvor genannten drei Alternativen trifft zu.

Könnte es sein, daß Mikroorganismen im Marsboden existieren, ähnlich den im Marsmeteoriten ALH 84001 vermuteten? Diese Frage führt zu der Gegenfrage, ob es denn bisher gelang, Leben (d. h. primitives Leben) unter extremsten Bedingungen aufzuspüren und zu untersuchen. Gibt es also auf der Erde solche Bedingungen, unter denen Mikroorganismen zu existieren vermögen? – Über Extremophile wie die thermophilen, halophilen oder hyperthermophilen Mikroorganismen liegen bereits zahlreiche Untersuchungen vor.

Daß Mikroorganismen aber auch im Tiefengestein nachweisbar sind, konnte erst in letzter Zeit eindeutig belegt werden. So fand Karsten Pedersen, Mikrobiologe der Universität Göteborg, bei Wasserproben aus 500 m Tiefe und später bei Bohrungen in Gravberg in der Landschaft Dalarna aus 3500 m Gesteinstiefe Mikroorganismen (anaerobe Schwefelbakterien), die ihren Stoffwechsel nur aus dem in den Gesteins-Haarrissen aufgefundenen Wasser und den darin gelösten Substanzen bestreiten (Pedersen, 1997). Ob eine Biogenese unter diesen Bedingungen möglich wäre, wie es Pedersen diskutiert, ist natürlich reine Spekulation. Vorstellbar wäre, daß niedermolekulare Verbindungen, wie CO_2, CO, CH_4, H_2, H_2S, NH_3 und Wasserdampf, das feinrissige Gestein durchdrungen haben. Ebenso sind katalytisch wirksame Gesteinsschichten und verschiedene Temperaturzonen im Gestein nicht auszuschließen. Hier erhebt sich sofort die Frage, ob unter diesen extremen Bedingungen Biomoleküle entstehen konnten.

Ähnlich anspruchslose Mikroorganismen fanden Stevens und Mc Kinley (1995) im Grundwasser aus dem Tiefengestein der Basaltgruppe nördlich des Columbiaflusses im US-Bundesstaat Washington. In den Wasserproben aus 1500 m Tiefe konnten Wasserstoff und autotrophe Mikroorganismen nachgewiesen werden. Es sind Methanogene, d. h. Methan-bildende Bakterien, die allerdings in so hoher Konzentration auftreten, daß sie kaum von den geringen Mengen C-haltigen Materials im Wasser leben konnten. Woher stammt der Wasserstoff, mit dessen Hilfe das im Wasser gelöste CO_2 zu organischer Biomasse reduziert werden konnte? – Die Lösung dieses Rätsels erfolgte durch eine Explosion! Sie wurde durch eine Schweißflamme in einem Haufen von Basaltgestein ausgelöst. Das im Basalt enthaltene Eisen (FeII) reduziert Wasser zu freiem Wasserstoff (H_2). Die Bakterien benutzen den Wasserstoff zur Reduktion von CO_2 und bilden Biomasse und Methan. Das bei diesem Prozeß anfallende FeIII geht in schwerlösliche Verbindungen über, wie z. B. [Fe$_2$O$_3$][FeO] (Magnetit) und das Reaktionsgleichgewicht wird nach der Seite der H$_2$-Bildung verschoben. Experimente konnten diese Hypothese bestätigen. Ein Reaktionsansatz, der nur reines, Sauerstoff-freies Wasser und gemahlenes Basaltgestein enthielt, führt zum Wachstum der Mikroben. Damit scheint bewiesen zu sein, daß spezielle Mikroorganismen (Chemolithotrophe) unter extremen Bedingungen (nur Wasser und Gestein) leben können. Daraus bereits einen Biogeneseprozeß abzuleiten, dürfte wohl zu kühn sein (Kaiser, 1995; Groß, 1997). Aber die neuen Erkenntnisse über Lebensformen in „lebensfeindlicher" Umgebung eröffnen die Möglichkeit für weiterführende Spekulationen zum Phänomen Leben und seiner Entstehung (weitere Literatur: Groß, 1996; Fredrickson u. Onstott, 1996).

Auch kleine Länder können wichtige Beiträge zur Exo-/Astrobiologie leisten. So verfügt die Universität Aarhus in Dänemark über ein Mars-Simulations-Laboratorium, das mit dem Ziel gegründet wurde, die Oberflächenbedingungen des Mars zu untersuchen. Eine interdisziplinäre Arbeitsgruppe befaßt sich vor allem mit Problemen, die im Zusammenhang mit den gewaltigen Staub- und Partikelmengen stehen, die in der Atmosphäre, aber auch auf der Oberfläche des roten Planeten anzutreffen sind. Die Simulationsexperimente werden so eng wie möglich unter den Bedingungen des Marsklimas durchgeführt. Die Arbeitsgruppe in Aarhus untersuchte verschiedene Mikroorganismen-Stämme auf ihre Überlebensfähigkeit und Aktivität bei Temperatur- und Druckverhältnissen, die der CO$_2$-Atmosphäre des Mars entsprachen. Die Experimente verliefen unter UV-Bestrahlung über zwei Wochen (Lomstein et al., 2002).

Die Forschergruppe setzte bei ihren Experimenten auch einen Windkanal ein, um den Staubtransport von Marsmaterie zu simulieren. Letztlich dient der Windkanal auch zur Prüfung der Instrumente, die im Beagle-Lander (siehe unten) eingesetzt werden und ebenso für die NASA-Reportergeräte (Finster et al., 2002; Merrison et al., 2002; Jensen et al., 2002).

Die wissenschaftlichen Aktivitäten einiger Länder lassen in der nächsten Zeit hochaktuelle, neue Erkenntnisse vor allem von unserem Nachbarplaneten Mars erwarten.

Die günstige Position des Mars zur Erde mit dem Maximum im August 2003 löste beinahe hektische Aktivitäten bei den Weltraum-Missionen aus. Der Abstand zum roten Planeten betrug im Jahre 2003 nur etwa 56 Millionen Kilometer. So nahe kamen sich Mars und Erde seit 60.000 Jahren nicht mehr (www.Nature.com/nsu – 7. Juni 2003). Am 2. Juni 2003 wurde die europäische Raumsonde „Mars-Express" erfolgreich vom Kosmodrom Baikonur in Kasachstan gestartet. Die Kontrolle des Fluges und den Kontakt zum Flugkörper hielt das ESA-Raumflug-Kontrollzentrum ESOC Darmstadt. Die etwa 1,2 Tonnen schwere Sonde führte das Landegerät

„Beagle 2" mit (benannt nach Charles Darwins Forschungsschiff), das eine Reihe von Instrumenten und Geräten für geologische und mineralogische Untersuchungen enthielt (zwei Kameras, ein Mikroskop und zwei Spektrometer). Mit Hilfe eines Miniroboters („Maulwurf") sowie eines Kernbohr- und Mahlgerätes sollten Erd- und Gesteinsproben bis zur 2 m Tiefe gewonnen und in einem automatisierten Minilabor GAB analysiert werden. Letzteres enthielt zwölf Öfen zum Aufbereiten der Analysenproben und einen Massenspektrometer. Der in der Umlaufsbahn verbleibende Orbiter sollte die von Beagle 2 übernommenen Daten zur Erde weiterleiten. Aber dieses Experiment schlug fehl. Inzwischen dürften die Hoffnungen, doch noch Signale von Beagle 2 zu erhalten, auf Null gefallen sein. Möglicherweise war die Test- und Erprobungsphase für eine so komplizierte Apparatur doch zu kurz bemessen gewesen. – Schade!

Der Orbiter wurde mit sieben Instrumenten ausgestattet, die wichtige Informationen über die Struktur und die Entwicklungsgeschichte des Mars liefern sollen. Eine hochauflösende Stereo-Kamera, HRSC (High Resolution Stereo Camera) wird die Marsoberfläche kartographisch aufnehmen (bei bis zu 10 m Auflösung). Sie wurde am DLR-Institut für Weltraumsensorik und Planetenerkundung in Berlin-Adlershof (Prof. G. Neukum, FU Berlin) entwickelt. Ein sensationeller Beweis für die Leistungsfähigkeit der HRSC wurde bereits in Abb. 3.3 vorgestellt. Das Radargerät MARSIS (Mars Advanced Radar for Subsurface and Ionosphere Sounding), ausgestattet mit einer 40 m langen Antenne, soll die Marsoberfläche bis in 2 km Tiefe untersuchen, vor allem um endlich eine Antwort auf die Frage nach den angenommenen Wasservorkommen zu erhalten. Das System sendet Radarwellen (1,3–5,5 MHz) zum Mars. Es empfängt das reflektierte Echo aus dem Untergrund der Oberfläche und der Jonosphäre des Mars. Die Dauer der Orbiter-Mission soll ein Marsjahr betragen (d. h. 687 Erdentage).

Aber nicht nur Europa war 2003 in der Marsforschung aktiv, auch die USA starteten zwei „Mars Explorator Rover" zum Mars. Nur acht Tage nach dem Start der ESA-Mars-Express-Mission hob die MER-A-„Spirit"-Sonde mit einer Delta-II-Rakete vom Boden ab und am 7. Juli 2003 die Zwillings-Sonde „Oportunity". „Spirit" landete erfolgreich nur wenige Tage nach der Abkoppelung von „Beagle 2" von der Sonde „Mars-Express".

Jeder der beiden „Rover", d. h. der beweglichen Roboter mit der Fähigkeit Bodenproben zu entnehmen und zu analysieren, ist mit neun „Augen" ausgerüstet: mit vier Kameras, zwei Navigationskameras, zwei Panoramakameras und einer Kamera für mikroskopische Bildübertragungen.

Seit ihrer Marslandung sind beide NASA-Roboter bereits viel länger auf dem roten Planeten als geplant. Einige technische Pannen konnten von den NASA-Ingenieuren gemeistert werden und so wurden die Missionen bereits zweimal verlängert. Die Gesteinsuntersuchungen liefern immer mehr Hinweise auf einstmals fließendes Wasser auf dem Mars.

Einige Gesteine dürften ein zweites Mal nach einem Einschlag in dem von „Opportunity" untersuchten Krater („Endurance") mit Wasser in Kontakt gekommen sein. Diese Annahme gilt für ein „Escher" benanntes plattenähnliches Gestein. Es zeigt mehrere Spalten, die die Gesteinsoberfläche in ein Muster von polygonartigen Strukturen unterteilt (ähnliche Formen wie auf der Erde, wenn Schlamm austrocknet).

Auch der Rover „Spirit" lieferte viele interessante Bilder von Marsgesteinen, wie z. B. einen „Tetl" benannten Gesteinsblock mit deutlich erkennbarer Schichtung von weniger und stärker erodiertem Material. – Bis gesicherte Aussagen über geologische Prozesse, die auf dem Mars abgelaufen sind, vorliegen, wird noch einige Zeit verstreichen – bisher wurden vor allem Arbeitshypothesen erstellt (http://marsrover.nasa.gov).

Ein weiterer Marsbesucher sollte sich einstellen: Mit einer japanischen Marssonde wäre das „Mars-Quartett" vervollständigt worden. Leider erreichte die Sonde ihr Ziel nicht. – Trotzdem müßten bei so viel geballter, wissenschaftlicher und technischer Aktivität dem Mars einige von ihm hartnäckig verteidigte Geheimnisse zu entreißen sein!

11.1.1.2   *Lebensspuren auf Europa?*

Die wesentlichen Erkenntnisse über den Jupitermond Europa wurden bereits in Abschn. 3.1.5 dargestellt. Er ist ein wichtiges Ziel zahlreicher Untersuchungen mittels Satellitenmissionen – aber auch ein Objekt vieler Spekulationen und Vermutungen. Seit der Entdeckung bzw. der Annahme, daß sich unter dem Eispanzer ein Ozean mit flüssigem Wasser befindet, ist dieser Jupitermond für die Wissenschaft äußerst interessant geworden. Im Vergleich zum Mars dürfte sich allerdings die Wahrscheinlichkeit, Leben bzw. Vorstufen des Lebens zu finden, beträchtlich vermindert haben. Es besteht aber noch die Möglichkeit der Synthese von Biomolekülen, auch unter den drastischen Bedingungen des Europa-Klimas. Auf der Mondoberfläche wurden H_2O_2, H_2SO_4 und CO_2 nachgewiesen. Es dürften also eher oxidierende Reaktionsbedingungen vorherrschen. Diese könnten sich nachteilig auf die Synthesen von Biomolekülen auswirken, wenn auch tiefe Temperaturen einen stabilisierenden Faktor darstellen. Bräunlich gefärbte Areale auf der Europa-Oberfläche weisen möglicherweise auf Salzvorkommen (vielleicht $MgSO_4$) hin (Pappalardo et al., 1999). Jedoch bedingen Salzvorkommen noch keine Kohlenstoffchemie. Daher sind weitergehende Diskussionen über Lebenszeichen auf Europa reine Spekulationen. Mehr Klarheit ist erst in den nächsten Jahren zu erwarten, wenn im

Zeitraum von 2005–2010 ein „Radar-Orbiter" und einige Jahre später eine „Penetrator"-Sonde den Mond näher erforschen werden (Foing, 2002).

Ein Charakteristikum haben Erde und der Satellit Europa gemeinsam: Ihre Atmosphären enthalten als einzige Himmelskörper im Sonnensystem freien Sauerstoff (O_2), wenn auch auf Europa in viel geringerer Konzentration als auf der Erde. Der Europa-Sauerstoff dürfte aber abiogenen Ursprungs sein, denn er entstand sehr wahrscheinlich durch photolytische Prozesse, d. h. Zersetzung des Wassereises infolge der Einwirkung von Sonnen-UV und geladener Partikel auf die Mondoberfläche. Bei diesem Prozeß diffundiert Wasserstoff ins All, der Sauerstoff bleibt zurück (Lammer et al., 2002a; Sandstrand, 2002).

Eine Analyse über die möglichen Probleme und Gefahren bei den geplanten In-situ-Untersuchungen der Europa-Oberfläche bzw. der Schmelzbohrung durch die Eisdecke führte A. Kereszturi von der Universität Budapest durch. Dabei weist der Autor auf die Probleme unterschiedlicher Eisdicke hin, auf die tektonischen Bewegungen der Eiskruste beim Eindringen des Kryoroboters (Abb. 3.3) sowie auf mögliche mit Wasser gefüllte Räume innerhalb des Eispanzers (Kereszturi, 2002).

Sollten die Untersuchungen am Jupitermond Europa auf eine vollständige Sterilität des Satelliten hinweisen, so stellt dieser in seinen Eigenschaften einzigartige Mond dennoch ein geophysikalisch höchst interessantes Objekt dar, an dem viele neue geologische und dynamische Prozesse studiert werden können (Greenberg et al., 2002).

11.1.1.3   Organische Synthesen auf Titan?

Von den drei extraterrestrischen Zielen innerhalb unseres Sonnensystems dürfte der Saturnmond Titan die allergeringsten Chancen haben, Leben oder Lebensspuren aufzuweisen. „Titan ist eine interessante Welt. Seine organische Dunstschicht könnte ein Beispiel sein für die präbiotische Chemie, die auf der Erde zum Leben führte." – soweit die Aussage von Christopher McKay vom NASA-Ames-Forschungszentrum.

Direkte Bezüge zu extraterrestrischem Leben können bisher nicht abgeleitet werden, denn Wasser – eine der Hauptvoraussetzungen für Leben – konnte auf Titan bis vor kurzem noch nicht nachgewiesen werden; lediglich Spuren von Wasserdampf in der höheren Titanatmosphäre (Brack, 2002).

Aber bereits vor zehn Jahren gelang Smith et al. (1994) der Nachweis von hellen Oberflächenstrukturen auf Titan mit Hilfe des Hubble-Weltraum-Teleskops bei Wellenlängen von 0,85 und 1,05 µm. Neuerdings konnten die Astronomen mehrerer Institute das Vorkommen von Wassereis auf der Titanoberfläche äußerst wahrscheinlich machen. Dies erreichte man durch die Auswertung der Spektren des von der Titanoberfläche reflektierten Lichtes. Die Spektren im nahen Infrarot-Bereich liegen bei 0,83; 0,94; 1,07; 1,28; 1,98; 2,0; 2,09 und 5 µm, also einem schmalen spektralen „Fenster", das den Blick durch die Dunstschichten der Titanatmosphäre auf die Mondoberfläche erlaubt. Somit dürfte die Titanoberfläche sowohl aus Bereichen mit Wassereis als auch aus solchen von Kohlenwasserstoffen bestehen (Griffith et al., 2003).

Diese Annahme konnte, wie erste Auswertungen der Messungen der erfolgreich auf Titan gelandeten Huygens-Sonde im Januar 2005 zeigen, eindeutig bestätigt werden. Die Titanoberfläche besteht danach aus einem Gemisch aus trübem Wasssereis und Kohlenwasserstoffeis. Geologie und Meteorologie auf Titan scheinen Prozessen und Strukturen auf der Erde ähnlich zu sein, so sind z. B. ein kompaktes Netz „schmaler" Kanäle, sowie „Inseln" und „Sandbänke" erkennbar!

Bei dieser spektakulären Mission ist eines der sechs wissenschaftlichen Instrumente (die von mehreren europäischen Ländern stammen) das HASI (Huygens Atmospheric Structure Instrument). Es ermittelte und charakterisierte die physikalischen Eigenschaften der Titanatmosphäre während des 170 km langen Gleitprozesses zur Titanoberfläche. Ein HASI-Teilgerät erkundete die elektrischen Charakteristika der Titanatmosphäre und der Oberfläche des Mondes, einschließlich der Registrierung von Blitzen. Ebenso wurden akustische Messungen durchgeführt, um mögliche Blitzentladungen in der Ferne zu erfassen (Jerney et al., 2002; Fisher et al., 2002).

Neue Versuche, die Geheimnisse der heterogenen Titanoberfläche genauer aufzuklären, gelangen mit Hilfe der Radarastronomie. Donald B. Campbell und Mitarbeiter (in Zusammenarbeit mit anderen Instituten) schickten Hunderte von Kilowatt an Mikrowellenstrahlung über die aufgerüstete 300-m-Arecibo-Radarschüssel zum Titan. Das nach etwa zwei Stunden aufgenommene Radarecho läßt auf Kohlenwasserstoffe in flüssiger Phase schließen. (Campbell et al., 2003; Lorenz, 2003).

Wie die zweite Tagung über „Exo-/Astrobiologie" (im September 2002) in Graz/Österreich zeigte, bemühen sich viele Arbeitsgruppen aus verschiedenen Ländern in kollegialer Zusammenarbeit über die Ländergrenzen hinweg, mit Simulationsexperimenten und theoretischen Überlegungen die auf dem Saturnmond ablaufenden Prozesse vorauszusagen und zu deuten. – So wird sich bald erweisen, welche Annahmen, Hypothesen und Simulationsexperimente mit denen von der Huygens-Sonde ermittelten Daten übereinstimmen. Dann wird in einigen Laboratorien Stolz und Freude über die sich als richtig erwiesenen Voraussagen herrschen, in anderen nur Verwunderung und Kopfschütteln über eigene Fehlprognosen – auf alle Fälle werden aber neue Fragen entstehen, die einer Lösung harren.

Doch noch vor der Huygens-Landung gelang ein wichtiger Schritt, um das Geheimnis der Oberflächenbeschaffenheit des Titans ein wenig zu lüften. Erste Durchblicke durch die dichte, bisher undurchdringliche Titan-Dunstschicht- und Atmosphäre gelangen einer internationalen Forschergruppe unter Beteiligung des MPI für Astronomie in Heidelberg im Februar 2004 (Abb. 11.1). Die Beobachtungen führte man mit dem im IR-Bereich arbeitenden Instrument NACO (NAOS–CONICA) am VLT (Very Large Telescope) der europäischen Südsternwarte ESO in Chile aus. Die Titanbeobachtungen erfolgten mit Hilfe des NACO-Zusatzes am VLT. Das NACO stellt eine Kombination zweier Geräte dar: einem in Frankreich entwickelten Instrument zur adaptiven Optik (NAOS) und der am MPI für Astronomie hergestellten Kamera CONICA. Bei der Beobachtung werden mit einem Zusatzgerät SDI (Spectral Differential Imager) mehrere benachbarte Wellenlängen gleichzeitig aufgenommen. So registriert eine Wellenlänge nur das Licht, das von den Wolken der oberen Titanatmosphäre gestreut wird, während man in benachbarten Wellenlängen deutlich die Strukturen auf der Mondoberfläche sehen kann, da die Methanwolken in diesem Falle transparent sind.

Möglicherweise konnten neue Oberflächenkarten des Titans helfen, geeignete Landeplätze für die Huygens-Sonde auszuwählen (MPG-Presseinformationen, 2004).

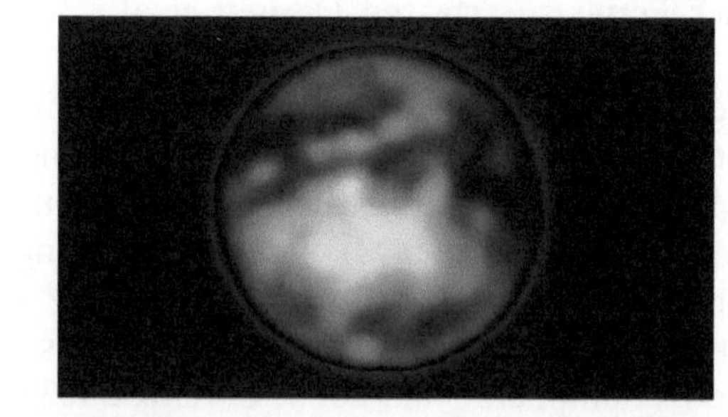

Abb.11.1: Der Saturnmond Titan gestattet erstmalig einen Blick auf seine Oberfläche. Die Aufnahme stammt vom VLT der Südsternwarte der ISO, das mit Zusatzgeräten ausgestattet wurde. Sie ermöglichen die gleichzeitige Aufnahme von Bildern in mehreren benachbarten Wellenlängen. Quelle: Mit freundlicher Genehmigung von Markus Hartung, European Southern Observatory, Santiago, Chile

11.1.2 Extrasolares Leben

11.1.2.1 Suche nach extrasolaren Planeten

Die Suche nach extrasolarem Leben setzt das Auffinden von Planeten außerhalb unseres Sonnensystems voraus. Da aber extrasolare Gestirne nur als Lichtpunkte erkennbar sind, wird es schwierig, Planeten, d. h. Himmelskörper, die selbst kein Licht erzeugen, im All aufzufinden. Diese Kriterien gelten auch für den sonnennächsten Stern, α-Centauri, der etwa 4,3 Lichtjahre (d. h. rund 7.000mal die Entfernung Sonne–Pluto) von uns entfernt ist.

Wie können nun extrasolare Planeten im Kosmos entdeckt werden? – In den letzten Jahren entwickelten die Astronomen vier verschiedene Methoden, um nicht-leuchtende Objekte (Planeten) aufzuspüren und z. T. auch näher zu charakterisieren. Diese Methoden sind:

– die Doppler-Verschiebung,
– die Transit-Methode (Sterndurchgang),
– die Mikro-Gravitationslinsen-Methode,
– die astronomische Messung.

Bei der *Doppler-Verschiebung* bedingen massenreiche Planeten, daß das Zentralgestirn des Systems (die Sonne) um ein gemeinsames Massenzentrum kreisen muss. Bewegt sich der Stern auf den (Erd)-Beobachter zu, dann stauchen sich die Lichtwellen in Richtung auf das kurzwellige Spektrum. Entfernt sich dagegen der Stern vom Beobachter, dann folgt eine Verschiebung zum langwelligen (roten) Teil des Spektrums. Die Geschwindigkeit, mit der sich ein Himmelskörper auf die Erde zu oder von ihr wegbewegt, wird als Radialgeschwindigkeit bezeichnet. Diese Methode erwies sich bisher als sehr erfolgreich bei der Suche nach fernen Planeten. Die genaue Ermittlung der Geschwindigkeit und Positionsveränderung des Sterns geben Auskunft über das Ausmaß der Gravitationswirkung des Planeten. Aus ihr lassen sich Masse und Umlaufsbahn des unsichtbaren Planeten errechnen. Viele der ersten entdeckten Planeten weisen Massen ähnlich der des Planeten Jupiter auf. Ihre Bahnen liegen nahe dem Zentralgestirn und dies bedingt, daß der Doppler-Effekt besonders deutlich zu beobachten ist. Mit den inzwischen verfeinerten Methoden wurde es auch möglich, kleinere Planeten aufzuspüren und zu vermessen.

Übrigens sind derartige Wechselwirkungen zwischen Zentralgestirn und Planeten auch in unserem Sonnensystem nachweisbar. Unsere Sonne wird vom Planeten Jupiter gezwungen, ein wenig zu „torkeln", d. h. Bahnschwankungen von etwa 12 m·s^{-1} auszuführen.

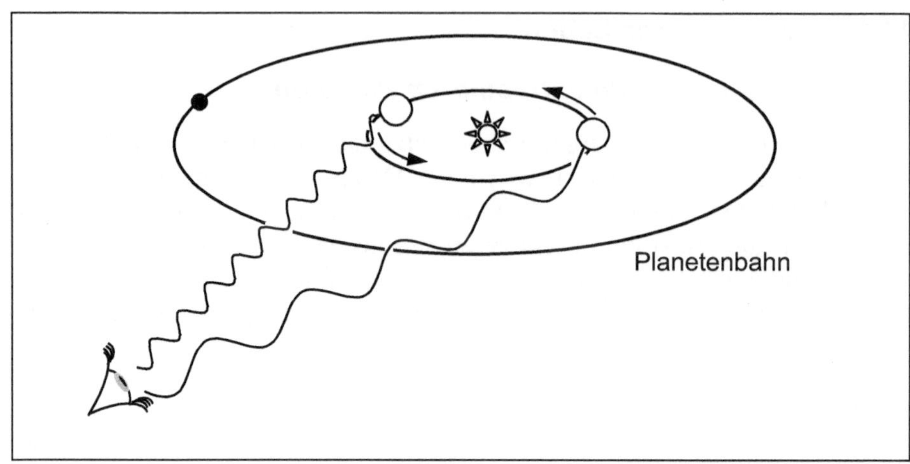

Abb. 11.2: Der für uns unsichtbare Planet bedingt eine Taumelbewegung des Zentralgestirns („der Sonne"). Dabei bewegt sich dieser Himmelskörper auf die Erde zu und von ihr weg. Bei der „Herbewegung" werden die Lichtwellen gestaucht, bei der Gegenbewegung gedehnt, d. h. entsprechend dem Doppler-Prinzip verändert. Diese geringen spektralen Veränderungen können sehr genau registriert und quantitativ ausgewertet werden.

Die *Transit-Methode* oder das „Verfahren des Sterndurchgangs" setzt voraus, daß das Zentralgestirn, Planet und Beobachter durch eine Sichtlinie miteinander verbunden sind. Der „dunkle" Planet zieht an der Lichtquelle vorbei und vermindert damit einen Teil der Leuchtkraft des Zentralkörpers („Durchgang"). Die Beobachtung ist nur bei günstiger Position von Beobachter, Stern und Planetenbahn möglich, d. h. der Planet muß sich zwischen dem leuchtenden Stern und der Sichtlinie des Beobachters befinden. Trotz dieser Forderung erlaubt diese Methode auch die Entdeckung von Planeten in der Größenordnung der Erde. Außerdem gelingen Aussagen über Größe, Masse und Dichte des Planeten, aber auch über die Bahn des Trabanten.

Die bereits eingangs erwähnte Forderung für die Transitmethode, daß Stern–Planet–Beobachter in einer Sichtlinie liegen müssen, bedingt die seltene Anwendbarkeit dieser Methode. Beim Stern OGLE-TR-56 gelang erstmalig der Nachweis eines extrasolaren Planeten, der den Stern in einer extrem engen Bahn umkreist. Sie beträgt nur ein Zwanzigstel der Entfernung des Merkur von der Sonne. Die Temperatur des Planeten ermittelte man mit ~1900 K. Sein Durchmesser mißt bei einer Dichte von ~500 kg·m^{-3} den 1,3-fachen Wert des Jupiters (Brown, 2003; Konacki, 2003).

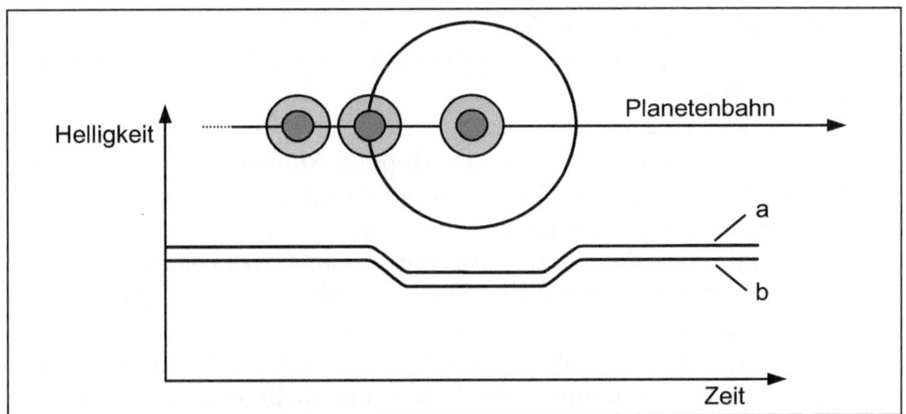

Abb. 11.3: Die Transit-Methode beruht auf dem recht selten vorkommenden Ereignis, daß Erde – unsichtbarer Planet – Zentralgestirn in einer Sichtlinie liegen. Der an dem Zentralgestirn vorbeiziehende Planet bewirkt eine geringe (aber meßbare) Abnahme der Helligkeit des Zentralgestirns (Kurve a). Ist der Planet mit einer Atmosphäre umgeben, beobachtet man eine veränderte Kurvenform (Kurve b).

Als weiteres Verfahren zum Aufspüren ferner Planeten und Planetensysteme dient die *Mikro-Gravitationslinsen-Methode*. Dabei werden die Lichtstrahlen eines hinter einem Planeten gelegenen Sterns abgelenkt. Dieser Vorgang ist eine Folge der Einsteinschen Allgemeinen Relativitätstheorie. Lichtstrahlen werden im Raum gekrümmt, wenn sie ein Gebiet durchqueren, das durch eine große Masse verändert wird. Die Masse des

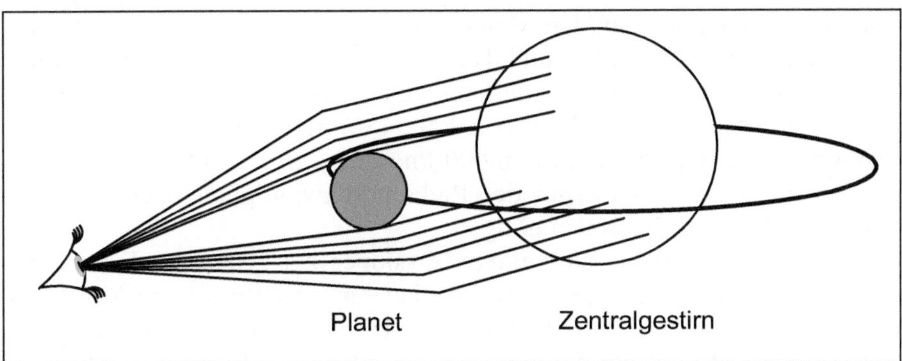

Abb. 11.4: Die Gravitationslinsen-Methode, die künftig angewendet werden dürfte. Die Gravitation des unsichtbaren Planeten wirkt beim Vorbeiziehen am Zentralgestirn wie eine Linse durch Fokussierung der Lichtstrahlen des Zentralsterns. Es entsteht eine temporäre Verstärkung der Lichtintensität und eine Verschiebung der Position des Zentralgestirns.

Planeten wirkt wie eine optische Linse. Sie bündelt die Lichtstrahlen und führt zu einem kurzen Helligkeitsanstieg und einer scheinbaren Positionsänderung des Sterns.

Die vierte Methode zur Entdeckung extrasolarer Planeten, die *astronomische Messung,* beruht – ähnlich der Doppler-Methode – auf der Beobachtung und Messung geringfügiger Bewegungen eines Sterns, die durch die Masse des (oder der) umkreisenden Planeten bewirkt wird.

Ein wesentliches Ziel der geplanten *Raum-Interferometrie-Mission* (Space Interferometry Mission: SIM) ist die Entdeckung etwa erdähnlicher Planeten, die Sterne – ähnlich der Sonne – umkreisen. Die SIM soll 2009 gestartet werden. Das Verfahren gestattet eine mehrere hundert Mal genauere Entfernungsbestimmung von Sternen innerhalb unserer Galaxis.

Bisher wurden über 100 extrasolare Planeten entdeckt. Genaue Auskunft über diese Erfolge gibt der „Extra-solar Planets Catalog" der „Extrasolar Encyclopedia" (2003). Diese Aufstellung wies am 25. Januar 2005 die folgende globale Statistik auf:

- 128 planetare Systeme,
- 147 Planeten,
- 15 multiple Planetensysteme.

Weiterhin erhält man Auskunft über die Masse der Planeten im Vergleich zur Jupitermasse, über die große Bahnhalbachse und die Umlaufperiode.

Die Masse der bisher entdeckten Planeten schwankt um zwei Zehnerpotenzen, d. h. von etwa 0,12 bis 13 Jupitermassen. Ebenso weisen die Werte für die große Halbachse der Planetenbahnen um das Zentralgestirn starke Schwankungen in etwa der gleichen Größenordnung auf. Vergleicht man die beiden erstgenannten Methoden zur Entdeckung extrasolarer Planeten miteinander (Doppler- und Transitmethode), so weisen Doyle et al., (2001) auf folgenden Sachverhalt hin: Um den Durchgang eines extrasolaren Planeten vor dem Stern HD 209 548 mittels eines Photometers zu bestimmen, benötigt man etwa 40.000 Photonen. Um aber das gleiche System über die Schwankungen der Radialgeschwindigkeit nachzuweisen, wären 10 Millionen Photonen nötig.

Für die nächsten Jahre sind einige Missionen zur genaueren Erkundung vor allem der kleineren, erdähnlichen Planeten im extrasolaren Raum geplant und zum Teil in Vorbereitung. Im „Terrestrial Planet-Finder Project" des NASA-Jet Propulsation Laboratory, Pasadena/Kalifornien, wurden von 60 Vorschlägen zwei Systeme ausgewählt:

- das Infrarot-Interferometer und
- den Coronagraph für sichtbares Licht (näheres: Space Ref.com, 2002).

Eines der beiden Systeme wird 2005 oder ein Jahr später ausgewählt, um durch Weltraummissionen mit internationaler Beteiligung extrasolare Planeten von der Größe der Erde aufzuspüren und auf mögliche Anzeichen von Leben zu untersuchen.

Der Terrestrial Planet Finder (TPF) dürfte in etwa zehn Jahren starten (Kosten: 1,3–2,8 Milliarden Dollar). Er hätte die Aufgabe etwa 200 Sterne bis zu einer Entfernung von 45 Lichtjahren zu untersuchen. Dabei sollen auch die Atmosphären der Planeten auf ihren Gehalt an Wasser, Kohlendioxid und Ozon analysiert werden. Ein großes Problem bei der Suche nach erdähnlichen Planeten stellt die gewaltige Lichtfülle dar, die das Zentralgestirn abstrahlt und damit den Planeten überstrahlt. Dies kann bis zu einem Faktor von 10^9 führen!

Die ganze Problematik der Planetensuche läßt sich in einem Satz zusammenfassen wie T. Reichhardt (2002) von einer Konferenz der Amerikanischen Astronomischen Gesellschaft berichtet: „Planethunting is no big business!".

Die Anzahl der neuentdeckten Planeten wächst monatlich, nachdem vor etwa neun Jahren, am 1. Oktober 1995, Michael Mayor und Didier Queloz (1995) vom Observatorium in Genf den ersten extrasolaren Planeten entdeckt hatten, der den sonnenähnlichen Stern 51 Pegasus umkreist.

Inzwischen beobachtete man beim extrasolaren Planeten HD 209458b, einem Gasplaneten (mit 0,7 Jupitermassen), mit Hilfe des Hubble-Teleskops eine ausgedehnte, äußere Atmosphäre aus atomaren Wasserstoff. Es kann sich dabei um vom Planeten entweichenden Wasserstoff handeln (Vidal-Madjar et al., 2003).

In den nächsten Jahren sollen durch einige Weltraum-Missionen neue Erkenntnisse über ferne Planeten und Planetensysteme eingebracht werden. Ziel dieser Aktivitäten sind vor allem die schwer nachweisbaren erdähnlichen Planeten, bei denen eine größere Wahrscheinlichkeit besteht, daß sie Leben oder lebensähnliche Verhältnisse aufweisen.

Für das kommende Jahrzehnt werden große Projekte geplant. So zum Beispiel das „Darwin"-System, ein Raum-IR-Interferometer, das die ESA unter der Leitung von Malcolm Fridlund projektiert. Das IRSI-Darwin (Infra-Red-Space-Interferometer) soll etwa 1,5 Millionen Kilometer von der Erde entfernt im Lagrangepunkt 2 (einem Librationspunkt, an dem sich die Gravitationskräfte von Sonne und Erde gegenseitig aufheben) im Raum stationiert werden.

Das Gesamtsystem besteht aus acht Teilen: sechs individuellen Teleskopen, die zu einem Interferometer zusammengeschaltet werden, wie dies bereits terrestrisch erfolgreich praktiziert wird, einer weiteren Einheit, die die von den Teleskopen eingefangene Strahlung sammelt bzw. bündelt und

Abb. 11.5: Die „Darwin-Flotte" besteht aus sechs gleichen Teleskopen (und zwei Zusatzflugkörpern, die für die Funktion des Darwin-Systems notwendig sind) mit der Aufgabe, erdähnliche Planeten zu entdecken und ihre eventuell vorhandenen Atmosphären zu analysieren. Quelle: mit freundlicher Überlassung von ESA

einer achten Komponente, die als Zentralstation den Kontakt zur Erde hält. Die sechs Einzelteleskope sind 50–500 m voneinander entfernt und müssen extrem genau positioniert werden (Toleranzen im µm-Bereich).

Das Aufspüren auch kleinerer extraterrestrischer Planeten (etwa von der Größe der Erde) erfolgt durch Registrierung der Infrarot-Eigenstrahlung der Planeten. Die extreme Überstrahlung (bis zum milliardenfachen Wert) durch das Muttergestirn wird durch den Einsatz von Interferenzfiltern praktisch ausgeschaltet. Durch die Erdferne entfallen die störenden Einflüsse der Erdatmosphäre sowie die IR-Eigenstrahlung der Erde auf das Darwin-System. Es soll aber nicht nur extrasolare Planeten entdecken, sondern sogar ihre eventuell vorhandenen Atmosphären analysieren – als mögliche Anzeichen für Leben.

Das Darwin-Projekt steht in Koordination mit der Terrestrial-Planet-Finder(TPF)-NASA-Mission. Als Starttermin für beide Missionen wurde der Monat Juni 2014 geplant. Das MPI für Astronomie in Heidelberg entwickelt das für diese Mission wichtige Interferenzgerät (Wambsganß, 2003).

Abb. 11.6: Ein Einzelteleskop der Darwin-Flotte. Quelle: wie Abbildung 11.5

11.1.2.2   *Bewohnbare Zonen im Kosmos*

Es wird angenommen, daß der überwiegende Teil unseres Sonnensystems und wohl auch der Milchstraße lebensfeindliche Regionen darstellen. Der Begriff „bewohnbare Zone" (habitual zone) (Franck et al., 2002) umfaßt Parameter wie: Planetengröße, Abstand vom Zentralgestirn, dessen Strahlungsintensität, das Vorhandensein von Wasser und Kohlenstoff auf der Planetenoberfläche.

Die bewohnbare Zone in unserem Sonnensystem beschränkt sich nur auf den Gürtel, den die Umlaufbahnen der Erde und des Mars abdecken. Wenn trotzdem diskutiert, und möglicherweise auch intensiv gesucht wird, ob auf dem Jupitermond Europa Leben vorkommen kann, so müßte es sich um Lebensformen mit noch unbekannten Eigenschaften handeln.

Kann man auch eine bewohnbare Zone innerhalb unserer Galaxis annehmen? – Dies scheint möglich: Die Astronomen unterteilen die Milchstraße in vier Regionen, die sich nicht in jedem Falle streng voneinander abgrenzen lassen:

– die dünne Scheibe,
– die dicke Scheibe,
– die zentrale Verdickung und
– den Halo.

In der Haloregion dürften kaum erdähnliche Planeten zu finden sein, da die Sterne des Halos aus der frühen Entstehungsphase der Galaxis stammen und daher einen geringen Anteil an schweren Elementen enthalten. Unser Sonnensystem gehört zum Bereich der dünnen galaktischen Scheibe, etwa 28.000 Lichtjahre vom Mittelpunkt unserer Galaxis (mit einem Gesamtdurchmesser von 100.000 Lichtjahren) entfernt. Der Gehalt an Metallen (d. h. der Elemente mit höherer Ordnungszahl als Helium) nimmt vom Kern der Milchstraße nach außen hin stetig ab. Der Gradient dieses Phänomens konnte von den Astronomen in den letzten Jahren ermittelt werden und beträgt etwa 5 % Abnahme des Metallgehaltes der Objekte je 1.000 Lichtjahre (Gonzales et al., 2001).

Im „galaktischen Lebensgürtel" ist der Anteil an gesteinsbildenden Elementen so hoch, daß erdähnliche Planeten gebildet werden können. Aber es müssen zwei Bedingungen erfüllt werden:

- Die Strahleneinwirkung muß so niedrig wie möglich sein, und
- in der Nähe lebentragender Gestirne müssen sich Himmelskörper großer Masse befinden, die Asteroide, große Planetesimale und Kometen anziehen, damit Einschlagskatastrophen vermieden werden.

Sollten erdähnliche Planeten in den Bereichen der dicken Scheibe und des Halos bestehen, so müßten sie dort intensiver der kosmischen Strahlung aus Neutronensternen und der Supernovae ausgesetzt sein als im gemäßigten Bereich, in dem unser Sonnensystem lokalisiert ist. Nach Gonzales et al., (2001) dürfte die Chance, höhere Lebensformen aufzufinden, viel geringer sein, als auch in Fachkreisen angenommen wird. – Die ökologischen Nischen sind klein und selten. Der galaktische Lebensgürtel kann bisher noch nicht genau abgegrenzt und beschrieben werden. Aber es scheint festzustehen, daß die Kugelsternhaufen, das galaktische Zentralgebiet und die Randregionen nur eine geringe Wahrscheinlichkeit aufweisen dürften, daß sich in diesen gewaltigen Räumen im Laufe hunderter Millionen Jahre Leben, auch intelligentes Leben, entwickeln konnte.

Australische Astronomen versuchten, die bewohnbare Zone in der Milchstraße näher zu charakterisieren. Bei ihren Modellen gingen sie von folgenden Voraussetzungen für komplexes Leben in unserer Galaxie aus:

- Es müssen genügend schwere Elemente vorhanden sein, um terrestrische Planeten zu bilden,
- ebenso muß genug Zeit für die biologische Evolution zur Verfügung stehen,
- die Umgebung muß von lebenauslöschenden Supernovae frei sein.

Die Forschergruppe identifizierte als bewohnbare Zone einen ringförmigen Raum zwischen 7 und 9 Kiloparsec vom galaktischen Zentrum entfernt[1]. Diese Zone (Abb. 11.7) setzt sich aus einer Sternpopulation zusammen, die vor 8 bis 4 Milliarden Jahren entstand. Sie umfaßt etwa 10 % aller Sterne in unserer Galaxie. Etwa 57 % der Sterne in der bewohnbaren Zone sind älter als unsere Sonne (Lineweaver et al., 2004).

Wenn sich in vielen, vielen Millionen Jahren unsere Sonne in ihre Endphase zum roten Riesenstern ausdehnen wird, verschiebt sich auch die „bewohnbare" Zone unseres Sonnensystems von 1–2 AE in den Bereich des Orbits von Triton, Pluto/Charon und dem Kuiper-Gürtel. Diesen Bereich bezeichnet man auch als die „verlagerte, befriedet bewohnbare Zone"

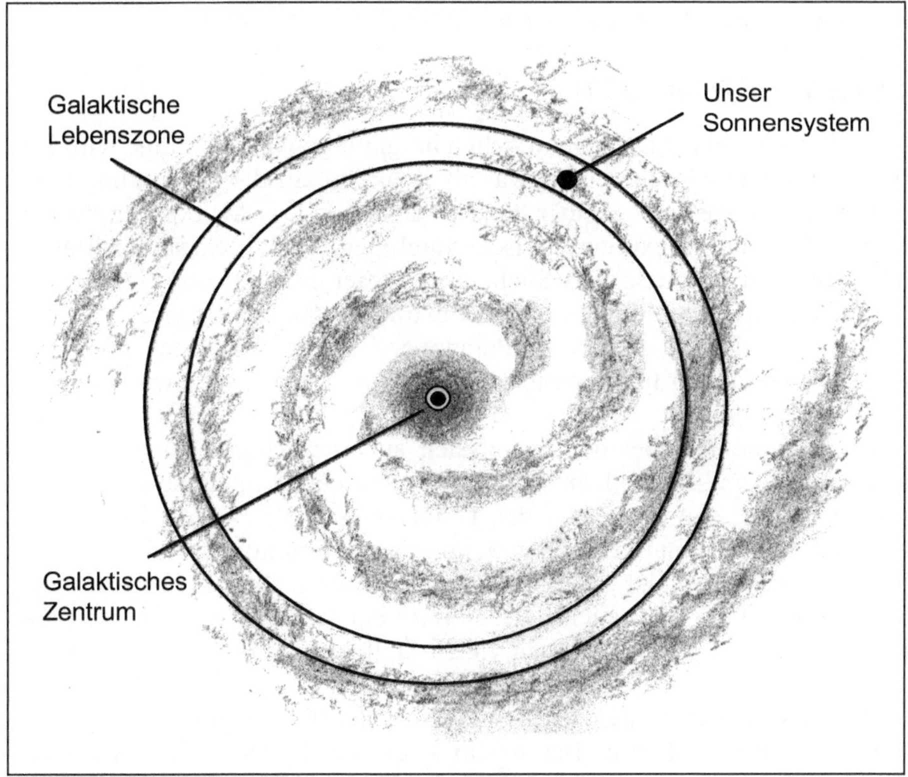

Abb. 11.7: Schema der Milchstraße mit der ringförmigen „Lebenszone" innerhalb derer Leben möglich sein sollte. Das Galaxiszentrum wird von extremer Strahlung praktisch steril gehalten, während in den Spiralarmen die Sternentstehungsgebiete lokalisiert sind.

---

[1] Eine Kiloparsec entspricht 3.260 Lichtjahren.

(delayed gratification habitable zone). Auf den genannten Himmels-körpern, Triton, Pluto/Charon und den Objekten im Kuiper-Gürtel, findet man Wasser und organische Substanzen, so daß chemische und molekulare Evolutionsprozesse nicht unmöglich erscheinen. Im Kuiper-Gürtel mit $> 10^5$ Objekten (bei einem Radius ≥ 50 km) dürfte eine Gesamtoberfläche vorhanden sein, die dreimal der Oberfläche der vier terrestrischen Planeten entspricht. Spekulationen über die dargestellte Problematik scheinen uto-pisch – aber es gilt zu bedenken, daß in unserer Galaxie etwa 10^9 Sterne als Rote Riesen brennen. Daher könnte eine große Anzahl von Stern-/Pla-netensystemen mit verlagerten, bewohnbaren Zonen in der Milchstraße existieren. Ob es in diesen Systemen zu einer chemischen bzw. molekula-ren bis zur biologischen Evolution kommen konnte – eine Antwort auf die-se Frage verbirgt sich noch im tiefen Dunkel! (Stern, 2003)

11.1.2.3   *ETI und SETI*

„Wo sind sie denn?" Diese inzwischen berühmt gewordene Frage wird En-rico Fermi zugeschrieben und zwar als Reaktion auf die Bemerkung eines Gesprächsteilnehmers bei einer Physikertagung in Los Alamos vor etwa 50 Jahren, daß es doch extraterrestrische Intelligenz (ETI = extraterrestrial in-telligence) geben müsse. Die Suche nach dieser extraterrestrischen Intelli-genz heißt dann kurz SETI (search for extraterrestial intelligence).

Diese inzwischen als „Fermi-Paradoxon" in die Wissenschaftshistorie eingegangene Frage führte einige Jahre später zu den ersten wissenschaft-lichen Ansätzen.

Letztlich beruht aber die Frage nach außerirdischem Leben auf zwei Prinzipien: dem „kopernikanischen" und dem der „Mittelmäßigkeit". Das erstere besagt, daß alle Teile des Universums gleichwertig sind. Damit nimmt die Erde keinerlei Vorzugsstellung ein, sie stellt also nicht die Mitte unseres Universums dar. – Das Prinzip der „Mittelmäßigkeit" sagt aus, daß das Leben auf der Erde nichts Besonderes darstellt und daß daher Leben, in welcher Form auch immer, an vielen Stellen des Universums entstehen kann.

Wesentlich sind jedoch vor allem wissenschaftliche Untersuchungen zur Frage von Enrico Fermi. Bereits im April 1960 richtete der Astronom Frank Drake ein 26-m-Radioteleskop des National Radio Astronomy Ob-servatory in Green Bank, West Virginia, auf das Sternbild Cetus (Wal-fisch), um möglicherweise von diesem System abgesendete Signale zu em-pfangen. Das Unternehmen war recht spekulativ, denn es setzte – nach unseren erdgebundenen Vorstellungen – ein planetenähnliches System voraus. Außerdem mußten die angenommenen, intelligenten Wesen befä-higt sein, Radiosignale auszusenden. Die Wahl fiel auf den Stern Tau Ceti, da er nur elf Lichtjahre von unserem Sonnensystem entfernt ist – also ein Nachbar! Dieser erste Lauschangriff ins All (das Projekt „Ozma") verlief ergebnislos, aber die Arbeitsgruppe um F. Drake berief eine Arbeitstagung ein und diskutierte eingehend die Möglichkeiten, aber auch die Grenzen des anstehenden Problems. Drake zergliederte die ETI-Frage in eine Reihe einzelner Elemente, von denen jedes für sich leichter zu beantworten bzw. einfacher abzuschätzen sein sollte. Dabei erkannte man, daß es sich um drei Bereiche handeln müsse:

1. physikalische Bedingungen,
2. biologische Bedingungen und
3. soziokulturelle Bedingungen.

zu 1. Eine ETI müßte eine eigene Umwelt haben, die in weiten Bereichen unserer Erde ähnelt.

zu 2. Wo immer es im Kosmos die physikalisch-chemischen Bedingungen zulassen, sollte Leben entstehen können. Intelligenz müßte durch äußere Zwangsläufigkeiten erzwungen werden.

zu 3. Intelligentes Leben muß sich zu einer Zivilisation entwickeln, die schließlich eine höher entwickelte Technik hervorbringt, interstellar zu kommunizieren.

Als Ergebnis intensiver Diskussionen entstand die sog. Drake-Gleichung (auch als Green-Bank-Formel bekannt), die trotz ihres mathematischen Formalismus keine streng gesicherten Aussagen, sondern höchstens Schätzwerte über die Zahl der technisch höher entwickelten Systeme im All liefern kann. Mit anderen Worten: Mit der Drake-Formel wird nicht berechnet, sondern es werden Schätzwerte ermittelt:

$$N = R^* \cdot f_\mathrm{p} \cdot n_\mathrm{c} \cdot f_\mathrm{h} \cdot f_\mathrm{l} \cdot f_\mathrm{i} \cdot f_\mathrm{c} \cdot L$$

Darin bedeuten:

$N =$ angenommene Anzahl der derzeit existierenden Zivilisationen in unserer Galaxis

$R^* =$ Sternentstehungsrate in unserer Galaxis pro Jahr

$f_\mathrm{p} =$ Bruchteil der Sterne mit einem Planetensystem

$n_\mathrm{c} =$ mittlere Anzahl der Planeten je Planetensystem mit günstigen Bedingungen für eine Biogenese

$f_\mathrm{h} =$ Anteil der Sterne mit bewohnbaren Zonen

$f_\mathrm{l} =$ Wahrscheinlichkeit, daß sich auf geeigneten Planeten auch wirklich Leben entwickelt

$f_\mathrm{i} =$ Anteil der lebenden Systeme, die zu intelligenten Wesen führen

$f_\mathrm{c} =$ Verhältnis der Zahl an Zivilisationen, die über die Fähigkeit verfügen, interstellare Kommunikation zu betreiben, zur Gesamtzahl aller Zivilisationen

$L =$ die Zeitspanne (in Jahren), die eine Zivilisation aufwendet, um interstellar zu kommunizieren

Nimmt man vereinfachend an, daß die einzelnen Faktoren unabhängig voneinander sind, dann kann man durch Multiplikation der Faktoren eine Abschätzung der Anzahl kommunizierender Zivilisationen erhalten. Bei der zuvor aufgeführten Drake-Gleichung wurde der Faktor f_h erst in den letzten Jahren zugefügt.

Bis auf einen Faktor (R^*) müssen alle anderen geschätzt werden. Daher schwanken die Werte für N um mehrere Größenordnungen (von 10^8 bis 10^{-3})! – Für den Faktor R^* wird ein Wert von 20 je Jahr angenommen (Walter, 1999). Alle anderen Faktoren weisen recht unterschiedliche Schätzwerte auf, so daß einige Forscher die Bemühungen, mit der Drake-Gleichung etwas mehr Licht in das ETI-Dunkel zu bringen, für ein aussichtsloses Unterfangen halten.

Bei einem angenommenen Wert für $N = 10^7$ bedeutet dies, daß in unserer Galaxis mit etwa $200 \cdot 10^9$ Sternen (Winnenburg, 1990) mehrere Millionen Planeten mit Systemen bevölkert sein dürften, die zu interstellarer Kommunikation befähigt sind. Bei einer statistischen Verteilung dieser Himmelskörper wären dann die uns am nächsten stehenden aber immer noch 200 Lichtjahre von der Erde entfernt.

Eine Bemerkung ist wichtig: Wenn bei der Darstellung der Drake-Gleichung der Begriff „Wahrscheinlichkeit" benutzt wurde, so im Sinne von „subjektiver Wahrscheinlichkeit" (in der Nomenklatur der Statistiker und Wahrscheinlichkeitstheoretiker), weil der numerische Wert dieser Wahrscheinlichkeit nur durch Erfahrung bzw. die „innere Stimme" des Untersuchers bestimmt wird (Casti, 1990). Im Kapitel „Wo sind sie denn?" gibt Casti auch nähere Informationen zu den Drake-Faktoren (bis auf f_h). Abschließend kann man feststellen, daß die Drake-Gleichung als erster Versuch zu werten ist, das ETI-Problem zu konkretisieren, um aus dem unsicheren Bereich reiner Spekulationen und Science-Fiction-Erzählungen auf das seriöse Gebiet naturwissenschaftlicher Aussagen zu gelangen.

Beim Fermi-Paradoxon geht es um die Frage: Gibt es intelligentes Leben irgendwo im All? – Die ETI-Wesen müßten sich durch technische Signale bemerkbar machen. – Die weitergehende Frage lautet: Gibt es Leben im All? – Leben, auch primitivstes Leben – also das Phänomen, daß ein, wenn auch extrem kleines, d. h. molekulares System, alle diejenigen Bedingungen erfüllt, die bisher in Definitionen des Begriffes Leben festgelegt und gefordert werden (Abschn. 1.4).

Die Suche nach außerirdischer Intelligenz war in den USA vom SETI-Institut in Mountain View/Kalifornien vorangetrieben worden. Allerdings empfanden etliche Kongreßmitglieder diese „verrückte Jagd nach Außerirdischen" nicht mehr als zweckmäßig und strichen 1993 die finanzielle Unterstützung. Die Arbeit lief unter der Organisation einer privatgeförderten, gemeinnützigen Institution weiter. Doch nun finanziert die NASA das

SETI-Projekt wieder mit fünf Millionen Dollar für fünf Jahre. Die SETI-Forscher sollen an Arbeiten über die Jupitermonde beteiligt werden, aber auch eine Liste von Sternen erstellen, die möglicherweise intelligentes Leben beherbergen (Nature, 2003).

11.1.2.4 *Panspermia*

Zu Beginn des 20. Jahrhunderts war die Panspermie-Hypothese noch hochaktuell, gefördert und unterstützt von bekannten Naturwissenschaftlern, wie Lord Kelvin, von Helmholtz und vor allem Svante Arrhenius. Dann wurde es still um diese kühne Hypothese, Lebenskeime könnten von Gestirn zu Gestirn durch den Lichtdruck transportiert werden. Um 1980 gelang es dem bekannten britischen Astronomen Fred Hoyle zusammen mit Chandra Wickramasinghe (Hoyle, 1984) die Panspermie-Hypothese wiederzuerwecken. In etwas veränderter Form unterstützte auch Francis Crick (1983) die alte Panspermie-Hypothese in Form der „gelenkten Panspermie". Danach entstand das Leben in einer Region des Universums, in der möglicherweise optimalere Bedingungen als auf der Erde herrschten. Die Lebenskeime kamen – nach Meinung von Crick und Orgel – mit einer unbemannten Rakete zur Erde und begannen sich in einem Urmeer zu vermehren. Natürlich wissen Crick und Orgel, daß ihre „gelenkte Panspermie" nur eine vage Hypothese ist, denn es gibt bisher keinerlei materielle Relikte oder Hinweise auf einen derartigen Vorgang.

Die Panspermie-Hypothese liefert keine Erklärung für die Entstehung des Lebens, denn sie setzt bereits funktionierendes Leben voraus.

Je nach den Dimensionen des Transportweges muß unterschieden werden:

- die interplanetare Panspermie (d. h. der Transport des Lebens innerhalb des Sonnensystems) und
- die interstellare Panspermie (d. h. der Transport von Lebenskeimen von einem Sternsystem zu einem anderen).

Nach der Art und Weise des Transportes werden folgende Möglichkeiten diskutiert (von Bloh et al., 2003):

- die Lithopanspermie: der Transport von Lebenskeimen durch Meteoriten,
- die Radiopanspermie: Einzelmikroben werden durch den Strahlungsdruck der Gestirne durch das All getrieben und
- die bereits oben diskutierte „gerichtete" Panspermie.

In welcher Entwicklungsphase des Kosmos bestand die größte Wahrscheinlichkeit, daß Panspermieprozesse abgelaufen sein konnten? – Der

Beantwortung dieser schwierigen Frage widmete sich eine Arbeitsgruppe des Potsdamer Instituts für Klimafolgeforschung. Sie verwendeten Forschungsergebnisse aus Astronomie und Astrophysik und kamen mittels mathematischer Methoden zum Ergebnis, daß es in unserer Galaxie etwa im Zeitraum der Entstehung unseres Sonnensystems bzw. der jungen Erde eine maximale Anzahl an bewohnbaren Planeten gegeben haben müsse (von Bloh et al., 2003).

Viel wesentlicher ist das Problem, ob Mikroorganismen längere Zeiten – und im Kosmos gelten andere Dimensionen als in den Laboratorien auf unserer kleinen Erde – die extremen Bedingungen des Weltalls zu überdauern vermögen.

Hier stellt sich zuerst die Frage, in welcher Form Mikroorganismen den Einflüssen des Kosmos ausgesetzt werden:

- ungeschützt als nackte Zellen, d. h. Sporen, oder
- eingebettet in Schutzmaterial (Eispanzer und/oder Silikate)?

Welchen drastischen Einflüssen sind Mikroorganismen im All ausgesetzt? Folgende Faktoren wirken auf die Organismen ein:

- Weltraumtemperatur,
- Ultrahochvakuum und
- Strahlung (unterschiedlichen Energieinhalts und verschiedener Intensität).

Die Weltraumtemperatur schwankt, je nach Position der Zellen, sehr stark, von wenigen Graden über dem absoluten Nullpunkt bis zu hohen Temperaturen in Sonnennähe.

Ohne Zweifel ist der Wassergehalt bei den bisher untersuchten Mikroorganismen einer der entscheidend wichtigen Parameter. Der lapidare Satz „ohne Wasser kein Leben" gilt für alle Fragen der Biogenese – ob auf der Urerde oder auf einem anderen Gestirn. Lebensprozesse, wie sie in allen uns bekannten Lebewesen vorkommen, sind an flüssiges Wasser gebunden, das eine Reihe besonderer Eigenschaften aufweist (Brack, 1993). Die dehydratisierende Wirkung des extremen Vakuums wurde als wichtigster Begrenzungsfaktor des Mikrobentransfers zwischen Himmelskörpern angenommen. Dieser Effekt dürfte vor allem von der Dauer eines Transfers abhängen, denn Sporen vermochten in für kosmische Dimensionen kurzen Zeiten z. T. zu überleben.

Bisher führte man zwei Arten von Experimenten zur Erforschung der Überlebensraten von Mikroorganismen durch:

- Laborversuche und
- Experimente im Weltraum (im Ballon und mit Satelliten im Orbit).

Verständlicherweise werden Experimente im All als stärker authentisch empfunden als Laborversuche – dies muß aber nicht immer den Fakten entsprechen.

In den meisten Zellarten beträgt der optimale Wassergehalt etwa 80 %. Das flüssige Wasser ist für die Stabilität der Lipidmembran und der hydrophoben Regionen in den Proteinen dringend erforderlich. Ebenso benötigen die hydrophilen Anteile der Nucleinsäuren und Proteine flüssiges Wasser für die Aufrechterhaltung ihrer dreidimensionalen Struktur und damit ihrer Funktionsfähigkeit (Dose, 1994).

Beim Entzug von Wasser werden zuerst die hydrophoben Strukturen von Proteinen und Membranen angegriffen, da die Wassermoleküle die hydrophilen Bereiche stabilisieren. Die Untersuchungen wurden vor allem mit Sporen von *Bacillus subtilis*, aber auch mit anderen Mikroorganismen, wie z. B. *Aspergillus*-Spezies, durchgeführt. – Verlieren die Zellen Wasser, so enden praktisch alle Stoffwechselprozesse, die in wäßriger Phase ablaufen. Nur einige wenige Vorgänge, wie z. B. Elektronenübertragungen, die in Proteinkomplexen über Metallionen ablaufen, werden von der Dehydratation entweder nicht oder nur gering beeinflußt. Die Schädigungen lebender Zellen verlaufen komplex. So fand man bei Laborexperimenten, daß Doppelhelix-DNA aus der B-Konformation (mit zehn Nucleotidpaaren je Windung) unterhalb von 92 % relativer Luftfeuchte in die A-Konformation übergeht (mit elf Nucleotidpaaren je Windung) (Herzog, 1983). Bei weiterer Senkung der relativen Luftfeuchte unter 80 % überwiegt die C-Form (mit 9,3 Nucleotidpaaren je Windung). So sind nach Austrocknung und starken mechanischen Belastungen an der DNA Strangbrüche nicht mehr auszuschließen.

Einige Mikroorganismenarten sind allerdings befähigt, den Wasserverlust besser zu parieren. Es sind dies die sog. Anhydrobionten. Eine ihrer Überlebensstrategien besteht in der Akkumulation von nichtreduzierenden Zuckern (Disacchariden). Diese Verbindungen treten bei Trockenphasen an die Stelle des verlorenen Wassers und stabilisieren z. B. Membranstrukturen auch bei Wasserentzug (Dose, 1994).

Das Überleben von Mikroorganismen in extrem trockenen Regionen unserer Erde (Atacama-Wüste/Chile) wurde von Dose und Mitarbeitern (2001) untersucht. Bei einer Dauer von 15 Monaten unter den Bedingungen der Atacama-Wüste (unter Lichtabschluß) überlebten etwa 15 % der *Bacillus-subtilis*-Sporen und etwa 30 % der *Aspergillus-niger*-Konidien. Setzt man die Mikroorganismen direkten Sonnenstrahlen aus, so sinken ihre Überlebenschancen nach etwa 100 Stunden (bei einem Energiefluß von ca. 300 kJ·m^{-2} im Bereich von 280–320 nm) auf Null. Diese Untersuchungen zeigten, daß Mikrooganismen in geschützten Ruheformen, wie z. B. als Sporen, in schattigen Arealen (beim zuvor beschriebenen Experiment in abgedeckten Behältnissen) längere Zeiten überleben konnten – allerdings sicher nicht mehrere Jahre oder Jahrhunderte.

Wie aber verhalten sich Mikroorganismen im All? Zur Beantwortung dieser Frage sind Experimente im Weltraum erforderlich, denn Laborexperimenten, so gut sie auch die Verhältnisse im Kosmos zu simulieren versuchen, haftet immer der Geruch des „Künstlichen, Unrealistischen" an. So wurden bereits vor Jahren Mikroben an Bord verschiedener Raumfahrzeuge den Weltraumbedingungen ausgesetzt und die Wirkung verschiedener Einflußgrößen auf die Überlebenswahrscheinlichkeit von *B.-subtilis*-Sporen untersucht.

Es ist seit längerem bekannt, daß bestimmte Bakterienarten einen Teil ihres Lebens in einem „Ruhezustand" verbringen. Die Bakterien bezeichnet man dann als „Endosporen", abgekürzt als „Sporen". In diesem Zustand führen sie keinen erkennbaren Metabolismus durch. Sie erlangen vor allem durch ihre Hitzeresistenz große Bedeutung. Die Sporenbildung stellt einen äußerst komplizierten Prozeß der Differenzierung der Bakterienzelle dar (Schlegel, 1976).

Das Verhalten von Sporen unter der Einwirkung von Weltraumbedingungen wird seit etwa 2½ Jahrzehnten sowohl im Labor (unter simulierten Bedingungen des Weltraums) als auch außerhalb der Erdatmosphäre im All untersucht. Vor etwa 20 Jahren begann eine Arbeitsgruppe aus Köln, Mainz und Frankfurt/M mit (dem bereits erwähnten) *Bacillus-subtilis*-Sporen im Orbit (Spacelab I) zu experimentieren, um Auskunft über den Einfluß der Sonnen-UV-Strahlung unterschiedlicher Wellenlängen zu erhalten. Die Arbeiten wurden in den folgenden Jahren auf weitere Weltraummissionen ausgedehnt, darunter ein Langzeit-Experiment von fast sechs Jahren Dauer, der LDEF-Mission (Long Duration Exposure Facility) (Horneck et al., 1984; Horneck, 1993).

Neuere Untersuchungen über die Überlebensfähigkeit der *B.-subtilis*-Sporen im Weltraum erfolgten mit Hilfe des russischen Foton-Satelliten im Auftrag der ESA. Das von ihr gelieferte Instrumentarium (BIOPAN) enthielt die Sporenproben in unterschiedlicher Anordnung, um möglichst viele Parameter zu bestimmen. Insgesamt wurden drei Flüge durchgeführt (1994, 1997 und 1999). Eine Erdumrundung dauerte 90 Minuten, davon 60 Minuten auf der Sonnenseite, der Rest im Erdschatten (genauere technische und wissenschaftliche Daten: Horneck et al., 2001).

Die Sporen setzte man unter recht unterschiedlichen Bedingungen den Einwirkungen des Weltalls aus:

– völlig ungeschützt,
– geschützt durch eine dünne Schicht aus Ton (Tonfilter) bzw. eine Aluminiumfolie,

– geschützt durch eine Quarzscheibe und
– die Sporen in Gemischen mit verschiedenen Schutzsubstanzen (Gesteinsmaterialien).

Als trockene Schutzsubstanzen verwendete man:

– Ton,
– gemahlenen roten Sandstein,
– Meteoritenmaterial,
– simulierten Marssand und
– Material vom Marsmeteoriten Zagami.

Die Experimente sollten unter anderem zur Klärung der Frage dienen, inwieweit die Übertragung von Lebenskeimen (Sporen) vom Planeten Mars zur Erde möglich sein könnte. Dabei wurde auch ein „Mars-Meteorit" simuliert, d. h. die Sporen mit Gesteinspulver zu einem Kubus von etwa 1 cm Kantenlänge geformt. (Dabei entsprach die Sporenkonzentration etwa derjenigen im normalen Erdboden.) Die Proben waren etwa zwei Wochen im Orbit und wurden nach Rückkehr auf die Erde auf ihre Überlebensfähigkeit überprüft – im Vergleich zu den entsprechenden Proben, die auf der Erde verblieben waren (Blindversuch).

Es zeigte sich, daß von den Sporen, die den Weltraumbedingungen ungeschützt ausgesetzt waren, nur ein geringer Anteil überlebte. Das gleiche Schicksal erlitten die Sporen hinter dem Quarzfenster und die von einer dünnen Tonschicht abgedeckten Sporen ($\sim 10^{-6}$). Dagegen waren die Überlebensraten der mit den aufgeführten Schutzmaterialien vermischten Sporen um etwa fünf Größenordnungen höher. Fast 100 % Überleben konnte mit dem Kubus von Gesteinsmischungen und Sporen erreicht werden (Horneck et al., 2002a). Dieses Experiment weist auf die Möglichkeit hin,

Tabelle 11.1: Das Überleben von *B.-Subtilis*-Sporen nach Einwirkung des Weltraumvakuums (10^{-6}–10^{-4} Pa) bei verschiedenen Missionen. Quelle: Horneck et al., 2002b

Mission	Dauer des Aufenthaltes im Vakuum	Überlebensrate in % am Ende des Einwirkens von Weltraumbedingungen			
		Sporen in dünnen Schichten		Sporen in dicken Schichten + Zucker	
	Tage	im All	Bodenkontrolle	im All	Bodenkontrolle
SL1	10	69,3 ± 15,8	85,3 ± 2,6		
EURECA	377	32,1 ± 16,3	32,7 ± 5,6	45,5 ± 0,01	62,7 ± 8,2
LDEF	2107	1,4 ± 0,8	5,2 ± 2,9	67,2 ± 10,2	77,01 ± 6,0

Tabelle 11.2: Der Wasserdampf-Partialdruck und die relative Luftfeuchte bei unterschiedlichsten Bedingungen

	Wasserdampf-Partialdruck mb	Relative Luftfeuchte %
Erdatmosphäre, gemäßigte Breiten	12–23	50–90
Trockenwüsten	1–8	5–30
Labor (Silikatgel)	1	5
Hochvakuum	$\sim 10^{-8}$	~ 0
Erdnahe Umlaufbahn	$\sim 10^{-10}$	~ 0
Marsoberfläche	$\sim 10^{-3}$	~ 0
Freier Weltraum	~ 0	~ 0

daß kleine Gesteinsbrocken von nur wenigen Zentimetern Durchmesser befähigt waren, als Transportmittel zwischen einigen Himmelskörpern zu fungieren. Die in der „klassischen" Panspermie-Hypothese angenommenen Lebenskeime auf oder an Staubkörnern dürften dagegen völlig irreal sein.

Es ist seit langem bekannt, daß die Sonnen-UV-Strahlung für die ungeschützten Sporen die größte Gefahr darstellt. Dagegen konnten durch eine Aluminium-Abdeckung in einem Mehrschichten-System bei Zusatz von Schutzsubstanzen, wie z. B. Glucose (bis zu 10^{-4} M), deutliche Schutzeffekte nachgewiesen werden.

Die hohe Resistenz der *B.-subtilis*-Sporen dürfte auf zwei Faktoren beruhen:

– dem dehydratisierten, mineralisierten Kern (vor allem mit Ca^{2+}), der von einer dicken Schutzhülle umgeben wird (dieser folgen zwei (oder mehr) Ummantelungen der Sporenzelle),
– die Sättigung der DNA mit kleinen, säurelöslichen Proteinen, die komplexe Funktionen erfüllen.

Die schädliche Wirkung der UV-Strahlung wird im Weltraum durch die zusätzliche Einwirkung des kosmischen Vakuums auf die Zellen deutlich verstärkt. Näheres zur Resistenz der *B.-subtilis*-Sporen kann man bei Nicholson et al., 2000 nachschlagen.

Oftmals beziehen sich die Kritiken an Laborsimulations-Experimenten (bei einer Dauer von Stunden bis zu wenigen Tagen) auf solche Aussagen, die durch Extrapolation der Versuchsdaten auf Prozesse im Kosmos gemacht werden, d. h. man schließt von Versuchsergebnissen von max. 2–3 Tagen auf viele Millionen Jahre während Prozesse im Weltraum. – Hier kann die *B.-subtilis*-Forschung ein besonders positives Experiment aufweisen, denn die Raum-Mission LDEF dauerte fast sechs Jahre.

11.2 Künstliches Leben (KL)

Obwohl das Forschungsgebiet „künstliches Leben" (artificial life) nicht zum eigentlichen Thema dieses Buches gehört, sollen doch einige grundsätzliche Anmerkungen folgen. Der Traum des Menschen, sich selbst zum Schöpfer des Lebens zu machen, spiegelt sich in einigen Werken der Literatur wider, so z. B. in Goethes „Faust" oder in Strindbergs „Am offenen Meer". – Aber auch von der technisch-mechanischen Seite her wollte man das Rätsel lösen, so z. B. durch die berühmt gewordene „mechanische Ente" von Jacques de Vaucanson in der Mitte des 18. Jahrhunderts, die in Paris großes Aufsehen erregte, denn sie konnte trinken, essen, im Wasser plantschen und Nahrung verdauen.

Dies waren nur erste, primitive Schritte, sich dem Phänomen künstlichen Lebens zu nähern. Erst seit den letzten zwei Jahrzehnten – bedingt durch die enorme Entwicklung der Computer – wird es möglich, an der KL-Welt zu arbeiten, denn ihre Wurzel liegt in der Computersimulation. Drei Faktoren werden benötigt, will man dem Phänomen des künstlichen Lebens näher kommen (Simmering, 1993):

- ein frei programmierter Computer,
- die Erkenntnis, daß man nicht mit dem kompliziertesten System (Mensch) beginnen kann,
- die Abstraktion, daß Leben nicht unbedingt etwas Materielles sein muß, sondern z. B. nur aus reiner Information bestehen kann.

Die intensive Beschäftigung mit Fragen des KL begann eigentlich erst im Herbst 1987, als sich in Los Alamos National Laboratories in New Mexico einige Wissenschaftler aus Informatik, Biologie, Chemie und Philosophie zum „Ersten Internationalen Kongreß über Künstliches Leben" trafen. Mit dem Namen Los Alamos verbindet man im allgemeinen die Erinnerung an die Entwicklungsarbeiten zur ersten Atombombe – bei der Konferenz von 1987 verfolgte man aber nur friedliche Ziele, ging es doch um Computermodelle zur Simulation biologischer Prozesse, wie z. B. Pflanzenwachstum oder die Proteinsynthese. Der Organisator der Konferenz war Christopher Langton.

Die als KL bezeichneten Systeme weisen einige gemeinsame Eigenschaften und Merkmale auf, die jedoch nicht immer alle im jeweiligen KL-System anzutreffen sind (Kinnebrock, 1996):

- ein informationsverarbeitendes System, das befähigt ist, Informationen aufzunehmen, zu speichern und abzugeben,
- das System ist einer „Umwelt" zugeordnet, zwischen System und Umwelt besteht eine Interaktion über Ein- und Ausgangsinformationen,

– dem System obliegen Verhaltensregeln, die die Interaktionen bestimmen,

– diese Verhaltensregeln bedingen ein dynamisches Verhalten des Systems in seiner Umwelt.

Das Credo der Erforschung des KL lautet nach C. Langton: Mit den Untersuchungen suche man: „den Geist in der Maschine; eine Essenz, die der Materie entsteigt, aber unabhängig von ihr ist" (Casti, 1990). Langton stellte sich die Frage, wie man zelluläre Automaten (wie z. B. das „Lebensspiel" von J. H. Conway) (Eigen u. Winkler, 1975) für Untersuchungen über das reale Leben nutzen kann. Die wesentlichen funktionalen Rollen spielen für Langton dabei (analog dem wirklichen Leben) die Proteine (für Katalyse, Regulation, Abwehrmechanismen und Strukturerhaltung) und die Nucleinsäuren als Informationsträger. Nach Langton könnten diese funktionalen Aktivitäten mit den Regeln eines Zellenautomaten (analog dem Conway-System) verbunden werden. So könnte jede der funktionalen Aktivitäten eines lebenden Wesens formal mit einer logischen „Maschine" dargestellt werden. Durch Zusammenfügen dieser einzelnen Teile, d. h. Maschinen, entstand dann ein Objekt, das man als „lebendig" bezeichnen könnte, auch wenn es ein künstliches Objekt ist (Casti, 1990).

An der Spitze der Reihe von Forschern, die sich intensiv mit Problemen des KL befaßten, steht der Mathematiker John von Neumann, der eine Analogie zwischen den Funktionen eines lebenden Organismus und den Funktionen eines Automaten entwarf. Dieser bestand aus zwei wesentlichen Teilen, die später (als die Computerindustrie entstanden war) mit den Begriffen „Software" und „Hardware" belegt wurden. Dabei verarbeitet Hardware Information, während Software Information verkörpert (Dyson, 1988).

John von Neumann konstruierte mehrere Modelle (anfangs „kinematische Modelle" genannt) mit dem Ziel, den logischen Kern der Selbstproduktion in das System einzubauen. Andere Forscher studierten und veränderten von Neumanns Modell, u. a. Walter Fontana mit seinem „Al Chemy"-System. Man kann es als „artifizielle Chemie" beschreiben, einen Evolutionsreaktor, bei dem die reagierenden Objekte nicht Moleküle sind, sondern mathematische Funktionen.

In letzter Zeit waren die „Übergänge vom Nicht-Leben zum Leben" Gegenstand dreier Seminare im Los Alamos National Laboratory, im Santa Fe Institute und in Dortmund, bei denen jeweils Theoretiker und Experimentatoren zusammentrafen. Die Biogeneseproblematik wurde zur Frage erweitert: Wie könnten einfache Lebensformen im Labor synthetisiert werden? Dabei könnten sich künstliche Zellen (manchmal Protozellen genannt) von jetzigen oder urzeitlichen Zelltypen stark unterscheiden, z. B.

um Größenordnungen kleiner sein als ein Bakterium. Die Seminare stellten für künftige Arbeiten drei Fragen zur Diskussion:

- Wo liegt die Grenze zwischen physikalischen und biologischen Phänomenen?
- Welches sind die Haupthürden für eine Integration von Genen und energetischen Prozessen in eine umhüllende Einheit?
- Wie kann der Informationsfluß von Theorie und Simulation zu künstlichen Zellexperimenten verbessert werden? (Rasmussen, 2004)

11.3 Das „Wann"-Problem

Das Phänomen Zeit wurde in den letzten Jahren und Jahrzehnten ein wichtiges Thema in theoretischer Physik und Kosmophysik, nachdem sich in den vergangenen Jahrhunderten fast ausschließlich Philosophen mit den Geheimnissen um den Begriff Zeit beschäftigt hatten. Aber auch bei vielen Fragen um den Biogenese-Komplex spielt der Faktor Zeit eine wichtige Rolle. Es geht dabei vor allem um die Fragen: Wann konnte die Biogenese ablaufen, und wie lange Zeit beanspruchte dieser Prozeß?

Nach heutigem Kenntnisstand muß die Entstehung des Lebens zwischen zwei Zeitmarken erfolgt sein: der Entstehung der Erde vor etwa 4,5 Milliarden Jahren und dem Zeitpunkt, der für die ersten Lebewesen mit 3,465 Milliarden Jahre bisher gefunden und bestimmt wurde (Abschn 10.1). Dieser Zeitraum von rund einer Milliarde Jahre wird stark eingeschränkt durch das unumstrittene Faktum des schweren Bombardements, das durch Asteroiden und Planetesimale auf die Urerde niederging.

Die Schwierigkeiten, eine vernünftige Antwort auf die „Wann-Frage" zu erhalten, beschreibt Leslie Orgel (1998) mit einem anschaulichen Beispiel. Stellt man die Frage: Wieviel Zeit wird benötigt, um von A nach B zu gelangen?, so kann diese Frage nicht beantwortet werden, solange man nicht weiß, wo A und B liegen und wie der Weg zwischen beiden Stationen beschaffen ist. Man beachte: von A (abiotisch) nach B (biotisch). Da weder die Wegverhältnisse noch die Entfernung zwischen Start und Ziel bekannt sind, können wir – nach L. Orgel – auch (noch) keine Aussagen über die Zeitspanne machen, die benötigt wurde, bis aus lebloser Materie das erste lebende System entstand.

Viele Untersuchungen führen zu dem Ergebnis – wie auch theoretische Arbeiten bestätigen (Maher u. Stevenson, 1988) –, daß das schwere Bombardement die Urerde bis vor etwa 3,8 Milliarden Jahren praktisch sterilisierte und sie daher „unbewohnbar" machte. Die Zeitmarke für die ersten Stromatoliten-bildenden Prokaryoten von etwa 3,5 Milliarden Jahren

(Schopf, 1993) weist andererseits auch nicht auf den eigentlichen Beginn des Biogenese-Prozesses hin, sondern auf das Erscheinen bereits recht komplexer Lebewesen, d. h. der Zeitpunkt für die Entstehung des ersten primitiven, lebenden Systems müßte bedeutend früher gelegen haben.

Die Zeitspanne, um von den ersten einfachsten Lebensstufen zu den Cyanobakterien zu gelangen, dürfte nach Lazcano und Miller (1994) wohl kaum länger als 10 Millionen Jahre gedauert haben. Eine, dieser Abschätzung zugrunde liegende Überlegung ist die Annahme, daß die im Urozean gelösten Biomoleküle (Ursuppen-Hypothese!) die Passage durch das hydrothermale System der Erde (Abschn. 7.2) nicht überstanden hätten. Nach Meinung der Autoren ist es aber auch möglich, daß selbstreplizierende Systeme mit der Fähigkeit zur Darwinschen Evolution in bedeutend kürzerer Zeit entstanden sind, bevor sie zerstört oder verändert wurden. Es gibt deutliche Hinweise auf Genverdoppelungsprozesse, die bereits in den ersten Phasen der Evolution abgelaufen sein mußten.

Für die beiden Autoren, ein Evolutionsbiologe (Lazcano) und ein erfahrener präbiotischer Chemiker (Miller), sind die wichtigsten Engpässe, die beim Biogenese-Prozeß von der Ursuppe zur RNA-Welt und weiter zu den Cyanobakterien führen, die folgenden:

- der Ursprung und die Entstehung replizierender Systeme,
- die Entwicklung der Proteinbiosynthese und
- die evolutionäre Entwicklung von Startertypen, aus denen später Proteine durch Genduplikation und Veränderungen entstehen.

Etwa drei Jahre nach der Laczano/Miller-Publikation folgte der bereits erwähnte Artikel von L. Orgel (1998), in dem er die von Laczano/Miller aufgestellte These kritisch überprüfte und zu dem pessimistisch gestimmten Schluß kommt, daß manche ihrer Vermutungen wohl zu kühn sein dürften.

Nach Orgel kann man den Übergang der Urerde nach der langen Periode der „großen Einschläge" zu einer bereits von Bakterien belebten Erde recht willkürlich in verschiedene Phasen einteilen, so z. B.:

- in eine Akkumulationsperiode (Synthesen von organischen Bausteinen),
- eine Prä-Organisationsperiode (das erste replizierende System entstand) und
- die Reifungsperiode (in ihr evolvierte das erste „Bakterium" aus dem ersten Replikationssystem).

In der allgemeinen „Zeit"-Diskussion macht Orgel auf einen logischen Punkt aufmerksam. Es sind dies zwar allgemein bekannte und akzeptierte Erkenntnisse, die nur leider oftmals nicht berücksichtigt werden: Die Hauptunsicherheit in einer Summe einer kleinen Anzahl von Termen stammt immer von dem Term/den Termen, das/die mit der größten Unsicherheit behaftet ist/sind. Wenn man über einen Term überhaupt nichts weiß, dann weiß man auch über die Summe der Terme beinahe nichts, auch wenn alle übrigen Terme relativ gut bekannt sind.

Nach Orgel (1998) wissen wir praktisch nichts über die Zeit, die benötigt wurde, als die RNA-Welt nach Akkumulation aus der präbiotischen Welt (Ursuppe?) entstand! – Es ist unmöglich, die Zeitdauer eines Prozesses abzuschätzen, wenn man den Prozeß gar nicht kennt. – Diese einfachen logischen Schlußfolgerungen werden leider oftmals vergessen! – Leslie Orgel macht hier eine rühmliche Ausnahme!

Die von Miller und Lazcano diskutierte Passage des gesamten Ozeanwassers durch die hydrothermale Welt (im Laufe von ca. 10 Millionen Jahren) stellt auch kein sicheres Argument für eine mögliche thermische Zerstörung aller gelösten Biomoleküle im Urmeer dar, denn es könnten auf der Urerde auch kleinere Gewässer ohne Passage bestanden haben.

Abschätzungen über die Zeiträume, in denen die Lebensentstehungsprozesse abgelaufen sein konnten, wurden auch von Geologen und Planetologen erarbeitet. Sie interessierten sich weniger für den Zeitbedarf der Replikationsprozesse, sondern vor allem für die Intensität und Dauer des Bombardements der Urerde durch Asteroiden und große Planetesimale. Oberbeck und Fogleman (1989) nehmen an, daß für die Zeitspanne, in der die Biogenese ablief, der geologische Zustand der Urerde entscheidend ist. Mit anderen Worten: Die Anzahl der die Urerde sterilisierenden, gewaltigen Einschläge bestimmte auch die Zeitspanne, innerhalb der sich das Leben entwickelt haben konnte. – So ergeben sich in der Zeit vor 3,8 Milliarden Jahren nur die kurze Zeitspanne von 2,5–11 Millionen Jahren für die Lebensentstehung, während in der ruhigeren Phase, d. h. der Zeit vor 3,5 Milliarden Jahren, ein Bereich von 67–133 Millionen Jahren für die Biogenese zur Verfügung stand. Wählt man allerdings für die Phase vor 3,8 Milliarden Jahren ein konservativeres Einschlagsmodell, so kann die oben genannte Zeitspanne (von $2,5–11 \cdot 10^{6}$ Jahren) auf etwa 25 Millionen Jahre ausgedehnt werden. Bei diesen Modellrechnungen wurden Einschläge mit einer kinetischen Energie von $2 \cdot 10^{34}–2 \cdot 10^{35}$ Erg angenommen. Sie reichten aus, um die Urozeane zu verdampfen. Aus den angewandten Modellen leiteten die Autoren ab, daß auf der primitiven Erde Leben auch öfter entstanden sein könnte.

Mehr Fragen als Antworten – und so bleibt es auch weiterhin offen, wie lange es dauerte und wann sich das erste lebende System auf unserer Erde bildete, replizierte, evolvierte und auch eventuell wieder in seine Moleküle und Molekülgruppen auflöste.

Literatur

Brack A (1993) Orig Life Evol Biosphere 23:3

Brack A (2002) Water, the Spring of Life. In: Horneck G, Baumstark-Khan C (eds) Astrobiology. Springer, Berlin Heidelberg New York, p 79

Brown T (2003) Nature 421:488

Campbell DB, Black GJ, Carter LM, Ostro SJ (2003) Science 302:431

Casti J (1990) Verlust der Wahrheit. Doemer-Knaur, München

Crick F (1983) Das Leben selbst. Piper, München

Dose K (1994) Biologie in unserer Zeit 24:259

Dose K, Bieger-Dose A, Ernst B, Feister U, Gómez-Silva B, Klein A, Risi S, Stridde C (2001) Orig Life Evol Biosphere 31:287

Doyle L, Deeg H-J, Brown TM (2001) Spektrum der Wissenschaft Januar: 42

Dyson F (1988) Zwei Ursprünge des Lebens. Rasch & Röhring, Hamburg, S 20

Eigen M, Winkler R (1975) Das Spiel. Piper, München Zürich, S 217

ESA – Exo-Astro-Biology (2001), European Space Agency, Publications Division

Extrasolar Planets Encyclopedia http://www.obspm.fr/planets

Finster KW Jensen A-M, Hansen A, Lomstein BA, Nørnberg P, Merrison JP (2002) Second European Workshop on Exo/Astrobiology. Graz, Abstracts p 187

Fischer G, Dokano T, Macher D, Lammer H, Rucker HO (2002) Second European Workshop on Exo/Astrobiology. Graz, Abstracts p 211

Foing B (2002) Space Activities in Exo-Astrobiology. In: Horneck G, Baumstark-Khan C (eds) Astrobiology. Springer, Berlin Heidelberg New York, p 389

Frank S, von Bloh W, Bounama C, Steffen M, Schönberner D, Schnellnhuber H-J (2002) Habitable Zones in Extrasolar Planetary Systems. In: Horneck G, Baumstark-Khan C (eds) Astrobiology. Springer, Berlin Heidelberg New York, p 47

Fredrickson JK, Onstott TC (1996) Spektrum der Wissenschaft, Dezember: 66

Gonzales G, Brownlee D, Ward PD (2001) Spektrum der Wissenschaft, Dezember: 39

Greenberg R, Tufts BR, Geissler P, Hoppa GV (2002) Europa's Crust and Ocean: How Tides Create a Potentially Habitable Physical Setting. In: Horneck G, Baumstark-Khan C (eds) Astrobiology. Springer, Berlin Heidelberg New York, p 111

Griffith PA, Owen T, Gebable TR, Rayner J, Rannou P (2003) Science 300:628

Groß M (1996) Spektrum der Wissenschaft, April: 22

Groß M (1997) Exzentriker des Lebens. Spektrum, Heidelberg

Herzog R (1983) Biologie in unserer Zeit. 13:11

Heuseler H, Jaumann R, Neukum G (2000) Zwischen Sonne und Pluto. BLV, München Wien Zürich

Horneck G, Bücker H, Dose K, Martens KD, Mennigman HD, Reitz G, Requardt H, Weber P (1984) Origins of Life 14:825

Horneck G (1993) Orig Life Evol Biosphere 23:37

Horneck G, Rettberg P, Reitz G, Wehner J, Eschweiler U, Strauch K, Panitz C, Starke V, Baumstark-Khan C (2001) Orig Life Evol Biosphere 31:527

Horneck G, Rettberg P, Reitz G, Panitz C, Rabbow E (2002a) Orig Life Evol Biosphere 32:542

Horneck G, Mileikowski C, Melosh HJ, Wilson JW, Cucinotta FA, Gladman B (2002b) Viable Transfer of Microorganisms in a Solar System and Beyond. In: Horneck G, Baumstark-Khan C (eds) Astrobiology. Springer, Berlin Heidelberg New York, pp 57 – 76

Hoyle F (1984) Das intelligente Universum. Umschau, Frankfurt/M

Jaumann R, Hauber E, Lanz J, Hoffmann H, Neukum G (2002) in: Horneck G, Baumstark-Khan C (eds) Astrobiology. Springer, Berlin Heidelberg New York, p 89

Jensen J, Merrison JP, Kirch KM, Nørnberg P(2002) Second European Workshop on Exo/Astrobiology. Graz, Abstracts p 187

Jerney I, Aydogor Ö, Besser BP, Falkner P, Grard R, Molina-Cuberoz GJ, Hamelin M, Lopez-Moreno JJ, Schwingenschuh K, Fulchignoni M, (2002) (2002) Second European Workshop on Exo/Astrobiology. Graz, Abstracts p 210

Kaiser J (1995) Science 270:377

Kereszturi A (2002) Second European Workshop on Exo/Astrobiology. Graz, Abstracts p 210

Kinnebrock W (1996) Künstliches Leben. Oldenbourg, München Wien, S 32

Konacki M, Torres G, Iha S, Sasselov DD (2003) Nature 421:507

Körkel T (2002) Spektrum der Wissenschaft, September: 12

Lammer H, Stumptner W, Molina Cuberos GJ (2002a) Martian Atmospheric Evolution: Implications of an Acient Intrinsic Magnetic Field. In: Horneck G, Baumstark-Khan C (eds) Astrobiology. Springer, Berlin Heidelberg New York, p 203

Lammer H, Wurz P, ten Kate IL, Ruiterkamp R (2002b) Second European Workshop on Exo/Astrobiology. Graz, Abstracts p 209

Lazcano A, Miller SL (1994) J Mol Biol 39:546

Lindgren K, Nordahl M (1997) in: Forskningsrådets årsbok 1997, Swedish Science Press, Uppsala, p 105

Lineweaver CH, Fenner Y, Gibson BK (2004) Science 303:59

Lomstein BA, Hansen A, Merrison JP, Nørnberg P, Finster KW (2002) (2002) Second European Workshop on Exo/Astrobiology. Graz, Abstracts p 60

Lorenz R (2003) Science 302:403

Maher KA, Stevenson DJ (1988) Nature 331:612

Mayor M, Queloz D (1995) Nature 378:355

Merrison JP, Finster KW, Gunnlaugsson HP, Jensen J, Kinch K, Lomstein BA, Mugford R, Nørnberg P (2002) Second European Workshop on Exo/Astrobiology. Graz, Abstracts p 187

MPG – Max-Planck-Gesellschaft Presseinformationen SP6 (2004) 51, www.mpg.de

Nature (2003) News in Brief 424:244

Nicholson WL, Munakata N, Horneck G, Melosh HJ, Setlow P (2000) Microb. Mol. Biol. Rev. 64:548

Nørnberg P, Finster KW, Folkmann F, Gunnlaugsson HP, Hansen A, Kinch K, Lomstein BA, Merrison JP (2002) Second European Workshop on Exo/Astrobiology. Graz, Abstracts p 59

Oberbeck VE, Fogleman G (1989) Orig Life Evol Biosphere 19:549

Orgel LE (1998) Orig Life Evol Biosphere 28:91

Pappalardo R, Head JW, Greeley R (1999) Spektrum der Wissenschaft, Dezember: 42

Pedersen K (1997) FEMS Microbiology Reviews 20:399

Rasmussen S, Chen L, Deamer D, Krakauer DC, Packard NH, Stadler PF, Bedau MA (2004) Science 303:963

Reichhard T (2002) Nature 415:570

Schlegel HG (1976) Thieme, Stuttgart, S 62

Schopf JW (1993) Science 260:640

Simmering K (1993) Bild der Wissenschaft 9:19

Smith PH, Lemmon MT, Lorenz RD, Sromosky LA, Caldwell JJ, Allison MD (1994) Icarus 119:336

Stern SA (2003) Astrobiology 3:317

Stevens TO, Mc Kinley JP (1995) Science 270:450

Sundstrand LJ (2002) (2002) Second European Workshop on Exo/Astrobiology. Graz, Abstracts p 209

Vidal-Madjar A, Lecavelier des Etangs A, Désert J-M, Ballester GE, Ferlet R, Hébrard G, Major M (2003) Nature 422:143

von Bloh W, Franck S, Bounama C, Schellnhuber H-J (2003) Orig Life Evol Biospherre 33:219

Walter U (1999) Zivilisationen im All. Spektrum, Heidelberg, S 42 – 43

Wambsganß J (2003) Naturw. Rdsch. 56:469

Winnenburg W (1990) Einführung in die Astronomie. BI-Wissenschaftsverlag, Mannheim Wien Zürich

Epilog

Blickt man nach der Lektüre der elf Kapitel auf die dargestellten oder nur kurz erwähnten Aktivitäten und Bemühungen zur Erforschung des „großen Problems", so erkennt man, daß wahrscheinlich mehr Fragen offen stehen, als erfolgreiche, befriedigende Antworten erarbeitet werden konnten.

So führen die in den einzelnen Kapiteln dargestellten Ansätze, Modelle, Hypothesen, Theorien, Experimente sowie computerunterstützte Simulationen, aber auch die Spekulationen und ausgefochtenen Kontroversen noch zu keinem klaren Bild über den Ursprung des Lebens. Die erzielten Forschungsergebnisse sind wichtige Beiträge, Einzelmosaiksteine – aber zum Gesamtbild fehlen noch wesentliche Anteile, die den Prozeß der Lebensentstehung klar erkennbar machen.

Pessimisten meinen, daß sich diese Wissenschaftsdisziplin in einer hoffnungslosen Lage befindet. Optimisten dagegen weisen auf die in fünf Jahrzehnten erarbeiteten wissenschaftlichen Leistungen hin und leiten daraus weitere Erfolge ab.

Der eher pessimistisch gestimmte Beobachter des Szenarios wird auf die Fülle der einander oft widersprechenden Modelle und „Welten" hinweisen.

So gibt es noch keine befriedigenden Antworten auf die Fragen:

- entstanden die ersten Biomoleküle in der Uratmosphäre oder
- in den Tiefen des Urmeeres (hydrothermale Quellen) oder
- auf der Oberfläche der Urerde,
- an Tonmineralien oder
- durch Thioester,
- in einer „Ursuppe" oder
- an Pyritkristallen,
- gab es vor der hypothetischen „RNA-Welt" eine „Prä-RNA-Welt" oder
- waren andere Molekülspezies als Informationsträger vorhanden,
- welche Bedeutung kam einer „HCN-Welt" zu oder
- wurden Biomoleküle aus dem Kosmos „angeliefert", aber
- konnten lebende Systeme aus dem All die Erde ohne größeren Schaden erreichen?

Fragen über Fragen – die Reihe ließe sich mühelos fortsetzen!

Alle Modelle, Hypothesen und Theorien zum Lebensursprung gehen von zwei Grundannahmen aus:

– der Gültigkeit und Anwendbarkeit der physikalischen Gesetze und Naturkonstanten im Zeitraum vor etwa vier Milliarden Jahren und
– der Anwendbarkeit der Evolutionstheorie auf molekulare Systeme.

Die meisten Biogeneseforscher stimmen diesen Annahmen zu und ebenso der Theorie, daß die Autokatalyse ein wesentliches Prinzip für evolvierende Systeme darstellt. Eine Erkenntnis, die Manfred Eigen bereits vor mehr als 30 Jahren als erster eindeutig formulierte.

Die nächsten Jahre werden sicherlich zu mehr Klarheit führen, welche der Biogenesemodelle mit größerer Wahrscheinlichkeit den Weg aufzeigen, wie die entscheidenden Schritte beim Übergang vom nichtlebenden zum lebenden System abgelaufen sein konnten. Ob die genauen Reaktionswege überhaupt erforschbar sind, kann noch niemand voraussagen.

So werden uns die nächsten Jahre und Jahrzehnte noch viele wichtige Forschungsergebnisse aus den Laboratorien, den „Hypothesen- und Theorien-Schmieden", den geologischen und paleontologischen Instituten sowie aus allen wissenschaftlichen Einrichtungen, die das breite Feld der Astrophysik bearbeiten, erreichen.

Eine Tatsache scheint gewiß, die R. Shapiro in seinem Buch „Schöpfung und Zufall" so treffend formulierte: „Wenn es jedoch beim Ursprung des Lebens keine weiteren Überraschungen mehr gäbe, so wäre das das Überraschendste überhaupt!"

Verzeichnis der Abkürzungen

Å	Ångström-Einheit (10^{-10} m)
a	Jahr (annum)
AE	astronomische Einheit (die Entfernung Erde – Sonne)
AEG	N-(2-Aminoethyl)-Glycin
AMP	Adenosinmonophosphat
ADP	Adenosindiphosphat
ATP	Adenosintriphosphat
AmTP	Amidotriphosphat
CDI	Carbonyldiimidazol
CM	kohlige Chondriten mit M (M vom „Mighei"-Meteoriten in der Ukraine)
CPL	zirkular polarisiertes Licht
DMPC	1,2 Dimyristoyl-*sn*-glycero-3-phosphocholin
DLR	Deutsches Zentrum für Luft- und Raumfahrt
EANA	Exo/Astrobiology Network Association
EC	Enzyme Commission
EDC	1-Ethyl-3-(3-dimethylaminopropyl)-carbodiimid
EDNA	Ethylendiaminomonoessigsäure
ESA	European Space Agency
ESO	European Space Observatory
ETH	Eidgenössische Technische Hochschule (Zürich)
ETI	Extra Terrestrial Intelligence
EUV	Extremes Sonnen-UV-Licht
FMQ	Fayalith-Magnetit-Quarz
FTT	Fischer-Tropsch-Typ
Ga	Milliarden Jahre
GAP	Glykolaldehydphosphat
GC-MS	Gaschromatographie + Massenspektrometrie
GRS	Gamma Ray Spectrometer
HASI	Huygens Atmospheric Structure Instrument
HGT	Horizontaler Gentransfer
HMG	Hydroxymethylglutaryl
HPLC	Hochdruck-Flüssigkeitschromatographie
HRSC	High Resolution Stereo Camera
HWZ	Halbwertszeit
IR	Infrarot
IRSI	Infrared Space Interferometer

ISM	Interstellares Medium
ISO	Infrared-Space-Observatory-Sonde
ISSOL	International Society for the Study of the Origin of Life
KW	Kohlenwasserstoffe
λ	Wellenlänge
LDEF	Long Duration Exposure Facility
LGV	Letzter gemeinsamer Vorfahr
MARSIS	Mars Advanced Radar for Subsurface and Ionosphere Sounding
mL	Milliliter (10^{-3} Liter)
mRNA	Messenger-(Boten)-RNA
μm	Mikrometer (10^{-6} m)
NASA	National Aeronautics Space Administration
NIMS	Near Infrared Mapping Spectrometer
NMP	Nucleosidmonophosphat
NDP	Nucleosiddiphosphat
NTP	Nucleosidtriphosphat
nm	Nanometer (10^{-9} m)
PAH	Polyaromatic hydrocarbons (polycyclische aromatische Kohlenwasserstoffe)
PC	Phosphatidyl-cholin
PNA	Peptidnucleinsäuren
PNRase	Polynucleotid-Phosphorylase
PPM	Pyrit-Pyrrhotin-Magnetit
P_i	anorganisches Phosphat
PP_i	anorganisches Diphosphat
rRNA	ribosomale RNA
SDI	Special Differential Image
SETI	Search for Extraterrestrial Intelligence
SIM	Space Interferometry Mission
SIPS	salzinduzierte Peptidsynthese
SPREAD	Surface Promoted Replication and Exponential Amplification of DNA-Analoges
SSI	Solid State Imaging
TPF	Terrestrial Planet Finder
tRNA	Transfer-RNA
UV	Ultraviolett
VLT	Very Large Telescope
WMAP	Wilkinson-Microwave-Anisotropy-Probe

Glossar

abiotisch Nicht in Lebewesen vorkommend oder mit ihnen zusammenhängend.

achiral Achirale Moleküle sind nicht-händig, d. h. sie kommen nicht als Bild- und Spiegelbild vor.

Acylrest Die Atomgruppierung –CO–R (R = Alkyl).

adaptive Optik Ein optisches, abbildendes System mit der Fähigkeit, sich optisch wirksamen Veränderungen anzupassen.

Ätiologie Lehre von den Ursachen.

Akkretion Das Anwachsen der Gesteinsmasse durch Addition weiteren Materials, z. B. das Größerwerden von Planetesimalen.

Aktivierung Überführung eines Moleküls in einen reaktionsfähigeren Zustand.

Aktivierungsenergie Energiebetrag, der reagierenden Molekülen vorübergehend zugeführt werden muß, damit eine bestimmte Reaktion erfolgt. Je reaktionsträger ein Stoffgemisch, desto höher der Betrag der Aktivierungsenergie. Durch Verwendung von Katalysatoren wird die Aktivierungsenergie beträchtlich erniedrigt.

Aliphaten Organische Verbindungen, in denen die C-Ketten in geraden oder verzweigten Ketten angeordnet sind.

Allotrophe Verschiedene Formen (Modifikationen), in denen ein Element auftreten kann.

Aminolyse Bezeichnung für die Reaktion von Alkoholen oder Alkylhalogeniden + Aminen zu einem Gemisch von primären, sekundären und tertiären Aminen.

amphiphatisch Die Eigenschaft von Molekülen mit einem hydrophilen und einem hydrophoben Teil.

Anhydrid Säureanhydride entstehen aus Säuren unter Wasserabspaltung und zwar sowohl bei anorganischen, als auch bei organischen Säuren.

Animismus Der Glaube an Geisterkräfte in der Natur als Ursache für bestimmte Erscheinungen und Wirkungen.

Annihilierung   Zerstrahlung, d. h. die Umwandlung von Masse in Strahlungs-Energie beim Zusammenstoß eines Elementarteilchens mit seinem Antiteilchen.

Antiteilchen   Bausteine der Antimaterie. Zu jedem Teilchen existiert ein entsprechendes Antiteilchen mit gleicher Masse und gleichem Spin. Dagegen unterscheiden sich beide Teilchenspezies mit ihren elektrischen (und anderen) Ladungen durch entgegengesetzte Vorzeichen.

Apex chert   Ein fossilienführender, geologischer Bereich in West-Australien.

Aphel   Sonnenfernster Punkt der Erdbahn.

Asthenosphäre   Die unter der Lithosphäre liegende plastisch-zähe Schicht. Seismische Wellen werden stark gedämpft.

Autokatalyse   Bezeichnung für eine spezielle Form der Katalyse, bei der das Produkt der Reaktion als Katalysator auf den Ablauf der Reaktion einwirkt.

Beilstein   Das umfangreichste Handbuch der organischen Chemie. Das Gesamtwerk ist in 6 Serien gegliedert. Jede Serie umfaßt 27 Bände. Die Institution geht auf den Chemiker Friedrich Konrad Beilstein (1828–1901), Professor in Göttingen und St. Petersburg, zurück.

Biuret-Test   Zum Nachweis von Peptiden (ab Tripeptid) und Proteinen. Mit Cu^{2+}-Ionen Komplexbildung, wenn wenigstens zwei –CO–NH-Gruppen in der Testsubstanz enthalten sind.

Caldera   Großer, beckenartiger Einbruch auf Vulkangipfeln mit steilen Wänden, oftmals entstanden durch Einsturz des Daches über der Magmakammer.

Carbonyl-gruppe   Bezeichnung für die funktionelle Gruppe =C=O (wie z. B. in Aldehyden und Ketonen).

Chert   Gesteinsart aus mikrokristallinem Quarz (SiO_2).

Clathrate   Käfigeinschlußverbindungen, bei denen das „Wirtsmolekül" das „Gastmolekül" mit einem käfigartigen Gitter umschließt.

Cyano-bakterien   Mikroorganismen, die zur Photosynthese (und damit zur Freisetzung von Sauerstoff) befähigt sind.

Derivatisierung   Die Überführung einer chemischen Verbindung in ein Derivat, d. h. einen Abkömmling des Ausgangsstoffes.

desaminieren   Das Abspalten der Aminogruppe bei Aminen, Aminosäuren und Säureamiden.

dissipative Strukturen	Ein vom Nobelpreisträger I. Prigogine geprägter Begriff für offene Systeme, die dennoch eine definitive Struktur aufweisen (Nichtgleichgewichtsstrukturen).
Doppler-Effekt	Ein physikalisches Phänomen, das bei allen Wellenvorgängen (wie z. B. Schall oder Licht) auftritt, wenn sich die Strahlungsquelle und der Beobachter aufeinander zu- oder voneinander wegbewegen. Benannt nach dem österreichischen Physiker Prof. C. J. Doppler (1803–1853).
Drehimpuls-Erhaltungssatz	Fundamentaler Erhaltungssatz der Mechanik. Der Drehimpuls bleibt konstant, wenn ein System nur inneren Kräften unterworfen ist; also ein äußeres Drehmoment fehlt.
1,1-Elektrolyt	Ein Teilchen mit einer positiven und einer negativen Ladung, wie z. B. Na^+Cl^- in einem Kristallgitter.
Elektronen-einfang	Die Aufnahme eines Elektrons aus der Atomhülle durch den Atomkern. Dabei läuft die Reaktion ab: $$p + e^- \rightarrow n + \upsilon_e$$ d. h. Proton und Elektron ergeben ein Neutron und ein Elektronenneutrino.
Endosporen	Eine kleine Gruppe von Bakterien ist zur Ausbildung besonders widerstandsfähiger Zellformen befähigt, die als Endosporen (Sporen) bezeichnet werden.
Entität	Das bestimmte „Dasein" eines Dinges.
Entropie	Eine aus dem zweiten Hauptsatz der Thermodynamik abgeleitete Zustandsgröße. In einem abgeschlossenen System stellt sie ein Maß für die Irreversibilität (Nichtumkehrbarkeit) eines Prozesses dar. Nach Clausius ein Maß für den Ordnungszustand eines thermodynamischen Systems.
Evolution	Ein Entwicklungsvorgang, bei dem sich Systeme im Laufe langer Zeiträume bzw. vieler Generationen erkennbar verändern.
Exhalationen	Ausgasungen aus dem Erdinneren.
exogen	Außerhalb (eines Organismus oder Systems) entstehend. Gegensatz: endogen.
extra-terrestrisch	Außerhalb der Erde vorkommend.
extremophile Mikroorganis-men	In extremer Umgebung lebende Mikroorganismen, wie z. B. in Salzlösungen oder bei extremen Temperaturen.
Ferredoxin	Ein wasserlösliches 12-kD-Protein mit einem [2Fe–2S]-Cluster.

Fischer-Tropsch-Synthese	Technisches Verfahren zur Gewinnung flüssiger Kohlenwasserstoffe (Kohleverflüssigung) nach der allgemeinen Bruttogleichung: $n\,CO + 2n\,H_2 \rightarrow (CH_2)_n + n\,H_2O$
Flüsse (fluxes)	Die je Zeiteinheit durch einen bestimmten Querschnitt transportierten Stoff- und Energiegrößen.
Fossilien	Meist versteinerte Abdrücke oder Reste von Lebewesen in Sedimenten. In vulkanischem Gestein, in Urgesteinen oder deren Umwandlungsprodukten findet man keine Fossilien.
Fullerene	Können als die dritte allotrope Form des Kohlenstoffs aufgefaßt werden. Sie bestehen aus sphärischen Kohlenstoffclustern von z. B. 60 oder 70 C-Atomen (Fußball-artiger Aufbau).
Genom	Gesamtheit der in einem Organismus vorkommenden Gene.
Glykolyse	Wichtigster Stoffwechselweg in der lebenden Zelle, bei dem Kohlenhydrate (z. B. Stärke) über viele Stufen zu niedermolekularen Verbindungen, wie Pyruvat bzw. Acetyl-CoA, umgesetzt werden. Dieser katabolische Abbauweg dient zur Synthese von Substanzen, wie z. B. ATP.
Halbwertszeit	Die erforderliche Zeit bis zum Zerfall der Hälfte eines bestimmten radioaktiven Elementes.
halophile Mikroorganismen	In Salzlösungen hoher Konzentration lebende Mikroorganismen.
Heterocyclen	Organische Ringverbindungen, die außer Kohlenstoff mindestens ein Heteroatom enthalten (O, S, N).
Homochiralität	Das Vorherrschen einer der beiden enantiomeren Formen einer Verbindung (z. B. der L-α-Aminosäuren in den Proteinen).
horizontaler Gentransfer	Austausch genetischen Materials zwischen verschiedenen Arten.
Hornstein (Chert)	Stark verfestigtes Kieselgestein (d. h. Sedimentgestein mit mehr als 50 % Kieselmineralien).
Hybridisierung	Vereinigung zweier (komplementärer) Nucleinsäurestränge zu einem Doppelstrang.
Hydrolyse	Spaltungsreaktion einer Verbindung durch die Einwirkung von Wasser.
hydrophil	Eigenschaft von Molekülen, die bevorzugt mit Wasser in Wechselwirkung treten. Gegensatz: hydrophob: wasserabweisend.

hydrophobe Wechselwirkung	Phänomen, das zwischen apolaren (hydrophoben) Molekülen bzw. Molekülteilen auftritt, wie z. B. bei den hydrophoben Aminosäureseitenketten in Proteinen, die zur Stabilisierung der Proteinstruktur beitragen.
hyperthermophile Mikroorganismen	Bei Temperaturen über 353 K lebende Mikroorganismen.
in situ	An Ort und Stelle.
Interferenz	Bezeichnung für die Gesamtheit von Überlagerungsphänomenen von zwei oder mehreren Wellen.
Interferometer	Optisches Meßgerät, das Interferenzerscheinungen für Präzisionsmessung verwendet. Die Geräte werden zur Längen- und Winkelmessung, aber vor allem auch für spektroskopische Messungen eingesetzt.
isotrop	Gleiches Verhalten bei Richtungsänderungen. Isotrope Substanzen weisen in allen Richtungen die gleichen Eigenschaften auf.
^{40}K-^{40}Ar-Methode	Verfahren zur Altersbestimmung von Gesteinen. Die beim radioaktiven Zerfall des Kaliumisotops ^{40}K freiwerdende Argongasmenge (^{40}Ar) ist ein Maß für die Zeit, während der die Gesteine und Mineralien ungestört lagerten.
Kalevala	In der Zeit von 1827–1849 vom Arzt Dr. Elias Lönnrot in Finnisch-Karelien gesammelte Sagen, die er zu einem umfangreichen Gesamtwerk (in 50 Runen) dichterisch vereinigte.
Katalyse	Veränderung der Reaktionsgeschwindigkeit einer chemischen Umsetzung durch die Anwesenheit eines Katalysators. Dieser geht aus der chemischen Reaktion unverändert wieder hervor. Ein Katalysator erhöht bzw. erniedrigt nur die Reaktionsgeschwindigkeit, nicht aber den Gleichgewichtszustand eines Systems.
Kollaps	Ein Prozeß, der in interstellaren, diffusen Gaswolken zur Sternentstehung führen kann. Die zum Zentrum der Gaswolke gerichteten Gravitationskräfte müssen dabei größer sein, als die nach außen wirkenden Druckkräfte. (Gravitationsinstabilität nach Larsson).
Konstitution	Bezeichnung für die Anordnung von Atomen und Atomgruppen in einem Molekül, ohne ihre Position im Raum zu berücksichtigen.
Kosmologie	Die Lehre von Entstehung, Entwicklung und Struktur des Kosmos.

Librations- punkte	Fünf Punkte im Raum, an denen sich die von zwei großen Körpern ausgehenden Anziehungskräfte, die auf einen kleinen Körper einwirken, aufheben.
Ligasen	Enzyme mit der Befähigung, die Verknüpfung von zwei Molekülen zu katalysieren. Sie benötigen für diese Umsetzung die energetische Unterstützung durch Nucleosidtriphosphate (meist ATP).
Ligation	Herstellung einer Verbindung (Verknüpfung) zwischen zwei Atomen oder Molekülteilen.
Lithosphäre	Die äußere starre Schicht der Erde. Sie umfaßt den obersten Teil des Erdmantels und die Kruste (Kontinente).
Massen- spektrometer	Gerät zur Ermittlung der Masse von Molekülen, Molekülteilen, Ionen und damit eines der wichtigsten Analysengeräte. Es besteht aus drei Teilen: Ionenquelle, Trennvorrichtung und dem Auffänger zur Registrierung der Ionen.
Molenbruch	Veraltete Bezeichnung für Stoffmengenanteile. Der Stoffmengenanteil x_A eines Stoffes A ist dann dessen Stoffmenge, ausgedrückt als Teil an der Gesamtmenge aller in der Mischung vorhandenen Moleküle.
Monotheismus	Die Lehre von einem, persönlichen Gott.
OH-Quelle	Molekülwolken, in denen OH-Radikale nachgewiesen wurden.
Palindrom	Eine Folge von Buchstaben oder Wörtern, die vor- oder rückwärts gelesen immer gleich lauten.
Partialdruck	Teildruck eines Gases in einer Gasmischung. Daher ist der Gesamtdruck der Gasmischung gleich der Summe der Teildrucke aller in der Mischung enthaltenen Gase.
Permeabilitäts- koeffizient (p_x)	Ein Maß dafür, wie leicht oder schwer Ionen eine Membran zu durchdringen vermögen. Der Zahlenwert für p_x ergibt sich aus dem Diffusionskoeffizienten des betr. Ions, (z. B. x) für die Membranpassage dividiert durch die Membrandicke.
Plasma	Vielseitig benutzter Begriff – in der Physik: I. Langmuir (1930): ein hocherhitztes Gas, dessen Eigenschaften durch Spaltung der Moleküle in Ionen, Radikale, Elektronen und angeregte Neutralteilchen charakterisiert wird. Der weitaus größte Teil der Materie des Weltalls liegt als Plasma vor.
Plattentektonik	Der Versuch, geologische Phänomene (wie z. B. Gebirgsbildung, Vulkanismus, seismisches Verhalten) durch die Bewegung der Platten zu erklären.
Polyole	Sammelbezeichnung für mehrwertige Alkohole, d. h. Alkohole mit zwei oder mehr OH-Gruppen.

Polytheismus	Die Verehrung mehrerer bzw. vieler Götter.
präbiotisch	Zeitlich vor der biotischen Entwicklung liegend.
Primärstruktur	Bei Proteinen die Reihenfolge der Aminosäurereste (Aminosäuresequenz).
Primer	Als Starter für einen Replikationsvorgang benötigte Oligonucleotide.
Prionen	Infektiöse Proteinpartikel in der Größe von 4–6 µm Durchmesser, die schwere Nervenerkrankungen verursachen können (Scarpie bei Schafen und die Creutzfeld-Jakob-Krankheit bei Menschen). Die Proteine sind falsch gefaltet (d. h. falsche Tertiärstruktur) und wirken daher infektiös.
proteinogen	Die 20 in natürlichen Proteinen vorkommenden Aminosäuren werden als proteinogene Aminosäuren bezeichnet.
Proteinoide	Im Labor hergestellte Protein-ähnliche Polymere.
Pyroglutaminsäure	Entsteht aus Glutaminsäure durch Cyclisierung beim Erhitzen oder durch andere Einflüsse (unter Wasserabspaltung).
Pyrolyse	Thermische Zersetzung von Substanzen.
Quarks	Bestandteile der Elementarteilchen. Bisher konnten sechs Quarks direkt oder indirekt nachgewiesen werden. Man bezeichnet sie mit den Symbolen u, d, s, c, b, t (und die entsprechenden Antiteilchen). Quarks tragen elektrische Ladungen von $\frac{1}{3}$ oder $\frac{2}{3}$ der Elementarladung.
Racemisierung	Übergang einer optisch aktiven Substanz in ein Racemat, d. h. ein Gemisch beider optisch aktiven Molekülformen in gleichen Anteilen.
Radialgeschwindigkeit	Geschwindigkeit der Eigenbewegung eines Sterns (z. B. um einen Massenschwerpunkt) auf den Beobachter zu oder von ihm weg.
Raman-Spektroskopie	Teilgebiet der allgemeinen Spektroskopie, die den sog. Raman-Effekt benutzt. Er besteht darin, daß das Streulicht-Spektrum von chemischen Verbindungen (die in allen drei Aggregatszuständen vorkommen können) außer der Linie des anregenden Lichtes noch weitere schwächere Linien (Raman-Linien) aufweist. Die Raman-Spektroskopie benutzt monochromatisches Licht (meist Laserstrahlen) im sichtbaren Spektralbereich.
Replikation	Der Prozeß einer identischen Verdopplung eines Nucleinsäuremoleküls.
retrograd	Rückläufig

reverse Micellen	Entsprechen „umgekehrten" Micellen, d. h. der hydrophile Teil des Micellen-bildenden Moleküls bildet das Innere.
Ribosomen	Komplexe Zellorganellen, an denen die Proteinbiosynthese abläuft.
Schießbaumwolle	Ein Cellulosenitrat; in trockener Form schlag- und reibungsempfindlich. Durch Funken oder Flammen kann Schießbaumwolle leicht zur Explosion gebracht werden.
semipermeabel	Halbdurchlässig, d. h. die durchlässige Schicht kann nur von bestimmten Teilchen durchquert werden.
Sonnenwind	Aus der Sonnenkorona stammende Korpuskularstrahlung. Sie besteht aus: Elektronen, Protonen, α-Teilchen, einem geringen Anteil schwererer Atomkerne sowie Photonen, die in Erdnähe eine mittlere Geschwindigkeit von 400 km·s^{-1} erreichen.
spontane Generation	Die Entstehung von Lebewesen aus unbelebter Materie ohne eine langzeitliche Folge von evolutionären Entwicklungsschritten.
Stacking-Wechselwirkung	Effekte, die durch ein geordnetes Übereinanderreihen von Molekülen entstehen, z. B. weitgehend parallele Anordnung von aromatischen Ringsystemen.
Stein der Weisen	Begriff aus der Alchemie für einen hypothetischen Stoff (weniger ein „Stein", als ein Pulver oder eine Flüssigkeit), mit deren Hilfe unedle Materie in Gold umgewandelt werden könnte. Außerdem sollte der „Stein der Weisen" als Universalheilmittel wirksam sein und die Alchemisten befähigen, den Homunkulus, einen künstlichen Menschen, zu schaffen.
strahlenchemische Reaktionen	Chemische Reaktionen, die durch energiereiche Strahlung (s. dort) ausgelöst werden.
Stromatolithen	Kalkreiche Fossilien von algenartigen Lebewesen.
Subduktion	Das Unterschieben (Absinken) einer ozeanischen Platte unter eine andere Lithosphärenplatte.
System	In der Thermodynamik ist das *offene System* ein System, das mit der Umgebung Materie und auch Energie austauscht. Es erreicht nie ein echtes thermodynamisches Gleichgewicht, sondern nur ein „Fließgleichgewicht". Dem gegenüber versteht man in der Thermodynamik unter dem *abgeschlossenen System* ein System, das mit seiner Umgebung weder Materie noch Energie austauscht.

thermophile Mikroorganismen	Bei hohen Temperaturen (bis 353 K) lebende und sich vermehrende Mikroorganismen.
T_m**-Wert**	Bezeichnung für die Schmelztemperatur, bei der die Hälfte der Helixstruktur verloren gegangen ist. Bei DNA gibt es einen linearen Zusammenhang zwischen der Anzahl der Guanin-Cytrosin-Basenpaare und dem T_m-Wert. Je größer der G-C-Gehalt der DNA, desto höher der T_m-Wert.
Topologie	Teilgebiet der Geometrie. Sie untersucht die gegenseitige Lage und den Zusammenhang geometrischer Gebilde. Dabei werden deren im Endlichen liegende Maßverhältnisse, Winkel oder Längen nicht berücksichtigt.
T-Tauri-Sterne	Sterne, die sich in der T-Tauriphase befinden, d. h. einer Sternentwicklungsphase, die durch extremen Ausstoß von Gasen mit Geschwindigkeiten von $200\text{–}300\ \mathrm{km\cdot s^{-1}}$ gekennzeichnet ist.
Tunneleffekt	Ein Begriff aus der Quantenmechanik. Er ist das mit den Begriffen der klassischen Physik nicht zu deutende Phänomen, daß ein relativ energiearmes Teilchen eine Energiebarriere überwinden kann, in dem es diesen „Berg" scheinbar durchbohrt („durchtunnelt").
Vakuolen	Hohlräume im Zellinnern, die Zellflüssigkeit enthalten. Sie können als Speicherorganellen wirken.
Vitalkraft	Die Annahme einer in allen Lebewesen wirkenden Kraft (vis vitalis).
Wobble (Wackeln oder Zittern)	Die bei der Wechselwirkung zwischen Codon und Anticodon auftretende ungenaue Paarung der dritten Base des Codons mit einer nichtkomplementären Base des Anticodons – während erste und zweite Codonbasen genau den Regeln der Basenpaarung folgen.
Wöhler-Harnstoff-Synthese	1828 von Friedrich Wöhler erstmals durchgeführte Synthese von Harnstoff aus Ammoniumcyanat durch eine thermische Umlagerungsreaktion. Damit wurde erstmalig ein „organischer" Stoff aus einem „anorganischen" ohne die Mithilfe eines lebenden Organismus hergestellt.

Sachwortverzeichnis

Farbtafeln

ISSOL '96
11th International Conference on the Origin of Life
COOH
NH2
CH3
C
H
ORLÉANS, FRANCE
July 7 - 12, 1996

Abb. 3.1: Perspektivische Ansicht eines Teils der Caldera des Olympus Mons auf dem Mars. Diese Ansicht erstellte man aus dem digitalen Höhenmodell, abgeleitet aus den Stereokanälen, sowie dem Nadirkanal (senkrechte Blickrichtung) und den Farbkanälen der HRSC an Bord des Mars Express Orbiters. Die Aufnahme erfolgte am 21. Januar 2004 aus einer Höhe von 273 Kilometern. Der senkrechte Steilabfall hat eine Höhe von etwa 2,5 km, also rund 700 m höher als die Eiger-Nordwand. Quelle: mit Genehmigung der DLR.

Abb. 3.3: Die Vorstellung eines Künstlers über die geplante Mission eines Roboters (Hydrobot) auf dem Mond Europa. Der Roboter hat sich durch die Eisschicht in die wäßrige Zwischenschicht des Mondes gebohrt und untersucht den Untergrund. (Quelle: NASA)

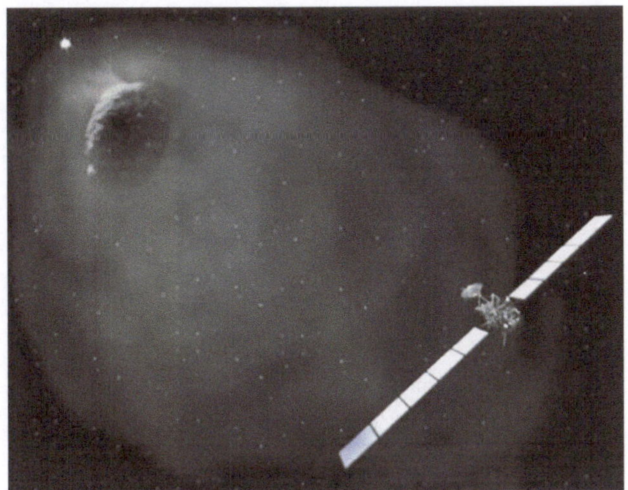

Abb. 3.6: So etwa könnte der Anflug von „Rosetta" auf den Kometen 67P/Choryumor-Gerasimenko in etwa zehn Jahren aussehen. Quelle: ESA

Abb. 3.12: Modell eines Agglomerats aus vielen kleinen interstellaren Staubpartikeln. Jedes der stäbchenförmigen Partikel besteht aus einem Silikatkern, der von gelblich gefärbtem organischem Material ummantelt ist. Eine weitere Umhüllung der Teilchen besteht aus Eis kondensierter Gase, wie z. B. Wasser, Ammoniak, Methanol, Kohlendioxid und Kohlenmonoxid. Quelle: Photo: Gisela Krüger, Universität Bremen

Abb. 7.5: Pyritkristalle (FeS_2) mit Quarz

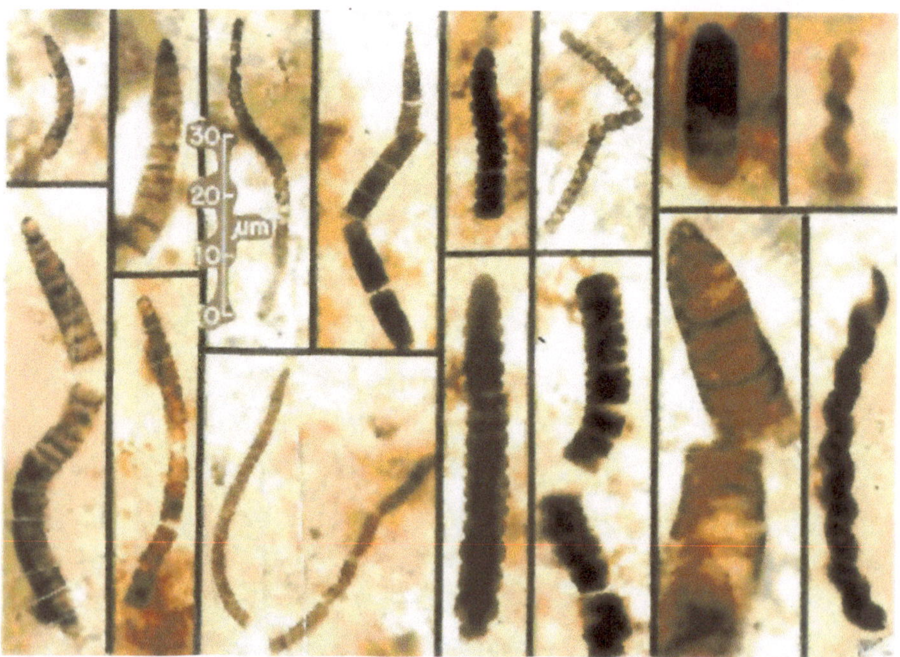

Abb. 10.1: Zelluläre, versteinerte, fadenförmige Mikrofossilien (Cyanobakterien) aus der geologischen Bitter-Springs-Formation in Zentral-Australien (Alter: ~850 Millionen Jahre). Quelle: mit freundlicher Überlassung von J. W. Schopf

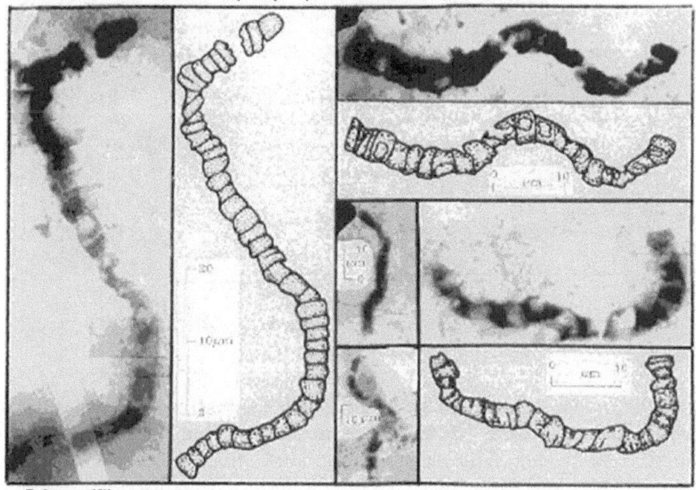

Abb. 10.2: Cyanobakterien-ähnliche, fadenförmige, C-haltige Fossilien aus dem 3,456 Milliarden Jahre alten Apex-chert in NW-West Australien, deren Ursprung, Herkunft und Entstehung nicht unumstritten sind. Zur sicheren Interpretation zum Dünnschliffbild die dazugehörige Zeichnung. Quelle: mit freundlicher Überlassung von J. W. Schopf

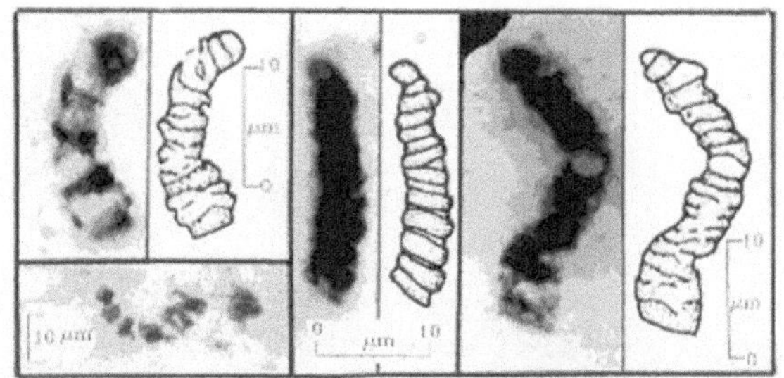

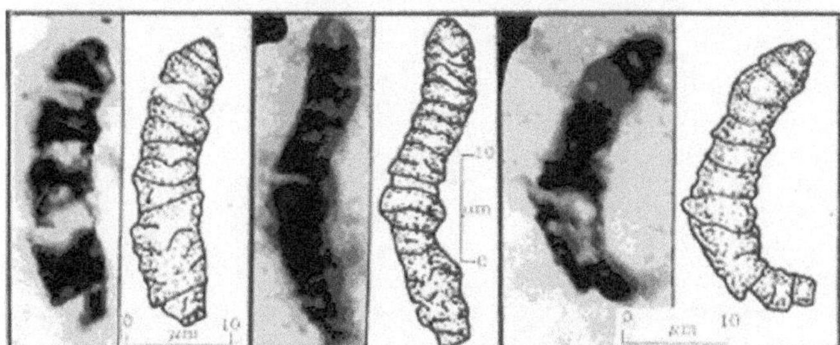

Abb. 10.3: Mikrofossilien mit unterschiedlich geformten Endzellen aus dem gleichen Fundgebiet wie Abb. 10.2 und daher mit dem gleichen Alter. Ebenso zu den Originalabbildungen die Zeichnungen zur näheren bzw. besseren Erkennung der Strukturen. Quelle: J. W. Schopf wie Abb. 10.2

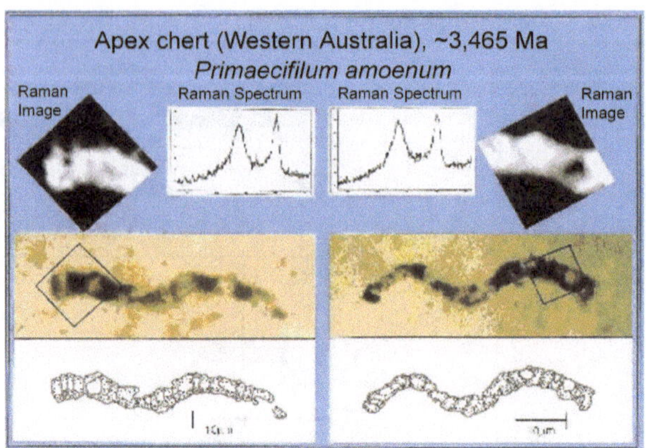

Abb. 10.4: Zelluläre, versteinerte fadenförmige Mikroorganismen (zwei Exemplare von *Primaevifilum amaenum*), 3,456 Milliarden Jahre alt aus dem Gebiet Apex chert, NW-West-Australien. Neben der Originalabbildung sind die Zeichnung und die Raman-Spektren sowie die Raman-Bilder, die auf eine C-haltige, (organische) Zusammensetzung der Fossilien hinweisen, dargestellt. Quelle: mit freundlicher Überlassung von J. W. Schopf

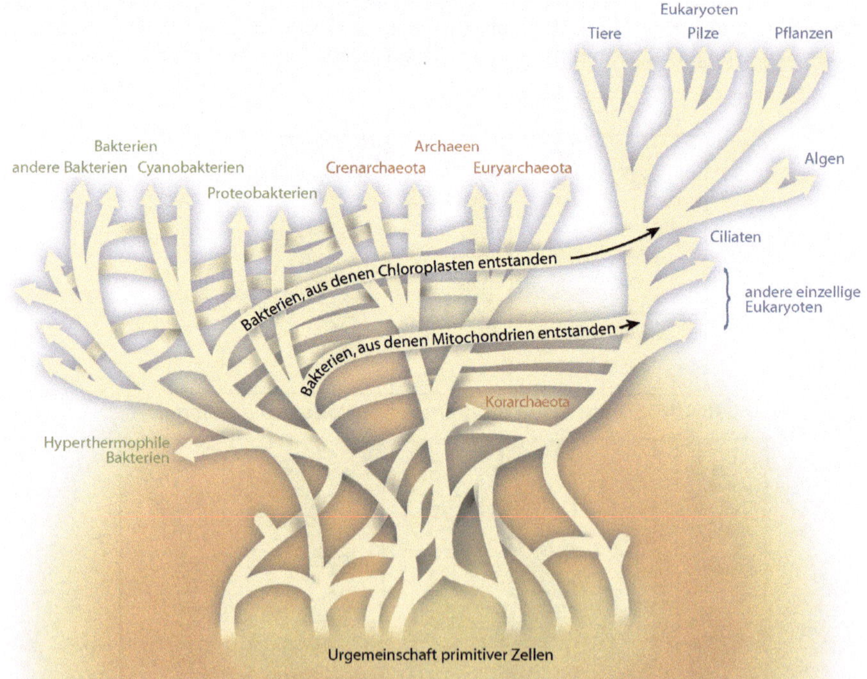

Abb. 10.11: Der „modifizierte Stammbaum des Lebens" behält die bekannte baumartige Struktur bei. Er bestätigt auch, daß die Eukaryoten ihre Mitochondrien und Chloroplasten einst von den Bakterien übernahmen. Er weist aber auch auf ein Netzwerk von Verbindungen zwischen den Ästen hin. Die zahlreichen Querverbindungen deuten auf einen regen Transfer einzelner oder mehrerer Gene zwischen einzelligen Organismen. Der modifizierte Lebensbaum stammt nicht, wie bisher angenommen, von einer einzigen Zelle (der hypothetischen „Urzelle") ab. Die drei großen Urreiche des Lebens dürften eher von einer Gemeinschaft primitiver Zellen mit unterschiedlichen Genomen stammen. Quelle: W. F. Doolittle (2000)

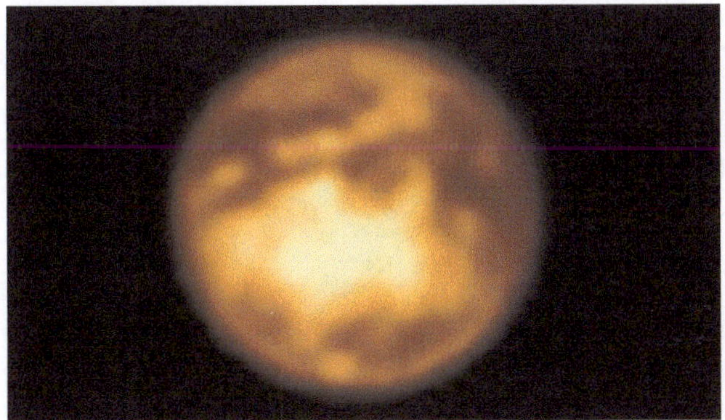

Abb.11.1: Der Saturnmond Titan gestattet erstmalig einen Blick auf seine Oberfläche. Die Aufnahme stammt vom VLT der Südsternwarte der ISO, das mit Zusatzgeräten ausgestattet wurde. Sie ermöglichen die gleichzeitige Aufnahme von Bildern in mehreren benachbarten Wellenlängen. Quelle: Mit freundlicher Genehmigung von Markus Hartung, European Southern Observatory, Santiago, Chile

Abb. 11.5: Die „Darwin-Flotte" besteht aus sechs gleichen Teleskopen (und zwei Zusatzflugkörpern, die für die Funktion des Darwin-Systems notwendig sind) mit der Aufgabe, erdähnliche Planeten zu entdecken und ihre eventuell vorhandenen Atmosphären zu analysieren. Quelle: mit freundlicher Überlassung von ESA

Abb. 11.6: Ein Einzelteleskop der Darwin-Flotte. Quelle: wie Abbildung 11.5